结构可靠性分析与控制

姚继涛　著

科学出版社
北京

内 容 简 介

针对结构可靠性理论在工程实际中的应用，本书系统阐述了结构可靠性的分析与控制方法，主要内容包括结构可靠性的基本概念体系、结构可靠性分析中的不确定性、结构可靠性的度量方法和控制方式、概率分布和信度分布、结构性能和作用的概率模型、结构可靠度分析与校核、结构可靠性设计与评定、不确定事物的推断、结构性能和作用的推断、基于试验的结构性能建模方法、基于试验的结构可靠性设计与评定等。书中考虑了结构可靠性分析中对客观事物认识的不确定性，建立了符合人们现实认知水平的可靠度控制方式；在结构可靠性的分析、校核、设计、评定等方面，完善和发展了结构可靠性理论和结构设计、评定方法，拓展了结构可靠性理论的研究和应用领域。

本书可供土木工程领域的研究人员、工程技术人员和研究生使用，亦可供其他领域的相关人员参考。

图书在版编目(CIP)数据

结构可靠性分析与控制/姚继涛著. —北京：科学出版社，2019.11
ISBN 978-7-03-060084-4

Ⅰ.①结… Ⅱ.①姚… Ⅲ.①结构可靠性-分析 Ⅳ.①TB114.33

中国版本图书馆 CIP 数据核字(2018)第 281001 号

责任编辑：刘宝莉 陈 婕 乔丽维 / 责任校对：郭瑞芝
责任印制：师艳茹 / 封面设计：陈 敬

科学出版社 出版
北京东黄城根北街 16 号
邮政编码：100717
http://www.sciencep.com
中国科学院印刷厂 印刷
科学出版社发行 各地新华书店经销
*
2019 年 11 月第 一 版 开本：720×1000 1/16
2019 年 11 月第一次印刷 印张：25 3/4
字数：516 000

定价：180.00 元

(如有印装质量问题，我社负责调换)

前　言

结构可靠性分析与控制的核心是针对事物变化的不确定性，揭示结构在未来时间里完成预定功能的可能性，并将其限定于可接受的范围之内。结构可靠性理论的发展主要是围绕这一核心展开的，其基本内容包括结构可靠性的度量、分析、校核、设计与评定等。

结构可靠性理论初期的发展主要是为建立结构设计的概率方法提供理论基础，并侧重于结构安全性的分析与控制，其标志性成果是以基于概率的分项系数法替代过去半经验半概率的设计方法。随着结构工程领域的发展，除完善和丰富结构设计方法以外，结构可靠性理论在工程实际中的应用逐渐扩展到结构耐久性分析与控制、既有结构可靠性评定、结构性能和作用小样本推断等方面；同时，在结构可靠性理论的研究中，逐渐重视结构的适用性，并开始关注对客观事物认识的不确定性、结构性能的衰退现象等。结构可靠性理论研究与应用中的这些动向对于发展传统的结构可靠性理论具有很大的推动作用，本书也主要针对这些发展动向系统阐述结构可靠性分析与控制的基本思想和方法。

本书共4篇，第1篇主要阐述结构可靠性的基本概念、度量方法和控制方式。首先针对结构可靠性理论发展后期提出的既有结构可靠性和结构时域可靠性、结构耐久性等概念，系统阐述结构可靠性的基本概念体系，包括结构耐久性与结构安全性、适用性之间的关系，并扩展结构状态、结构性能、作用和作用效应等概念，以适应结构工程领域的发展；其次，重点阐述结构可靠性分析中各种影响因素的不确定性，将目前提出的对客观事物认识的各类不确定性归结为主观不确定性，并利用信度、未确知量、Δ补集等概念以及信度的公理化运算规则，建立统一的定量描述和分析方法，为合理考虑主观不确定性对结构可靠度分析结果的影响奠定基础；最后，阐述结构可靠性的度量方法，揭示结构可靠度与结构时域可靠度之间的关系，并建立结构可靠度的信度分析方法，提出新的符合人们现实认知水平的可靠度控制方式，将现实中难以避免且不可忽略的主观不确定性引入结构可靠度的分析与控制中。

本书第2～4篇主要针对结构可靠性理论在工程实际中的应用，系统阐述结构可靠性的分析与控制方法，克服目前分析与控制方法的缺陷。

第2篇主要围绕结构可靠度的分析与校核，提出以客观事实为依据生成未确知量信度分布的方法，为结构可靠性分析与控制中定量考虑主观不确定性的影响奠定基础；系统阐述结构性能和作用的基本概率模型，并按独立增量过程提出抗力的随机过程概率模型，针对既有结构阐述结构性能和作用概率模型的转化现象，提出考虑主观不确定性影响的既有结构当前状态和抗力的分析模型，构建完整的结构性能和作用的概率模型或分析模型；对以频遇值、准永久值为代表值的可变作用，提出与作用概率模型一致的随机过程组合方法；提出结构可靠度分析的理论模型，改进目前可靠指标的计算方法，提出符合理论分析模型的结构可靠度的时段分析方法，并通过对比分析为结构可靠度分析提出模型和方法上的建议；在上述工作的基础上，阐述结构可靠度校核的基本方法，以混凝土受弯构件挠度、裂缝控制为代表，建立正常使用极限状态设计的无量纲可靠度校核方法，并对承载能力极限状态设计和正常使用极限状态设计进行可靠度校核，更准确和全面地揭示目前设计方法的可靠度控制水平。

第 3 篇主要阐述结构可靠性设计和既有结构可靠性评定的方法。首先全面改进目前国际上提出的设计值法，特别是利用最优可靠度控制方式和解析优化方法确定设计中的标准灵敏度系数，进而直接建立基本变量设计值与基本变量概率特性、目标可靠指标、设计使用年限之间的函数关系，直接反映这些因素的变化对设计结果的影响，新的设计方法相对于目前的分项系数法和设计值法具有更好的灵活性、通用性、实用性和可靠度控制精度，并可用于结构的安全性、适用性设计以及既有结构的可靠性评定；针对既有结构在不确定性、可靠性、可靠度要求等方面的差异，系统阐述既有结构可靠性评定中的基本问题，包括评定的目的、内容、依据、判定标准和评定方法；主要针对既有结构，系统阐述结构性能和作用的小样本推断方法，在考虑主观不确定性影响的前提下，提出复合测试手段时材料强度的推断方法、结构抗力的间接推断方法和可变作用的线性回归推断方法，形成完整的结构性能和作用的小样本推断方法，并揭示结构性能和作用推断中的不确定性、信任水平对既有结构可靠性评定结果的影响。

第 4 篇主要阐述基于试验的结构可靠性分析与控制方法。首先针对目前结构性能试验建模中普遍存在的问题，提出考虑统计不定性影响的结构性能的试验建模方法，避免试验建模中的缺陷对结构可靠性分析与控制造成全局性的影响；鉴于结构试验在实证性方面具有的突出特点以及国内外设计方法的发展趋势，系统阐述基于试验的结构可靠性设计与评定的基本方法，改进国际上根据承载力试验结果直接推断构件抗力的小样本方法，提出构件变形、抗裂等使用性能的直接推断方法，从而完善国际上基于试验的结构安全性设计方法，并进一步提出基于试验的结构适用性设计方法和既有结构可靠性评定方法，形成完整的基于试验的结构可靠性设计与评定方法。

本书总结了作者 1990 年以来在结构可靠性基本理论、结构可靠性设计、既有结构可靠性评定、结构性能和作用小样本推断等方面的研究成果，内容比 2008 年出版的《既有结构可靠性理论及应用》和 2011 年出版的《基于不确定性推理的既有结构可靠性评定》更为系统和深入，也更正了两部著作中的不妥之处。

赵彦晖、解耀魁、信任、王旭东、程凯凯、谷慧、齐风波、宋璨、陈柳灼、杜绍帅、高珺、程正杰、颜明冬、严寒冰、杨磊、杨梓橦等同仁参与了本书的研究和写作工作，这里谨向他们表示诚挚的谢意！

由于书中许多内容是探索性的，难免存在不足之处，诚挚期望读者批评指正。

目　录

第2篇 结构可靠度分析与校核

第3篇 结构可靠性设计与评定

第 4 篇　基于试验的结构可靠性分析与控制

第1篇　结构可靠性及其控制方式

第1章 结构可靠性的基本概念体系

结构可靠性理论被引入工程结构设计后，随着其研究内容的不断深入和应用范围的不断扩展，一些新的有关结构可靠性的概念被提出，但目前对其中一些重要概念以及概念之间关系的认识仍存有差异，这不仅会影响结构可靠性分析与控制的总体框架，对其具体方法也可能产生直接的影响，因此需要重新审视和完善结构可靠性的基本概念体系。这是结构可靠性理论发展过程中需要解决的基本问题。

本章重点针对结构可靠性理论发展后期提出的既有结构可靠性、结构时域可靠性、结构耐久性等概念，系统阐述有关结构可靠性的基本概念及其相互关系，建立明晰的基本概念体系，并扩展与结构可靠性相关的结构状态、结构性能、作用和作用效应等概念，从更广的角度明确结构可靠性的影响因素。

1.1 结构可靠性和结构时域可靠性

1.1.1 结构可靠性

结构可靠性分析与控制中的结构可划分为两类：拟建结构（structures in design），即尚未建成的设计中的虚拟结构，或“图纸上的结构”；既有结构（existing structures），即已建成的现实中的实体结构。前者为结构可靠性设计的对象，后者则为结构可靠性评定的对象。国内外对结构可靠性问题的研究主要集中于拟建结构，目的是为工程结构设计提供更为合理的理论基础[1]，目前的近似概率极限状态设计方法便是以拟建结构可靠性理论为基础的[2~7]，国内外对结构可靠性概念的理解和定义也主要是针对拟建结构的。

国际标准《结构可靠性总原则》（ISO 2394:2015）[8]和欧洲规范《结构设计基础》（EN 1990:2002）[9]中，将“结构或结构构件在设计考虑的使用年限内满足规定要求的能力”定义为结构可靠性（structural reliability）。结构可靠性理论被引入工程结构设计后，我国一直将“结构在规定的时间内、规定的条件下，完成预定功能的能力”定义为结构可靠性[2~7,10,11]。国内外对结构可靠性概念的理解和定义基本一致，只是国际上明确是从设计的角度阐述的，而我国对此未做限定，具有更好的包容性。

目前对结构可靠性的定义同样适用于既有结构。但是，相对于拟建结构，既有结构已转化为现实的空间实体，结构状况和使用条件更为明确，并经历了一定时间的使用，结构可靠性分析与控制的对象发生了根本性的转变，同时实际工程中对既有结构使用时间、使用条件、使用功能等方面的要求也往往有其特殊性，这些都使既有结构可靠性的具体含义与拟建结构的并不完全相同[12~14]。

按照我国国家标准中的定义[2~7]，结构可靠性的概念涉及三个基本要素：时间、条件、功能。下面从这三个方面对比说明拟建结构和既有结构可靠性概念的异同。

1. 时间

工程结构的可靠性总是相对一定的时间区域而言的，要判定结构的可靠性满足或不满足要求，一定是指某设定时间区域内的可靠性满足或不满足要求；即使结构可靠性具有相同的量值，对于不同的时间区域，它们的含义也是不同的。同时，结构可靠性的量值与设定的时间区域之间也有直接的关系：设定的时间区域越长，结构的可靠性一般越低。因此，时间区域既是完整描述结构可靠性概念的基本要素，也是影响结构可靠性的重要参数。

结构可靠性中设定的时间区域实际就是目前国内外结构可靠性定义中的“设计考虑的使用年限”或“规定的时间”。由于结构可靠性分析的目的是预测结构在未来时间里满足预定功能的能力，而非判定结构当前的状况，无论是对拟建结构的可靠性设计，还是对既有结构的可靠性评定，所设定的时间区域均应指未来的时间。这一点在既有结构的可靠性评定中显得更为重要。

结构可靠性中设定的时间区域在一定意义上也是对结构使用时间的要求。如果结构在设定时间区域内的可靠性不满足要求，则意味着结构的可靠性也不满足使用时间方面的要求，两者是相互关联的。1.1.2 节和 3.1.1 节中将对此做详细阐述。总体而言，结构可靠性概念中的时间区域共有三重角色：基本要素、重要参数、时间要求。

对于拟建结构的可靠性设计，国内外标准均规定了统一的时间区域，并称其为设计使用年限(design working life)，即设计规定的结构或结构构件不需要进行大修即可按预定目标使用的年数[2,8,9]。《工程结构可靠性设计统一标准》(GB 50153—2008)[2]中对各类工程结构规定的设计使用年限见表 1.1，《结构设计基础》(EN 1990：2002)[9]中建议的设计使用年限见表 1.2。两者有一定差别，但对普通房屋、重要建筑物的要求基本一致。

表 1.1 《工程结构可靠性设计统一标准》(GB 50153—2008)[2]中规定的设计使用年限

结构用途	类别	设计使用年限/年	示例
房屋建筑结构	1	5	临时性结构
	2	25	易于替换的结构构件
	3	50	普通房屋和构筑物
	4	100	纪念性建筑和特别重要的建筑结构

续表

结构用途	类别	设计使用年限/年	示例
铁路桥涵结构	—	100	—
公路桥涵结构	1	30	小桥、涵洞
	2	50	中桥、重要小桥
	3	100	特大桥、大桥、重要中桥
港口工程结构	1	5～10	临时性港口建筑物
	2	100	永久性港口建筑物

表 1.2　《结构设计基础》(EN 1990:2002)[9] 中建议的设计使用年限

类别	设计使用年限/年	示例
1	10	临时性结构
2	10～15	可替换的结构构件，如门式大梁、支撑
3	15～30	农用及类似的结构
4	50	房屋建筑及其他普通结构
5	100	纪念性建筑、桥梁和其他土木工程结构

注：能够拆除重复使用的结构或结构构件不应看成临时性结构。

国内外标准中过去一直使用的“设计基准期”(reference period)术语目前仍然有效，但其含义不同于设计使用年限。设计基准期是为确定可变作用等的取值而选用的时间参数[2,8,9]，是约定的一个时间基准，用于确定与时间相关的可变作用等的代表值(如标准值)，以便于在同一时间基准下比较。因此，对某类工程结构规定的设计基准期应为一个数值，这不同于对设计使用年限的规定。例如，《工程结构可靠性设计统一标准》(GB 50153—2008)[2] 中对房屋建筑结构、港口工程结构规定的设计基准期为 50 年，对铁路桥涵结构、公路桥涵结构规定的设计基准期为 100 年，但对其设计使用年限的规定则是多个数值。

设计基准期与可变作用等代表值的取值有关，但与结构可靠性并无直接关系。虽然可变作用的代表值理论上应根据随机因素在设计基准期内的概率特性确定，亦涉及对随机因素的概率分析，但结构可靠性分析中，对随机因素的概率分析应以设计使用年限而非设计基准期为时间区域，只有这样才能有效反映结构在设定时间区域内的可靠性。

对于既有结构，国内外标准对其可靠性分析与评定中的时间区域有不同的称谓和定义。国际标准《结构设计基础——既有结构的评定》(ISO 13822:2010)[15] 中称其为剩余使用年限(remaining working life)，指预期或期望既有结构在拟定的维护条件下继续工作的周期。《工程结构可靠性设计统一标准》(GB 50153—2008)[2] 中则称其为评估使用年限(assessed working life)，指可靠性评定中所预估的既有结构在规定条件下的使用年限。《结构设计基础——既有结构的评定》

(ISO 13822:2010)中的剩余使用年限既指预测(预期)的使用年限，也指对使用年限的要求(期望)，《工程结构可靠性设计统一标准》(GB 50153—2008)中的评估使用年限则仅指预测(预估)的使用年限，两者的含义并不完全相同。

从结构可靠性分析的角度来看，剩余使用年限、评估使用年限应是与设计使用年限相对应的概念，均应指对既有结构未来使用时间的要求。虽然该时间区域可结合结构使用寿命(working life)的预测结果确定，即根据结构使用寿命的预测结果确定更为现实的时间目标，但其本身的含义不是结构使用寿命，而是对结构使用寿命的要求。为区别这种含义，这里将既有结构可靠性分析与评定中设定的时间区域称为目标使用期(target working life)，指规定的结构或结构构件不需进行大修即可按预定目标继续使用的年数[16]。既有结构在使用时间方面是否满足要求，应通过比较结构使用寿命和相应的目标使用期来判定。

目前对既有结构的目标使用期并无统一规定，取值方法上也存在不同观点。若记结构原先的建成时刻为 t_0，当前时刻为 t_0'，原先的设计使用年限为 T，则目前对既有结构目标使用期 T'的取值存在式(1.1)和式(1.2)所示的两种观点，即

$$T' = T \tag{1.1}$$

$$T' = T - (t_0' - t_0) \tag{1.2}$$

第一种观点主要是针对新建成的既有结构提出的。因质量缺陷或事故而需要对新建成的既有结构的可靠性进行评定时，常以原先的设计使用年限 T 作为目标使用期 T'。这种观点以实现原先的设计目标为目的，类似于设计中的校核。第二种观点则主要是针对已使用一定时间但未超出设计使用年限 T 的既有结构提出的，以原先设计使用年限 T 中尚未完成的年数为其目标使用期 T'。这种观点仍以实现原先的设计目标为目的，但考虑了结构已使用的时间，可包容第一种观点。

这两种观点均以原先的设计使用年限 T 为参照，适用于使用时间未超出设计使用年限 T 的情形。当既有结构的使用时间已超出原先设定的设计使用年限 T，即 $t_0' - t_0 > T$ 时，按这两种观点均无法确定既有结构的目标使用期 T'。

既有结构可靠性评定的目的是判定结构在未来目标使用期 T'内能否完成预定的功能。虽然既有结构的可靠性与其使用历史有关，但其目标使用期 T'与过去的使用时间以及原先的设计使用年限 T 并无特定关系。从工程角度来看，无论既有结构的使用时间是否超出设计使用年限 T，其目标使用期 T'都应根据结构未来具体的使用目的、使用要求、维护和使用计划(如工艺改造周期和计划)等重新确定。这时虽然也需考虑结构的使用历史和当前状况，但目的是保证设定的目标使用期 T'更为现实[17]。因此，既有结构的目标使用期 T'并非一定要以原先的设计使用年限 T 为参照，也不宜对其做统一的规定，其取值方法应具有一定的灵活性，以适应工程实际中不同的使用要求，这不同于设计中对设计使用年限的规定[2,8,9]。

按工程习惯，对新建成的既有结构，一般侧重考虑原先的设计目标，可按式(1.1)确定目标使用期 T'，以保证新建成的既有结构不低于原设计的要求。对已使用一定时间的既有结构，则宜根据结构未来具体的使用目的、使用要求、维修和使用计划等，重新确定目标使用期 T'。实际工程中，它的数值一般比设计使用年限 T 短[16]。

既有结构可靠性分析与评定中，对安全性和适用性一般应采用一致的目标使用期 T'，以便能按统一的时间区域解释和综合评定既有结构的可靠性，但《结构设计基础——既有结构的评定》(ISO 13822:2010)[15]中允许采用不同的时间区域：对结构适用性和疲劳，建议按预定的剩余使用年限分析和评定；对承载能力极限状态，认为取较短的设计基准期(如50年)更为合理。从满足工程实际需求的角度考虑，可允许对安全性、适用性设立不同的时间区域，但这时既有结构可靠性评定在时间要求上便是多目标的，在其评定结论中对此应做明确说明。

2. 条件

工程结构的可靠性与未来场景(scenario)有关。未来场景是《结构设计基础——既有结构的评定》(ISO 13822:2010)[15]中提出的一个新概念，是指与结构有关的各种可能出现的危急情况。用途的变更、环境的变化等都可能使结构未来的状态和结构上的作用发生显著变化，导致危急情况的发生。设定的未来场景不同，结构具有的可靠性也将不同。例如，是否考虑将居住房屋变更为图书馆的藏书用房，是否考虑房屋遭受爆炸的威胁等，都会对结构的可靠性产生显著的影响[15]。

对未来场景考虑得越周全，结构在各种危急情况下完成预定功能的能力越强。但是，无限制地考虑结构可能遭遇的未来场景是不现实和不经济的。例如，工程结构的设计中并不考虑陨石冲击等极其罕见的事件。因此，结构可靠性的分析中，有必要对所考虑的未来场景做出一定的限定。这些限定实际上也是结构可靠性分析的前提和条件，结构可靠性定义中的“规定的条件”即代表这样的前提和条件。

对于拟建结构，我国国家标准中设定结构能够得到正常的设计、施工、使用和维护[2~7]，设计失误、施工缺陷、使用不当、维护不周等现象均不在考虑之列，即在未来场景中不考虑这些不规范的行为。《结构设计基础》(EN 1990:2002)[9]中则明确采用了下列假定：

(1) 结构体系的选择和结构的设计由具有相应资格和经验的人员承担。

(2) 施工由具有相应技能和经验的人员承担。

(3) 建设过程中有相应的监督和质量控制。

(4) 建筑材料和制品的使用符合《结构设计基础》(EN 1990:2002)[9]和EN 1991～EN 1999中的规定、相关施工标准的规定或材料和制品参考性规程的规定。

(5) 结构能够得到适当的维护。

(6) 结构能够按设计规定使用。

这些限定不仅是结构可靠性分析、设计的前提和条件,也是对结构设计、施工、使用、维护等活动的要求,一般需通过管理和技术手段保障。

对于既有结构,其原始的设计工作、施工工程已完成,并经历了一定时间的使用,历史上曾出现的设计失误、施工缺陷、使用不当、维护不周等已成既定的事实,分析和评定既有结构的可靠性时应以现实的态度考虑它们可能产生的不利影响[16]。但是,既有结构的可靠性分析与评定也有其前提和条件,也需要设定未来的场景,一般要求既有结构在未来的目标使用期内能够得到正常的使用和维护。除此之外,一些场合下还可能对其使用和维护提出特殊的要求,其目的主要是保证或提高结构的可靠性,延长结构加固或更新的周期,亦属于既有结构可靠性分析、评定的前提和条件[16]。

例如,对重级工作制(A6 和 A7 工作级别)的钢吊车梁,《钢结构设计规范》(GB 50017—2017)[18]中要求:吊车梁上翼缘与制动桁架传递水平力的连接宜采用高强度螺栓的摩擦型连接。假设实际工程中已采用焊缝连接,但目前尚未出现疲劳损伤或破坏现象,对于这一实际问题,彻底的解决方案是按规范要求更换连接,但其施工过程将影响结构的正常使用,并可能损害吊车梁、制动桁架既有的性能,并不是现实中理想的方案。可考虑的另一种方案是观察使用,即不更换连接,但要求后期使用中对已采用的焊缝连接进行有效的监控,保证及时发现连接的异常状况,待出现异常时再按预定方案修复,从而延长加固或更换的周期。因此,从工程实际考虑,既有结构可靠性评定中可接受目前的焊缝连接方式,但要求后期使用中对吊车梁上翼缘与制动桁架的连接采取有效的监控措施,并以其作为吊车梁可靠性评定的前提和条件。这是对吊车梁后期使用和维护的一种更严格的特殊要求。

再如,计划较短的 n 年后重建某桥梁结构,目前需要对该桥梁结构在这 n 年内的可靠性进行评定,判定其在重建之前能否继续安全使用。假设该桥梁结构在原先的使用条件下已不满足安全性的要求,则现实和经济的途径是限定桥梁上的车辆荷载,对桥梁结构采取更周密的监控措施,并以此为前提和条件分析、评定桥梁结构的可靠性,使其尽可能满足要求,能够安全使用到重建之时。这些管理和技术上的特殊要求亦属于既有结构可靠性分析、评定的前提和条件。

3. 功能

结构可靠性概念的核心是结构完成预定功能的能力,国内外标准中对结构预定功能的规定基本一致。对于拟建结构的可靠性设计,《工程结构可靠性设计统一标准》(GB 50153—2008)[2]中要求结构在规定的设计使用年限内应满足下列功能要求:

(1) 能承受在施工和使用期间可能出现的各种作用。

(2) 保持良好的使用性能。

(3) 具有足够的耐久性能。

(4) 当发生火灾时,在规定的时间内可保持足够的承载力。

(5) 当发生爆炸、撞击、人为错误等偶然事件时,结构能保持必需的整体稳固性,不出现与起因不相称的破坏后果,防止出现结构的连续倒塌。

它们习惯上被划分为安全性(safety)、适用性(serviceability)和耐久性(durability)三个方面,其中第(1)、(4)、(5)条的内容一般归为安全性问题,第(2)、(3)条的内容分别归为适用性和耐久性问题。

国际上将结构应满足的功能要求一般也划分为三类,但未明确列出耐久性方面的内容。《结构可靠性总原则》(ISO 2394:2015)[8]中规定,结构和结构构件应以适当的可靠度满足下列要求:

(1) 能够在使用年限内在所有预期承受的作用下良好地工作,提供适用功能。

(2) 能够承受施工、使用(按预期用途)和退役阶段出现的极端作用、高周循环作用和永久作用,提供与破坏和失效相关的安全功能及可靠性。

(3) 不会因自然灾害、事故或人为错误等极端事件和未预见的可能事件而遭受严重的破坏或发生连锁失效现象,保持坚固,提供充足的稳固性(robustness)。

《结构可靠性总原则》(ISO 2394:2015)[8]中同时指出,结构可靠性涵盖结构的安全性、适用性和耐久性,因此它对结构功能的要求也应包含对结构耐久性的要求,可认为其体现于第(1)条中。

国际组织结构安全度联合委员会(JCSS)在《JCSS概率模式规范》[19]中,也将结构应满足的要求划分为类似的三类,并分别称它们为正常使用极限状态要求(serviceability limit state requirement)、承载能力极限状态要求(ultimate limit state requirement)和稳固性要求(robustness requirement)。

对于既有结构,其预定功能原则上应与拟建结构的一致。《结构设计基础——既有结构的评定》(ISO 13822:2010)[15]中规定,既有结构可靠性评定的目的应根据下列性能水准确定,它们间接地表述了既有结构应满足的功能要求,总体上与拟建结构的一致:

(1) 安全性能水准,其为结构的使用者提供适当的安全性。

(2) 继续工作性能水准,其为医院、通信建筑或主干桥梁等特殊结构在遭受地震、撞击或其他可预见的灾害时提供继续工作的能力。

(3) 委托人提出的与财产保护(经济损失)或适用性相关的特殊性能要求。该性能水准通常根据寿命周期费用和特殊的功能要求确定。

无论是对拟建结构还是对既有结构,上述结构功能要求都是原则性的,结构能否完成预定的功能具体是以极限状态(limit state)为标准判定的。极限状态指其被超越时结构不再满足功能要求的状态[2~9]。若整个结构或结构的一部分超过某一特定状态便不再满足设计规定的某一功能要求,则称此特定状态为该功能的极限状态[2]。极限状态相当于结构或结构构件的失效准则,是判定结构失效与否的物理标准,它们应具有明确的标志和限值。国内外标准中有关极限状态的具体规定将在 1.2 节中阐述。

由于规范的修订和变化,既有结构原先设计时所考虑的极限状态或失效准则,可能与现行规范中的规定存在差异,具体表现为两个方面:极限状态或失效准则的设置发生了变化,即现行规范可能增设新的控制指标,对结构提出新的要求;极限状态或失效准则的具体控制标准发生了变化,如现行规范可能规定更为严格的限值或标志。

极限状态或失效准则直接影响既有结构可靠性分析与评定的结果,也决定既有结构可靠性的具体含义。对于既有结构的可靠性评定,《结构可靠性总原则》(ISO 2394:2015)[8]、《结构设计基础——既有结构的评定》(ISO 13822:2010)[15]和《工业建筑可靠性鉴定标准》(GB 50144—2008)[17]、《民用建筑可靠性鉴定标准》(GB 50292—2015)[20]、《建筑抗震鉴定标准》(GB 50023—2009)[21]等国内外标准中,对失效准则的确定原则有着一致的规定,即以现行规范规定的极限状态作为判定既有结构失效与否的物理标准。有关这项规定的理由将在 9.3 节中结合既有结构可靠性的评定依据和判定标准详细阐述。

综上所述,目前对结构可靠性的定义既适用于拟建结构,也适用于既有结构,但既有结构的可靠性在时间、条件、功能等方面有其特殊性:它的时间区域(目标使用期)应根据结构未来具体的使用目的、使用要求、维修和使用计划等重新确定,取值上具有更大的灵活性,一般比设计使用年限短;可靠性分析的前提和条件仅涉及未来的使用和维护要求,并可能包含更严格的特殊要求;预定功能与拟建结构的一致,但相应的极限状态应按现行规范中的规定确定,相对于原先设计时考虑的极限状态,可能出现新的或更严格的要求。

1.1.2 结构时域可靠性

时间、条件、功能是描述结构可靠性的三个基本要素,无论是对拟建结构还是对既有结构,它们均应满足相应的要求,即“规定的时间”、“规定的条件”和“预定功能”。判定结构可靠与否时,一般需设定其中两个要素满足要求,在此条件下通过第三个要素对结构可靠与否做出最终判定。

按常规方式,一般设定结构满足时间、条件两方面的要求,通过比较结构的实际功能和预定功能最终判定结构是否可靠。目前的结构可靠性正是按这种判定方式定义的,其中“规定的时间”、“规定的条件”分别设定了结构应满足的时间和条件上的要求,而完成“预定功能”则是对结构实际功能、预定功能之间关系的要求,它代表了第三个要素。

对于同一命题，实际上还可按另一方式判定，即设定结构满足条件、功能两方面的要求，根据结构使用时间、规定时间之间的关系判定结构是否可靠。这种判定方式在机械、电子领域产品可靠性的研究中得到了广泛的应用[22]，它与前述判定方式完全等效，判定结果也应一致[23,24]。根据这种判定方式，可定义结构的另一种能力，即结构在规定的条件下，在完成预定功能的前提下，满足时间要求的能力，文献[25]称其为结构时域可靠性(structural time-domain reliability)。如果定义结构在完成预定功能前提下的最长使用时间为结构使用寿命，可更简捷地定义为结构在规定的条件下，其相对于预定功能的使用寿命满足时间要求的能力。结构时域可靠性的概念既适用于拟建结构，也适用于既有结构。

从本质上讲，结构可靠性和结构时域可靠性是从不同角度对同一内容的描述，即结构在规定条件下满足时间、功能两方面要求的能力。前者从功能的角度描述，后者则从时间的角度描述，它们是一对关系紧密的耦合概念。3.1.1节将进一步揭示它们之间的定量关系。

1.2　结构安全性和适用性

结构安全性和适用性分别指结构完成预定安全功能、适用功能的能力，从属于结构可靠性。结构安全性和适用性分析中，应分别以表达结构安全、适用功能要求的极限状态作为判定结构安全、适用与否的具体标准，它们也是区分结构安全性、适用性问题的具体标准。

《工程结构可靠性设计统一标准》(GB 50153—2008)[2]中将结构的极限状态划分为两类：承载能力极限状态、正常使用极限状态。《结构可靠性总原则》(ISO 2394:2015)[8]中则将结构的极限状态划分为三类：承载能力极限状态、正常使用极限状态和条件极限状态(condition limit state)。

承载能力极限状态指下列但不限于下列不利状态[8]：

(1) 整个结构或其一部分作为刚体失去平衡。

(2) 因屈服、断裂或过大变形而使截面、构件或连接瞬时达到最大承载力。

(3) 因断裂、疲劳或其他与时间有关的累积效应而使构件或连接失效。

(4) 整个结构或其一部分失稳。

(5) 假设的结构体系突然转变为新体系(如跳跃屈曲、大的开裂变形等)。

(6) 地基失效。

正常使用极限状态对应于有关正常使用预定功能的衰退现象，特别指下列但不限于下列不利状态[8]：

(1) 影响结构构件、非结构构件有效使用或外观，或影响设备运行的不可接受的变形。

(2) 引起人员不适或影响非结构构件或设备运行的过大振动。

(3) 影响结构外观、有效使用或功能可靠性的局部损伤。

(4) 降低结构耐久性能或导致结构使用不安全的局部损伤(包括开裂),它通常也称为耐久性极限状态(durability limit state)。

《结构可靠性总原则》(ISO 2394:2015)[8]中特别指出,承载能力极限状态包含结构稳固性(robustness)方面的内容,并根据极限状态被超越的时间、频率以及极限状态的可逆、不可逆性质,对正常使用极限状态做了进一步的说明。《工程结构可靠性设计统一标准》(GB 50153—2008)[2]中有关这两种极限状态的规定与《结构可靠性总原则》(ISO 2394:2015)[8]中的基本一致。

《结构可靠性总原则》(ISO 2394:2015)[8]中提出的第三类极限状态,即条件极限状态,指下列情形:

(1) 与不好定义或难以计算的实际极限状态相近的状态。例如,以弹性极限作为承载能力极限状态,以(钢筋)脱钝作为耐久性能的极限状态,通常也称其为初始极限状态。

(2) 降低结构耐久性能或影响结构和非结构构件性能或外观的局部损坏(包括开裂)。

(3) 针对功能持续加剧衰退的情形所附加的极限状态。

《结构可靠性总原则》(ISO 2394:2015)[8]中对第(1)、第(3)种情形做了专门说明,这里对其做更充分和详细的解释。

第(1)种情形:理论上讲,对一定时间区域内结构安全性和适用性的要求已涵盖对结构耐久性能的要求,即承载能力极限状态、正常使用极限状态中已反映对结构耐久性能的要求。但是,实际工程中为更好地实现对结构耐久性能的控制,可附加设置一定的中间极限状态,包括与耐久性能有关的特定极限状态,或与一定非临界条件相关的极限状态,如钢筋脱钝。它们并不属于结构实际的极限状态,但设置这样的中间极限状态有利于控制结构的耐久性能,从而更好地实现对实际极限状态的控制。

第(3)种情形:作为判定结构失效与否的物理标准,结构实际的极限状态往往意味着外界条件或环境仅发生较小的变化时便可能导致结构突然失效,产生突发的损失。但是,一些场合下的损失是逐渐产生的,这时仅按最终实际的极限状态难以实现对中间过程的控制。一个解决方法是按若干损失水平对结构的不利状态进行划分,如地震分析中将其划分为初步损伤、维修、倒塌等不同损失水平的状态,并以其为中间极限状态分步控制。这种控制的最终目标仍是不超越实际的极限状态,但采用了过程控制的方式。

对于第(2)种情形,《结构可靠性总原则》(ISO 2394:2015)[8]中未专门说明,但由条件极限状态的意义和上述专门说明可见，它应指与局部损坏相关的中间极限状态，如为保证钢筋混凝土构件不出现降低其耐久性能的过宽裂缝，将构件锈胀开裂作为中间极限状态。它的目的是更好地控制结构的耐久性能，或保证结构和非结构构件的性能或外观。

条件极限状态主要是从实际控制的角度提出的，目的是以近似方法或通过中间环节控制结构实际的极限状态，本质上仍应从属于承载能力极限状态或正常使用极限状态，并不是与它们并行的第三类极限状态。因此，结构极限状态只有两类：承载能力极限状态和正常使用极限状态。目前，在结构耐久性研究中提出了一些新的极限状态，它们本质上也归属于这两类极限状态，1.3.2 节将对此做详细说明。

极限状态与结构的功能要求之间具有明确的对应关系，对极限状态的划分实质上也是对结构功能要求的划分。由极限状态的含义和具体说明可见，承载能力极限状态、正常使用极限状态分别对应于结构的安全、适用功能要求。与此对应，描述结构完成预定功能能力的结构可靠性也应分为相应的两类，即结构安全性和适用性。它们是对结构可靠性最基本的分类[23~25]。

1.3　结构耐久性

1.3.1　结构耐久性的概念

目前对结构耐久性分析与控制方法的研究虽已取得显著的成果，但对结构耐久性概念的认识仍存在较大差异。下面首先简要介绍目前国内外对结构耐久性的一些定义和解释。

《结构设计基础》(EN 1990:2002)[9]中未直接定义结构耐久性，但指出：在适当考虑结构环境和预期维护水平的条件下，结构的设计应保证在设计使用年限内，劣化现象对结构性能的损害不会使结构性能低于预期的水平。

《混凝土结构耐久性设计与施工指南》(2005 年修订版)(CCES 01—2004)[26]中定义结构耐久性为：结构及其构件在可能引起材料性能劣化的各种作用下能够长期维持其原有性能的能力。在结构设计中，结构耐久性则被定义为在预定作用和预期的维修与使用条件下，结构及其构件能在规定期限内维持所需技术性能(如安全性、适用性)的能力。

《工程结构可靠性设计统一标准》(GB 50153—2008)[2]中对“足够的耐久性能”要求给出如下解释：结构在规定的工作环境中，在预定时期内，其材料性能的劣化不致导致结构出现不可接受的失效概率。从工程概念上讲，就是指在正常维护条件下结构能够正常使用到规定的设计使用年限。

《混凝土结构耐久性设计规范》(GB/T 50476—2008)[27]中，将设计确定的环境作用和维修、使用条件下，结构构件在设计使用年限内保持其适用性和安全性的能力，定义为结构耐久性。

《工程结构设计基本术语标准》(GB/T 50083—2014)[28]中，将结构在正常维护条件下，随时间变化而仍能满足预定功能要求的能力，定义为结构耐久性。

《结构可靠性总原则》(ISO 2394:2015)[8]中对结构耐久性的定义为：拟定维护条件下，在环境作用的影响下，结构或任意结构构件在一定使用年限内满足设计性能要求的能力。

国内外对结构耐久性概念的定义和解释并不完全一致。对于时间区域，有的明确指出为“设计使用年限”，有的规定为“长期”、“规定期限”、“预定时期”或“一定使用年限”，有的则未做规定。对于控制目的，有的规定为“不会使结构性能低于预期的水平”或“维持其原有性能”，着眼于结构本身的性能；有的规定为“维持所需技术性能(如安全性、适用性)”、“保持其适用性和安全性”或“满足预定功能要求”，着眼于结构的安全性和适用性；有的则规定为“不致导致结构出现不可接受的失效概率”，着眼于结构的可靠度。这些显著的差异使目前对结构耐久性的概念尚未取得共同的认识。这不仅会影响结构耐久性问题的界定，还会影响结构耐久性的度量、分析与控制。

影响结构耐久性的损伤一般是随时间而缓慢累积的，并逐渐导致结构性能的衰退和结构状态的劣化。目前对结构耐久性问题的研究主要是从时间角度考察结构性能和状态的变化，但这并不是界定结构耐久性问题的标志，因为结构安全性和适用性的研究中，也需考虑结构性能、状态随时间的变化，如钢筋混凝土构件刚度、受力、裂缝宽度等随时间的变化，混凝土材料的收缩、徐变等，但这些都不属于结构耐久性问题[23~25]。

要明确结构耐久性的概念，需综合考察其研究的内容和目的。这里将其归结为三点。

1) 研究的核心内容是结构材料损伤

按系统科学的观点，一个系统的性能取决于系统要素的性能、数量以及系统要素之间的关系(即系统结构)。构件性能衰退的根源也可按此概括为三个方面：材料性能衰退、材料损耗、内部结构损伤。

材料性能衰退主要指在化学、物理等因素长期作用下材料因化学成分、性质变化(包括水泥材料失去结晶水)而导致其性能下降的现象，如因外部腐蚀性介质侵蚀、混凝土内部碱-集料反应、混凝土受长期高温烘烤等造成的材料性能的下降现象。它们是目前结构耐久性研究的核心内容，甚至被作为判定是否是结构耐久性问题的标志。但是，仅就材料方面而言，构件的性能衰退并非均源于材料性能的衰退，如在高速水流、风沙、移动车轮、流动物料等力学因素长期作用下产生的构件表层材料的损耗，并没有改变材料的化学成分和性质，但同样会造成构件性能的衰退，它们亦属于结构耐久性研究的核心内容。

构件的内部结构指构件中材料之间(包括不同材料之间)的关系，如材料的连续性、钢筋与混凝土之间的黏结、高强螺栓与钢板之间的摩擦连接等，它们的变化对构件的性能也有直接的影响。内部结构损伤中，常见的是力学因素作用下产生的受力裂缝(包括疲劳裂缝)、钢筋滑移、高强螺栓滑动等，它们并不属于结构耐久性研究的内容。但是，构件的内部结构损伤也可能是物理因素的长期作用而造成的，如混凝土的冻融循环损伤、砌体材料的物理风化损伤等，这些源于物理原因的损伤则属于结构耐久性研究的核心内容。

综上所述，结构耐久性研究的核心内容包括材料的性能衰退、损耗和构件内部结构的物理损伤，它们均具有随时间逐渐累积的特征。构件内部结构的物理损伤一般不会改变材料的化学成分和性质，但会破坏材料的连续性，甚至导致材料损耗，因此可将材料的性能衰退、损耗和构件内部结构的物理损伤统称为结构材料的损伤。

构件耐久性能的衰退不一定单纯源于结构材料的损伤。例如，对钢材腐蚀疲劳、高强螺栓应力腐蚀等造成的破坏，其根源既与材料本身的腐蚀有关，也与高周循环应力、高应力等力学因素有关，它们之间具有相互促进的效应，属复合损伤现象。它们亦为结构耐久性研究的核心内容。

结构材料的损伤通常会进一步导致其他损伤现象的发生，如钢筋锈蚀会进一步导致混凝土保护层在锈胀应力作用下开裂，甚至导致钢筋与混凝土在界面剪应力作用下过早地产生相对滑移。这些是结构材料损伤的后续效应，虽然它们也是结构耐久性研究的内容，但其核心是导致这些后果的结构材料损伤。

2）研究的主要内容是结构材料损伤对结构性能、状态的影响

结构材料损伤虽然是结构耐久性研究的核心内容，但对结构而言，还应进一步考察其对结构性能和状态的不利影响。例如，钢筋锈蚀后，需进一步考察其对钢筋与混凝土之间黏结性能的影响，对材料连续性、构件外观的影响，对构件刚度、变形的影响，甚至对构件承载性能的影响。这一点是区分结构耐久性问题与材料耐久性问题的标志。

考察结构材料损伤对结构性能、状态的影响时，既可在设定的时间区域内研究结构材料损伤对结构性能、状态的影响，也可在结构性能和状态不低于预期水平的条件下研究结构的使用寿命。这时结构材料损伤对结构性能和状态的影响隐性地体现于设定的条件，即结构的寿命准则中。

3）研究的最终目的是判定结构满足时间、功能要求的能力

结构耐久性从属于结构可靠性，因此结构耐久性的研究中必须判定结构能否满足时间、功能上的要求，这是结构耐久性研究的最终目的。结构的使用寿命是目

前结构耐久性研究中的一项重要内容，但仅研究结构的使用寿命，而不考察其与时间要求之间的关系，并不是严格意义上的结构耐久性研究，只是对结构使用寿命的分析和预测。相应地，在设定的时间区域内，仅研究结构材料损伤对结构性能和状态的影响，而不考察其与相应极限状态、功能要求之间的关系，也不是严格意义上的结构耐久性研究。结构耐久性研究的最终目的是在考虑结构材料损伤的基础上，对结构满足时间、功能要求的能力做出判定。

综上所述，结构耐久性研究的核心内容是结构材料损伤，即结构材料的性能衰退、损耗和构件内部结构的物理损伤，其主要内容是结构材料损伤对结构性能和状态的影响，最终目的是判定结构在规定条件下能否满足时间、功能上的要求。

结构耐久性是结构可靠性中涉及结构材料损伤的特殊内容。根据结构可靠性的定义，可定义结构耐久性为：结构在规定的时间内，在规定的条件下，保持材料工作能力并完成预定功能的能力。材料工作能力指结构材料抵抗损伤的能力，即抵抗材料性能衰退、损耗和构件内部结构物理损伤的能力。根据结构时域可靠性的定义，从时间角度考察时，可将结构耐久性定义为：结构在规定的条件下，在保持材料工作能力并完成预定功能的前提下，满足时间要求的能力，或结构在规定的条件下，其使用寿命满足时间要求的能力。这里的结构使用寿命指保持材料工作能力并完成预定功能前提下结构的最长使用时间。

上述结构耐久性的定义中，对于拟建结构，“规定的时间”指设计使用年限，“规定的条件”指正常的设计、施工、使用和维护；对于既有结构，“规定的时间”指目标使用期，“规定的条件”指正常的使用、维护要求或特殊的使用、维护要求。“预定功能”指预定的适用、安全功能，分别对应于正常使用极限状态和承载能力极限状态，包括目前结构耐久性研究中提出的新的极限状态（1.3.2 节将对此做具体说明）。设定结构的预定功能时，或设定结构性能和状态的最低期望水平时，应以不花费大量意外的资金进行维修和修复为原则。

结构耐久性分析中，除目前所称的作用外，还应根据结构材料损伤的原因，考虑其他力学因素（如高速水流冲刷、风沙侵害、移动车轮和流动物料磨损等因素）以及物理、化学甚至生物因素的影响，采用力学或非力学的分析方法。判定结构耐久性是否满足要求时，既可在限定结构性能和状态不低于预期水平的条件下，采用结构时域可靠度的方法考察结构使用寿命与时间要求（规定时间）之间的关系，也可在规定的时间内，采用结构可靠度的方法考察结构性能、状态与预期水平之间的关系。这两种方式完全等效，可得到同样的结果。

1.3.2　结构耐久性与安全性、适用性的关系

虽然《结构设计基础》（EN 1990：2002）[9]中要求结构设计时应保证结构具有适当的承载能力、使用性能和耐久性能，《结构可靠性总原则》（ISO 2394：2015）[8]

中指出结构可靠性涵盖结构的安全性、适用性和耐久性，但在概念上结构耐久性与结构安全性、适用性之间并不是并列关系，不能简单地认为结构可靠性是结构安全性、适用性、耐久性的总称，对结构可靠性最基本的分类仍是结构的安全性和适用性[22~24]。

结构耐久性是结构可靠性中涉及结构材料损伤的特殊内容，也应是结构安全性、适用性中的特殊内容，不能独立于安全性、适用性之外。首先，结构安全性、适用性分析中，不能回避结构材料的损伤现象，即结构耐久性问题，否则难以真实反映结构实际的性能；其次，结构耐久性分析中，也不能仅停留于分析结构材料的损伤，还应进一步考察其对结构性能和状态的影响，判定结构是否安全或适用。目前，结构可靠性分析中常假设结构性能不随时间变化，若存在结构性能衰退现象，则将它们列为单独的耐久性问题。这只是结构可靠性分析中考虑结构性能衰退的一种变通方法，不能据此认为结构的耐久性独立于结构的安全性和适用性。

结构耐久性问题与安全性、适用性问题是相容的，它或者应归属于适用性问题，或者应归属于安全性问题，其关键在于结构耐久性分析中所考虑或设定的结构状态控制标准是属于正常使用极限状态还是承载能力极限状态。这些结构状态控制标准总体上可划分为两类，即新的极限状态和条件极限状态（主要指中间极限状态）。

为控制结构材料损伤对结构功能的影响，结构耐久性研究中提出了一些新的结构状态控制标准，如混凝土不出现锈胀裂缝、锈胀裂缝宽度不超过一定限值等[29,30]。这类控制标准相当于新的极限状态，但与以往对裂缝的控制一样，也是为保证结构的适用功能而设定的，是对正常使用极限状态的补充，并不代表新的极限状态类别。

目前结构耐久性研究中还提出一些特殊的结构状态控制标准，如为防止内部钢筋锈蚀而要求混凝土的碳化深度不超过一定的限值[29,30]。对于这类控制标准，即使结构达到设定的状态，也不意味着结构达到实际的极限状态。例如，即使混凝土碳化深度达到其限值，一般也不会导致混凝土保护层开裂，更难以导致裂缝宽度过大，它并未达到使结构丧失良好使用性能的程度，即未达到正常使用极限状态。设置这样的控制标准是为更好地保证结构状态不超越实际的极限状态，它们相当于《结构可靠性总原则》(ISO 2394:2015)[8]中提出的中间极限状态，即条件极限状态，目的仍是保证结构具有良好的适用功能。

条件极限状态在目前预应力混凝土构件受力裂缝的控制中也得到了应用。对一级裂缝控制等级的预应力混凝土构件，现行规范中要求混凝土中不应出现拉应力[31]。但是，即使混凝土中的应力达到临界状态（等于0），一般也不会导致混凝土开裂，使结构丧失良好的使用性能。这种结构状态控制标准亦属于条件极限状态，也是为更好地保证结构的适用性。

结构耐久性研究中提出的上述两类结构状态控制标准均从属于正常使用极限状态，相应的耐久性问题应归入适用性问题。结构设计中，一般均应将耐久性问题限定于适用性问题的范围内，以避免结构材料损伤严重影响结构的使用，甚至威胁结构的安全，这是结构设计应遵循的基本原则。《结构可靠性总原则》(ISO 2394：2015)[8]中便明确将耐久性极限状态归入正常使用极限状态中。但是，一些情况下结构材料的损伤也可能直接威胁结构的安全性，这时则应将耐久性问题归入安全性问题。

例如，腐蚀介质浓度和空气相对湿度都较高的环境中，若因客观条件限制而难以对构件进行有效的检测或监测，则实际使用中结构材料遭受严重损伤而未被及时发现的可能性将增大。这时除加强防护措施外，还有必要考虑和分析结构材料损伤对构件承载能力的影响，按更严格的标准控制结构材料的损伤，保证构件具有足够的承载能力。这时对结构耐久性的考虑和分析便直接涉及结构的安全性，而设定的结构材料损伤控制标准相当于承载能力极限状态的条件极限状态，应将其归入结构安全性问题。

再如，若计划若干年后拆除既有的结构，而该结构在恶劣的环境中又需继续使用，则为准确判定拆除前结构能否安全使用，在该既有结构的可靠性评定中便需定性或定量地考虑结构材料损伤对承载能力的影响，按承载能力极限状态判定结构能否满足安全功能要求。这时的结构耐久性问题亦直接涉及结构的安全性，应归入结构安全性问题。

综上所述，结构耐久性是结构可靠性或安全性、适用性中涉及结构材料损伤的特殊内容，它或者应归属于结构适用性，或者应归属于结构安全性，关键在于其所考虑或设定的结构状态控制标准是属于正常使用极限状态还是承载能力极限状态。目前结构耐久性研究中提出的结构状态控制标准是对正常使用极限状态的补充，或是从属于正常使用极限状态、承载能力极限状态的条件极限状态，并不是与这两类极限状态并行的第三类极限状态，这是理解结构安全性、适用性、耐久性之间关系的关键。一般情况下，结构耐久性问题宜被限定于适用性问题的范围内，但一些情况下也可能涉及结构的安全性。

根据结构可靠性、结构时域可靠性、结构安全性、适用性和耐久性的概念，可将结构可靠性的基本概念体系表达为图 1.1 所示的形式。结构可靠性和结构时域可靠性是一对关系紧密的耦合概念，是从功能、时间两个不同角度对同一内容的描述，无本质区别，它们均可划分为安全性、适用性两个基本类别。结构耐久性是结构可靠性或结构安全性、适用性中涉及结构材料损伤的特殊问题，从属于结构适用性或安全性。结构安全性和适用性分别对应于承载能力极限状态和正常使用极限状态，这两类极限状态中均包含条件极限状态，它们以近似方法或通过中间环节控制结构实际的极限状态。无论是结构的安全性、适用性还是耐久性，均可采用结构可靠性或结构时域可靠性的方法，从功能或时间角度进行考察和分析，两种方式亦无本质区别。

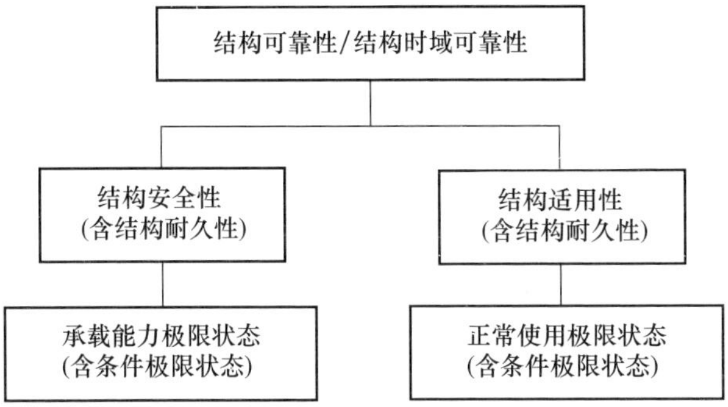

图 1.1　结构可靠性的基本概念体系

1.4　结构状态和作用

1.4.1　结构状态和结构性能

目前结构工程领域的研究，特别是对结构耐久性问题的研究，要求从更广的角度和更深的层次考察结构的状态，拓展结构状态的概念。从本质上讲，结构状态(structural state)应指结构及其材料所有的外在和内在形态，它们可分为四类[32]：

(1) 几何状态，如结构构件的相对位置和几何尺寸，结构的位移和变形，构件裂缝的分布、形状和宽度，材料的应变，基础的位移等。

(2) 力学状态，如结构构件内力、材料应力、钢筋与混凝土间的黏结力、高强螺栓与钢板的摩擦力等。

(3) 物理状态，如结构构件的温度场和相对湿度、钢筋钝化膜表面的极值电位、钢筋中的电流密度等。

(4) 化学状态，如混凝土的碳化深度、混凝土液相的 pH、结构材料的腐蚀速率等。

除目前经常涉及的几何和力学状态外，这里的结构状态还包含物理和化学状态，涉及结构材料的分子、离子等物质层次，是完整描述结构及其材料形态的重要概念。之所以做这样的拓展，是因为目前结构工程领域的研究已深入到这样的物质层次和形态。

结构性能(structural performance)与结构状态有密切关系，它们也可分为四类[32]：

(1) 几何性能，如构件的截面面积、惯性矩和长细比，构件局部受压面积，钢筋混凝土构件的配筋率等。

(2) 力学性能，如结构的承载能力、抗裂能力、变形模量、刚度和固有频率等。

（3）物理性能，如结构材料的热膨胀系数、构件的耐火性能、混凝土的抗渗性和抗冻性、混凝土的电阻率等。

（4）化学性能，如结构材料的耐酸性能、混凝土集料的活性等。

传统的结构可靠性分析中，通常关注的是结构的几何、力学性能，如构件的截面面积、惯性矩、配筋率、刚度、承载能力等，因为它们对结构可靠性的影响往往是显著的；但一些情况下，如结构承受较大的温差作用或者长期遭受较严重的化学侵蚀时，结构的物理、化学性能则会对结构的可靠性造成不可忽略的影响。分析结构的可靠性时，宜全面考察结构的几何、力学、物理和化学性能。

1.4.2　作用和作用效应

结构状态中，内力、变形、应力、应变、裂缝等是传统结构分析中的重点内容，它们的变化会直接影响结构的性能和可靠性，而引起这些状态变化的主要原因便是目前所称的“作用”（action），包括直接作用（direct action）和间接作用（indirect action）。前者指集中或分布的机械力，亦称为荷载（load）；后者指引起结构外加变形或约束变形的原因[2,8,9]。它们会直接导致结构上述状态的变化，并可能改变结构的性能。但是，目前的“作用”主要概括的是结构几何、力学状态变化的原因，并不是结构几何、力学、物理、化学等所有状态变化的原因。如混凝土液相 pH 的降低、钢筋表面极值电位的下降、钢筋中电流密度的增大、材料腐蚀速率的加快等，并非源于目前的“作用”。

长期的工程实践说明，结构物理、化学状态的变化及其影响同样是不可忽略的。如二氧化碳在混凝土中的渗透与扩散、混凝土中孔隙水的冻结与融化、材料组分的结晶和溶解等，虽然初期不会引起结构状态的显著变化，但历经较长时间后，它们的影响便会逐渐显露，最终导致结构物理、化学状态的显著变化，并引起结构性能的变化。从设计的角度讲，人们不仅要建造一个性能良好的结构物，还应保证其在足够长的时间内保持或基本保持良好的性能，因此引起结构物理、化学状态变化的原因也应被关注。

为全面概括结构状态变化的原因，可将所有引起结构几何、力学、物理、化学状态变化的原因统称为作用，并将其分为四类[32]：

（1）机械作用，如各种集中力和分布力的施加、地基基础的相对位移、对结构或材料自由变形的约束、能量波的输入（如地震）、高速水流的冲刷、风沙的侵害、移动车轮和流动物料的摩擦等。

（2）物理作用，如热辐射，水分的渗入、蒸发与冻融，材料组分的结晶和溶解，电场和磁场的影响等。

（3）化学作用，如腐蚀介质对结构材料的侵蚀、混凝土中的碱-集料反应（源自结构内部的作用）等。

(4) 生物作用,如白蚁对木材的噬咬,材料表面苔藓、藻类植物的影响等。

目前的"作用"实际上只涵盖了上述的机械作用和部分物理作用(如温度作用等)。对于实际环境中的结构物,设计和评定中需考虑的作用不应完全按主观设定的未来场景确定,任何施工和使用过程中不可忽略的、能够改变结构状态的作用原则上都应纳入考虑的范围,包括机械、物理、化学和生物作用,以保证结构实际具有的可靠性满足要求。这里定义的作用概括了所有引起结构状态变化的原因,具有更广泛的含义,与拓展后的结构状态和结构性能的概念是相互对应的。

为考虑其他因素对结构性能和状态的影响,《结构可靠性总原则》(ISO 2394:2015)[8]中在保留过去"作用"术语的同时,引入"环境影响"(environmental influence)术语。它指可能引起结构材料性能衰退,并进一步导致结构适用性和安全性衰退的物理、化学或生物方面的影响[8]。环境影响是对目前"作用"这一概念的重要补充,它的引入标志着国际标准中开始在更广的范围和更深的层次考虑结构状态变化的原因。

环境影响主要是针对耐久性问题提出的,但《结构可靠性总原则》(ISO 2394:2015)[8]中的"环境影响"仍被限定于可能引起结构材料性能衰退的范围,且不包括机械方面的影响,并不能涵盖所有可能引起结构材料损伤的原因,如导致结构材料损耗的机械作用。为全面概括引起结构材料损伤的原因,可将环境影响定义为:可能引起结构材料损伤,并进一步导致结构适用性和安全性衰退的机械、物理、化学或生物的影响。它涵盖了所有可能引起结构材料损伤的原因,包括结构材料性能衰退、损耗和内部结构物理损伤的原因。

与作用概念相对应,作用效应(action effect)应指作用引起的所有结构状态的变化,它不仅仅指内力、变形、应力、应变、裂缝等目前的"作用效应",而是指所有结构几何、力学、物理、化学状态的变化,如结构构件温度场和相对湿度的变化、钢筋钝化膜的破坏、混凝土液相 pH 的变化等。相应地,作用效应的组合也不仅仅是内力、应力等的组合,而是涵盖机械、物理、化学甚至生物作用效应的组合或耦合。

对作用、作用效应概念的这种拓展,有助于更全面地考察结构在实际环境中可能遭受的各种因素的影响。

1.5　结构可靠性的影响因素

结构可靠性的核心是结构完成预定功能的能力,而结构能否完成预定的功能最终是根据结构的状态判定的,通过对结构状态的考察可系统揭示结构可靠性的影响因素。

结构状态的变化,包括几何、力学、物理和化学状态的变化,与结构性能有着密切关系,如结构变形的变化受结构刚度的影响,结构是否开裂与结构材料的抗拉强度有关，它们是结构状态变化的内在原因，包括结构的几何、力学、物理和化学性能。结构状态变化的外在原因是作用，它代表了所有引起结构状态变化的原因，包括机械、物理、化学和生物作用。结构性能和作用共同决定了结构状态的变化。

结构性能变化的根本原因是作用，包括混凝土碱-集料反应等内部作用，但结构性能的变化首先源于结构状态的变化。例如，钢筋混凝土适筋梁抗弯能力的丧失源于其受压区边缘纤维混凝土压应变的增大，混凝土中钢筋的锈蚀源于混凝土碳化区域的深入、pH 的降低等。结构状态变化并达到极限状态的过程中，结构性能可能保持不变，这种现象主要存在于结构在弹性范围内达到正常使用极限状态的过程中，如钢构件的挠度在弹性范围内达到其限值的过程；但绝大多数情况下，结构性能都会随着结构状态的变化而出现不同程度的衰退，从而加剧结构状态的变化，这种变化本质上是通过作用对结构状态的改变产生的。

综上所述，结构可靠性与结构性能、作用、结构状态之间的关系可表达为图 1.2 所示的关系，其中结构性能和作用分别代表结构可靠性的内在和外在影响因素。

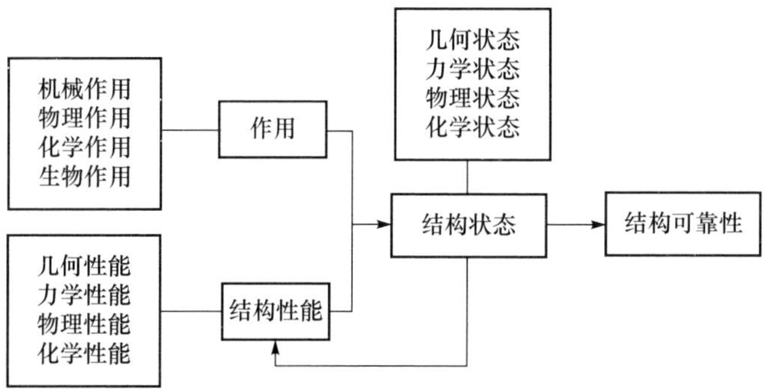

图 1.2　结构可靠性的影响因素

对于既有结构，除结构性能和作用外，影响结构可靠性的因素还应包括结构当前的状态。既有结构未来的状态可被分解为两部分：结构当前的状态、结构状态未来的变化。结构性能和作用所决定的是结构状态未来的变化，而结构当前的状态是历史作用的现实结果，它们是既有结构状态变化的“原点”，对结构未来的状态也有直接的影响，并影响既有结构的可靠性。因此，影响既有结构可靠性的因素可概括为三个方面：结构性能、作用、结构当前的状态。分析和评定既有结构的可靠性时，应从这三个方面综合考察。

参 考 文 献

[1]　余安东，叶润修. 建筑结构的安全性与可靠性. 上海：上海科学技术文献出版社，1986.

[2]　中华人民共和国住房和城乡建设部. 工程结构可靠性设计统一标准(GB 50153—2008). 北

京：中国建筑工业出版社，2008.
[3] 中华人民共和国住房和城乡建设部. 港口工程结构可靠性设计统一标准(GB 50158—2010). 北京：中国计划出版社，2010.
[4] 中华人民共和国住房和城乡建设部. 水利水电工程结构可靠性设计统一标准(GB 50199—2013). 北京：中国计划出版社，2013.
[5] 中华人民共和国建设部. 铁路工程结构可靠度设计统一标准(GB 50216—94). 北京：中国计划出版社，1994.
[6] 中华人民共和国建设部. 公路工程结构可靠度设计统一标准(GB/T 50283—1999). 北京：中国计划出版社，1999.
[7] 中华人民共和国建设部. 建筑结构可靠度设计统一标准(GB 50068—2001). 北京：中国建筑工业出版社，2001.
[8] International Organization for Standardization. General principles on reliability for structures(ISO 2394:2015). Geneva:International Organization for Standardization,2015.
[9] The European Union Per Regulation. Basic of structure design(EN 1990:2002). Brussel: European Committee for Standardization,2002.
[10] 中华人民共和国国家计划委员会. 建筑结构设计统一标准(GBJ 68—84). 北京：中国计划出版社，1984.
[11] 中华人民共和国建设部. 工程结构可靠度设计统一标准(GB 50153—92). 北京：中国计划出版社，1992.
[12] 姚继涛. 服役结构可靠性分析方法[博士学位论文]. 大连：大连理工大学，1996.
[13] 姚继涛，赵国藩，浦聿修. 现有结构可靠性基本分析方法. 西安建筑科技大学学报，1997，29(4):364-367.
[14] 姚继涛，马永欣，董振平，等. 建筑物可靠性鉴定和加固——基本原理和方法. 北京：科学出版社，2003.
[15] International Organization for Standardization. Bases for design of structures-Assessment of existing structures(ISO 13822:2010). Geneva:International Organization for Standardization,2010.
[16] 姚继涛. 既有结构可靠性理论及应用. 北京：科学出版社，2008.
[17] 中华人民共和国住房和城乡建设部. 工业建筑可靠性鉴定标准(GB 50144—2008). 北京：中国计划出版社，2008.
[18] 中华人民共和国住房和城乡建设部. 钢结构设计规范(GB 50017—2017). 北京：中国计划出版社，2017.
[19] Joint Committee on Structural Safety. JCSS probabilistic model code,2001. https://www.jcss.ethz.ch. JCSS-OSTL/DIA/VROU-10-11-2000.
[20] 中华人民共和国住房和城乡建设部. 民用建筑可靠性鉴定标准(GB 50292—2015). 北京：中国建筑工业出版社，2015.
[21] 中华人民共和国住房和城乡建设部. 建筑抗震鉴定标准(GB 50023—2009). 北京：中国建筑工业出版社，2009.

[22] 何水清，王善. 结构可靠性分析与设计. 北京：国防工业出版社，1993.
[23] Yao J T, Cheng J H. Structural durability and its measurement//Theories and Practices of Structural Engineering. Beijing: Seismological Press, 1998: 186-194.
[24] 姚继涛，陈海斌. 结构耐久性及其度量//混凝土结构基本理论及工程应用学术会议论文集. 天津：天津大学出版社，1998：207-211.
[25] 姚继涛，李琳，马景才. 结构的时域可靠度和耐久性. 工业建筑，2006，36(s1)：913-916.
[26] 中国土木工程学会. 混凝土结构耐久性设计与施工指南(CCES 01—2004，2005 年修订版). 北京：中国建筑工业出版社，2005.
[27] 中华人民共和国住房和城乡建设部. 混凝土结构耐久性设计规范(GB/T 50476—2008). 北京：中国建筑工业出版社，2008.
[28] 中华人民共和国住房和城乡建设部. 工程结构设计基本术语标准(GB/T 50083—2014). 北京：中国建筑工业出版社，2014.
[29] 金伟良，赵羽习. 混凝土结构耐久性. 2 版. 北京：科学出版社，2014.
[30] 中国工程建筑标准化协会. 混凝土结构耐久性评定标准(附条文说明)(CECS 220：2007). 北京：中国计划出版社，2007.
[31] 中华人民共和国住房和城乡建设部. 混凝土结构设计规范(GB 50010—2010，2015 年版). 北京：中国建筑工业出版社，2015.
[32] 姚继涛，赵国藩，浦聿修. 建筑承重系统上的作用. 西安建筑科技大学学报，1996，28(1)：6-9.

第2章　不确定性

结构在未来时间里承受的作用以及呈现的性能、状态一般都是随机的，结构可靠性分析的目的便是根据这些因素的概率特性，确定结构在规定时间内和规定条件下，完成预定功能的概率，即结构可靠度，它应具有客观上确定的量值。但是，这种客观的可靠度在工程实际中是很难被准确掌握的，几乎无法以其作为决策的依据。人们实际依据的是结构可靠度分析的结果，即主观认识的结果，它亦具有不确定性。因此，结构可靠度的分析结果既涉及客观事物的不确定性，又涉及对客观事物认识的不确定性。全面考察这些不确定性，特别是主观认识上的不确定性，对工程实际中结构可靠性的分析与控制是非常必要和重要的。

对于主观认识上的不确定性，在基础学科方面已提出模糊数学、证据理论等不确定性理论，结构可靠度分析中也对此进行了一定的研究，但目前对这种不确定性的认识仍存有差异，相应的分析方法也不尽相同。本章通过分析和归纳各种不确定现象，提出客观不确定性和主观不确定性的概念，并利用信度、未确知量、Δ补集等概念以及信度的公理化运算规则，建立统一的主观不确定现象的描述和分析方法。本章是第3章结构可靠性的度量方法和控制方式的重要基础，因此这里按基本理论对其做完整的阐述。

2.1　不确定性的类别

1. 不确定性理论

针对客观事物变化和人们认识活动中的不确定现象，目前已提出多种相关的理论，其目的是根据各种不确定现象的性质和特点，揭示不确定现象变化的规律，并建立相应的定量描述和分析方法。目前提出的不确定性理论主要包括下列几种。

1）概率论(probability theory)

瑞士数学家Bernoulli在1713年出版的遗著《推测术》中建立了概率论的第一个极限定理，成为该理论的奠基人。概率论主要研究客观事物变化中的随机现象，利用概率和随机变量描述事物随机变化的规律。早期的概率是按事物发生的频率予以解释和定义的，目前的公理化定义则使概率能够在数学上描述各类复杂的随机现象。

实际应用中,概率论主要用于描述和预测客观事物未来的随机变化,结构可靠性理论便是在概率理论被引入结构工程学后迅速发展起来的[1]。

2) 贝叶斯决策理论(Bayesian decision theory)

1763 年,英国学者 Bayes 在去世后公开的学术论文《论有关机遇问题的求解》中提出著名的贝叶斯公式和一种推断方法。1954 年,美国统计学家 Savage[2]在著作《统计学基础》中从决策角度对统计分析方法进行了研究,提出主观概率(subjective probability)的概念,建立了贝叶斯决策理论。该理论认为概率是人们根据经验对事件发生的可能性所抱有的"信度"(degree of beliefs),可称其为主观概率。贝叶斯法最显著的特征是将人的经验引入对随机现象的分析和推断中。由于分析和推断结果受主观因素的影响,贝叶斯法在学术界引起了很大的争议,但它在实际应用中取得了很大的成功,被推广应用到很多领域。

目前贝叶斯法已被多数学者所接受,争论的焦点已转移为如何确定贝叶斯法中的先验分布(prior distribution)。在这一方面,基于无信息先验分布(non-informative prior distribution)和 Jefferrys 先验分布的贝叶斯法得到普遍的认可[3]。在土木工程领域,这种方法在国际上已被《结构可靠性总原则》(ISO 2394:2015)[4]和《结构设计基础》(EN 1990:2002)[5]用于对结构抗力设计值的推断。

3) 模糊数学(fuzzy mathematics)

1965 年,美国控制论专家 Zadeh[6]发表学术论文《模糊集合》,它标志着模糊数学的诞生。该理论主要研究因概念的模糊性而产生的不确定现象,并利用隶属度(membership degree)定量地对其进行描述和分析。模糊数学在模式识别、聚类分析、综合评判、数理逻辑、决策等方面得到了广泛应用。在结构工程领域,它主要应用于结构的适用性分析、损伤评估、工程软设计等方面[7~14]。

4) 证据理论(theory of evidence)

证据理论首先由美国学者 Dempster 于 1967 年提出。1976 年,他的学生 Shafer[15]出版学术专著《证据的数学理论》,创立了证据理论。该理论主要研究基于证据的推理过程,利用信度描述对命题的信任程度,处理认识和推理中的不确定现象,主要应用于专家系统和人工智能研究。1993 年,我国学者段新生[16]对证据理论做了系统介绍,并在主观概率、信度预测、人工智能和专家系统方面进行了系统研究和探讨。

在结构工程领域,我国学者王光远在模糊数学和证据理论的基础上对未确知信息进行了深入研究,并将研究成果应用于工程软设计理论[12,17]。刘开第等[18]进一步提出未确知数学。

5) 灰色系统理论(theory of gray systems)

1982 年,我国学者邓聚龙发表了学术论文《灰色系统的控制问题》[19],创立了灰色系统理论。灰色系统指信息部分明确、部分不明确的系统。该理论主要利用灰数描述和分析不明确的信息，并以此为基础分析和控制灰色系统。

2. 结构可靠性分析中的不确定性

在结构可靠性的研究中，人们也注意到影响结构可靠性分析结果的各种不确定因素，并对其不确定性进行了分类。

1975 年，美籍华人学者 Ang 和 Tang[20] 研究了现实世界中信息的不确定性，并将其划分为两类：

（1）与随机性相关的不确定性（uncertainty associated with randomness）。许多与工程相关的现象或过程都包含随机性，即它们的结果（在一定程度上）是不可预测的。对这些现象可通过实际的观测描述其特性，但每次实际观测的结果必定是有差异的（即使在形式上相同的条件下）。换句话说，通常存在测量值或实现值的一个范围，且该范围内一些特定的数值会比其他数值更频繁地出现。这些经验数据可形象地以直方图或频率图描述。

（2）与不完善的建模和参数估计相关的不确定性（uncertainty associated with imperfect modeling and parameter estimation）。工程中的不确定性并非完全局限于所观测基本变量的变异性。首先，根据观测数据估计的给定变量（如均值）的值并非是零误差的（特别是数据有限时），实际上一些情况下它们并不比更多依据工程判断给出的“有据推测”好。其次，通常用于工程分析和改进设计的数学或模拟模型（如公式、等式、运算法则、计算机模拟程序），甚至试验模型，都是对真实情况的理想描述，在不同程度上是对真实世界的不完善描述。因此，以这些模型为基础的预测和计算可能是不准确的（在一些不明的程度上），也就包含着不确定性。

1992 年之后，王光远在提出的工程软设计理论中将事物的不确定性归结为三类[12,17]：

（1）未来事物的随机性。对于未来的事物，常常由于无法严格控制其发生的条件，一些偶然因素使事物发展的结果不可能准确地预先知道，这种由于条件的不确定性和因果关系不明确而形成的后果的不确定性被称为随机性。

（2）概念外延的模糊性。目前可以数学处理的模糊性事物是比较简单的。概括起来说，目前人们所考虑的事物的模糊性，主要是指由于不可能给某些事物以明确的定义和评定标准而形成的不确定性，这种人们考虑的对象往往可以表现为某些论域上的模糊集合。

（3）主观认识的未确知性。人们认识上的不确定性除了某些概念外延的模糊性外，还会遇到由于信息的不完整性而带来的认识上的不确定性，它是由于决策者所掌握的证据尚不足以确定事物的真实状态和数量关系而带来的纯主观认识上的不确定性。

赵国藩等也将事物的不确定性归结为类似的三类[21,22]：

(1) 事物的随机性。所谓事物的随机性，是事物发生的条件不充分，使得在条件与事件之间不能出现必然的因果关系，从而事件的出现与否表现出不确定性。这种不确定性称为随机性。

(2) 事物的模糊性。事物本身的概念是模糊的，即一个对象是否符合这个概念是难以确定的，也就是说一个集合到底包含哪些事物是模糊的，而非明确的，主要表现在客观事物差异的中间过渡中的“不分明性”，即模糊性。

(3) 事物知识的不完善性。工程结构中知识的不完善性可分为两种：一种是客观信息的不完善性，是由于客观条件的限制而造成的，如由于量测的困难，不能获得所需要的足够资料；另一种是主观知识的不完善性，主要是人对客观事物的认识不清晰，如科学技术发展水平的限制，对“待建”桥梁未来承受的车辆荷载的情况不能完全掌握。

2001 年，国际组织结构安全度联合委员会则将不确定性划分为下列三类[23]：

(1) 固有的物理或力学不确定性(intrinsic physical or mechanical uncertainty)。

(2) 统计不定性(statistical uncertainty)。

(3) 模型不确定性(model uncertainty)。

3. 客观不确定性和主观不确定性

目前对不确定性的分类和解释并不完全相同，但这些不确定性总体上可归纳为两类：一类是客观事物本身具有的不确定性，如随机性、固有的物理或力学不确定性等；另一类与人对客观事物的认识有关，包括模糊性、模型不确定性、知识不完善性、未确知性等。这两类不确定性的根本差别在于其产生的根源，它们分别源于客观事物本身和对客观事物的认识。按此可将事物变化和人们认识活动中的不确定性划分为下列基本的两类[24～26]：

(1) 客观不确定性(objective uncertainty)，指一定条件下，客观事物未来变化的不确定性，即随机性。它源于客观事物，完全由事物本身的变化规律所决定。

(2) 主观不确定性(subjective uncertainty)，指一定认知水平下，对客观事物认识的不确定性。它源于认识的主体(人)，取决于人们的认知水平，受认识手段、信息资源、知识水平、自然和社会条件等的制约。

2.2 随　机　性

1. 随机现象

客观事物变化的过程中，其可能出现的结果不止一个，且无法事先准确确定其最终结果的现象称为随机现象。对某一具体结果，它在未来时间里可能出现，也可能不出现。例如,掷一枚骰子,其可能出现的结果有6个,但无法事先准确确定其最终出现的点数,1点可能出现,也可能不出现。

随机现象包括重复性和非重复性两类。对于重复性随机现象,相同条件下可重复试验和观测事物的变化,如“抛硬币”、“掷骰子”等,但每次观测的结果不一定相同。对于非重复性随机现象,相同条件下则不可重复试验和观测,如“本地区未来50年内的最大风压”、“某水坝未来100年内遭受的最大地震”等,这些也是随机现象,但属于特定事物的随机现象,是不可重复试验和观测的。概率论和统计学目前主要研究的是重复性随机现象。

2. 随机现象的成因

任何已发生的事物都有完全确定的原因,事物变化的历史轨迹都是由一系列曾经出现的特定因素决定的。但是,事物未来的变化不一定完全重复过去,在受稳定的主要因素影响的同时,往往还有大量时隐时现、变化无常的其他因素在特定的时间和场合发挥作用。这些因素可能出现,也可能不出现,对事物的影响可能大,也可能不大,在一定程度上影响事物未来变化的结果[27]。因此,虽然事物未来的变化受稳定的主要因素的影响,但并不完全由它们所决定。相对于这些主要因素,事物未来变化的结果是不确定的,即随机的。这是随机现象产生的内在原因。

预测事物的变化时,如果能事先掌握和控制所有决定事物变化的因素及其相互关系,则可准确预测事物未来变化的结果。但是,这往往是不可能或不现实的,通常只有部分因素能够得以掌握或控制,这些因素在概率论中称为“条件”[27]。除了能够掌握或控制的因素外,事物未来的变化还会受其他因素的影响,而人们无法根据不充分的“条件”准确预测事物未来变化的结果。相对于这些能够掌握或控制的“条件”,事物未来变化的结果也是不确定的。这是随机现象在人们预测活动中的外在表现。

3. 随机性的特点

随机现象的不确定性,即随机性,具有下列特点[24~26]。

1) 针对未来事物

对于随机变化的事物,在其转化为现实事物之前,其变化的结果是无法预先准确判定的,事物的变化呈现随机性;而一旦转化为现实事物,事物变化的结果便成为客观上完全确定的、不可改变的事实,不再具有随机性。

抛出硬币之前,究竟哪一面向上事先是无法准确判定的,但一旦抛出并落地,其结果就只能有一个,且不可改变。如果将“抛硬币”作为随机现象分析,一定是指抛出硬币之前,即事物发生之前。明日的天气情况是随机的,但一旦历经了明日,该日的天气情况便不再具有随机性。虽然人们并不完全了解该日天气的详尽情况,但客观上它已成为确定的、不可改变的事实,不再具有随机性,即已发生的事物不再具有随机性,即使它是未知的。对于拟建结构,钢筋的强度是随机的。如果事先已确定在某特定的位置采用某根特定的钢筋(钢筋实物),则该钢筋的强度不再是随机的,它已具有客观的数值,即未来可能的事物转化为现实确定的事物后,该事物不再具有随机性。对于既有结构,钢筋当前时刻的强度客观上都是确定的,均具有各自特定的数值。虽然它们之间可能存在差异,但这种差异是确定性事物之间的差异,并不意味着既有结构当前时刻的钢筋强度具有随机性,即对于存在差异的确定性事物,它们也不具有随机性。

总之,所有已发生和存在的事物客观上都是确定的,不具有随机性,而随机变化的事物一定指未来的事物[12]。

2) 相对条件而言

任何事物的变化都有其内在规律,而这种规律能够通过科学的方法在一定程度上认识和掌握。对于随机变化的事物,对其影响因素掌握得越多,控制得越严格,即条件越苛刻,事物变化的随机性会越小,甚至被消除。客观事物的随机性会随条件的变化而变化。

对于自然养护条件下生产的混凝土材料,其立方体抗压强度是随机的。如果完全采用实验室的标准养护方法,则其他条件不变时,混凝土立方体抗压强度的随机性会随之减小,即事物的随机性会随着更为苛刻的条件而减小。空气中,即使同一物体在同一地点自由下落,其同一高度的加速度也会因空气阻力、气流等因素的影响而具有一定的随机性。如果将其置于真空,更为苛刻地限制物体自由下落的条件,则其他条件不变时,物体在同一高度的加速度将成为确定的数值,这时事物运动的随机性因苛刻的条件而被消除。

3) 完全源于客观事物

随机性随条件变化的现象表面上呈现人的影响和作用,但它完全根植于事物内在的变化规律。无论如何控制和变换条件,事物随之而呈现的随机性根本上是由事物内在的变化规律决定的,而且事物内在的变化规律越复杂,随机性一般会越强。例如,相对于静力荷载,结构在动力荷载作用下的反应更具有随机性。客观事物未来变化的随机性完全源于客观事物本身的变化规律。正是鉴于这一点,可按不确定性产生的根源称其为客观不确定性[24~26]。

为进一步明确客观不确定性的概念,这里讨论一个特殊问题,即统计不定性,它指样本容量(抽样数量)有限时随机事物统计特性的不确定性。记 X 为描述某随机事物的随机变量,其均值 μ 和标准差 σ 未知;$X_1, X_2, \cdots, X_n$ 为拟抽取的 X 的 n 个简单随机样本(n 为样本容量),它们均为随机变量,且与 X 具有相同的概率分布。这时样本均值为

$$\bar{X} = \frac{1}{n}\sum_{i=1}^{n} X_i \tag{2.1}$$

它亦为随机变量，其均值和方差分别为

$$E(\bar{X})=\mu \tag{2.2}$$

$$D(\bar{X})=\frac{1}{n}\sigma^2 \tag{2.3}$$

由式(2.3)可见，样本容量 n 越小，样本均值 $\bar{X}$ 的方差 $D(\bar{X})$ 越大，即不确定性越强。这种不确定性即随机变量均值 μ 的统计不定性，它完全取决于客观事物本身，是客观事物的随机性在抽样统计活动中的表现，亦属随机性，即客观不确定性。

获得 $X_1,X_2,\cdots,X_n$ 的实现值(具体数值) $x_1,x_2,\cdots,x_n$ 后，可得到样本均值的实现值 $\bar{x}$，即

$$\bar{x}=\frac{1}{n}\sum_{i=1}^{n}x_i \tag{2.4}$$

如果再独立抽取 n 个样本，并得到另外一组实现值 $x_1',x_2',\cdots,x_n'$ 和相应的样本均值实现值 $\bar{x}'$，则 $\bar{x}'$ 与 $\bar{x}$ 不一定相同，且一般情况下，样本容量 n 越小，这种差异越大。对于同一随机现象，样本容量相同时由不同的抽样观测活动会得到不同的统计特性，这是统计不定性在抽样观测活动中的表现，亦属于事物随机性或客观不确定性的表现。

统计不定性会导致人们对随机事物统计特性认识上的不确定性，但其本质是客观事物的随机性在抽样活动中的表现，属于客观事物本身具有的不确定性，即客观不确定性。

2.3 主观不确定性

1. 主观不确定现象

认识客观事物的过程中，由于受认识手段、信息资源、知识水平、自然和社会条件等的制约，人们对客观事物的认识并非都是确定无疑的，常常是似是而非、模棱两可和难以决断的，对事物的归纳、判断和推理常常缺乏足够的信心，只能在一定程度上肯定某个结果或否定某个结果。例如：

(1) 乘客对火车运行速度的目测；

(2) 目击者对罪犯外观特征的印象；

(3) 当事人对交通事故的回忆；

(4) 对“年轻人”年龄范围的界定；

(5) 对交通量影响因素的枚举；

(6) 对“星外存在生命”这一判断的认定；

(7) 对“因为老鼠大多怕猫,所以这个老鼠也怕猫”这一推断的认定。

这种主观认识上的不确定现象称为主观不确定现象,它涉及个体认识和群体认识两类。前者指某人对客观事物认识上的不确定现象,如老王对“年轻人”的年龄界定;后者则指某群体对客观事物共同认识上的不确定现象,如某班同学对“年轻人”的年龄界定,其不确定性包括个体认识的不确定性和不同个体对同一事物认识的差异性。

2. 主观不确定性的特点

对客观事物认识的不确定性,即主观不确定性,与客观不确定性在诸多方面存在差异。相对而言,主观不确定性所涉及的事物不受时间限制,可涉及随机事物,完全源于认识的主体(人),是相对认知水平而言的,并受客观不确定性的影响。

(1) 所涉及的事物不受时间限制。主观不确定性指对客观事物认识的不确定性,无论是过去、现在还是未来的事物,只要属于认识的客体(被认识的对象),对它们的认识就可能存在不确定性,因此主观不确定性所涉及的事物并不受时间的限制,这是主观不确定性的一个显著特征。例如,“轩辕黄帝出生的日期”、“中国当前的人口”、“下次 5 级以上地震发生的地点”等便分别涉及过去、当前和未来的事物,对它们的认识都可能存在主观不确定性。

(2) 可涉及随机事物。随机事物亦属于认识的客体,因此对它们的认识同样可能存在主观不确定性。如“风压未来随机变化的规律”、“未来时间里抗力衰减的概率特性”等,这些未来事物随机变化的规律不一定都能被准确掌握,往往只能通过统计推断在一定程度上认识和掌握。这种认识上蕴含的不确定性亦属于主观不确定性,它所涉及的是随机变化的未来事物。

(3) 完全源于认识的主体。即使客观事物本身是确定的,对客观事物的认识仍可能是不确定的。这些事物主要指过去和当前的事物,如“结构曾承受的最大荷载”、“既有结构构件当前的抗力”等。它们客观上都是确定的,但因认识手段、信息资源、知识水平、自然和社会条件等的制约,对它们的认识则可能是不确定的,存在主观不确定性。它完全源于认识的主体,是人们认识上的局限性所导致的。

(4) 相对认知水平而言。主观不确定性与认识手段、信息资源、知识水平、自然和社会条件等有直接关系,是随认知水平而变化的。过去对天气的预报不是很准确,即对未来天气变化的认识存在较强的主观不确定性,这是因为能够掌握的气象信息相对有限,对天气影响因素及其变化规律、相互关系的掌握不充分,即认知水平有限。随着航空航天技术和计算机技术的发展,天气预报的准确程度得到了显著提高,这也意味着随着认识手段、信息资源、知识水平、自然和社会条件等的改善,人们的认知水平得以提高,减小了对未来天气变化认识的主观不确定性。因此，对客观事物认识的主观不确定性并不是绝对的，是相对一定的认知水平而言的。

（5）受客观不确定性的影响。2.2 节中所述的抽样和观测活动中，当样本容量 $n=5$ 时，样本均值 $\bar{X}$ 的方差 $D(\bar{X})=0.2\sigma^2$；当 $n=100$ 时，$D(\bar{X})=0.01\sigma^2$。样本容量 n 越小，方差 $D(\bar{X})$ 越大，即随机事物呈现的统计不定性越强，这时按样本均值实现值 $\bar{x}$ 估计未知的均值 μ 时，对估计的结果便会存在较大的疑虑，表现出较强的对随机事物统计特性认识的不确定性，即主观不确定性。样本容量 n 足够大时，这种疑虑便可在较大程度上被消除，而主观不确定性也随之降低，可在较大程度上认为对随机事物统计特性的认识接近客观实际。这种变化所呈现的便是客观不确定性对主观不确定性的影响。

3. 主观不确定性的层次

目前提出的模糊性、模型不确定性、知识不完善性、未确知性等均属于主观不确定性。模糊性指因不能明确事物类别的界限而产生的不确定性，如界定“年轻人”、“鲜艳的颜色”、“过大的变形”时所具有的不确定性，它涉及对概念的认识。其他不确定性指不能准确确定事物的数量、性质、状态以及事物之间的关系而产生的不确定性，它们涉及对命题的判定。目前对“宇宙恒星数量”、“恐龙灭绝原因”等的认识便存在这种不确定性。

主观不确定性存在于认识的整个过程中。在感性认识阶段，它主要存在于对事物的观察、观测、感知活动中。例如，通过对裂缝宽度、锈蚀深度等的观察和观测，虽可得到确切的数值，但并不能判定它们是否为实际的真值，只能在一定程度上估计观察、观测的精度，蕴含一定的不确定性。从根本上讲，它们源于对事物的认识，属于主观不确定性。

在理性认识阶段，主观不确定性的核心是概念的不确定性，可按相应界限的性质将不确定的概念划分为两类[26]。

（1）模糊概念：因界限不明确而难以确认其外延的概念。如“影响正常使用的变形”、“过大的振动”等都属于模糊概念。这里所谓“正常”、“过大”等界限都是不明确的，难以据此确定其确切的量值，呈现主观不确定性。

（2）笼统概念：界限明确，但难以完整确认其外延的概念。如“既有结构上的荷载”便可能是笼统的。它的界限明确，但列举已查明的各种荷载后，仍可能担心是否遗漏了其他荷载，难以完整确认其范围。这种担心意味着对这个概念的认识存在主观不确定性。

概念的不确定性会传递到对事物的判断和推理上，导致所谓的“或然判断”和“似然推理”。例如，“年轻人乐于接受新事物，因此年轻人使用共享单车的比例高”。这种判断和推理中均存在一定的主观不确定性，且受“年轻人”这一模糊概念的影响。即使概念明晰，对事物变化规律和相互关系的认识不足，也会导致判断、推理上的或然性和似然性。例如，“红薯是营养最全面的蔬菜，因此每周吃红薯的人不缺乏营养”。这里的概念都是清晰和明确的，但这种判断和推理的结果并不能被完全确认，也存在主观不确定性。

人们认识活动中的主观不确定性具有层次性，它总体上可分为感性认识不确定性和理性认识不确定性两个层次。在理性认识阶段，又可分为概念、判断、推理等层次的不确定性。前一层次的主观不确定性会影响后一层次的主观不确定性。

2.4 随机现象的分析方法

1. 概率

概率论中，一般称事物可能出现的最基本、不可再分的结果为基本事件 ω，且基本事件是两两不相容的(不同时发生的)；由所有基本事件组成的集合为论域 Ω，它亦可称为全集 Ω；由基本事件构成的任意事件均可表示为论域 Ω 的子集(包括基本事件和复合事件)，其中空集 $\varnothing$ 表示不可能事件(它为任意集合的子集)，全集 Ω 表示必然事件，且两者不相容；论域中所有子集组成的集合为事件域 Γ。

掷两枚相同的骰子，仅观测点数，则其基本事件 ω 为(1,1)、(1,2)、…、(5,6)、(6,6)等 21 种点数组合，由它们组成的集合便是论域 Ω 或全集 Ω。任意事件均可表示为论域 Ω 的一个子集，包括不可能事件和必然事件，它们分别对应于空集 $\varnothing$ 和全集 Ω。{点数之和小于 2}为不可能事件，{点数之差小于 6}为必然事件。其他事件也均可表示为论域 Ω 的子集，如事件{点数之和不大于 4}为论域 Ω 的子集{(1,1)，(1,2)，(2,2)}，事件{点数之和大于 10}为论域 Ω 的子集{(5,6)，(6,6)}等。由所有子集(事件)组成的集合便是事件域 Γ，它包含了所有的事件，包括不可能事件。

设事件域 Γ 满足下列条件：

(1) $\Omega\in\Gamma$。必然事件 Ω(全集 Ω)属于事件域 Γ。

(2) 若 $A\in\Gamma, A^c=\Omega-A$，则 $A^c\in\Gamma$。若事件 A 属于事件域 Γ，则事件 A 之外的事件 A^c(集合 A 的补集 A^c)亦属于事件域 Γ。

(3) 若 $A_i\in\Gamma(i=1,2,\cdots)$，则 $\bigcup\limits_{i=1}^{\infty}A_i\in\Gamma$。若事件 $A_1, A_2, \cdots$ 均属于事件域 Γ，则它们的或事件 $\bigcup\limits_{i=1}^{\infty}A_i$(集合 $A_1, A_2, \cdots$ 的并集 $\bigcup\limits_{i=1}^{\infty}A_i$)亦属于事件域 Γ。

这些是一个完整事件域应满足的基本条件。这时事件域 Γ 中的事件无论是通过并运算还是交运算，其产生的事件依然属于事件域 Γ。事件集合的运算满足下列规则：

(1) 幂等律：$A\cup A=A, A\cap A=A$。

(2) 互换律：$A\cup B=B\cup A, A\cap B=B\cap A$。

(3) 结合律：$(A\cup B)\cup C=A\cup(B\cup C), (A\cap B)\cap C=A\cap(B\cap C)$。

(4) 吸收律：$(A\cup B)\cap A=A, (A\cap B)\cup A=A$。

(5) 分配律：$(A\cup B)\cap C=(A\cap C)\cup(B\cap C), (A\cap B)\cup C=(A\cup C)\cap(B\cup C)$。

(6) 两极律：$A\cup\Omega=\Omega, A\cup\varnothing=A, A\cap\Omega=A, A\cap\varnothing=\varnothing$。

(7) 复原律：$(A^c)^c=A$。

(8) 对偶律：$(A\cup B)^c=A^c\cap B^c, (A\cap B)^c=A^c\cup B^c$。

(9) 互补律：$A\cup A^c=\Omega, A\cap A^c=\varnothing$。

再设 P 是定义在事件域 Γ 上的实值集函数，即按该函数，事件域 Γ 中的任意一个事件都对应一个特定的实数。若它满足下列条件，则称其为事件域 Γ 上的概率测度，$P(A)$为事件 A 的概率：

(1) 非负性。对于任意事件 $A\in\Gamma$，有

$$0\leqslant P(A)\leqslant 1 \tag{2.5}$$

即概率 $P(A)$的值域为$[0,1]$。

(2) 正则性。对于必然事件 Ω，有

$$P(\Omega)=1 \tag{2.6}$$

即必然事件发生的概率 $P(\Omega)$为 1。

(3) 完全可加性。对于任意两两不相容的事件 $A_i\in\Gamma(i=1,2,\cdots)$，$A_i\cap A_j=\varnothing(i\neq j)$，有

$$P\left(\bigcup_{i=1}^{\infty}A_i\right)=\sum_{i=1}^{\infty}P(A_i) \tag{2.7}$$

即由两两不相容的事件组成的或事件的概率等于各事件的概率之和。

引入实值集函数 P 是度量客观事物随机性的重要数学手段，它对概率的定义虽然是公理化的，不如过去的频率定义、统计定义和几何定义直观，但归纳了概率应满足的最基本的条件，可用于描述复杂的随机现象。

对于任意事件 $A_i\in\Gamma(i=1,2,\cdots)$，由上述公理化定义可得或事件概率的一般表达式，即

$$P\left(\bigcup_{i=1}^{\infty}A_i\right)=\sum_{i=1}^{\infty}P(A_i)-\sum_{j>i}P(A_iA_j)+\sum_{k>j>i}P(A_iA_jA_k)-\cdots \tag{2.8}$$

式中：A_iA_j 等表示事件的交集。这里通过反向推导说明式(2.7)与式(2.8)之间的关系，即通过对事件的拆解，将式(2.8)转化为式(2.7)所示的形式。例如，$n=2$ 时，有

$$P(A_1\cup A_2)=P(A_1)+P(A_2)-P(A_1A_2)=P(A_1)+P(A_2-A_1A_2) \tag{2.9}$$

式中：$A_2-A_1A_2$ 为 A_2 中排除 A_1 中基本事件后的事件，与事件 A_1 是不相容的。对于 $n>2$ 的其他情况，均可通过类似的拆解方法，将式(2.8)转化为式(2.7)所示的形式，即两两不相容事件的概率之和。特别地，对于不相容的必然事件 Ω 和不可能事件∅，有

$$P(\Omega\cup\varnothing)=P(\Omega)+P(\varnothing) \tag{2.10}$$

$$P(\Omega\cup\varnothing)=P(\Omega)=1 \tag{2.11}$$

$$P(\varnothing)=0 \tag{2.12}$$

即不可能事件的概率为 0。

概率论中经常使用的公式包括：

(1) 加法公式

$$P(A\cup B)=P(A)+P(B)-P(AB) \tag{2.13}$$

(2) 减法公式

$$P(A-B)=P(A)-P(AB) \tag{2.14}$$

(3) 乘法公式

$$P(AB)=P(A|B)P(B) \tag{2.15}$$

(4) 全概率公式

$$P(A)=\sum_{i=1}^{n}P(A|B_i)P(B_i),\quad B_iB_j=\varnothing(i\neq j),\quad \bigcup_{i=1}^{n}B_i=\Omega \tag{2.16}$$

(5) 贝叶斯公式

$$P(B|A)=\frac{P(A|B)P(B)}{P(A)} \tag{2.17}$$

式中：$P(A|B)$为条件概率，指事件 B 发生的条件下事件 A 发生的概率。

2. 随机变量

设 $\xi=\xi(\omega)$是定义在论域 Ω 上的单值实函数，即按该函数，论域 Ω 中的任意一个基本事件 ω 都对应于一个特定的实数。若对于任意实数 x，有$\{\omega:\xi(\omega)\leqslant x\}\in\Gamma$，即满足 $\xi(\omega)\leqslant x$ 条件的基本事件均属于事件域 Γ，则称 $\xi=\xi(\omega)$为随机变量，并称函数

$$F_\xi(x)=P\{\omega:\xi(\omega)\leqslant x\} \tag{2.18}$$

为随机变量 ξ 的概率分布函数，亦可记为 $P\{\xi\leqslant x\}$。引入随机变量 ξ 可将语言表达的随机事件转化为数学上的变量，并利用它和概率对随机现象进行定量描述和分析。

2.5　主观不确定现象的分析方法

虽然主观不确定现象包含多种类型，针对不同类型的主观不确定现象目前也

建立了不同的理论，但各类主观不确定现象应具有共同的属性，有条件、也有必要建立统一的分析方法。对主观不确定现象可借鉴随机现象的分析方法，但需考虑问题的特殊性。这里将利用信度、未确知量、Δ补集等概念和信度的公理化运算规则，建立主观不确定现象的定量描述和分析方法，并阐述其与随机现象分析方法的区别。

2.5.1　命题域和命题集合

类似于概率论中对随机事件的定义，可称人们对客观事物认识的最基本、不可再分的结果为基本命题 ω；由所有基本命题组成的集合为论域 Ω，它亦可称为全集 Ω；由基本命题构成的任意命题均可表示为论域 Ω 的子集（包括基本命题和复合命题），其中空集 $\varnothing$ 表示完全不成立的命题，它为任意集合的子集，全集 Ω 表示必然成立的命题；由论域 Ω 中所有子集组成的集合为命题域 Γ。

为保证命题域 Γ 的完整性，可参照事件域的条件，设：

(1) $\Omega\in\Gamma$。必然成立的命题 Ω（全集 Ω）属于命题域 Γ。

(2) 若 $A\in\Gamma$，$A^c=\Omega-A$，则 $A^c\in\Gamma$。若命题 A 属于命题域 Γ，则论域 Ω 中命题 A 之外的命题 A^c（集合 A 的补集 A^c）亦属于命题域 Γ。

(3) 若 $A_i\in\Gamma(i=1,2,\cdots)$，则 $\bigcup\limits_{i=1}^{\infty}A_i\in\Gamma$。若命题 $A_1,A_2,\cdots$ 均属于命题域 Γ，则它们的或命题 $\bigcup\limits_{i=1}^{\infty}A_i$（集合 $A_1,A_2,\cdots$ 的并集 $\bigcup\limits_{i=1}^{\infty}A_i$）亦属于命题域 Γ。

相对于事件域，命题域有两个不同的特征。首先，它所包含的基本命题不一定是两两不相容的（不同时成立的）。例如，对基本命题 $A_1=\{62$ 岁的人是老年人$\}$ 和 $A_2=\{62$ 岁的人不是老年人$\}$，虽然其意义完全相反，但仍可能在一定程度上对它们同时予以肯定，这两个基本命题并不是不相容的。对于包含多个基本命题的命题域，这种情况也是存在的。其次，命题域不完全是由有效命题构成的。有效命题指能够对事物做出有实际意义判定的命题，如{混凝土构件的最大裂缝宽度为0.1mm}、{预应力钢筋的预应力损失率为12%}等命题。

命题域 Γ 不完全由有效命题构成的情况包括下列三种：

(1) 概念笼统。列出某既有结构上的 n 个荷载 $\{A_1,A_2,\cdots,A_n\}$ 后，人们仍可能担心遗漏了其他荷载，这意味着 $\bigcup\limits_{i=1}^{n}A_i$ 的补集并不为空集。若记其为 Δ，则完整的命题域 Γ 应由论域 $\Omega=\{A_1,A_2,\cdots,A_n,\Delta\}$ 中的全部子集构成。这里的补集 Δ 指命题{对是否存在其他荷载无法完全判定}，它并不是有效命题。

(2) 概念模糊。判定 62 岁的人是否为“老年人”时，可列出两个基本命题：$A_1=\{62$ 岁的人是老年人$\}$，$A_2=\{62$ 岁的人不是老年人$\}$。对于实际意义完全相反的这两个命题，并不能对它们的或命题 $A_1\cup A_2=\{62$ 岁的人要么是老年人，要么不是老年人}做出完全肯定的判定。这意味着 $A_1 \cup A_2$ 的补集不是空集。同样记其为 Δ,则完整的命题域 Γ 应由论域 $\Omega=\{A_1, A_2, \Delta\}$ 中的全部子集构成。这时补集 Δ 指命题{对 62 岁的人是否为老年人无法完全判定},它也不是有效命题。

(3) 概念清晰,判据不足。令 $A_1=\{$星外有生命$\}$,$A_2=\{$星外无生命$\}$。由于缺乏证据,人们对这两个基本命题的肯定程度均很低,这显然意味着 $A_1 \cup A_2$ 的补集不为空集,需在论域 Ω 中增加 $A_1 \cup A_2$ 的补集 Δ,即令 $\Omega=\{A_1, A_2, \Delta\}$。这时补集 Δ 指命题{对星外是否有生命无法完全判定},它并不是具有实际意义的判定,不是有效命题。

为保证命题域 Γ 构成的完整性,除所有有效的基本命题 $A_1, A_2, \cdots$外,论域 Ω 中还应引入一个特殊的命题,即{对或命题 $\bigcup_{i=1}^{\infty} A_i$ 无法完全判定},它相当于 $\bigcup_{i=1}^{\infty} A_i$ 的补集,这里统一称其为 Δ 补集,并将其表达为

$$\Delta=\Omega-\bigcup_{i=1}^{\infty} A_i \tag{2.19}$$

引入 Δ 补集是由人们认识活动的特点决定的。对于任意有效命题,除“肯定”和“否定”外,人们实际上还可能抱有第三种态度,即“无法完全判定”。引入 Δ 补集可充分反映人们的这一态度。

由于 Δ 补集并不是有效命题,可设定它与任意有效命题不相容,即

$$A_i \cap \Delta=\varnothing, \quad i=1,2,\cdots \tag{2.20}$$

$$A_i \cup \Delta=A_i+\Delta, \quad i=1,2,\cdots \tag{2.21}$$

$$\Omega=\bigcup_{i=1}^{\infty} A_i+\Delta \tag{2.22}$$

可以证明,引入 Δ 补集后的命题集合满足概率论中事件集合运算的前八个运算规则(见 2.4 节),这与目前的模糊数学和证据理论是相同的。为说明这时的命题集合是否满足互补律,需按新的方法重新定义命题集合的补集,因为目前对补集的定义并未考虑 Δ 补集。

引入 Δ 补集后,应视 Δ 补集为基本命题。这时集合 A_i 的补集 A_i^{c} 应为

$$A_i^{c}=\Omega-A_i=\bigcup_{i=1}^{\infty} A_i+\Delta-A_i \tag{2.23}$$

它额外包含了 Δ 补集。目前的模糊数学和证据理论中并未考虑 Δ 补集[6,15,16],其命题集合 A_i 的补集实际是相对于有效命题集合 $\Omega-\Delta$ 的补集,可称其为有效补集,记为 A_i^{sc}。这时

$$A_i^{sc}=\Omega-\Delta-A_i=A_i^{c}-\Delta \tag{2.24}$$

$$\Delta=\Omega-A_i \cup A_i^{sc} \tag{2.25}$$

集合 A_i 与其有效补集 A_i^{sc} 之间具有下列关系：

$$A_i \cup A_i^{sc} = A_i \cup (\Omega - \Delta - A_i) = A_i \cup (\Omega - \Delta) = \Omega - \Delta \neq \Omega \quad (2.26)$$

$$A_i \cap A_i^{sc} \neq \varnothing \quad (2.27)$$

即按目前模糊数学和证据理论中定义的补集 A_i^{sc}，命题集合运算中的互补律不恒成立。

按引入 Δ 补集后定义的补集 A_i^{c}，集合 A_i 与其补集 A_i^{c} 之间则具有下列关系：

$$A_i \cup A_i^{c} = A_i \cup (A_i^{sc} + \Delta) = A_i \cup A_i^{sc} + \Delta = \Omega \quad (2.28)$$

$$A_i \cap A_i^{c} = A_i \cap (A_i^{sc} + \Delta) = A_i \cap A_i^{sc} \neq \varnothing \quad (2.29)$$

它满足互补律中的并运算，但不恒满足交运算。因此，考虑 Δ 补集后，命题集合的运算只是不完全满足互补律。

综上所述，在互补律方面，这里引入了 Δ 补集，可构建更为完整的命题域，因此可使命题集合满足互补律中的并运算，这是与目前模糊数学和证据理论的一个显著差别；命题域中的基本命题不一定是两两不相容的，因此命题集合并不恒满足互补律中的交运算，这是与目前概率论的一个显著差别。

对于随机现象，事件域中的事件都是有实际意义的，且其基本事件都是两两不相容的，因此不需引入 Δ 补集，事件集合的运算完全满足互补律。对于主观不确定现象，由于命题域不一定完全由有效命题构成，且其基本命题不一定是两两不相容的，因此需引入 Δ 补集，这时命题集合在互补律中仅满足并运算。这些是随机现象、主观不确定现象分析方法上的显著差别，也体现了主观不确定现象分析方法上的特点。

2.5.2 信度和未确知量

1. 信度

如果存在主观不确定性，人们对事物的认识就不会有百分之百的把握，既不能完全肯定，也不能完全否定，但仍可在一定程度上肯定或否定某一命题。例如，他八成是在撒谎，我们有七成的胜算，两只老虎相似的程度在 90% 以上等，这些心理上的测度反映了人们对事物认知的程度，也间接反映了对客观事物认识的不确定性，即主观不确定性。

设 Bel 是定义在命题域 Γ 上的实值集函数，即按该集函数，命题域 Γ 中的任意一个命题都对应一个特定的实数。若满足下列条件，则称 Bel 为命题域 Γ 上的信任测度，Bel(A)为命题 A 的信度，表示肯定命题 A 的测度。

(1) 非负性。对任意命题 $A \in \Gamma$，有

$$0 \leqslant \mathrm{Bel}(A) \leqslant 1 \quad (2.30)$$

即信度 Bel(A)的值域为[0,1]。

(2) 正则性。对必然成立的命题 Ω,有

$$\mathrm{Bel}(\Omega)=1 \tag{2.31}$$

即必然成立的命题的信度 Bel(Ω)为 1。

(3) 可加性。对任意命题 $A_i\in\Gamma(i=1,2,\cdots)$,有

$$\mathrm{Bel}\left(\bigcup_{i=1}^{\infty}A_i\right)=\sum_{i=1}^{\infty}\mathrm{Bel}(A_i)-\sum_{j>i}\mathrm{Bel}(A_i\cap A_j)+\sum_{k>j>i}\mathrm{Bel}(A_i\cap A_j\cap A_k)-\cdots \tag{2.32}$$

这里并未以完全可加性的形式表达或命题的信度,这主要是因为命题域中的基本命题不一定是两两不相容的,式(2.32)体现了命题域的这一特征。

目前的证据理论认为或命题的信度并不具有可加性,它仅满足下列不等式[15]:

$$\mathrm{Bel}\left(\bigcup_{i=1}^{\infty}A_i\right)\geqslant\sum_{i=1}^{\infty}\mathrm{Bel}(A_i)-\sum_{j>i}\mathrm{Bel}(A_i\cap A_j)+\sum_{k>j>i}\mathrm{Bel}(A_i\cap A_j\cap A_k)-\cdots \tag{2.33}$$

其典型例证是对命题 A_1={星外有生命}和 A_2={星外无生命},应有

$$\mathrm{Bel}(A_1\cup A_2)=\mathrm{Bel}(\Omega)>\mathrm{Bel}(A_1)+\mathrm{Bel}(A_2) \tag{2.34}$$

这种差异产生的根源是对命题域的构成有不同的认识。目前的证据理论是按传统的集合概念构成命题域的,未充分考虑认识活动的特点,即未考虑 Δ 补集,认为 $A_1\cup A_2$ 构成了必然成立的命题 Ω,这一点导致命题的信度不满足可加性。

2.5.3 节中将对或命题信度的可加性做具体论证。

2. 未确知量

类似于对随机变量的定义,设 $\xi=\xi(\omega)$ 是定义在论域 Ω 上的单值实函数。若对于任意实数 x,有 $\{\omega:\xi(\omega)\leqslant x\}\in\Gamma$,即满足 $\xi(\omega)\leqslant x$ 条件的基本命题均属于命题域 Γ,则称 $\xi=\xi(\omega)$ 为未确知量(uncertainty variable),并称函数

$$\mathrm{Bel}_\xi(x)=\mathrm{Bel}\{\omega:\xi(\omega)\leqslant x\} \tag{2.35}$$

为未确知量 ξ 的信度函数(belief function),亦可记为 $\mathrm{Bel}\{\xi\leqslant x\}$,它表示对命题 $\{\xi\leqslant x\}$ 的信任程度。当信度函数 $\mathrm{Bel}_\xi(x)$ 绝对连续时,可引入信任密度函数 $\mathrm{bel}_\xi(x)$,它满足

$$\mathrm{Bel}_\xi(x)=\int_{-\infty}^{x}\mathrm{bel}_\xi(t)\mathrm{d}t \tag{2.36}$$

为描述未确知量 ξ 的主要特征,这里参照概率论中的方法引入未确知量 ξ 的数字特征:信度均值 $E_\mathrm{B}(\xi)$ 或 $\mu_\mathrm{B}(\xi)$、信度方差 $D_\mathrm{B}(\xi)$ 或 $\sigma_\mathrm{B}^2(\xi)$、信度标准差 $\sigma_\mathrm{B}(\xi)$、信度变异系数 $\delta_\mathrm{B}(\xi)$。这时连续型未确知量函数 $Y=g(\xi)$ 的均值和方差分别为

$$E_\mathrm{B}(Y)=\int_{-\infty}^{\infty}g(t)\mathrm{bel}_\xi(t)\mathrm{d}t \tag{2.37}$$

$$D_B(Y)=\int_{-\infty}^{\infty}[g(t)-E_B(Y)]^2\mathrm{bel}_\xi(t)\mathrm{d}t \tag{2.38}$$

同时,定义未确知量 ξ 的上侧 α 信度分位值 x_α,它满足

$$\mathrm{Bel}\{\xi\geqslant x_\alpha\}=\alpha \tag{2.39}$$

2.5.3 信度运算规则

1. 基本运算规则

对于命题的信度,可按公理化的方式设定:

(1) 对必然成立的命题 Ω,有

$$\mathrm{Bel}(\Omega)=1 \tag{2.40}$$

(2) 对任意命题 A_i、$A_j(i,j=1,2,\cdots)$,若 $A_i\subseteq A_j$,即命题集合 A_i 的任意元素均属于命题集合 A_j,命题 A_i 包含于命题 A_j,则

$$\mathrm{Bel}(A_i\cap A_j)=\mathrm{Bel}(A_i)\leqslant\mathrm{Bel}(A_j),\quad A_i\subseteq A_j \tag{2.41}$$

(3) 对任意命题 A_i、$A_j(i,j=1,2,\cdots)$,若 $A_i\cap A_j=\varnothing$,即命题集合 A_i、A_j 的交集为空集,命题 A_i、A_j 不相容,则

$$\mathrm{Bel}(A_i\cup A_j)=\mathrm{Bel}(A_i)+\mathrm{Bel}(A_j)\leqslant 1,\quad A_i\cap A_j=\varnothing \tag{2.42}$$

信度的这三项基本运算规则虽然是公理化的,但符合基本的推理逻辑。根据信度的这三项基本运算规则和命题集合的运算规则,可得:

(1) 信度的非负性

$$\mathrm{Bel}(\varnothing)=0 \tag{2.43}$$

$$0\leqslant\mathrm{Bel}(A_i)\leqslant 1,\quad i=1,2,\cdots \tag{2.44}$$

(2) 有关 Δ 补集的信度运算规则

$$\mathrm{Bel}(A_i\cap\Delta)=0,\quad i=1,2,\cdots \tag{2.45}$$

$$\mathrm{Bel}(A_i+\Delta)=\mathrm{Bel}(A_i)+\mathrm{Bel}(\Delta),\quad i=1,2,\cdots \tag{2.46}$$

$$\mathrm{Bel}(\bigcup_{i=1}^{\infty}A_i+\Delta)=\mathrm{Bel}(\bigcup_{i=1}^{\infty}A_i)+\mathrm{Bel}(\Delta)=1 \tag{2.47}$$

(3) 有关补集和有效补集的信度运算规则

$$\mathrm{Bel}(A_i\cup A_i^{\mathrm{c}})=1,\quad i=1,2,\cdots \tag{2.48}$$

$$\mathrm{Bel}(A_i\cup A_i^{\mathrm{sc}})=1-\mathrm{Bel}(\Delta),\quad i=1,2,\cdots \tag{2.49}$$

$$\mathrm{Bel}(A_i\cap A_i^{\mathrm{c}})=\mathrm{Bel}(A_i\cap A_i^{\mathrm{sc}})\geqslant 0,\quad i=1,2,\cdots \tag{2.50}$$

(4) 两命题时或命题信度的可加性

$$\mathrm{Bel}(A_i\cup A_j)=\mathrm{Bel}(A_i)+\mathrm{Bel}(A_j)-\mathrm{Bel}(A_i\cap A_j),\quad i,j=1,2,\cdots \tag{2.51}$$

(5) 两命题时且命题的信度取值范围

$$\min\{\mathrm{Bel}(A_i),\mathrm{Bel}(A_j)\} \geqslant \mathrm{Bel}(A_i \cap A_j) \geqslant \mathrm{Bel}(A_i)+\mathrm{Bel}(A_j)-1, i,j=1,2,\cdots \tag{2.52}$$

对式(2.43)～式(2.50)的推导相对简单，而式(2.52)可由式(2.41)和式(2.51)推得，并可推广到一般情况，因此这里仅说明式(2.51)的推导过程，即两个命题时或命题信度的可加性。

考虑Δ补集后，对任意命题 A_i、A_j，可将其或命题、且命题的信度分解为下列不相容命题的信度之和，即

$$\begin{aligned}\mathrm{Bel}(A_i \cup A_j) =& \mathrm{Bel}(A_i : A_i \cap A_j = \varnothing)+\mathrm{Bel}(A_i : A_i \cap A_j \neq \varnothing, A_i \nsubseteq A_j) \\ &+\mathrm{Bel}(A_j : A_i \cap A_j \neq \varnothing, A_i \subseteq A_j)+\mathrm{Bel}(A_j : A_i \cap A_j = \varnothing), \\ & i,j=1,2,\cdots\end{aligned} \tag{2.53}$$

$$\begin{aligned}\mathrm{Bel}(A_i \cap A_j) =& \mathrm{Bel}(A_i : A_i \cap A_j \neq \varnothing, A_i \subseteq A_j)+\mathrm{Bel}(A_j : A_i \cap A_j \\ &\neq \varnothing, A_i \nsubseteq A_j), \quad i,j=1,2,\cdots\end{aligned} \tag{2.54}$$

两式相加后，可得

$$\begin{aligned}\mathrm{Bel}(A_i \cup A_j)+\mathrm{Bel}(A_i \cap A_j) =& [\mathrm{Bel}(A_i : A_i \cap A_j = \varnothing) \\ &+\mathrm{Bel}(A_i : A_i \cap A_j \neq \varnothing, A_i \nsubseteq A_j) \\ &+\mathrm{Bel}(A_i : A_i \cap A_j \neq \varnothing, A_i \subseteq A_j)] \\ &+[\mathrm{Bel}(A_j : A_i \cap A_j \neq \varnothing, A_i \nsubseteq A_j) \\ &+\mathrm{Bel}(A_j : A_i \cap A_j \neq \varnothing, A_i \subseteq A_j) \\ &+\mathrm{Bel}(A_j : A_i \cap A_j = \varnothing)], \quad i,j=1,2,\cdots\end{aligned} \tag{2.55}$$

即

$$\mathrm{Bel}(A_i \cup A_j)+\mathrm{Bel}(A_i \cap A_j)=\mathrm{Bel}(A_i)+\mathrm{Bel}(A_j), \quad i,j=1,2,\cdots \tag{2.56}$$

由此可得式(2.51)，即两命题时或命题信度的可加性。

命题信度运算中对两个命题的信度运算是最基础的。虽然一般且命题 $A_i \cap A_j$ 的信度运算规则暂不明确，但两命题时或命题 $A_i \cup A_j$ 信度的可加性是符合逻辑的，它完整考虑了命题 A_i、A_j 的信度及其相互关系。对多个命题时的一般情况，亦可根据式(2.51)和命题集合的运算规则，证明一般或命题信度的可加性，即式(2.32)所示的通式。

这里根据式(2.40)～式(2.42)所示的公理化信度运算规则和命题集合的运算

规则，建立了一般且命题之外的命题信度运算规则，它可保证信度的非负性、正则性和可加性。

2. 且命题的信度运算规则

式(2.52)明确了且命题的信度取值范围，但未明确具体的信度运算规则，它不仅是形成完整信度运算规则的关键，而且是建立主观不确定现象统一分析方法的关键。

且命题中两个命题之间的关系包括下列三种，它们对应于不同的信度运算规则：

(1) 包含(完全相容)。一个命题包含于另一个命题时，有

$$\mathrm{Bel}(A_i \cap A_j)=\mathrm{Bel}(A_i)\leqslant \mathrm{Bel}(A_j),\quad A_i\subseteq A_j,\quad i,j=1,2,\cdots \tag{2.57}$$

$$\mathrm{Bel}(A_i \cap \Omega)=\mathrm{Bel}(A_i),\quad i=1,2,\cdots \tag{2.58}$$

$$\mathrm{Bel}(A_i \cap \varnothing)=\mathrm{Bel}(\varnothing)=0,\quad i=1,2,\cdots \tag{2.59}$$

(2) 不相容(不同时成立)。一个命题与另一个命题完全不相容时，有

$$\mathrm{Bel}(A_i \cap A_j)=0,\quad A_i\cap A_j=\varnothing,\quad i,j=1,2,\cdots \tag{2.60}$$

$$\mathrm{Bel}(A_i \cap \Delta)=\mathrm{Bel}(\varnothing)=0,\quad i=1,2,\cdots \tag{2.61}$$

(3) 相容(可同时成立)，但不包含。这是两个命题之间最复杂的一种关系。研究对随机现象认识的不确定性时，证据理论认为对随机事物未来变化结果的信度是受概率控制的，某一结果出现的概率越大，则肯定该结果出现的信度越高[15]。这是一种合理的假设。

对于相容但又相互独立的两个随机事物 A_i、A_j，分析和确定其且命题 $A_i\cap A_j$ 的信度时，可按概率运算规则取

$$\mathrm{Bel}(A_i \cap A_j)=\mathrm{Bel}(A_i)\mathrm{Bel}(A_j),\quad i\neq j \tag{2.62}$$

如果相互不独立，则应取

$$\mathrm{Bel}(A_i \cap A_j)=\mathrm{Bel}(A_i\,|\,A_j)\mathrm{Bel}(A_j),\quad i\neq j \tag{2.63}$$

式中：$\mathrm{Bel}(A_i\,|\,A_j)$指肯定命题 A_j 的条件下命题 A_i 的信度，即命题 A_i 的条件信度，且有

$$\mathrm{Bel}(A_i\,|\,A_j)=\frac{\mathrm{Bel}(A_i \cap A_j)}{\mathrm{Bel}(A_j)},\quad i\neq j \tag{2.64}$$

引入条件信度有利于工程实际中建立相互关联命题的信度。

式(2.62)和式(2.63)所示的信度运算规则虽然是针对随机事物建立的，但对一般事物也是成立的。例如，判定现实中某钢拉杆的受拉承载力时，若对命题 $A_1=\{$钢拉杆的截面面积为 $A\}$、$A_2=\{$钢材的抗拉强度为 $f\}$的信度分别为 $\mathrm{Bel}(A_1)$ 和 $\mathrm{Bel}(A_2)$，则对它们同时成立的信度 $\mathrm{Bel}(A_1\cap A_2)$，即钢拉杆受拉承载力为 Af

的信度,按式(2.62)计算是合理的。若认为截面面积 A、抗拉强度 f 之间存在相关性,如认为 A 越小时,因钢材轧制次数较多,f 越大,则命题 A_1、A_2 之间也应是相关的。这时可按式(2.64)确定 A_1 或 A_2 的条件信度,考虑命题 A_1、A_2 之间的相关性,并按式(2.63)计算信度 $\mathrm{Bel}(A_1 \cap A_2)$。这在基本方法上也是合理的。

证据理论中最终提出的且命题的信度运算规则并不是式(2.62)和式(2.63)[15,16]。这里对其做简要介绍,并指出对且命题的信度运算仍应采用式(2.62)和式(2.63)。

证据理论认为,一个命题的信度是由它所包含的所有证据的基本概率值(basic probability number)构成的,基本概率值是根据基本信度分配(basic belief assignment)而赋予各证据的信度[15,16]。这时命题 A_i、A_j 的信度可分别表达为

$$\mathrm{Bel}(A_i) = \sum_{B_i \subset A_i} m(B_i) \tag{2.65}$$

$$\mathrm{Bel}(A_j) = \sum_{B_j \subset A_j} m(B_j) \tag{2.66}$$

式中:$m(B_i)$、$m(B_j)$分别为命题 A_i 所包含证据 B_i、命题 A_j 所包含证据 B_j 的基本概率值。

令 A_i、A_j 的且命题

$$A = A_i \cap A_j \tag{2.67}$$

则

$$\mathrm{Bel}(A) = \sum_{B_i \cap B_j \subset A} m(B_i)m(B_j) \tag{2.68}$$

该式与式(2.62)本质上是相同的。但是,且命题 A 的证据之间可能存在 $B_i \cap B_j = \varnothing$ 的现象,确定且命题 A 的信度时对这部分证据赋予基本概率值是不合理的,应予以舍弃,但这又可能造成论域总信度小于 1 的现象。为保证信度的正则性,证据理论中通过归一化的方法提出且命题的信度运算规则(Dempster 合成法则)[15,16],即

$$\mathrm{Bel}(A) = \frac{\sum\limits_{B_i \cap B_j \subset A} m(B_i)m(B_j)}{1 - \sum\limits_{B_i \cap B_j = \varnothing} m(B_i)m(B_j)} \tag{2.69}$$

这只是方法上的一种处理,证据理论中并未探究产生这种现象(论域总信度小于 1)的原因。下面通过一个典型实例予以说明。

考察直径为 1 的圆形水面上的微粒随机布朗运动,如图 2.1 所示。在 x 轴上观测时,可令命题 A_{x1} = {微粒出现于 x 轴上区间[0,0.5]所示的范围},A_{x2} = {微粒出现于 x 轴上区间(0.5,1]所示的范围},它们的信度均为 0.5;在 y 轴上观测时,可令命题 A_{y1} = {微粒出现于 y 轴上区间[0,0.5]所示的范围},A_{y2} = {微粒出现于

y 轴上区间(0.5,1]所示的范围},它们的信度也均为 0.5。无论是在 x 轴还是 y 轴上观测,其各自论域的总信度均为 1。

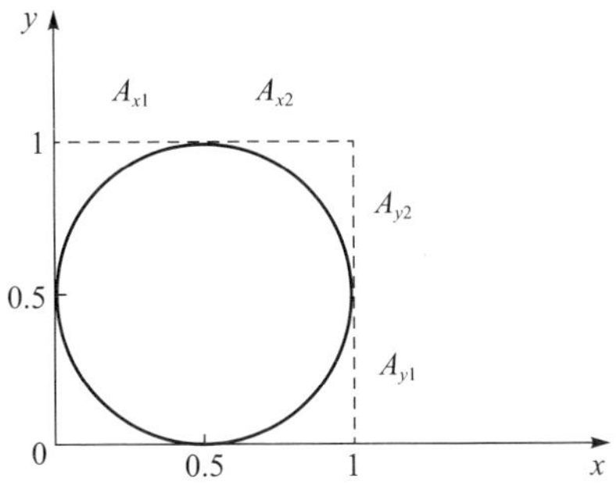

图 2.1 圆形水面上的微粒随机布朗运动

根据观测结果推断微粒在圆形水面上出现的区域时,对水面之外的部分赋予信度(基本概率值)显然是不合理的;否则,微粒位于实际圆形水面的总信度为π/4,小于 1,不符合信度的正则性要求。圆形水面之外、正方形之内分别支持命题 A_{xi}、A_{yj} 的证据 B_{xi}、B_{yj} 的交集应为空集∅,但它们的信度之和实际上并非为 0,而是 1−π/4,因此应予以舍弃。令

$$A_{ij}=A_{xi}\cap A_{yj},\quad i,j=1,2 \tag{2.70}$$

则舍弃 $B_{xi}\cap B_{xj}=\varnothing$ 区域的信度后,按式(2.69),应有

$$\begin{aligned}\mathrm{Bel}(A_{ij})&=\frac{\sum\limits_{B_i\cap B_j\subset A_{ij}} m(B_i)m(B_j)}{1-\sum\limits_{B_i\cap B_j=\varnothing} m(B_i)m(B_j)}\\&=\frac{4}{\pi}\sum_{B_i\cap B_j\subset A_{ij}} m(B_i)m(B_j)=\frac{4}{\pi}\times\frac{\pi}{16}=\frac{1}{4},\quad i,j=1,2\end{aligned} \tag{2.71}$$

按证据理论采用这种修正后,微粒在实际圆形水面上出现的总信度则为 1,即

$$\mathrm{Bel}\Big(\bigcup_{i,j=1}^{2} A_{ij}\Big)=1 \tag{2.72}$$

无论是在 x 轴还是在 y 轴上观测,命题的论域 Ω 均为[0,1],但推断微粒在圆形水面上出现的区域时,命题的论域 Ω 将演变为图 2.1 中直径为 1 的圆形平面,而证据理论默认的论域 Ω 为图 2.1 中边长为 1 的正方形平面,无形中扩大了论域 Ω 的范围,导致实际论域 Ω 内的总信度小于 1。因此,在两个命题的信度运算中,未能合理确定论域 Ω 的范围是证据理论中因论域 Ω 内总信度小于 1 而需要进行修正的根本原因。

对且命题的信度运算仍应采用式(2.62)或式(2.63),但应合理确定新的论域

Ω。对于圆形水面上的微粒随机布朗运动，应取圆形水面为命题的论域 Ω，且需考虑命题 A_{xi}、A_{yj} 之间的相关性。因受圆形边界的限制，命题 A_{xi}、A_{yj} 的信度是相互制约的，如 $\text{Bel}(A_{xi})=0.5$ 时，应按条件信度的形式取 $\text{Bel}(A_{yj}\mid A_{xi})=0.5$（四分之一圆与半圆的面积之比），并按式(2.63)所示的条件信度计算且命题 A_{ij} 的信度，其值为 1/4，这时论域 Ω 内的总信度为 1。如果微粒随机布朗运动的范围不是直径为 1 的圆形水面，而是边长为 1 的正方形水面，则命题 A_{xi}、A_{yj} 的信度不存在相关性，这时应按式(2.62)计算且命题 A_{ij} 的信度，其值为 1/4（四分之一正方形的面积），这时正方形论域 Ω 内的总信度为 1。

综上所述，只要能够确定两个命题实际的论域 Ω，按式(2.62)和式(2.63)确定且命题的信度是合理的，它们分别对应于命题独立和不独立的情形，且可保证论域 Ω 内信度的正则性。它们与式(2.57)～式(2.61)共同构成了且命题的信度运算规则，进而构成完整的命题信度运算规则。

2.5.4 模糊集合的信度分析

模糊数学中采用隶属函数(membership function)以及隶属度的取大“∨”、取小“∧”算子描述和分析模糊集合，它们与命题集合的描述和分析方法存在很大差别。但是，这种差别只是形式上的，利用未确知量和信度运算规则，同样可对模糊集合进行信度分析，并可得到与隶属度分析同样的结果。这一点是确立主观不确定现象信度分析方法的重要环节。

1. 隶属函数与信度函数的关系

设模糊集合 $\underset{\sim}{A}=\{中年人\}$ 的隶属函数为

$$\mu_{\underset{\sim}{A}}(x)=\begin{cases}0.1(x-30), & x\in(30,40]\\ 1, & x\in(40,50]\\ 0.1(60-x), & x\in(50,60]\\ 0, & 其他\end{cases} \tag{2.73}$$

其曲线见图 2.2。它描述了年龄为 x 的人属于{中年人}的程度，即隶属度，值域为 $[0,1]$[28]。

模糊集合 $\underset{\sim}{A}=\{中年人\}$ 的不确定性主要表现在年龄范围的左、右边界上，它们并不是两个确切的数值，而是分别取值于区间(30,40]和(50,60]的两个变量。它们描述了模糊集合未确知的边界，也反映了对模糊概念“中年人”认识上的不确定性，应属未确知量，可称其为模糊边界，这里分别记其为 a、b。这时肯定命题{年龄为 x 的人为中年人}的信度应表示为

$$\text{Bel}\{x\in\underset{\sim}{A}\}=\text{Bel}\{a\leqslant x<b\}=\text{Bel}\{a\leqslant x\cap b>x\} \tag{2.74}$$

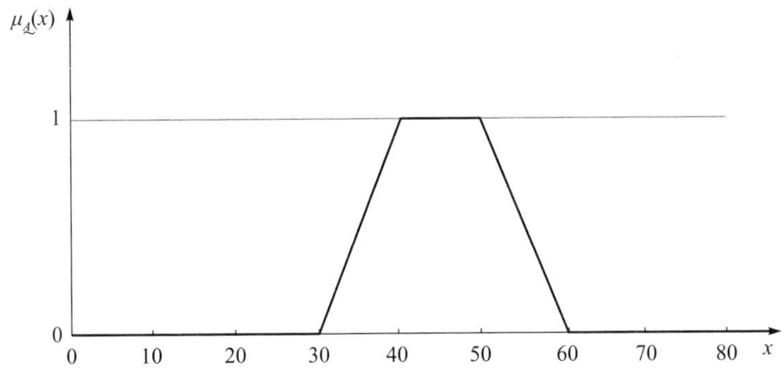

图 2.2 {中年人}的隶属函数

取未确知量 a 和 b 的信任密度函数分别为

$$\mathrm{bel}_a(x)=\begin{cases}\dfrac{\mathrm{d}\mu_{\underset{\sim}{A}}(x)}{\mathrm{d}x}=0.1, & x\in(30,40]\\ 0, & x\notin(30,40]\end{cases} \tag{2.75}$$

$$\mathrm{bel}_b(x)=\begin{cases}-\dfrac{\mathrm{d}\mu_{\underset{\sim}{A}}(x)}{\mathrm{d}x}=0.1, & x\in(50,60]\\ 0, & x\notin(50,60]\end{cases} \tag{2.76}$$

则当 $x\leqslant 30$ 或 $x>60$ 时,命题$\{a\leqslant x\}$、$\{b>x\}$不相容,即它们不会同时成立,故

$$\mathrm{Bel}\{a\leqslant x\cap b>x\}=\mathrm{Bel}\{\varnothing\}=0 \tag{2.77}$$

当 $30<x\leqslant 40$ 时,命题$\{a\leqslant x\}$包含于命题$\{b>x\}$,即$\{a\leqslant x\}\subseteq\{b>x\}$。这时在一定的信度水平上,肯定命题$\{a\leqslant x\}$也意味着肯定命题$\{b>x\}$,故

$$\mathrm{Bel}\{a\leqslant x\cap b>x\}=\mathrm{Bel}\{a\leqslant x\}=\mu_{\underset{\sim}{A}}(x) \tag{2.78}$$

相应地,当 $50<x\leqslant 60$ 时,有

$$\mathrm{Bel}\{a\leqslant x\cap b>x\}=\mathrm{Bel}\{b>x\}=\mu_{\underset{\sim}{A}}(x) \tag{2.79}$$

当 $40<x\leqslant 50$ 时,命题$\{a\leqslant x\}$、$\{b>x\}$同时完全成立,故

$$\mathrm{Bel}\{a\leqslant x\cap b>x\}=\mathrm{Bel}\{a\leqslant x\}=\mathrm{Bel}\{b>x\}=\mu_{\underset{\sim}{A}}(x) \tag{2.80}$$

综合上述各种情况,应有

$$\begin{aligned}\mathrm{Bel}\{x\in\underset{\sim}{A}\}&=\mathrm{Bel}\{a\leqslant x<b\}=\mathrm{Bel}\{a\leqslant x\cap b>x\}\\&=\min\{\mathrm{Bel}\{a\leqslant x\},\mathrm{Bel}\{b>x\}\}=\mu_{\underset{\sim}{A}}(x)\end{aligned} \tag{2.81}$$

例如,当 $x=34$、$x=52$ 时,分别有

$$\begin{aligned}\mathrm{Bel}\{x\in\underset{\sim}{A}\}&=\mathrm{Bel}\{a\leqslant 34<b\}=\min\{\mathrm{Bel}\{a\leqslant 34\},\mathrm{Bel}\{b>34\}\}\\&=\min\{0.4,1.0\}=0.4=\mu_{\underset{\sim}{A}}(34)\end{aligned} \tag{2.82}$$

$$\mathrm{Bel}\{x\in\underset{\sim}{A}\}=\mathrm{Bel}\{a\leqslant 52<b\}=\min\{\mathrm{Bel}\{a\leqslant 52\},\mathrm{Bel}\{b>52\}\}$$

$$=\min\{1.0,0.8\}=0.8=\mu_{\underset{\sim}{A}}(52) \tag{2.83}$$

对于任意模糊集合 $\underset{\sim}{A}$，其隶属函数 $\mu_{\underset{\sim}{A}}(x)$ 一般在左边界 $(a_1,a_2]$ 内单调递增，右边界 $(b_1,b_2]$ 内单调递减，可统一取相应模糊边界（未确知量）a、b 的信任密度函数分别为

$$\mathrm{bel}_a(x)=\begin{cases}\dfrac{\mathrm{d}\mu_{\underset{\sim}{A}}(x)}{\mathrm{d}x}, & x\in(a_1,a_2]\\ 0, & x\notin(a_1,a_2]\end{cases} \tag{2.84}$$

$$\mathrm{bel}_b(x)=\begin{cases}-\dfrac{\mathrm{d}\mu_{\underset{\sim}{A}}(x)}{\mathrm{d}x}, & x\in(b_1,b_2]\\ 0, & x\notin(b_1,b_2]\end{cases} \tag{2.85}$$

利用信度的运算规则和信任密度函数的积分运算，可以证明

$$\mathrm{Bel}\{x\in\underset{\sim}{A}\}=\mathrm{Bel}\{a\leqslant x<b\}=\mu_{\underset{\sim}{A}}(x) \tag{2.86}$$

即元素 x 属于模糊集合 $\underset{\sim}{A}$ 的信度，或介于模糊边界 a、b 之间的信度，等于元素 x 属于模糊集合 $\underset{\sim}{A}$ 的隶属度。

式(2.86)直接建立了信度函数与隶属函数之间的关系，它说明：对于模糊集合，不仅可利用命题、未确知量对模糊集合进行信度分析，且可得到与隶属度分析一致的结果。这是模糊集合信度分析中的一个重要公式。

2. 模糊集合的信度运算

首先简要介绍模糊集合的隶属度运算规则。

(1) 如果对于论域 Ω 中的任意元素 x，有

$$\mu_{\underset{\sim}{A}_j}(x)\leqslant\mu_{\underset{\sim}{A}_i}(x) \tag{2.87}$$

则称模糊集合 $\underset{\sim}{A}_j$ 包含于模糊集合 $\underset{\sim}{A}_i$，记为 $\underset{\sim}{A}_j\subseteq\underset{\sim}{A}_i$。

(2) 对于任意两个模糊集合 $\underset{\sim}{A}_i$、$\underset{\sim}{A}_j$，其并集和交集的隶属度分别为

$$\mu_{\underset{\sim}{A}_i\cup\underset{\sim}{A}_j}(x)=\mu_{\underset{\sim}{A}_i}(x)\vee\mu_{\underset{\sim}{A}_j}(x) \tag{2.88}$$

$$\mu_{\underset{\sim}{A}_i\cap\underset{\sim}{A}_j}(x)=\mu_{\underset{\sim}{A}_i}(x)\wedge\mu_{\underset{\sim}{A}_j}(x) \tag{2.89}$$

式中：∨、∧分别表示取大和取小运算。

(3) 如果对于论域 Ω 中的任意元素 x，有

$$\mu_{\underset{\sim}{B}_i}(x)=1-\mu_{\underset{\sim}{A}_i}(x) \tag{2.90}$$

则称 $\underset{\sim}{B}_i$ 为模糊集合 $\underset{\sim}{A}_i$ 的补集，且

$$\mu_{\underset{\sim}{A}_i\cup\underset{\sim}{B}_i}(x)=\mu_{\underset{\sim}{A}_i}(x)\vee\mu_{\underset{\sim}{B}_i}(x)=\mu_{\underset{\sim}{A}_i}(x)\vee[1-\mu_{\underset{\sim}{A}_i}(x)]\leqslant 1 \tag{2.91}$$

$$\mu_{\underset{\sim}{A}_i\cap\underset{\sim}{B}_i}(x)=\mu_{\underset{\sim}{A}_i}(x)\wedge\mu_{\underset{\sim}{B}_i}(x)=\mu_{\underset{\sim}{A}_i}(x)\wedge[1-\mu_{\underset{\sim}{A}_i}(x)]\geqslant 0 \tag{2.92}$$

显然,模糊集合的运算并不满足互补律,包括互补律中的并运算和交运算[28]。

对模糊集合进行信度分析时,可令命题 $A_i=\{x\in \underset{\sim}{A}_i\}$,$A_j=\{x\in \underset{\sim}{A}_j\}$。如果

$$\mathrm{Bel}\{x\in \underset{\sim}{A}_j\}\leqslant \mathrm{Bel}\{x\in \underset{\sim}{A}_i\} \tag{2.93}$$

可认为命题 A_j 包含于命题 A_i,即 $A_j\subseteq A_i$。这时在一定的信度水平上,肯定命题 A_j 也意味着肯定命题 A_i。按照且命题的信度运算规则式(2.57),应有

$$\begin{aligned}\mathrm{Bel}\{x\in \underset{\sim}{A}_i\cap x\in \underset{\sim}{A}_j\}&=\mathrm{Bel}(A_i\cap A_j)=\min\{\mathrm{Bel}(A_i),\mathrm{Bel}(A_j)\}\\&=\mathrm{Bel}(A_j)=\mu_{\underset{\sim}{A}_j}(x),\quad A_j\subseteq A_i\end{aligned} \tag{2.94}$$

它与模糊集合的隶属度运算结果相同。

讨论一般模糊集合的信度运算之前,首先阐述模糊集合的补集。目前的模糊数学中并未引入 Δ 补集,因此模糊集合 $\underset{\sim}{A}_i$ 的补集 $\underset{\sim}{B}_i$ 实际为其有效补集,这里另记为 $\underset{\sim}{A}_i^{\mathrm{sc}}$。这时利用信任密度函数的积分运算,可以证明

$$\mathrm{Bel}(A_i^{\mathrm{sc}})=\mathrm{Bel}\{x\in \underset{\sim}{A}_i^{\mathrm{sc}}\}=1-\mu_{\underset{\sim}{A}_i}(x) \tag{2.95}$$

$$\mathrm{Bel}(A_i\cap A_i^{\mathrm{sc}})=\min\{\mu_{\underset{\sim}{A}_i}(x),1-\mu_{\underset{\sim}{A}_i}(x)\}\geqslant 0 \tag{2.96}$$

$$\mathrm{Bel}(A_i\cup A_i^{\mathrm{sc}})=\max\{\mu_{\underset{\sim}{A}_i}(x),1-\mu_{\underset{\sim}{A}_i}(x)\}\leqslant 1 \tag{2.97}$$

它们与模糊集合的隶属度运算结果亦相同,且同样不满足互补律。

引入 Δ 补集后,则有

$$\begin{aligned}\mathrm{Bel}(\Delta)&=1-\mathrm{Bel}(A_i\cup A_i^{\mathrm{sc}})=1-\max\{\mu_{\underset{\sim}{A}_i}(x),1-\mu_{\underset{\sim}{A}_i}(x)\}\\&=\min\{1-\mu_{\underset{\sim}{A}_i}(x),\mu_{\underset{\sim}{A}_i}(x)\}\end{aligned} \tag{2.98}$$

对于命题集合 A_i 实际的补集 A_i^{c},其信度为

$$\begin{aligned}\mathrm{Bel}(A_i^{\mathrm{c}})&=\mathrm{Bel}(A_i^{\mathrm{sc}}+\Delta)=1-\mu_{\underset{\sim}{A}_i}(x)+\min\{1-\mu_{\underset{\sim}{A}_i}(x),\mu_{\underset{\sim}{A}_i}(x)\}\\&=\min\{2[1-\mu_{\underset{\sim}{A}_i}(x)],1\}\end{aligned} \tag{2.99}$$

这时根据式(2.96)和或命题的信度运算规则式(2.32),有

$$\begin{aligned}\mathrm{Bel}(A_i\cap A_i^{\mathrm{c}})&=\mathrm{Bel}[A_i\cap(A_i^{\mathrm{sc}}+\Delta)]=\mathrm{Bel}(A_i\cap A_i^{\mathrm{sc}})\\&=\min\{\mu_{\underset{\sim}{A}_i}(x),1-\mu_{\underset{\sim}{A}_i}(x)\}\geqslant 0\end{aligned} \tag{2.100}$$

$$\begin{aligned}\mathrm{Bel}(A_i\cup A_i^{\mathrm{c}})&=\mathrm{Bel}(A_i)+\mathrm{Bel}(A_i^{\mathrm{c}})-\mathrm{Bel}(A_i\cap A_i^{\mathrm{c}})\\&=\mathrm{Bel}(A_i)+\mathrm{Bel}(A_i^{\mathrm{c}})-\mathrm{Bel}(A_i\cap A_i^{\mathrm{sc}})=1\end{aligned} \tag{2.101}$$

集合 A_i 与其补集 A_i^{c} 的运算满足互补律中的并运算,不恒满足交运算。引入 Δ 补集后的这个性质与一般命题集合的信度运算规则是相同的。

引入 Δ 补集后,对于一般的模糊集合,利用信度的运算规则和信任密度函数的积分运算,可以证明

$$\mathrm{Bel}\{x\in \underset{\sim}{A}_i\cap x\in \underset{\sim}{A}_j\}=\mathrm{Bel}(A_i\cap A_j)$$

$$=\begin{cases}\min\{\mathrm{Bel}(A_i),\mathrm{Bel}(A_j)\}, & A_i\cap A_j\neq\varnothing\\ 0, & A_i\cap A_j=\varnothing\end{cases}\tag{2.102}$$

$$\begin{aligned}\mathrm{Bel}\{x\in\underset{\sim}{A_i}\cup x\in\underset{\sim}{A_j}\}&=\mathrm{Bel}(A_i\cup A_j)=\mathrm{Bel}(A_i)+\mathrm{Bel}(A_j)-\mathrm{Bel}(A_i\cap A_j)\\&=\begin{cases}\max\{\mathrm{Bel}(A_i),\mathrm{Bel}(A_j)\}, & A_i\cap A_j\neq\varnothing\\ \mathrm{Bel}(A_i)+\mathrm{Bel}(A_j), & A_i\cap A_j=\varnothing\end{cases}\end{aligned}\tag{2.103}$$

它们与模糊集合的隶属度运算结果相同，但采用了信度运算的方式，且以交集$A_i\cap A_j$的性质为运算结果的条件，采用这样的表达形式主要是为考虑Δ补集的信度运算。当$A_i=\Delta$或$A_j=\Delta$时，$A_i\cap A_j=\varnothing$。

任意有效集合A_i与Δ补集都是不相容的，其交集为空集$\varnothing$，信度为0，而不是两者信度中的较小值；否则，可能导致信度不满足式(2.47)所示的正则性要求。例如，若不考虑运算条件，取

$$\mathrm{Bel}(A_i\cap\Delta)=\min\{\mathrm{Bel}(A_i),\mathrm{Bel}(\Delta)\}\tag{2.104}$$

$$\begin{aligned}\mathrm{Bel}(\bigcup_{i=1}^{\infty}A_i+\Delta)&=\mathrm{Bel}(\bigcup_{i=1}^{\infty}A_i)+\mathrm{Bel}(\Delta)-\mathrm{Bel}[(\bigcup_{i=1}^{\infty}A_i)\cap\Delta]\\&=\max\{\mathrm{Bel}(\bigcup_{i=1}^{\infty}A_i),\mathrm{Bel}(\Delta)\}\leqslant 1\end{aligned}\tag{2.105}$$

则会导致命题的信度运算不满足正则性要求。但是，按式(2.103)，则有

$$\mathrm{Bel}(\bigcup_{i=1}^{\infty}A_i+\Delta)=\mathrm{Bel}(\bigcup_{i=1}^{\infty}A_i)+\mathrm{Bel}(\Delta)=\mathrm{Bel}(\bigcup_{i=1}^{\infty}A_i)+1-\mathrm{Bel}(\bigcup_{i=1}^{\infty}A_i)=1\tag{2.106}$$

它与式(2.47)完全相同，满足信度的正则性要求。

式(2.102)和式(2.103)所示的一般公式说明：命题信度的运算规则同样适用于对模糊集合的信度分析，并得到与隶属度分析同样的结果，且可用于涉及Δ补集的信度运算。

综合2.5节所述，有关主观不确定性现象的分析方法可归纳为下列几点：

(1) 相对于概率论中的事件域及目前模糊数学和信度理论中的命题域，这里设立的命题域有两个突出的特点：命题域中的基本命题不一定是两两不相容的；除有效命题外，命题域中还可能包括对所有有效命题均无法予以判定的基本命题，即Δ补集。这些反映了主观不确定现象分析的特点，对它们的考虑可构建更为完整的命题域，并使命题集合满足互补律交运算之外的所有集合运算规则。

(2) 根据命题信度的三个公理化运算规则以及且命题、命题集合的运算规则，可建立完整的命题信度运算规则，它们满足信度的非负性、正则性和可加性。

(3) 命题信度的运算规则总体上符合事件概率的运算规则，只是命题集合的信度分析中需考虑命题域的完整性(Δ补集)、基本命题的相容性、论域可能发生的变化、命题之间的相关性等，并应采纳证据理论中关于信度、概率之间对应关系的

假设。

(4) 只要能够确定多个命题实际的论域，并合理考虑命题之间的关系，这里的信度运算规则可用于证据理论中对多个证据的合成。

(5) 引入模糊边界未确知量后，命题信度的运算规则同样适用于对模糊集合的信度分析，并得到与隶属度分析同样的结果。

总之，利用信度、未确知量、Δ补集等概念以及命题集合的运算规则、信度的三个公理化运算规则、且命题的信度运算规则，可建立完整的命题域，使命题集合满足互补律交运算之外的所有集合运算规则，并可建立一般性的信度运算规则，统一目前各类主观不确定现象的定量描述和分析方法，且它们总体上符合事件概率的运算规则。这些为合理考虑各类主观不确定性对结构可靠度分析结果的影响，在结构可靠度分析中综合考虑客观事物的随机性和对客观事物认识的主观不确定性奠定了基础。

参考文献

[1] 赵国藩. 工程结构可靠度. 北京：水利电力出版社，1984.

[2] Savage L J. The Foundations of Statistics. New York：John Wiley & Sons，1954.

[3] 韦来生. 贝叶斯统计. 北京：高等教育出版社，2016.

[4] International Organization for Standardization. General principles on reliability for structures(ISO 2394：2015). Geneva：International Organization for Standardization，2015.

[5] The European Union Per Regulation. Basic of structure design(EN 1990：2002). Brussel：European Committee for Standardization，2002.

[6] Zadeh L A. Fuzzy sets. Information and Control，1965，8：338-353.

[7] 宗志桓，于俊英. 地震危险性的模糊预测与地震工程可靠度的模糊综合评判. 地震工程动态，1984，(4)：22-24.

[8] 唐铁羽. 钢筋混凝土构件抗裂可靠度的模糊概率分析. 武汉工业大学学报，1986，(3)：331-337.

[9] 唐铁羽. 钢筋混凝土构件裂缝控制可靠度的模糊概率分析. 大连工学院学报，1986，(2)：61-64.

[10] 王光远，王文泉. 抗震结构的模糊可靠性分析. 力学学报，1986，18(5)：448-455.

[11] 赵国藩，李云贵. 混凝土结构正常使用极限状态可靠度模糊概率分析. 大连理工大学学报，1990，(2)：177-184.

[12] 王光远. 工程软设计理论. 北京：科学出版社，1992.

[13] 蒋崇文，易伟建，庞于涛. 基于模糊失效准则的桥梁易损性分析方法. 铁道科学与工程学报，2016，13(4)：705-710.

[14] 黄慎江，马勇. 基于模糊可靠度的RC框架结构在地震作用下最可能失效构件的识别. 土木工程学报，2016，(s1)：61-65.

[15] Shafer G. Mathematical Theory of Evidence. Princeton:Princeton University Press,1976.
[16] 段新生. 证据理论与决策、人工智能. 北京:中国人民大学出版社,1993.
[17] 王光远,陈树勋. 工程结构系统软设计理论及应用. 北京:国防工业出版社,1996.
[18] 刘开第,吴和琴,王念鹏,等. 未确知数学. 武汉:华中理工大学出版社,1997.
[19] Deng J L. The control problems of gray systems. Systems & Control Letters,1982,1(5):288-294.
[20] Ang A H-S, Tang W H. Probability Concepts in Engineering Planning and Design(Ⅰ). New York:John Wiley & Sons,1975.
[21] 李云贵,赵国藩. 影响结构可靠性的不定性分析. 港口工程,1992,(4):15-19.
[22] 赵国藩. 工程结构可靠性理论与应用. 大连:大连理工大学出版社,1996.
[23] Joint Committee on Structural Safety. JCSS probabilistic model code,2001. https://www.jcss.ethz.ch. JCSS-OSTL/DIA/VROU-10-11-2000.
[24] 姚继涛. 主观不确定性的统一描述方法. 建筑科学,2002,18(s2):28-32,45.
[25] Yao J T,Xie Y K,Fu Q. General mathematical approach to subjective uncertainty//Proceedings of the Eighth International Symposium on Structural Engineering for Young Experts. Beijing:Science Press,2006.
[26] 姚继涛. 既有结构可靠性理论及应用. 北京:科学出版社,2008.
[27] 周概容. 概率论与数理统计(理工类). 北京:高等教育出版社,2009.
[28] 李洪兴,汪培庄. 模糊数学. 北京:国防工业出版社,1994.

第3章　结构可靠性的度量方法和控制方式

目前国内外均以结构完成预定功能的概率度量和控制结构的可靠性，并称其为结构可靠度。这在理论上是合理的，但实际中，由于受认识手段、信息资源、知识水平、自然和社会条件等的制约，要完全掌握随机事物的概率特性几乎是不可能的，即使是对客观上确定的事物，人们的认识也可能是不确定的，在一定程度上存在认识上的不确定性，即主观不确定性，会进一步影响结构可靠度的分析结果和控制方式。这种影响在工程实际中是难以避免的，结构可靠度的分析与控制中必须以现实的态度考虑主观不确定性的影响，并建立相应的分析方法和控制方式。

本章首先阐述结构可靠性的度量方法，包括结构时域可靠性、结构耐久性的度量方法，并指出结构可靠度和结构时域可靠度之间的关系；其次，系统阐述结构可靠度分析中的主观不确定性，讨论结构可靠度的信度分析方法，提出现实的可靠度控制方式，为结构可靠度分析与控制中综合考虑随机性、主观不确定性的影响奠定基础。

3.1　结构可靠性的度量

3.1.1　结构可靠度和结构时域可靠度

1. 结构可靠度

因受随机因素的影响，结构在未来时间里能否完成预定的功能事先是无法明确判定的，只能判定其完成预定功能的可能性。可能性越高，意味着结构越可靠；可能性越低，则越不可靠。因此，国内外均以度量可能性大小的概率度量结构的可靠性，称结构在规定的时间内，在规定的条件下，完成预定功能的概率为结构可靠度(degree of reliability)[1~8]。

结构能否完成预定的功能具体是以极限状态为标准，利用功能函数判定的[9]。如果函数 Z 满足

$$\begin{cases} Z=G(X_1,X_2,\cdots,X_n)>0, & \text{结构处于可靠状态} \\ Z=G(X_1,X_2,\cdots,X_n)=0, & \text{结构处于极限状态} \\ Z=G(X_1,X_2,\cdots,X_n)<0, & \text{结构处于失效状态} \end{cases} \tag{3.1}$$

则称其为结构的功能函数(limit state function)，其中 $X_1,X_2,\cdots,X_n$ 为基本变量(basic variable)，指各种作用、环境影响、材料和岩土的性能、几何参数等。为便于

分析，有时也会采用综合变量表达功能函数，如

$$Z = R - S \tag{3.2}$$

$$Z = C - S \tag{3.3}$$

式中：S 为作用效应，如内力、变形等；R 为抗力；C 为对变形等作用效应的限值。

结构的功能函数可一般性地表达为随机过程 $Z(t)$，它描述了结构在未来任意时刻的状态。再记结构功能函数在设计使用年限 T 内的最不利值为 $Z_{\min}(T)$，即

$$Z_{\min}(T) = \min_{t \in T} Z(t) \tag{3.4}$$

它与极限状态对应，不接受超越时指 $Z(t)$ 的最小值，可接受超越时指与规定超越时间或次数对应的 $Z(t)$ 的值（参见 1.2 节），这里简单地记其为 $Z_{\min}(T)$。这时结构在设计使用年限 T 内的可靠概率可表达为

$$P_{\mathrm{r}}(T) = P\{Z_{\min}(T) \geqslant 0\} \tag{3.5}$$

它即为通常所称的结构可靠度，是设计使用年限 T 的函数，属结构的时段可靠度，是从结构状态或结构功能角度对结构可靠性的概率度量。与此相关的另一种概率

$$P_{\mathrm{r}}(t) = P\{Z(t) \geqslant 0\} \tag{3.6}$$

为结构在任意时刻 t 的可靠度，称为结构的时点可靠度[10]。

结构可靠性设计中，人们控制的是结构的时段可靠度，即结构在设计使用年限 T 内的可靠度。若记$[p_{\mathrm{r}}]$为目标可靠度（可靠概率的下限），则结构的可靠性设计应满足

$$P_{\mathrm{r}}(T) = P\{Z_{\min}(T) \geqslant 0\} \geqslant [p_{\mathrm{r}}] \tag{3.7}$$

这种方法是在限定时间的前提下，控制结构的最不利状态不劣于极限状态的概率，是目前结构可靠性设计中采取的主要方式。

功能函数中的基本变量能为随机过程，但按式(3.7)分析和控制结构可靠度时，一般将其转化为随机变量，如将可变作用随机过程转化为设计使用年限 T 内的最大值。基本变量也可能是未确知的非随机变量，如对于既有结构，其当前时刻的材料强度、抗力等均应为客观上确定的量，即非随机变量，但往往不能确知，属未确知量。这时功能函数为随机变量、未确知量的函数，相应的结构可靠度分析和控制方法将在 3.2 节阐述。

2. 结构时域可靠度

结构时域可靠度，即结构在规定的条件下，在完成预定功能的前提下，满足时间要求的能力，也应采用概率度量。记结构的极限状态为 Λ，结构在其状态不劣于 Λ（不接受超越），或劣于 Λ 的时间或次数不大于规定值（可接受超越）前提下的最长使用时间为 $t_{\max}(\Lambda)$，并简单将其表达为

$$t_{\max}(\Lambda) = \max_{Z(t) \geqslant 0}\{t\} \tag{3.8}$$

它可称为结构相对于极限状态 Λ 的使用寿命(working life 或 service life)，而极限状态 Λ 在结构耐久性研究中一般称为结构的寿命准则(life criterion)。这时结构相对于极限状态 Λ 的使用寿命 $t_{\max}(\Lambda)$不小于设计使用年限 T 的概率为

$$P_r(\Lambda)=P\{t_{\max}(\Lambda)\geqslant T\} \tag{3.9}$$

它与结构的极限状态 Λ 有关，是从时间角度对结构可靠性的概率度量，可称为结构的时域可靠度[10]。

如果采用结构的时域可靠度，则结构的可靠性设计应满足

$$P_r(\Lambda)=P\{t_{\max}(\Lambda)\geqslant T\}\geqslant[p_r] \tag{3.10}$$

这种方式是在限定结构状态或结构功能的前提下，控制结构的使用寿命不低于设计使用年限的概率，主要用于目前结构耐久性的控制中。

3. 结构可靠度与结构时域可靠度的关系

1.1.2 节曾指出，结构可靠性和结构时域可靠性是从不同角度对同一内容的描述，即对结构在规定条件下满足时间、功能两方面要求的能力的描述，前者从结构功能或结构状态的角度描述，后者则从时间的角度描述，是一对关系紧密的耦合概念。不仅如此，它们的度量指标之间，即结构可靠度和结构时域可靠度之间，还存在一个重要的关系，即[10~13]

$$P_r(\Lambda)=P_r(T) \tag{3.11}$$

下面利用图 3.1 说明式(3.11)所示的关系。

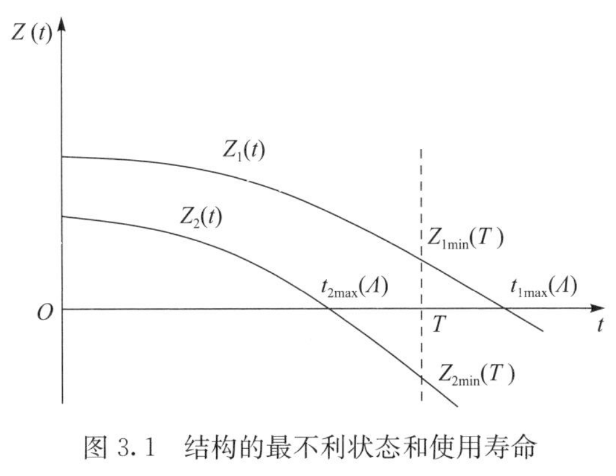

图 3.1　结构的最不利状态和使用寿命

首先说明曲线 $Z_1(t)$：结构功能函数在设计使用年限 T 内的最不利值 $Z_{1\min}(T)$不小于 0，即结构的最不利状态不劣于极限状态 Λ 时，结构相对于极限状态 Λ 的使用寿命 $t_{1\max}(\Lambda)$必定不小于设计使用年限 T，反之亦然。曲线 $Z_2(t)$则揭示了相反的情况：结构功能函数在设计使用年限 T 内的最不利值 $Z_{2\min}(T)$小于 0，即最不利状态劣于极限状态 Λ 时，结构相对于极限状态 Λ 的使用寿命 $t_{2\max}(\Lambda)$必定小于设

计使用年限 T,反之亦然。

两条曲线说明:$\{Z_{\min}(T)\geqslant 0\}$和$\{t_{\max}(\Lambda)\geqslant T\}$、$\{Z_{\min}(T)\leqslant 0\}$和$\{t_{\max}(\Lambda)\leqslant T\}$是两对一一对应的随机事件。由概率的经典定义可知

$$P\{Z_{\min}(T)\geqslant 0\}=P\{t_{\max}(\Lambda)\geqslant T\} \tag{3.12}$$

$$P\{Z_{\min}(T)\leqslant 0\}=P\{t_{\max}(\Lambda)\leqslant T\} \tag{3.13}$$

它们与式(3.11)完全等效。图 3.1 所示的样本曲线相对简单,但对一般的随机过程样本曲线,也可得到同样的结论。

式(3.11)以量化的方式揭示了结构可靠性和结构时域可靠性之间的关系,它说明:对于同一结构,只要保证设计使用年限 T、极限状态或寿命准则 Λ 一致,从结构功能角度和从时间角度都可用概率度量结构的可靠性,且两者对应的结构可靠度和结构时域可靠度相等,设计中可规定同样的目标可靠度$[p_{\mathrm{r}}]$按式(3.7)或式(3.10)予以控制[10~13]。这个结论为统一结构可靠性、结构时域可靠性的控制方法提供了重要的途径。

3.1.2　结构耐久性的度量

结构耐久性属于结构可靠性中涉及结构材料损伤的特殊内容。对结构耐久性的度量并非是对结构使用寿命的度量,而是对结构满足时间、功能两方面要求的能力的度量。与结构可靠性相同,结构耐久性也应采用概率度量,它既可从时间角度按式(3.9)度量,也可从功能角度按式(3.5)度量,只是这时结构的功能函数$Z_{\min}(T)$、极限状态 Λ、使用寿命 $t_{\max}(\Lambda)$等应根据结构耐久性所涉及的结构状态具体确定。

式(3.11)所示的结构可靠度与结构时域可靠度之间的关系对于结构耐久性同样成立,这一点对目前结构耐久性的分析与控制具有更现实的意义:结构耐久性分析中,既可采用目前结构安全性、适用性的分析方法,在设定的时间区域内考察结构状态与极限状态之间的关系,也可采用结构时域可靠性的分析方法,利用使用寿命分析结构的耐久性,两者完全等效;结构耐久性控制中,既可通过对使用寿命的统计分析推断结构的耐久性水平,设立耐久性控制的可靠度标准,并按使用寿命进行设计和评定,也可按耐久性控制的可靠度标准,利用结构安全性、适用性的方法控制结构耐久性,两者亦完全等效[10~13]。

下面以钢筋混凝土构件的碳化问题为例具体说明式(3.11)在结构耐久性分析与控制中的应用。混凝土的碳化深度可简单地表示为[14]

$$X(t)=A\sqrt{t} \tag{3.14}$$

式中:$X(t)$为碳化深度,是以时间 t 为参数的随机过程;A 为系数,属非负随机变量;t 为结构使用的时间。

按照碳化寿命准则,结构在规定时间 T 内的碳化深度不应超过某一限值 C(非负随机变量)[15]。若记结构的功能函数为

$$Z(t)=C-A\sqrt{t} \tag{3.15}$$

则相应的极限状态 Λ 对应于下列方程，即

$$C-A\sqrt{t}=0 \tag{3.16}$$

这时结构功能函数在规定时间 T 内的最不利值以及相对于极限状态 Λ 的使用寿命分别为

$$Z_{\min}(T)=C-A\sqrt{T} \tag{3.17}$$

$$t_{\max}(\Lambda)=\left(\frac{C}{A}\right)^2 \tag{3.18}$$

容易证明

$$P_{\mathrm{r}}(\Lambda)=P\left\{\left(\frac{C}{A}\right)^2\geqslant T\right\}=P\{C-A\sqrt{T}\geqslant 0\}=P_{\mathrm{r}}(T) \tag{3.19}$$

即结构耐久性所对应的结构可靠度和结构时域可靠度相等，从时间角度和功能角度均可定量地分析结构耐久性。若设定结构耐久性控制的目标可靠度为$[p_{\mathrm{r}}]$，则应有

$$P_{\mathrm{r}}(\Lambda)=P\left\{\left(\frac{C}{A}\right)^2\geqslant T\right\}\geqslant[p_{\mathrm{r}}] \tag{3.20}$$

$$P_{\mathrm{r}}(T)=P\{C-A\sqrt{T}\geqslant 0\}\geqslant[p_{\mathrm{r}}] \tag{3.21}$$

它们完全等效。

对于其他更复杂的情况，都可按类似的方法确定结构功能函数在规定时间 T 内的最不利值 $Z_{\min}(T)$和相对于极限状态 Λ 的使用寿命 $t_{\max}(\Lambda)$，并可证明它们满足式(3.11)所示的关系，可等效地按式(3.7)或式(3.10)控制结构的耐久性。

3.2 结构可靠度的信度

3.2.1 结构可靠度分析中的主观不确定性

就客观事物本身而言，作用、环境影响、材料和岩土的性能、几何参数等基本变量的概率特性或当前的量值都是客观的，只要判定结构失效与否的极限状态是清晰和明确的，结构的可靠度就应具有客观的量值。但是，实际的结构可靠度分析中，要完全掌握随机变量的概率特性几乎是不可能的，对非随机变量的认识也可能是不确定的，即对它们的认识存在一定的主观不确定性，它们会进一步影响结构可靠度分析的结果。

一般而言，认识上的不确定程度越高，即主观不确定性越强，则越趋于认为结构具有较高的失效风险；反之，这种意向会相对减弱。这是人们现实的认知水平所产生的必然结果，对它们的考虑将使结构可靠度的分析和预测更贴近人们现实的

认知水平，而分析和预测的结果也更具有现实意义[13,16~18]。

结构可靠度的分析中，首先应明确影响可靠度分析结果的主观不确定性。总体而言，它们主要表现于下列几个方面[13]。

1）对随机变量的认识

结构可靠度分析中的基本变量通常为随机变量，它们均具有客观的概率特性，人们主要通过调查测试和统计推断建立对它们的认识。若这种认识是以相对精确的测试手段和大样本为基础的，则对随机变量的概率特性便会有较高的认知水平，可近似视其为确知的随机变量，不考虑主观不确定性的影响。若缺乏充分、可靠的依据，如样本容量不足或测试手段不精确，则对推断的结果就不会有百分之百的把握，这时便会存在认识上的主观不确定性。

相对而言，拟建结构可靠度分析中对基本变量概率特性的认知水平较高，一般可不考虑主观不确定性的影响；分析既有结构的可靠度时，若基本变量的概率特性是通过特定的调查测试和统计推断确定的，则对它们的认识便可能存在较强的主观不确定性，因为这时能够获得的样本一般很难达到统计学上大样本的要求。

随机变量的概率特性包括概率分布类型、分布参数、分位值等，其中分布参数和分位值为统计推断中的主要内容。如果对分布参数、分位值的认识存在主观不确定性，则应视它们为未确知量。

2）对非随机变量的认识

结构可靠度分析中的基本变量也可能包含非随机变量，这主要存在于既有结构的可靠度分析中。既有结构各构件当前时刻的几何尺寸、材料强度、抗力等虽有差别，但客观上都是确定的，不具有随机性。对于截面尺寸等简单、易测的项目，一般可对其建立准确的认识，视其为完全确定的量；但对材料强度、抗力等复杂的项目，要准确测得它们的实际值往往较困难，相应地对它们的认识便可能存在较强的主观不确定性，这时应视它们为未确知量。

3）对基本变量组成的认识

结构可靠度分析中，若怀疑除已考虑的基本变量外还存在其他基本变量，则表明对基本变量组成的认识存在主观不确定性。例如，对使用条件复杂的建筑物，可能担心已查明的作用之外遗漏了其他作用，如操作平台检修荷载、温度作用或其他不可忽略的作用等。这种担心反映了对作用组成认识上的主观不确定性。使用条件越复杂，这种担心的程度一般越高，也意味着对基本变量组成的认识越具有不确定性。这种主观不确定性需采用与 Δ 补集相关的未确知量进行描述和分析。

4）对失效准则的认识

失效准则是判定结构可靠与否的物理标准，对其认识的不确定性主要指判定标准的模糊性，多存在于结构适用性的可靠度分析中。结构适用性控制中要求结构不应出现“影响正常使用或外观的变形”、“影响正常使用或耐久性能的局部损坏

(包括裂缝)”、“影响正常使用的振动”等[1,7,8]。这些都是不明确、原则性的规定,何谓“正常”很难清晰界定。这一点反映了人们对结构失效准则认识上的主观不确定性,需采用与模糊界限相关的未确知量进行描述和分析。

3.2.2　基本变量和失效准则的信度分析

为建立结构可靠度的信度分析方法,首先阐述基本变量和失效准则的信度分析方法。

1. 随机变量的信度分析

设随机变量 X 的概率密度函数、概率分布函数分别为 $f_X(x;\boldsymbol{\theta})$ 和 $F_X(x;\boldsymbol{\theta})$,其中分布参数向量 $\boldsymbol{\theta}$ 未知。若对分布参数向量 $\boldsymbol{\theta}$ 的认识存在主观不确定性,则应视 $\boldsymbol{\theta}$ 为未确知量,这里记其联合信任密度函数为 $\mathrm{bel}_{\boldsymbol{\theta}}(\boldsymbol{t})$。这时随机变量 X 的概率分布函数 $F_X(x;\boldsymbol{\theta})$ 应为未确知量 $\boldsymbol{\theta}$ 的函数,它也是未确知的。这意味着对于任意给定的概率 p,无法明确判定命题 $\{F_X(x;\boldsymbol{\theta})\leqslant p\}$ 是否成立,它的信度可表达为

$$\mathrm{Bel}\{F_X(x;\boldsymbol{\theta})\leqslant p\}=\int_{F_X(x;\boldsymbol{t})\leqslant p}\mathrm{bel}_{\boldsymbol{\theta}}(\boldsymbol{t})\mathrm{d}\boldsymbol{t} \tag{3.22}$$

而概率分布函数 $F_X(x;\boldsymbol{\theta})$ 的信度均值为

$$\begin{aligned}E_{\mathrm{B}}[F_X(x;\boldsymbol{\theta})]&=\int_{-\infty}^{\infty}F_X(x;\boldsymbol{t})\mathrm{bel}_{\boldsymbol{\theta}}(\boldsymbol{t})\mathrm{d}\boldsymbol{t}=\int_{-\infty}^{\infty}\left[\int_{-\infty}^{x}f_X(u;\boldsymbol{t})\mathrm{d}u\right]\mathrm{bel}_{\boldsymbol{\theta}}(\boldsymbol{t})\mathrm{d}\boldsymbol{t}\\&=\int_{-\infty}^{x}\left[\int_{-\infty}^{\infty}f_X(u;\boldsymbol{t})\mathrm{bel}_{\boldsymbol{\theta}}(\boldsymbol{t})\mathrm{d}\boldsymbol{t}\right]\mathrm{d}u\end{aligned} \tag{3.23}$$

由于概率密度函数 $f_X(x;\boldsymbol{\theta})$ 的信度均值为

$$E_{\mathrm{B}}[f_X(x;\boldsymbol{\theta})]=\int_{-\infty}^{\infty}f_X(x;\boldsymbol{t})\mathrm{bel}_{\boldsymbol{\theta}}(\boldsymbol{t})\mathrm{d}\boldsymbol{t} \tag{3.24}$$

故概率分布函数 $F_X(x;\boldsymbol{\theta})$ 的信度均值也可表达为

$$E_{\mathrm{B}}[F_X(x;\boldsymbol{\theta})]=\int_{-\infty}^{x}E_{\mathrm{B}}[f_X(u;\boldsymbol{\theta})]\mathrm{d}u \tag{3.25}$$

式(3.24)与目前的贝叶斯公式非常相近。按贝叶斯法的观点,应视未知分布参数向量 $\boldsymbol{\theta}$ 为随机向量,而随机变量 X 的概率密度函数为关于 $\boldsymbol{\theta}$ 的条件概率密度函数,可另记其为 $f_X(x|\boldsymbol{\theta})$,并记 $\boldsymbol{\theta}$ 的先验分布为 $f_{\boldsymbol{\theta}}(\boldsymbol{t})$。按贝叶斯公式,获得随机变量 X 的样本观测值 $x_1,x_2,\cdots,x_n$ 后,随机变量 X 的概率密度函数、概率分布函数应分别为

$$f_X(x|x_1,x_2,\cdots,x_n)=\int_{-\infty}^{\infty}f_X(x|\boldsymbol{t})f_{\boldsymbol{\theta}}(\boldsymbol{t}|x_1,x_2,\cdots,x_n)\mathrm{d}\boldsymbol{t} \tag{3.26}$$

$$F_X(x|x_1,x_2,\cdots,x_n)=\int_{-\infty}^{x}f_X(u|x_1,x_2,\cdots,x_n)\mathrm{d}u \tag{3.27}$$

式中:$f_{\boldsymbol{\theta}}(\boldsymbol{t}|x_1,x_2,\cdots,x_n)$ 为获得样本观测值 $x_1,x_2,\cdots,x_n$ 后未知分布参数向量 $\boldsymbol{\theta}$

的后验分布(posterior distribution)。

联合信任密度函数 $\mathrm{bel}_{\boldsymbol{\theta}}(\boldsymbol{t})$ 和后验分布 $f_{\boldsymbol{\theta}}(\boldsymbol{t}\mid x_1,x_2,\cdots,x_n)$ 所描述的内容实质上都是对未知分布参数向量 $\boldsymbol{\theta}$ 取值的信任程度，可取两者相等。这时对比式(3.24)、式(3.25)与式(3.26)、式(3.27)可知

$$E_{\mathrm{B}}[f_X(x;\boldsymbol{\theta})]=\int_{-\infty}^{\infty}f_X(x\mid\boldsymbol{t})f_{\boldsymbol{\theta}}(\boldsymbol{t}\mid x_1,x_2,\cdots,x_n)\mathrm{d}\boldsymbol{t}=f_X(x\mid x_1,x_2,\cdots,x_n)\tag{3.28}$$

$$E_{\mathrm{B}}[F_X(x;\boldsymbol{\theta})]=\int_{-\infty}^{x}f_X(u\mid x_1,x_2,\cdots,x_n)\mathrm{d}u=F_X(x\mid x_1,x_2,\cdots,x_n)\tag{3.29}$$

若形式上认为随机变量 X 的概率密度函数、概率分布函数的信度均值 $E_{\mathrm{B}}[f_X(x;\boldsymbol{\theta})]$、$E_{\mathrm{B}}[F_X(x;\boldsymbol{\theta})]$ 分别为其概率密度函数 $f_X(x)$ 和概率分布函数 $F_X(x)$，则可视式(3.24)为以信度形式表达的贝叶斯公式，而式(3.24)、式(3.25)所示的信度分析方法与概率分析方法相同。

对于随机变量的函数，可按类似的方法对其进行信度分析。设

$$Y=g(X_1,X_2,\cdots,X_n)=g(\boldsymbol{X})\tag{3.30}$$

式中：$\boldsymbol{X}=(X_1,X_2,\cdots,X_n)$ 为随机向量，记其联合概率密度函数、概率分布函数分别为 $f_{\boldsymbol{X}}(\boldsymbol{x};\boldsymbol{\theta})$ 和 $F_{\boldsymbol{X}}(\boldsymbol{x};\boldsymbol{\theta})$，其中分布参数向量 $\boldsymbol{\theta}$ 未知。这时命题 $\{F_Y(y;\boldsymbol{\theta})\leqslant p\}$ 的信度应表达为

$$\mathrm{Bel}\{F_Y(y;\boldsymbol{\theta})\leqslant p\}=\int_{F_Y(y;\boldsymbol{t})\leqslant p}\mathrm{bel}_{\boldsymbol{\theta}}(\boldsymbol{t})\mathrm{d}\boldsymbol{t}\tag{3.31}$$

概率分布函数 $F_Y(y;\boldsymbol{\theta})$ 的信度均值应为

$$\begin{aligned}E_{\mathrm{B}}[F_Y(y;\boldsymbol{\theta})]&=\int_{-\infty}^{\infty}F_Y(y;\boldsymbol{t})\mathrm{bel}_{\boldsymbol{\theta}}(\boldsymbol{t})\mathrm{d}\boldsymbol{t}=\int_{g(\boldsymbol{u})\leqslant y}\left[\int_{-\infty}^{\infty}f_{\boldsymbol{X}}(\boldsymbol{u};\boldsymbol{t})\mathrm{bel}_{\boldsymbol{\theta}}(\boldsymbol{t})\mathrm{d}\boldsymbol{t}\right]\mathrm{d}\boldsymbol{u}\\&=\int_{g(\boldsymbol{u})\leqslant y}E_{\mathrm{B}}[f_{\boldsymbol{X}}(\boldsymbol{u};\boldsymbol{\theta})]\mathrm{d}\boldsymbol{u}\end{aligned}\tag{3.32}$$

式中：$E_{\mathrm{B}}[f_{\boldsymbol{X}}(\boldsymbol{u};\boldsymbol{\theta})]$ 为随机向量 $\boldsymbol{X}$ 联合概率密度函数 $f_{\boldsymbol{X}}(\boldsymbol{u};\boldsymbol{\theta})$ 的信度均值，即

$$E_{\mathrm{B}}[f_{\boldsymbol{X}}(\boldsymbol{u};\boldsymbol{\theta})]=\int_{-\infty}^{\infty}f_{\boldsymbol{X}}(\boldsymbol{u};\boldsymbol{t})\mathrm{bel}_{\boldsymbol{\theta}}(\boldsymbol{t})\mathrm{d}\boldsymbol{t}\tag{3.33}$$

与式(3.24)、式(3.25)类似，若形式上采用类似的代换方法，则式(3.32)、式(3.33)所示的信度分析方法也与概率分析方法相同。

2. 非随机变量的信度分析

设 U 为客观上确定(非随机变量)但未确知的量。这时应视 U 为未确知量，对它的认识可用其信任密度函数 $\mathrm{bel}_U(u)$ 描述。若未确知量 U 为未确知向量 $\mathbf{V}=(V_1,V_2,\cdots,V_n)$ 的函数，即

$$U=g(V_1,V_2,\cdots,V_n)=g(\mathbf{V})\tag{3.34}$$

且向量 $\boldsymbol{V}$ 亦为客观上确定但未确知的向量，其联合信任密度函数为 $\mathrm{bel}_{\boldsymbol{V}}(\boldsymbol{v})$，则未确知量 U 的信度函数应为

$$\mathrm{Bel}_U(u)=\int_{g(\boldsymbol{v})\leqslant u}\mathrm{bel}_{\boldsymbol{V}}(\boldsymbol{v})\mathrm{d}\boldsymbol{v} \tag{3.35}$$

如果形式上认为未确知量 $V_1,V_2,\cdots,V_n$ 和 U 均为随机变量，其信任密度函数为概率密度函数，则式(3.35)所示的信度分析方法与概率分析方法相同。

3. 基本变量组成的信度分析

设 Y 为随机向量 $\boldsymbol{X}=(X_1,X_2,\cdots,X_n)$ 的函数，且随机向量 $\boldsymbol{X}$ 的概率特性已知，但不能确认随机向量 $\boldsymbol{X}$ 是否涵盖了 Y 的所有影响因素。这时需引入 Δ 补集，将随机变量 Y 表达为

$$Y=g(X_1,X_2,\cdots,X_n,\xi)=g(\boldsymbol{X},\xi) \tag{3.36}$$

式中：

$$\xi=\begin{cases}0, & \Delta=\varnothing\\ 1, & \Delta\neq\varnothing\end{cases} \tag{3.37}$$

式中：ξ 为描述 Δ 补集性质的未确知量，且 $\mathrm{Bel}\{\xi=0\}$、$\mathrm{Bel}\{\xi=1\}$ 分别表示命题 $\{\Delta=\varnothing\}$、$\{\Delta\neq\varnothing\}$ 的信度。由于包含未确知量 ξ，随机变量 Y 的概率分布函数是未确知的，且与未确知量 ξ 有关，可记其为 $F_Y(y;\xi)$。这时对于任意给定的概率 p，命题 $\{F_Y(y;\xi)\leqslant p\}$ 的信度应为

$$\mathrm{Bel}\{F_Y(y;\xi)\leqslant p\}=\delta(\boldsymbol{X},0,p)\mathrm{Bel}\{\xi=0\}+\delta(\boldsymbol{X},1,p)\mathrm{Bel}\{\xi=1\} \tag{3.38}$$

$$\delta(\boldsymbol{X},0,p)=\begin{cases}0, & P\{g(\boldsymbol{X},\xi)\leqslant y\,|\,\xi=0\}>p\\ 1, & P\{g(\boldsymbol{X},\xi)\leqslant y\,|\,\xi=0\}\leqslant p\end{cases} \tag{3.39}$$

$$\delta(\boldsymbol{X},1,p)=\begin{cases}0, & P\{g(\boldsymbol{X},\xi)\leqslant y\,|\,\xi=1\}>p\\ 1, & P\{g(\boldsymbol{X},\xi)\leqslant y\,|\,\xi=1\}\leqslant p\end{cases} \tag{3.40}$$

概率分布函数 $F_Y(y;\xi)$ 的信度均值为

$$\begin{aligned}E_{\mathrm{B}}[F_Y(y;\xi)]=&P\{g(\boldsymbol{X},\xi)\leqslant y\,|\,\xi=0\}\mathrm{Bel}\{\xi=0\}\\&+P\{g(\boldsymbol{X},\xi)\leqslant y\,|\,\xi=1\}\mathrm{Bel}\{\xi=1\}\end{aligned} \tag{3.41}$$

虽然未确知量 ξ 的信度函数难以建立，而受 Δ 补集影响的概率 $P\{g(\boldsymbol{X},\xi)\leqslant y\,|\,\xi=1\}$ 也难以计算，但对随机变量 Y 的信度分析应采用式(3.38)和式(3.41)所示的方法。

如果形式上视未确知量 ξ 为随机变量，其信度函数为概率分布函数，并视随机变量 Y 概率分布函数的信度均值 $E_{\mathrm{B}}[F_Y(y;\xi)]$ 为概率分布函数 $F_Y(y)$，则式(3.41)所示的信度分析方法与概率论中的全概率分析方法相同。

4. 失效准则的信度分析

设结构适用性分析中的功能函数为

$$Z = C - S \tag{3.42}$$

式中：S 为描述组合作用效应的随机变量，其概率特性已知，概率密度函数为 $f_S(s)$；C 为模糊边界（未确知量），其信任密度函数为 $\mathrm{bel}_C(c)$。

这时功能函数 Z 亦为随机变量，但包含未确知量 C，是未确知的，可记其概率分布函数为 $F_Z(z;C)$，而结构的失效概率也是与 C 有关的未确知量，可记为 $P_f(C)$。这时对于任意给定的概率 p，肯定命题 $\{P_f(C) \leqslant p\}$ 的信度应为

$$\mathrm{Bel}\{P_f(C) \leqslant p\} = \int_{P_f(C) \leqslant p} \mathrm{bel}_C(c)\mathrm{d}c = \int_{F_Z(0;C) \leqslant p} \mathrm{bel}_C(c)\mathrm{d}c \tag{3.43}$$

失效概率 $P_f(C)$ 的信度均值为

$$\begin{aligned} E_B[P_f(C)] &= E_B[F_Z(0;C)] = \int_{-\infty}^{\infty} \left[\int_c^{\infty} f_S(s)\mathrm{d}s\right] \mathrm{bel}_C(c)\mathrm{d}c \\ &= \int_{-\infty}^{\infty} f_S(s) \left[\int_{-\infty}^{s} \mathrm{bel}_C(c)\mathrm{d}c\right] \mathrm{d}s = \int_{-\infty}^{\infty} f_S(s)\mathrm{Bel}_C(s)\mathrm{d}s \end{aligned} \tag{3.44}$$

若形式上采用类似的代换方法，则式(3.44)所示的信度分析方法与概率分析方法亦相同。

对于边界模糊的结构适用性问题，目前常采用模糊概率的方法分析其失效概率。令结构的失效域为模糊集合 $\underset{\sim}{A}$，则结构失效的模糊概率应为[19~21]

$$P_f = \int_{-\infty}^{\infty} f_S(s)\mu_{\underset{\sim}{A}}(s)\mathrm{d}s \tag{3.45}$$

式中：$\mu_{\underset{\sim}{A}}(s)$ 为模糊集合 $\underset{\sim}{A}$ 的隶属函数。根据式(2.86)所示的信度函数与隶属函数之间的关系，应有

$$\mathrm{Bel}_C(s) = \mu_{\underset{\sim}{A}}(s) \tag{3.46}$$

对比式(3.44)和式(3.45)可知，按信度分析方法计算的失效概率信度均值 $E_B[P_f(C)]$ 与按模糊概率方法计算的失效概率是相同的。

综上所述，对未确知的随机变量、非随机变量、基本变量组成和失效准则，若形式上视相应的未确知量为随机变量，并视未确知的随机变量概率密度函数的信度均值、其他未确知量的信任密度函数为概率密度函数，则可采用概率分析的方法对它们进行信度分析。相对于目前的贝叶斯方法和模糊概率分析方法，按这种代换方法可得到同样的结果。

3.2.3 结构可靠度的信度分析

3.2.2 节阐述了结构可靠度分析中各类未确知量的信度分析方法，所涉及的情况相对简单。本节将综合各种情况，系统阐述结构可靠度的信度分析方法。

1. 结构可靠度的信度

综合考虑结构可靠度分析中可能存在的各类未确知量，对应于式(3.2)和式(3.3)，可将结构的功能函数分别表达为

$$Z = g(\boldsymbol{X}, \boldsymbol{V}, \xi) \tag{3.47}$$

$$Z = C - S(\boldsymbol{X}, \boldsymbol{V}, \xi) \tag{3.48}$$

式中：$\boldsymbol{X} = \{X_1, X_2, \cdots, X_n\}$ 为随机向量，其概率分布函数和概率密度函数分别为 $F_{\boldsymbol{X}}(\boldsymbol{x};\boldsymbol{\theta})$ 和 $f_{\boldsymbol{X}}(\boldsymbol{x};\boldsymbol{\theta})$，其中分布参数向量 $\boldsymbol{\theta} = \{\theta_1, \theta_2, \cdots, \theta_k\}$ 为未确知向量；$\boldsymbol{V} = (V_1, V_2, \cdots, V_m)$ 为未确知的非随机向量；C 为未确知的模糊边界；ξ 为描述 Δ 补集性质的未确知量，见式(3.37)。

这时结构的失效概率 P_{f} 分别为未确知量 $\boldsymbol{\theta}$、$\boldsymbol{V}$、ξ 和 C、$\boldsymbol{\theta}$、$\boldsymbol{V}$、ξ 的函数，可分别表达为

$$P_{\mathrm{f}} = P_{\mathrm{f}}(\boldsymbol{\theta}, \boldsymbol{V}, \xi) = P\{g(\boldsymbol{X}, \boldsymbol{V}, \xi) \leqslant 0\} = \int_{g(\boldsymbol{x}, \boldsymbol{V}, \xi) \leqslant 0} f_{\boldsymbol{X}}(\boldsymbol{x};\boldsymbol{\theta}) \mathrm{d}\boldsymbol{x} \tag{3.49}$$

$$P_{\mathrm{f}} = P_{\mathrm{f}}(C, \boldsymbol{\theta}, \boldsymbol{V}, \xi) = P\{C - S(\boldsymbol{X}, \boldsymbol{V}, \xi) \leqslant 0\} = \int_{C - S(\boldsymbol{x}, \boldsymbol{V}, \xi) \leqslant 0} f_{\boldsymbol{X}}(\boldsymbol{x};\boldsymbol{\theta}) \mathrm{d}\boldsymbol{x} \tag{3.50}$$

对于任意设定的失效概率 p_{f}，其信度函数可统一表达为

$$\mathrm{Bel}_{P_{\mathrm{f}}}(p_{\mathrm{f}}) = \mathrm{Bel}\{P_{\mathrm{f}} \leqslant p_{\mathrm{f}}\} \tag{3.51}$$

它表示肯定命题$\{P_{\mathrm{f}} \leqslant p_{\mathrm{f}}\}$的信度。

为便于叙述，令

$$P_{\mathrm{f}}(\boldsymbol{\theta}, \boldsymbol{V}, 0) = P\{g(\boldsymbol{X}, \boldsymbol{V}, \xi) \leqslant 0 \mid \xi = 0\} \tag{3.52}$$

$$P_{\mathrm{f}}(\boldsymbol{\theta}, \boldsymbol{V}, 1) = P\{g(\boldsymbol{X}, \boldsymbol{V}, \xi) \leqslant 0 \mid \xi = 1\} \tag{3.53}$$

$$P_{\mathrm{f}}(C, \boldsymbol{\theta}, \boldsymbol{V}, 0) = P\{C - S(\boldsymbol{X}, \boldsymbol{V}, \xi) \leqslant 0 \mid \xi = 0\} \tag{3.54}$$

$$P_{\mathrm{f}}(C, \boldsymbol{\theta}, \boldsymbol{V}, 1) = P\{C - S(\boldsymbol{X}, \boldsymbol{V}, \xi) \leqslant 0 \mid \xi = 1\} \tag{3.55}$$

这时对应于式(3.47)和式(3.48)所示的功能函数，结构失效概率 P_{f} 的信度函数分别为

$$\mathrm{Bel}_{P_{\mathrm{f}}}(p_{\mathrm{f}}) = \sum_{i=0}^{1} \left[\iint_{P_{\mathrm{f}}(\boldsymbol{t}, \boldsymbol{v}, i) \leqslant p_{\mathrm{f}}} \mathrm{bel}_{\boldsymbol{\theta}}(\boldsymbol{t}) \mathrm{bel}_{\boldsymbol{V}}(\boldsymbol{v}) \mathrm{d}\boldsymbol{t} \mathrm{d}\boldsymbol{v} \right] \mathrm{Bel}\{\xi = i\} \tag{3.56}$$

$$\mathrm{Bel}_{P_{\mathrm{f}}}(p_{\mathrm{f}}) = \sum_{i=0}^{1} \left[\iiint_{P_{\mathrm{f}}(c, \boldsymbol{t}, \boldsymbol{v}, i) \leqslant p_{\mathrm{f}}} \mathrm{bel}_{C}(c) \mathrm{bel}_{\boldsymbol{\theta}}(\boldsymbol{t}) \mathrm{bel}_{\boldsymbol{V}}(\boldsymbol{v}) \mathrm{d}c \mathrm{d}\boldsymbol{t} \mathrm{d}\boldsymbol{v} \right] \mathrm{Bel}\{\xi = i\} \tag{3.57}$$

工程实际中，一般应尽可能查明影响结构可靠度的各种因素，避免 Δ 补集的影响。这时对应于式(3.2)和式(3.3)，可将结构的功能函数分别表达为

$$Z = g(\boldsymbol{X}, \boldsymbol{V}) \tag{3.58}$$

$$Z = C - S(\boldsymbol{X}, \boldsymbol{V}) \tag{3.59}$$

其对应的失效概率 P_{f} 分别为

$$P_f = P_f(\boldsymbol{\theta},\boldsymbol{V}) = P\{g(\boldsymbol{X},\boldsymbol{V}) \leqslant 0\} = \int_{g(\boldsymbol{x},\boldsymbol{V})\leqslant 0} f_{\boldsymbol{X}}(\boldsymbol{x};\boldsymbol{\theta})\mathrm{d}\boldsymbol{x} \tag{3.60}$$

$$P_f = P_f(C,\boldsymbol{\theta},\boldsymbol{V}) = P\{C - S(\boldsymbol{X},\boldsymbol{V}) \leqslant 0\} = \int_{C-S(\boldsymbol{x},\boldsymbol{V})\leqslant 0} f_{\boldsymbol{X}}(\boldsymbol{x};\boldsymbol{\theta})\mathrm{d}\boldsymbol{x} \tag{3.61}$$

它们分别为未确知量 $\boldsymbol{\theta}$、$\boldsymbol{V}$ 和 C、$\boldsymbol{\theta}$、$\boldsymbol{V}$ 的函数，其信度分别为

$$\mathrm{Bel}_{P_f}(p_f) = \iint_{P_f(\boldsymbol{t},\boldsymbol{v})\leqslant p_f} \mathrm{bel}_{\boldsymbol{\theta}}(\boldsymbol{t})\mathrm{bel}_{\boldsymbol{V}}(\boldsymbol{v})\mathrm{d}\boldsymbol{t}\mathrm{d}\boldsymbol{v} \tag{3.62}$$

$$\mathrm{Bel}_{P_f}(p_f) = \iiint_{P_f(c,\boldsymbol{t},\boldsymbol{v})\leqslant p_f} \mathrm{bel}_C(c)\mathrm{bel}_{\boldsymbol{\theta}}(\boldsymbol{t})\mathrm{bel}_{\boldsymbol{V}}(\boldsymbol{v})\mathrm{d}c\mathrm{d}\boldsymbol{t}\mathrm{d}\boldsymbol{v} \tag{3.63}$$

由式(3.62)和式(3.63)可见：

(1) p_f 越大，则积分域越大，对命题$\{P_f \leqslant p_f\}$的信度越大。

(2) $p_f=1$ 时，按信度的正则性，应有 $\mathrm{Bel}\{P_f \leqslant 1\}=1$，即完全肯定命题$\{P_f \leqslant 1\}$。

(3) $p_f=0$ 时，积分域不存在，$\mathrm{Bel}\{P_f \leqslant 0\}=0$，即完全否定命题$\{P_f \leqslant 0\}$。

(4) $\mathrm{Bel}_{P_f}(p_f)$相对较大时，若未确知量 C、$\boldsymbol{\theta}$、$\boldsymbol{V}$ 的变异性越大，则对同样的失效概率限值 p_f，积分的值越小，即对命题$\{P_f \leqslant p_f\}$的信度越小，这实际上意味着对未确知量 C、$\boldsymbol{\theta}$、$\boldsymbol{V}$ 的认知水平越低，对命题$\{P_f \leqslant p_f\}$的信度越小。

(5) 当未确知量 C、$\boldsymbol{\theta}$、$\boldsymbol{V}$ 转化为确定量 c、$\boldsymbol{t}$、$\boldsymbol{v}$，即结构失效概率 P_f 的分析中不存在未确知量时，式(3.62)和式(3.63)将分别蜕变为

$$\mathrm{Bel}_{P_f}(p_f) = \mathrm{Bel}\{P_f(\boldsymbol{t},\boldsymbol{v}) \leqslant p_f\} = \mathrm{Bel}\left\{\int_{g(\boldsymbol{x},\boldsymbol{t},\boldsymbol{v})\leqslant 0} f_{\boldsymbol{X}}(\boldsymbol{x})\mathrm{d}\boldsymbol{x} \leqslant p_f\right\} \tag{3.64}$$

$$\mathrm{Bel}_{P_f}(p_f) = \mathrm{Bel}\{P_f(c,\boldsymbol{t},\boldsymbol{v}) \leqslant p_f\} = \mathrm{Bel}\left\{\int_{c-S(\boldsymbol{x},\boldsymbol{t},\boldsymbol{v})\leqslant 0} f_{\boldsymbol{X}}(\boldsymbol{x})\mathrm{d}\boldsymbol{x} \leqslant p_f\right\} \tag{3.65}$$

两式中的不等式均为不含未确知量的普通不等式，可按一般事件判定：不等式成立时，信度 $\mathrm{Bel}_{P_f}(p_f)=1$；否则，信度 $\mathrm{Bel}_{P_f}(p_f)=0$。

2. 结构可靠度的信度均值

对式(3.47)和式(3.48)所示的一般情况，结构失效概率 P_f 的信度均值分别为

$$E_B(P_f) = \sum_{i=0}^{1}\left[\int_{-\infty}^{\infty}\int_{-\infty}^{\infty} P_f(\boldsymbol{t},\boldsymbol{v},i)\mathrm{bel}_{\boldsymbol{\theta}}(\boldsymbol{t})\mathrm{bel}_{\boldsymbol{V}}(\boldsymbol{v})\mathrm{d}\boldsymbol{t}\mathrm{d}\boldsymbol{v}\right]\mathrm{Bel}\{\xi=i\} \tag{3.66}$$

$$E_B(P_f) = \sum_{i=0}^{1}\left[\int_{-\infty}^{\infty}\int_{-\infty}^{\infty}\int_{-\infty}^{\infty} P_f(c,\boldsymbol{t},\boldsymbol{v},i)\mathrm{bel}_C(c)\mathrm{bel}_{\boldsymbol{\theta}}(\boldsymbol{t}) \cdot \mathrm{bel}_{\boldsymbol{V}}(\boldsymbol{v})\mathrm{d}c\mathrm{d}\boldsymbol{t}\mathrm{d}\boldsymbol{v}\right]\mathrm{Bel}\{\xi=i\} \tag{3.67}$$

如果不考虑 Δ 补集的影响，则分别有

$$E_B(P_f) = \int_{-\infty}^{\infty}\int_{-\infty}^{\infty} P_f(\boldsymbol{t},\boldsymbol{v})\mathrm{bel}_{\boldsymbol{\theta}}(\boldsymbol{t})\mathrm{bel}_{\boldsymbol{V}}(\boldsymbol{v})\mathrm{d}\boldsymbol{t}\mathrm{d}\boldsymbol{v}$$

$$
\begin{aligned}
&=\int_{-\infty}^{\infty}\int_{-\infty}^{\infty}\left[\int_{g(\boldsymbol{x},\boldsymbol{v})\leqslant 0} f_X(\boldsymbol{x},\boldsymbol{t})\mathrm{d}\boldsymbol{x}\right]\mathrm{bel}_{\boldsymbol{\theta}}(\boldsymbol{t})\ \mathrm{bel}_{\boldsymbol{V}}(\boldsymbol{v})\mathrm{d}\boldsymbol{t}\mathrm{d}\boldsymbol{v}\\
&=\iint_{g(\boldsymbol{x},\boldsymbol{v})\leqslant 0}\left[\int_{-\infty}^{\infty} f_{\boldsymbol{X}}(\boldsymbol{x};\boldsymbol{t})\mathrm{bel}_{\boldsymbol{\theta}}(\boldsymbol{t})\mathrm{d}\boldsymbol{t}\right]\mathrm{bel}_{\boldsymbol{V}}(\boldsymbol{v})\mathrm{d}\boldsymbol{x}\mathrm{d}\boldsymbol{v}\\
&=\iint_{g(\boldsymbol{x},\boldsymbol{v})\leqslant 0} f_{\boldsymbol{X}}(\boldsymbol{x})\mathrm{bel}_{\boldsymbol{V}}(\boldsymbol{v})\mathrm{d}\boldsymbol{x}\mathrm{d}\boldsymbol{v}
\end{aligned}
\tag{3.68}
$$

$$
\begin{aligned}
E_{\mathrm{B}}(P_{\mathrm{f}})&=\int_{-\infty}^{\infty}\int_{-\infty}^{\infty}\int_{-\infty}^{\infty} P_{\mathrm{f}}(c,\boldsymbol{t},\boldsymbol{v})\ \mathrm{bel}_C(c)\mathrm{bel}_{\boldsymbol{\theta}}(\boldsymbol{t})\mathrm{bel}_{\boldsymbol{V}}(\boldsymbol{v})\mathrm{d}c\mathrm{d}\boldsymbol{t}\mathrm{d}\boldsymbol{v}\\
&=\int_{-\infty}^{\infty}\int_{-\infty}^{\infty}\int_{-\infty}^{\infty}\left[\int_{c-S(\boldsymbol{x},\boldsymbol{v})\leqslant 0} f_{\boldsymbol{X}}(\boldsymbol{x};\boldsymbol{t})\mathrm{d}\boldsymbol{x}\right]\mathrm{bel}_C(c)\mathrm{bel}_{\boldsymbol{\theta}}(\boldsymbol{t})\mathrm{bel}_{\boldsymbol{V}}(\boldsymbol{v})\mathrm{d}c\mathrm{d}\boldsymbol{t}\mathrm{d}\boldsymbol{v}\\
&=\int_{-\infty}^{\infty}\int_{-\infty}^{\infty}\left[\int_{-\infty}^{\infty} f_{\boldsymbol{X}}(\boldsymbol{x};\boldsymbol{t})\mathrm{bel}_{\boldsymbol{\theta}}(\boldsymbol{t})\mathrm{d}\boldsymbol{t}\right]\mathrm{bel}_{\boldsymbol{V}}(\boldsymbol{v})\left[\int_{0}^{S(\boldsymbol{x},\boldsymbol{v})}\mathrm{bel}_C(c)\mathrm{d}c\right]\mathrm{d}\boldsymbol{x}\mathrm{d}\boldsymbol{v}\\
&=\int_{-\infty}^{\infty}\int_{-\infty}^{\infty} f_{\boldsymbol{X}}(\boldsymbol{x})\mathrm{bel}_{\boldsymbol{V}}(\boldsymbol{v})\mathrm{Bel}_C[S(\boldsymbol{x},\boldsymbol{v})]\mathrm{d}\boldsymbol{x}\mathrm{d}\boldsymbol{v}\\
&=\int_{-\infty}^{\infty}\int_{-\infty}^{\infty} f_{\boldsymbol{X}}(\boldsymbol{x})\mathrm{bel}_{\boldsymbol{V}}(\boldsymbol{v})\mu_{\underset{\sim}{A}}(S(\boldsymbol{x},\boldsymbol{v}))\mathrm{d}\boldsymbol{x}\mathrm{d}\boldsymbol{v}
\end{aligned}
\tag{3.69}
$$

其中，

$$
f_{\boldsymbol{X}}(\boldsymbol{x})=\int_{-\infty}^{\infty} f_{\boldsymbol{X}}(\boldsymbol{x};\boldsymbol{t})\mathrm{bel}_{\boldsymbol{\theta}}(\boldsymbol{t})\mathrm{d}\boldsymbol{t} \tag{3.70}
$$

式中：$\underset{\sim}{A}$ 为以未确知量 C 为左边界的模糊集合；$\mu_{\underset{\sim}{A}}(\cdot)$为模糊集合 $\underset{\sim}{A}$ 的隶属函数。

式(3.68)和式(3.69)说明：如果形式上将未确知量 C、$\boldsymbol{\theta}$、$\boldsymbol{V}$ 视为随机变量或随机向量，将其信任密度函数视为概率密度函数，并按式(3.70)确定随机向量 $\boldsymbol{X}$ 的概率密度函数，则失效概率的信度均值 $E_{\mathrm{B}}(P_{\mathrm{f}})$与目前完全按概率方法或模糊概率方法计算的失效概率相同。这是一个重要的结论，它为结构可靠度的信度分析提供了现实的途径，人们形式上可不考虑未确知量与随机变量的区别，完全采用目前的概率或模糊概率方法计算失效概率的信度均值[13]。

如果形式上采用同样的代换方法，并按目前的方法计算结构的可靠指标 β(见6.3节)，则其计算结果实际为可靠指标的信度均值 $E_{\mathrm{B}}(\beta)$。这时失效概率 P_{f} 的信度均值为

$$
E_{\mathrm{B}}(P_{\mathrm{f}})=\Phi(E_{\mathrm{B}}(\beta)) \tag{3.71}
$$

式中：$\Phi(\cdot)$为标准正态分布函数。由于可靠指标 β 相对于失效概率 P_{f} 更易于计算，一般可按式(3.71)计算失效概率的信度均值 $E_{\mathrm{B}}(P_{\mathrm{f}})$。

3. 示例

这里以一个简单的示例说明结构失效概率的信度分析方法。设既有结构构件当前的抗力为 R，它应为客观上确定的量。假设抗力 R 为未确知量，其信度分布为正态分布 $\mathrm{N}(\mu_R,\sigma_R^2)$，则抗力 R 的信任密度函数为

$$\mathrm{bel}_R(r)=\frac{1}{\sigma_R}\varphi\left(\frac{r-\mu_R}{\sigma_R}\right),\quad -\infty<r<\infty \tag{3.72}$$

式中：$\varphi(\cdot)$为标准正态概率密度函数。再设目标使用期内抗力 R 保持不变，荷载效应 S 为服从正态分布 $\mathrm{N}(\mu_S,\sigma_S^2)$的随机变量，则构件的功能函数应为

$$Z=R-S \tag{3.73}$$

它为未确知量 R 的函数。这时构件的失效概率可表达为

$$P_{\mathrm{f}}=\int_R^{\infty}\frac{1}{\sigma_S}\varphi\left(\frac{s-\mu_S}{\sigma_S}\right)\mathrm{d}s=1-\Phi\left(\frac{R-\mu_S}{\sigma_S}\right)=\Phi\left(-\frac{R-\mu_S}{\sigma_S}\right) \tag{3.74}$$

它亦为未确知量 R 的函数，其信度函数为

$$\mathrm{Bel}_{P_{\mathrm{f}}}(p_{\mathrm{f}})=\int_{\Phi\left(-\frac{r-\mu_S}{\sigma_S}\right)\leqslant p_{\mathrm{f}}}\mathrm{bel}_R(r)\mathrm{d}r=\int_{\mu_S-\sigma_S\Phi^{-1}(p_{\mathrm{f}})}^{\infty}\frac{1}{\sigma_R}\varphi\left(\frac{r-\mu_R}{\sigma_R}\right)\mathrm{d}r$$

$$=\Phi\left(\frac{\mu_R-\mu_S+\sigma_S\Phi^{-1}(p_{\mathrm{f}})}{\sigma_R}\right) \tag{3.75}$$

失效概率 P_{f} 的信度均值为

$$E_{\mathrm{B}}(P_{\mathrm{f}})=\int_{-\infty}^{\infty}\left[\int_r^{\infty}\frac{1}{\sigma_S}\varphi\left(\frac{s-\mu_S}{\sigma_S}\right)\mathrm{d}s\right]\frac{1}{\sigma_R}\varphi\left(\frac{r-\mu_R}{\sigma_R}\right)\mathrm{d}r=\Phi\left(-\frac{\mu_R-\mu_S}{\sqrt{\sigma_R^2+\sigma_S^2}}\right) \tag{3.76}$$

图 3.2 为 $\mu_S/\mu_R=0.4$，荷载效应变异系数 $\delta_S=0.3$，抗力信度变异系数 $\delta_R=0.2$ 和 0.15 时，失效概率对数值$\lg p_{\mathrm{f}}$ 与信度 $\mathrm{Bel}_{P_{\mathrm{f}}}(p_{\mathrm{f}})$之间的关系，虚线标注处为失效概率信度均值的对数值$\lg[E_{\mathrm{B}}(P_{\mathrm{f}})]$。

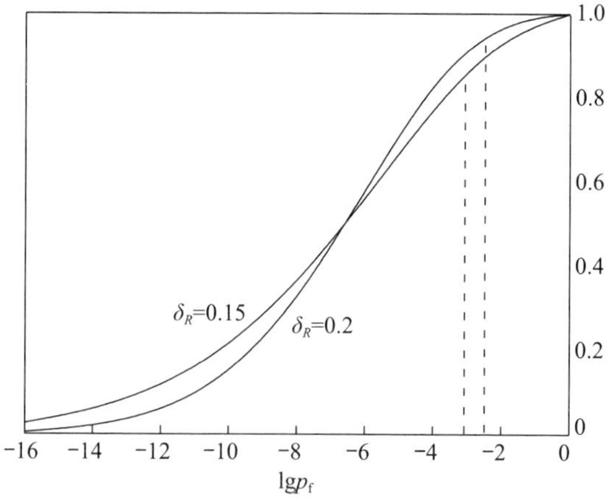

图 3.2　失效概率对数值与信度的关系

由式(3.75)、式(3.76)和图 3.2 可见：

(1) 失效概率的限值 p_{f} 越小，即对失效概率 P_{f} 的要求越严格，则命题$\{P_{\mathrm{f}}\leqslant$

$p_f\}$的信度 $\mathrm{Bel}_{P_f}(p_f)$越低。

(2) 荷载效应均值 μ_S、标准差 σ_S 越大，则失效概率的信度均值 $E_B(P_f)$越大，命题$\{P_f \leqslant p_f\}$的信度 $\mathrm{Bel}_{P_f}(p_f)$越低。

(3) 抗力信度均值 μ_R 越大，则失效概率的信度均值 $E_B(P_f)$越小，命题$\{P_f \leqslant p_f\}$的信度 $\mathrm{Bel}_{P_f}(p_f)$越高。

(4) 抗力信度标准差 σ_R 或变异系数 δ_R 越小，则失效概率的信度均值 $E_B(P_f)$越小。δ_R 由 0.2 减小为 0.15 时，$E_B(P_f)$由 5.049×10^{-3}减小为 8.937×10^{-4}。这意味着对抗力的认识更明确时，可得到更有利的分析结果，呈现认知水平提高对可靠度分析结果的有利影响。

(5) 抗力信度标准差 σ_R 或变异系数 δ_R 对信度 $\mathrm{Bel}_{P_f}(p_f)$的影响是有条件的。当抗力 R 的信度均值 $\mu_R > \mu_S - \sigma_S \Phi^{-1}(p_f)$，即 $\mathrm{Bel}_{P_f}(p_f) > 0.5$ 时，σ_R 或 δ_R 的减小将增大命题$\{P_f \leqslant p_f\}$的信度；否则，当 $\mathrm{Bel}_{P_f}(p_f) < 0.5$ 时，σ_R 或 δ_R 的减小将减小命题$\{P_f \leqslant p_f\}$的信度，而增大逆命题$\{P_f > p_f\}$的信度。一般情况下，对命题$\{P_f \leqslant p_f\}$应具有较高的信度，因此抗力信度标准差 σ_R 或变异系数 δ_R 的减小将增大命题$\{P_f \leqslant p_f\}$的信度，同样呈现认知水平提高对可靠度分析结果的有利影响。

上述这些结论与一般的工程判断都是相符的，它们也从一个侧面验证了结构可靠度信度分析方法的合理性。

3.3　结构可靠度的信度控制方式

1. 基本表达式

在实际的结构可靠性设计与评定中，对结构可靠度的分析难以避免地要受到主观不确定性的影响，因此利用分析结果控制结构的可靠度时，必须考虑可靠度分析结果的信度，这是针对人们实际认知水平而应采取的现实方法。

这里首先将结构可靠度的控制标准划分为三个层次[13]：①极限状态 Λ；②最大失效概率$[p_f]$；③最低信度$[b]$。极限状态 Λ 是结构可靠度控制的物理标准，直接用于判定结构是否失效；最大失效概率$[p_f]$是结构可靠度控制的概率标准，用于控制结构完成预定功能的可能性。这两者均是对客观的结构自身能力的要求。最低信度$[b]$则是结构可靠度控制的信度标准，用于控制对结构可靠度分析结果的信度，是对认识、分析结果的要求。

综合这三个层次的控制标准，对实际的结构可靠性设计与评定而言，它们应满足

$$\mathrm{Bel}\{P\{Z \leqslant 0\} \leqslant [p_f]\} \geqslant [b] \tag{3.77}$$

即结构失效概率 $P\{Z \leqslant 0\}$不大于最大失效概率$[p_f]$的信度不应小于最低信度$[b]$，其中 Z 为功能函数，它包含了可能的未确知量。这是结构可靠度控制的基本表达

式，它综合考虑了随机性和主观不确定性的影响，可称为结构可靠度的信度控制方式。

目前结构可靠度控制的基本表达式为

$$P\{Z \leqslant 0\} \leqslant [p_f] \tag{3.78}$$

它形式上仅考虑了客观的结构可靠度，未考虑主观不确定性对可靠度分析结果的影响，属理想的概率控制方式。相对而言，式(3.77)所示的结构可靠度的信度控制方式则以现实的态度考虑了主观不确定性的影响，它使结构可靠度的分析结果更贴近人们现实的认知水平，对结构可靠度的控制也更具有现实意义。

2. 实用表达式

式(3.77)所示的结构可靠度的信度控制方式虽然能够完整反映三个层次的控制标准，但一般涉及积分域复杂的多重积分运算，不仅形式上与目前习惯的控制方式存在较大差异，也存在数学上的困难。

3.2.3 节曾指出，如果形式上将未确知量视为随机变量，将其信任密度函数视为概率密度函数，并按式(3.70)确定随机变量的概率密度函数，则失效概率的信度均值 $E_B(P_f)$ 或可靠指标的信度均值 $E_B(\beta)$ 与目前完全按概率方法或模糊概率方法计算的失效概率 p_f、可靠指标 β 相同。由于它们亦描述了失效概率 P_f、可靠指标 β 信度的主要特性，是综合反映随机性和主观不确定性影响的基本指标，因此可考虑以失效概率的信度均值 $E_B(P_f)$ 或可靠指标的信度均值 $E_B(\beta)$ 控制结构的可靠度。

实际上，目前的结构可靠度分析中，除描述失效准则的模糊集合外，对其他具有不确定性的变量，包括未确知量，都是不加区别地作为随机变量利用概率方法或模糊概率方法进行处理和分析的，其分析结果实际为失效概率的信度均值 $E_B(P_f)$ 或可靠指标的信度均值 $E_B(\beta)$，而对结构可靠度的控制实际上也是以它们为指标的。

综上所述，以失效概率的信度均值 $E_B(P_f)$ 或可靠指标的信度均值 $E_B(\beta)$ 控制结构的可靠度，不仅可克服数学上的困难，而且能够描述失效概率、可靠指标信度的主要特性，综合反映随机性和主观不确定性的影响，本质上与目前的可靠度控制方式一致。这时结构可靠度的控制方式可表达为

$$E_B(P_f) \leqslant [p_f] \tag{3.79}$$

或

$$E_B(\beta) \geqslant [\beta] \tag{3.80}$$

式中：$[\beta]$ 为目标可靠指标。这里称其为结构可靠度控制的实用表达式，它们亦为结构可靠度的信度控制方式。

按式(3.80)控制结构的可靠度时，形式上可不改变目前结构可靠度的分析方法和控制方式，即仍以极限状态 Λ 和目标可靠指标 $[\beta]$ 为结构可靠度的控制标准，

但概念上应以可靠指标的信度均值 $E_B(\beta)$ 作为判定结构可靠与否的指标，它形式上可按目前计算可靠指标 β 的方法确定。从信度分析的角度讲，目前结构可靠度的分析与控制方法实质上是合理的，这里的论述则为其明确了概念和理论上的依据。

对于结构时域可靠度，只要保证设计使用年限 T、极限状态或寿命准则 Λ 一致，其与结构可靠度在量值上是相同的，结构设计与评定中亦可采用同样的信度分析与控制方法。这一点为结构时域可靠度、结构耐久性的信度分析与控制也提供了便捷的途径。

参考文献

[1] 中华人民共和国住房和城乡建设部. 工程结构可靠性设计统一标准(GB 50153—2008). 北京：中国建筑工业出版社，2008.

[2] 中华人民共和国住房和城乡建设部. 港口工程结构可靠性设计统一标准(GB 50158—2010). 北京：中国计划出版社，2010.

[3] 中华人民共和国住房和城乡建设部. 水利水电工程结构可靠性设计统一标准(GB 50199—2013). 北京：中国计划出版社，2013.

[4] 中华人民共和国建设部. 铁路工程结构可靠度设计统一标准(GB 50216—94). 北京：中国计划出版社，1994.

[5] 中华人民共和国建设部. 公路工程结构可靠度设计统一标准(GB/T 50283—1999). 北京：中国计划出版社，1999.

[6] 中华人民共和国建设部. 建筑结构可靠度设计统一标准(GB 50068—2001). 北京：中国建筑工业出版社，2001.

[7] International Organization for Standardization. General principles on reliability for structures(ISO 2394：2015). Geneva：International Organization for Standardization，2015.

[8] The European Union Per Regulation. Basic of structure design(EN 1990：2002). Brussel：European Committee for Standardization，2002.

[9] 赵国藩. 工程结构可靠性理论与应用. 大连：大连理工大学出版社，1996.

[10] 姚继涛，李琳，马景才. 结构的时域可靠度和耐久性. 工业建筑，2006，36(s1)：913-916.

[11] Yao J T，Cheng J H. Structural durability and its measurement//Theories and Practices of Structural Engineering. Beijing：Seismological Press，1998：186-194.

[12] 姚继涛，陈海斌. 结构耐久性及其度量//混凝土结构基本理论及工程应用学术会议论文集. 天津：天津大学出版社，1998：207-211.

[13] 姚继涛. 既有结构可靠性理论及应用. 北京：科学出版社，2008.

[14] 龚洛书，柳春圃. 混凝土的耐久性及其防护修补. 北京：中国建筑工业出版社，1990.

[15] 和泉意志登，押田文雄. 经年建筑物におけるコンクリへトの中性化と铁筋の腐食. 东京：日本建筑学会构造系论文报告集(第 406 号)，1989：1-12.

[16] Yao J T, Lu M. Basic researches on reliability of man-structural system// Theories and Applications of Structural Engineering. Kunming: Yunnan Science and Technology Press, 2000: 128-135.

[17] 姚继涛. 考虑主观不确定性的结构可靠度. 建筑科学, 2002, 18(s2): 33-37, 85.

[18] Yao J T, Fu Q, Xie Y K. Structural reliability involving the subjective uncertainty// Proceedings of the Eighth International Symposium on Structural Engineering for Young Experts. Beijing: Science Press, 2006.

[19] 唐铁羽. 钢筋混凝土构件抗裂可靠度的模糊概率分析. 武汉工业大学学报, 1986, (3): 331-337.

[20] 唐铁羽. 钢筋混凝土构件裂缝控制可靠度的模糊概率分析. 大连工学院学报, 1986, (2): 61-64.

[21] 赵国藩, 李云贵. 混凝土结构正常使用极限状态可靠度模糊概率分析. 大连理工大学学报, 1990, (2): 177-184.

第 2 篇　结构可靠度分析与校核

第 4 章　概率分布和信度分布

结构功能函数中的基本变量既涉及随机变量,也可能涉及未确知量,结构可靠度分析中首先应建立和确定它们的概率分布和信度分布。对随机变量的概率分布,目前已形成较为成熟的统计推断方法,但如何生成未确知量的信度分布仍处于探讨之中。需要强调,对客观事物的认识虽具有主观性,但生成未确知量的信度分布时仍应以客观的事实为依据。这是合理考虑主观不确定性影响的前提,也是目前生成未确知量信度分布的基本要求。

本章简要介绍与结构可靠度分析和基本变量统计推断相关的概率分布,重点阐述以客观事实为依据生成未确知量信度分布的方法,包括随机事物概率特性、既有事物量值、模糊边界等未确知量的信度分布,为基本变量的推断和结构可靠度的分析奠定基础。

4.1　随机变量的概率分布

4.1.1　正态分布

对于任意两个实数 μ、σ,若 $-\infty<\mu<\infty$,$\sigma>0$,则由概率密度函数

$$f_X(x)=\frac{1}{\sqrt{2\pi}\sigma}\exp\left[-\frac{1}{2}\left(\frac{x-\mu}{\sigma}\right)^2\right],\quad -\infty<x<\infty \tag{4.1}$$

确定的随机变量 X 的概率分布称为正态分布,记为 $\mathrm{N}(\mu,\sigma^2)$,其均值 $\mu_X=\mu$,标准差 $\sigma_X=\sigma$。图 4.1 为正态分布概率密度函数曲线,它关于均值对称,且两端无限延伸。

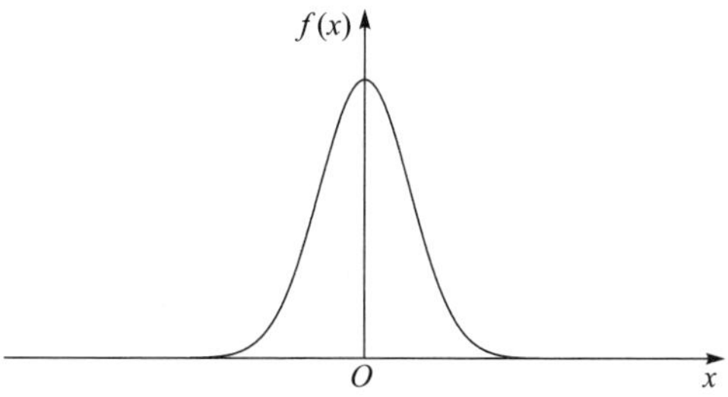

图 4.1　正态分布概率密度函数曲线

分布参数 $\mu=0$、$\sigma=1$ 的正态分布称为标准正态分布,通常记其概率密度函数和概率分布函数分别为 $\varphi(x)$和 $\Phi(x)$。统计推断中常用到标准正态分布的上侧 α

分位值 z_α。随机变量 X 服从标准正态分布时，z_α 应满足

$$P\{X \geqslant z_\alpha\} = 1 - \Phi(z_\alpha) = \alpha \tag{4.2}$$

分位值 z_α 的值可查表确定。标准正态分布的概率密度函数关于原点对称，因此其上侧 α 和上侧 $1-\alpha$ 分位值 z_α、$z_{1-\alpha}$ 之间具有下列关系：

$$z_{1-\alpha} = -z_\alpha \tag{4.3}$$

随机变量 X 服从正态分布 $N(\mu,\sigma^2)$ 时，标准化的正态随机变量 $Y=(X-\mu)/\sigma$ 服从标准正态分布 $N(0,1)$。这时随机变量 X 的概率分布函数为

$$F_X(x) = P\{X \leqslant x\} = P\left\{\frac{X-\mu}{\sigma} \leqslant \frac{x-\mu}{\sigma}\right\} = P\left\{Y \leqslant \frac{x-\mu}{\sigma}\right\} = \Phi\left(\frac{x-\mu}{\sigma}\right) \tag{4.4}$$

即任意正态分布的概率均可利用标准正态概率分布函数计算。

若随机变量 $X_i(i=1,2,\cdots,n)$ 服从正态分布 $N(\mu_i,\sigma_i^2)$，且 $X_1,X_2,\cdots,X_n$ 相互独立，则随机变量的线性代数和 $a_1X_1+a_2X_2+\cdots+a_nX_n$ 服从正态分布 $N\left(\sum\limits_{i=1}^{n} a_i\mu_i, \sum\limits_{i=1}^{n} a_i^2\sigma_i^2\right)$，其中 $a_1,a_2,\cdots,a_n$ 为任意实数；若随机变量 $X_1,X_2,\cdots,X_n$ 相互不独立，则其线性代数和 $a_1X_1+a_2X_2+\cdots+a_nX_n$ 服从正态分布 $N\left(\sum\limits_{i=1}^{n} a_i\mu_i, \sum\limits_{i=1}^{n}\sum\limits_{j=1}^{n} \rho_{ij}a_i a_j \sigma_i \sigma_j\right)$，$\rho_{ij}$ 为随机变量 X_i、X_j 之间的相关系数。

根据概率论中的中心极限定理，若某随机变量取决于大量偶然因素的和，且各因素近乎独立，其单独的作用微不足道且相对均匀，则该随机变量服从或近似服从正态分布[1]。正因为这一点，正态分布在描述随机现象的场合中有着非常广泛的应用。结构可靠度分析中，一般取永久作用的概率分布为正态分布[2]。

4.1.2　对数正态分布

对于任意两个实数 μ、σ，若 $-\infty<\mu<\infty$，$\sigma>0$，则由概率密度函数

$$f_X(x) = \begin{cases} \dfrac{1}{\sqrt{2\pi}\sigma x}\exp\left[-\dfrac{1}{2}\left(\dfrac{\ln x-\mu}{\sigma}\right)^2\right], & x>0 \\ 0, & x \leqslant 0 \end{cases} \tag{4.5}$$

确定的随机变量 X 的概率分布称为对数正态分布，记为 $LN(\mu,\sigma^2)$，其均值、标准差、变异系数分别为

$$\mu_X = \exp\left(\mu + \frac{\sigma^2}{2}\right) \tag{4.6}$$

$$\sigma_X = \exp\left(\mu + \frac{\sigma^2}{2}\right)\sqrt{\exp(\sigma^2)-1} \tag{4.7}$$

$$\delta_X = \sqrt{\exp(\sigma^2)-1} \tag{4.8}$$

分布参数 μ、σ 则可分别表示为

$$\mu=\ln\frac{\mu_X}{\sqrt{1+\delta_X^2}} \tag{4.9}$$

$$\sigma=\sqrt{\ln(1+\delta_X^2)} \tag{4.10}$$

图 4.2 为对数正态分布概率密度函数曲线。

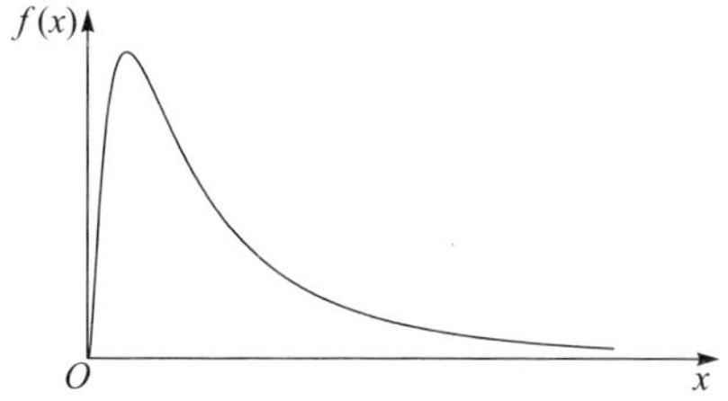

图 4.2　对数正态分布概率密度函数曲线

若随机变量 X 服从对数正态分布 $\mathrm{LN}(\mu,\sigma^2)$，则随机变量函数 $Y=\ln X$ 服从正态分布 $\mathrm{N}(\mu,\sigma^2)$，且 $\ln X$ 的均值、标准差分别为

$$\mu_{\ln X}=\mu \tag{4.11}$$

$$\sigma_{\ln X}=\sigma \tag{4.12}$$

这时随机变量 X 的概率分布函数为

$$F_X(x)=P\{X\leqslant x\}=P\{Y\leqslant \ln x\}=\Phi\left(\frac{\ln x-\mu}{\sigma}\right) \tag{4.13}$$

即对数正态分布的概率可利用标准正态概率分布函数计算。若随机变量 $X_i(i=1,2,\cdots,n)$ 服从对数正态分布 $\mathrm{LN}(\mu_i,\sigma_i^2)$，且 $X_1,X_2,\cdots,X_n$ 相互独立，则 $\prod_{i=1}^{n}X_i$ 服从对数正态分布 $\mathrm{LN}\left(\sum_{i=1}^{n}\mu_i,\sum_{i=1}^{n}\sigma_i^2\right)$。

设 $X_i>0(i=1,2,\cdots,n)$，且

$$Y=\prod_{i=1}^{n}X_i \tag{4.14}$$

则

$$\ln Y=\sum_{i=1}^{n}\ln X_i \tag{4.15}$$

根据中心极限定理，无论 X_i 服从何种分布，若 n 足够大，且 $X_1,X_2,\cdots,X_n$ 近乎相互独立，其单独的作用微不足道且相对均匀，则 $\ln Y$ 服从或近似服从正态分布，而 $X_1,X_2,\cdots,X_n$ 的积 Y 服从或近似服从对数正态分布。结构可靠度分析中，一般取抗力的概率分布为对数正态分布[2]。

4.1.3 极大值Ⅰ型分布

设随机变量 $X_1, X_2, \cdots, X_n$ 相互独立且同分布，其概率分布函数均为 $F(x)$，则它们的极大值 $X=\max\{X_1, X_2, \cdots, X_n\}$ 的概率分布函数为

$$\begin{aligned} F_X(x) &= P\{X \leqslant x\} = P\{X_1 \leqslant x, X_2 \leqslant x, \cdots, X_n \leqslant x\} \\ &= \prod_{i=1}^{n} P\{X_i \leqslant x\} = [F_X(x)]^n \end{aligned} \tag{4.16}$$

当 $X_1, X_2, \cdots, X_n$ 的概率分布为指数型分布，如指数分布、正态分布、对数正态分布等，且 $n \to \infty$ 时，极大值 X 的渐进分布为极大值Ⅰ型分布[1]，其概率密度函数、概率分布函数分别为

$$f_X(x) = \frac{1}{\alpha}\exp\left(-\frac{x-\mu}{\alpha}\right)\exp\left[-\exp\left(-\frac{x-\mu}{\alpha}\right)\right], \quad -\infty < x < \infty \tag{4.17}$$

$$F_X(x) = \exp\left[-\exp\left(-\frac{x-\mu}{\alpha}\right)\right], \quad -\infty < x < \infty \tag{4.18}$$

式中：μ、α 为两个实数，且 $-\infty < \mu < \infty$，$\alpha > 0$。$\mu = 0$、$\alpha = 1$ 时的极大值Ⅰ型分布称为标准极大值Ⅰ型分布。

服从极大值Ⅰ型分布的随机变量 X 的均值、标准差分别为

$$\mu_X = \mu + C_E \alpha \tag{4.19}$$

$$\sigma_X = \frac{\pi}{\sqrt{6}}\alpha \tag{4.20}$$

极大值Ⅰ型分布的参数可分别表示为

$$\alpha = \frac{\sqrt{6}}{\pi}\sigma_X \tag{4.21}$$

$$\mu = \mu_X - \frac{\sqrt{6}}{\pi}C_E \sigma_X \tag{4.22}$$

式中：C_E 为欧拉常数，其值约为 0.5772。图 4.3 为极大值Ⅰ型分布概率密度函数曲线。

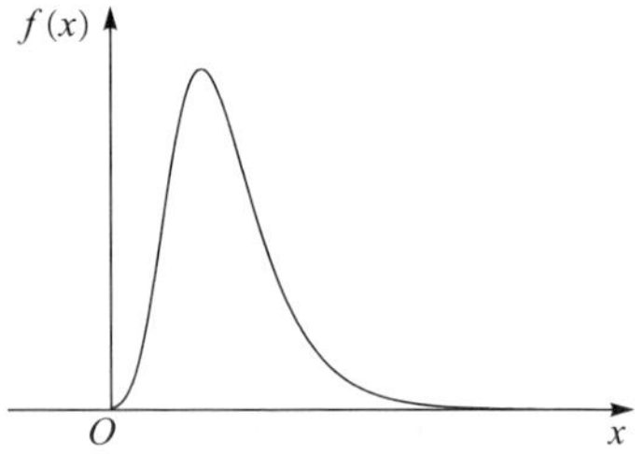

图 4.3 极大值Ⅰ型分布概率密度函数曲线

若随机变量 $X_1, X_2, \cdots, X_n$ 相互独立，且均服从参数为 μ、α 的极大值Ⅰ型分布，其均值和标准差分别为 μ_X、σ_X，则它们的极大值 X 服从参数为 $\mu+\alpha\ln n$、α 的极大值Ⅰ型分布，其均值和标准差分别为 $\mu_X+\alpha\ln n$、σ_X，即标准差不变，仅均值增大[1]。

极大值Ⅰ型分布通常用于描述多个随机变量的极大值的概率分布，它们的原始分布为指数型分布。当原始分布过于复杂时，即使数量 n 不是很大，通常也可近似采用极大值Ⅰ型分布作为极大值的概率分布。结构可靠度分析中，一般取楼面和屋面活荷载、风荷载、雪荷载等可变作用的概率分布为极大值Ⅰ型分布[2]。

4.1.4　极大值Ⅱ型分布

对于任意三个实数 α、ν、μ，若 $\alpha>0$，$\nu>\mu$，则由概率密度函数

$$f_X(x)=\begin{cases}\dfrac{1}{\alpha}(\nu-\mu)^{\frac{1}{\alpha}}(x-\mu)^{-\frac{1}{\alpha}-1}\exp\left[-\left(\dfrac{x-\mu}{\nu-\mu}\right)^{-\frac{1}{\alpha}}\right], & x>\mu \\ 0, & x\leqslant\mu\end{cases} \tag{4.23}$$

确定的随机变量 X 的概率分布称为极大值Ⅱ型分布，其均值和变异系数分别为

$$\mu_X=(\nu-\mu)\Gamma(1-\alpha) \tag{4.24}$$

$$\delta_X=\sqrt{\frac{\Gamma(1-2\alpha)}{\Gamma^2(1-\alpha)}-1} \tag{4.25}$$

式中：$\Gamma(\cdot)$为伽马函数。若令

$$\nu=\exp(\beta)+\mu \tag{4.26}$$

$$X=\exp(Y)+\mu \tag{4.27}$$

则式(4.27)中的随机变量 Y 服从参数为 β、α 的极大值Ⅰ型分布。结构可靠度分析中，一般取地震作用的概率分布为极大值Ⅱ型分布[3]。

4.1.5　泊松分布

对于任意实数 λ，若 $\lambda>0$，则由概率分布

$$P\{X=k\}=\frac{\lambda^k}{k!}\exp(-\lambda),\quad k=0,1,2,\cdots \tag{4.28}$$

确定的随机变量 X 的概率分布称为泊松分布，常记为 $P(\lambda)$，其均值和方差分别为

$$\mu_X=\lambda \tag{4.29}$$

$$\sigma_X^2=\lambda \tag{4.30}$$

泊松分布常用于描述稀有事件发生的概率，如某城市交通事故发生的次数、索赔某项保险的次数等。泊松分布用于描述某段时间内稀有事件发生的次数时，分布参数 λ 指单位时间内事件发生的概率。当分布参数 λ 为常数时，称泊松分布是齐次的；否则，当分布参数 λ 的值与时间有关时，称泊松分布是非齐次的[1]。结构

可靠度分析中，一般取地震发生次数的概率分布为泊松分布[3]。

4.1.6　贝塔分布

对于任意两个实数 α、β，若 $\alpha>0$，$\beta>0$，则由概率密度函数

$$f_X(x)=\begin{cases}\dfrac{1}{\mathrm{B}(\alpha,\beta)}x^{\alpha-1}(1-x)^{\beta-1}, & 0<x<1\\ 0, & \text{其他}\end{cases}\tag{4.31}$$

确定的随机变量 X 的概率分布称为贝塔分布，记为 $\mathrm{Be}(\alpha,\beta)$，其中，

$$\mathrm{B}(\alpha,\beta)=\frac{\Gamma(\alpha)\Gamma(\beta)}{\Gamma(\alpha+\beta)}\tag{4.32}$$

式中：B(· , ·)为贝塔函数。随机变量 X 的均值、标准差分别为

$$\mu_X=\frac{\alpha}{\alpha+\beta}\tag{4.33}$$

$$\sigma_X=\frac{1}{\alpha+\beta}\sqrt{\frac{\alpha\beta}{\alpha+\beta+1}}\tag{4.34}$$

图 4.4 为贝塔分布概率密度函数曲线。

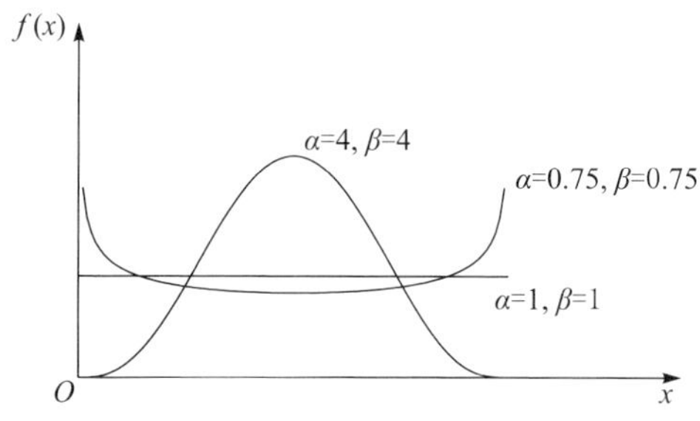

图 4.4　贝塔分布概率密度函数曲线

当 n、m 为正整数，并取 $\alpha=m$，$\beta=n-m+1$ 时，贝塔分布的概率密度函数、概率分布函数分别为

$$f_X(x)=\begin{cases}\dfrac{1}{\mathrm{B}(m,n-m+1)}x^{m-1}(1-x)^{n-m}, & 0<x<1\\ 0, & \text{其他}\end{cases}\tag{4.35}$$

$$F_X(x)=\begin{cases}\displaystyle\sum_{k=m}^{n}C_n^k x^k(1-x)^{n-k}, & 0<x<1\\ 0, & \text{其他}\end{cases}\tag{4.36}$$

其中，

$$C_n^k=\frac{n!}{k!\,(n-k)!}\tag{4.37}$$

式中："!"表示阶乘。贝塔分布将用于确定 6.1.3 节中提出的可变作用频遇序位值和准永久序位值的概率分布。

4.1.7　卡方分布

设随机变量 $X_1, X_2, \cdots, X_n$ 均服从标准正态分布 N(0,1)，且相互独立，则随机变量 $X = \sum_{i=1}^{n} X_i^2$ 服从自由度为 n 的卡方分布，记为 $\chi^2(n)$，其概率密度函数为

$$f_X(x) = \begin{cases} \dfrac{1}{2^{\frac{n}{2}}\Gamma\left(\dfrac{n}{2}\right)} \exp\left(-\dfrac{x}{2}\right) x^{\frac{n}{2}-1}, & x > 0 \\ 0, & x \leqslant 0 \end{cases} \tag{4.38}$$

其中自由度 n 指独立随机变量 $X_1, X_2, \cdots, X_n$ 的个数。随机变量 X 的均值、标准差分别为

$$\mu_X = n \tag{4.39}$$

$$\sigma_X = \sqrt{2n} \tag{4.40}$$

卡方分布的上侧 α 分位值 $\chi^2_{(n,\alpha)}$ 可查表确定。因卡方分布是非对称的(见图 4.5)，故其上侧 $1-\alpha$ 分位值 $\chi^2_{(n,1-\alpha)}$ 与上侧 α 分位值 $\chi^2_{(n,\alpha)}$ 之间并不存在类似于式(4.3)所示的关系。

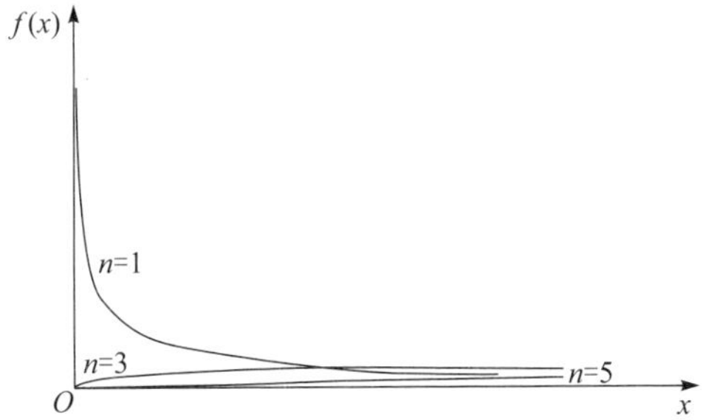

图 4.5　卡方分布的概率密度函数曲线

设 $X_1, X_2, \cdots, X_n$ 为取自正态分布 $N(\mu, \sigma^2)$ 的样本，其样本均值和方差分别为

$$\bar{X} = \frac{1}{n}\sum_{i=1}^{n} X_i \tag{4.41}$$

$$S^2 = \frac{1}{n-1}\sum_{i=1}^{n} (X_i - \bar{X})^2 \tag{4.42}$$

则样本均值 $\bar{X}$ 服从正态分布 $N(\mu, \sigma^2/n)$，样本方差 S^2 的函数 $(n-1)S^2/\sigma^2$ 服从自由度为 $n-1$ 的卡方分布 $\chi^2(n-1)$，且 $\bar{X}$ 与 S^2 相互独立[4]。卡方分布常用于正态

分布标准差的统计推断。

4.1.8　t 分布

设随机变量 X_1 服从标准正态分布 N(0,1)，随机变量 X_2 服从自由度为 n 的卡方分布 $\chi^2(n)$，且 X_1 与 X_2 相互独立，则随机变量 $X=X_1/\sqrt{X_2/n}$ 服从自由度为 n 的 t 分布，记为 $t(n)$[4]，其概率密度函数为

$$f_X(x)=\frac{\Gamma\left(\frac{n+1}{2}\right)}{\sqrt{n\pi}\,\Gamma\left(\frac{n}{2}\right)}\left(1+\frac{x^2}{n}\right)^{-\frac{n+1}{2}},\quad -\infty<x<\infty \tag{4.43}$$

随机变量 X 的均值、标准差分别为

$$\mu_X=0 \tag{4.44}$$

$$\sigma_X=\sqrt{\frac{n}{n-2}},\quad n>2 \tag{4.45}$$

t 分布的概率密度函数曲线见图 4.6，它关于原点对称。

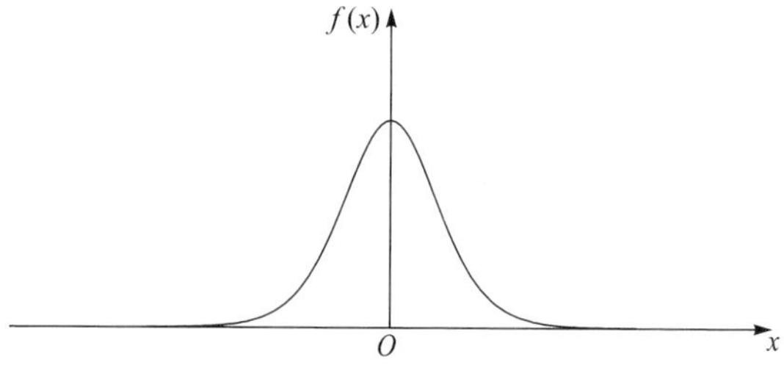

图 4.6　t 分布的概率密度函数曲线

t 分布的上侧 α 分位值 $t_{(n,\alpha)}$ 可利用专用表格计算。其概率密度函数关于原点对称，因此 t 分布的上侧 α 和上侧 $1-\alpha$ 分位值 $t_{(n,\alpha)}$、$t_{(n,1-\alpha)}$ 之间存在下列关系：

$$t_{(n,1-\alpha)}=-t_{(n,\alpha)} \tag{4.46}$$

当自由度 $n\to\infty$ 时，t 分布收敛于标准正态分布 N(0,1)。

设 $X_1,X_2,\cdots,X_n$ 为取自正态分布 $N(\mu,\sigma^2)$ 的样本，其样本均值和方差分别为 $\bar{X}$、S^2。由于 $X_1=(\bar{X}-\mu)/(\sigma/\sqrt{n})$ 服从标准正态分布 N(0,1)，$(n-1)S^2/\sigma^2$ 服从自由度为 $n-1$ 的卡方分布，且两者相互独立[4]，随机变量 $X=(\bar{X}-\mu)/(S/\sqrt{n})$ 服从自由度为 $n-1$ 的 t 分布。t 分布常用于正态分布均值的统计推断。

4.1.9　非中心 t 分布

设随机变量 X_1 服从正态分布 $N(\gamma,1)$，随机变量 X_2 服从自由度为 n 的卡方

分布，且两者相互独立，则随机变量 $X=X_1/\sqrt{X_2/n}$ 服从自由度为 n、参数为 γ 的非中心 t 分布，记为 $t(n,\gamma)$[4]，其概率密度函数为

$$f_X(x)=\frac{n^{\frac{n}{2}}\exp\left(-\frac{\gamma^2}{2}\right)}{\sqrt{\pi}\,\Gamma\left(\frac{n}{2}\right)(n+x^2)^{\frac{n+1}{2}}}\sum_{m=0}^{\infty}\Gamma\left(\frac{n+m+1}{2}\right)\frac{\gamma^m}{m!}\left(\frac{\sqrt{2}\,x}{\sqrt{n+x^2}}\right)^m,\quad -\infty<x<\infty \tag{4.47}$$

随机变量 X 的均值、标准值分别为

$$\mu_X=\gamma\sqrt{\frac{n}{2}}\,\frac{\Gamma\left(\frac{n-1}{2}\right)}{\Gamma\left(\frac{n}{2}\right)},\quad n>1 \tag{4.48}$$

$$\sigma_X=\sqrt{\frac{n(1+\gamma^2)}{n-2}-\frac{n\gamma^2}{2}\left[\frac{\Gamma\left(\frac{n-1}{2}\right)}{\Gamma\left(\frac{n}{2}\right)}\right]^2},\quad n>2 \tag{4.49}$$

当 $\gamma=0$ 时，自由度为 n、参数为 γ 的非中心 t 分布将退化为自由度为 n 的 t 分布[4]。非中心 t 分布常用于正态分布分位值的统计推断。

自由度为 n、参数为 γ 的非中心 t 分布的上侧 α 分位值 $t_{(n,\gamma,\alpha)}$ 可查表确定。这里根据非中心 t 分布的性质，进一步建立上侧 $1-\alpha$ 分位值与上侧 α 分位值之间的关系。

由非中心 t 分布的概率密度函数可知，当随机变量 X 服从自由度为 n、参数为 γ 的非中心 t 分布时，随机变量 $-X$ 服从自由度为 n、参数为 $-\gamma$ 的非中心 t 分布。由于

$$P\{X\leqslant t_{(n,\gamma,\alpha)}\}=1-\alpha \tag{4.50}$$

$$P\{-X\geqslant t_{(n,-\gamma,1-\alpha)}\}=P\{X\leqslant -t_{(n,-\gamma,1-\alpha)}\}=1-\alpha \tag{4.51}$$

故

$$t_{(n,-\gamma,1-\alpha)}=-t_{(n,\gamma,\alpha)} \tag{4.52}$$

由于查表确定非中心 t 分布的上侧分位值较为不便，10.2.2 节中将提出非中心 t 分布上侧分位值的近似计算方法。

4.2　随机事物概率特性的信度分布

信度分布用于描述人们对客观事物认识结果的信任程度[5~9]，概念上与目前的信仰分布(confidence distribution)一致[10]。由于信仰分布主要用于推断随机事物的概率特性，而信度分布还将用于对非随机事物的推断，因此这里仍采用不同的名称。

对随机事物概率特性的推断主要是确定相应随机变量的概率分布参数。若它们为未确知量,可借鉴目前信仰分布的生成方法建立其信度分布,它完全是以客观的抽样测试数据为依据的。但是,按目前信仰分布的生成方法,对于同一概率分布参数,存在信仰分布不一致的现象[11]。这里将通过对信仰分布生成方法的分析,揭示这一现象产生的原因,并提出信度分布的基本生成方法,将其用于生成正态分布参数的信度分布。

4.2.1　信仰分布

1. 信仰分布的生成方法

信仰推断方法是由早期的极大似然法(maximum likelihood method)推广而来的。1821 年,德国数学家 Gauss 首先提出统计学中的极大似然法。1922 年,英国统计学家 Fisher 重新提出极大似然法,并于 20 世纪 30 年代建立了信仰推断方法,它具有不同于经典统计学方法的思想。

设总体 X 的概率密度函数为 $f_X(x;\theta)$,其中分布参数 θ 未知。按极大似然法的思想,获得总体 X 的样本 $X_1,X_2,\cdots,X_n$(随机变量)的实现值 $x_1,x_2,\cdots,x_n$ 后,若联合概率密度 $\prod_{i=1}^{n} f_{X_i}(x_i;\theta_1)$ 的值高于 $\prod_{i=1}^{n} f_{X_i}(x_i;\theta_2)$ 的值,那么 $x_1,x_2,\cdots,x_n$ 来自总体 $f_X(x;\theta_1)$的可能性要高于来自总体 $f_X(x;\theta_2)$的可能性,因此估计分布参数 θ 时,应选择使联合概率密度达到极大值的分布参数作为总体 X 分布参数 θ 的估计值。

Fisher 推广了这一思想,他主要利用了经典统计学中的枢轴量法。设 $T=T(X_1,X_2,\cdots,X_n)$为样本 $X_1,X_2,\cdots,X_n$ 的函数,若其概率分布不依赖于总体 X 的概率分布,则称样本函数 T 为总体 X 概率分布的统计量。若总体 X 的概率分布中含有未知的分布参数 θ,但这时的统计量 $T=T(X_1,X_2,\cdots,X_n;\theta)$的概率分布又不依赖于分布参数 θ,则称这样的统计量为枢轴量。

设总体 X 服从正态分布 $\mathrm{N}(\mu,\sigma^2)$,且 μ 未知,σ 已知。记总体 X 的样本 X_1,$X_2,\cdots,X_n$ 的均值为 $\bar{X}$,并令

$$T=\frac{\bar{X}-\mu}{\sigma/\sqrt{n}} \tag{4.53}$$

则 T 服从标准正态分布,且不依赖于未知的分布参数 μ,因此 T 为枢轴量。按经典统计学的观点,可令

$$P\{T\leqslant z_\alpha\}=P\left\{\frac{\bar{X}-\mu}{\sigma/\sqrt{n}}\leqslant z_\alpha\right\}=P\left\{\bar{X}-\frac{z_\alpha}{\sqrt{n}}\sigma\leqslant\mu\right\}=C \tag{4.54}$$

式中:z_α 为标准正态分布的上侧 α 分位值;α 为显著性水平;C 为置信水平,且 $C=$

$1-\alpha$。获得样本实现值 $x_1, x_2, \cdots, x_n$ 及其均值 $\bar{x}$ 后，可得未知参数 μ 的置信区间$[\bar{x}-z_\alpha\sigma/\sqrt{n}, \infty)$。

Fisher 认为，获得样本实现值 $x_1, x_2, \cdots, x_n$ 及其均值 $\bar{x}$ 后，根据式(4.53)，可将未知分布参数 μ 表达为

$$\mu=\bar{x}-\frac{\sigma}{\sqrt{n}}T \tag{4.55}$$

并视其为随机变量 T 的函数，它服从正态分布 $\mathrm{N}(\bar{x}, \sigma^2/n)$。该分布反映了分布参数 μ 取值的可能性，Fisher 称其为分布参数 μ 的信仰分布。令

$$P\left\{\frac{\mu-\bar{x}}{\sigma/\sqrt{n}} \geqslant z_{1-\alpha}\right\}=P\left\{\mu \geqslant \bar{x}-z_\alpha \frac{\sigma}{\sqrt{n}}\right\}=C \tag{4.56}$$

则可得分布参数 μ 的取值区间$[\bar{x}-z_\alpha\sigma^2/n, \infty)$。这里 C 称为信仰水平，区间$[\bar{x}-z_\alpha\sigma^2/n, \infty)$称为信仰水平 C 下分布参数 μ 的信仰区间，分布参数 μ 取值于该区间的可信程度为 C[10]。

2. 信仰区间与置信区间的区别

获得样本实现值 $x_1, x_2, \cdots, x_n$ 后，虽然按上述方法确定的信仰区间与置信区间相同，但两者的意义不同。确定置信区间时，首先需构造发生概率为 C 的“大概率”事件$\{T \leqslant z_\alpha\}$，它等价于$\{\bar{X}-z_\alpha\sigma^2/n \leqslant \mu\}$，其中分布参数 μ 为确定值，$\bar{X}-z_\alpha\sigma^2/n$ 为随机变量，其对应的随机区间$[\bar{X}-z_\alpha\sigma^2/n, \infty)$覆盖 μ 的概率为 C，因此其实现值$[\bar{x}-z_\alpha\sigma^2/n, \infty)$将以较大的可能性覆盖 μ，它即为分布参数 μ 的置信区间。按信仰推断方法，分布参数 μ 则被视为具有某种分布的变量，该分布即信仰分布，它表示对 μ 取值的可信程度。根据 μ 的信仰分布，可在一定的信仰水平 C 下确定其信仰区间$[\bar{x}-z_\alpha\sigma^2/n, \infty)$，分布参数 μ 取值于该区间的可信程度为 C。

两种方法最显著的区别在于如何定性分布参数 μ。确定置信区间时，分布参数 μ 始终被视为确定量，C 被视为随机区间$[\bar{X}-z_\alpha\sigma^2/n, \infty)$覆盖 μ 的概率，它取决于随机变量 $\bar{X}-z_\alpha\sigma^2/n$ 的概率特性；确定信仰区间时，分布参数 μ 则被视为变量，C 被视为 μ 取值于区间$[\bar{x}-z_\alpha\sigma^2/n, \infty)$的可信程度，它取决于分布参数 μ 的信仰分布。

Fisher 将信仰推断方法用于统计推断问题后，受到人们很大的关注，对它的研究和应用一直延续至今。后期的研究与应用中发现，由信仰推断方法确定的信仰区间与置信区间并不一定相同，且确定信仰分布时，对同一未知分布参数，由不同方法可得到不同的信仰分布，存在信仰分布不一致的现象[11]。后一个问题使信仰推断方法至今未被完全接受。

3. 信仰分布的不一致现象及其原因

设总体 X 服从正态分布 $\mathrm{N}(\mu, \sigma^2)$，且分布参数 μ 已知，σ 未知，分别构造枢

轴量

$$T_1 = \frac{n(\bar{X}-\mu)^2}{\sigma^2} \tag{4.57}$$

$$T_2 = \sum_{i=1}^{n} \frac{(X_i-\mu)^2}{\sigma^2} = \frac{(n-1)S^2 + n(\bar{X}-\mu)^2}{\sigma^2} \tag{4.58}$$

其中:样本标准差

$$S = \sqrt{\frac{1}{n-1}\sum_{i=1}^{n}(X_i-\bar{X})^2} \tag{4.59}$$

这时 T_1、T_2 分别服从自由度为 1、n 的卡方分布。按目前信仰分布的生成方法,获得样本实现值 $x_1, x_2, \cdots, x_n$ 及其均值 $\bar{x}$、标准差 s 后,可分别令

$$\sigma = \sqrt{\frac{n(\bar{x}-\mu)^2}{T_1}} \tag{4.60}$$

$$\sigma = \sqrt{\frac{(n-1)s^2 + n(\bar{x}-\mu)^2}{T_2}} \tag{4.61}$$

它们分别为随机变量 T_1、T_2 的函数。显然,$n>1$ 时由式(4.60)和式(4.61)生成的未知分布参数 σ 的信仰分布并不相同,即在分布参数 μ 已知的条件下,因构造的枢轴量不同,未知分布参数 σ 的信仰分布不相同。信仰分布的不一致现象导致分布参数的推断结果会由于人为的原因而产生差异,缺乏理论上的合理性。

实际上,对于包含多个未知分布参数 $\boldsymbol{\theta}=(\theta_1,\theta_2,\cdots,\theta_n)$ 的概率分布,分布参数的信仰分布可通过两种途径生成:分别针对各未知分布参数构造枢轴量,利用枢轴量法直接生成各分布参数的信仰分布;首先生成未知分布参数的联合信仰分布,据此确定各分布参数的信仰分布。前者为独立、直接的生成方法,后者则为整体分解的生成方法。

目前分布参数的信仰分布主要是通过第一种途径生成的。若构造的枢轴量不同,对同一分布参数可能生成不同的信仰分布,这时由各分布参数的信仰分布确定的联合信仰分布也可能是不同的。例如,分布参数 μ 已知时,由式(4.57)和式(4.58)生成的分布参数 σ 的条件信仰分布分别为

$$f_{\sigma|\mu}(y|\mu) = \frac{-2n(\bar{x}-\mu)^2}{y^3} f_{\chi^2_{(1)}}\left(\frac{n(\bar{x}-\mu)^2}{y^2}\right) \tag{4.62}$$

$$f_{\sigma|\mu}(y|\mu) = \frac{-2[(n-1)s^2 + n(\bar{x}-\mu)^2]}{y^3} f_{\chi^2_{(n)}}\left(\frac{(n-1)s^2 + n(\bar{x}-\mu)^2}{y^2}\right) \tag{4.63}$$

式中:$f_{\chi^2_{(1)}}(\cdot)$、$f_{\chi^2_{(n)}}(\cdot)$分别为自由度为 1、n 的卡方分布的概率密度函数。设分布参数 μ 的信仰分布为 $f_\mu(z)$,则分布参数 μ、σ 的联合信仰分布应为

$$f_{\sigma,\mu}(y,z)=f_{\sigma|\mu}(y|z)f_{\mu}(z) \tag{4.64}$$

显然，$n>1$ 时式(4.62)和式(4.63)所示的分布参数 σ 的条件信仰分布并不相同，这时按式(4.64)确定的分布参数 μ、σ 的联合信仰分布也必定不同。

根据证据理论的观点，以客观的抽样测试数据为依据生成信仰分布时，应保证信仰分布与概率分布之间具有合理的对应关系[5]。从概率论的角度讲，样本实现值 $x_1,x_2,\cdots,x_n$ 出现的概率密度是由未知分布参数 $\boldsymbol{\theta}=(\theta_1,\theta_2,\cdots,\theta_n)$ 共同决定的。生成分布参数的信仰分布时，首先应将分布参数 $\boldsymbol{\theta}=(\theta_1,\theta_2,\cdots,\theta_n)$ 视为整体，按与联合概率密度的对应关系，生成它们的联合信仰分布，据此再确定各分布参数的信仰分布，即应采用信仰分布生成的第二种途径。

采用第一种途径时，各分布参数的信仰分布是按各自的方法独立生成的，且采用不同的生成方法时，其对应的联合信仰分布可能是不同的，不能保证联合信仰分布与样本实现值的联合概率分布存在合理的对应关系。反而言之，目前信仰分布不一致的现象是对各分布参数采用了不同的联合信仰分布造成的，它们与联合概率分布不一定具有合理的对应关系。

4.2.2　信度分布的生成方法

这里按联合信仰分布与联合概率分布的对应关系，首先提出生成信仰分布的极大似然法，其次利用贝叶斯法的思想，提出生成信仰分布的贝叶斯法，并建议采用贝叶斯法。

1. 极大似然法

按第二种途径，最直观和合理的方法是令未知分布参数 $\boldsymbol{\theta}=(\theta_1,\theta_2,\cdots,\theta_n)$ 的联合信任密度与样本实现值 $x_1,x_2,\cdots,x_n$ 的联合概率密度成正比，即令

$$\mathrm{bel}_{\boldsymbol{\theta}}(\boldsymbol{y})=\frac{\prod_{i=1}^{n}f_X(x_i;\boldsymbol{y})}{\int_D\prod_{i=1}^{n}f_X(x_i;\boldsymbol{t})\mathrm{d}\boldsymbol{t}} \tag{4.65}$$

式中：D 为积分变量 $\boldsymbol{\theta}$ 的定义域；等号右侧的分母是按信度的正则性条件(总信度为 1)设立的。这种方法直接采用了经典统计学中极大似然法的基本思想，可称其为信度分布生成的极大似然法。

2. 贝叶斯法

分布参数的信度分布还可按贝叶斯法的思想生成，这里首先对贝叶斯法做简要介绍。

设总体 X 的概率密度函数为 $f_X(t;\boldsymbol{\theta})$，$\boldsymbol{\theta}$ 为未知分布参数；$X_1,X_2,\cdots,X_n$ 为总

体 X 的样本，其实现值为 $x_1, x_2, \cdots, x_n$。这时按贝叶斯法推断分布参数 $\boldsymbol{\theta}$ 的基本过程如下[12]：

(1) 首先将未知分布参数 $\boldsymbol{\theta}$ 视为随机向量，这时总体 X 的概率密度函数应表达为关于随机向量 $\boldsymbol{\theta}$ 的条件概率密度函数 $f_{X|\boldsymbol{\theta}}(t|\boldsymbol{y})$，其数值依赖于随机向量 $\boldsymbol{\theta}$ 的取值。

(2) 根据先验信息建立分布参数 $\boldsymbol{\theta}$ 的概率密度函数 $\pi_{\boldsymbol{\theta}}(\boldsymbol{y})$，即分布参数 $\boldsymbol{\theta}$ 的先验分布。

(3) 利用样本实现值 $x_1, x_2, \cdots, x_n$ 建立样本的联合条件概率密度函数，即似然函数

$$p_{X|\boldsymbol{\theta}}(x|\boldsymbol{y}) = \prod_{i=1}^{n} f_{X|\boldsymbol{\theta}}(x_i|\boldsymbol{y}) \tag{4.66}$$

样本实现值 $x_1, x_2, \cdots, x_n$ 的产生过程分为两步：首先设想从先验分布 $\pi_{\boldsymbol{\theta}}(\boldsymbol{y})$ 中产生样本 $\boldsymbol{y}$；其次在 $\boldsymbol{\theta}=\boldsymbol{y}$ 的条件下，从总体 $f_{X|\boldsymbol{\theta}}(t|\boldsymbol{y})$ 中产生样本 $X_1, X_2, \cdots, X_n$ 及其实现值 $x_1, x_2, \cdots, x_n$。

(4) 根据先验分布和似然函数，建立样本 $X_1, X_2, \cdots, X_n$ 和分布参数 $\boldsymbol{\theta}$ 的联合概率密度函数

$$p_{X,\boldsymbol{\theta}}(x, \boldsymbol{y}) = p_{X|\boldsymbol{\theta}}(x|\boldsymbol{y})\pi_{\boldsymbol{\theta}}(\boldsymbol{y}) \tag{4.67}$$

相对于似然函数，它吸收了关于未知分布参数 $\boldsymbol{\theta}$ 的先验信息。

(5) 根据联合概率密度确定样本 $X_1, X_2, \cdots, X_n$ 的边缘概率密度

$$m_X(x) = \int_{-\infty}^{\infty} p_{X|\boldsymbol{\theta}}(x|\boldsymbol{t})\pi_{\boldsymbol{\theta}}(\boldsymbol{t})\mathrm{d}\boldsymbol{t} \tag{4.68}$$

(6) 根据条件概率公式确定分布参数 $\boldsymbol{\theta}$ 关于样本 $X_1, X_2, \cdots, X_n$ 的条件概率密度函数

$$\pi_{\boldsymbol{\theta}|X}(\boldsymbol{y}|x) = \frac{p_{X|\boldsymbol{\theta}}(x|\boldsymbol{y})\pi_{\boldsymbol{\theta}}(\boldsymbol{y})}{m_X(x)} \tag{4.69}$$

除了先验信息，未知分布参数 $\boldsymbol{\theta}$ 的这个分布包含了总体信息和样本信息，是利用这两种信息对先验分布 $\pi_{\boldsymbol{\theta}}(\boldsymbol{y})$ 校正后的结果，称为分布参数 $\boldsymbol{\theta}$ 的后验分布。

(7) 获得分布参数 $\boldsymbol{\theta}$ 的后验分布 $\pi_{\boldsymbol{\theta}|X}(\boldsymbol{y}|x)$ 后，可根据需要选择分布参数 $\boldsymbol{\theta}$ 各自的众值、均值、中位数等作为分布参数 $\boldsymbol{\theta}$ 的估计值，它们分别称为最大后验估计、后验期望估计和后验中位数估计；也可在某一信仰水平下确定分布参数 $\boldsymbol{\theta}$ 的信仰区间。

例如，设总体 X 服从正态分布 $\mathrm{N}(\mu_X, \sigma_X^2)$，且分布参数 σ_X 已知。这时似然函数

$$p_{X|\mu_X}(x|y) = \left(\frac{1}{\sqrt{2\pi}\sigma_X}\right)^n \exp\left[-\frac{1}{2}\sum_{i=1}^{n}\left(\frac{x_i - y}{\sigma_X}\right)^2\right] \tag{4.70}$$

若未知分布参数 μ_X 的先验分布为正态分布 $\mathrm{N}(\mu, \sigma^2)$，这时样本 $X_1, X_2, \cdots, X_n$ 和

分布参数 μ_X 的联合概率密度函数为

$$p_{X,\mu_X}(x,y)=\left(\frac{1}{\sqrt{2\pi}\sigma_X}\right)^n\exp\left[-\frac{1}{2}\sum_{i=1}^{n}\left(\frac{x_i-y}{\sigma_X}\right)^2\right]\cdot\frac{1}{\sqrt{2\pi}\sigma}\exp\left[-\frac{1}{2}\left(\frac{y-\mu}{\sigma}\right)^2\right]$$
$$=\frac{1}{\sqrt{2\pi}\sigma}\left(\frac{1}{\sqrt{2\pi}\sigma_X}\right)^n\exp\left\{-\frac{1}{2}\left[\frac{(n-1)s^2+n(y-\bar{x})^2}{\sigma_X^2}+\frac{(y-\mu)^2}{\sigma^2}\right]\right\} \tag{4.71}$$

这时样本 $X_1,X_2,\cdots,X_n$ 的边缘概率密度函数为

$$m_X(x)=\frac{1}{\sqrt{2\pi}\sigma}\left(\frac{1}{\sqrt{2\pi}\sigma_X}\right)^n\int_{-\infty}^{\infty}\exp\left\{-\frac{1}{2}\left[\frac{(n-1)s^2+n(t-\bar{x})^2}{\sigma_X^2}+\frac{(t-\mu)^2}{\sigma^2}\right]\right\}\mathrm{d}t \tag{4.72}$$

由式(4.69)可得

$$\pi_{\mu_{X|X}}(y|x)=\frac{\exp\left\{-\frac{1}{2}\left[\frac{(n-1)s^2+n(y-\bar{x})^2}{\sigma_X^2}+\frac{(y-\mu)^2}{\sigma^2}\right]\right\}}{\int_{-\infty}^{\infty}\exp\left\{-\frac{1}{2}\left[\frac{(n-1)s^2+n(t-\bar{x})^2}{\sigma_X^2}+\frac{(t-\mu)^2}{\sigma}\right]\right\}\mathrm{d}t}$$
$$=\frac{1}{\sqrt{2\pi}\sigma_0}\exp\left\{-\frac{1}{2}\left[\frac{y-\left(\frac{\sigma_0^2}{\sigma_X^2/n}\bar{x}+\frac{\sigma_0^2}{\sigma^2}\mu\right)}{\sigma_0}\right]^2\right\} \tag{4.73}$$

$$\frac{1}{\sigma_0^2}=\frac{1}{\sigma_X^2/n}+\frac{1}{\sigma^2} \tag{4.74}$$

因此，分布参数 μ_X 的后验分布为正态分布 $\mathrm{N}\left(\frac{\sigma_0^2}{\sigma_X^2/n}\bar{x}+\frac{\sigma_0^2}{\sigma^2}\mu,\sigma_0^2\right)$。相对于先验分布，它考虑了总体信息 σ_X 和样本信息 $\bar{x}$、n。

下面讨论信度分布生成的贝叶斯法。由于分布参数 $\boldsymbol{\theta}$ 的先验分布 $\pi_{\boldsymbol{\theta}}(\boldsymbol{y})$ 实际反映的是对分布参数 $\boldsymbol{\theta}$ 取值的信任程度，后验分布 $\pi_{\boldsymbol{\theta}|X}(\boldsymbol{y}|x)$ 反映的是获取样本信息 $x_1,x_2,\cdots,x_n$ 后对分布参数 $\boldsymbol{\theta}$ 取值的信任程度，故可分别记

$$\pi_{\boldsymbol{\theta}}(\boldsymbol{y})=\mathrm{bel}_{\boldsymbol{\theta}}(\boldsymbol{y}) \tag{4.75}$$

$$\pi_{\boldsymbol{\theta}|X}(\boldsymbol{y}|x)=\mathrm{bel}_{\boldsymbol{\theta}}(\boldsymbol{y};x) \tag{4.76}$$

式中：$\mathrm{bel}_{\boldsymbol{\theta}}(\boldsymbol{y})$ 为分布参数 $\boldsymbol{\theta}$ 的联合信任密度函数；$\mathrm{bel}_{\boldsymbol{\theta}}(\boldsymbol{y};x)$ 为获取样本信息 x_1，$x_2,\cdots,x_n$ 后的联合信任密度函数。这里视 $\boldsymbol{\theta}$ 为未确知量，而非随机向量，因此仍需将总体 X 的概率密度函数表达为 $f_X(t;\boldsymbol{\theta})$，这时应将似然函数另记为 $p_X(x;\boldsymbol{\theta})$，其信度均值为

$$E_{\mathrm{B}}[p_X(x;\boldsymbol{\theta})]=\int_D p_X(x;\boldsymbol{t})\mathrm{bel}_{\boldsymbol{\theta}}(\boldsymbol{t})\mathrm{d}\boldsymbol{t}=\int_D\prod_{i=1}^{n}f_X(x_i;\boldsymbol{t})\mathrm{bel}_{\boldsymbol{\theta}}(\boldsymbol{t})\mathrm{d}\boldsymbol{t} \tag{4.77}$$

按信度形式，这时可将贝叶斯公式表达为

$$\mathrm{bel}_{\boldsymbol{\theta}}(\boldsymbol{y};x)=\frac{p_X(x;\boldsymbol{y})}{E_{\mathrm{B}}[p_X(x;\boldsymbol{\theta})]}\mathrm{bel}_{\boldsymbol{\theta}}(\boldsymbol{y})=\frac{\prod_{i=1}^{n}f_X(x_i;\boldsymbol{y})}{\int_D\prod_{i=1}^{n}f_X(x_i;\boldsymbol{t})\mathrm{bel}_{\boldsymbol{\theta}}(\boldsymbol{t})\mathrm{d}\boldsymbol{t}}\mathrm{bel}_{\boldsymbol{\theta}}(\boldsymbol{y}) \quad (4.78)$$

该式即分布参数信度分布生成的贝叶斯法。这时分布参数 $\boldsymbol{\theta}$ 的信任密度函数 $\mathrm{bel}_{\boldsymbol{\theta}}(\boldsymbol{y};x)$ 为按似然函数对原信任密度函数 $\mathrm{bel}_{\boldsymbol{\theta}}(\boldsymbol{y})$ 校正后的结果：似然函数 $p_X(x;\boldsymbol{y})$ 高于其信度均值 $E_{\mathrm{B}}[p_X(x;\boldsymbol{\theta})]$ 时，增大原信任密度函数 $\mathrm{bel}_{\boldsymbol{\theta}}(\boldsymbol{y})$ 的值；反之，减小原信任密度函数 $\mathrm{bel}_{\boldsymbol{\theta}}(\boldsymbol{y})$ 的值。按信度与概率的对应关系，这种校正也是合理的，且校正后的信任密度函数 $\mathrm{bel}_{\boldsymbol{\theta}}(\boldsymbol{y};x)$ 能够综合反映总体信息和样本信息的影响，其依据比原信任密度函数 $\mathrm{bel}_{\boldsymbol{\theta}}(\boldsymbol{y})$ 更为充分。

无论是按极大似然法还是贝叶斯法，根据生成的联合信任密度函数均可进一步确定各分布参数的信度分布，这与目前独立生成各分布参数信仰分布的方法是不同的，它可保证联合信任密度与样本实现值的联合概率密度具有明确、合理的对应关系。

按极大似然法和贝叶斯法生成的信度分布可能是不同的，这主要是因为其生成联合信任密度函数的方式不同。前者采用了更直观的方式，后者则采用了按样本观测值校正的方式。对比式(4.65)和式(4.78)可见，极大似然法相当于联合信任密度函数 $\mathrm{bel}_{\boldsymbol{\theta}}(\boldsymbol{y})$ 为常值时的贝叶斯法，属贝叶斯法的特例。两种方法都有其合理性，下面分别按极大似然法、贝叶斯法生成正态分布参数的信度分布，并进一步提出方法上的建议。

4.2.3 正态分布参数的信度分布

1. 极大似然法

设总体 X 服从正态分布 $\mathrm{N}(\mu,\sigma^2)$，其均值和标准差分别为 μ、σ，变异系数为

$$\delta=\frac{\sigma}{\mu} \quad (4.79)$$

记 X 的上侧 p 分位值为 x_p，它满足

$$P\{X\geqslant x_p\}=p \quad (4.80)$$

$$x_p=\mu-z_{1-p}\sigma \quad (4.81)$$

式中：p 为 $\{X\geqslant x_p\}$ 的保证率，一般取较大的值；z_{1-p} 为标准正态分布的上侧 $1-p$ 分位值，一般为正值。

记 $X_1,X_2,\cdots,X_n$ 为总体 X 的 n 个样本，其实现值 $x_1,x_2\cdots,x_n$ 的均值、标准差分别为

$$\bar{x}=\frac{1}{n}\sum_{i=1}^{n}x_i \quad (4.82)$$

$$s^2=\frac{1}{n-1}\sum_{i=1}^{n}(x_i-\bar{x})^2 \quad (4.83)$$

采用信度分布生成的极大似然法时，分布参数 μ、σ 的联合信任密度函数为

$$\begin{aligned}\mathrm{bel}_{\mu,\sigma}(y_1,y_2)&=\frac{\left(\dfrac{1}{\sqrt{2\pi}\,y_2}\right)^n\exp\left[-\dfrac{1}{2}\sum\limits_{i=1}^{n}\dfrac{(x_i-y_1)^2}{y_2^2}\right]}{\int_0^{\infty}\int_{-\infty}^{\infty}\left(\dfrac{1}{\sqrt{2\pi}\,v_2}\right)^n\exp\left[-\dfrac{1}{2}\sum\limits_{i=1}^{n}\dfrac{(x_i-v_1)^2}{v_2^2}\right]\mathrm{d}v_1\mathrm{d}v_2}\\&\propto\left(\frac{1}{y_2}\right)^n\exp\left[-\frac{1}{2}\sum_{i=1}^{n}\frac{(x_i-y_1)^2}{y_2^2}\right]\\&\propto\left(\frac{1}{y_2}\right)^n\exp\left[-\frac{1}{2}\frac{(n-1)s^2+n(\bar{x}-y_1)^2}{y_2^2}\right]\end{aligned}\tag{4.84}$$

式中：$\propto$表示正比于。

一般情况下，$\mathrm{bel}_{\mu,\sigma}(y_1,y_2)$可被分解为下列两种形式：

$$\mathrm{bel}_{\mu,\sigma}(y_1,y_2)=\mathrm{bel}_{\mu\mid\sigma}(y_1\mid y_2)\mathrm{bel}_{\sigma}(y_2)\tag{4.85}$$

$$\mathrm{bel}_{\mu,\sigma}(y_1,y_2)=\mathrm{bel}_{\sigma\mid\mu}(y_2\mid y_1)\mathrm{bel}_{\mu}(y_1)\tag{4.86}$$

式中：$\mathrm{bel}_{\mu}(y_1)$、$\mathrm{bel}_{\sigma}(y_2)$分别为无参数信息时 μ、σ 的信任密度函数；$\mathrm{bel}_{\mu\mid\sigma}(y_1\mid y_2)$、$\mathrm{bel}_{\sigma\mid\mu}(y_2\mid y_1)$分别为 σ 已知时 μ 的信任密度函数和 μ 已知时 σ 的信任密度函数。分解过程中，首先需在 σ(或 μ)已知的条件下建立 μ(或 σ)的信任密度函数，再根据剩余项建立 σ(或 μ)的信任密度函数。由于式(4.84)是以正比形式表达的，分解过程中还应保证信度的正则性。

1）分布参数 μ、σ 的信度分布

按式(4.85)的形式，即以 σ 为条件的形式，可将式(4.84)分解为

$$\begin{aligned}\mathrm{bel}_{\mu,\sigma}(y_1,y_2)=&\frac{1}{\sqrt{2\pi}\,y_2/\sqrt{n}}\exp\left[-\frac{1}{2}\left(\frac{\bar{x}-y_1}{y_2/\sqrt{n}}\right)^2\right]\cdot\frac{-2(n-1)s^2}{y_2^3}\\&\cdot\frac{1}{2^{\frac{n-2}{2}}\Gamma\left(\dfrac{n-2}{2}\right)}\exp\left[-\frac{1}{2}\frac{(n-1)s^2}{y_2^2}\right]\left[\frac{(n-1)s^2}{y_2^2}\right]^{\frac{n-2}{2}-1},\quad n>2\end{aligned}\tag{4.87}$$

它具有式(4.84)所示的正比关系。令

$$U=\frac{\bar{x}-\mu}{\sigma/\sqrt{n}}\tag{4.88}$$

$$V=\frac{(n-1)s^2}{\sigma^2}\tag{4.89}$$

则根据相关概率分布的性质，可得

$$\mathrm{bel}_{U,V}(u,v)=\varphi(u\mid v)\chi^2_{(n-2)}(v),\quad n>2\tag{4.90}$$

式中：$\varphi(\cdot)$为标准正态概率密度函数；$\chi^2_{(n-2)}(\cdot)$为自由度为 $n-2$ 的卡方分布的概率密度函数。因此，无参数信息时，$\dfrac{(n-1)s^2}{\sigma^2}$的信度分布为自由度为 $n-2$ 的卡

方分布；σ 已知时，$\dfrac{\bar{x}-\mu}{\sigma/\sqrt{n}}$的信度分布为标准正态分布。

按式(4.86)的形式，即以 μ 为条件的形式，可将式(4.84)分解为

$$\begin{aligned}\mathrm{bel}_{\mu,\sigma}(y_1,y_2)=&\frac{-2[(n-1)s^2+n(\bar{x}-y_1)^2]}{y_2^3}\frac{1}{2^{\frac{n-1}{2}}\Gamma\left(\frac{n-1}{2}\right)}\\&\cdot\exp\left[-\frac{1}{2}\frac{(n-1)s^2+n(\bar{x}-y_1)^2}{y_2^2}\right]\\&\cdot\left[\frac{(n-1)s^2+n(\bar{x}-y_1)^2}{y_2^2}\right]^{\frac{n-1}{2}-1}\\&\cdot\sqrt{\frac{n-2}{n-1}}\frac{-1}{s/\sqrt{n}}\frac{\Gamma\left(\frac{(n-2)+1}{2}\right)}{\sqrt{n\pi}\,\Gamma\left(\frac{n-2}{2}\right)}\\&\cdot\left[(n-2)+\left(\sqrt{\frac{n-2}{n-1}}\frac{\bar{x}-y_1}{s/\sqrt{n}}\right)^2\right]^{-\frac{(n-2)+1}{2}},\quad n>2\end{aligned}\tag{4.91}$$

它同样具有式(4.84)所示的正比关系。令

$$U=\frac{(n-1)s^2+n(\bar{x}-\mu)^2}{\sigma^2}\tag{4.92}$$

$$V=\sqrt{\frac{n-2}{n-1}}\frac{\bar{x}-\mu}{s/\sqrt{n}}\tag{4.93}$$

则根据相关概率分布的性质，可得

$$\mathrm{bel}_{U,V}(u,v)=\chi^2_{(n-1)}(u\mid v)t_{(n-2)}(v),\quad n>2\tag{4.94}$$

式中：$\chi^2_{(n-1)}(\cdot)$为自由度为 $n-1$ 的卡方分布的概率密度函数；$t_{(n-2)}(\cdot)$为自由度为 $n-2$ 的 t 分布的概率密度函数。因此，无参数信息时，$\sqrt{\dfrac{n-2}{n-1}}\dfrac{\bar{x}-\mu}{s/\sqrt{n}}$的信度分布为自由度为 $n-2$ 的 t 分布；μ 已知时，$\dfrac{(n-1)s^2+n(\bar{x}-\mu)^2}{\sigma^2}$的信度分布为自由度为 $n-1$ 的卡方分布。

2）分位值 x_p 的信度分布

由式(4.81)所示的 x_p 与 μ、σ 之间的关系以及 μ、σ 的条件信任密度函数可知：σ 已知时，$\dfrac{\bar{x}-x_p-z_{1-p}\sigma}{\sigma/\sqrt{n}}$的信度分布为标准正态分布；$\mu$ 已知时，$\dfrac{(n-1)s^2+n(\bar{x}-\mu)^2}{[(x_p-\mu)/z_{1-p}]^2}$的信度分布为自由度为 $n-1$ 的卡方分布。

下面分析和建立无参数信息时分位值 x_p 的信度分布。

令 $\sigma=-\dfrac{x_p-\mu}{z_{1-p}}$ 或 $\mu=x_p+z_{1-p}\sigma$。这时通过变量代换，可由式(4.84)分别得到 μ、x_p 和 x_p、σ 的联合信任密度函数，它们分别为

$$\mathrm{bel}_{\mu,x_p}(y_1,y_2)\propto\left[\frac{1}{(y_2-y_1)/(-z_{1-p})}\right]^n\exp\left\{-\frac{1}{2}\frac{(n-1)s^2+n(\bar{x}-y_1)^2}{[(y_2-y_1)/(-z_{1-p})]^2}\right\} \tag{4.95}$$

$$\mathrm{bel}_{x_p,\sigma}(y_1,y_2)\propto\left(\frac{1}{y_2}\right)^n\exp\left[-\frac{1}{2}\frac{(n-1)s^2+n(\bar{x}-y_1-z_{1-p}y_2)^2}{y_2^2}\right] \tag{4.96}$$

对式(4.95)，可按以 x_p 为条件的形式将其做下列分解，即

$$\begin{aligned}
\mathrm{bel}_{\mu,x_p}(y_1,y_2)&\propto\left[\frac{1}{(y_2-y_1)/(-z_{1-p})}\right]^n\exp\left\{-\frac{1}{2}\frac{(n-1)s^2+n[(\bar{x}-y_2)+(y_2-y_1)]^2}{[(y_2-y_1)/(-z_{1-p})]^2}\right\}\\
&\propto\left[\frac{1}{(y_2-y_1)/(-z_{1-p})}\right]^n\exp\left\{-\frac{1}{2}\frac{(n-1)s^2+n(\bar{x}-y_2)^2}{[(y_2-y_1)/(-z_{1-p})]^2}\right\}\\
&\quad\cdot\exp\left[\frac{z_{1-p}n(\bar{x}-y_2)}{(y_2-y_1)/(-z_{1-p})}\right]\\
&\propto\left[\frac{1}{(y_2-y_1)/(-z_{1-p})}\right]^n\\
&\quad\cdot\exp\left\{-\frac{1}{2}\frac{(n-1)s^2+n(\bar{x}-y_2)^2}{[(y_2-y_1)/(-z_{1-p})]^2}\right\}\sum_{m=0}^{\infty}\frac{1}{m!}\left[\frac{z_{1-p}n(\bar{x}-y_2)}{(y_2-y_1)/(-z_{1-p})}\right]^m\\
&=\sqrt{\frac{n-2}{n-1}}\,\frac{-1}{s/\sqrt{n}}\,\frac{(n-2)^{\frac{n-2}{2}}\exp\left[-\dfrac{(z_{1-p}\sqrt{n})^2}{2}\right]}{\sqrt{\pi}\,\Gamma\left(\dfrac{n-2}{2}\right)\left[(n-2)+\left(\sqrt{\dfrac{n-2}{n-1}}\,\dfrac{\bar{x}-y_2}{s/\sqrt{n}}\right)^2\right]^{\frac{(n-2)+1}{2}}}\\
&\quad\cdot\sum_{m=0}^{\infty}\Gamma\left(\frac{n+m-1}{2}\right)\frac{(z_{1-p}\sqrt{n})^m}{m!}\left[\frac{\sqrt{2}\sqrt{\dfrac{n-2}{n-1}}\,\dfrac{\bar{x}-y_2}{s/\sqrt{n}}}{\sqrt{(n-2)+\left(\sqrt{\dfrac{n-2}{n-1}}\,\dfrac{\bar{x}-y_2}{s/\sqrt{n}}\right)^2}}\right]^m\\
&\quad\cdot\left[\frac{-2}{z_{1-p}}\frac{(n-1)s^2+n(\bar{x}-y_2)^2}{[(y_2-y_1)/(-z_{1-p})]^3}\right]\frac{1}{2^{\frac{n+m-1}{2}}\Gamma\left(\dfrac{n+m-1}{2}\right)}\\
&\quad\cdot\exp\left\{-\frac{1}{2}\frac{(n-1)s^2+n(\bar{x}-y_2)^2}{[(y_2-y_1)/(-z_{1-p})]^2}\right\}\\
&\quad\cdot\left\{\frac{(n-1)s^2+n(\bar{x}-y_2)^2}{[(y_2-y_1)/(-z_{1-p})]^2}\right\}^{\frac{n+m-1}{2}-1},\quad n>2
\end{aligned} \tag{4.97}$$

令

$$U=\frac{(n-1)s^2+n(\bar{x}-x_p)^2}{[(x_p-\mu)/(-z_{1-p})]^2} \tag{4.98}$$

$$V=\sqrt{\frac{n-2}{n-1}}\frac{\bar{x}-x_p}{s/\sqrt{n}} \tag{4.99}$$

则

$$\text{bel}_{U,V}(u,v)=\frac{(n-2)^{\frac{n-2}{2}}\exp\left[-\frac{(z_{1-p}\sqrt{n})^2}{2}\right]}{\sqrt{\pi}\,\Gamma\left(\frac{n-2}{2}\right)[(n-2)+v^2]^{\frac{(n-2)+1}{2}}}\sum_{m=0}^{\infty}\Gamma\left(\frac{n+m-1}{2}\right)$$
$$\cdot\frac{(z_{1-p}\sqrt{n})^m}{m!}\left[\frac{\sqrt{2}v}{\sqrt{(n-2)+v^2}}\right]^m\chi^2_{(n+m-1)}(u|v),\quad n>2 \tag{4.100}$$

式中：$\chi^2_{(n+m-1)}(\cdot)$为自由度为 $n+m-1$ 的卡方分布的概率密度函数。

对 u 积分后，则有

$$\text{bel}_V(v)=t_{(n-2,z_{1-p}\sqrt{n})}(v),\quad n>2 \tag{4.101}$$

式中：$t_{(n-2,z_{1-p}\sqrt{n})}(\cdot)$为自由度为 $n-2$、参数为 $z_{1-p}\sqrt{n}$ 的非中心 t 分布的概率密度函数。因此，无参数信息时，$\sqrt{\frac{n-2}{n-1}}\frac{\bar{x}-x_p}{s/\sqrt{n}}$的信度分布为自由度为 $n-2$、参数为 $z_{1-p}\sqrt{n}$ 的非中心 t 分布。

对式(4.96)，亦可按以 x_p 为条件的形式首先将其分解为

$$\begin{aligned}\text{bel}_{x_p,\sigma}(y_1,y_2)&\propto\left(\frac{1}{y_2}\right)^n\exp\left[-\frac{1}{2}\frac{(n-1)s^2+n(\bar{x}-y_1)^2}{y_2^2}\right]\exp\left[\frac{n(\bar{x}-y_1)}{y_2}\right]\\&\propto\left(\frac{1}{y_2}\right)^n\exp\left[-\frac{1}{2}\frac{(n-1)s^2+n(\bar{x}-y_1)^2}{y_2^2}\right]\sum_{m=0}^{\infty}\frac{1}{m!}\left[\frac{n(\bar{x}-y_1)}{y_2}\right]^m\end{aligned} \tag{4.102}$$

按类似的方法，可得与式(4.101)同样的结果，即无参数信息时，$\sqrt{\frac{n-2}{n-1}}\frac{\bar{x}-x_p}{s/\sqrt{n}}$的信度分布为自由度为 $n-2$、参数为 $z_{1-p}\sqrt{n}$ 的非中心 t 分布。

3) 变异系数 δ 的信度分布

根据分位值 x_p 的信度分布，还可建立无参数信息时变异系数 δ 的信度分布。令 $x_p=0$，则 $z_{1-p}=\frac{1}{\delta}$，其中变异系数 δ 未知。再令

$$V=\sqrt{\frac{n-2}{n-1}}\frac{\bar{x}}{s/\sqrt{n}},\quad n>2 \tag{4.103}$$

则无参数信息时，V 的信度分布应为自由度为 $n-2$、参数为$\sqrt{n}/\delta$ 的非中心 t 分布。因此，通过抽样测试获得$\sqrt{\frac{n-2}{n-1}}\frac{\bar{x}}{s/\sqrt{n}}$的值后，可按自由度为 $n-2$、参数为$\sqrt{n}/\delta$ 的非中心 t 分布确定变异系数 δ 取不同值时的信度。这与目前统计学中的基本方法是一致的[4]。

表 4.1 汇总了按极大似然法生成的正态分布参数和分位值相关枢轴量的信度分布。

表 4.1　正态分布参数和分位值相关枢轴量的信度分布(极大似然法)

未确知量 θ	条件	与 θ 相关的枢轴量 T	T 的信度分布
μ	无参数信息	$\sqrt{\frac{n-2}{n-1}}\frac{\bar{x}-\mu}{s/\sqrt{n}}$	自由度为 $n-2$ 的 t 分布
σ	μ 已知	$\frac{(n-1)s^2+n(\bar{x}-\mu)^2}{\sigma^2}$	自由度为 $n-1$ 的卡方分布
x_p	μ 已知	$\frac{(n-1)s^2+n(\bar{x}-\mu)^2}{[(x_p-\mu)/z_{1-p}]^2}$	自由度为 $n-1$ 的卡方分布
σ	无参数信息	$\frac{(n-1)s^2}{\sigma^2}$	自由度为 $n-2$ 的卡方分布
μ	σ 已知	$\frac{\bar{x}-\mu}{\sigma/\sqrt{n}}$	标准正态分布
x_p	σ 已知	$\frac{\bar{x}-x_p-z_{1-p}\sigma}{\sigma/\sqrt{n}}$	标准正态分布
x_p	无参数信息	$\sqrt{\frac{n-2}{n-1}}\frac{\bar{x}-x_p}{s/\sqrt{n}}$	自由度为 $n-2$、参数为 $z_{1-p}\sqrt{n}$ 的非中心 t 分布
δ	无参数信息	$\sqrt{\frac{n-2}{n-1}}\frac{\bar{x}}{s/\sqrt{n}}$	自由度为 $n-2$、参数为$\sqrt{n}/\delta$ 的非中心 t 分布

2. 贝叶斯法

按贝叶斯法推断概率分布参数和分位值时，首先需确定未知分布参数的先验分布，它代表了对未知分布参数的先验知识。为降低主观因素的影响，一般宜选用无信息的先验分布(如均匀分布)，它们因对未知分布参数的取值无任何偏好而具有很大的优越性。但是，这种先验分布会造成数学上的矛盾，即对分布参数进行某种变换后，相应的先验分布可能不再具有无信息的特征(如不再服从均匀分布)[13]。为保证变换前后的先验分布具有一致的确定原则，通常需按 Jeffreys 原则确定分布参数的先验分布[13]，它与无信息先验分布的特征非常接近，是目前贝叶斯方法中应用非常广泛的先验分布。

这里按 Jeffreys 原则取正态分布参数 μ、σ 的联合信任密度函数（先验分布）为[13]

$$\mathrm{bel}_{\mu,\sigma}(y_1, y_2)=\frac{1}{y_2},\quad y_2>0 \tag{4.104}$$

获得样本实现值 $x_1, x_2, \cdots, x_n$ 后，分布参数 μ、σ 的联合信任密度函数应为

$$\begin{aligned}\mathrm{bel}_{\mu,\sigma}(y_1, y_2; x) &\propto \frac{1}{y_2}\cdot\left(\frac{1}{y_2}\right)^n \exp\left[-\frac{1}{2}\,\frac{(n-1)s^2+n(\bar{x}-y_1)^2}{y_2^2}\right]\\ &\propto \left(\frac{1}{y_2}\right)^{n+1}\exp\left[-\frac{1}{2}\,\frac{(n-1)s^2+n(\bar{x}-y_1)^2}{y_2^2}\right]\end{aligned} \tag{4.105}$$

它与式(4.84)的形式相同，只是 $1/y_2$ 的幂不同。按照与极大似然法类似的步骤，这时亦可得各种情况下正态分布参数和分位值相关枢轴量的信度分布，见表 4.2。

表 4.2 正态分布参数和分位值相关枢轴量的信度分布(贝叶斯法)

未确知量 θ	条件	与 θ 相关的枢轴量 T	T 的信度分布
μ	无参数信息	$\dfrac{\bar{x}-\mu}{s/\sqrt{n}}$	自由度为 $n-1$ 的 t 分布
σ	μ 已知	$\dfrac{(n-1)s^2+n(\bar{x}-\mu)^2}{\sigma^2}$	自由度为 n 的卡方分布
x_p	μ 已知	$\dfrac{(n-1)s^2+n(\bar{x}-\mu)^2}{[(x_p-\mu)/z_{1-p}]^2}$	自由度为 n 的卡方分布
σ	无参数信息	$\dfrac{(n-1)s^2}{\sigma^2}$	自由度为 $n-1$ 的卡方分布
μ	σ 已知	$\dfrac{\bar{x}-\mu}{\sigma/\sqrt{n}}$	标准正态分布
x_p	σ 已知	$\dfrac{\bar{x}-x_p-z_{1-p}\sigma}{\sigma/\sqrt{n}}$	标准正态分布
x_p	无参数信息	$\dfrac{\bar{x}-x_p}{s/\sqrt{n}}$	自由度为 $n-1$、参数为 $z_{1-p}\sqrt{n}$ 的非中心 t 分布
δ	无参数信息	$\dfrac{\bar{x}}{s/\sqrt{n}}$	自由度为 $n-1$、参数为 $\sqrt{n}/\delta$ 的非中心 t 分布

对比表 4.1 和表 4.2 可见，按极大似然法和贝叶斯法生成的正态分布参数和分位值的信度分布并不完全相同，它们的差别主要体现在两个方面：无参数信息时与 μ、x_p、δ 相关的枢轴量 T，枢轴量 T 信度分布的自由度。

建议采用贝叶斯法的生成结果：首先，这里的极大似然法属贝叶斯法的特例，它相当于以均匀分布为先验分布的贝叶斯法。按贝叶斯的观点，这并不是很合理[13]。其次，根据贝叶斯法生成的信度分布推断随机变量的分布参数和分位值时，可得到与区间估计法同样的结果(见 10.2.1 节)，能够与经典统计学的推断方法保持一致，避免方法选择上的疑虑。

4.3 既有事物的信度分布

既有的事物客观上都应是确定的，如果能够准确、全面地测得既有事物的量值，则应视其为确定量。但是，现实中要完全实现这一点往往是困难的，这时对既有事物的认识也就存在主观不确定性，包括测量不确定性和空间不确定性，它们分别对应于认识上的准确性和完备性。下面针对这两种主观不确定性，阐述既有事物信度分布的生成方法。

4.3.1 描述测量不确定性的信度分布

这里的“测量”是对各种观测、测试、试验以及狭义上的测量活动的统称，其目的是测定被测量的值(真值)。就现实而言，要完全精确地测得真值几乎是不可能的，习惯上需用误差描述测量结果的精度。例如，测得三角形的内角之和为 α 时，其绝对误差则为 $\alpha-180°$。然而，绝大多数情况下被测量的真值是未知的，所谓误差实际是依据约定真值给出的名义误差。一般以一个量多次测量结果的平均值作为约定真值，可视其为被测量的最佳估计值。由于误差并非依据真值给出，故根据误差对测量结果进行修正之后，对测量结果依然会存有疑问。这意味着对被测量真值的认知仍存在不确定性，此即这里所称的测量不确定性。

参照国际标准化组织颁布的《测量不确定度表达指南》中提供的方法[14]，可采用 A、B 两类方法确定既有事物客观量值的信度分布。A 类方法指通过对测量值的统计分析建立信度分布的方法；B 类方法则指不同于 A 类的其他方法，它一般依据的是以前的测量数据或分析结果。无论是 A 类还是 B 类方法，它们都是以客观的事实为依据的。

1. A 类方法

由于绝大多数情况下被测量的真值未知，文献[14]中已不使用“真值”、“误差”、“精度”等理想化的概念，而用“测量不确定度”(uncertainty in measurement)评价测量结果的优劣，它指与测量结果相关的参数，反映了对被测量合理赋值的离散性[14]。这个参数可以是对同一事物多次测量结果的标准差或其倍数，也可以是根据测量结果确定的置信区间的宽度，但目的是反映测量方法本身导致的离散性，而非多个事物测量结果的离散性。为统一度量基准，文献[14]中将对同一事物多次测量结果的标准差定义为标准不确定度。

测量不确定度与测量误差是完全不同的两个概念。测量误差以被测量的真值为基准，较小的误差意味着测量结果偏离真值的程度较小，但这往往是假象。测量不确定度反映的则是人们的认知水平，较小的测量不确定度意味着测量结果接近于与当前认知水平相对应的最佳估计值，这个最佳估计值与真值并没有直接的关联。即使测量不确定度较大，测量结果也可能非常接近真值，但人们并不知情。

设既有事物的实际量值为未确知量 x，其测量结果为 x_0，标准不确定度为 σ_Δ。标准不确定度 σ_Δ 越小，人们对既有事物客观量值认知的水平越高，即测量结果越接近于与当前认知水平相对应的最佳估计值。按当前的认知水平，应以测量结果 x_0 和标准不确定度 σ_Δ 为依据生成未确知量 x 的信度分布。

一般而言，测量方法本身导致的离散性可用正态分布描述，因此可设定未确知量 x 的信度分布为正态分布，并取其信任密度函数为

$$\mathrm{bel}_x(t)=\frac{1}{\sqrt{2\pi}\sigma_\Delta}\exp\left[-\frac{1}{2}\left(\frac{t-x_0}{\sigma_\Delta}\right)^2\right] \tag{4.106}$$

即以测量结果 x_0 为均值、以标准不确定度 σ_Δ 为标准差生成既有事物实际量值 x 的信度分布。这时人们对 $\{x=x_0\}$ 抱有最大的信任密度，且信度标准差与标准不确定度 σ_Δ 一致，可较好地反映当前认知水平下人们对既有事物实际量值 x 的认知。

既有事物实际量值 x 的信度分布与认知水平有关。如果后期因认知水平(如测量手段和方法)提高而测得新的 x_0 值，并减小了标准不确定度 σ_Δ，则应根据新的认知结果，重新建立 x 的信度分布。

2. B类方法

A类方法是认识既有事物的主要方法，可在较大程度上消除主观不确定性的影响，但实际工程中有时对既有事物难以进行测量，这时可通过对以往相关资料的分析建立对既有事物的认识。下面以既有结构为例说明信度分布生成的B类方法。

对于既有结构，其当前的几何尺寸、材料强度、永久作用等虽不再是随机变量，而是客观上确定但未确知的未确知量 x，但它们毕竟与原先设计时相应的随机变量 X 之间存在密切关系，可视为这些变量随机变化的现实结果。按证据理论的观点，对未确知量 x 不做任何测试时，随机变量 X 取 t 值的概率越大，则未确知量 x 取 t 值的信度也应越大。因此，可以随机变量 X 的概率分布作为未确知量 x 的信度分布，即取

$$\mathrm{bel}_x(t)=f_X(t) \tag{4.107}$$

式中：$f_X(t)$ 为随机变量 X 的概率密度函数。

设某既有结构原设计的混凝土强度等级为C30，则设计中混凝土抗压强度 X（随机变量）的标准值应为20.1N/mm²，变异系数为0.19，且服从正态分布。这时按95%保证率反推的 X 的均值为20.1/(1−1.645×0.19)=29.2N/mm²，标准差为29.2×0.19=5.55N/mm²。若对既有结构当前时刻的混凝土抗压强度 x 未做任何测试，则可取未确知量 x 的信任密度函数为

$$\mathrm{bel}_x(t)=\frac{1}{5.55\sqrt{2\pi}}\exp\left[-\frac{1}{2}\left(\frac{t-29.2}{5.55}\right)^2\right] \tag{4.108}$$

两类方法中，A类方法可在较大程度上消除主观不确定性的影响。实际工程中宜优先选择A类方法，即通过测试建立既有事物实际量值信度分布的方法。

4.3.2　描述空间不确定性的信度分布

对既有事物的认识往往涉及其量值在空间上的分布，如既有建筑物屋面构造层自重在整个屋面上的分布。一般情况下，全面测试各位置的量值是不现实的，只能选择部分位置进行抽样测试。这时即使不存在测量不确定性，也难以根据部分测试结果完全确定既有事物量值在空间上的分布，呈现一定的主观不确定性，这里称其为对既有事物认识的空间不确定性。描述空间不确定性的信度分布亦可按A、B两类方法生成，但具体方法与上述A、B两类方法存在一定差别。

1. *A类方法*

对同类既有事物，其各个位置的量值往往是由共同随机因素产生的现实结果。例如，对于既有建筑物屋面构造层各个位置的容重，它们均受到了共同的施工阶段材料选择、生产以及建造过程中不确定因素的影响，是这些共同因素影响下的现实结果。因此，可假定对各个位置量值的认识具有相同的信度分布，并记任意位置的量值为未确知量 x。

这里仅考虑未确知量 x 的信度分布为正态分布 $\mathrm{N}(\mu,\sigma^2)$ 的情况。设通过抽样测试得到 x 的 n 个位置的测试数据，并假定它们都是精确的，暂不考虑测量不确定性的影响，记其为 $x_1,x_2,\cdots,x_n$。根据生成信度分布的贝叶斯法，可按式(4.105)取分布参数 μ、σ 的联合信任密度函数为

$$\mathrm{bel}_{\mu,\sigma}(v_1,v_2;x_1,x_2,\cdots,x_n)\propto\left(\frac{1}{v_2}\right)^{n+1}\exp\left[-\frac{1}{2}\,\frac{(n-1)s^2+n(\bar{x}-v_1)^2}{v_2^2}\right] \tag{4.109}$$

这时未确知量 x 的信任密度函数应为

$$\mathrm{bel}_x(t)=\int_0^{\infty}\int_{-\infty}^{\infty}\frac{1}{\sqrt{2\pi}\,v_2}\exp\left[-\frac{1}{2}\,\frac{(t-v_1)^2}{v_2^2}\right]\mathrm{bel}_{\mu,\sigma}(v_1,v_2;x_1,x_2,\cdots,x_n)\mathrm{d}v_1\mathrm{d}v_2$$

$$
\begin{aligned}
&=\int_0^{\infty}\int_{-\infty}^{\infty}\frac{1}{\sqrt{(n+1)/n}s}t_{(n-1)}\left(\frac{t-\bar{x}}{\sqrt{(n+1)/n}s}\right)\\
&\quad\cdot\frac{-2\left[(n-1)s^2+\left(\frac{t-\bar{x}}{\sqrt{(n+1)/n}}\right)^2\right]}{v_2^3}\\
&\quad\cdot\chi^2_{(n)}\left[\frac{(n-1)s^2+\left(\frac{t-\bar{x}}{\sqrt{(n+1)/n}}\right)^2}{v_2^2}\right]\\
&\quad\cdot\frac{1}{v_2/\sqrt{n+1}}\varphi\left(\frac{v_1-\frac{t+n\bar{x}}{n+1}}{v_2/\sqrt{n+1}}\right)\mathrm{d}v_1\mathrm{d}v_2\\
&=\frac{1}{\sqrt{(n+1)/n}s}t_{(n-1)}\left(\frac{t-\bar{x}}{\sqrt{(n+1)/n}s}\right)
\end{aligned}\tag{4.110}
$$

式中：$\varphi(\cdot)$、$\chi^2_{(n)}[\cdot]$、$t_{(n-1)}(\cdot)$分别为标准正态分布、自由度为 n 的卡方分布、自由度为 $n-1$ 的 t 分布的概率密度函数。

令

$$U=\frac{x-\bar{x}}{\sqrt{1+\frac{1}{n}}s}\tag{4.111}$$

则由式(4.110)可知，未确知量 U 的信度分布为自由度为 $n-1$ 的 t 分布。这时未确知量 x 的信度分布函数为

$$\mathrm{Bel}_x(t)=T_{(n-1)}\left(\frac{t-\bar{x}}{\sqrt{1+\frac{1}{n}}s}\right)\tag{4.112}$$

式中：$T_{(n-1)}(\cdot)$为自由度为 $n-1$ 的 t 分布的概率分布函数。

根据 t 分布的概率性质，未确知量 x 的信度均值和方差分别为

$$E_{\mathrm{B}}(x)=\bar{x}\tag{4.113}$$

$$D_{\mathrm{B}}(x)=\frac{n-1}{n-3}\left(1+\frac{1}{n}\right)s^2\tag{4.114}$$

可见样本容量 n 越小，样本标准差 s 越大，则未确知量 x 的离散性越大。这意味着对既有事物量值认识的空间不确定性越强。

若考虑测量不确定性的影响，应另记未确知量 x 的测试结果为 $x_{01}, x_{02},\cdots, x_{0n}$。这时未确知量 x 的信度分布函数应为

$$\mathrm{Bel}_x(t)=T_{(n-1)}\left(\frac{t-\bar{x}_0}{\sqrt{\left(1+\frac{1}{n}\right)(s_0^2+\sigma_\Delta^2)}}\right)\tag{4.115}$$

其信度均值和方差分别为

$$E_{\mathrm{B}}(x) = \bar{x}_0 \tag{4.116}$$

$$D_{\mathrm{B}}(x) = \frac{n-1}{n-3}\left(1+\frac{1}{n}\right)\sqrt{s_0^2+\sigma_\Delta^2} \tag{4.117}$$

式中：$\bar{x}_0$、s_0 分别为测试结果 $x_{01}, x_{02}, \cdots, x_{0n}$ 的样本均值和标准差；σ_Δ 为标准不确定度。显然，因存在测量不确定性，未确知量 x 的信度方差增大，即对未确知量 x 认识的不确定性增强。10.4.1 节中将通过阐述考虑测量不确定性时的推断方法对式(4.115)进行详细说明。

2. B 类方法

对既有事物未做任何测试，即对未确知量 x 未做任何测试时，可根据信度与概率之间的对应关系，直接生成其信度函数，即取

$$\mathrm{Bel}_x(t) = F_X(t) \tag{4.118}$$

式中：$F_X(\cdot)$为未确知量 x 所对应随机变量 X 的概率分布函数。

实际工程中对既有事物认识的主观不确定性包括测量不确定性和空间不确定性，它们主要存在于既有结构的可靠性评定中。分析既有结构的可靠度时，应尽可能采用 A 类方法生成描述或综合描述测量不确定性、空间不确定性的信度分布。但是，抽样数量较少时，A 类方法的生成结果可能比 B 类方法的更不利，即既有事物的信度分布可能具有更大的变异性，这是样本数量有限造成的。A 类方法毕竟具有更为客观和直接的依据，实际工程中应尽可能加大抽样数量，采用 A 类方法生成既有事物的信度分布。

式(4.112)和式(4.115)主要是针对既有结构可靠度分析的需要，为确定同类既有事物量值 x 的信度分布提出的。推断同类既有事物的总体特性，即未确知量 x 的分布参数和分位值时，不宜依据未确知量 x 的信度分布推断，而应直接以式(4.109)所示的分布参数联合信任密度函数为依据。10.3 节和 10.4 节将具体阐述既有事物的推断方法，其中 10.4 节将综合考虑空间不确定性和测量不确定性的影响。

4.4　模糊边界的信度分布

与随机事物、既有事物信度分布的生成方法不同，模糊边界的信度分布并不能利用客观事物的测试或测量结果生成，而宜通过群体调查和统计分析生成，它在一定程度上也是以客观事实为依据的。这里首先介绍目前建立模糊集合隶属函数的模糊统计方法(fuzzy statistical method)[15]，再提出生成模糊边界信度分布的统计方法。

模糊统计方法源于统计学中的集值统计方法(set-valued statistical method)[15]。不同于经典的数理统计方法，集值统计中总体 X 并不是随机变量，而是随

机集，即随机变化的数值区间，其样本实现值 x 则为具体的数值区间。描述随机集 X 概率特性的主要指标是随机集 X 覆盖或包含任意给定数值 t 的概率，称为随机集 X 的落影，通常记为 $\mu_X(t)$[15]。

设 $X_1, X_2, \cdots, X_n$ 为总体 X 的样本（随机集），它们与 X 具有相同的概率特性，且相互独立。设其实现值为区间 $x_1, x_2, \cdots, x_n$，其中 $x_i = (x_{i0}, x_{i1}]$，$i=1,2,\cdots,n$。对于任意实数 t，定义样本实现值 $x_1, x_2, \cdots, x_n$ 对 t 的覆盖频率为

$$p_x(t) = \frac{1}{n}\sum_{i=1}^{n} C_{x_i}(t) \tag{4.119}$$

式中：$C_{x_i}(t)$ 为特征函数，即

$$C_{x_i}(t) = \begin{cases} 1, & t \in (x_{i0}, x_{i1}] \\ 0, & t \notin (x_{i0}, x_{i1}] \end{cases} \tag{4.120}$$

根据落影大数定理，$n \to \infty$ 时，样本实现值 $x_1, x_2, \cdots, x_n$ 的覆盖频率 $p_x(t)$ 将收敛于随机集 X 的落影 $\mu_X(t)$[15]，因此可取落影 $\mu_X(t)$ 的估计值为覆盖频率 $p_x(t)$，即

$$\mu_X(t) = p_x(t) \tag{4.121}$$

集值统计方法可用于模糊集合隶属函数的统计和推断，与此对应的方法称为模糊统计方法[15]。这时可视模糊集合 $\underset{\sim}{A}$ 为随机集 X，其落影 $\mu_X(t)$ 即为模糊集合的隶属函数 $\mu_{\underset{\sim}{A}}(t)$，其样本实现值 $x_1, x_2, \cdots, x_n$ 为 n 个被调查者认定的模糊集合的取值区间，其对应的覆盖频率 $p_x(t)$ 即为隶属函数的估计值，这时可取

$$\mu_{\underset{\sim}{A}}(t) = p_x(t) \tag{4.122}$$

模糊集合的不确定性主要体现于它的边界上，而模糊边界的信度分布可通过两种途径确定：首先通过统计分析确定模糊集合的隶属函数，再根据信度密度函数与隶属函数之间的关系，即式(2.84)和式(2.85)，确定模糊边界的信度分布；直接通过统计分析确定模糊边界的信度分布。

第一种途径有时并不能真实反映被调查者的意图。例如，对模糊概念“年轻人”，假设某一被调查者认定的年龄区间为(15,45]。表面上被调查者对该区间内的数值是不进行区别的，但实情并非如此。他可能对区间(20,40]抱有完全肯定的态度，但对区间(15,20]和(40,45]可能存有一定疑虑。调查结果(15,45]实际上掩盖了被调查者在年龄边界认识上的态度。

目前的模糊统计方法采用了第一种途径，它对被调查者认识上的这种细微差别未予以充分考虑，这会导致不合理的结果。例如，若被调查的 10 个人恰巧认为“年轻人”的年龄区间都是(15,45]，则由此推断的“年轻人”的年龄区间便具有非常清晰的边界，但这可能是掩盖了被调查者真实意图的假象，他们在边界的认识上可能存在差别。鉴于这一点，应直接以模糊集合的边界作为调查和统计的内容，即采用第二种途径。这时的调查内容应是“年轻人的年龄下限”和“年轻人的年龄上

限”,它可更真实地反映被调查者对“年轻人”这一概念的认识。

设模糊集合 $\underset{\sim}{A}$ 的左、右边界分别为 a 和 b,它们均为未确知量。以左边界 a 为例,假设关于它的调查结果为 n 个数值区间 $a_1, a_2, \cdots, a_n$,且

$$a_i = (a_{i0}, a_{i1}], \quad i = 1, 2, \cdots, n \tag{4.123}$$

式中:a_{i0}、a_{i1} 均为具体的实数。按集值统计方法,可定义样本实现值 $a_1, a_2, \cdots, a_n$ 覆盖 t 的频率密度为

$$f_a(t) = \frac{1}{n}\sum_{i=1}^{n}\frac{C_{a_i}(t)}{a_{i1} - a_{i0}} \tag{4.124}$$

它反映了肯定$\{t \in (a_{i0}, a_{i1}]\}$的信任密度。参照落影大数定理,$n \to \infty$ 时,可认为 $f_a(t)$是收敛的,即被调查者的人数无限多时,$f_a(t)$将趋于某一稳定的值。这意味着 $n \to \infty$时左边界 a 覆盖 t 的频率密度是客观存在的。n 有限时,可近似取左边界 a 的信任密度函数为

$$\text{bel}_a(t) = f_a(t) = \frac{1}{n}\sum_{i=1}^{n}\frac{C_{a_i}(t)}{a_{i1} - a_{i0}} \tag{4.125}$$

类似地,对右边界 b 有

$$\text{bel}_b(t) = f_b(t) = \frac{1}{n}\sum_{i=1}^{n}\frac{C_{b_i}(t)}{b_{i1} - b_{i0}} \tag{4.126}$$

根据信度分布函数与隶属函数之间的关系,即式(2.86),也可由此确定模糊集合的隶属函数。模糊边界信度分布的这种生成方法直接反映了被调查者对模糊边界的认识,可克服目前模糊统计方法的缺陷。

参考文献

[1] 周概容. 概率论与数理统计. 北京:中国商业出版社,2006.

[2] 中华人民共和国国家计划委员会. 建筑结构设计统一标准(GBJ 68—84). 北京:中国计划出版社,1984.

[3] 高小旺,鲍霭斌. 地震作用的概率模型及其统计参数. 地震工程与工程振动,1985,5(1):13-22.

[4] 茆诗松,王静龙,史定华,等. 统计手册. 北京:科学出版社,2003.

[5] Shafer G. Mathematical Theory of Evidence. Princeton:Princeton University Press,1976.

[6] 姚继涛. 主观不确定性的统一描述方法. 建筑科学,2002,18(s2):28-32,45.

[7] 姚继涛. 考虑主观不确定性的结构可靠度. 建筑科学,2002,18(s2):33-37,85.

[8] Yao J T,Fu Q,Xie Y K. Structural reliability involving the subjective uncertainty//Proceedings of the Eighth International Symposium on Structural Engineering for Young Experts. Beijing:Science Press,2006.

[9] 姚继涛. 既有结构可靠性理论及应用. 北京:科学出版社,2008.

[10] 峁诗松,王静龙,濮晓龙. 高等数理统计. 北京:高等教育出版社,1998.
[11] 陈希孺. 高等数理统计学. 合肥:中国科学技术大学出版社,2009.
[12] 峁诗松. 贝叶斯统计. 北京:中国统计出版社,1999.
[13] Berger J O. 统计决策论及贝叶斯分析. 贾乃光译. 北京:中国统计出版社,1998.
[14] Joint Committee for Guides in Metrology. Evaluation of measurement of data-Guide to the expression of uncertainty in measurement (JCGM 100 : 2008), 2008. www. bipm. org/utils/common/documents/jcgm/JCGM_100_2008_E. pdf.
[15] 汪培庄. 模糊集与随机集落影. 北京:北京师范大学出版社,2009.

第5章　结构性能和作用的概率模型

结构性能和作用分别代表结构可靠性的内在和外在影响因素，它们的概率模型是建立结构可靠度分析模型的基础。对于一般的结构可靠度分析，结构性能和作用主要涉及结构的几何、力学性能以及目前所称的永久作用、可变作用和偶然作用。国内外针对这些变量均提出了实用的概率模型，但它们主要适用于使用条件良好的拟建结构，并不能完全满足工程实际的需要。第一，对使用条件较恶劣的拟建结构，结构性能随时间的变化往往是不可忽略的，并不能采用目前的随机变量概率模型；第二，对已转化为空间实体的既有结构，结构性能和作用原先具有的随机性会发生较大的变化，甚至转化为客观上确定的量，也不能完全采用原拟建结构的概率模型；第三，目前的概率模型中未明确考虑实际建模过程中可能存在的主观不确定性的影响，特别是对既有结构当前状况认识的主观不确定性的影响，对不确定性的考虑并不完整。

本章首先针对拟建结构，讨论结构性能和作用的概率模型，重点阐述可变作用、偶然作用和结构抗力的随机过程概率模型；其次针对既有结构，全面阐述拟建结构转化为既有结构后结构性能和作用概率模型的转化现象，并提出考虑主观不确定性影响的建模方法。

5.1　基本概率模型

5.1.1　作用的概率模型

1. 作用的分类

国内外标准中通常按量值随时间变化的情况将作用划分为永久作用(permanent action)、可变作用(variable action)和偶然作用(accidental action)。《结构设计基础》(EN 1990:2002)[1]中对这三种作用的定义如下：

(1) 永久作用:设定的基准期内持续施加，且其量值随时间的变化可忽略不计的作用；或者其量值的变化总是同方向(单调)的，直至达到一定的限值。

(2) 可变作用:其量值随时间的变化既不可忽略又非单调的作用。

(3) 偶然作用:设定的基准期内，特定的结构上不太可能出现的作用，通常它的持续时间较短，但量值很大。

《结构设计基础》(EN 1990:2002)[1]中进一步说明:通常情况下，偶然作用会造成严重的后果，除非采取适当的措施；冲击、雪、风和地震作用可以是可变作用，也可以是偶然作用，这取决于有关统计分布方面的资料[1]。

《工程结构可靠性设计统一标准》(GB 50153—2008)[2]中的定义如下：

(1) 永久作用，指在设计所考虑的时期内始终存在且其量值变化与平均值相比可以忽略不计的作用，或其变化是单调的并趋于某个限值的作用。

(2) 可变作用，指在设计使用年限内其量值随时间变化，且其变化与平均值相比不可忽略不计的作用。

(3) 偶然作用，指在设计使用年限内不一定出现，而一旦出现，其量值很大，且持续期很短的作用。

永久作用中"其变化是单调的并趋于某个限值的作用"主要指因施工方式而使结构产生的最终变形等作用[2~7]。

《结构可靠性总原则》(ISO 2394:2015)[8]中对这三种作用的定义如下：

(1) 永久作用，指设计使用年限内可能持续施加，且其量值随时间的变化相对平均值较小的作用。

(2) 可变作用，指设定的设计使用年限内可能施加，且其量值随时间的变化既不可忽略又非单调的作用。

(3) 偶然作用，指结构设计使用年限内不太可能以很大量值出现的作用。

《结构设计基础》(EN 1990:2002)[1]中是按作用在设计基准期内的变化情况分类的，《工程结构可靠性设计统一标准》(GB 50153—2008)[2]和《结构可靠性总原则》(ISO 2394:2015)[8]中则是按设计使用年限内的变化情况分类的。从结构可靠度分析的角度讲，以设计使用年限为时间参数进行分类要更为合理。

除了这种划分，作用还可被划分为固定作用(fixed action)和自由作用(free action)、静态作用(static action)和动态作用(dynamic action)、有界作用(bounded action)和无界作用(unbounded action)。《结构可靠性总原则》(ISO 2394:2015)[8]中将具有不被超越的限值且该限值可精确或近似获知的作用称为有界作用。

2. 基本概率模型

结构可靠度分析中，通常按永久作用、可变作用和偶然作用建立作用的概率模型。对于永久作用，通常其量值随时间的变化可忽略不计。若它单向趋于某个限值，并以该限值作为结构可靠度分析中的基本变量，亦可视其量值不随时间变化。永久作用的随机性主要来源于未来施工阶段材料选择、生产以及建造过程中的不确定性，可认为其不随时间变化，因此一般以随机变量作为永久作用的基本概率模型。经统计分析，一般取其概率分布为正态分布[9]。

对于可变作用和偶然作用，其量值在设计使用年限内是随时间而随机变化的，前者的变化一般是连续的，后者的变化则是离散的，均需采用随机过程概率模型。

《JCSS 概率模式规范》[10]中针对时变荷载(time depended loads)给出了五个典型的随机过程概率模型(见图 5.1)。这五个随机过程为连续可导过程、随机序列、随机时段的点脉冲过程、随机时段的矩形波过程和等时段的矩形波过程。

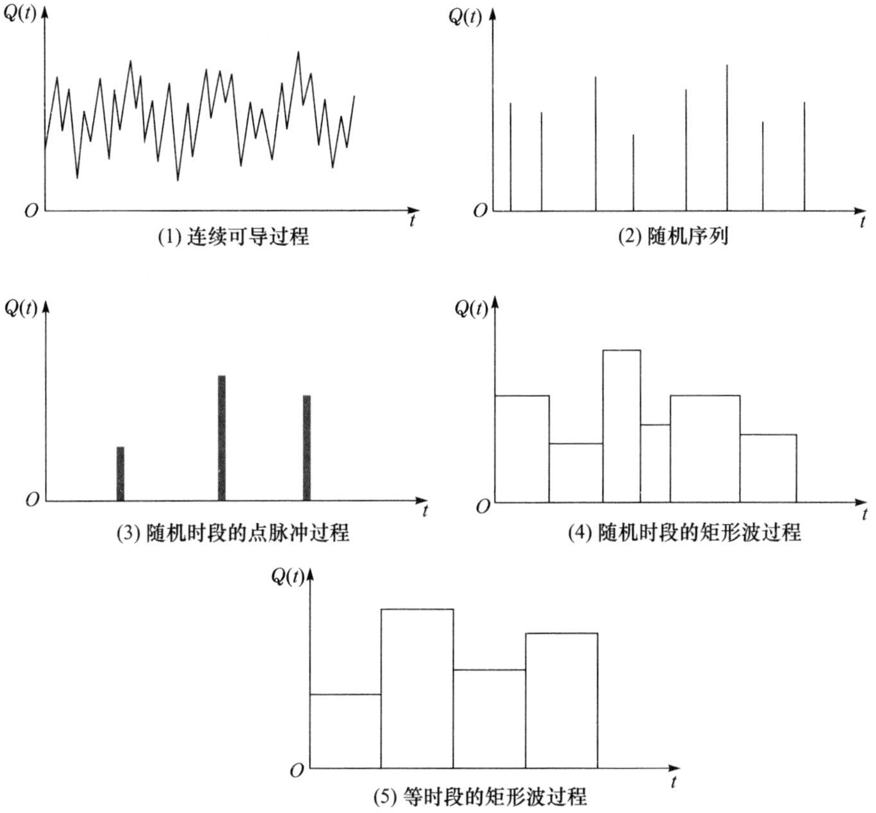

图 5.1　时变荷载的随机过程概率模型

为简化问题,通常选择相对简单的随机过程概率模型描述作用随时间的变化。对于可变作用,一般以等时段的矩形波过程作为其随机过程概率模型。各时段的作用概率分布相互独立时,该模型也称为 FBC 模型[11]。它相对简单,且便于作用的组合分析,被用于《工程结构可靠性设计统一标准》(GB 50153—2008)及其他相关标准中[2~7]。对于偶然作用,一般以随机序列或随机时段的点脉冲过程作为其随机过程概率模型。

5.1.2　结构性能的概率模型

1. 随机变量概率模型

结构性能取决于结构的几何尺寸、材料性能等基本变量的特性以及这些基本变量之间的关系。在设计阶段,几何尺寸、材料性能等基本变量未来实际的量值是难以事先确定的,具有一定的随机性。对处于良好使用条件下的结构,它们主要来源于未来施工阶段材料选择、生产以及建造过程中的不确定性。例如,混凝土材料性能的随机性主要来源于材料组分特性、配合比以及搅拌、运输、浇筑、振捣、养护等过程中的不确定性。经历施工阶段之后,几何尺寸、材料性能等基本变量的值一般不随时间变化或其变化的幅度很小,可认为它们完全取决于施工阶段形成的量值,但它们相对于设计阶段同样是随机的,其在设计使用年限内的样本相当于起点随机变动的一系列直线。由于这些随机现象的变化与时间无关,因此通常以随机变量作为几何尺寸、材料性能等基本变量的概率模型。经统计分析,一般取它们的概率分布为正态分布[9]。

抗力、刚度、抗裂能力等结构性能既取决于几何尺寸、材料性能等基本变量的特性,也取决于它们之间的关系。结构分析中,通常以相应的计算公式反映综合变量与基本变量之间的关系。但是,即使几何尺寸、材料性能等基本变量的量值是确定的,结构抗力等综合变量的计算值与实际值(如试验测试值)之间也往往存在差异,具有一定的不确定性。这种不确定性完全是由结构本身的特性决定的,亦属随机性,而结构分析中的计算公式可视为这种随机现象发生的条件。计算公式越精确,这种随机性越小;反之,则越大。通常定义结构性能实际值与计算值的比值为计算模式不定性系数,其取值是随机的,且一般与时间无关,因此通常以随机变量作为计算模式不定性系数的概率模型,并取其概率分布为正态分布[9]。为便于分析,有时也取计算模式不定性系数的概率分布为对数正态分布[1]。

若结构处于良好的使用条件下,一般可认为结构抗力不随时间变化,视其为随机变量。经统计分析,一般取其概率分布为对数正态分布[9]。但是,对其他结构性能,即使结构处于良好的使用条件下,其量值也并不总是与时间无关的,其中典型的情况是收缩、徐变等造成的混凝土结构刚度、预应力损失等随时间的变化。这种变化也具有随机性,严格讲并不能以随机变量作为它们的概率模型。但是,混凝土材料的收缩、徐变一般在最初的 2~3 年内便可基本完成[12],这个时段相对于设计使用年限(通常为 50 年)而言是较短的。若以长期刚度和最终预应力损失作为结构可靠度分析中的基本变量或综合变量,则可忽略刚度、预应力损失在初期短时间内的变化,以随机变量作为它们的概率模型,这并不会对结构可靠度的分析结果产生显著的影响。

以随机变量作为基本变量和综合变量的概率模型,可为结构性能和结构可靠度的概率分析带来很大的便利,这时利用概率分布函数便能完整描述基本变量和综合变量的概率特性,不涉及时间因素。如果能够保证结构始终处于良好的使用条件下,则以随机变量作为基本变量和综合变量的概率模型是基本符合实际的,我国在制定《工程结构可靠性设计统一标准》(GB 50153—2008)等标准时均采用了这种概率模型[2~7]。

2. 随机过程概率模型

如果结构处于较恶劣的使用条件下，结构的几何尺寸、材料性能、抗力、刚度、抗裂能力等性能可能是随时间变化的，这时需对结构性能采用随机过程概率模型。几何尺寸、材料性能的变化可能进一步导致构件内部结构的变化，如导致混凝土与钢筋黏结性能的变化。为综合反映这些变化的影响，通常在结构可靠度分析中采用结构抗力、刚度、抗裂能力等综合变量建立其功能函数，这时需直接建立这些综合变量的随机过程概率模型。

设结构性能的随机过程概率模型为 $X(t)$，通常在根据经验或统计资料确定其任意时点的概率分布形式后，利用均值函数 $\mu_X(t)$、标准差函数 $\sigma_X(t)$ 描述结构性能概率特性随时间的变化，并确定结构性能任意时点的概率分布。但是，这种描述方法实际上是不完整的，它们仅描述了结构性能任意时点的概率特性，而未考虑各时点结构性能之间的关系，即结构性能的自相关性[13]。实际上，各时点结构性能之间的自相关性是显著的：某时点的结构性能 $X(t)$ 在相当大的程度上决定着后期结构性能 $X(t+\Delta t)$ 的数值，而且 $X(t)$ 的数值越高，$X(t+\Delta t)$ 取较高数值的可能性越大，两者之间存在正相关性。

结构性能的自相关性对结构可靠度有不可忽略的影响。例如，若为简化问题而假设结构各时点的抗力之间完全相关，忽略实际存在的各时点抗力之间联系的随机性，则结构可靠度的分析结果将偏于冒进，因为这种假定会人为降低结构抗力在设计使用年限内取较小值的概率。因此，建立结构性能的随机过程概率模型时，有必要对结构性能的自相关性予以考虑[14~16]。5.3 节将按这一要求建立结构抗力的随机过程概率模型，其他结构性能的随机过程概率模型也可参考其建立。

5.2　作用的随机过程概率模型

5.2.1　可变作用的概率模型

国内外对可变作用一般采用 FBC 模型，它可完整地称为等时段的平稳二项矩形波过程，其基本假定如下[11]：

(1) 作用 Q 一次持续施加于结构上的时间长度为 τ，且设计使用年限 T 可被划分为 r 个长度为 τ 的时段，即

$$r=\frac{T}{\tau} \tag{5.1}$$

这时作用 Q 为等时段的矩形波过程。

(2) 作用 Q 在每一时段上可能出现，也可能不出现，服从二项分布，且其出现

的概率均为 p，不同时段上出现或不出现作用 Q 是相互独立的。

(3) 每一时段上，当作用 Q 出现时，其幅值为非负随机变量，且在不同时段上具有相同的概率分布函数 $F_Q(x)$，该分布称为作用 Q 任意时点的概率分布。这意味着作用 Q 为平稳随机过程，其概率特性不随时间变化。

(4) 作用 Q 在不同时段上的幅值随机变量之间相互独立，且幅值随机变量与作用 Q 的出现情况之间也相互独立。

结构可靠度分析中，通常所关注的是可变作用 Q 在设计使用年限 T 内的最大值 $Q(T)$。按 FBC 模型，其概率分布函数应为

$$F_{Q(T)}(x)=[(1-p)+pF_Q(x)]^r=\{1-p[1-F_Q(x)]\}^r,\quad x\geqslant 0 \tag{5.2}$$

这时近似有

$$\begin{aligned}F_{Q(T)}(x)&\approx\{\exp\{-p[1-F_Q(x)]\}\}^r=\{\exp\{-[1-F_Q(x)]\}\}^{pr}\\&\approx F_Q^m(x),\quad x\geqslant 0\end{aligned} \tag{5.3}$$

$$m=pr \tag{5.4}$$

式中：m 为作用 Q 在设计使用年限 T 出现的平均次数。

20 世纪 70 年代末至 80 年代初，我国曾在全国范围对部分荷载(直接作用)进行了调查和统计分析，表 5.1 列举了统计分析的部分结果，包括荷载任意时点的概率分布形式、一次持续施加的时段长度 τ 以及设计使用年限(50 年)内的平均出现次数 m[9]。

表 5.1　我国部分荷载的统计分析结果[9]

荷载		任意时点概率分布形式	时段长度 τ/年	平均出现次数 m
恒荷载		正态分布	—	—
持久性楼面活荷载	办公楼	极大值Ⅰ型分布	10	5
	住宅	极大值Ⅰ型分布	10	5
临时性楼面活荷载	办公楼	极大值Ⅰ型分布	10	5
	住宅	极大值Ⅰ型分布	10	5
风荷载	不按风向	极大值Ⅰ型分布	1	50
	按风向	极大值Ⅰ型分布	1	50
雪荷载		极大值Ⅰ型分布	1	50

可变荷载 Q 任意时点的概率分布一般取为极大值Ⅰ型分布，因此可变荷载 Q 在设计使用年限 T 内最大值 $Q(T)$ 的概率分布亦为极大值Ⅰ型分布，其均值 $\mu_{Q(T)}$、标准差 $\sigma_{Q(T)}$ 与任意时点的均值 μ_Q、标准差 σ_Q 之间存在下列关系：

$$\mu_{Q(T)}=\mu_Q+\frac{\sqrt{6}}{\pi}\sigma_Q\ln m \tag{5.5}$$

$$\sigma_{Q(T)}=\sigma_Q \tag{5.6}$$

相对于任意时点值，可变荷载 Q 在设计使用年限 T 内最大值 $Q(T)$ 的标准差不变，

均值增大。

5.2.2　偶然作用的概率模型

偶然作用包括设计使用年限内发生概率很小，但量值很大的冲击、地震等作用。它们的发生均属稀有事件，一般认为其发生的次数服从泊松过程[13]。

设与场地相关的地震统计区共有 n 个；第 i 个地震统计区发生 4 级以上地震的次数服从参数为 λ_i 的泊松分布，λ_i 为地震的年平均发生次数；由第 i 个地震统计区的地震产生的场地地震作用 A_{Ei} 的年概率分布函数为 $F_{A_{Ei}}(x)$。按全概率公式和乘法公式，考虑所有地震统计区时，场地地震作用 A_E 的年概率分布函数为

$$F_{A_E}(x)=\prod_{i=1}^{n}\sum_{m=0}^{\infty}\frac{\lambda_i^m}{m!}\exp(-\lambda_i)[F_{A_{Ei}}(x)]^m=\prod_{i=1}^{n}\exp(-\lambda_i)\exp[\lambda_i F_{A_{Ei}}(x)]$$

$$=\exp\left\{-\sum_{i=1}^{n}\lambda_i[1-F_{A_{Ei}}(x)]\right\} \tag{5.7}$$

由于式(5.7)较为复杂，一般根据统计和拟合结果，直接假定地震作用 A_E 服从极大值Ⅱ型分布[17]，其年概率分布函数可表达为

$$F_{A_E}(x)=\exp[-(x/A)^{-K}] \tag{5.8}$$

其均值和变异系数分别为

$$\mu_{A_E}=A\Gamma(1-1/K) \tag{5.9}$$

$$\delta_{A_E}=\sqrt{\frac{\Gamma(1-2/K)}{\Gamma^2(1-1/K)}-1} \tag{5.10}$$

式中：A、K 均为分布参数，且 $A>0$，$K>0$；$\Gamma(\cdot)$为伽马函数。这时地震作用 A_E 在设计使用年限 T 内最大值 $A_E(T)$的概率分布函数为

$$F_{A_E(T)}(x)=\exp\left\{-\sum_{i=1}^{n}\lambda_i T[1-F_{A_{Ei}}(x)]\right\}=[F_{A_E}(x)]^T=\exp\left[-\left(\frac{x}{AT^{1/K}}\right)^{-K}\right] \tag{5.11}$$

最大值 $A_E(T)$亦服从极大值Ⅱ型分布，其均值和变异系数分别为

$$\mu_{A_E(T)}=T^{1/K}\mu_{A_E} \tag{5.12}$$

$$\delta_{A_E(T)}=\delta_{A_E} \tag{5.13}$$

相对于年概率分布，最大值 $A_E(T)$概率分布的均值增大，但变异系数保持不变。

地震活动中，有些地区的地震会表现出一定的周期性。如果该地区长期未发生地震，则未来地震的年发生概率将趋于增大，即泊松分布参数 λ_i 的值将趋于增大。这时若仍取 λ_i 的值为整个地震周期内的年平均发生概率，认为泊松分布是齐次的[13]，则会降低未来时间里地震发生的概率。这时无论是对于拟建结构还是既有结构，都应考虑地震年发生概率 λ_i 与时间的关系，以非齐次泊松分布描述地震在未来使用时间里可能发生的次数；否则，会降低地震发生的概率，特别是对于目

标使用期较短的既有结构。作为简化方法，这时仍可假定地震作用服从极大值Ⅱ型分布，但其年概率分布函数应根据统计结果按非齐次泊松分布拟合。

目前对其他偶然作用概率模型的研究尚不充分，但一般亦可采用与地震作用类似的概率模型。设产生偶然作用 A 的危险源有 n 个；第 i 个危险源发生偶然事件的次数服从参数为 λ_i 的泊松分布，λ_i 为偶然事件的年平均发生率；由第 i 个危险源产生的偶然作用 A_i 的年概率分布函数为 $F_{A_i}(x)$。这时考虑所有危险源的偶然作用 A 的年概率分布函数为

$$F_A(x)=\prod_{i=1}^{n}\sum_{m=0}^{\infty}\frac{\lambda_i^m}{m!}\exp(-\lambda_i)[F_{A_i}(x)]^m=\prod_{i=1}^{n}\exp(-\lambda_i)\exp[\lambda_i F_{A_i}(x)]$$
$$=\exp\left\{-\sum_{i=1}^{n}\lambda_i[1-F_{A_i}(x)]\right\} \tag{5.14}$$

这时偶然作用 A 在设计使用年限 T 内最大值 $A(T)$ 的概率分布函数为

$$F_{A(T)}(x)=\exp\left\{-\sum_{i=1}^{n}\lambda_i T[1-F_{A_i}(\mathrm{x})]\right\}=[F_A(x)]^T \tag{5.15}$$

这时要完全确定偶然作用 A 的概率模型，需根据统计资料建立各危险源产生的偶然作用 A_i 的年概率分布函数 $F_{A_i}(x)$。

5.3 抗力的随机过程概率模型

1. 基本条件

若结构处于较恶劣的使用条件下，对结构抗力宜采用随机过程概率模型。记结构抗力为随机过程$\{R(t),t\in[t_0,t_0+T]\}$，其中 t_0 为结构建成时刻，T 为设计使用年限。一般可取抗力任意时点的概率分布为对数正态分布[9]。根据工程实践经验和随机过程基本理论，在较恶劣的使用条件和不修复的情况下，结构抗力的随机过程概率模型至少应满足下列三个基本条件[14~16]：

(1) 均值函数 $\mu_R(t)$ 单调递减；

(2) 标准差函数 $\sigma_R(t)$ 单调递增；

(3) 自相关系数 $\rho_R(t,t+\Delta t)$ 为时段长度 Δt 的单调减函数。

均值函数 $\mu_R(t)$ 反映了结构抗力的总体发展趋势。虽然个别因素在一定时间内的变化会使结构抗力缓慢增长，如混凝土材料强度在最初的 28 天后仍会因水泥硬化程度的提高而缓慢提高，从而使结构抗力亦得到缓慢增长，但这种有利影响是较小的，对于使用条件较恶劣的结构，其抗力总体上呈劣化趋势。

标准差函数 $\sigma_R(t)$ 反映了抗力随机变化的离散性。一般来讲，随机现象涉及的影响因素越多，各影响因素随机变化的不确定性越强，则该随机现象的离散性越大。结构抗力的各种影响因素中，侵蚀性介质等因素初期不会对结构抗力造成显

著影响，但随着时间的推移，它们的影响便会逐渐显露和加剧，成为新的不可忽视的影响因素；而且，这些影响因素的作用机理往往较为复杂，在其影响越来越显著的同时，其变化也越来越具有随机性。因此，对于使用条件较恶劣的结构，随着时间的推移，存在抗力影响因素增多、影响因素随机性增强的趋势，它将导致结构抗力的标准差 $\sigma_R(t)$ 随时间而逐渐增大。

自相关系数 $\rho_R(t,t+\Delta t)$ 反映了任意两时点抗力 $R(t)$、$R(t+\Delta t)$ 之间的相关性，其表达式为

$$\rho_R(t,t+\Delta t)=\frac{\mathrm{Cov}[R(t),R(t+\Delta t)]}{\sigma_R(t)\sigma_R(t+\Delta t)} \tag{5.16}$$

式中：$\mathrm{Cov}[R(t),R(t+\Delta t)]$ 为抗力 $R(t)$、$R(t+\Delta t)$ 的协方差，即

$$\mathrm{Cov}[R(t),R(t+\Delta t)]=E\{[R(t)-\mu_R(t)][R(t+\Delta t)-\mu_R(t+\Delta t)]\} \tag{5.17}$$

自相关系数 $\rho_R(t,t+\Delta t)$ 的值域为 $[-1,1]$，其值为正表示正相关，为负表示负相关，为 0 表示不相关。$\rho_R(t,t+\Delta t)=1$ 时，$R(t)$、$R(t+\Delta t)$ 之间完全正相关，$R(t+\Delta t)$ 的取值完全取决于 $R(t)$ 的取值，两者之间的关系不再具有随机性。

按一般的工程判断，时段长度 Δt 越小，$R(t)$、$R(t+\Delta t)$ 之间的联系越紧密：$R(t)$ 的值越大，$R(t+\Delta t)$ 取较大值的概率越大；$R(t)$ 的值越小，$R(t+\Delta t)$ 取较小值的概率亦越大。这时 $R(t)$、$R(t+\Delta t)$ 的协方差和自相关系数均趋于较大的值。时段长度 Δt 越大，结论则相反。因此，结构抗力的自相关系数 $\rho_R(t,t+\Delta t)$ 一般应为时段长度 Δt 的单调减函数。

这里提出的三个条件较完整地规定了抗力一阶矩（均值）和二阶矩（标准差和自相关系数）的变化特征，决定了结构抗力的主要概率特性，是抗力随机过程概率模型应满足的基本条件。这时结构抗力的概率模型应是非平稳的，即其概率特性是随时间变化的。

2. 独立增量过程概率模型

建立抗力随机过程概率模型时，通过实际测试和统计分析确定均值函数 $\mu_R(t)$、标准差函数 $\sigma_R(t)$ 是可能的，但要确定自相关系数 $\rho_R(t,t+\Delta t)$ 几乎是不可能的。这时不仅需要对结构抗力进行跟踪测试，而且必须考虑时点两两组合的多样性。目前并没有通过实际测试和统计分析而建立的抗力自相关系数 $\rho_R(t,t+\Delta t)$。

为解决模型建立的可行性问题，可假设结构抗力为独立增量过程[18]。设对于 $[t_0,t_0+T]$ 中任意的 $t_1<t_2<\cdots<t_n$，抗力增量 $R(t_n)-R(t_{n-1}),\cdots,R(t_2)-R(t_1)$，$R(t_1)$ 相互独立，即

$$\begin{aligned}&E\{[R(t_n)-R(t_{n-1})]\cdots[R(t_2)-R(t_1)]R(t_1)\}\\&=E[R(t_n)-R(t_{n-1})]\cdots E[R(t_2)-R(t_1)]E[R(t_1)]\end{aligned} \tag{5.18}$$

$$\begin{aligned}\mathrm{Cov}[R(t),R(t+\Delta t)-R(t)]=E[R(t)-\mu_R(t)]E\{[R(t+\Delta t)-R(t)]\\-[\mu_R(t+\Delta t)-\mu_R(t)]\}=0\end{aligned}\tag{5.19}$$

则这种随机过程称为独立增量过程。这时结构抗力的协方差函数为

$$\begin{aligned}\mathrm{Cov}[R(t),R(t+\Delta t)]&=\mathrm{Cov}[R(t),R(t+\Delta t)-R(t)+R(t)]\\&=\mathrm{Cov}[R(t),R(t+\Delta t)-R(t)]+\sigma_R^2(t)=\sigma_R^2(t)\end{aligned}\tag{5.20}$$

设通过实际测试和统计分析能够获得抗力的均值函数 $\mu_R(t)$ 和标准差函数 $\sigma_R(t)$，且两者分别为时间的单调减函数和单调增函数，则抗力的自相关系数

$$\rho_R(t,t+\Delta t)=\frac{\sigma_R(t)}{\sigma_R(t+\Delta t)}\tag{5.21}$$

即抗力的自相关系数 $\rho_R(t,t+\Delta t)$ 可根据已知的标准差函数 $\sigma_R(t)$ 确定，而不必通过直接的测试和统计分析确定，规避了模型建立过程中的困难，为抗力随机过程概率模型的建立提供了现实的途径；而且，标准差函数 $\sigma_R(t)$ 为时间的单调增函数时，自相关系数 $\rho_R(t,t+\Delta t)$ 为时段长度 Δt 的单调减函数，满足前述的条件。

抗力增量之间实际上存在一定的正相关性：前一时段内抗力下降的幅度越大，则后一时段内抗力以较大幅度下降的概率越大。若考虑抗力增量之间的正相关性，即取

$$\mathrm{Cov}[R(t),R(t+\Delta t)-R(t)]>0\tag{5.22}$$

则抗力的协方差函数为

$$\mathrm{Cov}[R(t),R(t+\Delta t)]=\mathrm{Cov}[R(t),R(t+\Delta t)-R(t)]+\sigma_R^2(t)>\sigma_R^2(t)\tag{5.23}$$

显然，忽略抗力增量 $R(t_n)-R(t_{n-1}),\cdots,R(t_2)-R(t_1),R(t_1)$ 之间的相关性，将减弱抗力 $R(t)$ 的自相关性。这意味着设计使用年限内各时点抗力之间联系的变异性增强，而结构可靠度的分析结果将偏于保守。一般情况下，抗力方差在抗力协方差中占较大的比例，而抗力增量协方差所占的比例较小，因此忽略抗力增量的相关性不会造成显著的误差。

综上所述，对结构抗力采用独立增量过程概率模型，不仅能够合理反映结构抗力随机过程的主要概率特性，而且可规避建模过程中的实际困难，为建模提供现实的途径，并可使结构可靠度的分析得到偏于保守的结果。

当结构抗力 $R(t)$ 不随时间变化，即在任意时刻 t 均有 $R(t)=R(t_0)$ 时，则有

$$\mu_R(t)=\mu_R(t_0)\tag{5.24}$$

$$\sigma_R^2(t)=\sigma_R^2(t_0)\tag{5.25}$$

$$\rho_R(t,t+\Delta t)=1\tag{5.26}$$

这时结构抗力 $R(t)$ 的随机过程概率模型将蜕化为随机变量概率模型。

5.4　既有结构性能和作用不确定性的分析模型

既有结构是以拟建结构为蓝图建成的，其结构性能和作用的概率模型与设计阶段的概率模型必然存在一定的联系，但由虚拟的拟建结构转化为现实的既有结构也是一种根本性的转变，结构性能和作用原先具有的随机性会随之发生变化，甚至转化为客观上确定的量，因此它们之间也必然存在较大的差别。这种既相互联系又彼此不同的关系使拟建结构和既有结构之间存在概率模型转化的现象[18~21]。

除结构性能和作用外，既有结构的可靠度还取决于结构当前的状态，需对其做必要的调查和检测。这个过程通常要受到主观不确定性的影响，而既有结构性能和作用的概率模型中也往往包含未确知量，需通过信度分析反映主观不确定性对概率模型的影响，并不能完全采用概率分析的方法，因此既有结构性能和作用的概率模型宜被更广义地称为结构性能和作用不确定性的分析模型。

下面主要围绕概率模型转化现象和主观不确定性，讨论既有结构性能和作用不确定性的分析模型。

5.4.1　概率模型的转化

相对于原设计阶段的概率模型，既有结构性能和作用概率模型的变化主要源于下列三方面的原因：

(1) 结构建成之后，一些因素的随机性发生变化，甚至转化为客观上确定的量。

(2) 认识既有结构当前状态的过程中产生了类型不同的不确定性，即主观不确定性。

(3) 未来目标使用期内出现新的可能引起结构性能和作用随机变化的因素。

首先针对第 1 和第 3 个原因而产生的概率模型转化现象，讨论既有结构可靠度分析中各基本变量和综合变量的概率模型，5.4.2 节和 5.4.3 节中将进一步讨论主观不确定性的影响。

1. 几何尺寸和材料性能的概率模型

在设计阶段，结构的几何尺寸、材料性能一般应视为随机变量，其随机性主要产生于未来的施工阶段。结构建成之后，即拟建结构转化为既有结构之后，它们的随机性一般情况下应随之消失，转化为客观上确定的量，其量值即为施工阶段各随机因素影响的现实结果。因此，既有结构的可靠度分析中，一般应取几何尺寸、材料性能为客观上确定的量，而不是随机变量[18~21]。

随机变量概率模型的这种转化是有前提的，即既有结构未来目标使用期内不存在可能引起几何尺寸、材料性能等随机变化的因素，建模时必须对既有结构未来的使用条件进行必要的考察。一些特定情况下，既有结构的几何尺寸、材料性能仍可能是随机的。下面列举几种典型的情况：

（1）既有结构当前的几何尺寸、材料性能已呈现受损的现象，且不能完全消除未来目标使用期内继续受损的可能。例如，对于某处于腐蚀性介质长期作用环境中的酸洗车间厂房结构，其当前的几何尺寸、材料性能已遭受损伤，且该厂房将按原条件继续使用。

（2）即使当前未出现受损现象，但因结构用途、使用环境等发生明显变化，从而产生新的可能引起几何尺寸、材料性能受损的因素。例如，对使用环境较好的某成品库厂房结构，其当前的几何尺寸、材料性能并未出现受损现象，但因该厂房将被改建为使用条件较恶劣的生产厂房，从而产生新的可能引起几何尺寸、材料性能受损的因素。

（3）既有结构使用时间较短，一些不利因素的长期作用效应尚未充分显现，且未来目标使用期内这些不利因素并不能被消除。例如，对处于腐蚀性介质或大吨位吊车作用条件下的某工业厂房结构，它仅使用了较短的时间，腐蚀性介质的影响或吊车荷载循环作用的效应（实际抗疲劳能力的下降）尚未充分显现，但未来目标使用期内结构的使用条件保持不变，这些不利因素并不能被消除。

类似的这些情况下，既有结构的几何尺寸、材料性能在结构可靠度分析中并不能被视为客观上确定的量，而应考虑它们在未来目标使用期内可能发生的变化，并以随机过程作为它们的基本概率模型，或在构件整体性能（如抗力）的概率模型中反映它们随时间的随机变化。

2. 构件整体性能的概率模型

构件抗力、刚度、抗裂能力等整体性能的概率模型与几何尺寸、材料性能的概率模型有直接的关系，但又不完全取决于它们，它还与构件的内部结构有关，后者并没有被反映于几何尺寸、材料性能的概率模型中。下面分两种情况讨论构件整体性能的概率模型。

1）几何尺寸、材料性能为客观上确定的量

结构处于良好的使用条件下，当前未出现受损现象，且未来目标使用期内不存在可能引起几何尺寸、材料性能随机变化的因素时，应将既有结构的几何尺寸、材料性能视为客观上确定的量。这时构件的整体性能一般也应为客观上确定的量，因为拟建结构转化为既有结构后，计算模式的不确定性亦被消除。虽然这时构件整体性能的计算值与实际值之间可能仍存在差异，但它们的差值是客观上完全确定的，并不存在随机性。

但是，一些特殊情况下，即使几何尺寸、材料性能为客观上完全确定的量，未来目标使用期内的构件整体性能也可能具有随机性,它主要来源于构件内部结构变化的随机性。例如,对于钢结构的摩擦型高强螺栓连接,即使其几何尺寸和材料性能始终保持不变,若未来使用环境中存在油品渗入摩擦面的可能,且未设定有效的防护措施,则其连接承载力便可能因油品渗入摩擦面(导致构件内部结构改变)而降低,并具有一定的随机性。这时宜以随机变量或随机过程作为连接承载力的基本概率模型。

2）几何尺寸、材料性能具有随机性

如果未来目标使用期内既有构件的几何尺寸、材料性能具有随机性,则构件整体性能亦具有随机性。这时除了几何尺寸、材料性能方面外,构件整体性能的随机性还可能来源于构件内部结构方面。例如,如果未来目标使用期内混凝土构件受拉钢筋可能锈蚀,并造成保护层开裂,则受拉钢筋的面积、名义抗拉强度都将减小或下降,并具有一定的随机性。除此之外,保护层开裂还可能导致钢筋与混凝土之间的黏结性能(构件内部结构性能)下降,它也具有随机性。这些变化将导致混凝土构件抗力、刚度等整体性能的下降,并使其具有更大的随机性,它包含了几何尺寸、材料性能以及构件内部结构变化的随机性。

如果既有构件的整体性能具有随机性,一般应以随机过程作为其基本分析模型,但并不能直接采用原设计阶段的随机过程概率模型,因为拟建结构转化为既有结构后,构件过去和当前的整体性能都应是客观上完全确定的,具有不可更改的历史轨迹,它们相当于原随机过程在过去使用时间里的样本实现,随机性已被消除,而其未来时间内的随机性一般也会降低,不能再采用原设计阶段的随机过程概率模型描述。目标使用期内的既有构件整体性能可被分解为两部分:当前时刻的整体性能、目标使用期内可能发生的变化。前者与人们的认知水平有关,后者则与客观事物变化的随机性有关。因此,既有构件整体性能的概率模型中通常含有未确知量,需采用信度分析的方法,并不能完全采用概率分析的方法。5.4.3 节将专门讨论既有结构抗力不确定性的分析模型。

3. 永久作用的概率模型

如果永久作用原先的随机性完全是由施工阶段中的不确定因素引起的,则结构建成之后,其随机性也应随之消失,转化为客观上确定的量。如果未来目标使用期内不会出现新的可能引起永久作用随机变化的因素,则既有结构的可靠度分析中,应视这样的永久作用为客观上确定的量[18~21]。

例如,在设计阶段,受未来施工阶段材料选择、生产以及建造过程中不确定因素的影响,结构的自重是随机的(只是其变异性较小),一般以随机变量作为它们的概率模型。但对于现实的既有结构,结构当前的自重客观上是完全确定的,具有特定的量值,而且未来目标使用期内一般不存在可能引起结构自重随机变化的因素,因此通常情况下应将既有结构的自重视为客观上确定的量。

既有结构上的永久作用并不总是客观上确定的量,这主要取决于未来目标使用期内是否存在可能引起永久作用随机变化的因素。例如,对于屋面构造层的自重,在设计阶段它是随机的,结构建成之后其当前的量值应是客观上确定的量,但如果未来目标使用期内屋面构造层存在被翻修的可能,即存在引起其自重随机变化的因素,则既有结构的可靠度分析中,仍应将屋面构造层的自重视为随机变量。

4. 可变作用的概率模型

拟建结构的可靠度分析中,可变作用通常被模型化为等时段的平稳二项矩形波过程,采用 FBC 模型;但对于既有结构,可变作用的这种概率模型在一定条件下会转化为其他概率模型,包括转化为客观上确定的量[18~21]。

1）转化为客观上确定的量

对于既有结构,若可变作用当前具有客观上确定的值,且未来目标使用期内不存在引起其量值随机变化的因素,则这样的可变作用应视为客观上确定的量。例如,对于工业建筑楼盖上固定设备的自重,在设计阶段因设备选型、更新等方面不确定因素的影响,它们常常具有一定的随机性,被归入楼面活荷载(可变作用)之中,以随机过程作为其基本概率模型。结构建成之后的当前时刻,它们则应具有客观上确定的值,不再具有随机性。若未来较短的目标使用期内不存在设备改造、更新等引起其自重随机变化的因素,则可视其为客观上确定的量。当然,未来目标使用期内设备的检修荷载仍是随机的,应视其为随机变量。

2）转化为随机变量

如果既有结构未来的目标使用期不大于可变作用一次持续施加的时段长度,且目标使用期内不会发生显著改变可变作用幅值的变动,则按 FBC 模型,可变作用将蜕变为单波的平稳二项矩形波过程,即随机变量。例如,一般取民用建筑楼面活荷载一次持续施加的时段长度为 10 年[9],若既有结构的目标使用期不大于 10 年,且目标使用期内不会发生搬迁、用途变更等显著改变楼面活荷载幅值的变动,则按 FBC 模型,可将楼面活荷载视为随机变量。

3）转化为不同的随机过程

若既有结构的目标使用期较长,跨越了可变作用一次持续施加的时段长度,则可变作用一般应被模型化为等时段的平稳二项矩形波过程,但这时需对 FBC 模型做一定的修正,至少应以目标使用期 T' 替代原先的设计使用年限 T。除此之外,还可能存在下列特殊情况:目标使用期 T' 不是可变作用一次持续作用时间 τ 的整数倍,且可变作用第一个时段和最后一个时段的长度可能小于 τ,如图 5.2 所示。

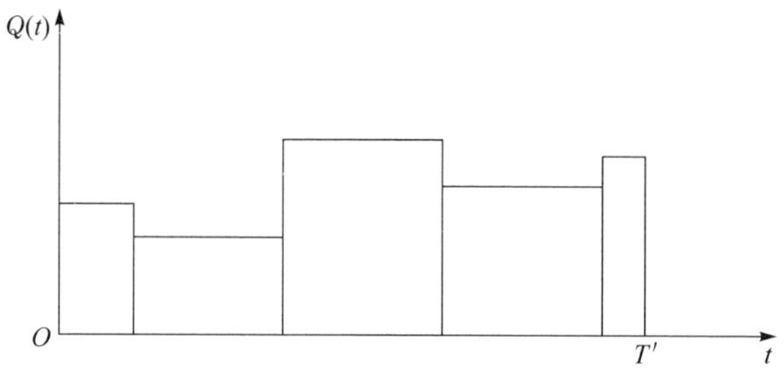

图 5.2　既有结构上的可变作用

这时仍可采用 FBC 模型描述既有结构上的可变作用，但应考虑可能出现的特殊情况，采用下列基本假定[18~21]：

(1) 作用 Q 一次持续施加于结构上的时间长度为 τ，但作用 Q 在目标使用期 T' 内的第一个时段和最后一个时段的长度可能小于 τ。

(2) 作用 Q 在每一时段上可能出现，也可能不出现，服从二项分布，且其出现的概率均为 p，不同时段上出现或不出现作用 Q 是相互独立的。

(3) 在每一时段上，当作用 Q 出现时，其幅值为非负随机变量，且在不同时段上具有相同的概率分布函数 $F_Q(x)$，该分布称为作用 Q 任意时点的概率分布。

(4) 作用 Q 在不同时段上的幅值随机变量之间相互独立，且幅值随机变量与作用 Q 的出现情况之间也相互独立。

一般情况下，作用 Q 任意时点的概率分布应为其时段长度 τ 内最大值的概率分布，但按第(3)项假定，作用 Q 在第一个时段或最后一个时段上的概率分布与其他时段上的相同，这在其时段长度小于 τ 时是偏于保守的。为简化模型，对既有结构仍可采用这种偏于保守的假定。同时，采用这种非等时段的概率模型会给作用效应的组合带来一定的变化。6.4 节将讨论这时的作用效应组合问题。

5.4.2　结构当前状态不确定性的分析模型

既有结构性能和作用的概率模型常常与几何尺寸、材料性能、永久作用等基本变量当前时刻的量值有关，它们都应是客观上确定的，但受认识手段、信息资源、知识水平、自然和社会条件等的制约，对它们的认识又往往存在主观不确定性，需以未确知量作为其分析模型，利用信度方法进行分析。4.3 节提出了生成既有事物信度分布的 A 类和 B 类方法，利用这两类方法可建立这些基本变量的信度分布，这里不再赘述。下面主要讨论构件整体性能(综合变量)当前量值的信度分布。

实际工程中通过构件性能试验直接测试既有构件整体性能当前的量值几乎是不可能的，它们的信度分布应通过其他途径生成，其生成方法同样可被划分为 A、B 两类：首先通过测试利用 A 类方法建立相关影响因素当前量值的信度分布，再根据分析模型间接建立构件整体性能当前量值的信度分布；根据构件整体性能相应随机变量的概率分布，利用B类方法直接建立其信度分布。下面以构件抗力当前量值 r 为例，说明既有构件整体性能当前量值信度分布的生成方法。

如果对既有构件抗力的影响因素不做任何测试，可利用B类方法直接生成抗力当前量值 r 的信度分布。一般假定构件抗力 R 服从对数正态分布 $\mathrm{LN}(\mu_{\ln R},\sigma_{\ln R}^2)$，其中 $\mu_{\ln R}$ 和 $\sigma_{\ln R}$ 分别为 $\ln R$ 的均值和标准差，因此按证据理论的观点[22]，可取抗力当前量值 r 的信度分布亦为同样的对数正态分布，其信任密度函数为

$$\mathrm{bel}_r(x)=\frac{1}{\sqrt{2\pi}\sigma_{\ln R}x}\exp\left[-\frac{1}{2}\left(\frac{\ln x-\mu_{\ln R}}{\sigma_{\ln R}}\right)^2\right] \tag{5.27}$$

式中：

$$\mu_{\ln R}=\ln\frac{\mu_R}{\sqrt{1+\delta_R^2}} \tag{5.28}$$

$$\sigma_{\ln R}=\sqrt{\ln(1+\delta_R^2)} \tag{5.29}$$

式中：μ_R 和 δ_R 分别为拟建结构抗力 R 的均值和变异系数。相对而言，这种方法缺乏客观和直接的依据，未充分考虑拟建结构转化为既有结构后相关因素随机性的变化。

下面讨论生成既有构件抗力当前量值 r 信度分布的A类方法。既有构件抗力的当前量值 r 一般可表达为

$$r=\eta g(a_1,f_1,a_2,f_2,\cdots) \tag{5.30}$$

式中：a_i 和 $f_i(i=1,2,\cdots)$ 分别为构件材料的几何尺寸和材料强度；η 为计算模式不定性系数；它们均为客观上确定但存在主观不确定性的未确知量。一般情况下，可通过测试利用A类方法生成 a_i、$f_i(i=1,2,\cdots)$ 的信度分布，但对于计算模式不定性系数 η，仍需采用B类方法，因为对 η 的测试涉及破坏性的构件性能试验，现实中难以实现。

根据各影响因素的信度分布，可由式(5.30)确定未确知量 r 的均值 μ_r 和变异系数 δ_r。一般情况下，应取构件几何尺寸、材料强度和计算模式不定性系数的信度分布为正态分布，这时按式(5.30)确定的抗力当前量值 r 的信度分布不一定为对数正态分布，但按一般的简化方法，可近似假定未确知量 r 的信度分布仍为对数正态分布 $\mathrm{LN}(\mu_{\ln r},\sigma_{\ln r}^2)$，其分布参数应分别为

$$\mu_{\ln r}=\ln\frac{\mu_r}{\sqrt{1+\delta_r^2}} \tag{5.31}$$

$$\sigma_{\ln r}=\sqrt{\ln(1+\delta_r^2)} \tag{5.32}$$

而未确知量 r 的信任密度函数为

$$\mathrm{bel}_r(x)=\frac{1}{\sqrt{2\pi}\sigma_{\ln r}x}\exp\left[-\frac{1}{2}\left(\frac{\ln x-\mu_{\ln r}}{\sigma_{\ln r}}\right)^2\right] \tag{5.33}$$

相对于 B 类方法，未确知量 r 信度分布生成过程中利用了几何尺寸、材料强度的测试值，因此按 A 类方法生成的信度分布的变异性一般会减小，即对既有构件抗力当前量值 r 认识的主观不确定性一般会下降，宜优先采用 A 类方法。

5.4.3　既有结构抗力不确定性的分析模型

若结构处于较恶劣的使用条件下，则无论是对拟建结构还是既有结构，都宜采用抗力的随机过程概率模型。设原拟建结构的抗力为随机过程 $R(t)$，则既有结构过去和当前的抗力都应是随机过程 $R(t)$ 的样本实现，具有客观上完全确定的量值，但其未来目标使用期内的抗力 $R'(t)$ 仍应是随机的，并在一定程度上受原拟建结构抗力随机变化规律的制约，只是其施工阶段和过去使用历史中的随机性已被消除。

既有结构抗力 $R'(t)$ 的概率模型理论上应根据抗力过去的变化轨迹建立，但现实中这几乎是不可能的，较为可行的途径是利用既有结构当前时刻 t_0' 的抗力 $r(t_0')$ 建立目标使用期内抗力 $R'(t)$ 的概率模型。

由于抗力随机过程具有自相关性，原拟建结构抗力 $R(t)$ 的概率密度函数可按全概率公式表达为

$$f_{R(t)}(x)=\int_0^{\infty} f_{R(t)\mid R(t_0')}(x\mid y)f_{R(t_0')}(y)\mathrm{d}y \tag{5.34}$$

式中：$f_{R(t_0')}(y)$ 为 t_0' 时刻原拟建结构抗力 $R(t_0')$ 的概率密度函数；$f_{R(t)\mid R(t_0')}(x\mid y)$ 为 $R(t_0')=y$ 条件下原拟建结构抗力 $R(t)$ 的条件概率密度函数。原拟建结构抗力 $R(t)$ 的概率密度函数 $f_{R(t)}(x)$ 可视为考虑 t_0' 时刻抗力 $R(t_0')$ 所有可能取值后条件概率密度函数 $f_{R(t)\mid R(t_0')}(x\mid y)$ 的加权平均值。

对于既有结构，其当前时刻 t_0' 的抗力 $r(t_0')$ 可视为原拟建结构抗力 $R(t_0')$ 所有可能取值中的一个量值，因此既有结构抗力 $R'(t)$ 的概率密度函数 $f_{R'(t)}(x)$ 可视为 $R(t_0')=r(t_0')$ 条件下原拟建结构抗力 $R(t)$ 的条件概率密度函数，即取[18~21]

$$f_{R'(t)}(x)=f_{R(t)\mid R(t_0')}(x\mid r(t_0')),\quad t\geqslant t_0' \tag{5.35}$$

既有结构未来目标使用期内的抗力 $R'(t)$ 相当于原拟建结构抗力随机过程 $R(t)$ 在 $R(t_0')=r(t_0')$ 条件下的一种蜕变，它仍为随机过程。

既有结构的抗力随机过程 $R'(t)$ 与当前时刻 t_0' 的抗力 $r(t_0')$ 有密切关系，下面按当前时刻抗力 $r(t_0')$ 为确定量和未确知量两种情况分别进行讨论。

1. 结构当前时刻抗力为确定量

按 5.3 节中的方法，可设原拟建结构的抗力 $R(t)$ 为独立增量过程，其任意时点的概率分布为对数正态分布 $\mathrm{LN}(\mu_{\ln R}(t),\sigma_{\ln R}^2(t))$，而 $\ln R(t)$ 服从正态分布 $\mathrm{N}(\mu_{\ln R}(t),\sigma_{\ln R}^2(t))$。这时既有结构抗力 $R'(t)$ 的概率密度函数应为 $R(t_0')=r(t_0')$

条件下 $R(t)$ 的条件概率密度函数，而 $\ln R'(t)$ 的概率密度函数应为 $\ln R(t_0')=\ln r(t_0')$ 条件下 $\ln R(t)$ 的条件概率密度函数，即

$$f_{\ln R'(t)}(x)=f_{\ln R(t)\mid \ln R(t_0')}[x\mid \ln r(t_0')],\quad t\geqslant t_0' \tag{5.36}$$

根据二维正态分布的性质[23]，可得

$$f_{\ln R'(t)}(x)=\frac{1}{\sqrt{2\pi}\sigma_{\ln R}(t)\sqrt{1-\rho_{\ln R}^2(t_0',t)}} \cdot \exp\left\{-\frac{1}{2}\left[\frac{x-\left(\mu_{\ln R}(t)+\rho_{\ln R}(t_0',t)\dfrac{\ln r(t_0')-\mu_{\ln R}(t_0')}{\sigma_{\ln R}(t_0')}\sigma_{\ln R}(t)\right)}{\sigma_{\ln R}(t)\sqrt{1-\rho_{\ln R}^2(t_0',t)}}\right]^2\right\},\quad t\geqslant t_0' \tag{5.37}$$

式中：$\mu_{\ln R}(t_0')$、$\sigma_{\ln R}(t_0')$ 分别为 t_0' 时刻原拟建结构抗力对数 $\ln R(t_0')$ 的均值和标准差；$\mu_{\ln R}(t)$、$\sigma_{\ln R}(t)$ 分别为原拟建结构抗力对数 $\ln R(t)$ 的均值和标准差；$\rho_{\ln R}(t_0',t)$ 为 $\ln R(t_0')$、$\ln R(t)$ 之间的相关系数。这时既有结构抗力对数 $\ln R'(t)$ 服从正态分布，其均值和标准差分别为

$$\mu_{\ln R'}(t)=\mu_{\ln R}(t)+\rho_{\ln R}(t_0',t)\frac{\ln r(t_0')-\mu_{\ln R}(t_0')}{\sigma_{\ln R}(t_0')}\sigma_{\ln R}(t) \tag{5.38}$$

$$\sigma_{\ln R'}(t)=\sigma_{\ln R}(t)\sqrt{1-\rho_{\ln R}^2(t_0',t)} \tag{5.39}$$

由此亦可得

$$\ln R'(t)=\mu_{\ln R'}(t)+\frac{\ln R(t)-\mu_{\ln R}(t)}{\sigma_{\ln R}(t)}\sigma_{\ln R'}(t) \tag{5.40}$$

故既有结构的抗力 $R'(t)$ 亦为独立增重过程。

根据正态、对数正态随机变量相关系数之间的关系（见 6.3.3 节）以及独立增重过程的性质，可近似取

$$\rho_{\ln R}(t_0',t)\approx\rho_R(t_0',t)=\frac{\sigma_R(t_0')}{\sigma_R(t)},\quad t\geqslant t_0 \tag{5.41}$$

式中：$\rho_R(t_0',t)$ 为原拟建结构抗力 $R(t_0')$、$R(t)$ 之间的相关系数。

由于抗力均值函数的变化一般不太显著，因此可近似取

$$\rho_R(t_0',t)\approx\frac{\delta_R(t_0')}{\delta_R(t)}\approx\frac{\sigma_{\ln R}(t_0')}{\sigma_{\ln R}(t)},\quad t\geqslant t_0' \tag{5.42}$$

这时既有结构抗力对数 $\ln R'(t)$ 的均值和标准差分别为

$$\mu_{\ln R'}(t)=\ln r(t_0')+\mu_{\ln R}(t)-\mu_{\ln R}(t_0') \tag{5.43}$$

$$\sigma_{\ln R'}(t)=\sqrt{\sigma_{\ln R}^2(t)-\sigma_{\ln R}^2(t_0')} \tag{5.44}$$

根据对数正态分布与正态分布之间的关系，既有结构抗力 $R'(t)$ 应服从对数正态分布，其均值和变异系数应分别为[18~21]

$$\mu_{R'}(t)=A(t_0')\mu_R(t) \tag{5.45}$$

$$\delta_{R'}(t)=\sqrt{\frac{1+\delta_R^2(t)}{1+\delta_R^2(t_0')}-1}=\sqrt{B(t_0')+\frac{B(t_0')-1}{\delta_R^2(t)}}\delta_R(t) \tag{5.46}$$

式中：

$$A(t_0')=\frac{r(t_0')}{\mu_R(t_0')} \tag{5.47}$$

$$B(t_0')=\frac{1}{1+\delta_R^2(t_0')} \tag{5.48}$$

既有结构抗力 $R'(t)$ 的自相关系数为[18~21]

$$\rho_{R'}(t,t+\Delta t)=\frac{\sigma_{R'}(t)}{\sigma_{R'}(t+\Delta t)}=\sqrt{\frac{B(t_0')+\dfrac{B(t_0')-1}{\delta_R^2(t)}}{B(t_0')+\dfrac{B(t_0')-1}{\delta_R^2(t+\Delta t)}}}\rho_R(t,t+\Delta t) \tag{5.49}$$

由式(5.45)～式(5.49)可得以下结论：

(1) 只要能够确定既有结构抗力 $R'(t)$ 当前的量值 $r(t_0')$，根据原拟建结构抗力 $R(t)$ 的独立增量过程概率模型，可直接建立既有结构抗力 $R'(t)$ 的独立增量过程概率模型。

(2) 原拟建结构抗力 $R(t)$ 的随机过程概率模型满足 5.3 节中的三个基本条件时，既有结构抗力 $R'(t)$ 的随机过程概率模型亦满足相同的三个基本条件。

(3) 相对于原拟建结构，既有结构抗力的均值 $\mu_{R'}(t)$ 可能增大，也可能减小，这取决于其当前时刻的抗力 $r(t_0')$ 相对于原抗力均值 $\mu_R(t_0')$ 的大小：当 $r(t_0')>\mu_R(t_0')$ 时，均值 $\mu_{R'}(t)$ 增大；否则，减小。

(4) 相对于原拟建结构，既有结构抗力的变异系数 $\delta_{R'}(t)$ 降低，它反映了拟建结构转化为既有结构后随机性变化产生的有利影响。

(5) 相对于原拟建结构，既有结构抗力的自相关系数 $\rho_{R'}(t,t+\Delta t)$ 降低，这是因为既有结构抗力的变异性减小后，抗力标准差随时间变化的速率相对增大，各时刻抗力之间的联系减弱。

2. 结构当前时刻抗力为未确知量

既有结构当前时刻的抗力 $r(t_0')$ 虽然具有客观上确定的值，但通常是未确知的，即使采取测试手段，也不可能以破坏性试验的方式准确掌握其量值，因此对 $r(t_0')$ 的认识通常存在主观不确定性，应视其为未确知量。这时可采用 5.4.2 节中的方法生成 $r(t_0')$ 的信度分布。为便于分析，这里假定 $r(t_0')$ 的信度分布为对数正态分布 $\mathrm{LN}(\mu_{\ln r}(t_0'),\sigma_{\ln r}^2(t_0'))$，而 $\ln r(t_0')$ 的信度分布为正态分布 $\mathrm{N}(\mu_{\ln r}(t_0'),\sigma_{\ln r}^2(t_0'))$，$\mu_{\ln r}(t_0')$、$\sigma_{\ln r}(t_0')$ 分别为 $\ln r(t_0')$ 的均值和标准差。

按 3.3 节中结构可靠度信度控制的实用方法，对应于式(5.36)所示的既有结构抗力对数的条件概率密度函数，应按式(3.70)取既有结构抗力对数 $\ln R'(t)$的概率密度函数为[18~21]

$$f_{\ln R'(t)}(x)=\int_{-\infty}^{\infty} f_{\ln R(t)\mid \ln R(t_0')}(x\mid y)\mathrm{bel}_{\ln r}(y)\mathrm{d}y \tag{5.50}$$

即

$$\begin{aligned}f_{\ln R'(t)}(x)=&\int_{-\infty}^{\infty}\frac{1}{\sqrt{2\pi}\sqrt{\sigma_{\ln R}^2(t)-\sigma_{\ln R}^2(t_0')}}\\&\cdot\exp\left\{-\frac{1}{2}\left[\frac{x-y-\mu_{\ln R}(t)+\mu_{\ln R}(t_0')}{\sqrt{\sigma_{\ln R}^2(t)-\sigma_{\ln R}^2(t_0')}}\right]^2\right\}\\&\cdot\frac{1}{\sqrt{2\pi}\sigma_{\ln r}(t_0')}\exp\left\{-\frac{1}{2}\left[\frac{y-\mu_{\ln r}(t_0')}{\sigma_{\ln r}(t_0')}\right]^2\right\}\mathrm{d}y\\=&\frac{1}{\sqrt{2\pi}\sqrt{\sigma_{\ln R}^2(t)-\sigma_{\ln R}^2(t_0')+\sigma_{\ln r}^2(t_0')}}\\&\cdot\exp\left\{-\frac{1}{2}\left[\frac{x-(\mu_{\ln r}(t_0')+\mu_{\ln R}(t)-\mu_{\ln R}(t_0'))}{\sqrt{\sigma_{\ln R}^2(t)-\sigma_{\ln R}^2(t_0')+\sigma_{\ln r}^2(t_0')}}\right]^2\right\}\end{aligned} \tag{5.51}$$

因此，抗力对数 $\ln R'(t)$应服从正态分布 $N(\mu_{\ln r}(t_0')+\mu_{\ln R}(t)-\mu_{\ln R}(t_0'),\sigma_{\ln R}^2(t)-\sigma_{\ln R}^2(t_0')+\sigma_{\ln r}^2(t_0'))$，其均值和标准差分别为

$$\mu_{\ln R'}(t)=\mu_{\ln r}(t_0')+\mu_{\ln R}(t)-\mu_{\ln R}(t_0') \tag{5.52}$$

$$\sigma_{\ln R'}(t)=\sqrt{\sigma_{\ln R}^2(t)-\sigma_{\ln R}^2(t_0')+\sigma_{\ln r}^2(t_0')} \tag{5.53}$$

这时既有结构抗力 $R'(t)$应服从对数正态分布，其均值、变异系数和自相关系数依然可分别表达为

$$\mu_{R'}(t)=A(t_0')\mu_R(t) \tag{5.54}$$

$$\delta_{R'}(t)=\sqrt{B(t_0')+\frac{B(t_0')-1}{\delta_R^2(t)}}\delta_R(t) \tag{5.55}$$

$$\rho_{R'}(t,t+\Delta t)=\sqrt{\frac{B(t_0')+\dfrac{B(t_0')-1}{\delta_R^2(t)}}{B(t_0')+\dfrac{B(t_0')-1}{\delta_R^2(t+\Delta t)}}}\rho_R(t,t+\Delta t) \tag{5.56}$$

但应取

$$A(t_0')=\frac{\mu_r(t_0')}{\mu_R(t_0')} \tag{5.57}$$

$$B(t_0')=\frac{1+\delta_r^2(t_0')}{1+\delta_R^2(t_0')} \tag{5.58}$$

由式(5.54)～式(5.58)可得以下结论：

(1) 只要能够确定既有结构当前时刻抗力 $r(t_0')$ 的信度分布，根据原拟建结构抗力 $R(t)$ 的独立增量过程概率模型，可直接建立既有结构抗力 $R'(t)$ 不确定性的独立增量过程分析模型。

(2) 只要原拟建结构抗力 $R(t)$ 的随机过程概率模型满足 5.2 节中提出的三个基本条件，既有结构抗力 $R'(t)$ 不确定性的分析模型亦满足相同的三个基本条件。

(3) 相对于原拟建结构，既有结构抗力的均值 $\mu_{R'}(t)$ 可能增大，也可能减小，这取决于当前时刻抗力 $r(t_0')$ 的信度均值 $\mu_r(t_0')$ 相对于原抗力均值 $\mu_R(t_0')$ 的大小：当 $\mu_r(t_0')>\mu_R(t_0')$ 时，均值 $\mu_{R'}(t)$ 增大；否则，减小。

(4) 相对于原拟建结构，既有结构抗力的变异系数 $\delta_{R'}(t)$ 可能减小，也可能增大：当前时刻抗力 $r(t_0')$ 的变异系数 $\delta_r(t_0')$ 小于 t_0' 时刻原拟建结构抗力的变异系数 $\delta_R(t_0')$ 时，既有结构抗力的变异系数 $\delta_{R'}(t)$ 减小；否则，增大。通常情况下，应有 $\delta_r(t_0')\leqslant\delta_R(t_0')$，因此既有结构抗力的变异系数 $\delta_{R'}(t)$ 一般是减小的。

(5) 相对于原拟建结构，既有结构抗力的自相关系数 $\rho_{R'}(t,t+\Delta t)$ 可能减小，也可能增大：当 $\delta_r(t_0')\leqslant\delta_R(t_0')$ 时，减小；否则，增大。一般情况下，自相关系数 $\rho_{R'}(t,t+\Delta t)$ 是减小的。

(6) 相对于当前时刻抗力 $r(t_0')$ 为确定量的情况，既有结构抗力的均值 $\mu_{R'}(t)$ 一般保持不变，因为通常应取 $\mu_r(t_0')$ 为 $r(t_0')$ 的实测计算值；在通常的 $\delta_r(t_0')\leqslant\delta_R(t_0')$ 的情况下，变异系数 $\delta_{R'}(t)$ 增大（受主观不确定性的影响），自相关系数 $\rho_{R'}(t,t+\Delta t)$ 增大（抗力标准差随时间变化的速率相对降低）。

如果既有结构当前时刻的抗力 $r(t_0')$ 蜕化为确定量，即令

$$\mu_r(t_0')=r(t_0') \tag{5.59}$$

$$\delta_r(t_0')=0 \tag{5.60}$$

则式(5.54)～式(5.58)将蜕变为式(5.45)～式(5.49)。

综上所述，对于当前时刻抗力 $r(t_0')$ 为未确知量的既有结构，其抗力的变异系数 $\delta_{R'}(t)$ 和自相关系数 $\rho_{R'}(t,t+\Delta t)$ 的值应介于原拟建结构、当前时刻抗力 $r(t_0')$ 为确定量的既有结构之间。在通常的 $\delta_r(t_0')\leqslant\delta_R(t_0')$ 的情况下，$\delta_r(t_0')$ 越大，即主观不确定性越强时，既有结构抗力的变异系数 $\delta_{R'}(t)$ 和自相关系数 $\rho_{R'}(t,t+\Delta t)$ 越大，总体上对分析结果是不利的。

对既有结构当前抗力认识的主观不确定性包括测量不确定性和空间不确定性（涉及同类多个构件时）。实际工程中应尽可能采用 A 类方法建立既有结构当前时刻抗力的信度分布，并通过采用相对精确的测试方法降低测量不确定性的影响，通过增大样本容量（被测构件的数量）降低空间不确定性的影响，尽可能降低 $\delta_r(t_0')$ 的值，以期获得更有利的结果。

建立既有结构抗力不确定性分析模型的过程中，确定拟建结构抗力的随机过程概率模型是极其重要的。从随机过程理论的角度讲，这是一个根据样本实现寻

找统计母体的过程。若结构过去和未来的使用条件基本一致，则原拟建结构、既有结构抗力概率模型之间一般具有相对明确的对应关系，可采用原拟建结构抗力的随机过程概率模型，这个确定过程相对简单；但若未来的使用条件会发生较大的变化，则应考虑前后条件变化产生的不利影响，它会降低拟建结构、既有结构抗力概率模型之间的对应关系。这里建议按未来的使用条件确定拟建结构抗力的概率模型，因为未来目标使用期内既有结构抗力的随机变化规律更多地取决于未来的使用条件。

参考文献

[1] The European Union Per Regulation. Basic of structure design(EN 1990:2002). Brussel: European Committee for Standardization,2002.

[2] 中华人民共和国住房和城乡建设部. 工程结构可靠性设计统一标准(GB 50153—2008). 北京:中国建筑工业出版社,2008.

[3] 中华人民共和国住房和城乡建设部. 港口工程结构可靠性设计统一标准(GB 50158—2010). 北京:中国计划出版社,2010.

[4] 中华人民共和国住房和城乡建设部. 水利水电工程结构可靠性设计统一标准(GB 50199—2013). 北京:中国计划出版社,2013.

[5] 中华人民共和国建设部. 铁路工程结构可靠度设计统一标准(GB 50216—94). 北京:中国计划出版社,1994.

[6] 中华人民共和国建设部. 公路工程结构可靠度设计统一标准(GB/T 50283—1999). 北京:中国计划出版社,1999.

[7] 中华人民共和国建设部. 建筑结构可靠度设计统一标准(GB 50068—2001). 北京:中国建筑工业出版社,2001.

[8] International Organization for Standardization. General principles on reliability for structures (ISO 2394:2015). Geneva:International Organization for Standardization,2015.

[9] 中华人民共和国国家计划委员会. 建筑结构设计统一标准(GBJ 68—84). 北京:中国计划出版社,1984.

[10] Joint Committee on Structural Safety. JCSS probabilistic model code, 2001. www. jcss. ethz. ch. JCSS-OSTL/DIA/VROU-10-11-2000.

[11] Borges J F,Castanheta M. Structural Safety. 2nd ed. Lisbon:Laboratorio Nacional de Engenharia Civil,1972.

[12] 韩伟威,吕毅刚. 混凝土收缩徐变预测模型试验研究. 中南大学学报(自然科学版),2016,47(10):3515-3522.

[13] 孙荣恒. 随机过程及其应用. 北京:清华大学出版社,2004.

[14] 姚继涛,赵国藩,浦聿修. 结构抗力的独立增量过程概率模型//中国土木工程学会第九届年会论文集. 北京:中国水利水电出版社,2000:21-24.

[15] Yao J T, Guo L. Models of independent increments process for the structural resistance// Proceedings of the Eighth International Symposium on Structural Engineering for Young Experts. Beijing: Science Press, 2004: 1062-1067.

[16] 姚继涛，赵国藩，浦聿修. 拟建结构和现有结构的抗力概率模型. 建筑科学，2005，21(3)：13-15，7.

[17] 高小旺，鲍霭斌. 地震作用的概率模型及其统计参数. 地震工程与工程振动，1985，5(1)：13-22.

[18] 姚继涛. 服役结构可靠性分析方法[博士学位论文]. 大连：大连理工大学，1996.

[19] 姚继涛，赵国藩，浦聿修. 现有结构可靠性基本分析方法. 西安建筑科技大学学报，1997，29(4)：364-367.

[20] 姚继涛，马永欣，董振平，等. 建筑物可靠性鉴定和加固——基本原理和方法. 北京：科学出版社，2003.

[21] 姚继涛. 既有结构可靠性理论及应用. 北京：科学出版社，2008.

[22] Shafer G. Mathematical Theory of Evidence. Princeton: Princeton University Press, 1976.

[23] Ang A H-S, Tang W H. Probability Concepts in Engineering Planning and Design(Ⅱ). New York: John Wiley & Sons, 1975.

第 6 章　结构可靠度分析

结构可靠度分析应以结构性能和作用的概率模型为基础，但一些情况下会涉及未确知量，因此并不能完全采用概率分析的方法。按结构可靠度信度控制的实用方法，这时宜以失效概率或可靠指标的信度均值为指标控制结构的可靠度，并可在形式上将未确知量视为随机变量，按概率方法进行分析和计算。为便于叙述，除必要的场合外，将不再区分随机变量和未确知量，形式上统一按随机变量和概率进行叙述。

结构可靠度分析中首先应根据作用的概率模型对作用进行概率组合，并结合结构性能的概率模型和作用组合效应，建立结构可靠度的分析模型，通过定量分析判定结构可靠度水平。作用的概率组合是结构可靠度分析中的重要内容，其基本方法应为随机过程组合方法，但目前并未完全采用这种组合方法，且在结构可靠度分析中，对作用基本组合和标准组合采用了与可变作用概率模型假设不完全相符的分析模型，对其他组合采用了以可变作用随机变量组合方法为基础的分析模型。这些都会影响结构可靠度分析的结果。

本章首先介绍目前的作用概率组合方法，并完整提出作用的随机过程组合方法；其次，根据作用的概率模型提出结构可靠度分析的理论模型，指出目前分析模型存在的缺陷；再次，完善和改进目前结构可靠度分析中可靠指标的计算方法，并针对理论分析模型，提出结构可靠度的时段分析方法；最后，通过对比分析，综合阐述结构可靠度的分析模型和方法。

6.1　作用的概率组合

作用的概率组合与目前设计方法中以设计值表达的作用组合有直接的对应关系，它们的基本思想应是一致的。这里首先阐述目前设计方法中作用组合的方式和基本思想，由此介绍和评价目前的作用概率组合方法，并完整提出作用的随机过程组合方法。

6.1.1　目前设计方法中的作用组合

1. 目前的设计方法

目前的工程结构设计主要采用以结构可靠性理论为基础的近似概率极限状态

设计方法，它总体上是按持久、短暂、偶然、地震四种设计状况，选择相应的极限状态和作用组合进行设计的。对于这四种设计状况，均应进行承载能力极限状态设计；对于持久设计状况，尚应进行正常使用极限状态设计；对于短暂设计状况和地震设计状况，可根据需要进行正常使用极限状态设计；对于偶然设计状况，可不进行正常使用极限状态设计[1]。

结构或结构构件按承载能力极限状态设计时，应满足

$$\gamma_0 S_d \leqslant R_d \tag{6.1}$$

式中：γ_0 为结构重要性系数；S_d 为作用组合效应设计值；R_d 为结构或结构构件抗力设计值。确定作用组合效应设计值时，对不同的设计状况应采用相应的作用组合。

对于持久设计状况和短暂设计状况，应采用作用的基本组合，其效应设计值可表达为

$$S_d = S\left(\sum_{i\geqslant 1} \gamma_{G_i} G_{ik} + \gamma_P P + \gamma_{Q_1} \gamma_{L_1} Q_{1k} + \sum_{j>1} \gamma_{Q_j} \psi_{cj} \gamma_{L_j} Q_{jk}\right) \tag{6.2}$$

或

$$S_d - S\left(\sum_{i\geqslant 1} \gamma_{G_i} G_{ik} + \gamma_P P + \gamma_L \sum_{j\geqslant 1} \gamma_{Q_j} \psi_{cj} Q_{jk}\right) \tag{6.3}$$

式中：$S(\cdot)$为作用组合效应函数；G_{ik}为第 i 个永久作用的标准值；P 为预应力作用的有关代表值；Q_{1k}、Q_{jk}分别为第 1 个可变作用（主导可变作用）和第 j 个可变作用的标准值；γ_{G_i} 为第 i 个永久作用的分项系数，对式(6.2)、式(6.3)分别取 1.2 和 1.35；γ_P 为预应力作用的分项系数，取 1.2；γ_{Q_1}、γ_{Q_j} 分别为第 1 个和第 j 个可变作用的分项系数，均取 1.4；γ_{L_1}、γ_{L_j} 分别为第 1 个和第 j 个考虑结构设计使用年限的荷载调整系数，设计使用年限与设计基准期相同时，取 1.0；ψ_{cj} 为第 j 个可变作用的组合值系数，取值不大于 1.0；符号“Σ”和“+”均表示组合，不表示代数相加。作用分项系数中已包含反映作用效应模型不定性的系数 γ_{Sd}，必要时也可将其单独分离出来[1]。

对于偶然设计状况，应采用作用的偶然组合，其效应设计值可表达为

$$S_d = S\left(\sum_{i\geqslant 1} G_{ik} + P + A_d + (\psi_{f1} \text{ 或 } \psi_{q1}) Q_{1k} + \sum_{j>1} \psi_{qj} Q_{jk}\right) \tag{6.4}$$

式中：A_d 为偶然作用设计值；ψ_{f1} 为第 1 个可变作用的频遇值系数；ψ_{q1}、ψ_{qj} 分别为第 1 个和第 j 个可变作用的准永久值系数；ψ_{f1}、ψ_{q1}、ψ_{qj} 的取值均不大于 1.0[1]。

对于地震设计状况，应采用作用的地震组合，其效应设计值宜表达为

$$S_d = S\left(\sum_{i\geqslant 1} G_{ik} + P + \gamma_I A_{Ek} + \sum_{j\geqslant 1} \psi_{qj} Q_{jk}\right) \tag{6.5}$$

式中：γ_I 为地震作用重要性系数；A_{Ek}为地震作用标准值[1]。

结构或结构构件按正常使用极限状态设计时，应满足

$$S_d \leqslant C \tag{6.6}$$

式中：S_d 为作用组合效应（如变形、裂缝等）的设计值；C 为设计中对变形、裂缝等规定的相应限值。确定作用组合效应的设计值时，对不可逆正常使用极限状态，即产生超越正常使用极限状态的作用卸除后，该作用产生的超越状态不可恢复的正常使用极限状态，宜采用作用的标准组合；对可逆正常使用极限状态，宜采用作用的频遇组合；对长期效应为决定性因素的正常使用极限状态，宜采用作用的准永久组合[1]。作用标准组合、频遇组合和准永久组合的效应设计值可分别表达为[1]

$$S_d = S\Big(\sum_{i\geqslant 1} G_{ik} + P + Q_{1k} + \sum_{j>1} \psi_{cj} Q_{jk}\Big) \tag{6.7}$$

$$S_d = S\Big(\sum_{i\geqslant 1} G_{ik} + P + \psi_{f1} Q_{1k} + \sum_{j>1} \psi_{qj} Q_{jk}\Big) \tag{6.8}$$

$$S_d = S\Big(\sum_{i\geqslant 1} G_{ik} + P + \sum_{j\geqslant 1} \psi_{qj} Q_{jk}\Big) \tag{6.9}$$

作用标准值(characteristic value)一般为设计基准期内超越概率较小、数值较大的作用值。组合值(combination value)指使组合后作用效应的超越概率与该作用单独出现时其标准值作用效应的超越概率趋于一致的作用值，或组合后使结构具有规定可靠指标的作用值。频遇值(frequent value)指设计基准期内被超越的总时间占设计基准期的比率较小的作用值，或被超越的频率限制在规定频率内的作用值。准永久值(quasi-permanent value)指设计基准期内被超越的总时间占设计基准期的比率较大的作用值。作用的组合值、频遇值、准永久值可分别通过组合值系数 ψ_c、频遇值系数 ψ_f、准永久值系数 ψ_q 对标准值的折减表示[1]。《建筑结构荷载规范》(GB 50009—2012)[2]中规定了 ψ_c、ψ_f、ψ_q 的值，且 $\psi_c \geqslant \psi_f \geqslant \psi_q$。作用标准值、组合值、频遇值和准永久值均为作用的代表值，其与作用分项系数的乘积为作用的设计值。正常使用极限状态设计中，作用分项系数的数值均为 1.0[1]。

2. 作用组合的基本思想

承载能力极限状态对应于结构或结构构件达到最大承载力或不适于继续承载的变形的状态[1]。按承载能力极限状态设计时，作用组合的目标应是确定设计使用年限内多个作用共同产生的最大值，它代表了设计使用年限内结构承载的最不利情况。

主导可变作用、偶然作用和地震作用均为作用组合中占控制地位的主要作用，按目前的作用组合方法，其设计值均是按设计使用年限内出现最大值的原则确定的，其他作用的设计值则是根据其与主要作用同时以设计使用年限内最大值出现的可能性确定的：可能性越低，取值则越小。由于主导可变作用、偶然作用、地震作用以设计使用年限内最大值出现的可能性是依次降低的，故在基本组合、偶然组合和地震组合中，其他作用与主要作用同时以设计使用年限内最大值出现的可能性也是依次降低的。因此，目前其他作用的设计值（设计表达式中的取值）都是按基本组合、偶然组合、地震组合的顺序依次减小或非增大的。

即使采用基本组合中的式(6.3)，作用组合的基本思想也是相同的。它对应于永久作用为主要作用的情况，其分项系数相对较大，形式上可认为永久作用的设计值是按设计使用年限内出现最大值的原则确定的，这时主导可变作用以设计使用年限内最大值出现的可能性降低，需减小其设计值的取值，因此式(6.3)中以组合值而非标准值作为主导可变作用的代表值。对比这时的基本组合、偶然组合和地震组合，可变作用的设计值（设计表达式中的取值）同样是依次减小或非增大的。

正常使用极限状态对应于结构或结构构件达到正常使用或耐久性能的某项规定限值的状态[1]，用于控制日常条件下结构的使用性能，它们相当于达到承载能力极限状态前的若干中间控制状态。因此，按正常使用极限状态设计时，作用组合的目标并不是确定设计使用年限内多个作用共同产生的最大值，而是日常条件下以较大可能共同产生的值，它代表了设计使用年限内以较大可能出现的承载情况。

按目前正常使用极限状态设计的作用组合方法，作用设计值的取值是由结构使用性能控制的严格程度决定的：控制越严格，作用设计值（设计表达式中的取值）则越大，作用达到其设计值的可能性越小。按控制程度由高到低的顺序，它们分别对应于作用的标准组合、频遇组合和准永久组合。因此，目前的作用组合中，作用的设计值（设计表达式中的取值）都是按标准组合、频遇组合、准永久组合的顺序依次减小或非增大的，作用组合值被超越的可能性是依次增大或非减小的。

综上所述，承载能力极限状态设计时的作用组合，是以设计使用年限内多个作用共同产生最大值为目标的，主要作用的设计值按设计使用年限内出现最大值的原则确定，其他作用的设计值则根据其与主要作用同时以设计使用年限内最大值出现的可能性确定，可能性越低，取值则越小。正常使用极限状态设计时的作用组合，是以日常使用条件下多个作用以较大可能共同产生的值为目标的，按结构使用性能控制的严格程度确定作用的设计值，控制越严格，取值则越大。现行设计方法中作用组合的基本思想是明确和合理的，下面据此讨论作用的概率组合方法。

6.1.2　目前的作用概率组合方法

1. 基本组合和标准组合

对应于承载能力极限状态设计中的基本组合，目前对作用的概率组合主要采用国际组织 JCSS 提出的作用组合规则，即 JCSS 组合规则[3]。它以可变作用的

FBC概率模型为基础，组合过程类似于“搭积木”的过程。

设结构承受永久作用G、预应力作用P和n个可变作用，且可变作用按时段长度由大到小的排序为$Q_1,Q_2,\cdots,Q_n$，其时段长度分别为$\tau_1,\tau_2,\cdots,\tau_n$，且$\tau_1\geqslant\tau_2\geqslant\cdots\geqslant\tau_n$，彼此之间具有整比关系。按JCSS组合规则，设计使用年限T内作用不利组合的效应包括下列n种情况：

$$\begin{aligned}S_{c,i}(T)=&S(G+P+Q_1(\tau_1)+\cdots+Q_{i-1}(\tau_{i-1})\\&+Q_i(T)+Q_{i+1}(\tau_i)+\cdots+Q_n(\tau_{n-1})),\quad i=1,2,\cdots,n\end{aligned}\tag{6.10}$$

结构可靠度分析中应取其中的最不利者，它可表达为

$$\begin{aligned}S_c(T)=&\max_{i=1,2,\cdots,n}S(G+P+Q_1(\tau_1)+\cdots\\&+Q_{i-1}(\tau_{i-1})+Q_i(T)+Q_{i+1}(\tau_i)+\cdots+Q_n(\tau_{n-1}))\end{aligned}\tag{6.11}$$

式中：$Q_1(\tau_1)$、$Q_{i-1}(\tau_{i-1})$分别为第1个、第$i-1$个可变作用的任意时点值；$Q_i(T)$为第i个可变作用在设计使用年限T内的最大值；$Q_{i+1}(\tau_i)$、$Q_n(\tau_{n-1})$分别为第$i+1$、第n个可变作用在前一个作用的时段长度τ_i、τ_{n-1}内的最大值[3]。它们均为随机变量。

采用这种组合规则时，首先应选择一个可变作用Q_i，以其在设计使用年限T内的最大值参与组合；对于排序在Q_i之前的可变作用，以其任意时点值参与组合；对于排序在Q_i之后的可变作用，以其在前一个作用的时段长度内的最大值参与组合。这样的基本组合共有式(6.10)所示的n种，结构可靠度分析中应选择其中的最不利者。图6.1为3个可变作用组合时第1个可变作用取设计使用年限T内最大值时的组合过程。

根据结构可靠性理论，结构设计表达式中的作用设计值应为结构可靠度分析中相应基本变量的设计验算点值[4]，结构设计表达式中的作用组合形式与结构可靠度分析中的作用概率组合形式有直接的对应关系。为明确这种关系，可将式(6.11)改写为

$$S_c(T)=\max_{i=1,2,\cdots,n}S\left(G+P+Q_i(T)+\left(\sum_{j=1}^{i-1}Q_j(\tau_j)+\sum_{j=i+1}^{n}Q_j(\tau_{j-1})\right)\right)\tag{6.12}$$

与式(6.2)和式(6.3)对比可知：作用概率组合中，对永久作用和预应力作用，均以其相应的随机变量参与组合；对主导可变作用，以设计使用年限T内的最大值参与组合，且对式(6.3)也应设立主导可变作用，并以设计使用年限T内的最大值参与组合，但这时主导可变作用对结构可靠度的影响可能低于永久作用的影响；对其他可变作用，则以任意时点值或前一个作用时段内的最大值参与组合。总体而言，基本组合时作用概率组合的基本思想与现行设计方法中作用组合的基本思想是一致的。

对承载能力极限状态设计中的基本组合，作用设计值均是以标准值或组合

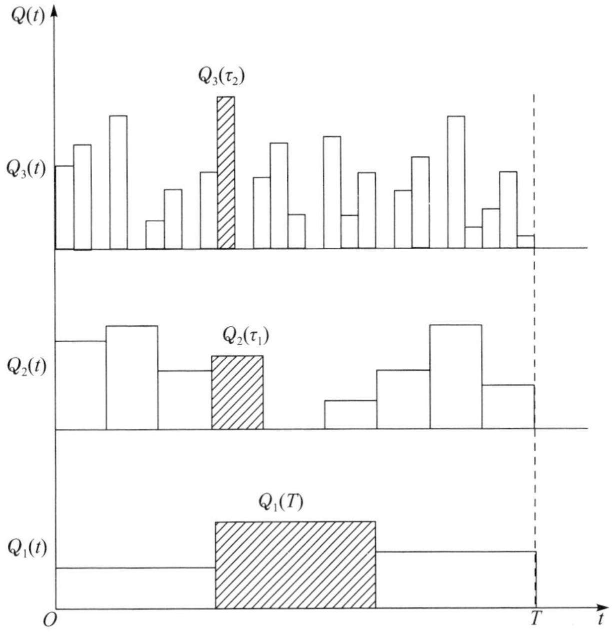

图 6.1　可变作用的概率组合

值为代表值确定的，与此相同的是正常使用极限状态设计中的标准组合。它们的基本组合形式一致，只是标准组合中作用的分项系数均为 1.0，取值相对较小。根据式(6.2)中作用代表值与式(6.12)中随机变量的对应关系，对正常使用极限状态设计中的标准组合，作用概率组合时也应采用 JCSS 组合规则，即按式(6.12)确定设计使用年限 T 内作用最不利组合的效应，只是相对于承载能力极限状态设计中的基本组合，它隐含的可靠度水平较低。

2. 其他组合

作用概率组合时，对承载能力极限状态设计中的偶然组合、地震组合以及正常使用极限状态设计中的频遇组合和准永久组合，并不能采用 JCSS 组合规则。这些组合中均涉及可变作用的频遇值或准永久值，它们的取值原则与可变作用标准值、组合值的取值原则存在较大差别，国内外标准中并未提供这时的作用概率组合方法。

文献[5]在分析钢筋混凝土构件挠度控制的可靠度时，对以准永久值为代表值的可变作用 Q，建议以 $\psi_q Q(T)$ 为基本变量参与作用的概率组合。这种作用概率组合方法主要源于作用准永久值 Q_q 与标准值 Q_k 之间的下列关系：

$$Q_q = \psi_q Q_k \tag{6.13}$$

它完全以可变作用 Q 在设计使用年限 T 内的最大值 $Q(T)$ 为基准，并不直接涉及作用的随机过程概率模型。这种组合方法可称为以作用最大值为基准的随机变量组合方法。

按 JCSS 组合规则，对以组合值 $\psi_c Q_k$ 为代表值的可变作用 Q，作用概率组合时并不是类似地以 $\psi_c Q(T)$ 为基本变量参与组合，而是以可变作用 Q 的任意时点值或在前一个作用时段内的最大值参与组合，因此作用代表值之间的关系并不代表作用概率组合中相应基本变量之间的关系。但是，目前对以准永久值为代表值的可变作用 Q，则人为地将作用代表值之间的关系演变为作用概率组合中相应基本变量之间的关系，这是不合理的。文献[6]从统计和概率分析的角度，阐述了目前随机变量组合方法存在的缺陷。

为便于叙述，统一记可变作用准永久值 $\psi_q Q_k$ 对应的作用概率组合中的基本变量为随机变量 X。按目前的随机变量组合方法，应取 $X=\psi_q Q(T)$。这意味着 X 与 $Q(T)$之间完全相关，其任意一对样本实现值之间也始终应存在这种函数关系，但这种假设并不能保证随机变量 X 的样本实现值被超越的比率为规定值 w_q[6]。例如，对于民用建筑楼面均布活荷载，《建筑结构荷载规范》(GB 50009—2012)[2]中规定：$w_q=0.5$，$\psi_q=0.4$，$\tau=10\text{a}$。设设计使用年限 $T=50\text{a}$，且可变作用 Q 的 5 个时段样本的实现值按升序排列为 0.50kN/m^2、0.60kN/m^2、0.70kN/m^2、0.80kN/m^2、0.90kN/m^2，则 X 的样本实现值应为 $0.4\times0.9=0.36$(kN/m^2)。它的数值甚至低于最小实现值(0.50kN/m^2)，超越比率为 1.0，而非 0.5。这显然是不合理的。

虽然上例中 X 样本实现值被超越的比率远高于规定值 w_q，但极端情况下其值为 0[6]。设可变作用 Q 的任意时点值服从参数为 μ、α 的极大值Ⅰ型分布，这时随机变量 X，即 $\psi_q Q(T)$，亦服从极大值Ⅰ型分布，其均值和方差应分别为

$$E(X)=\psi_q\left(\mu+\alpha\ln\frac{T}{\tau}\right) \tag{6.14}$$

$$D(X)=\left(\psi_q\frac{\pi}{\sqrt{6}}\alpha\right)^2 \tag{6.15}$$

当 $T\to\infty$ 时，$E(X)\to\infty$，而 $D(X)$保持不变，即 X 趋向于均值无穷大、方差不变的随机变量。由于可变作用 Q 任意时点值的概率分布与 T 无关，故当 $T\to\infty$ 时，任意时点值超越 X 的概率将趋于 0。这意味着 $T\to\infty$ 时，在设计使用年限 T 内任意抽取足够多的时段样本时，其他时段样本实现值大于 X 样本实现值的比率将收敛于 0。这显然与准永久值的含义相悖。

上述讨论虽然是针对准永久值的，但其结论对于频遇值也是相同的，因为两者的确定原则一致，其差别仅在于被超越的比率不同。目前的随机变量组合方法至少在统计和概率分析中是不合理的。下面针对目前随机变量组合方法的缺陷，对以频遇值或准永久值为代表值的可变作用，提出作用的随机过程组合方法。

6.1.3　作用的随机过程组合方法

无论是对于承载能力极限状态设计还是正常使用极限状态设计，结构可靠度

的分析均应以直接描述作用随机变化的概率模型和随机过程组合方法为基础。目前的作用概率组合方法并非完全建立在这样的基础上，其焦点主要是对以频遇值和准永久值为代表值的可变作用所采用的概率组合方法。

按 JCSS 组合规则，对以标准值和组合值为代表值的可变作用，作用概率组合中相应的基本变量均对应于作用随机过程概率模型中某个特定的时段，其中标准值对应于该可变作用在设计使用年限 T 内取值最大的时段，组合值对应于该可变作用在设计使用年限 T 内的任意时段或在前一个作用时段内取值最大的时段。对以频遇值和准永久值为代表值的可变作用，理论上也应以作用随机过程概率模型中某个时段的量值参与作用的概率组合。文献[6]据此提出可变作用频遇序位值和准永久序位值的概念，并提出相应的作用概率组合方法。

设可变作用 Q 在设计使用年限 T 内共有 $r(=T/\tau)$ 个相等的时段，按量值升序排列的时段样本为 $Q_{(1)},Q_{(2)},\cdots,Q_{(r)}$（随机变量），即 $Q_{(1)}\leqslant Q_{(2)}\leqslant\cdots\leqslant Q_{(r)}$，再设可变作用 Q 的频遇值 $\psi_{\mathrm{f}}Q_{\mathrm{k}}$、准永久值 $\psi_{\mathrm{q}}Q_{\mathrm{k}}$ 的超越比率或频率分别为 w_{f} 和 w_{q}，且它们分别对应于 $Q_{(1)},Q_{(2)},\cdots,Q_{(r)}$ 中第 m_{f}、m_{q} 个时段样本 $Q_{(m_{\mathrm{f}})}$、$Q_{(m_{\mathrm{q}})}$，文献[6]分别称其为可变作用 Q 在设计使用年限 T 内的频遇序位值和准永久序位值，并另记为 $Q_{\mathrm{f}}(T)$ 和 $Q_{\mathrm{q}}(T)$。这时设计使用年限 T 内各时段样本大于 $Q_{\mathrm{f}}(T)$、$Q_{\mathrm{q}}(T)$ 的比率或频率分别为 w_{f} 和 w_{q}，且有

$$m_{\mathrm{f}}=(1-w_{\mathrm{f}})\frac{T}{\tau}=(1-w_{\mathrm{f}})r \tag{6.16}$$

$$m_{\mathrm{q}}=(1-w_{\mathrm{q}})\frac{T}{\tau}=(1-w_{\mathrm{q}})r \tag{6.17}$$

可变作用 Q 的频遇序位值 $Q_{\mathrm{f}}(T)$ 和准永久序位值 $Q_{\mathrm{q}}(T)$ 分别描述了作用随机过程概率模型中在统计意义上与频遇值 $\psi_{\mathrm{f}}Q_{\mathrm{k}}$、准永久值 $\psi_{\mathrm{q}}Q_{\mathrm{k}}$ 相对应的时段量值。对以频遇值和准永久值为代表值的可变作用，应分别以频遇序位值 $Q_{\mathrm{f}}(T)$ 和准永久序位值 $Q_{\mathrm{q}}(T)$ 为基本变量参与作用的概率组合。不同于目前的随机变量组合方法，这种概率组合方法直接以作用的随机过程概率模型为基础，可称为作用的随机过程组合方法[6]。

可变作用 Q 的频遇序位值 $Q_{\mathrm{f}}(T)$ 和准永久序位值 $Q_{\mathrm{q}}(T)$ 涉及统计学中的次序统计量，它们的概率分布形式与可变作用 Q 任意时点值的概率分布形式并不相同，即不服从极大值Ⅰ型分布。根据次序统计量的性质，频遇序位值 $Q_{\mathrm{f}}(T)$ 的概率分布函数应为[7]

$$F_{Q_{\mathrm{f}}(T)}(x)=\sum_{k=m_{\mathrm{f}}}^{r}C_r^k\left[F_Q(x)\right]^k\left[1-F_Q(x)\right]^{r-k} \tag{6.18}$$

式中：$F_Q(x)$ 为可变作用 Q 任意时点的概率分布函数。

令

$$Y = F_Q(Q_f(T)) \tag{6.19}$$

$$y = F_Q(x) \tag{6.20}$$

则

$$\begin{aligned} F_{Q_f(T)}(x) &= P\{Q_f(T) \leqslant x\} = P\{F_Q(Q_f(T)) \leqslant F_Q(x)\} \\ &= F_Y(y) = \sum_{k=m_f}^{r} C_r^k y^k\,(1-y)^{r-k} \end{aligned} \tag{6.21}$$

由式(4.36)所示贝塔分布的概率分布函数可知

$$F_{Q_f(T)}(x) = F_Y(y) = \mathrm{Be}_{(u_f,v_f)}(y) \tag{6.22}$$

式中：$\mathrm{Be}_{(u_f,v_f)}(\cdot)$为参数为 u_f、v_f 的贝塔分布的概率分布函数，且

$$u_f = m_f \tag{6.23}$$

$$v_f = r - m_f + 1 \tag{6.24}$$

即频遇序位值 $Q_f(T)$的函数 $F_Q(Q_f(T))$服从参数为 u_f、v_f 的贝塔分布，而频遇序位值 $Q_f(T)$服从复合贝塔分布[6]。类似地，对于准永久序位值 $Q_q(T)$，有

$$F_{Q_q(T)}(x) = F_Z(z) = \mathrm{Be}_{(u_q,v_q)}(z) \tag{6.25}$$

$$Z = F_Q(Q_q(T)) \tag{6.26}$$

$$z = F_Q(x) \tag{6.27}$$

$$u_q = m_q \tag{6.28}$$

$$v_q = r - m_q + 1 \tag{6.29}$$

即准永久序位值 $Q_q(T)$的函数 $F_Q(Q_q(T))$服从参数为 u_q、v_q 的贝塔分布，准永久序位值 $Q_q(T)$服从复合贝塔分布[6]。可以证明，$w_f=0$、$w_q=0$ 时，频遇序位值 $Q_f(T)$、准永久序位值 $Q_q(T)$将蜕化为设计使用年限内的最大值。

需要说明，按式(6.16)、式(6.17)确定的序位 m_f、m_q 不一定为整数，这时频遇序位值 $Q_f(T)$和准永久序位值 $Q_q(T)$并不对应于作用随机过程概率模型中自然的时段样本，但它们的概率分布函数仍可按式(6.22)和式(6.25)确定，这相当于将离散的时段样本序位连续化后的结果。类似地，频遇序位值 $Q_f(T)$和准永久序位值 $Q_q(T)$对应的时段样本也可被视为序位连续化后的时段样本[6]。例如，$m_q=3.6$ 时，可认为准永久序位值 $Q_q(T)$对应的时段样本为第 3.6 个时段样本，未超越 $Q_q(T)$的时段样本数量为 3.6 个。

可变作用的频遇序位值 $Q_f(T)$和准永久序位值 $Q_q(T)$均对应于作用随机过程概率模型中特定的时段，它们不仅具有明确的物理意义，而且可克服目前随机变量组合方法的缺陷[6]。对前述实例，即 $w_q=0.5$，$\psi_q=0.4$，$\tau=10\mathrm{a}$，$T=50\mathrm{a}$，可变作用 Q 的 5 个时段样本的实现值按升序排列为 0.50kN/m²、0.60kN/m²、0.70kN/m²、0.80kN/m²、0.90kN/m²，则有 $m_q=(1-0.5)\times 5=2.5$，准永久序位值 $Q_q(T)$的样本实现值为观测数据序列中的第 2.5 个值，即 0.70kN/m²，但应认为第 3 个时段中

有 0.5(=3−2.5)个时段的数值超越 $Q_q(T)$的样本实现值。这时 $Q_q(T)$样本实现值被超越的比率为 0.5,与超越比率的规定值 w_q 一致。

对 $T\to\infty$的极端情况,其结果也是合理的[6]。根据贝塔分布的性质,随机变量 $F_Q(Q_q(T))$的均值和方差分别为[8]

$$E[F_Q(Q_q(T))]=\frac{u_q}{u_q+v_q}=\frac{1-w_q}{1+\tau/T} \tag{6.30}$$

$$D[F_Q(Q_q(T))]=\frac{u_q v_q}{(u_q+v_q)^2(u_q+v_q+1)}=\frac{(1-w_q)(\tau/T+w_q)\tau/T}{(\tau/T+1)^2(2\tau/T+1)} \tag{6.31}$$

当 $T\to\infty$时,$E[F_Q(Q_q(T))]\to 1-w_q$,$D[F_Q(Q_q(T))]\to 0$,故随机变量 $F_Q(Q_q(T))$将蜕变为确定值 $1-w_q$,即

$$F_Q(Q_q(T))=1-w_q \tag{6.32}$$

而随机变量 $Q_q(T)$亦将蜕变为确定的值,即可变作用 Q 任意时点概率分布的上侧 w_q 分位值。这意味着 $T\to\infty$时,设计使用年限 T 内任意抽取足够多的时段样本时,其他时段样本实现值大于 $Q_q(T)$样本实现值的比率将收敛于 w_q。

综上所述,对以频遇值、准永久值为代表值的可变作用,应分别以可变作用的频遇序位值和准永久序位值为基本变量参与作用的概率组合。这时对承载能力极限状态设计中的偶然组合、地震组合以及正常使用极限状态设计中的频遇组合和准永久组合,设计使用年限 T 内作用最不利组合的效应分别为

$$S_c(T)=\max_{i=1,2,\cdots,n} S\Big(G+P+A(T)+Q_{if}(T)\text{ 或 }Q_{iq}(T)+\sum_{j\neq i}Q_{jq}(T)\Big) \tag{6.33}$$

$$S_c(T)=S\Big(G+P+A_E(T)+\sum_{j=1}^{n}Q_{jq}(T)\Big) \tag{6.34}$$

$$S_c(T)=\max_{i=1,2,\cdots,n} S\Big(G+P+Q_{if}(T)+\sum_{j\neq i}Q_{jq}(T)\Big) \tag{6.35}$$

$$S_c(T)=S\Big(G+P+\sum_{j=1}^{n}Q_{jq}(T)\Big) \tag{6.36}$$

式中:$A(T)$、$A_E(T)$分别为偶然作用 A、地震作用 A_E 在设计使用年限 T 内的最大值。

需要说明,这种作用概率组合方法是根据现行设计方法中的作用组合形式建立的,但理论上作用的概率组合应根据多个随机过程叠加的结果按一定的组合目标建立。

对承载能力极限状态设计,应以设计使用年限内多个作用产生最大值为目标。这时概率组合中的各个作用应同时出现(见图 6.1),但按式(6.33)和式(6.34)所示的作用概率组合方法,因存在频遇序位值或准永久值,各个作用并不一定同时出现。按随机过程理论,这时应对偶然作用和地震作用直接采用随机序列或点脉冲

过程概率模型,并与可变作用随机过程叠加,按最大值目标建立作用的概率组合方法,但这种理论上的方法较为复杂。

对正常使用极限状态设计,作用的概率组合应以日常条件下多个作用以较大可能产生的值为目标。这时应针对多个随机过程叠加的结果,进一步规定具体的超越概率,并以其为作用概率组合的目标。式(6.35)和式(6.36)所示的作用概率组合方法并非是按这样的组合目标建立的,目前也未提出这种量化的组合目标。

式(6.33)～式(6.36)所示的作用概率组合方法虽不完全符合随机过程理论,但符合现行设计方法中作用组合的基本思想、组合形式及作用概率组合的总体目标。相对于理论上的组合方法,可认为它们是近似但可行的随机过程组合方法。

6.2　结构可靠度分析模型

6.2.1　基本组合和标准组合时的分析模型

设设计使用年限 T 内任意时点的结构功能函数为 $Z(t)$,则对基本组合和标准组合,结构在设计使用年限 T 内的失效概率可表达为

$$P_{\mathrm{f}}(T)=P\{Z(t)\leqslant 0,t\in T\} \tag{6.37}$$

再设结构承受永久作用 G、预应力作用 P 和 n 个可变作用,可变作用按时段长度由大到小的排序为 $Q_1,Q_2,\cdots,Q_n$,它们的时段长度分别为 $\tau_1,\tau_2,\cdots,\tau_n$,且 $\tau_1\geqslant\tau_2\geqslant\cdots\geqslant\tau_n$,其中最小的时段共有 $r_n(=T/\tau_n)$ 个,依次记为 $\tau_{n,1},\tau_{n,2},\cdots,\tau_{n,r_n}$。理论上讲,这时结构在设计使用年限 T 内失效的事件应为结构在各最小时段 $\tau_{n,1},\tau_{n,2},\cdots,\tau_{n,r_n}$ 内失效的或事件,结构的失效概率可进一步表达为

$$P_{\mathrm{f}}(T)=P\{\bigcup_{j=1}^{r_n}Z(\tau_{n,j})\leqslant 0\} \tag{6.38}$$

式中:$Z(\tau_{n,j})$为时段 $\tau_{n,j}$ 内的功能函数,$j=1,2,\cdots,r_n$。这是基本组合和标准组合时结构可靠度分析的理论模型,需采用多维随机变量的概率分析方法计算结构的失效概率(见6.4节)。下面按结构性能随时间变化的性质,分别阐述其具体形式。

1. 结构性能不随时间变化

对基本组合和标准组合,这时结构的失效概率应分别表达为

$$P_{\mathrm{f}}(T)=P\{\bigcup_{j=1}^{r_n}Z(\tau_{n,j})\leqslant 0\}=P\{\bigcup_{j=1}^{r_n}R-\eta_S S_{\mathrm{c}}(\tau_{n,j})\leqslant 0\} \tag{6.39}$$

$$P_{\mathrm{f}}(T)=P\{\bigcup_{j=1}^{r_n}Z(\tau_{n,j})\leqslant 0\}=P\{\bigcup_{j=1}^{r_n}C-\eta_S S_{\mathrm{c}}(\tau_{n,j})\leqslant 0\} \tag{6.40}$$

式中:η_S 为作用效应计算模式不定性系数;$S_{\mathrm{c}}(\tau_{n,j})$为设计使用年限 T 内第 j 个最

小时段上作用组合的效应，且组合中各可变作用均取其任意时点值。

记 $\tau_{i,j}$ 为第 i 个可变作用的第 j 个时段，则第 i 个可变作用可表达为设计使用年限 T 内 r_i 个随机变量的集合，即

$$Q_i(t)=[Q_i(\tau_{i,1}),Q_i(\tau_{i,2}),\cdots,Q_i(\tau_{i,r_i})],\quad i=1,2,\cdots,n \tag{6.41}$$

式中：$Q_i(\tau_{i,j})$ 为第 i 个可变作用 Q_i 在其第 j 个时段 $\tau_{i,j}$ 的任意时点值，$i=1,2,\cdots,n$，$j=1,2,\cdots,r_i$，$r_i=T/\tau_i$。$Q_i(\tau_{i,1}),Q_i(\tau_{i,2}),\cdots,Q_i(\tau_{i,r_i})$ 之间相互独立，并具有相同的概率分布（可变作用 Q_i 任意时点的概率分布）。这时设计使用年限 T 内第 j 个最小时段上作用不利组合的效应可表达为[9]

$$S_{cj}(T)=S(G+P+Q_1(\tau_{1,l})+Q_2(\tau_{2,k})+\cdots+Q_n(\tau_{n,j}),D_1,D_2,\cdots)$$
$$\tau_{n,j}\in\cdots\in\tau_{2,k}\in\tau_{1,l};\quad j=1,2,\cdots,r_n \tag{6.42}$$

式中：$D_1,D_2,\cdots$ 代表影响作用效应的几何尺寸、变形模量等结构性能，亦为随机变量。这时作用最不利组合的效应为

$$S_c(T)=\max_{\tau_{n,j}\in\cdots\in\tau_{2,k}\in\tau_{1,l}}S(G+P+Q_1(\tau_{1,l})+Q_2(\tau_{2,k})+\cdots+Q_n(\tau_{n,j}),D_1,D_2,\cdots) \tag{6.43}$$

它包含了设计使用年限 T 内能够出现的全部 r_n 种作用组合，即对应于可变作用最小时段的 r_n 种组合，图6.1中这样的组合共有27个；而且，这 r_n 种组合的效应之间存在相关性，但不完全相关，按式(6.43)确定 $S_c(T)$ 时应考虑这些相关性的影响。这种组合方式直接对应于设计使用年限 T 内作用组合效应的最大值，是作用概率组合的理论模型。

目前结构可靠度分析中并未采用这种理论模型，它实际采用的分析模型在概念上可表达为

$$P_f(T)=P\{Z_{\min}(T)\leqslant 0\}=P\{\min_{j=1,2,\cdots,r_n}Z(\tau_{n,j})\leqslant 0\} \tag{6.44}$$

若结构性能不随时间变化，则对基本组合和标准组合，分别有

$$P_f(T)=P\{R-\eta_S S_c(T)\leqslant 0\} \tag{6.45}$$

$$P_f(T)=P\{C-\eta_S S_c(T)\leqslant 0\} \tag{6.46}$$

按JCSS组合规则，其中作用最不利组合的效应为

$$\begin{aligned}S_c(T)=\max_{i=1,2,\cdots,n}S(&G+P+Q_1(\tau_1)+\cdots+Q_{i-1}(\tau_{i-1})+Q_i(T)\\&+Q_{i+1}(\tau_i)+\cdots+Q_n(\tau_{n-1}),D_1,D_2,\cdots)\end{aligned} \tag{6.47}$$

需要指出，它对 $j>i$ 的可变作用 Q_j，并未取其任意时点值。

对比式(6.38)和式(6.44)可知，若暂不考虑 $Q_j(j>i)$ 取值上的差异，则相对于结构可靠度分析的理论模型，目前采用的分析模型实际上默认时段功能函数 $Z(\tau_{n,1})$，$Z(\tau_{n,2})$，$\cdots$，$Z(\tau_{n,r_n})$ 之间完全相关，因为只有在这种假定下，对任意场合才会有

$$P\{\bigcup_{j=1}^{r_n}Z(\tau_{n,j})\leqslant 0\}=P\{\min_{j=1,2,\cdots,r_n}Z(\tau_{n,j})\leqslant 0\} \tag{6.48}$$

对比式(6.43)和式(6.47)也可得类似的结论。相对于作用概率组合的理论模型,JCSS组合规则实际上采用了下列假定:

$$S(Q_j(\tau_{j,1}))=S(Q_j(\tau_{j,2}))=\cdots=S(Q_j(\tau_{j,r_j}))=S(Q_j(\tau_j)),\quad j<i \tag{6.49}$$

$$S(Q_j(\tau_{j-1,1}))=S(Q_j(\tau_{j-1,2}))=\cdots=S(Q_j(\tau_{j-1,r_{j-1}}))=S(Q_j(\tau_{j-1})),\quad j>i \tag{6.50}$$

这时若暂不考虑可变作用 $Q_j(j>i)$ 取值上的差异,则式(6.43)所示的作用概率组合的理论模型将转变为

$$\begin{aligned}S_c(T)=&\max_{\substack{m=1,2,\cdots,r_i\\ i=1,2,\cdots,n}} S(G+P+Q_1(\tau_1)+\cdots+Q_{i-1}(\tau_{i-1})+Q_i(\tau_{i,m})\\ &+Q_{i+1}(\tau_i)+\cdots+Q_n(\tau_{n-1}),D_1,D_2,\cdots)\\ =&\max_{i=1,2,\cdots,n} S(G+P+Q_1(\tau_1)+\cdots+Q_{i-1}(\tau_{i-1})+Q_i(T)\\ &+Q_{i+1}(\tau_i)+\cdots+Q_n(\tau_{n-1}),D_1,D_2,\cdots)\end{aligned} \tag{6.51}$$

它与式(6.47)完全相同。这说明JCSS组合规则中实际上对作用概率组合的理论模型采用了式(6.49)和式(6.50)所示的假定,即可变作用在其各个时段的值完全相关[9]。

目前结构可靠度的分析模型与可变作用的概率模型是不相符的。按可变作用概率模型,可变作用在其各时段上应相互独立。这时时段功能函数 $Z(\tau_{n,1})$,$Z(\tau_{n,2})$,$\cdots$,$Z(\tau_{n,r_n})$ 之间不可能完全相关,默认其完全相关将人为增强时段功能函数之间的相关性,使结构可靠度的分析结果偏于冒进;但是,式(6.4)和式(6.51)所示的作用最不利组合的效应又可能是偏大的,它对 $j>i$ 的可变作用 Q_j 采用了局部最大值叠加的方式,结构可靠度分析的最终结果也可能偏于保守。

后面6.4节的对比分析结果表明:虽然目前结构可靠度的分析模型存在一定理论上的缺陷,但按其可得到与理论分析模型基本一致的结果,可将其作为近似但可行的分析模型。这时结构可靠度的分析可归结为随机变量函数的概率分析,规避多维随机变量概率分析的困难,且作用概率组合可作为独立的问题,使分析工作得到很大简化。这种近似分析模型在《结构可靠性总原则》(ISO 2394:2015)[10]和《工程结构可靠性设计统一标准》(GB 50153—2008)等[1,11~15]中都得到了应用。

2. 结构性能随时间变化

这里仅考虑结构抗力 R 随时间变化的情况,并记结构抗力为随机过程 $R(t)$。按式(6.38)所示的理论模型分析结构可靠度时,首先应根据抗力随机过程概率模型,将其离散化为等时段的非平稳二项矩形波过程,并保证抗力在所划分的时段内强相关,能够以时段内的最小值作为该时段抗力的值,且时段长度应为可变作用最

小时段长度的整数倍。这时可将 $R(t)$ 表达为设计使用年限 T 内若干随机变量的集合，即

$$R(t)=[R(\tau_{R,1}),R(\tau_{R,2}),\cdots,R(\tau_{R,r_R})] \tag{6.52}$$

式中：$\tau_{R,1},\tau_{R,2},\cdots,\tau_{R,r_R}$ 为离散化后设计使用年限 T 内抗力 $R(t)$ 的 r_R 个时段。这时对基本组合，式(6.38)中的时段功能函数应为

$$Z(\tau_{n,j})=R(\tau_{R,m})-\eta_S S(G+P+Q_1(\tau_{1,l})+Q_2(\tau_{2,k})+\cdots+Q_n(\tau_{n,j}),D_1,D_2\cdots)$$
$$\tau_{n,j}\in\cdots\in\tau_{2,k}\in\tau_{1,l},\tau_{n,j}\in\tau_{R,m};j=1,2,\cdots,r_n \tag{6.53}$$

按理论分析模型确定的结构失效概率为

$$P_f(T)=P\{\bigcup_{j=1}^{r_n}R(\tau_{R,m})-\eta_S S(G+P+Q_1(\tau_{1,l})+Q_2(\tau_{2,k})+\cdots+Q_n(\tau_{n,j}),D_1,D_2\cdots)\leqslant 0\},\quad \tau_{n,j}\in\cdots\in\tau_{2,k}\in\tau_{1,l},\tau_{n,j}\in\tau_{R,m} \tag{6.54}$$

若采用目前式(6.45)所示的结构可靠度分析模型，一个简单但保守的方法是对 $R(t)$ 取设计使用年限 T 内的最不利值，记为 $R(T)$。这时对基本组合，结构的失效概率为

$$P_f(T)=P\{R(T)-\eta_S S_c(T)\leqslant 0\} \tag{6.55}$$

这种分析模型是偏于保守的，特别是结构性能衰退明显，时段功能函数相关性不强时。

6.2.2　其他组合时的分析模型

对承载能力极限状态设计中的偶然组合、地震组合以及正常使用极限状态设计中的频遇组合和准永久组合，可变作用均以频遇值或准永久值为代表值，作用的概率组合可采用 6.1.3 节中的随机过程组合方法。这是一种近似组合方法，对结构可靠度的分析并不能采用式(6.38)所示的理论模型。

这时可直接采用目前式(6.44)所示的近似分析模型。对承载能力极限状态和正常使用极限状态，其分析模型同样分别为式(6.45)和式(6.46)，但对偶然组合、地震组合、频遇组合和准永久组合，作用最不利组合的效应 $S_c(T)$ 应分别为

$$S_c(T)=\max_{i=1,2,\cdots,n}S(G+P+A(T)+Q_{if}(T)\text{ 或 }Q_{iq}(T)+\sum_{j\neq i}Q_{jq}(T),D_1,D_2\cdots) \tag{6.56}$$

$$S_c(T)=S(G+P+A_E(T)+\sum_{j=1}^{n}Q_{jq}(T),D_1,D_2\cdots) \tag{6.57}$$

$$S_c(T)=\max_{i=1,2,\cdots,n}S(G+P+Q_{if}(T)+\sum_{j\neq i}Q_{jq}(T),D_1,D_2\cdots) \tag{6.58}$$

$$S_c(T)=S(G+P+\sum_{j=1}^{n}Q_{jq}(T),D_1,D_2\cdots) \tag{6.59}$$

若抗力是随时间变化的，可简单地取其在设计使用年限 T 内的最不利值 $R(T)$。

目前对这些其他组合时的可靠度分析采用的也是式(6.44)～式(6.46)所示的分析模型，但对作用最不利组合效应 $S_c(T)$ 采用了随机变量组合方法，其表达式分别为

$$S_c(T)=\max_{i=1,2,\cdots,n} S\Big(G+P+A(T)+\psi_{fi}Q_i(T)\psi_{qi}Q_i(T)+\sum_{j\neq i}\psi_{qj}Q_j(T),D_1,D_2\cdots\Big) \tag{6.60}$$

或

$$S_c(T)=S\Big(G+P+A_E(T)+\sum_{j=1}^{n}\psi_{qj}Q_j(T),D_1,D_2\cdots\Big) \tag{6.61}$$

$$S_c(T)=\max_{i=1,2,\cdots,n} S\Big(G+P+\psi_{fi}Q_i(T)+\sum_{j\neq i}\psi_{qj}Q_j(T),D_1,D_2\cdots\Big) \tag{6.62}$$

$$S_c(T)=S\Big(G+P+\sum_{j=1}^{n}\psi_{qj}Q_j(T),D_1,D_2\cdots\Big) \tag{6.63}$$

它们与式(6.56)～式(6.59)的差异主要体现在以频遇值或准永久值为代表值的可变作用的概率组合方法上。6.1.2 节从统计和概率分析的角度，阐述了目前作用随机变量组合方法的缺陷。后面 7.3 节和 7.4 节结合混凝土受弯构件挠度、裂缝控制方法的可靠度校核，对比分析了上述两种结构可靠度分析模型在可靠度分析结果上的差异，结果表明：它们之间存在较显著的差异，特别是可变作用为主要作用的场合。因此，对以频遇值或准永久值为代表值的可变作用，应采用式(6.56)～式(6.59)所示的作用的随机过程组合方法以及相应的结构可靠度分析模型。

6.3 可靠指标的计算方法

结构失效概率 P_f 的计算一般涉及复杂的多维积分运算。为便于应用，国内外通常采用可靠指标(reliability index)β 度量结构的可靠性，其定义为[1,10]

$$\beta=-\Phi^{-1}(P_f) \tag{6.64}$$

式中：$\Phi^{-1}(\cdot)$为标准正态分布函数的反函数。

这里将介绍目前计算可靠指标 β 的 JC 法，并提出更优的梯度修正迭代法和考虑随机变量相关性的计算方法，它们适用于目前的结构可靠度分析模型。6.4 节将针对结构可靠度分析的理论模型，提出结构可靠度的时段分析方法，并将其应用于抗力为非平稳随机过程的场合和既有结构可靠度的分析中。

6.3.1 JC 法

国际上对结构可靠指标 β 的计算先后采用了中心点法、验算点法和 R-F 法，它们均属于一次二阶矩法，其中 R-F 法考虑了随机变量概率分布的影响，具有更好的

精度和适用范围，并被国际组织 JCSS 采纳和推荐，习惯上又称其为 JC 法。

1. 中心点法

设功能函数为正态随机变量的线性函数，即

$$Z = a_0 + a_1 X_1 + a_2 X_2 + \cdots + a_n X_n \tag{6.65}$$

其中，$X_1, X_2, \cdots, X_n$ 均服从正态分布，且相互独立。这时功能函数 Z 亦服从正态分布，其均值和标准差分别为

$$\mu_Z = a_0 + a_1 \mu_{X_1} + a_2 \mu_{X_2} + \cdots + a_n \mu_{X_n} \tag{6.66}$$

$$\sigma_Z = \sqrt{a_1^2 \sigma_{X_1}^2 + a_2^2 \sigma_{X_2}^2 + \cdots + a_n^2 \sigma_{X_n}^2} \tag{6.67}$$

式中：μ_{X_i}、σ_{X_i} 分别为 X_i 的均值和标准差，$i=1,2,\cdots,n$。这时结构的失效概率可表达为

$$P_{\mathrm{f}}(T) = P\{Z \leqslant 0\} = P\left\{\frac{Z-\mu_Z}{\sigma_Z} \leqslant -\frac{\mu_Z}{\sigma_Z}\right\} = \Phi\left(-\frac{\mu_Z}{\sigma_Z}\right) = \Phi(-\beta) \tag{6.68}$$

$$\beta = \frac{\mu_Z}{\sigma_Z} \tag{6.69}$$

由式(6.68)可见，β 与失效概率 $P_{\mathrm{f}}(T)$ 之间具有明确的函数关系，且 β 越大，失效概率 $P_{\mathrm{f}}(T)$ 越小，结构越可靠，因此可用 β 间接度量结构的可靠性，并称其为结构的可靠指标。

功能函数为正态随机变量的非线性函数时，可记其为

$$Z = g(X_1, X_2, \cdots, X_n) \tag{6.70}$$

为便于计算可靠指标 β，可利用泰勒级数展开式将其线性化。最直观的方法是选择均值点 $(\mu_{X_1}, \mu_{X_2}, \cdots, \mu_{X_n})$ 为泰勒级数的展开点，这时近似有

$$Z \approx g(\mu_{X_1}, \mu_{X_2}, \cdots, \mu_{X_n}) + \sum_{i=1}^{n} \left.\frac{\partial g}{\partial X_i}\right|_{\mu} (X_i - \mu_{X_i}) \tag{6.71}$$

$$\beta = \frac{\mu_Z}{\sigma_Z} \approx \frac{g(\mu_{X_1}, \mu_{X_2}, \cdots, \mu_{X_n})}{\sqrt{\sum_{i=1}^{n}\left(\left.\frac{\partial g}{\partial X_i}\right|_{\mu} \sigma_{X_i}\right)^2}} \tag{6.72}$$

式中：$\left.\frac{\partial g}{\partial X_i}\right|_{\mu}$ 为函数 $g(\cdot)$ 对 X_i 的偏导数在均值点 $(\mu_{X_1}, \mu_{X_2}, \cdots, \mu_{X_n})$ 处的值，$i=1,2,\cdots,n$。线性化过程中选择均值点为泰勒级数展开点，因此称可靠指标 β 的这种计算方法为中心点法。

相对于失效概率 $P_{\mathrm{f}}(T)$，可靠指标 β 的计算较为简便，它仅与基本变量的均值(一次矩)和标准差(二次矩)有关。利用基本变量的一、二次矩度量和分析结构可靠度的思想最早是由 Mayer、Ржанницын 和 Basler 提出的。1969 年，Cornell[16] 提出可靠指标 β 的概念，随后，其得到 Rosenblueth 和 Esteva[17]、Ditlevensen[18] 等学

者的发展。

后期研究中发现,可靠指标 β 的数值较小时,如 $\beta=0\sim1.5$ 时,中心点法具有较好的精度;数值较大时,精度则较差。但是,中心点法最大的缺陷是对多个等效的功能函数,如

$$Z=R-S \tag{6.73}$$

$$Z=\ln R-\ln S \tag{6.74}$$

$$Z=\frac{R}{S}-1 \tag{6.75}$$

可靠指标 β 的计算结果并不一致,且可能存在较大的差异。这一点严重影响了中心点法的实际应用,因此,中心点法很快被后来提出的验算点法替代。

2. 验算点法

验算点法是 1974 年由 Hasofer 和 Lind[19] 提出的,它对功能函数同样采取了近似的线性化方法,但选择的泰勒级数展开点不同。

令

$$Y_i=\frac{X_i-\mu_{X_i}}{\sigma_{X_i}},\quad i=1,2,\cdots,n \tag{6.76}$$

则 $Y_i\ (i=1,2,\cdots,n)$ 服从标准正态分布。这时结构的功能函数可改写为

$$Z=g(\mu_{X_1}+\sigma_{X_1}Y_1,\mu_{X_2}+\sigma_{X_2}Y_2,\cdots,\mu_{X_n}+\sigma_{X_n}Y_n) \tag{6.77}$$

相应的极限状态方程为

$$g(\mu_{X_1}+\sigma_{X_1}Y_1,\mu_{X_2}+\sigma_{X_2}Y_2,\cdots,\mu_{X_n}+\sigma_{X_n}Y_n)=0 \tag{6.78}$$

按验算点法的思想,功能函数的泰勒级数展开点首先应位于极限状态曲面上,即满足极限状态方程,因此线性化后的极限状态方程应为原极限状态曲面在展开点处的切平面(中心点法并非如此)。其次,在 $Y_1,Y_2,\cdots,Y_n$ 空间中,展开点应距坐标原点 O_Y 最近,因为坐标原点 O_Y 对应于随机变量 $Y_1,Y_2,\cdots,Y_n$ 的均值,越靠近坐标原点 O_Y,$Y_1,Y_2,\cdots,Y_n$ 的联合概率密度越大,而展开点距坐标原点 O_Y 越近,在概率密度较高的区域,切平面与原曲面的误差越小,即按切平面确定的失效概率越接近按原曲面确定的实际失效概率,可获得较高的计算精度,如图 6.2 所示。按这一原则确定的展开点称为设计验算点,而可靠指标 β 定义为 $Y_1,Y_2,\cdots,Y_n$ 空间中坐标原点 O_Y 至极限状态曲面的最短距离。对于多个等效的功能函数,该可靠指标是唯一的。

设 P_X^* 和 P_Y^* 分别为 $X_1,X_2,\cdots,X_n$ 和 $Y_1,Y_2,\cdots,Y_n$ 空间中的设计验算点,它们的坐标 $(x_1^*,x_2^*,\cdots,x_n^*)$ 和 $(y_1^*,y_2^*,\cdots,y_n^*)$ 之间存在下列关系:

$$x_i^*=\mu_{X_i}+\sigma_{X_i}y_i^*,\quad i=1,2,\cdots,n \tag{6.79}$$

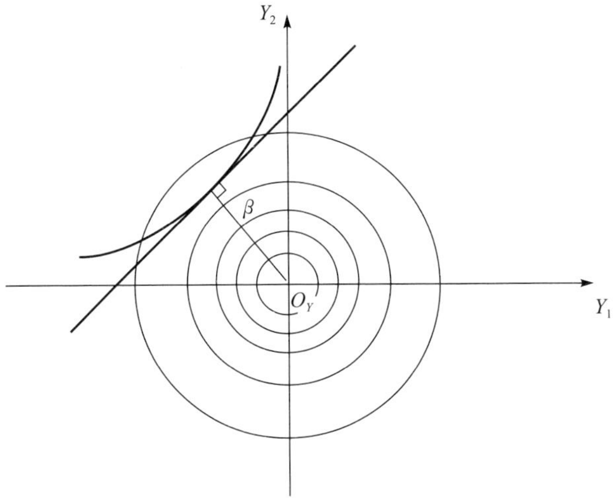

图 6.2　标准正态空间中的设计验算点

且

$$g(x_1^*, x_2^*, \cdots, x_n^*)=0 \tag{6.80}$$

$$g(\mu_{X_1}+\sigma_{X_1}y_1^*, \mu_{X_2}+\sigma_{X_2}y_2^*, \cdots, \mu_{X_n}+\sigma_{X_n}y_n^*)=0 \tag{6.81}$$

在 P_X^* 或 P_Y^* 点处将功能函数按泰勒级数展开,则线性化后的功能函数为

$$Z=\sum_{i=1}^{n}\frac{\partial g}{\partial X_i}\bigg|_*\sigma_{X_i}(Y_i-y_i^*) \tag{6.82}$$

式中:$\frac{\partial g}{\partial X_i}\Big|_*$ 为函数 $g(\cdot)$ 对 X_i 的偏导数在设计验算点$(x_1^*, x_2^*, \cdots, x_n^*)$处的值,$i=1,2,\cdots,n$。该功能函数等效于

$$Z=-\sum_{i=1}^{n}\alpha_i^*(Y_i-y_i^*) \tag{6.83}$$

其中,

$$\alpha_i^*=\frac{-\frac{\partial g}{\partial X_i}\Big|_*\sigma_{X_i}}{\sqrt{\sum_{i=1}^{n}\left(\frac{\partial g}{\partial X_i}\Big|_*\sigma_{X_i}\right)^2}},\quad i=1,2,\cdots,n \tag{6.84}$$

$$-1\leqslant\alpha_i^*\leqslant 1,\quad i=1,2,\cdots,n \tag{6.85}$$

$$\sum_{i=1}^{n}\alpha_i^{*2}=1 \tag{6.86}$$

显然,$\sum_{i=1}^{n}\alpha_i^*Y_i$ 服从标准正态分布。这时按中心点法,由式(6.83)所示的功能函数可得

$$\beta=\sum_{i=1}^{n}\alpha_i^*y_i^* \tag{6.87}$$

$\alpha_1^*,\alpha_2^*,\cdots,\alpha_n^*$ 在一定程度上反映了随机变量 $Y_1,Y_2,\cdots,Y_n$ 的变化对可靠指标 β 的影响程度，通常称其为灵敏度系数。这时极限状态方程可表示为

$$\sum_{i=1}^{n}\alpha_i^* Y_i-\beta=0 \tag{6.88}$$

根据解析几何的知识，可靠指标 β 为 $Y_1,Y_2,\cdots,Y_n$ 空间中坐标原点 O_Y 至式(6.88)所定义切平面的距离。若记其垂足为 F_Y^*，θ_i 为向量$\overrightarrow{O_YF_Y^*}$与 Y_i 轴的夹角，则有

$$\alpha_i^*=-\cos\theta_i,\quad i=1,2,\cdots,n \tag{6.89}$$

这时要保证展开点 P_Y^* 为 $Y_1,Y_2,\cdots,Y_n$ 空间中距坐标原点 O_Y 最近的点，应使展开点 P_Y^* 与垂足 F_Y^* 重合，即满足

$$y_i^*=-\alpha_i^*\beta,\quad i=1,2,\cdots,n \tag{6.90}$$

综上所述，可靠指标 β 和设计验算点 P_X^* 应满足下列联立方程组：

$$x_i^*=\mu_{X_i}-\sigma_{X_i}\alpha_i^*\beta,\quad i=1,2,\cdots,n \tag{6.91}$$

$$\alpha_i^*=\frac{-\left.\dfrac{\partial g}{\partial X_i}\right|_*\sigma_{X_i}}{\sqrt{\sum\limits_{i=1}^{n}\left(\left.\dfrac{\partial g}{\partial X_i}\right|_*\sigma_{X_i}\right)^2}},\quad i=1,2,\cdots,n \tag{6.92}$$

$$g(x_1^*,x_2^*,\cdots,x_n^*)=0 \tag{6.93}$$

通过求解该方程组，可确定可靠指标 β 和相应的设计验算点 P_X^*。需要说明，目前对可靠指标 β 是按式(6.64)定义的，它与结构的失效概率 P_f 完全是一一对应的。这里 Hasofer 和 Lind[19]定义的可靠指标 β 只是对式(6.64)的近似表达。

3. JC 法

工程实际中基本变量 $X_1,X_2,\cdots,X_n$ 往往不均服从正态分布，这时可采用当量正态化的方法将非正态随机变量转化为正态随机变量，并按验算点法计算可靠指标 β。该法于 1978 年由 Rackwitz 和 Fiessler[20]提出，其基本思想是寻找一个服从正态分布 $N(\mu'_{X_i},\sigma'^2_{X_i})$ 的随机变量 X'_i，使其在设计验算点 P_X^* 处与非正态随机变量 X_i 具有同样的概率和概率密度，如图 6.3 所示，并以新的随机变量 X'_i 代替原先的随机变量 X_i。

当量正态化的基本转化公式为

$$F_{X_i}(x_i^*)=\Phi\left(\frac{x_i^*-\mu'_{X_i}}{\sigma'_{X_i}}\right),\quad i=1,2,\cdots,n \tag{6.94}$$

$$f_{X_i}(x_i^*)=\frac{1}{\sigma'_{X_i}}\varphi\left(\frac{x_i^*-\mu'_{X_i}}{\sigma'_{X_i}}\right),\quad i=1,2,\cdots,n \tag{6.95}$$

即

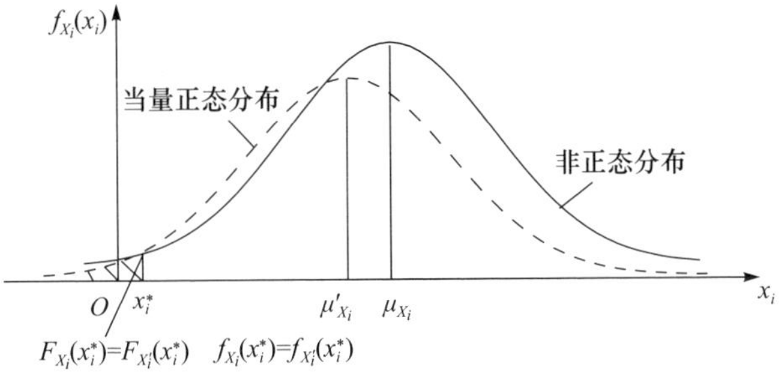

图 6.3　非正态随机变量的当量正态化

$$\sigma'_{X_i}=\frac{\varphi(\Phi^{-1}(F_{X_i}(x_i^*)))}{f_{X_i}(x_i^*)},\quad i=1,2,\cdots,n \tag{6.96}$$

$$\mu'_{X_i}=x_i^*-\sigma'_{X_i}\Phi^{-1}(F_{X_i}(x_i^*)),\quad i=1,2,\cdots,n \tag{6.97}$$

式中：$F_{X_i}(\cdot)$、$f_{X_i}(\cdot)$分别为随机变量 X_i 的概率分布函数和概率密度函数；$\varphi(\cdot)$为标准正态概率密度函数；$\Phi^{-1}(\cdot)$为标准正态分布函数的反函数。这时以 μ'_{X_i}、σ'_{X_i} 分别代替 μ_{X_i}、σ_{X_i}，便可利用式(6.91)～式(6.93)计算结构的可靠指标 β 和设计验算点 P_X^*。这种计算可靠指标的方法称为 R-F 法或 JC 法。

按 JC 法计算可靠指标 β 和确定设计验算点 P_X^* 时，需求解式(6.91)～式(6.93)所示的联立方程组。一般情况下要得到其解析解是困难的，通常需采用迭代法求解该方程组，其主要步骤如下：

(1) 设定设计验算点 P_X^* 的坐标初值$(x_1^*,x_2^*,\cdots,x_n^*)$，一般可取 $x_i^*=\mu_{X_i}$，$i=1,2,\cdots,n$。

(2) 按式(6.96)和式(6.97)计算 $X_1,X_2,\cdots,X_n$ 中非正态随机变量当量正态化后的均值和标准差，并替代原均值和标准差。

(3) 按式(6.91)和式(6.92)确定 x_i^* $(i=1,2,\cdots,n)$关于 β 的表达式。

(4) 根据 x_i^* $(i=1,2,\cdots,n)$的表达式和式(6.93)求解 β。

(5) 根据 β 按式(6.91)确定新的 x_i^* $(i=1,2,\cdots,n)$。

(6) 重复第(2)～(5)步。若计算精度满足要求，即前后两次计算所得的 β 之间的差值或相对差值小于设定的允许值，则本次求得的 β 和$(x_1^*,x_2^*,\cdots,x_n^*)$即为可靠指标和设计验算点坐标的最终计算结果；否则，返回第(2)步。

上述迭代过程中，每轮都需求解极限状态方程，即按式(6.93)求解 β。它往往涉及 β 的一元多次方程，特别是功能函数 $g(\cdot)$为非线性函数时，计算工作量较大，且涉及复根的选择问题。为简化问题，可根据式(6.93)所示的极限状态方程，选择一个便于求解的坐标分量 x_k^*，将其表达为其他坐标分量的函数[21]，如

$$x_k^*=h(x_1^*,\cdots,x_{k-1}^*,x_{k+1}^*,\cdots,x_n^*) \tag{6.98}$$

它与式(6.93)所示的极限状态方程等效。这时可按下列步骤进行迭代计算：

(1) 任意设定设计验算点 P_X^* 的坐标初值($x_1^*, x_2^*, \cdots, x_n^*$)。

(2) 按式(6.96)和式(6.97)计算 $X_1, X_2, \cdots, X_n$ 中非正态随机变量当量正态化后的均值和标准差,并替代原均值和标准差。

(3) 按式(6.92)计算灵敏度系数 $a_1^*, a_2^*, \cdots, a_n^*$。

(4) 根据坐标分量 x_k^* 按式(6.91)求解 β。

(5) 根据 β 按式(6.91)求解其他坐标分量。

(6) 按式(6.98)求解新的坐标分量 x_k^*。

(7) 重复第(2)~(6)步,直至达到精度要求。

这种迭代方法可在一定程度上简化极限状态方程的求解过程,但实际计算中发现,若对 x_k^* 的选择不当,会导致迭代过程无效终止(见 6.3.3 节中的示例),难以完全满足可靠指标 β 编程计算的要求。这个问题目前并没有得到很好的解决。

6.3.2 梯度修正迭代法

针对 JC 法迭代过程中存在的不足,文献[21]提出了改进的一次二阶矩法,即梯度修正迭代法,回避了一元多次方程的求解问题,并将其推广应用于随机变量 $X_1, X_2, \cdots, X_n$ 相关的场合。文献[21]同时从理论上论证了当量正态化法的合理性。

1. 当量正态化法的合理性

无论基本变量 X_i 是正态还是非正态随机变量,根据概率理论,它与标准正态随机变量 Y_i 之间均存在下列关系[7]:

$$X_i = F_{X_i}^{-1}(\Phi(Y_i)), \quad i=1,2,\cdots,n \tag{6.99}$$

这种理论方法同样可将非正态随机变量转化为正态随机变量。这时功能函数可表达为

$$Z = g(F_{X_1}^{-1}(\Phi(Y_1)), F_{X_2}^{-1}(\Phi(Y_2)), \cdots, F_{X_n}^{-1}(\Phi(Y_n))) \tag{6.100}$$

在设计验算点 P_X^* 或 P_Y^* 处将功能函数按泰勒级数展开,则线性化后的功能函数为

$$Z = \sum_{i=1}^{n} \left.\frac{\partial g}{\partial X_i}\right|_{*} \frac{\varphi(y_i^*)}{f_{X_i}(x_i^*)}(Y_i - y_i^*) \tag{6.101}$$

$$x_i^* = F_{X_i}^{-1}(\Phi(y_i^*)), \quad i=1,2,\cdots,n \tag{6.102}$$

它完全是通过理论分析得到的结果。

按目前的 JC 法,当量正态化后应有

$$x_i^* = \mu'_{X_i} + \sigma'_{X_i} y_i^*, \quad i=1,2,\cdots,n \tag{6.103}$$

$$F_{X_i}(x_i^*) = \Phi(y_i^*), \quad i=1,2,\cdots,n \tag{6.104}$$

$$f_{X_i}(x_i^*) = \frac{1}{\sigma'_{X_i}}\varphi(y_i^*), \quad i=1,2,\cdots,n \tag{6.105}$$

而线性化后的功能函数，即式(6.82)，可被改写为

$$Z=\sum_{i=1}^{n}\frac{\partial g}{\partial X_i}\bigg|_{*}\frac{\varphi(y_i^*)}{f_{X_i}(x_i^*)}(Y_i-y_i^*) \tag{6.106}$$

它与式(6.101)完全相同，而式(6.104)与式(6.102)也完全相同，即当量正态化法与理论转换方法的结果完全一致，理论上是合理的。

2. 可靠指标的迭代计算

文献[21]在上述变量转换的基础上，进一步提出了新的迭代计算方法，它并不涉及极限状态方程的求解问题，但迭代过程中泰勒级数的展开点不一定位于极限状态曲面上。为此，需将线性化后的功能函数完整地表达为

$$Z=g(x_1^*,x_2^*,\cdots,x_n^*)+\sum_{i=1}^{n}\frac{\partial g}{\partial X_i}\bigg|_{*}\frac{\varphi(y_i^*)}{f_{X_i}(x_n^*)}(Y_i-y_i^*) \tag{6.107}$$

它等效于

$$Z=-\sum_{i=1}^{n}\alpha_i^*(Y_i-y_i^*)+\frac{g(x_1^*,x_2^*,\cdots,x_n^*)}{\sqrt{\sum_{i=1}^{n}\left[\frac{\partial g}{\partial X_i}\Big|_{*}\frac{\varphi(y_i^*)}{f_{X_i}(x_i^*)}\right]^2}} \tag{6.108}$$

这时可靠指标 β 可表达为

$$\beta=\sum_{i=1}^{n}\alpha_i^*y_i^*+\frac{g(x_1^*,x_2^*,\cdots,x_n^*)}{\sqrt{\sum_{i=1}^{n}\left[\frac{\partial g}{\partial X_i}\Big|_{*}\frac{\varphi(y_i^*)}{f_{X_i}(x_i^*)}\right]^2}} \tag{6.109}$$

但极限状态方程仍为

$$\sum_{i=1}^{n}\alpha_i^*Y_i-\beta=0,\quad i=1,2,\cdots,n \tag{6.110}$$

式(6.107)～式(6.109)中的 $g(x_1^*,x_2^*,\cdots,x_n^*)$ 在设计验算点处的值应为 0，但迭代过程中，因展开点不一定位于极限状态曲面上，其值不一定为 0。

根据文献[21]的建议，可靠指标 β 和设计验算点 P_X^* 可通过求解下列联立方程组确定：

$$y_i^*=-\alpha_i^*\beta,\quad i=1,2,\cdots,n \tag{6.111}$$

$$x_i^*=F_{X_i}^{-1}(\Phi(y_i^*)),\quad i=1,2,\cdots,n \tag{6.112}$$

$$\alpha_i^*=\frac{-\frac{\partial g}{\partial X_i}\Big|_{*}\frac{\varphi(y_i^*)}{f_{X_i}(x_i^*)}}{\sqrt{\sum_{i=1}^{n}\left[\frac{\partial g}{\partial X_i}\Big|_{*}\frac{\varphi(y_i^*)}{f_{X_i}(x_i^*)}\right]^2}},\quad i=1,2,\cdots,n \tag{6.113}$$

$$\beta=\sum_{i=1}^{n}\alpha_i^* y_i^* + \frac{g(x_1^*,x_2^*,\cdots,x_n^*)}{\sqrt{\sum_{i=1}^{n}\left[\left.\frac{\partial g}{\partial X_i}\right|_* \frac{\varphi(y_i^*)}{f_{X_i}(x_i^*)}\right]^2}} \tag{6.114}$$

相对于目前的JC法，它以式(6.114)替代了极限状态方程，并不涉及一元多次方程的求解问题，其迭代计算的主要步骤如下：

(1) 设定设计验算点 P_Y^* 的坐标初值$(y_1^*,y_2^*,\cdots,y_n^*)$，一般可取 $y_i^*=0$，$i=1,2,\cdots,n$。

(2) 按式(6.112)计算设计验算点 P_X^* 的坐标值$(x_1^*,x_2^*,\cdots,x_n^*)$。

(3) 按式(6.113)和式(6.114)计算可靠指标 β。

(4) 按式(6.111)和式(6.112)确定新的坐标值$(y_1^*,y_2^*,\cdots y_n^*)$和$(x_1^*,x_2^*,\cdots,x_n^*)$。

(5) 重复第(3)和第(4)步，直至达到精度要求。

为便于应用，表6.1给出了不同概率分布时 $\varphi(y^*)/f_X(x^*)$的表达式。

表6.1　$\varphi(y^*)/f_X(x^*)$的表达式

概率分布	$\varphi(y^*)/f_X(x^*)$	说明
X服从正态分布 $N(\mu,\sigma^2)$	σ	$F(\cdot)$、$f(\cdot)$分别为参数为μ、α的极大值Ⅰ型分布函数和概率密度函数；$f(\cdot;u,v)$为贝塔分布$Be(u,v)$的概率密度函数
X服从对数正态分布 $LN(\mu_{\ln X},\sigma_{\ln X}^2)$	$x^*\sigma_{\ln X}$	
X服从参数为μ、α的极大值Ⅰ型分布	$\frac{\varphi(y^*)}{\Phi(y^*)}\cdot\alpha\exp\left(\frac{x^*-\mu}{\alpha}\right)$	
$F(X)$服从贝塔分布 $Be(u,v)$	$\frac{\varphi(y^*)}{f(x^*)f(F(x^*);u,v)}$	

为说明梯度修正迭代法的基本思想，可令

$$\beta_0=\sum_{i=1}^{n}\alpha_i^* y_i^* \tag{6.115}$$

$$\Delta\beta=\frac{g(x_1^*,x_2^*,\cdots,x_n^*)}{\sqrt{\sum_{i=1}^{n}\left[\left.\frac{\partial g}{\partial X_i}\right|_* \frac{\varphi(y_i^*)}{f_{X_i}(x_i^*)}\right]^2}} \tag{6.116}$$

这时迭代过程中的可靠指标 β 可表达为

$$\beta=\beta_0+\Delta\beta \tag{6.117}$$

再令

$$Z'=g(X_1,X_2,\cdots,X_n)-g(x_1^*,x_2^*,\cdots,x_n^*) \tag{6.118}$$

显然，迭代过程中的 P_X^* 点满足

$$Z'=0 \tag{6.119}$$

即 P_X^* 点位于式(6.119)所示的曲面上。该点处的切平面方程为

$$\sum_{i=1}^{n}\frac{\partial g}{\partial X_i}\bigg|\frac{\varphi(y_i^*)}{f_{X_i}(x_i^*)}(Y_i-y_i^*)=0 \tag{6.120}$$

其对应的可靠指标为 β_0，它为 $Y_1,Y_2,\cdots,Y_n$ 空间中坐标原点 O_Y 至曲面 $Z'=0$ 在 P_Y^* 点处切平面的距离，如图 6.4 所示。$\Delta\beta$ 则是 P_Y^* 点沿曲面 $Z'=0$ 法线方向的位移量，是函数 $g(x_1,x_2,\cdots,x_n)$ 的值由 $g(x_1^*,x_2^*,\cdots,x_n^*)$ 变化到 0 引起的，取决于函数 Z' 在 P_Y^* 点的梯度。β_0 和 $\Delta\beta$ 所对应的向量相互平行，两者合成后即为迭代过程中的 β，而 $\Delta\beta$ 相当于对 β_0 的修正量。

迭代过程中，按新的 β 确定的曲面 $Z'=0$ 将进一步接近曲面 $Z=0$，且随迭代次数的不断增加，曲面 $Z'=0$ 将最终与曲面 $Z=0$ 重合，而曲面 $Z'=0$ 的展开点 P_Y^* 将与垂足 F_Y^* 重合。这时 β 所对应的平面将成为曲面 $Z=0$ 的切平面，使展开点 P_Y^* 最终落于曲面 $Z=0$ 上，成为设计验算点。这种方法在迭代过程中考虑了可靠指标的梯度修正量 $\Delta\beta$，可称其为梯度修正迭代法。

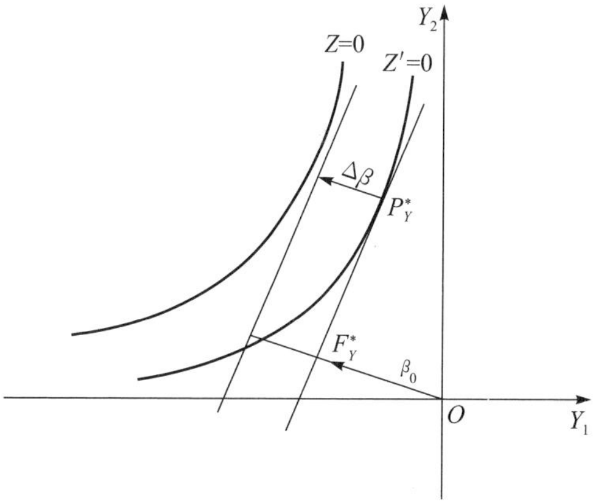

图 6.4　可靠指标的迭代计算过程

6.3.3　随机变量相关时的计算方法

结构功能函数中，基本变量之间并不总是相互独立的。若存在较强的相关性，则其对可靠指标的影响是不可忽略的。当基本变量 $X_1,X_2,\cdots,X_n$ 之间相关时，按式(6.99)转换后的标准正态随机变量 $Y_1,Y_2,\cdots,Y_n$ 之间也是相关的，但 $Y_1,Y_2,\cdots,Y_n$ 之间和 $X_1,X_2,\cdots,X_n$ 之间的相关系数并不一定相同。这里首先讨论随机变量转换前后相关系数之间的关系。

1. 随机变量转换前后的相关系数

对于任意两个随机变量 X_i 和 X_j，它们之间的关系可归结为三种[7]：

(1) 相互独立。X_i、X_j 的变化无相互影响，其联合概率密度函数可表示为 X_i、

X_j 的概率密度函数之积,即

$$f_{X_i,X_j}(x_i,x_j)=f_{X_i}(x_i)f_{X_j}(x_j) \tag{6.121}$$

(2) 相互关联。X_i、X_j 之间具有完全确定的关系,一般可采用函数式表达,如

$$X_j=g(X_i) \tag{6.122}$$

(3) 随机相依。X_i、X_j 之间存在相互影响,但不具有确定的关系,这种影响表现于两者总体的变化规律上,如图 6.5 所示。

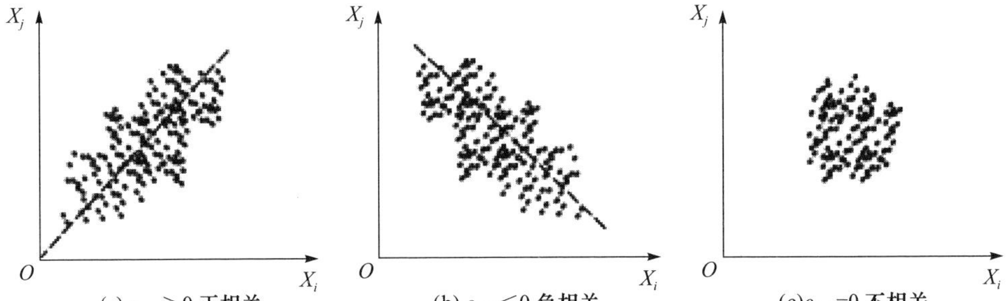

图 6.5　随机变量之间的相关性

随机相依关系也称为随机变量之间的相关性,它的强弱一般由相关系数度量,即[7]

$$\rho_{X_iX_j}=\frac{\mathrm{Cov}(X_i,X_j)}{\sigma_{X_i}\sigma_{X_j}}=\frac{E(X_iX_j)-\mu_{X_i}\mu_{X_j}}{\sigma_{X_i}\sigma_{X_j}} \tag{6.123}$$

式中:$\mathrm{Cov}(X_i,X_j)$为随机变量 X_i、X_j 的协方差。

相关系数 $\rho_{X_iX_j}$ 描述了随机变量 X_i、X_j 宏观上具有线性关系的程度,取值范围为$[-1,1]$。当 $\rho_{X_iX_j}>0$ 时,称 X_i、X_j 之间正相关;当 $\rho_{X_iX_j}<0$ 时,称 X_i、X_j 之间负相关;当 $\rho_{X_iX_j}=0$ 时,称 X_i、X_j 之间不相关。若两者均为独立随机变量 $V_1,V_2,\cdots,V_n$ 的线性函数,即

$$X_i=a_0+a_1V_1+a_2V_2+\cdots+a_nV_n \tag{6.124}$$

$$X_j=b_0+b_1V_1+b_2V_2+\cdots+b_nV_n \tag{6.125}$$

则

$$\rho_{X_iX_j}=\frac{\sum_{i=1}^{n}a_ib_i\sigma_{V_i}^2}{\sqrt{\sum_{i=1}^{n}a_i^2\sigma_{V_i}^2}\sqrt{\sum_{i=1}^{n}b_i^2\sigma_{V_i}^2}} \tag{6.126}$$

式中:$a_0,a_1,a_2,\cdots,a_n$ 和 $b_0,b_1,b_2,\cdots,b_n$ 均为确定的系数。

设 $X_1,X_2,\cdots,X_n$ 为相关的非正态随机变量,其相关系数矩阵为 $\boldsymbol{P}_X$,即

$$\boldsymbol{P}_X=\begin{bmatrix}1 & \rho_{X_1X_2} & \cdots & \rho_{X_1X_n}\\ \rho_{X_2X_1} & 1 & \cdots & \rho_{X_2X_n}\\ \vdots & \vdots & & \vdots\\ \rho_{X_nX_1} & \rho_{X_nX_2} & \cdots & 1\end{bmatrix} \tag{6.127}$$

并令

$$Y_i=\Phi^{-1}(F_{X_i}(X_i)),\quad i=1,2,\cdots,n \tag{6.128}$$

则 $Y_1,Y_2,\cdots,Y_n$ 均为标准正态随机变量，且彼此相关，记其相关系数矩阵为 $\boldsymbol{P}_Y$，即

$$\boldsymbol{P}_Y=\begin{bmatrix}1 & \rho_{Y_1Y_2} & \cdots & \rho_{Y_1Y_n}\\ \rho_{Y_2Y_1} & 1 & \cdots & \rho_{Y_2Y_n}\\ \vdots & \vdots & & \vdots\\ \rho_{Y_nY_1} & \rho_{Y_nY_2} & \cdots & 1\end{bmatrix} \tag{6.129}$$

它与 $\boldsymbol{P}_X$ 并不一定相等。由于

$$E(X_iX_j)=\int_{-\infty}^{\infty}\int_{-\infty}^{\infty}x_ix_j\,f_{X_i,X_j}(x_i,x_j;\rho_{X_iX_j})\mathrm{d}x_i\mathrm{d}x_j,\quad i\neq j \tag{6.130}$$

故通过变量代换，应有

$$E(X_iX_j)=\int_{-\infty}^{\infty}\int_{-\infty}^{\infty}F_{X_i}^{-1}(\Phi(y_i))F_{X_j}^{-1}(\Phi(y_j))\varphi_2(y_i,y_j;\rho_{Y_iY_j})\mathrm{d}y_i\mathrm{d}y_j,\quad i\neq j \tag{6.131}$$

式中：$\varphi_2(\cdot,\cdot;\cdot)$为二维标准正态联合概率密度函数。

由式(6.123)可得

$$\rho_{X_iX_j}=\frac{1}{\sigma_{X_i}\sigma_{X_j}}\left\{\int_{-\infty}^{\infty}\int_{-\infty}^{\infty}F_{X_i}^{-1}(\Phi(y_i))F_{X_j}^{-1}(\Phi(y_j))\varphi_2(y_i,y_j;\rho_{Y_iY_j})\mathrm{d}y_i\mathrm{d}y_j-\mu_{X_i}\mu_{X_j}\right\},\quad i\neq j \tag{6.132}$$

它反映了转换前后相关系数之间的关系[22]。

为便于应用，文献[22]针对常遇的分布类型给出了 $\rho_{Y_iY_j}$ 的精确或近似表达式：

(1) X_i、X_j 均服从正态分布时，有

$$\rho_{Y_iY_j}=\rho_{X_iX_j} \tag{6.133}$$

(2) X_i、X_j 均服从对数正态分布时，有

$$\rho_{Y_iY_j}=\frac{\ln(1+\rho_{X_iX_j}\delta_{X_i}\delta_{X_j})}{\sqrt{\ln(1+\delta_{X_i}^2)}\sqrt{\ln(1+\delta_{X_j}^2)}} \tag{6.134}$$

(3) X_i、X_j 均服从极大值Ⅰ型分布时，有

$$\rho_{Y_iY_j}=H_{\mathrm{II}}^{-1}\left(\frac{\pi^2}{6}\rho_{X_iX_j}+C_{\mathrm{E}}^2\right)\approx(1.0664-0.0680\rho_{X_iX_j})\rho_{X_iX_j} \tag{6.135}$$

$$H_{\mathrm{II}}(t)=\int_{-\infty}^{\infty}\int_{-\infty}^{\infty}\ln[-\ln\Phi(y_i)]\ln[-\ln\Phi(y_j)]\varphi_2(y_i,y_j;\rho_{Y_iY_j})\mathrm{d}y_i\mathrm{d}y_j \tag{6.136}$$

式(6.135)中近似公式的回归相关系数为 0.999538，具有足够的精度。

(4) X_i 服从正态分布、X_j 服从对数正态分布时，有

$$\rho_{Y_iY_j}=\frac{\delta_{X_j}}{\sqrt{\ln(1+\delta_{X_j}^2)}}\rho_{X_iX_j} \tag{6.137}$$

(5) X_i 服从正态分布、X_j 服从极大值Ⅰ型分布时，有

$$\rho_{Y_iY_j}=-\frac{\pi/\sqrt{6}}{\int_{-\infty}^{\infty}y_j\ln[-\ln\Phi(y_j)]\varphi(y_j)\mathrm{d}y_j}\rho_{X_iX_j}=1.0315\rho_{X_iX_j} \tag{6.138}$$

(6) X_i 服从对数正态分布、X_j 服从极大值Ⅰ型分布时，有

$$\rho_{Y_iY_j}=\frac{H_{\mathrm{LI}}^{-1}(-\delta_{X_i}\rho_{X_iX_j}\pi/\sqrt{6}-C_{\mathrm{E}}^2)}{\sqrt{\ln(1+\delta_{X_i}^2)}}\approx\frac{1.04642-0.17834\delta_{X_i}\rho_{X_iX_j}}{\sqrt{\ln(1+\delta_{X_i}^2)}}\delta_{X_i}\rho_{X_iX_j} \tag{6.139}$$

$$H_{\mathrm{LI}}(t)=\int_{-\infty}^{\infty}\ln[-\ln\Phi(y_j)]\varphi(y_j-t)\mathrm{d}y_j \tag{6.140}$$

式(6.139)中近似公式的回归相关系数为 0.997292，亦具有足够的精度。

随机变量转换后的相关系数 $\rho_{Y_iY_j}$ 仅与原相关系数 $\rho_{X_iX_j}$、对数正态随机变量的变异系数有关。一般情况下对数正态随机变量的变异系数不大于 0.35。这时对上述六种组合，有

$$0\leqslant\rho_{Y_iY_j}-\rho_{X_iX_j}\leqslant 0.04,\quad \text{正相关} \tag{6.141}$$

$$-0.12\leqslant\rho_{Y_iY_j}-\rho_{X_iX_j}\leqslant 0,\quad \text{负相关} \tag{6.142}$$

且相关系数的绝对值越小，$\rho_{Y_iY_j}$ 和 $\rho_{X_iX_j}$ 越接近。$\rho_{X_iX_j}=0$ 时，$\rho_{Y_iY_j}=0$。因此，对于常遇的正相关情况，转换前后相关系数的变化甚微，可近似假定两者相等，即取[22]

$$\rho_{Y_iY_j}=\rho_{X_iX_j} \tag{6.143}$$

2. 可靠指标的计算方法

基本变量 $X_1,X_2,\cdots,X_n$ 之间相关时，结构的可靠指标并不能完全按照 JC 法计算。为此文献[21]将可靠指标计算的梯度修正迭代法推广应用于随机变量相关的场合。

为便于叙述，记随机向量 $\boldsymbol{X}=(X_1,X_2,\cdots,X_n)^{\mathrm{T}}$，T 为转置符号。令

$$Y_i=\Phi^{-1}(F_{X_i}(X_i)),\quad i=1,2,\cdots,n \tag{6.144}$$

简记其为

$$\boldsymbol{Y}=\Phi^{-1}(F_X(\boldsymbol{X})) \tag{6.145}$$

则 $\boldsymbol{Y}=(Y_1,Y_2,\cdots,Y_n)^{\mathrm{T}}$ 为标准正态随机向量，而式(6.145)可称为随机向量 $\boldsymbol{X}$ 的标准正态化转换式。根据式(6.143)，这时近似有

$$\boldsymbol{P}_Y\approx\boldsymbol{P}_X \tag{6.146}$$

再令

$$\boldsymbol{V}=\boldsymbol{L}^{-1}\boldsymbol{Y} \tag{6.147}$$

式中：$\boldsymbol{L}^{-1}$ 为矩阵 $\boldsymbol{L}$ 的逆矩阵，$\boldsymbol{L}$ 为满秩下三角矩阵(行向量线性无关)，可表达为

$$\boldsymbol{L}=\begin{bmatrix} a_{11} & 0 & 0 & 0 \\ a_{21} & a_{22} & \cdots & 0 \\ \vdots & \vdots & & \vdots \\ a_{n1} & a_{n2} & \cdots & a_{nn} \end{bmatrix} \tag{6.148}$$

且满足

$$\boldsymbol{P}_Y=\boldsymbol{L}\boldsymbol{L}^{\mathrm{T}} \tag{6.149}$$

根据矩阵理论，这时 $\boldsymbol{V}=(V_1,V_2,\cdots,V_n)^{\mathrm{T}}$ 为元素独立的标准正态随机向量，而式(6.147)可称为随机向量 $\boldsymbol{Y}$ 的独立化转换式。根据式(6.149)，满秩下三角矩阵 $\boldsymbol{L}$ 的元素应满足[23]

$$a_{11}=1 \tag{6.150}$$

$$a_{ij}=\frac{\rho_{Y_iY_j}-\sum_{k=1}^{j-1}a_{ik}a_{jk}}{a_{jj}},\quad i>j \tag{6.151}$$

$$a_{ii}=\sqrt{1-\sum_{k=1}^{i-1}a_{ik}^2},\quad i=2,3,\cdots,n \tag{6.152}$$

式中：$j=1$ 时，取 $\sum_{k=1}^{j-1}a_{ik}a_{jk}=0$。这时可依次按行、按由左到右的顺序确定矩阵 $\boldsymbol{L}$ 中的元素。通过上述标准正态化和独立化转换，最终可将元素相关的非正态随机向量 $\boldsymbol{X}$ 表达为独立标准正态随机向量 $\boldsymbol{V}$ 的函数，即

$$\boldsymbol{X}=F_X^{-1}(\Phi(\boldsymbol{L}\boldsymbol{V})) \tag{6.153}$$

若记功能函数为

$$Z=g_X(\boldsymbol{X})=g_Y(\boldsymbol{Y})=g_V(\boldsymbol{V}) \tag{6.154}$$

则按梯度修正迭代法，可靠指标 β 和设计验算点 P_V^* 的坐标向量 $\boldsymbol{v}^*=(v_1^*,v_2^*,\cdots,v_n^*)^{\mathrm{T}}$ 应满足

$$\boldsymbol{v}^*=-\boldsymbol{\alpha}^*\beta \tag{6.155}$$

$$\boldsymbol{\alpha}^*=\frac{-g'_{\boldsymbol{V}^*}}{\sqrt{(g'_{\boldsymbol{V}^*})^{\mathrm{T}}g'_{\boldsymbol{V}^*}}} \tag{6.156}$$

$$\beta=\boldsymbol{\alpha}^{*\mathrm{T}}\boldsymbol{v}^{*}+\frac{g_{\boldsymbol{V}}(\boldsymbol{v}^{*})}{\sqrt{(g'_{\boldsymbol{V}_{*}})^{\mathrm{T}}g'_{\boldsymbol{V}_{*}}}} \tag{6.157}$$

$$g'_{\boldsymbol{V}_{*}}=\left(\left.\frac{\partial g_{\boldsymbol{V}}}{\partial V_{1}}\right|_{*},\left.\frac{\partial g_{\boldsymbol{V}}}{\partial V_{2}}\right|_{*},\cdots,\left.\frac{\partial g_{\boldsymbol{V}}}{\partial V_{n}}\right|_{*}\right)^{\mathrm{T}} \tag{6.158}$$

根据随机向量之间的关系，它们最终可改写为

$$\boldsymbol{y}^{*}=-\boldsymbol{L}\boldsymbol{\alpha}^{*}\beta \tag{6.159}$$

$$\boldsymbol{x}^{*}=F_{\boldsymbol{X}}^{-1}(\Phi(\boldsymbol{y}^{*})) \tag{6.160}$$

$$\boldsymbol{\alpha}^{*}=\frac{-\boldsymbol{L}^{\mathrm{T}}g'_{\boldsymbol{Y}_{*}}}{\sqrt{(g'_{\boldsymbol{Y}_{*}})^{\mathrm{T}}\boldsymbol{P}_{Y}g'_{\boldsymbol{Y}_{*}}}}\approx\frac{-\boldsymbol{L}^{\mathrm{T}}g'_{\boldsymbol{Y}_{*}}}{\sqrt{(g'_{\boldsymbol{Y}_{*}})^{\mathrm{T}}\boldsymbol{P}_{\boldsymbol{X}}g'_{\boldsymbol{Y}_{*}}}} \tag{6.161}$$

$$\beta=\boldsymbol{\alpha}^{*\mathrm{T}}\boldsymbol{L}^{-1}\boldsymbol{y}^{*}+\frac{g_{\boldsymbol{X}}(\boldsymbol{x}^{*})}{\sqrt{(g'_{\boldsymbol{Y}_{*}})^{\mathrm{T}}\boldsymbol{P}_{\boldsymbol{X}}g'_{\boldsymbol{Y}_{*}}}} \tag{6.162}$$

$$g'_{\boldsymbol{Y}_{*}}=\left(\left.\frac{\partial g_{\boldsymbol{X}}}{\partial X_{1}}\right|_{*}\frac{\varphi(y_{1}^{*})}{f_{X_{1}}(x_{1}^{*})},\left.\frac{\partial g_{\boldsymbol{X}}}{\partial X_{2}}\right|_{*}\frac{\varphi(y_{2}^{*})}{f_{X_{2}}(x_{2}^{*})},\cdots,\left.\frac{\partial g_{\boldsymbol{X}}}{\partial X_{n}}\right|_{*}\frac{\varphi(y_{n}^{*})}{f_{X_{n}}(x_{n}^{*})}\right)^{\mathrm{T}} \tag{6.163}$$

这时按梯度修正迭代法便可确定可靠指标 β 和设计验算点坐标 $(x_1^*,x_2^*,\cdots,x_n^*)$。

3. 实例分析

设随机向量 $\boldsymbol{X}=(X_1,X_2,X_3)^{\mathrm{T}}$ 的各分量均服从对数正态分布，其均值向量、变异系数向量和相关系数矩阵分别为

$$\boldsymbol{M}_{\boldsymbol{X}}=(2,3,2)^{\mathrm{T}} \tag{6.164}$$

$$\boldsymbol{\Delta}_{\boldsymbol{X}}=(\delta_1,\delta_2,\delta_3)^{\mathrm{T}} \tag{6.165}$$

$$\boldsymbol{P}_{\boldsymbol{X}}=\begin{bmatrix}1 & \rho_1 & \rho_1\\ \rho_1 & 1 & \rho_2\\ \rho_1 & \rho_2 & 1\end{bmatrix} \tag{6.166}$$

极限状态方程为

$$X_1^2X_2-X_3=0 \tag{6.167}$$

则不同条件下可靠指标 β 的计算结果见表 6.2。

表 6.2 可靠指标计算结果

相关系数	变异系数向量 $\boldsymbol{\Delta}_X$	可靠指标 β	
		梯度修正迭代法	JC 法
$\rho_1=\rho_2=0$	$(0.1,0.1,0.2)^{\mathrm{T}}$	6.0226	6.0226
	$(0.2,0.2,0.2)^{\mathrm{T}}$	3.6127	3.6127
$\rho_1=0.2,\rho_2=0.5$	$(0.1,0.1,0.2)^{\mathrm{T}}$	7.5372	6.0226
	$(0.2,0.2,0.2)^{\mathrm{T}}$	3.9137	3.6127

当随机变量之间相互独立，即 $\rho_1=\rho_2=0$ 时，梯度修正迭代法的计算结果与 JC 法的完全相同；当彼此相关时，则存在较大的差别，相关性对可靠指标 β 具有不可忽略的影响。

按梯度修正迭代法进行迭代计算时，如果不按式(6.162)计算可靠指标 β，而按极限状态方程求解，则必须求解关于 β 的一元三次方程，计算过程较为复杂。如果按式(6.98)所示的方式选择坐标分量 x_1^* 作为极限状态方程的未知量，则它有两个根：$\sqrt{x_3^*/x_2^*}$、$-\sqrt{x_3^*/x_2^*}$。如果选择第二个根，将导致迭代过程无效终止。按式(6.162)计算可靠指标 β 则可规避这些问题，简化计算过程，并易于编程计算。

6.4　结构可靠度的时段分析方法

完全按式(6.38)所示的理论模型分析结构可靠度时，并不能采用 6.3 节中可靠指标的计算方法，而需采用多维随机变量的概率分析方法。为此，文献[24]根据结构体系可靠度理论，针对承载能力极限状态，按典型和一般两种场合提出结构可靠度的时段分析方法。典型场合指设计使用年限为作用时段的整数倍、结构抗力不随时间变化的场合，主要适用于一般拟建结构的可靠度分析；一般场合则适用于较复杂条件下的结构可靠度分析。

1. 典型场合下的时段分析方法

按结构可靠度分析的理论模型，结构在设计使用年限 T 内的失效概率应表达为

$$P_{\mathrm{f}}(T)=P\{\bigcup_{j=1}^{r_n} Z(\tau_{n,j})\leqslant 0\} \tag{6.168}$$

且典型场合下，该式中可变作用最小时段的功能函数为

$$Z(\tau_{n,j})=R-\eta_S S\left(G+P+Q_1(\tau_{1,l})+Q_2(\tau_{2,k})+\cdots+Q_n(\tau_{n,j})\right),$$
$$\tau_{n,j}\in\cdots\in\tau_{2,k}\in\tau_{1,l};\ j=1,2,\cdots,r_n \tag{6.169}$$

为简化问题，这里未考虑结构性能 $D_1,D_2,\cdots$ 的影响，这并不影响最终的方法。若这 r_n 个功能函数之间相互独立或完全相关，则分别有[25]

$$P_{\mathrm{f}}(T)=1-\prod_{j=1}^{r_n}\{1-P\{Z(\tau_{n,j})\leqslant 0\}\} \tag{6.170}$$

$$P_{\mathrm{f}}(T)=\max_{j=1,2,\cdots,r_n} P\{Z(\tau_{n,j})\leqslant 0\} \tag{6.171}$$

它们的计算相对简单。实际工程中，可变作用最小时段的功能函数之间往往既不相互独立，又不完全相关。为解决这时失效概率 $P_{\mathrm{f}}(T)$ 的计算问题，并与作用的概率模型保持一致，文献[24]建议在可变作用最小时段 $\tau_{n,1},\tau_{n,2},\cdots,\tau_{n,r_n}$ 内计算结构

的可靠指标，并根据各时段的可靠指标，按结构体系可靠度的计算方法，计算结构在设计使用年限 T 内的可靠指标。

设结构承受图 6.6 所示的 3 个可变作用，则可变作用最小时段的功能函数为

$$Z(\tau_{3,j})=R-\eta_S S(G+P+Q_1(\tau_{1,l})+Q_2(\tau_{2,k})+Q_3(\tau_{3,j})),$$
$$\tau_{3,j}\in\tau_{2,k}\in\tau_{1,l};j=1,2,\cdots,20 \tag{6.172}$$

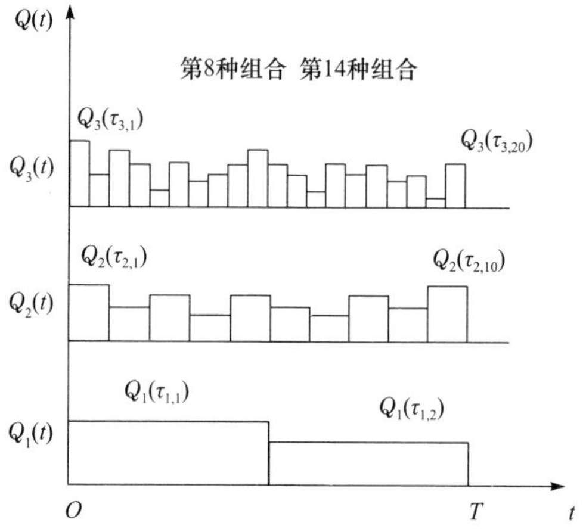

图 6.6　作用和时段编号

由于最小时段 $\tau_{3,1},\tau_{3,2},\cdots,\tau_{3,20}$ 内结构抗力 R、作用效应计算模式不定性系数 η_S、永久作用 G、预应力作用 P 等均相同，而各可变作用在 $\tau_{3,1},\tau_{3,2},\cdots,\tau_{3,20}$ 内的概率分布亦相同，均为其任意时点分布，因此结构在 $\tau_{3,1},\tau_{3,2},\cdots,\tau_{3,20}$ 内的失效概率或可靠指标均相等，可统一记为

$$P_f(\tau_{3,1})=P_f(\tau_{3,2})=\cdots=P_f(\tau_{3,20})=P_f(\tau_3)=\Phi(-\beta_3) \tag{6.173}$$

其中可靠指标 β_3 可按式(6.172)所示的功能函数，采用梯度修正迭代法计算。这时结构在设计使用年限 T 内的失效概率应为 20 元串联体系的失效概率，该体系中任一元素的失效都将导致整个体系的失效。按串联体系可靠度的计算方法，应有[25]

$$P_f(T)=P\{\bigcup_{j=1}^{20}Z(\tau_{3,j})\leqslant 0\}\approx P\{\bigcup_{j=1}^{20}U(\tau_{3,j})\leqslant 0\}=1-\Phi_{20}(\boldsymbol{\beta};\boldsymbol{P}_U) \tag{6.174}$$

$$U(\tau_{3,j})=-\alpha_R^* Y_R-\alpha_{\eta_S}^* Y_{\eta_S}-\alpha_G^* Y_G-\alpha_P^* Y_P-\sum_{i=1}^{3}\alpha_{Q_i}^* Y_{Q_i}+\beta_3 \tag{6.175}$$

式中：$U(\tau_{3,j})$为 $Z(\tau_{3,j})$线性化和标准正态化后的功能函数，$j=1,2,\cdots,20$；Y_X 代表基本变量 X 标准正态化后的随机变量；α_X^* 为其灵敏度系数；$\Phi_{20}(\cdot;\cdot)$为 20 维标准正态联合概率分布函数；$\boldsymbol{\beta}$ 为 20 维可靠指标向量 $(\beta_3,\beta_3,\cdots,\beta_3)_{20}^{\mathrm{T}}$；$\boldsymbol{P}_U$ 为 $U(\tau_{3,1}),U(\tau_{3,2}),\cdots,U(\tau_{3,20})$的20×20 相关系数矩阵，其元素可按下列三种情况确定[24]：

(1) 两功能函数位于 Q_1 的不同时段时，其相关系数为

$$\rho_1=\alpha_R^{*2}+\alpha_{\eta_S}^{*2}+\alpha_G^{*2}+\alpha_P^{*2} \tag{6.176}$$

(2) 两功能函数位于 Q_1 的同一时段、Q_2 的不同时段时，其相关系数为

$$\rho_2 = \alpha_R^{*2} + \alpha_{\eta_S}^{*2} + \alpha_G^{*2} + \alpha_P^{*2} + \alpha_{Q_1}^{*2} \tag{6.177}$$

(3) 两功能函数位于 Q_2 的同一时段、Q_3 的不同时段时，其相关系数为

$$\rho_3 = \alpha_R^{*2} + \alpha_{\eta_S}^{*2} + \alpha_G^{*2} + \alpha_P^{*2} + \alpha_{Q_1}^{*2} + \alpha_{Q_2}^{*2} \tag{6.178}$$

根据可靠指标向量 $\boldsymbol{\beta}$ 和相关系数矩阵 $\boldsymbol{P}_U$，最终可按式(6.174)计算结构在设计使用年限 T 内的失效概率 $P_f(T)$ 及相应的可靠指标 β。这种分析方法以可变作用最小时段的可靠指标为基础，采用了结构体系可靠度的分析方法，与目前结构可靠度的分析方法存在较大差别，可称其为结构可靠度的时段分析方法[24]。

该法是直接根据结构可靠度分析的理论模型建立的，符合作用的概率模型和作用概率组合的理论模型，反映了作用组合效应相关但不完全相关的性质，并可回避多个作用最不利组合的寻找过程，在相当程度上克服了目前结构可靠度分析方法的缺陷。但是，它涉及多维标准正态联合概率分布函数的计算。该函数中相关系数矩阵 $\boldsymbol{P}_U$ 的非对角线元素不完全相同，因此并不能采用目前结构体系可靠度理论中的简便计算方法[25]，其计算过程较为复杂。

为克服计算中的困难，文献[24]进一步提出一种分层计算方法，即按可变作用时段长度由小到大的顺序，逐层计算不同时段内的可靠指标，将一般问题转化为一系列等可靠指标、等相关系数的多维标准正态联合概率分布函数的计算问题。

首先，按式(6.172)所示的最小时段功能函数 $Z(\tau_{3,j})$ $(j=1,2,\cdots,20)$ 计算 $\tau_{3,1},\tau_{3,2},\cdots,\tau_{3,20}$ 内的可靠指标，它们均为 β_3。

其次，计算下一层时段 $\tau_{2,1},\tau_{2,2},\cdots,\tau_{2,10}$ 内的可靠指标。由于时段 $\tau_{2,k}$ $(k=1,2,\cdots,10)$ 内各功能函数 $Z(\tau_{3,j})$(2 个)对应的可靠指标相同，彼此之间的相关系数也相同(这里是数量为 2 的特例)，因此时段 $\tau_{2,k}$ 内的失效概率应为 2 元等可靠指标、等相关系数的串联体系的失效概率，可表达为

$$P_f(\tau_{2,k}) = P\{\bigcup_{\tau_{3,j}\in\tau_{2,k}} Z(\tau_{3,j}) \leqslant 0\} \approx 1 - \Phi_2(\boldsymbol{\beta}_3;\boldsymbol{P}'_3),\quad k=1,2,\cdots,10 \tag{6.179}$$

式中：$\boldsymbol{\beta}_3$ 为 2 维可靠指标向量 $(\beta_3,\beta_3)_2^{\mathrm{T}}$；$\boldsymbol{P}'_3$ 为非对角线元素均为 ρ'_3 的 2×2 相关系数矩阵，ρ'_3 为时段 $\tau_{2,k}$ 中功能函数 $Z(\tau_{3,j})$ 线性化和标准正态化后相应功能函数 $U(\tau_{3,j})$ 之间的相关系数。对于这里的情形，有

$$\rho'_3 = \rho_3 \tag{6.180}$$

根据式(6.179)，该层时段 $\tau_{2,1},\tau_{2,2},\cdots,\tau_{2,10}$ 内的失效概率或可靠指标均应相等，可统一记

$$P_f(\tau_{2,1}) = P_f(\tau_{2,2}) = \cdots = P_f(\tau_{2,10}) = P_f(\tau_2) = \Phi(-\beta_2) \tag{6.181}$$

$$\beta_2 \approx \Phi^{-1}(\Phi_2(\boldsymbol{\beta}_3;\boldsymbol{P}'_3)) \tag{6.182}$$

由于2元串联体系的失效概率为

$$P_{\mathrm{f}}(\tau_{2,k})=P\{\bigcup_{\tau_{3,j}\in\tau_{2,k}\in\tau_{1,l}} R-\eta_S S(G+P+Q_1(\tau_{1,l})+Q_2(\tau_{2,k})+Q_3(\tau_{3,j}))\leqslant 0\},\quad k=1,2,\cdots,10 \tag{6.183}$$

且时段$\tau_{2,k}$内除$Q_3(\tau_{3,j})$外其他基本变量均相同,故可令

$$P_{\mathrm{f}}(\tau_{2,k})=P\{R-\eta_S S(G+P+Q_1(\tau_{1,l})+Q_2(\tau_{2,k})+Q'_3(\tau_{2,k}))\leqslant 0\},\quad \tau_{2,k}\in\tau_{1,l};k=1,2,\cdots,10 \tag{6.184}$$

并称$Q'_3(\tau_{2,k})$为时段$\tau_{2,k}$内所有$Q_3(\tau_{3,j})$(2个)的等效可变作用,且$Q'_3(\tau_{2,1})$,$Q'_3(\tau_{2,2})$,…,$Q'_3(\tau_{2,10})$相互独立,具有相同的概率分布。虽然该分布尚不明确,但不影响后面结构可靠度的计算。这时时段$\tau_{2,k}$内的失效概率对应于功能函数

$$Z(\tau_{2,k})=R-\eta_S S(G+P+Q_1(\tau_{1,l})+Q_2(\tau_{2,k})+Q'_3(\tau_{2,k})),\quad \tau_{2,k}\in\tau_{1,l};k=1,2,\cdots,10 \tag{6.185}$$

而时段$\tau_{2,k}$内的2元串联体系被等效地转化为功能函数为$Z(\tau_{2,k})$的单个元素,$k=1,2,\cdots,10$,其可靠指标均为β_2。相应地,设计使用年限T内的20元串联体系被等效地转化为10元串联体系,其可靠度计算的维度降低。

再次,计算更下一层时段$\tau_{1,1}$,$\tau_{1,2}$内的可靠指标。由于时段$\tau_{1,l}(l=1,2)$内$Q'_3(\tau_{2,k})$之间相互独立且同分布,$Q_2(\tau_{2,k})$之间相互独立且同分布,而其他基本变量均相同,因此时段$\tau_{1,l}$内的失效概率应为5元等可靠指标、等相关系数的串联体系的失效概率可表达为

$$P_{\mathrm{f}}(\tau_{1,l})=P\{\bigcup_{\tau_{2,k}\in\tau_{1,l}} Z(\tau_{2,k})\leqslant 0\}\approx 1-\Phi_5(\boldsymbol{\beta}_2;\boldsymbol{P}'_2),\quad l=1,2 \tag{6.186}$$

式中:$\boldsymbol{\beta}_2$为5维可靠指标向量$(\beta_2,\cdots,\beta_2)_5^{\mathrm{T}}$;$\boldsymbol{P}'_2$为非对角线元素均为$\rho'_2$的$5\times5$相关系数矩阵,$\rho'_2$为时段$\tau_{1,l}$中等效功能函数$Z(\tau_{2,k})$线性化和标准正态化后相应功能函数之间的相关系数。

相关系数ρ'_2形式上仍可按式(6.177)计算,但因$\beta_2\leqslant\beta_3$,式(6.185)所示等效功能函数中的$Q'_3(\tau_{2,k})$不小于等效前的$Q_3(\tau_{3,j})$,$Q'_3(\tau_{2,k})$的灵敏度系数绝对值相对增大,而式(6.185)中其他基本变量的灵敏度系数绝对值相应减小,故根据式(6.177),应有

$$\rho'_2\leqslant\rho_2 \tag{6.187}$$

一般情况下,时段$\tau_{2,k}$内$Z(\tau_{3,j})$之间存在较强的相关性,因此$Q'_3(\tau_{2,k})$与$Q_3(\tau_{3,j})$在灵敏度系数上的差异是有限的,可近似取

$$\rho'_2\approx\rho_2 \tag{6.188}$$

根据式(6.186),该层时段$\tau_{1,1}$,$\tau_{1,2}$内的失效概率或可靠指标均应相等,可统一记

$$P_{\mathrm{f}}(\tau_{1,1})=P_{\mathrm{f}}(\tau_{1,2})=P_{\mathrm{f}}(\tau_1)=\Phi(-\beta_1) \tag{6.189}$$

$$\beta_1\approx\Phi^{-1}(\Phi_5(\boldsymbol{\beta}_2;\boldsymbol{P}'_2)) \tag{6.190}$$

由于5元串联体系的失效概率

$$P_f(\tau_{1,l}) = P\{\bigcup_{\tau_{2,k}\in\tau_{1,l}} R - \eta_S S(G+P+Q_1(\tau_{1,l})+Q_2(\tau_{2,k}) + Q_3'(\tau_{2,k})) \leqslant 0\},\quad l=1,2 \tag{6.191}$$

且时段 $\tau_{1,l}$ 内除 $Q_2(\tau_{2,k})$、$Q_3'(\tau_{2,k})$ 外其他基本变量均相同，故可令

$$P_f(\tau_{1,l}) = P\{R - \eta_S S(G+P+Q_1(\tau_{1,l})+Q_2'(\tau_{1,l})) \leqslant 0\},\quad l=1,2 \tag{6.192}$$

并称 $Q_2'(\tau_{1,l})$ 为时段 $\tau_{1,l}$ 内所有 $Q_2(\tau_{2,k})+Q_3'(\tau_{2,k})$（5 个）的等效可变作用，且 $Q_2'(\tau_{1,1}),Q_2'(\tau_{1,2}),\cdots,Q_2'(\tau_{1,5})$ 相互独立，具有相同的概率分布。这时时段 $\tau_{1,l}$ 内的失效概率对应于功能函数

$$Z(\tau_{1,l}) = R - \eta_S S(G+P+Q_1(\tau_{1,l})+Q'_2(\tau_{1,l})),\quad l=1,2 \tag{6.193}$$

而时段 $\tau_{1,l}$ 内的 5 元串联体系可被等效地转化为功能函数为 $Z(\tau_{1,l})$ 的单个元素，$l=1,2$，其可靠指标均为 β_1。相应地，设计使用年限 T 内的 20 元串联体系被等效地转化为 2 元串联体系。

最后，计算设计使用年限 T 内的可靠指标。按类似的方法，有

$$P_f(T) = P\{\bigcup_{\tau_{1,l}\in T} Z(\tau_{1,l}) \leqslant 0\} \approx 1 - \Phi_2(\boldsymbol{\beta}_1;\boldsymbol{P}_1') \tag{6.194}$$

式中：$\boldsymbol{\beta}_1$ 为 2 维可靠指标向量 $(\beta_1,\beta_1)_2^{\mathrm{T}}$；$\boldsymbol{P}_1'$ 为非对角线元素为 ρ_1' 的 2×2 相关系数矩阵，且

$$\rho_1' \approx \rho_1 \tag{6.195}$$

最终可得设计使用年限 T 内的可靠指标，即

$$\beta \approx \Phi^{-1}(\Phi_2(\boldsymbol{\beta}_1;\boldsymbol{P}_1')) \tag{6.196}$$

这时设计使用年限 T 内的失效概率对应于功能函数

$$Z(T) = R - \eta_S S(G+P+Q'_1(T)) \tag{6.197}$$

并称 $Q_1'(T)$ 为设计使用年限 T 内所有 $Q_1(\tau_{1,l})+Q_2'(\tau_{1,l})$（2 个）的等效可变作用。

对于 n 个可变作用的一般情况，可靠指标 β 的计算步骤如下：

（1）建立可变作用最小时段 $\tau_{n,j}(j=1,2,\cdots,r_n)$ 的功能函数 $Z(\tau_{n,j})$，并计算相应的可靠指标 β_n，确定线性化和标准正态化后的功能函数

$$U(\tau_{n,j}) = -\alpha_R^* Y_R - \alpha_{\eta_S}^* Y_{\eta_S} - \alpha_G^* Y_G - \alpha_P^* Y_P - \sum_{i=1}^{n} \alpha_{Q_i}^* Y_{Q_i} + \beta_n,\quad j=1,2,\cdots,r_n \tag{6.198}$$

（2）计算功能函数 $U(\tau_{n,1}),U(\tau_{n,2}),\cdots,U(\tau_{n,r_n})$ 之间的相关系数

$$\rho_1 = \alpha_R^{*2} + \alpha_{\eta_S}^{*2} + \alpha_G^{*2} + \alpha_P^{*2} \tag{6.199}$$

$$\rho_i = \alpha_R^{*2} + \alpha_{\eta_S}^{*2} + \alpha_G^{*2} + \alpha_P^{*2} + \sum_{j=1}^{i-1} \alpha_{Q_j}^{*2},\quad i=2,3,\cdots,n \tag{6.200}$$

近似取

$$\rho_i' \approx \rho_i,\quad i=1,2,\cdots,n \tag{6.201}$$

并由此确定相关系数矩阵 $\boldsymbol{P}_i'(i=1,2,\cdots,n)$，其非对角线元素均为 ρ_i'，阶数为 $m_i \times m_i$，其中，

$$m_i=\begin{cases}\dfrac{r_i}{r_{i-1}}, & i=2,3,\cdots,n\\ r_1, & i=1\end{cases} \tag{6.202}$$

(3) 计算下一层时段 $\tau_{n-1,k}(k=1,2,\cdots,r_{n-1})$ 内的可靠指标

$$\beta_{n-1}\approx\Phi^{-1}(\Phi_{m_n}(\boldsymbol{\beta}_n;\boldsymbol{P}_n')) \tag{6.203}$$

(4) 计算更下一层时段 $\tau_{n-2,l}(l=1,2,\cdots,r_{n-2})$ 内的可靠指标

$$\beta_{n-2}\approx\Phi^{-1}(\Phi_{m_{n-1}}(\boldsymbol{\beta}_{n-1};\boldsymbol{P}_{n-1}')) \tag{6.204}$$

(5) 依次类推，最终可得结构在设计使用年限 T 内的可靠指标

$$\beta\approx\Phi^{-1}(\Phi_{m_1}(\boldsymbol{\beta}_1;\boldsymbol{P}_1')) \tag{6.205}$$

上述计算过程虽然涉及多维标准正态联合概率分布函数的计算，但均属等可靠指标、等相关系数的情况，可通过一维积分计算，即[26]

$$\Phi_{m_i}(\boldsymbol{\beta}_i;\boldsymbol{P}_i')=\int_{-\infty}^{\infty}\left[\Phi\left(\frac{\beta_i-t\sqrt{\rho_i'}}{\sqrt{1-\rho_i'}}\right)\right]^{m_i}\varphi(t)\mathrm{d}t,\quad i=1,2,\cdots,n \tag{6.206}$$

为便于应用，表 6.3～表 6.7 列出了 $\Phi^{-1}(\Phi_m(\boldsymbol{\beta};\boldsymbol{P}'))$ 的数值表。这时只要确定了可变作用最小时段的可靠指标 β_n 和每层时段功能函数之间的相关系数 $\rho_i'(i=1,2,\cdots,n)$，便可通过查表依次确定各层时段内的可靠指标，直至得到设计使用年限 T 内的可靠指标 β。

表 6.3　$\boldsymbol{\Phi^{-1}(\Phi_m(\beta;P'))}$ 数值表($\boldsymbol{m=2}$)

ρ'	β										
	2.50	2.75	3.00	3.25	3.50	3.75	4.00	4.25	4.50	4.75	5.00
0	2.2451	2.5151	2.7824	3.0475	3.3108	3.5725	3.8328	4.0921	4.3504	4.6079	4.8646
0.05	2.2457	2.5154	2.7825	3.0476	3.3108	3.5725	3.8328	4.0921	4.3504	4.6079	4.8646
0.10	2.2464	2.5158	2.7828	3.0477	3.3109	3.5725	3.8328	4.0921	4.3504	4.6079	4.8646
0.15	2.2474	2.5163	2.7831	3.0479	3.3109	3.5725	3.8329	4.0921	4.3504	4.6079	4.8646
0.20	2.2486	2.5171	2.7836	3.0481	3.3111	3.5726	3.8329	4.0921	4.3504	4.6079	4.8647
0.25	2.2502	2.5181	2.7842	3.0485	3.3113	3.5727	3.8330	4.0921	4.3504	4.6079	4.8647
0.30	2.2521	2.5195	2.7851	3.0491	3.3117	3.5729	3.8331	4.0922	4.3504	4.6079	4.8647
0.35	2.2545	2.5211	2.7862	3.0498	3.3121	3.5732	3.8333	4.0923	4.3505	4.6079	4.8647
0.40	2.2574	2.5233	2.7877	3.0509	3.3128	3.5737	3.8336	4.0925	4.3506	4.6080	4.8647
0.45	2.2610	2.5259	2.7897	3.0523	3.3138	3.5744	3.8340	4.0928	4.3508	4.6081	4.8648
0.50	2.2652	2.5292	2.7922	3.0541	3.3152	3.5754	3.8347	4.0933	4.3511	4.6083	4.8649
0.55	2.2703	2.5332	2.7953	3.0566	3.3171	3.5768	3.8357	4.0940	4.3517	4.6087	4.8652
0.60	2.2764	2.5382	2.7994	3.0598	3.3196	3.5787	3.8372	4.0951	4.3525	4.6093	4.8656

续表

ρ'	β										
	2.50	2.75	3.00	3.25	3.50	3.75	4.00	4.25	4.50	4.75	5.00
0.65	2.2838	2.5444	2.8045	3.0640	3.3230	3.5814	3.8394	4.0968	4.3538	4.6103	4.8664
0.70	2.2927	2.5520	2.8109	3.0694	3.3275	3.5852	3.8425	4.0993	4.3558	4.6119	4.8676
0.75	2.3035	2.5615	2.8192	3.0766	3.3337	3.5904	3.8469	4.1030	4.3589	4.6144	4.8697
0.80	2.3170	2.5736	2.8300	3.0861	3.3420	3.5978	3.8533	4.1086	4.3636	4.6185	4.8732
0.85	2.3343	2.5893	2.8443	3.0991	3.3538	3.6083	3.8627	4.1170	4.3711	4.6251	4.8790
0.90	2.3574	2.6109	2.8643	3.1177	3.3710	3.6242	3.8774	4.1304	4.3835	4.6364	4.8893
0.95	2.3922	2.6441	2.8959	3.1476	3.3994	3.6511	3.9028	4.1545	4.4061	4.6578	4.9094
1.00	2.5000	2.7500	3.0000	3.2500	3.5000	3.7500	4.0000	4.2500	4.5000	4.7500	5.0000

表 6.4　$\Phi^{-1}(\Phi_m(\beta;P'))$数值表($m=5$)

ρ'	β										
	2.50	2.75	3.00	3.25	3.50	3.75	4.00	4.25	4.50	4.75	5.00
0	1.8711	2.1751	2.4713	2.7609	3.0452	3.3251	3.6012	3.8744	4.1450	4.4135	4.6802
0.05	1.8736	2.1764	2.4719	2.7612	3.0453	3.3251	3.6013	3.8744	4.1450	4.4135	4.6802
0.10	1.8769	2.1783	2.4729	2.7617	3.0456	3.3252	3.6013	3.8744	4.1450	4.4135	4.6802
0.15	1.8812	2.1808	2.4743	2.7625	3.0460	3.3254	3.6014	3.8745	4.1451	4.4135	4.6802
0.20	1.8864	2.1841	2.4763	2.7636	3.0466	3.3257	3.6016	3.8746	4.1451	4.4135	4.6802
0.25	1.8929	2.1883	2.4789	2.7652	3.0475	3.3263	3.6019	3.8747	4.1452	4.4136	4.6802
0.30	1.9006	2.1935	2.4824	2.7675	3.0489	3.3271	3.6023	3.8750	4.1453	4.4136	4.6802
0.35	1.9097	2.2001	2.4870	2.7705	3.0509	3.3283	3.6031	3.8754	4.1456	4.4138	4.6803
0.40	1.9204	2.2080	2.4927	2.7745	3.0536	3.3302	3.6043	3.8762	4.1460	4.4141	4.6805
0.45	1.9327	2.2175	2.4998	2.7798	3.0574	3.3328	3.6061	3.8774	4.1468	4.4145	4.6808
0.50	1.9470	2.2288	2.5086	2.7865	3.0624	3.3365	3.6087	3.8792	4.1481	4.4154	4.6813
0.55	1.9634	2.2421	2.5193	2.7949	3.0690	3.3415	3.6124	3.8819	4.1500	4.4168	4.6823
0.60	1.9823	2.2579	2.5323	2.8055	3.0775	3.3482	3.6177	3.8859	4.1530	4.4190	4.6839
0.65	2.0040	2.2765	2.5480	2.8187	3.0884	3.3571	3.6249	3.8917	4.1576	4.4225	4.6866
0.70	2.0292	2.2985	2.5671	2.8351	3.1023	3.3689	3.6347	3.8998	4.1642	4.4279	4.6909
0.75	2.0586	2.3247	2.5904	2.8556	3.1203	3.3845	3.6481	3.9113	4.1740	4.4361	4.6977
0.80	2.0936	2.3565	2.6192	2.8815	3.1435	3.4052	3.6665	3.9275	4.1881	4.4484	4.7084
0.85	2.1365	2.3962	2.6558	2.9151	3.1743	3.4333	3.6921	3.9507	4.2091	4.4673	4.7252
0.90	2.1916	2.4482	2.7046	2.9610	3.2172	3.4734	3.7294	3.9854	4.2413	4.4971	4.7527
0.95	2.2708	2.5241	2.7774	3.0306	3.2838	3.5370	3.7902	4.0433	4.2964	4.5494	4.8025
1.00	2.5000	2.7500	3.0000	3.2500	3.5000	3.7500	4.0000	4.2500	4.5000	4.7500	5.0000

表 6.5　$\Phi^{-1}(\Phi_m(\beta;P'))$数值表($m=10$)

ρ'	β										
	2.50	2.75	3.00	3.25	3.50	3.75	4.00	4.25	4.50	4.75	5.00
0	1.5515	1.8897	2.2139	2.5268	2.8305	3.1267	3.4169	3.7022	3.9833	4.2611	4.5360
0.05	1.5578	1.8929	2.2155	2.5275	2.8308	3.1269	3.4170	3.7022	3.9834	4.2611	4.5360
0.10	1.5659	1.8974	2.2178	2.5287	2.8314	3.1271	3.4171	3.7022	3.9834	4.2611	4.5360
0.15	1.5759	1.9033	2.2212	2.5305	2.8323	3.1276	3.4173	3.7023	3.9834	4.2611	4.5360
0.20	1.5878	1.9108	2.2257	2.5331	2.8337	3.1283	3.4177	3.7025	3.9835	4.2612	4.5360
0.25	1.6019	1.9202	2.2317	2.5368	2.8359	3.1295	3.4183	3.7029	3.9837	4.2613	4.5361
0.30	1.6180	1.9315	2.2393	2.5417	2.8390	3.1314	3.4194	3.7035	3.9840	4.2614	4.5362
0.35	1.6364	1.9449	2.2488	2.5483	2.8433	3.1342	3.4211	3.7045	3.9846	4.2618	4.5363
0.40	1.6570	1.9606	2.2604	2.5566	2.8491	3.1381	3.4237	3.7061	3.9856	4.2624	4.5367
0.45	1.6801	1.9787	2.2743	2.5670	2.8568	3.1436	3.4275	3.7087	3.9873	4.2634	4.5373
0.50	1.7058	1.9994	2.2908	2.5799	2.8666	3.1509	3.4328	3.7125	3.9899	4.2652	4.5385
0.55	1.7343	2.0231	2.3102	2.5955	2.8790	3.1605	3.4402	3.7180	3.9939	4.2681	4.5406
0.60	1.7660	2.0501	2.3329	2.6144	2.8944	3.1730	3.4501	3.7257	3.9999	4.2726	4.5439
0.65	1.8015	2.0810	2.3595	2.6370	2.9135	3.1889	3.4632	3.7364	4.0084	4.2793	4.5491
0.70	1.8414	2.1164	2.3907	2.6642	2.9371	3.2091	3.4804	3.7508	4.0205	4.2893	4.5572
0.75	1.8868	2.1574	2.4275	2.6971	2.9662	3.2348	3.5029	3.7704	4.0373	4.3036	4.5694
0.80	1.9395	2.2058	2.4718	2.7374	3.0028	3.2678	3.5325	3.7968	4.0608	4.3244	4.5876
0.85	2.0023	2.2644	2.5263	2.7881	3.0497	3.3110	3.5722	3.8332	4.0940	4.3545	4.6149
0.90	2.0812	2.3392	2.5971	2.8550	3.1127	3.3704	3.6280	3.8855	4.1428	4.4001	4.6573
0.95	2.1915	2.4455	2.6995	2.9534	3.2074	3.4612	3.7151	3.9689	4.2227	4.4765	4.7303
1.00	2.5000	2.7500	3.0000	3.2500	3.5000	3.7500	4.0000	4.2500	4.5000	4.7500	5.0000

表 6.6　$\Phi^{-1}(\Phi_m(\beta;P'))$数值表($m=50$)

ρ'	β										
	2.50	2.75	3.00	3.25	3.50	3.75	4.00	4.25	4.50	4.75	5.00
0	0.6200	1.0866	1.5117	1.9041	2.2713	2.6189	2.9513	3.2718	3.5829	3.8865	4.1838
0.05	0.6651	1.1092	1.5224	1.9090	2.2733	2.6197	2.9516	3.2719	3.5830	3.8865	4.1838
0.10	0.7140	1.1369	1.5372	1.9163	2.2768	2.6212	2.9523	3.2722	3.5831	3.8865	4.1838
0.15	0.7654	1.1691	1.5561	1.9268	2.2823	2.6239	2.9535	3.2728	3.5833	3.8866	4.1839
0.20	0.8184	1.2049	1.5790	1.9407	2.2902	2.6282	2.9557	3.2738	3.5838	3.8868	4.1840
0.25	0.8728	1.2438	1.6057	1.9582	2.3011	2.6347	2.9593	3.2757	3.5848	3.8873	4.1842
0.30	0.9283	1.2856	1.6360	1.9793	2.3152	2.6437	2.9648	3.2789	3.5866	3.8883	4.1847
0.35	0.9852	1.3300	1.6698	2.0042	2.3329	2.6557	2.9727	3.2839	3.5895	3.8900	4.1856
0.40	1.0435	1.3772	1.7070	2.0328	2.3542	2.6712	2.9835	3.2912	3.5943	3.8929	4.1874
0.45	1.1036	1.4270	1.7476	2.0652	2.3795	2.6904	2.9977	3.3014	3.6014	3.8977	4.1905

续表

ρ'	β										
	2.50	2.75	3.00	3.25	3.50	3.75	4.00	4.25	4.50	4.75	5.00
0.50	1.1657	1.4799	1.7919	2.1016	2.4089	2.7137	3.0158	3.3150	3.6114	3.9049	4.1955
0.55	1.2305	1.5361	1.8401	2.1424	2.4429	2.7416	3.0383	3.3328	3.6252	3.9153	4.2032
0.60	1.2985	1.5961	1.8927	2.1880	2.4820	2.7746	3.0658	3.3554	3.6435	3.9299	4.2146
0.65	1.3705	1.6608	1.9503	2.2390	2.5267	2.8134	3.0992	3.3838	3.6673	3.9496	4.2307
0.70	1.4478	1.7312	2.0141	2.2964	2.5781	2.8591	3.1395	3.4190	3.6978	3.9758	4.2529
0.75	1.5319	1.8089	2.0856	2.3619	2.6378	2.9133	3.1882	3.4627	3.7367	4.0102	4.2831
0.80	1.6254	1.8965	2.1673	2.4379	2.7082	2.9782	3.2480	3.5175	3.7866	4.0555	4.3240
0.85	1.7327	1.9981	2.2634	2.5285	2.7935	3.0583	3.3229	3.5875	3.8518	4.1160	4.3799
0.90	1.8625	2.1225	2.3824	2.6423	2.9021	3.1619	3.4216	3.6812	3.9407	4.2002	4.4596
0.95	2.0371	2.2920	2.5469	2.8017	3.0566	3.3114	3.5662	3.8210	4.0758	4.3305	4.5853
1.00	2.5000	2.7500	3.0000	3.2500	3.5000	3.7500	4.0000	4.2500	4.5000	4.7500	5.0000

表 6.7　$\Phi^{-1}(\Phi_m(\beta;P'))$数值表($m=100$)

ρ'	β										
	2.50	2.75	3.00	3.25	3.50	3.75	4.00	4.25	4.50	4.75	5.00
0	0.0913	0.6495	1.1438	1.5885	1.9954	2.3738	2.7305	3.0706	3.3978	3.7147	4.0235
0.05	0.1927	0.7004	1.1679	1.5992	2.0000	2.3756	2.7312	3.0708	3.3978	3.7148	4.0236
0.10	0.2882	0.7565	1.1985	1.6148	2.0074	2.3789	2.7326	3.0714	3.3981	3.7149	4.0236
0.15	0.3783	0.8153	1.2345	1.6355	2.0185	2.3845	2.7352	3.0725	3.3985	3.7151	4.0237
0.20	0.4642	0.8758	1.2750	1.6610	2.0336	2.3929	2.7396	3.0747	3.3996	3.7155	4.0238
0.25	0.5472	0.9375	1.3191	1.6911	2.0531	2.4048	2.7465	3.0785	3.4015	3.7165	4.0243
0.30	0.6281	1.0004	1.3663	1.7253	2.0768	2.4206	2.7565	3.0845	3.4049	3.7183	4.0252
0.35	0.7077	1.0645	1.4166	1.7635	2.1049	2.4405	2.7700	3.0932	3.4104	3.7215	4.0271
0.40	0.7869	1.1300	1.4697	1.8055	2.1373	2.4647	2.7875	3.1055	3.4186	3.7268	4.0304
0.45	0.8663	1.1973	1.5258	1.8514	2.1740	2.4934	2.8094	3.1217	3.4302	3.7349	4.0357
0.50	0.9467	1.2668	1.5851	1.9013	2.2153	2.5269	2.8360	3.1424	3.4459	3.7465	4.0441
0.55	1.0288	1.3391	1.6481	1.9556	2.2614	2.5656	2.8679	3.1682	3.4664	3.7624	4.0562
0.60	1.1134	1.4148	1.7153	2.0147	2.3129	2.6098	2.9055	3.1997	3.4925	3.7836	4.0731
0.65	1.2017	1.4950	1.7876	2.0794	2.3704	2.6605	2.9497	3.2379	3.5251	3.8112	4.0961
0.70	1.2951	1.5808	1.8661	2.1508	2.4350	2.7186	3.0016	3.2839	3.5655	3.8464	4.1264
0.75	1.3954	1.6742	1.9527	2.2308	2.5086	2.7859	3.0629	3.3394	3.6155	3.8911	4.1662
0.80	1.5057	1.7780	2.0501	2.3220	2.5937	2.8651	3.1363	3.4072	3.6778	3.9482	4.2183
0.85	1.6309	1.8971	2.1632	2.4292	2.6951	2.9609	3.2265	3.4919	3.7572	4.0224	4.2874
0.90	1.7805	2.0411	2.3015	2.5620	2.8223	3.0826	3.3429	3.6030	3.8631	4.1232	4.3832
0.95	1.9798	2.2349	2.4900	2.7451	3.0002	3.2553	3.5104	3.7654	4.0204	4.2754	4.5304
1.00	2.5000	2.7500	3.0000	3.2500	3.5000	3.7500	4.0000	4.2500	4.5000	4.7500	5.0000

2. 一般场合下的时段分析方法

这里以抗力为非平稳随机过程的既有结构可靠度分析为例，阐述一般场合下结构可靠度的时段分析方法。这时需将结构抗力离散化，并考虑目标使用期 T' 内可变作用两端时段长度缩短的情况，其基本计算步骤如下：

(1) 根据抗力随机过程分析模型(见 5.4 节)，将目标使用期 T' 内的抗力 $R(t)$ 离散化为等时段的非平稳二项矩形波过程。由于抗力的相关性一般较强，为便于分析，可取抗力的时段长度 τ_R 不小于可变作用的最大时段长度 τ_1，且与各可变作用的时段长度具有整比关系。

(2) 形式上将抗力视为可变作用，并按时段长度由大到小的顺序排序，如图 6.7 所示。图中取抗力的时段长度 τ_R 与可变作用的最大时段长度 τ_1 相等。

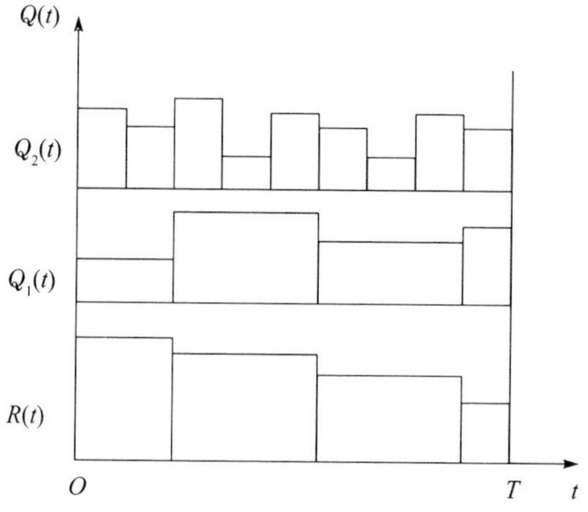

图 6.7　既有结构上的可变作用和抗力

(3) 建立可变作用最小时段 $\tau_{n,j}$ 的功能函数 $Z(\tau_{n,j})$，计算相应的可靠指标 $\beta_{n,j}$，n 为可变作用的数量，并确定线性化和标准正态化后的功能函数，它可表达为

$$U(\tau_{n,j}) = -\alpha_{R,j}^{*}Y_R - \alpha_{\eta_S,j}^{*}Y_{\eta_S} - \alpha_{G,j}^{*}Y_G - \alpha_{P,j}^{*}Y_P - \sum_{i=1}^{n}\alpha_{Q_i,j}^{*}Y_{Q_i} + \beta_{n,j},$$
$$j = 1, 2, \cdots, r_n \tag{6.207}$$

由于抗力随机过程是非平稳的，各时段 $\tau_{n,j}$ 的功能函数并不完全相同，因此式(6.207)中区分了不同时段的可靠指标和灵敏度系数。

(4) 按典型场合下等可靠指标、等相关系数的情况，计算抗力时段 $\tau_{R,l}$ $(l=1, 2, \cdots, r_R)$ 内的可靠指标，r_R 为目标使用期 T' 内抗力的时段数。由于抗力随机过程是非平稳的，且其两端的时段长度可能缩减，抗力各时段内的可靠指标并不相同，这里记其为 $\beta_{0,1}, \beta_{0,2}, \cdots, \beta_{0,r_R}$。

(5) 计算目标使用期 T' 内线性化和标准正态化后各抗力时段功能函数之间的相关系数。它们的数值并不完全相同，其表达式应为

$$\rho_0'(\tau_{R,i},\tau_{R,j})=\alpha_{R,i}^*\alpha_{R,j}^*\rho_R(\tau_{R,i},\tau_{R,j})+\alpha_{\eta_S,i}^*\alpha_{\eta_S,j}^*+\alpha_{G,i}^*\alpha_{G,j}^*+\alpha_{P,i}^*\alpha_{P,j}^*,\quad i\neq j \tag{6.208}$$

式中：$\rho_R(\tau_{R,i},\tau_{R,j})$为时段 $\tau_{R,i}$、$\tau_{R,j}$ 的抗力之间的相关系数，可根据抗力时段最小值按独立增量过程的假定计算。

(6) 计算目标使用期 T' 内的可靠指标 β。由于目标使用期 T' 包含的 r_R 个抗力时段并不属于等可靠指标、等相关系数的情形，不能按典型情况下的时段分析方法继续计算结构的可靠指标，这时结构在目标使用期 T' 内的可靠指标 β 应表达为

$$\beta=\Phi^{-1}(\Phi_{r_R}(\boldsymbol{\beta}_0;\boldsymbol{P}_0')) \tag{6.209}$$

式中：

$$\boldsymbol{\beta}_0=(\beta_{0,1},\beta_{0,2},\cdots,\beta_{0,r_R})^{\mathrm{T}} \tag{6.210}$$

$$\boldsymbol{P}_0'=\begin{bmatrix} 1 & \rho_0'(\tau_{R,1},\tau_{R,2}) & \cdots & \rho_0'(\tau_{R,1},\tau_{R,r_R-1}) & \rho_0'(\tau_{R,1},\tau_{R,r_R}) \\ \rho_0'(\tau_{R,2},\tau_{R,1}) & 1 & \cdots & \rho_0'(\tau_{R,2},\tau_{R,r_R-1}) & \rho_0'(\tau_{R,2},\tau_{R,r_R}) \\ \vdots & \vdots & 1 & \vdots & \vdots \\ \rho_0'(\tau_{R,r_R-1},\tau_{R,1}) & \rho_0'(\tau_{R,r_R-1},\tau_{R,2}) & \cdots & 1 & \rho_0'(\tau_{R,r_R-1},\tau_{R,r_R}) \\ \rho_0'(\tau_{R,r_R},\tau_{R,1}) & \rho_0'(\tau_{R,r_R},\tau_{R,2}) & \cdots & \rho_0'(\tau_{R,r_R},\tau_{R,r_R-1}) & 1 \end{bmatrix} \tag{6.211}$$

作为一种近似方法，可令

$$\beta_0=\Phi^{-1}\left(\prod_{i=1}^{r_R}\Phi(\beta_{0,i})\right) \tag{6.212}$$

$$\rho_0'=\frac{2}{r_R(r_R-1)}\sum_{i=1}^{r_R-1}\sum_{j=i+1}^{r_R}\rho_0'(\tau_{R,i},\tau_{R,j}) \tag{6.213}$$

并按可靠指标为 β_0、相关系数为 ρ_0' 的"等可靠指标、等相关系数"的情形计算结构在目标使用期 T' 内的可靠指标 β，其中 β_0 为按平均可靠概率确定的可靠指标，ρ_0' 为相关系数矩阵 $\boldsymbol{P}_0'$ 中非对角线元素的平均值。

如果可变作用对结构可靠度的影响占主控地位，则抗力各时段功能函数之间的相关系数不会很大(如小于 0.7)。根据结构体系可靠度理论，这时相关系数对结构体系可靠度的影响较小，可近似认为抗力各时段的功能函数相互独立，而结构在目标使用期 T' 内的可靠指标为

$$\beta=\beta_0=\Phi^{-1}\left(\prod_{i=1}^{r_R}\Phi(\beta_{0,i})\right) \tag{6.214}$$

6.5 结构可靠度分析模型的对比分析

这里主要针对目前设计中作用的基本组合和标准组合，讨论结构可靠度理论分析模型与目前分析模型之间的差异。对准永久组合，将在 7.3 节和 7.4 节中结合混凝土受弯构件挠度、裂缝控制方法的可靠度校核，讨论采用作用随机过程组合方法的可靠度分析模型与目前分析模型之间的差异。

1. 理论对比分析

首先讨论结构承受永久作用 G、预应力作用 P 和 1 个可变作用 $Q(t)$ 时的情况。设设计使用年限 T 内可变作用 $Q(t)$ 共有 r 个时段，按时间顺序分别记为 $\tau_1,\tau_2,\cdots,\tau_r$。再设按由小到大的顺序，可变作用 $Q(t)$ 的时段值分别为 $Q(\tau_{(1)}),Q(\tau_{(2)}),\cdots,Q(\tau_{(r)})$，即$Q(\tau_{(1)})\leqslant Q(\tau_{(2)})\leqslant\cdots\leqslant Q(\tau_{(r)})$，其中 $Q(\tau_{(r)})$ 为可变作用 $Q(t)$ 在设计使用年限 T 内的最大值，即

$$Q(\tau_{(r)})=\max_{\tau_j\in T}Q(\tau_j)=Q(T) \tag{6.215}$$

这时结构的时段功能函数为

$$Z(\tau_{(j)})=R-\eta_S S(G+P+Q(\tau_{(j)})),\quad j=1,2,\cdots,r \tag{6.216}$$

结构在设计使用年限 T 内的失效概率为

$$P_{\mathrm{f}}(T)=P\{\bigcup_{j=1}^{r}Z(\tau_{(j)})\leqslant 0\}=P\{\bigcup_{j=1}^{r}R-\eta_S S(G+P+Q(\tau_{(j)}))\leqslant 0\} \tag{6.217}$$

它与式(6.168)所示的理论分析模型完全等效。

根据次序统计量的性质，可变作用 $Q(\tau_{(1)}),Q(\tau_{(2)}),\cdots,Q(\tau_{(r)})$ 之间具有较强的相关性，而时段功能函数 $Z(\tau_{(1)}),Z(\tau_{(2)}),\cdots,Z(\tau_{(r)})$ 之间亦具有较强的相关性，因此结构在设计使用年限 T 内的失效概率 $P_{\mathrm{f}}(T)$ 主要取决于最不利时段 $\tau_{(r)}$ 内的失效概率，可取

$$\begin{aligned}P_{\mathrm{f}}(T)&\approx P\{R-\eta_S S(G+P+\max_{\tau_j\in T}Q(\tau_j))\leqslant 0\}\\&=P\{R-\eta_S S(G+P+Q(T))\leqslant 0\}\end{aligned} \tag{6.218}$$

与其等效的设计使用年限 T 内的功能函数为

$$Z(T)=R-\eta_S S(G+P+\max_{\tau_j\in T}Q(\tau_j))=R-\eta_S S(G+P+Q(T)) \tag{6.219}$$

这是目前结构可靠度分析模型所采用的方法。由于忽略了可变作用 $Q(t)$ 取值最大时段 $\tau_{(r)}$ 之外时段的失效概率，其失效概率的分析结果将偏小，相应的可靠指标不小于时段分析方法的计算结果。但是，由于次序统计量之间具有较强的相关性，它们之间的差异也是有限的。后面的实例分析结果表明，它们近似相等。

再讨论图 6.6 所示的三个可变作用时情况。按类似的方法,可取结构在可变作用 $Q_2(t)$时段内的失效概率

$$P_f(\tau_{2,k}) \approx P\{R-\eta_S S(G+P+Q_1(\tau_{1,l})+Q_2(\tau_{2,k}) + \max_{\tau_{3,j}\in\tau_{2,k}} Q_3(\tau_{3,j})) \leqslant 0\},\quad \tau_{2,k}\in\tau_{1,l};k=1,2,\cdots,10 \tag{6.220}$$

与其等效的可变作用 $Q_2(t)$时段的功能函数为

$$Z(\tau_{2,k}) \approx R-\eta_S S(G+P+Q_1(\tau_{1,l})+Q_2(\tau_{2,k}) + \max_{\tau_{3,j}\in\tau_{2,k}} Q_3(\tau_{3,j})),\quad \tau_{2,k}\in\tau_{1,l};k=1,2,\cdots,10 \tag{6.221}$$

若将可变作用 $Q_2(t)$时段内的作用组合 $Q_2(\tau_{2,k})+\max\limits_{\tau_{3,j}\in\tau_{2,k}} Q_3(\tau_{3,j})$视为整体,则继续按类似的方法,可取结构在可变作用 $Q_1(t)$时段内的失效概率

$$P_f(\tau_{1,l}) \approx P\{R-\eta_S S(G+P+Q_1(\tau_{1,l})+\max_{\tau_{2,k}\in\tau_{1,l}}(Q_2(\tau_{2,k}) + \max_{\tau_{3,j}\in\tau_{2,k}} Q_3(\tau_{3,j}))) \leqslant 0\},\quad l=1,2 \tag{6.222}$$

与其等效的可变作用 $Q_1(t)$时段的功能函数为

$$Z(\tau_{1,l}) = R-\eta_S S(G+P+Q_1(\tau_{1,l})+\max_{\tau_{2,k}\in\tau_{1,l}}(Q_2(\tau_{2,k}) + \max_{\tau_{3,j}\in\tau_{2,k}} Q_3(\tau_{3,j}))),\quad l=1,2 \tag{6.223}$$

而结构在设计使用年限 T 内的功能函数最终可表达为

$$Z(T) = R-\eta_S S(G+P+\max_{\tau_{1,l}\in T}(Q_1(\tau_{1,l})+\max_{\tau_{2,k}\in\tau_{1,l}}(Q_2(\tau_{2,k})+\max_{\tau_{3,j}\in\tau_{2,k}} Q_3(\tau_{3,j})))) \tag{6.224}$$

按该功能函数计算的失效概率是偏小的,它逐层忽略了取值最大时段之外时段的失效概率。相对于时段分析方法的计算结果,按该功能函数计算的可靠指标偏大,但一般情况下差异亦有限。

对于多个可变作用的情况,目前的 JCSS 组合规则与上述作用组合方法并不相同。对于图 6.6 所示的情况,按 JCSS 组合规则,若设定时段长度最小的可变作用 $Q_3(t)$在设计使用年限 T 内取最大值,则设计使用年限 T 内的功能函数为

$$Z(T) = R-\eta_S S(G+P+Q_1(\tau_1)+Q_2(\tau_2)+Q_3(T)) \tag{6.225}$$

它可等效地表达为

$$Z(T) = R-\eta_S S(G+P+Q_1(\tau_{1,l})+Q_2(\tau_{2,k})+\max_{\tau_{1,l}\in T}\max_{\tau_{2,k}\in\tau_{1,l}}\max_{\tau_{3,j}\in\tau_{2,k}} Q_3(\tau_{3,j})) \tag{6.226}$$

它忽略了可变作用 $Q_3(t)$取值最大时段之外时段的失效概率。通过对比还可知,它相当于式(6.224)中假定 $Q_2(\tau_{2,k})$之间、$Q_1(\tau_{1,l})$之间完全相关时的结果,即假定

$$Q_2(\tau_{2,1}) = Q_2(\tau_{2,2}) = \cdots = Q_2(\tau_{2,10}) \tag{6.227}$$

$$Q_1(\tau_{1,1}) = Q_1(\tau_{1,2}) \tag{6.228}$$

因此,相对于式(6.224),按式(6.226)所示 JCSS 组合规则计算的可靠指标偏大。由于按式(6.224)计算的可靠指标亦偏大,按式(6.226)计算的可靠指标要更高于时段分析方法的计算结果。

若设定时段长度最大的可变作用 $Q_1(t)$在设计使用年限 T 内取最大值,则按 JCSS 组合规则,设计使用年限 T 内的功能函数应为

$$Z(T) = R - \eta_S S(G + P + Q_1(T) + Q_2(\tau_1) + Q_3(\tau_2)) \tag{6.229}$$

它可等效地表达为

$$Z(T) = R - \eta_S S(G + P + \max_{\tau_{1,l}\in T} Q_1(\tau_{1,l}) + \max_{\tau_{2,k}\in \tau_{1,l}} Q_2(\tau_{2,k}) + \max_{\tau_{3,j}\in \tau_{2,k}} Q_3(\tau_{3,j})) \tag{6.230}$$

由于

$$\max_{\tau_{1,l}\in T} Q_1(\tau_{1,l}) + \max_{\tau_{2,k}\in \tau_{1,l}} Q_2(\tau_{2,k}) + \max_{\tau_{3,j}\in \tau_{2,k}} Q_3(\tau_{3,j}) \geqslant \max_{\tau_{1,l}\in T}\{Q_1(\tau_{1,l}) + \max_{\tau_{2,k}\in \tau_{1,l}}[Q_2(\tau_{2,k}) + \max_{\tau_{3,j}\in \tau_{2,k}} Q_3(\tau_{3,j})]\} \tag{6.231}$$

因此,相对于式(6.224),按式(6.230)所示 JCSS 组合规则计算的可靠指标偏小;又由于按式(6.224)计算的可靠指标又是偏大的,因此按式(6.230)计算的可靠指标可能大于也可能小于时段分析方法的计算结果。由于式(6.224)的计算结果与时段分析方法的计算结果相近,一般情况下按式(6.230)所示 JCSS 组合规则计算的可靠指标要大于时段分析方法的计算结果。

综上所述,可得以下结论:

(1) 对于仅有 1 个可变作用的情况,按目前结构可靠度分析方法计算的可靠指标偏大,它忽略了可变作用取值最大时段之外时段的失效概率。

(2) 对于多个可变作用的情况,若时段长度最小的可变作用在设计使用年限 T 内取最大值的组合为最不利组合,则按目前结构可靠度分析方法计算的可靠指标也偏大,它同样忽略了其他时段的失效概率。

(3) 若时段长度最大的可变作用在设计使用年限 T 内取最大值的组合为最不利组合,则按目前结构可靠度分析方法计算的可靠指标一般偏大,但也可能偏小,因为忽略其他时段失效概率的同时,它在取值最大时段内对其他可变作用采用了局部最大值逐层叠加的方式,叠加的层数越多,则越趋于保守。

2. 实例对比分析

设设计基准期 T_0 和设计使用年限 T 均为 50 年,结构承受永久作用 G 和可变作用 Q_1、Q_2,且作用与作用效应之间具有线性关系,其作用效应分别为 S_G、S_{Q_1}、S_{Q_2},结构抗力为 R,它们的概率特性见表 6.8,其中均值取值的 7 种情况代表了可变作用典

型的取值情况。

按目前结构可靠度的分析方法，结构功能函数应为

$$Z(T)=\min\{R-S_G-S_{Q_1}(T)-S_{Q_2}(\tau_1),R-S_G-S_{Q_1}(\tau_1)-S_{Q_2}(T)\} \tag{6.232}$$

按时段分析方法，结构在可变作用最小时段的功能函数为

$$Z(\tau_{2,j})=R-S_G+S_{Q_1}(\tau_{1,k})+S_{Q_2}(\tau_{2,j}),\quad \tau_{2,j}\in\tau_{1,k};j=1,2,\cdots,50 \tag{6.233}$$

设计使用年限 T 内可靠指标的计算过程和结果见表 6.9 和表 6.10。

表 6.8　抗力和作用效应的概率特性

概率特性		基本变量			
		S_G	$S_{Q_1}(T_0)$	$S_{Q_2}(T_0)$	R
概率分布形式		正态	极大值I型	极大值I型	对数正态
均值	情况 1	10	15	5	60
	情况 2	10	5	5	32
	情况 3	10	5	15	50
	情况 4	10	5	0	28
	情况 5	10	15	0	55
	情况 6	10	0	5	25
	情况 7	10	0	15	50
变异系数		0.07	0.30	0.20	0.10
时段长度/年		—	10	1	—

表 6.9　可靠指标的计算过程和结果(2 个可变作用)

情况	计算方法		$i=2$	$i=1$	β
1	目前分析方法	$Z(T)$	$R-S_G-S_{Q_1}(\tau_1)-S_{Q_2}(T)$	$R-S_G-S_{Q_1}(T)-S_{Q_2}(\tau_1)$	—
		β_i	3.785	3.465	3.465
	时段分析方法	β_i	3.994	3.969	3.567
		ρ_i	0.996	0.123	—
		m_i	10	5	—
2	目前分析方法	$Z(T)$	$R-S_G-S_{Q_1}(\tau_1)-S_{Q_2}(T)$	$R-S_G-S_{Q_1}(T)-S_{Q_2}(\tau_1)$	—
		β_i	3.700	3.567	3.567
	时段分析方法	β_i	4.302	4.002	3.604
		ρ_i	0.938	0.248	—
		m_i	10	5	—
3	目前分析方法	$Z(T)$	$R-S_G-S_{Q_1}(\tau_1)-S_{Q_2}(T)$	$R-S_G-S_{Q_1}(T)-S_{Q_2}(\tau_1)$	—
		β_i	3.388	3.598	3.388
	时段分析方法	β_i	4.330	3.792	3.372
		ρ_i	0.183	0.157	—
		m_i	10	5	—

表 6.10　可靠指标的计算过程和结果(1 个可变作用)

情况	计算方法		$i=1$	β	情况	计算方法		$i=2$	β
4	目前分析方法	$Z(T)$	$R-S_G-S_{Q_1}(T)$	—	6	目前分析方法	$Z(T)$	$R-S_G-S_{Q_2}(T)$	—
		β_i	3.724	3.724			β_i	3.715	3.715
	时段分析方法	β_i	4.106	3.717		时段分析方法	β_i	4.588	3.693
		ρ_i	0.222	—			ρ_i	0.301	—
		m_i	5	—			m_i	50	—
5	目前分析方法	$Z(T)$	$R-S_G-S_{Q_1}(T)$	—	7	目前分析方法 β_i	$Z(T)$	$R-S_G-S_{Q_2}(T)$	—
		β_i	3.414	3.414			β_i	3.753	3.753
	时段分析方法	β_i	3.827	3.410		时段分析方法	β_i	4.632	3.743
		ρ_i	0.115	—			ρ_i	0.139	—
		m_i	5	—			m_i	50	—

由计算结果可知:按目前结构可靠度的分析方法,对仅有一个可变作用的情况(情况 4～情况 7),可靠指标的值均偏大;对多个可变作用的情况,时段长度最小的可变作用在设计使用年限 T 内取最大值的组合为最不利组合时(情况 3),可靠指标的值亦偏大;时段长度最大的可变作用在设计使用年限 T 内取最大值的组合为最不利组合时(情况 1 和情况 2),可靠指标的值偏小。这些结果均符合理论对比分析的结论。

按目前结构可靠度的分析方法,时段长度最小、最大的可变作用在设计使用年限 T 内取最大值的组合为最不利组合时的可靠指标计算结果,分别代表了可靠指标计算结果偏大和可能偏小的情况。由计算结果可知,无论哪种情况,按目前结构可靠度分析方法计算的可靠指标与按时段分析方法的计算结果都非常接近。因此,实际应用中可仍按目前的结构可靠度分析方法计算结构的可靠指标。但是,若结构抗力是非平稳的,或既有结构目标使用期 T' 内可变作用两端的时段长度存在缩短的现象,则宜采用时段分析方法计算结构的可靠指标。

参 考 文 献

[1] 中华人民共和国住房和城乡建设部. 工程结构可靠性设计统一标准(GB 50153—2008). 北京:中国建筑工业出版社,2008.

[2] 中华人民共和国住房和城乡建设部. 建筑结构荷载规范(GB 50009—2012). 北京:中国建筑工业出版社,2012.

[3] Joint Committee on Structural Safety. JCSS probabilistic model code, 2001. www. jcss. ethz. ch. JCSS-OSTL/DIA/VROU-10-11-2000.

[4] 余安东,叶润修. 建筑结构的安全性与可靠性. 上海:上海科学技术文献出版社,1986.
[5] 史志华,胡德炘,陈基发,等. 钢筋混凝土结构构件正常使用极限状态可靠度的研究. 建筑科学,2000,16(6):4-11.
[6] 姚继涛,解耀魁. 结构可靠度分析中作用的随机过程组合方法. 建筑结构学报,2013,34(2):125-130.
[7] 周概容. 概率论与数理统计. 北京:中国商业出版社,2006.
[8] 峁诗松,王静龙,史定华,等. 统计手册. 北京:科学出版社,2003.
[9] 姚继涛. 结构可靠度的时段分析方法. 土木工程学报,2005,38(7):1-5.
[10] International Organization for Standardization. General principles on reliability for structures(ISO 2394:2015). Geneva:International Organization for Standardization,2015.
[11] 中华人民共和国住房和城乡建设部. 港口工程结构可靠性设计统一标准(GB 50158—2010). 北京:中国计划出版社,2010.
[12] 中华人民共和国住房和城乡建设部. 水利水电工程结构可靠性设计统一标准(GB 50199—2013). 北京:中国计划出版社,2013.
[13] 中华人民共和国建设部. 铁路工程结构可靠度设计统一标准(GB 50216—94). 北京:中国计划出版社,1994.
[14] 中华人民共和国建设部. 公路工程结构可靠度设计统一标准(GB/T 50283—1999). 北京:中国计划出版社,1999.
[15] 中华人民共和国建设部. 建筑结构可靠度设计统一标准(GB 50068—2001). 北京:中国建筑工业出版社,2001.
[16] Cornell C A. A probability-based structural code. Journal of the American Concrete Institute,1969,66(12):974-985.
[17] Rosenblueth E,Esteva L. Reliability basis for some Mexican code. ACI Special Publication,1972,31:1-41.
[18] Ditlevensen O. Structural reliability and the invariance problem. Report No. 22. Canada:Solid Mechanics Division,1973.
[19] Hasofer A M,Lind N C. Exact and invariant second-moment code format. Journal of the Engineering Mechanics Division,1974,100(1):111-121.
[20] Rackwitz R,Fiessler B. Structural reliability under combined random load sequences. Computers & Structures,1978,9(5):489-494.
[21] 姚继涛,浦聿修,陈慧仪. 结构可靠度计算的改进二阶矩矩阵法. 西安冶金建筑学院学报,1991,23(4):389-395.
[22] 姚继涛,董振平. 随机变量的相关性和结构可靠度. 西安建筑科技大学学报,2000,32(2):114-118.
[23] Ang A H-S, Tang W H. Probability Concepts in Engineering Planning and Design(Ⅱ). New York:John Wiley & Sons,1975.
[24] 姚继涛. 结构可靠度的时段分析方法. 土木工程学报,2005,38(7):1-5.
[25] Chrestensen P T,Murotue Y. Application of Structural System Reliability Theory. New

York:Springer-Verlag,1986.

[26] Dunnett C W,Sobel M. Approximations to the probability integral and certain percentage points of multivariate analogue of student's t-distribution. Biometrika, 1955, 42(1-2): 258-260.

第 7 章 结构可靠度校核

结构可靠度分析与校核是建立结构可靠性设计、评定方法的重要手段，前者主要用于揭示特定结构的可靠度水平，后者则主要用于揭示结构设计、评定方法的可靠度控制水平，它们在基本方法上是一致的。相对于结构可靠度分析，由于实际的结构设计和评定并非直接采用可靠度的方法，而是以结构可靠性理论为基础的定值方法，且需考虑工程实际中可能遇到的各种情况，因此对结构设计、评定方法的可靠度校核尚有诸多不同之处。

本章根据作用的随机过程概率模型和结构可靠度分析的近似模型，阐述结构可靠度校核的基本方法，并通过校核承载能力极限状态设计、正常使用极限状态设计的可靠度控制水平，说明结构可靠度校核的具体方法。

7.1 基本方法

结构可靠度校核在工程实际中的应用主要是明确结构设计、评定方法实际的可靠度控制水平，当其目的是通过对过去设计、评定方法的可靠度校核，确立新设计、评定方法的目标可靠度时，一般称其为目标可靠度的“校准法”，我国首次建立近似概率极限状态设计方法时便采用了这种方法[1]；当其目的是验证新的结构设计、评定方法是否符合预定的可靠度控制目标时，可称其为目标可靠度的“校验法”。无论是校准还是校验，结构可靠度校核的方法都是相同的，都是在满足设计、评定要求的前提下，揭示结构设计、评定方法的可靠度控制水平，只是校准时需根据校核结果进一步确定新的目标可靠度，校验时需进一步与预定的可靠度控制目标进行对比分析。

结构设计和评定中可能遇到的情况是多种多样的，涉及不同受力形式的构件、不同类型的材料及其力学特性、各种可能的几何参数、可能承受的作用和作用组合等，对结构设计、评定方法的可靠度校核需全面考虑工程实际中可能出现的各种情况，校核的工作量一般很大。因此，结构可靠度校核中宜采用无量纲形式的功能函数，利用基本变量的相对量值反映结构设计和评定中可能遇到的情况，这种方式可在很大程度上减小可靠度校核的工作量。这里以承载能力极限状态设计为例，说明结构可靠度校核的无量纲方法。

设结构抗力为 R，结构承受永久作用 G 和 n 个可变作用 $Q_1,Q_2,\cdots,Q_n$，可变作用的时段长度分别为 $\tau_1,\tau_2,\cdots,\tau_n$，且 $\tau_1\geqslant\tau_2\geqslant\cdots\geqslant\tau_n$，并设定第 i 个可变作用 Q_i 为

主导可变作用。这时基本组合时结构的设计表达式为[2]

$$\gamma_0(\gamma_G S_{G_k}+\gamma_{Q_i}\gamma_L S_{Q_{ik}}+\sum_{j\neq i}\gamma_{Q_j}\psi_{cj}\gamma_L S_{Q_{jk}})\leqslant\frac{R_k}{\gamma_R}\tag{7.1}$$

或

$$\gamma_0(\gamma_G S_{G_k}+\gamma_L\sum_{j=1}^{n}\gamma_{Q_j}\psi_{cj}S_{Q_{jk}})\leqslant\frac{R_k}{\gamma_R}\tag{7.2}$$

式中：S_X 代表作用 X 的标准值产生的效应；R_k 为抗力标准值；γ_R 为抗力分项系数；其他符号的意义见文献[2]。设计中应取式(7.1)和式(7.2)中的最不利者。再设作用与作用效应之间具有线性关系，这时式(7.1)和式(7.2)对应的结构在设计使用年限 T 内的功能函数均可表达为

$$Z=R-a_G G-a_{Q_i}Q_i(T)-\sum_{j=1}^{i-1}a_{Q_j}Q_j(\tau_j)-\sum_{j=i+1}^{n}a_{Q_j}Q_j(\tau_{j-1})\tag{7.3}$$

式中：a_X 代表作用 X 的效应系数，可假设其均为确定量。

设抗力 R 服从对数正态分布，永久作用 G 服从正态分布，可变作用 $Q_1,Q_2,\cdots,Q_n$ 的任意时点值均服从极大值Ⅰ型分布[1]。按式(6.99)所示的基本变量标准正态化方法，应有

$$R=R_k\frac{\chi_R}{\sqrt{1+\delta_R^2}}\exp[-\sqrt{\ln(1+\delta_R^2)}Y_R]=R_k g_R(\chi_R,\delta_R,Y_R)\tag{7.4}$$

$$G=G_k\chi_G(1+\delta_G Y_G)=G_k g_G(\chi_G,\delta_G,Y_G)\tag{7.5}$$

$$\begin{aligned}Q_i(T)&=Q_{ik}\chi_{0,Q_i}\left\{1+\frac{\sqrt{6}}{\pi}\left[\ln\frac{-T/T_0}{\ln\Phi(Y_{Q_i(T)})}-C_E\right]\delta_{0,Q_i}\right\}\\&=Q_{ik}g_{Q_i(T)}(\chi_{0,Q_i},\delta_{0,Q_i},T,Y_{Q_i(T)})\end{aligned}\tag{7.6}$$

$$\begin{aligned}Q_j(\tau_j)&=Q_{jk}\chi_{0,Q_j}\left\{1+\frac{\sqrt{6}}{\pi}\left[\ln\frac{-\tau_j/T_0}{\ln\Phi(Y_{Q_j(\tau_j)})}-C_E\right]\delta_{0,Q_j}\right\}\\&=Q_{jk}g_{Q_j(\tau_j)}(\chi_{0,Q_j},\delta_{0,Q_j},\tau_j,Y_{Q_j(\tau_j)}),\quad j<i\end{aligned}\tag{7.7}$$

$$\begin{aligned}Q_j(\tau_{j-1})&=Q_{jk}\chi_{0,Q_j}\left\{1+\frac{\sqrt{6}}{\pi}\left[\ln\frac{-\tau_{j-1}/T_0}{\ln\Phi(Y_{Q_j(\tau_{j-1})})}-C_E\right]\delta_{0,Q_j}\right\}\\&=Q_{jk}g_{Q_j(\tau_{j-1})}(\chi_{0,Q_j},\delta_{0,Q_j},\tau_{j-1},Y_{Q_j(\tau_{j-1})}),\quad j>i\end{aligned}\tag{7.8}$$

$$\chi_R=\frac{\mu_R}{R_k}\tag{7.9}$$

$$\chi_G=\frac{\mu_G}{G_k}\tag{7.10}$$

$$\chi_{0,Q_i}=\frac{\mu_{0,Q_i}}{Q_{ik}}\tag{7.11}$$

$$\chi_{0,Q_j}=\frac{\mu_{0,Q_j}}{Q_{jk}},\quad j\neq i \tag{7.12}$$

式中:Y_X、$g_X(\cdot)$分别代表式(7.3)中各基本变量 X 标准正态化后的随机变量和相应的标准正态化函数;μ_R、δ_R、χ_R 和 μ_G、δ_G、χ_G 分别为抗力 R、永久作用 G 的均值、变异系数和均值系数;μ_{0,Q_i}、δ_{0,Q_i}、χ_{0,Q_i} 和 μ_{0,Q_j}、δ_{0,Q_j}、χ_{0,Q_j} 分别为可变作用 Q_i、Q_j 在设计基准期 T_0 内最大值的均值、变异系数和均值系数。

这时结构在设计使用年限 T 内的功能函数可表达为

$$\begin{aligned}Z=&R_k g_R(\chi_R,\delta_R,Y_R)-a_G G_k g_G(\chi_G,\delta_G,Y_G)-a_{Q_i}Q_{ik}g_{Q_i(T)}(\chi_{0,Q_i},\delta_{0,Q_i},T,Y_{Q_i(T)})\\&-\sum_{j=1}^{i-1}a_{Q_j}Q_{jk}g_{Q_j(\tau_j)}(\chi_{0,Q_j},\delta_{0,Q_j},\tau_j,Y_{Q_j(\tau_j)})\\&-\sum_{j=i+1}^{n}a_{Q_j}Q_{jk}g_{Q_j(\tau_{j-1})}(\chi_{0,Q_j},\delta_{0,Q_j},\tau_{j-1},Y_{Q_j(\tau_{j-1})})\end{aligned} \tag{7.13}$$

结构在设计使用年限 T 内的失效概率为

$$\begin{aligned}P_f(T)=P\{&R_k g_R(\chi_R,\delta_R,Y_R)-a_G G_k g_G(\chi_G,\delta_G,Y_G)\\&-a_{Q_i}Q_{ik}g_{Q_i(T)}(\chi_{0,Q_i},\delta_{0,Q_i},T,Y_{Q_i(T)})-\sum_{j=1}^{i-1}a_{Q_j}Q_{jk}g_{Q_j(\tau_j)}(\chi_{0,Q_j},\delta_{0,Q_j},\tau_j,Y_{Q_j(\tau_j)})\\&-\sum_{j=i+1}^{n}a_{Q_j}Q_{jk}g_{Q_j(\tau_{j-1})}(\chi_{0,Q_j},\delta_{0,Q_j},\tau_{j-1},Y_{Q_j(\tau_{j-1})})\leqslant 0\}\end{aligned} \tag{7.14}$$

只要基本变量的标准值满足式(7.1)、式(7.2)中的最不利者,则失效概率 $P_f(T)$即反映了式(7.1)和式(7.2)所示设计方法的可靠度控制水平。式(7.1)和式(7.2)相当于对功能函数和失效概率计算公式的一种约束。

式(7.13)和式(7.14)中的均值系数和变异系数涉及抗力 R、永久作用 G 以及可变作用 $Q_1,Q_2,\cdots,Q_n$ 在设计基准期 T_0 内的最大值 $Q_1(T_0),Q_2(T_0),\cdots,Q_n(T_0)$。一般而言,变异系数随基本变量标准值的变化较小,可近似取其为特定值。基本变量标准值的保证率为特定值时,均值系数的取值则仅与变异系数有关,其表达式分别为

$$\chi_R=\sqrt{1+\delta_R^2}\exp[\Phi^{-1}(p_R)\sqrt{\ln(1+\delta_R^2)}] \tag{7.15}$$

$$\chi_G=\frac{1}{1+\Phi^{-1}(p_G)\delta_G} \tag{7.16}$$

$$\chi_{0,Q_i}=\frac{1}{1+\frac{\sqrt{6}}{\pi}\left(\ln\frac{-1}{\ln p_{Q_i}}-C_E\right)\delta_{0,Q_i}} \tag{7.17}$$

$$\chi_{0,Q_j}=\frac{1}{1+\frac{\sqrt{6}}{\pi}\left(\ln\frac{-1}{\ln p_{Q_j}}-C_E\right)\delta_{0,Q_j}},\quad j\neq i \tag{7.18}$$

$$\chi_{0,Q_i}=\frac{1}{1+\frac{\sqrt{6}}{\pi}\left(\ln\frac{-\tau_i/T_0}{\ln p_{Q_i}}-C_{\mathrm{E}}\right)\delta_{0,Q_i}} \tag{7.19}$$

$$\chi_{0,Q_j}=\frac{1}{1+\frac{\sqrt{6}}{\pi}\left(\ln\frac{-\tau_j/T_0}{\ln p_{Q_j}}-C_{\mathrm{E}}\right)\delta_{0,Q_j}},\quad j\neq i \tag{7.20}$$

式中：p_X 代表基本变量 X 标准值的保证率。

式(7.17)和式(7.18)适用于可变作用标准值按设计基准期 T_0 内最大值定义的场合(如楼面活荷载)，式(7.19)和式(7.20)适用于按任意时点值定义的场合(如风、雪荷载)[3]。因此，均值系数与标准值的取值无关，亦可近似取特定值。我国在调查统计结构性能和各类荷载的统计特性时，也是以均值系数、变异系数为统计指标的，且其数值与标准值无关[1]。

这时式(7.14)所示的失效概率 $P_{\mathrm{f}}(T)$ 仅与各基本变量标准值的相对数值有关，同比例增大或减小各基本变量的标准值，不会改变失效概率 $P_{\mathrm{f}}(T)$ 的值，也不会改变式(7.1)和式(7.2)所示设计表达式中标准值之间的关系。为简化问题，通常可取

$$S_{G_{\mathrm{k}}}=a_G G_{\mathrm{k}}=1 \tag{7.21}$$

$$\frac{S_{Q_{i\mathrm{k}}}}{S_{G_{\mathrm{k}}}}=\frac{a_{Q_i}Q_{i\mathrm{k}}}{a_G G_{\mathrm{k}}}=\rho_{S_i} \tag{7.22}$$

$$\frac{S_{Q_{j\mathrm{k}}}}{S_{G_{\mathrm{k}}}}=\frac{a_{Q_j}Q_{j\mathrm{k}}}{a_G G_{\mathrm{k}}}=\rho_{S_j},\quad j\neq i \tag{7.23}$$

并分别称 ρ_{S_i}、ρ_{S_j}($j\neq i$)为可变作用标准值 $Q_{i\mathrm{k}}$、$Q_{j\mathrm{k}}$ 与永久作用标准值 G_{k} 的效应比。这时抗力标准值 R_{k} 需根据式(7.1)、式(7.2)中的最不利者确定，它们可分别表达为

$$\gamma_0\left(\gamma_G+\gamma_{Q_i}\gamma_L\rho_{S_i}+\sum_{j\neq i}\gamma_{Q_j}\psi_{cj}\gamma_L\rho_{S_j}\right)=\frac{R_{\mathrm{k}}}{\gamma_R} \tag{7.24}$$

$$\gamma_0\left(\gamma_G+\gamma_L\sum_{j=1}^{n}\gamma_{Q_j}\psi_{cj}\rho_{S_j}\right)=\frac{R_{\mathrm{k}}}{\gamma_R} \tag{7.25}$$

其对应的设计使用年限 T 内的功能函数均为

$$Z=R-S_G-S_{Q_i(T)}-\sum_{j=1}^{i-1}S_{Q_j}(\tau_j)-\sum_{j=i+1}^{n}S_{Q_j}(\tau_{j-1}) \tag{7.26}$$

式中：S_X 代表作用 X 产生的效应，均为随机变量。

综上所述，对基本组合时承载能力极限状态设计的可靠度校核可按下列步骤进行：

(1) 任意选取永久作用标准值产生的效应 $S_{G_{\mathrm{k}}}$，通常可取 $S_{G_{\mathrm{k}}}=1$。

(2) 根据工程实际，确定 ρ_{S_i}、ρ_{S_j}($j\neq i$)的取值范围，它们的宽度一般较小。

(3) 选取一组 ρ_{S_i}、ρ_{S_j}($j\neq i$)的值，按式(7.24)、式(7.25)中的最不利者确定抗力标准值 R_{k}。按文献[2]中分项系数的取值方法，当 $1.4\gamma_L(1-\psi_{ci})\rho_{S_i}\geqslant 0.15$ 时，

应选择式(7.24)。

(4) 根据统计资料，确定各基本变量的均值系数和变异系数。

(5) 根据各作用的均值系数和变异系数，按 $S_{G_k}=1, S_{Q_{ik}}=\rho_{S_i}, S_{Q_{jk}}=\rho_{S_j}(j\neq i)$ 确定永久作用 G 以及可变作用 $Q_1, Q_2, \cdots, Q_n$ 各自在设计基准期 T_0 内最大值 $Q_1(T_0), Q_2(T_0), \cdots, Q_n(T_0)$ 所产生效应的分布参数，并进一步确定主导可变作用 Q_i 在设计使用年限 T 内最大值 $Q_i(T)$ 所产生效应的分布参数，可变作用 Q_j 任意时点值 $Q_j(\tau_j)(j<i)$ 或上一作用时段内最大值 $Q_j(\tau_{j-1})(j>i)$ 所产生效应的分布参数。

(6) 根据抗力标准值 R_k 和抗力的均值系数、变异系数，确定抗力 R 的分布参数。

(7) 按式(7.26)所示的功能函数，计算结构在设计使用年限 T 内的可靠指标 β。

(8) 选取 ρ_{S_i}、$\rho_{S_j}(j\neq i)$ 的其他数值，重复第(3)～第(7)步，直至确定 ρ_{S_i}、$\rho_{S_j}(j\neq i)$ 取值范围内结构的可靠指标，它们综合反映了各种可能情况下式(7.1)和式(7.2)所示结构设计方法的可靠度控制水平。

对承载能力极限状态设计中的偶然组合和地震组合，也可按类似方法校核结构设计方法的可靠度控制水平，只是对偶然作用和地震作用，需根据其概率分布将相应基本变量标准正态化，而对可变作用的频遇序位值和准永久序位值，可按下列方法将其标准正态化，即

$$\begin{aligned} Q_{if}(T) &= Q_{ik}\chi_{0,Q_i}\left\{1+\frac{\sqrt{6}}{\pi}\left[\ln\frac{-\tau_i/T_0}{\ln \mathrm{Be}^{-1}_{(u_f,v_f)}(\Phi(Y_{Q_{if}(T)}))}-C_E\right]\delta_{0,Q_iv}\right\} \\ &= Q_{ik}g_{Q_{if}(T)}(\chi_{0,Q_i},\delta_{0,Q_i},\tau_i,Y_{Q_{if}(T)}) \end{aligned} \tag{7.27}$$

$$\begin{aligned} Q_{jq}(T) &= Q_{jk}\chi_{0,Q_j}\left\{1+\frac{\sqrt{6}}{\pi}\left[\ln\frac{-\tau_j/T_0}{\ln \mathrm{Be}^{-1}_{(u_q,v_q)}(\Phi(Y_{Q_{jq}(T)}))}-C_E\right]\delta_{0,Q_j}\right\} \\ &= Q_{jk}g_{Q_{jq}(T)}(\chi_{0,Q_j},\delta_{0,Q_j},\tau_j,Y_{Q_{jq}(T)}) \end{aligned} \tag{7.28}$$

式中：$\mathrm{Be}^{-1}_{(u_f,v_f)}(\cdot)$、$\mathrm{Be}^{-1}_{(u_q,v_q)}(\cdot)$ 分别为参数为 u_f、v_f 和 u_q、v_q 的贝塔概率分布函数的反函数。这些作用均可表达为可变作用标准值或偶然作用、地震作用代表值的线性函数，因此也可按同样的无量纲方法和分析步骤确定结构设计方法的可靠度控制水平。

对正常使用极限状态设计方法，按目前可靠指标的计算方法，对功能函数线性化和标准正态化后，亦可将功能函数和设计表达式转化为无量纲的形式，结构失效概率也仅与各基本变量标准值的相对数值有关，可采用类似的无量纲方法校核其可靠度控制水平。但是，这时的功能函数和设计表达式较为复杂，除各种作用外，它们还与几何尺寸、变形模量等影响作用效应的结构性能有关，无量纲化的过程较为复杂。7.3 节和 7.4 节将分别针对混凝土受弯构件挠度、裂缝控制方法的可靠度校核，对此做具体说明。

上述结构可靠度校核方法亦可用于校核既有结构评级标准的可靠度控制水

平。评定既有结构构件的安全性时,《工业建筑可靠性鉴定标准》(GB 50144—2008)[4]和《民用建筑可靠性鉴定标准》(GB 50292—2015)[5]中均以抗力与荷载效应比值 $R/(\gamma_0 S)$ 为指标划分承载力项目的安全性等级,并规定了等级间的界限值,可统一记其为 k。例如,《工业建筑可靠性鉴定标准》(GB 50144—2008)[4]中对钢结构的重要构件,取 a 级和 b 级、b 级和 c 级、c 级和 d 级间的界限值 k 分别为 1.0、0.95 和 0.90。这时对基本组合,按前述步骤校核既有结构安全性评级标准的可靠度控制水平时,抗力标准值 R_{k} 需根据下列两式中的最不利者确定,即

$$R_{\mathrm{k}} = k\gamma_R\gamma_0(\gamma_G + \gamma_{Q_i}\gamma_L\rho_{S_i} + \sum_{j\neq i}\gamma_{Q_j}\psi_{cj}\gamma_L\rho_{S_j}) \tag{7.29}$$

$$R_{\mathrm{k}} = k\gamma_R\gamma_0(\gamma_G + \gamma_L\sum_{j=1}^{n}\gamma_{Q_j}\psi_{cj}\rho_{S_j}) \tag{7.30}$$

但其对应的设计使用年限 T 内的功能函数仍应为

$$Z = R - S_G - S_{Q_i(T)} - \sum_{j=1}^{i-1} S_{Q_j(\tau_j)} - \sum_{j=i+1}^{n} S_{Q_j(\tau_{j-1})} \tag{7.31}$$

这时选择不同的 k 值进行可靠度分析,便可揭示相应等级界限对应的可靠度控制水平。

评定既有结构构件的适用性项目时,《工业建筑可靠性鉴定标准》(GB 50144—2008)[4]和《民用建筑可靠性鉴定标准》(GB 50292—2015)[5]中直接以作用效应作为划分裂缝、挠度等项目适用性等级的指标,并规定了等级间的界限值。例如,《工业建筑可靠性鉴定标准》(GB 50144—2008)[4]中对室内正常环境下钢筋混凝土结构的重要构件,取受力裂缝宽度项目的 a 级和 b 级、b 级和 c 级间的界限值分别为 0.2mm 和 0.3mm。校核既有结构适用性评级标准的可靠度控制水平时,可直接以界限值替代功能函数和设计表达式中的作用效应允许值 C,而按不同界限值进行可靠度分析,便可揭示相应等级界限的可靠度控制水平。

需要说明,结构可靠度校核在工程实际中只是判定设计、评定方法合理性的一种手段,因为它在很大程度上依赖于结构性能、作用的统计分析结果,而它们往往因统计资料的制约而难以全面、准确、及时地反映结构性能、作用实际的概率特性,还需结合工程经验等综合判定设计、评定方法的合理性。7.2～7.4 节的可靠度校核中采用了目前能够收集到的统计分析资料,其校核结论仅适用于这些统计分析资料所限定的场合。

7.2　承载能力极限状态设计的可靠度校核

《工程结构可靠性设计统一标准》(GB 50153—2008)[2]中规定,工程结构设计时应根据结构破坏可能产生后果的严重性,采用不同的安全等级。房屋建筑结构的安全等级应按表 7.1 划分,而其持久设计状况承载能力极限状态设计的可靠指

标不应小于表 7.2 的规定。

表 7.1　房屋建筑结构的安全等级

安全等级	破坏后果	示例
一级	很严重:对人的生命、经济、社会或环境影响很大	大型的公共建筑等
二级	严重:对人的生命、经济、社会或环境影响较大	普通的住宅和办公楼等
三级	不严重:对人的生命、经济、社会或环境影响较小	小型的或临时性储存建筑等

表 7.2　房屋建筑结构构件的可靠指标[$\boldsymbol{\beta}$]

破坏类型	安全等级		
	一级	二级	三级
延性破坏	3.7	3.2	2.7
脆性破坏	4.2	3.7	3.2

表 7.2 中规定的可靠指标[β]是对各类结构设计方法可靠度控制水平的最低要求,目前设计方法实际隐含的可靠指标 β_0 往往高于规定的可靠指标[β]。这里以承受永久作用 G 和两个可变作用 Q_1、Q_2 的构件为典型对象,校核目前设计方法隐含的可靠指标 β_0,其中 Q_1 为主导可变作用。

按《工程结构可靠性设计统一标准》(GB 50153—2008)[2]中的规定,对持久设计状况的承载能力极限状态设计,应采用作用的基本组合,其设计表达式为

$$\gamma_0(1.2S_{G_k}+1.4\gamma_{L1}S_{Q_{1k}}+1.4\gamma_{L2}\psi_{c2}S_{Q_{2k}})=\frac{R_k}{\gamma_R} \tag{7.32}$$

或

$$\gamma_0(1.35S_{G_k}+1.4\gamma_{L1}\psi_{c1}S_{Q_{1k}}+1.4\gamma_{L2}\psi_{c2}S_{Q_{2k}})=\frac{R_k}{\gamma_R} \tag{7.33}$$

式中:γ_0 为结构重要性系数,这里仅考虑一、二级安全等级的构件,其值分别为 1.1 和 1.0;γ_{L1}、γ_{L2} 分别为考虑设计使用年限的可变作用 Q_1、Q_2 的调整系数,取其值为 1.0,即设定设计使用年限 $T=T_0$;ψ_{c1}、ψ_{c2} 分别为可变作用 Q_1、Q_2 的组合值系数,按常遇情况取其值为 0.7[3];γ_R 为抗力分项系数。令 $\rho_{S_1}=S_{Q_{1k}}/S_{G_k}$,$\rho_{S_2}=S_{Q_{2k}}/S_{G_k}$,则 $\rho_{S_1}\geqslant 0.357$ 时,应取式(7.32);否则,取式(7.33)。

校核目前设计方法隐含的可靠指标 β_0 时,抗力分项系数 γ_R 应直接取用现行设计规范中规定的值,或根据规定的材料分项系数确定。对钢结构构件,可直接取 $\gamma_R=1.087$(Q235 钢)或 1.111(Q345 钢、Q390 钢、Q420 钢)[6]。对混凝土结构构件,可取混凝土材料分项系数 $\gamma_c=1.4$,钢筋材料分项系数 $\gamma_s=1.10$(延性较好的热轧钢筋)或 1.15(高强度 500MPa 级钢筋)[7]。混凝土构件的抗力一般由混凝土、钢筋所提供的抗力共同组成。若记两者的标准值与抗力标准值的比值分别为 p_c 和 p_s($=1-p_c$),则一般情况下,有

$$\frac{1}{\gamma_R}=\frac{p_c}{\gamma_c}+\frac{p_s}{\gamma_s} \tag{7.34}$$

这里偏保守地对延性破坏构件按 $p_s=0.80$ 取 $\gamma_R=1.15$，对脆性破坏构件按 $p_s=0.50$ 取 $\gamma_R=1.23$。对砌体结构构件，可按B级施工质量控制等级取材料分项系数 $\gamma_f=1.6$[8]。由于 $\gamma_f=\gamma a\kappa_R\gamma_R$，且 $\gamma=0.72$(受压)或0.67(受拉、受弯、受剪)，$a\kappa_R=1.06$[9]，故可取 $\gamma_R=2.10$(受压)或2.25(受拉、受弯、受剪)。

根据我国的统计资料和现行国家标准的规定，可分别按表7.3、表7.4取作用和抗力的统计参数，其中考虑了我国荷载取值增大和混凝土构件抗剪承载力提高的情况[3,6~8,10]。表7.4还针对不同材料的构件，按常遇情况给出作用效应比 ρ_{S_1} 的取值范围[1]。

表7.3　作用统计参数

	作用类型	均值系数	变异系数	时段长度/年
	永久作用	1.060	0.070	—
可变作用	办公楼楼面活荷载	0.524	0.288	10
	住宅楼楼面活荷载	0.644	0.233	10
	风荷载	1.109	0.193	1
	雪荷载	1.045	0.225	1

表7.4　抗力统计参数

	构件类型	均值系数	变异系数	ρ_{S_1}
钢结构构件	轴心受拉(延性破坏)	1.13	0.12	0.25～2.0
	轴心受压(延性破坏)	1.11	0.12	
	偏心受压(延性破坏)	1.21	0.15	
	受弯(延性破坏)	1.15	0.12	
混凝土结构构件	轴心受拉(延性破坏)	1.10	0.10	0.1～2.0
	轴心受压(脆性破坏)	1.33	0.17	
	小偏心受压(脆性破坏)	1.30	0.15	
	大偏心受压(延性破坏)	1.16	0.13	
	受弯(延性破坏)	1.13	0.10	
	受剪(脆性破坏)	1.40	0.19	
砌体结构构件	轴心受压(脆性破坏)	1.21	0.25	0.1～0.75
	偏心受压(脆性破坏)	1.26	0.30	
	齿缝受弯(脆性破坏)	1.06	0.24	
	受剪(脆性破坏)	1.02	0.27	

为简化分析，这里按不利条件，选择住宅楼楼面活荷载、风荷载为参与组合的两个可变作用，并取前者为主导可变作用 Q_1，后者为可变作用 Q_2，取 ρ_{S_2} 为 ρ_{S_1} 的下

限值。这时结构可靠度校核中与式(7.32)和式(7.33)对应的功能函数均可表达为

$$Z=R-S_G-S_{Q_1(T)}-S_{Q_2(\tau_1)} \tag{7.35}$$

对钢结构构件,选择偏心受压构件为典型构件;对混凝土结构构件,选择大偏心受压构件(延性破坏)和受剪构件(脆性破坏);对砌体结构构件,选择受剪构件。经可靠度校核,目前设计方法隐含的可靠指标 β_0 见表 7.5。

表 7.5　目前设计方法隐含的可靠指标 β_0

构件类型		一级安全等级		二级安全等级	
		β_0	$[\beta]$	β_0	$[\beta]$
钢结构构件	Q235	$\frac{3.92\sim4.17}{3.98}$	3.70	$\frac{3.34\sim3.73}{3.46}$	3.20
	Q345、Q390、Q420	$\frac{3.92\sim4.27}{4.10}$	3.70	$\frac{3.34\sim3.82}{3.58}$	3.20
混凝土结构构件	延性破坏	$\frac{4.34\sim4.27}{4.10}$	3.70	$\frac{3.70\sim4.05}{3.88}$	3.20
	脆性破坏	$\frac{4.40\sim4.74}{4.57}$	4.20	$\frac{3.92\sim4.35}{4.12}$	3.70
砌体结构构件		$\frac{4.19\sim4.55}{4.30}$	4.20	$\frac{3.84\sim4.21}{3.96}$	3.70

注:分子为可靠指标 β_0 的变化范围,分母为其平均值。

按不利情况校核的结果说明,目前设计方法隐含的可靠指标 β_0 的平均值要高于或明显高于《工程结构可靠性设计统一标准》(GB 50153—2008)[2]中规定的可靠指标$[\beta]$,其最小值接近或高于$[\beta]$。目前的设计方法在可靠度控制水平上能够满足现行国家标准中的要求。

7.3　混凝土受弯构件挠度控制的可靠度校核

7.3.1　目前挠度控制方法

混凝土受弯构件的挠度控制中,作用组合效应的设计值 S 应满足

$$S\leqslant C \tag{7.36}$$

式中:C 为规范规定的挠度限值。按现行设计规范的规定[7],对钢筋混凝土受弯构件,S 应按作用的准永久组合并考虑长期效应的影响计算,即

$$S=\frac{\zeta M_{\mathrm{q}} l_0^2}{B} \tag{7.37}$$

$$B = \frac{B_s}{\theta} \tag{7.38}$$

$$B_s = \frac{E_s A_s h_0^2}{1.15\psi + 0.2 + \dfrac{6\alpha_E \rho}{1 + 3.5\gamma_f'}} \tag{7.39}$$

$$\psi = 1.1 - 0.65 \frac{f_{tk}}{\rho_{te}\sigma_s} \tag{7.40}$$

$$\sigma_s = \frac{M_q}{0.87 A_s h_0} \tag{7.41}$$

对预应力混凝土受弯构件，S 应按作用的标准组合并考虑长期效应的影响计算，即

$$S = \frac{\zeta M_k l_0^2}{B} \tag{7.42}$$

$$B = \frac{M_k}{(\theta - 1)M_q + M_k} B_s \tag{7.43}$$

要求预应力混凝土受弯构件不出现裂缝时，有

$$B_s = 0.85 E_c I_0 \tag{7.44}$$

允许出现裂缝时，有

$$B_s = \frac{0.85 E_c I_0}{\kappa_{cr} + (1 - \kappa_{cr})\omega} \tag{7.45}$$

$$\kappa_{cr} = \frac{M_{cr}}{M_k} = \frac{(\sigma_{pc} + \gamma f_{tk}) W_0}{M_k} \tag{7.46}$$

$$\omega = \left(1 + \frac{0.21}{\alpha_E \rho}\right)(1 + 0.45\gamma_f) - 0.7 \tag{7.47}$$

式中：ζ 为按结构力学方法确定的挠度计算系数；其他各符号的意义见文献[7]。ψ 的值小于 0.2 时取 0.2，大于 1.0 时取 1.0；κ_{cr}的值大于 1.0 时取 1.0。

这里按通常情况，仅考虑承受永久作用 G 和一个可变作用 Q 的受弯构件，这时有

$$M_k = M_{G_k} + M_{Q_k} \tag{7.48}$$

$$M_q = M_{G_k} + \psi_q M_{Q_k} \tag{7.49}$$

式中：M_{G_k}、M_{Q_k} 分别为永久作用 G、可变作用 Q 的标准值产生的弯矩；ψ_q 为可变作用 Q 的准永久值系数。这时对于钢筋混凝土受弯构件、要求不出现裂缝和允许出现裂缝的预应力混凝土受弯构件，其挠度控制公式分别为

$$\frac{\zeta\theta(M_{G_k} + \psi_q M_{Q_k}) l_0^2}{E_s A_s h_0^2}\left(1.15\psi + 0.2 + \frac{6\alpha_E \rho}{1 + 3.5\gamma_f'}\right) \leqslant C \tag{7.50}$$

$$\frac{\zeta[(\theta - 1)(M_{G_k} + \psi_q M_{Q_k}) + (M_{G_k} + M_{Q_k})] l_0^2}{0.85 E_c I_0} \leqslant C \tag{7.51}$$

$$\frac{\zeta[(\theta-1)(M_{G_k}+\psi_q M_{Q_k})+(M_{G_k}+M_{Q_k})]l_0^2}{0.85E_cI_0} \cdot \left\{\kappa_{cr}+(1-\kappa_{cr})\left[\left(1+\frac{0.21}{\alpha_E\rho}\right)(1+0.45\gamma_f)-0.7\right]\right\}\leqslant C \tag{7.52}$$

为便于考虑工程实际中可能出现的各种情况，令

$$\rho_{Q_k}=\frac{M_{Q_k}}{M_{G_k}} \tag{7.53}$$

$$\rho_{\sigma_{pc}}=\frac{\sigma_{pc}W_0}{(\sigma_{pc}+\gamma f_{tk})W_0} \tag{7.54}$$

$$\sigma_{G_k}=\frac{M_{G_k}}{0.87A_sh_0} \tag{7.55}$$

$$\sigma_{Q_k}=\frac{M_{Q_k}}{0.87A_sh_0} \tag{7.56}$$

$$k_1=\frac{0.87\zeta\theta}{E_s} \tag{7.57}$$

$$k_2=\frac{\zeta l_0}{0.85E_sI_0} \tag{7.58}$$

$$\psi=1.1-0.65\frac{1}{\rho_{te}(1+\psi_q\rho_{Q_k})}\frac{k_1f_{tk}}{k_1\sigma_{G_k}} \tag{7.59}$$

$$\kappa_{cr}=\frac{k_2\sigma_{pc}W_0+k_2\gamma f_{tk}W_0}{k_2M_{G_k}(1+\rho_{Q_k})} \tag{7.60}$$

则式(7.50)～式(7.52)可按无量纲的形式分别表达为[11]

$$k_1\sigma_{G_k}(1+\psi_q\rho_{Q_k})\left\{1.15\min[\max(\psi,0.2),1]+0.2+\frac{6\rho}{(1+3.5\gamma_f')E_c/E_s}\right\}\leqslant\frac{h_0}{l_0}\frac{C}{l_0} \tag{7.61}$$

$$\frac{k_2M_{G_k}}{E_c/E_s}[(\theta-1)(1+\psi_q\rho_{Q_k})+(1+\rho_{Q_k})]\leqslant\frac{C}{l_0} \tag{7.62}$$

$$\frac{k_2M_{G_k}}{E_c/E_s}[(\theta-1)(1+\psi_q\rho_{Q_k})+(1+\rho_{Q_k})] \cdot \left\{\min(\kappa_{cr},1)+[1-\min(\kappa_{cr},1)]\left[\left(1+\frac{0.21E_c/E_s}{\rho}\right)(1+0.45\gamma_f)-0.7\right]\right\}\leqslant\frac{C}{l_0} \tag{7.63}$$

且

$$k_2\sigma_{pc}W_0=\rho_{\sigma_{pc}}\kappa_{cr}k_2M_{G_k}(1+\rho_{Q_k}) \tag{7.64}$$

$$k_2\gamma f_{tk}W_0=(1-\rho_{\sigma_{pc}})\kappa_{cr}k_2M_{G_k}(1+\rho_{Q_k}) \tag{7.65}$$

这里选择式(7.61)中的 $k_1\sigma_{G_k}$、式(7.62)和式(7.63)中的 $k_2M_{G_k}$、式(7.64)中的 $k_2\sigma_{pc}W_0$、式(7.65)中的 $k_2\gamma f_{tk}W_0$ 为待求解的无量纲量，而对 ψ_q、ρ_{Q_k}、$\rho_{Q_{pc}}$、ρ_{te}、f_{tk}/σ_{G_k}、γ_f'、γ_f、E_c/E_s、θ、κ_{cr}、C/l_0、h_0/l_0 等无量纲量，取设定的值。

7.3.2 可靠度分析模型

按作用的随机过程组合方法，可变作用 Q 以准永久值为代表值时，应以其设计使用年限 T 内的准永久序位值 $Q_q(T)$ 参与组合；以标准值为代表值时，以其设计使用年限 T 内的最大值 $Q(T)$ 参与组合。这时可靠度分析中钢筋混凝土受弯构件、要求不出现裂缝和允许出现裂缝的预应力混凝土受弯构件的功能函数分别为[11]

$$Z=\frac{C}{l_0}\frac{h_0}{l_0}-\eta(k_1\sigma_G+k_1\sigma_{Q_q(T)})\cdot\left[1.15\min(\max(\psi,0.2),1)+0.2+\frac{6\rho}{(1+3.5\gamma_f')E_c/E_s}\right]\tag{7.66}$$

$$Z=\frac{C}{l_0}-\eta\frac{(\theta-1)(k_2M_G+k_2M_{Q_q(T)})+(k_2M_G+k_2M_{Q(T)})}{E_c/E_s}\tag{7.67}$$

$$Z=\frac{C}{l_0}-\eta\frac{(\theta-1)(k_2M_G+k_2M_{Q_q(T)})+(k_2M_G+k_2M_{Q(T)})}{E_c/E_s}\cdot\left\{\min(\kappa_{cr},1)+[1-\min(\kappa_{cr},1)]\left[\left(1+\frac{0.21E_c/E_{ss}}{\rho}\right)(1+0.45\gamma_f)-0.7\right]\right\}\tag{7.68}$$

其中

$$\psi=1.1-\frac{0.65}{\rho_{te}}\frac{k_1f_t}{k_1\sigma_G+k_1\sigma_{Q_q(T)}}\tag{7.69}$$

$$\kappa_{cr}=\frac{k_2\sigma_{pc}W_0+k_2\gamma f_tW}{k_2M_G+k_2M_{Q(T)}}\tag{7.70}$$

式中：η 为挠度的计算模式不定性系数；σ_G、$\sigma_{Q_q(T)}$ 分别为 G、$Q_q(T)$ 产生的受拉区纵向普通钢筋应力；f_t 为混凝土的抗拉强度；E_c 为混凝土的弹性模量；M_G、$M_{Q_q(T)}$、$M_{Q(T)}$ 分别为 G、$Q_q(T)$、$Q(T)$ 产生的弯矩；σ_{pc} 为预加力产生的混凝土预压应力。这里这些变量均按随机变量考虑，忽略几何参数、钢筋弹性模量、配筋率等变量的变异性。

功能函数中各基本变量的概率特性见表 7.6。$Q(T_0)$ 为可变作用 Q 在设计基准期 T_0 内的最大值，其准永久值系数 $\psi_q=0.4$；$Q_q(T)$、$Q(T)$ 的概率特性可根据 $Q(T_0)$ 的概率特性确定，其中 $Q_q(T)$ 的超越概率为 0.5[2]。目前有关预应力的统计资料较少，文献[12]根据预应力筋伸长值的控制误差，取预应力筋张拉控制应力 σ_{con} 的变异系数为 0.0365；文献[13]在典型实例分析中估计的预应力总损失的变异系数为 0.107，这里偏于保守地取为 0.15。通常情况下预应力总损失占张拉控制应力的比例为 25%～30%[12]，这里按 30%考虑。经计算，可取 σ_{pc} 的变异系数为 0.08，并取其均值系数为 1.0；根据文献[13]的统计结果，可认为其服从正态分布。

表 7.6　基本变量的概率特性（挠度控制）

基本变量	概率分布	均值系数	变异系数	数据来源
η	正态分布	1.00	0.128	文献[14]
G	正态分布	1.06	0.07	文献[1]
$Q(T_0)$	极大值Ⅰ型分布	0.524	0.288	文献[1]
σ_{pc}	正态分布	1.00	0.08	文献[12]和[13]
f_t	正态分布	1.42	0.18	文献[1]
E_c	正态分布	1.00	0.20	文献[1]

根据工程实际中可能出现的情况，这里取 $\rho_{Q_k}=0.1\sim2.0$，$\rho_{pc}=0.5\sim0.9$，$\rho=0.005\sim0.025$，$\rho_{te}=2\rho$，$f_{tk}/\sigma_{G_k}=0.3\sim0.9$，$\gamma_f'=0\sim3.0$，$\gamma_f=0\sim0.2$，$E_c/E_s=0.13\sim0.19$，$\theta=2$（预应力混凝土受弯构件），$\kappa_{cr}=0.5\sim1.2$，$h_0/l_0=1/14\sim1/8$，$C/l_0=1/600\sim1/200$；同时，按目前挠度控制方法，取设计使用年限 $T=T_0$[11]。这时式(7.61)～式(7.65)中待求解的无量纲量均可被确定，并可进一步确定式(7.66)～式(7.70)中以无量纲形式表达的各基本变量的概率特性。

7.3.3　可靠度校核结果

1. 可靠度控制水平

目前混凝土受弯构件挠度控制方法的可靠度校核结果见表 7.7[11]。大体而言，钢筋混凝土受弯构件挠度控制方法隐含的可靠指标为−0.3～0.7，要求不出现裂缝的预应力混凝土受弯构件的可靠指标为−0.1～1.0，允许出现裂缝的预应力混凝土受弯构件的可靠指标为−0.1～2.75，可靠度控制水平总体上依次增大。《工程结构可靠性设计统一标准》（GB 50153—2008）[2]中规定，房屋建筑结构持久设计状况正常使用极限状态设计的可靠指标，宜根据其可逆程度取 0～1.5。目前对钢筋混凝土受弯构件、要求不出现裂缝的预应力混凝土受弯构件的可靠度控制较为适中，对允许出现裂缝的预应力混凝土受弯构件的控制略显保守。

表 7.7 还给出了按目前作用随机变量组合方法计算的可靠指标。与按作用随机过程组合方法计算的可靠指标相比可知，其计算结果偏大，特别是可变作用为主要作用时，最大差值可达 0.7，偏于冒进。

表 7.7　构件挠度控制方法隐含的可靠指标

构件类型		ρ_{Q_k}					最小值	最大值	差值
		0.1	0.5	1.0	1.5	2.0			
钢筋混凝土受弯构件	下限值	−0.220	0.002	0.212	0.368	0.485	−0.220	0.485	0.705
	上限值	−0.305	0.002	0.303	0.522	0.680	−0.305	0.680	0.986
	差值	0.085	0.001	0.091	0.154	0.195	0.001	0.195	—
钢筋混凝土受弯构件*	下限值	−0.184	0.165	0.501	0.753	0.943	−0.184	0.943	1.127
	上限值	−0.256	0.237	0.737	1.108	1.365	−0.256	1.365	1.622
	差值	0.072	0.072	0.237	0.355	0.422	0.072	0.422	—
预应力混凝土受弯构件（要求不出现裂缝）		−0.108	0.293	0.623	0.841	0.994	−0.108	0.994	1.102
预应力混凝土受弯构件（要求不出现裂缝）*		−0.094	0.356	0.726	0.972	1.144	−0.094	1.144	1.238
预应力混凝土受弯构件（允许出现裂缝）	下限值	−0.108	0.293	0.623	0.841	0.994	−0.108	0.994	1.102
	上限值	1.397	2.165	2.557	2.694	2.750	1.397	2.750	1.354
	差值	1.505	1.872	1.934	1.853	1.757	1.505	1.934	—
预应力混凝土受弯构件（允许出现裂缝）*	下限值	−0.094	0.356	0.726	0.972	1.144	−0.094	1.144	1.238
	上限值	1.407	2.159	2.562	2.715	2.780	1.407	2.780	1.373
	差值	1.501	1.803	1.836	1.743	1.636	1.501	1.836	—

*表示目前作用随机变量组合方法的校核结果。

2. 主要影响因素

文献[11]还具体分析了影响构件挠度控制可靠度水平的主要因素。

由表 7.7 可见，可变作用效应的相对数值 ρ_{Q_k} 对构件挠度控制的可靠度有显著的影响，且可变作用效应相对越大，挠度控制的可靠度水平越高，即趋于保守。对于钢筋混凝土受弯构件和要求不出现裂缝的预应力混凝土受弯构件，ρ_{Q_k} 对挠度控制可靠度的影响超过了其他因素的综合影响，其引起的可靠指标变化幅度分别可达 0.705～0.986 和 1.102。对于允许出现裂缝的预应力混凝土受弯构件，ρ_{Q_k} 引起的可靠指标变化幅度为 1.102～1.354，但其他因素综合引起的可靠指标变化幅度则为 1.505～1.934，高于 ρ_{Q_k} 的影响（见表 7.7）。

对钢筋混凝土受弯构件，根据可靠度分析结果（见表 7.8），按由大到小的顺序，影响构件挠度控制可靠度的主要因素分别为可变作用效应相对数值 ρ_{Q_k}、受压翼缘相对截面面积 γ_f' 和纵向受拉钢筋配筋率 ρ。γ_f'、ρ 对挠度控制可靠度的影响都是非单调的，其引起的可靠指标变化幅度分别为 0～0.136 和 0～0.036，影响程度有限。

表 7.8　各因素对挠度控制可靠指标的影响(钢筋混凝土受弯构件)

影响因素		ρ_{Q_k}					最小值	最大值	差值
		0.1	0.5	1.0	1.5	2.0			
γ_f'	0	−0.245	0.002	0.237	0.410	0.539	−0.245	0.539	0.784
	1	−0.293	0.002	0.289	0.499	0.652	−0.293	0.652	0.945
	2	−0.301	0.002	0.298	0.513	0.669	−0.301	0.669	0.970
	3	−0.303	0.002	0.300	0.518	0.675	−0.303	0.675	0.978
	最小值	−0.303	0.002	0.237	0.410	0.539	—	—	—
	最大值	−0.245	0.002	0.300	0.518	0.675	—	—	—
	差值	0.058	0	0.063	0.108	0.136	0	0.136	—
ρ	0.005	−0.305	0.002	0.302	0.521	0.678	−0.305	0.678	0.983
	0.01	−0.302	0.002	0.299	0.516	0.672	−0.302	0.672	0.974
	0.015	−0.298	0.002	0.295	0.509	0.663	−0.298	0.663	0.961
	0.02	−0.294	0.002	0.290	0.501	0.653	−0.294	0.653	0.947
	0.025	−0.289	0.002	0.285	0.492	0.643	−0.289	0.643	0.932
	最小值	−0.305	0.002	0.285	0.492	0.643	—	—	—
	最大值	−0.289	0.002	0.302	0.521	0.678	—	—	—
	差值	0.015	0	0.017	0.029	0.036	0	0.036	—

注:对所考虑影响因素以外的其他因素,取其值为取值范围内的平均值。

对于要求不出现裂缝的预应力混凝土受弯构件,影响挠度控制可靠度的因素是可变作用效应的相对数值 ρ_{Q_k},且 ρ_{Q_k} 越大,挠度控制的可靠度越大(见表 7.7)。

对于允许出现裂缝的预应力混凝土受弯构件,虽然其他因素对挠度控制可靠度的影响高于 ρ_{Q_k} 的影响,但 ρ_{Q_k} 仍为最主要的影响因素,其引起的可靠指标变化幅度超过了其他因素单独引起的变化幅度(见表 7.9)。按由大到小的顺序,影响挠度控制可靠度的主要因素分别为可变作用效应的相对数值 ρ_{Q_k}、纵向受拉钢筋配筋率 ρ、开裂弯矩相对数值 κ_{cr}、预应力相对数值 ρ_{pc}、混凝土相对弹性模量E_c/E_s 和受拉翼缘相对面积 γ_f。ρ 越大,可靠度越低,其引起的可靠指标变化幅度为 0.739～1.486;κ_{cr}的影响是非单调的,其引起的可靠指标变化幅度为 0.618～1.312,且在其值大于 1 时对可靠度无影响;ρ_{pc} 仅在 ρ_{Q_k} 较小时对可靠度有影响,且 ρ_{pc} 越大,可靠度越低,其引起的可靠指标变化幅度为 0～0.730;E_c/E_s、γ_f 越大,可靠度越大,其引起的可靠指标变化幅度分别为 0.224～0.369 和 0.073～0.123。

表 7.9　各因素对挠度控制可靠指标的影响(允许出现裂缝的预应力混凝土受弯构件)

影响因素		ρ_{Q_k}					最小值	最大值	差值
		0.1	0.5	1.0	1.5	2.0			
ρ	0.005	1.033	2.074	2.499	2.610	2.653	1.033	2.653	1.620
	0.01	0.824	1.798	2.292	2.463	2.535	0.824	2.535	1.711
	0.015	0.612	1.135	1.422	1.607	1.735	0.612	1.735	1.123
	0.02	0.435	0.875	1.176	1.371	1.507	0.435	1.507	1.072
	0.025	0.294	0.703	1.013	1.216	1.356	0.294	1.356	1.062
	最小值	0.294	0.703	1.013	1.216	1.356	—	—	—
	最大值	1.033	2.074	2.499	2.610	2.653	—	—	—
	差值	0.739	1.371	1.486	1.395	1.296	0.739	1.486	—
κ_{cr}	0.5	0.298	1.206	1.796	2.073	2.215	0.298	2.215	1.916
	0.7	0.490	1.377	1.905	2.153	2.262	0.490	2.262	1.772
	0.9	0.510	0.886	1.186	1.381	1.516	0.510	1.516	1.007
	1.0	−0.108	0.293	0.623	0.841	0.994	−0.108	0.994	1.102
	1.2	−0.108	0.293	0.623	0.841	0.994	−0.108	0.994	1.102
	最小值	−0.108	0.293	0.623	0.841	0.994	—	—	—
	最大值	0.510	1.377	1.905	2.153	2.262	—	—	—
	差值	0.618	1.084	1.282	1.312	1.269	0.618	1.312	—
ρ_{pc}	0.2	0.773	1.135	1.422	1.607	1.735	0.773	1.735	0.962
	0.5	0.677	1.135	1.422	1.607	1.735	0.677	1.735	1.058
	0.7	0.392	1.135	1.422	1.607	1.735	0.392	1.735	1.343
	0.9	0.043	1.016	1.422	1.607	1.735	0.043	1.735	1.692
	最小值	0.043	1.016	1.422	1.607	1.735	—	—	—
	最大值	0.773	1.135	1.422	1.607	1.735	—	—	—
	差值	0.730	0.119	0	0	0	0	0.730	—
E_c/E_s	0.13	0.485	0.943	1.240	1.433	1.566	0.485	1.566	1.081
	0.16	0.612	1.135	1.422	1.607	1.735	0.612	1.735	1.123
	0.19	0.709	1.312	1.589	1.766	1.889	0.709	1.889	1.180
	最小值	0.485	0.943	1.240	1.433	1.566	—	—	—
	最大值	0.709	1.312	1.589	1.766	1.889	—	—	—
	差值	0.224	0.369	0.349	0.334	0.322	0.224	0.369	—
γ_f	0	0.574	1.073	1.363	1.551	1.680	0.574	1.680	1.106
	0.1	0.612	1.135	1.422	1.607	1.735	0.612	1.735	1.123
	0.2	0.647	1.195	1.479	1.662	1.787	0.647	1.787	1.141
	最小值	0.574	1.073	1.363	1.551	1.680	—	—	—
	最大值	0.647	1.195	1.479	1.662	1.787	—	—	—
	差值	0.073	0.123	0.116	0.111	0.107	0.073	0.123	—

注:对所考虑影响因素以外的其他因素,取其值为取值范围内的平均值。

综上所述，仅就校核中所考虑的情况，可得以下结论[11]：

(1) 钢筋混凝土受弯构件挠度控制方法隐含的可靠指标为−0.3～0.7，要求不出现裂缝的预应力混凝土受弯构件的可靠指标为−0.1～1.0，允许出现裂缝的预应力混凝土受弯构件的可靠指标为−0.1～2.75，可靠度控制水平依次增大。对钢筋混凝土受弯构件、要求不出现裂缝的预应力混凝土受弯构件的可靠度控制较为适中，对允许出现裂缝的预应力混凝土受弯构件的控制略显保守。

(2) 可变作用效应的相对数值 ρ_{Q_k} 对构件挠度控制的可靠度有显著的影响，且可变作用效应相对越大，挠度控制的可靠度水平越高。

(3) 对钢筋混凝土受弯构件，按由大到小的顺序，影响构件挠度控制可靠度的主要因素分别为可变作用效应的相对数值 ρ_{Q_k}、受压翼缘相对截面面积 γ_f' 和纵向受拉钢筋配筋率 ρ，后两者的影响程度有限。

(4) 对要求不出现裂缝的预应力混凝土受弯构件，影响挠度控制可靠度的因素是可变作用效应的相对数值 ρ_{Q_k}。

(5) 对允许出现裂缝的预应力混凝土受弯构件，按由大到小的顺序，影响挠度控制可靠度的主要因素分别为可变作用效应的相对数值 ρ_{Q_k}、纵向受拉钢筋配筋率 ρ、开裂弯矩相对数值 κ_{cr}、预应力相对数值 ρ_{pc}、混凝土相对弹性模量 E_c/E_s 和受拉翼缘相对面积 γ_f。

3. 设计使用年限的影响

目前结构正常使用极限状态的可靠度分析中，通常默认设计使用年限 T 为设计基准期 T_0，而设计公式中亦不考虑设计使用年限 T 对设计结果的影响。实际上，结构正常使用极限状态的可靠度分析中，有关可变作用的基本变量的概率特性是随设计使用年限 T 而变化的。为揭示设计使用年限 T 的影响，文献[11]按不同的设计使用年限 T，校核了目前混凝土受弯构件挠度控制的可靠度水平。

继续采用 7.3.2 节中的可靠度分析模型，并设定 $\rho_{Q_k}=0.1$ 或 2.0，$\rho_{pc}=0.7$，$\rho=0.015$，$\rho_{te}=2\rho$，$f_{tk}/\sigma_{G_k}=0.7$，$\gamma_f'=0$，$\gamma_f=0$，$E_c/E_s=0.16$，$\theta=2$(预应力混凝土受弯构件)，$\kappa_{cr}=0.5$，$h_0/l_0=1/10$，$C/l_0=1/400$。混凝土受弯构件挠度控制的可靠度校核结果见表 7.10[11]。

表 7.10　不同设计使用年限 T 时挠度控制的可靠指标

构件	ρ_{Q_k}	T/年							差值
		10	20	30	40	50	70	100	
钢筋混凝土构件	0.1	−0.203	−0.226	−0.236	−0.242	−0.245	−0.249	−0.252	−0.049
	2.0	0.897	0.704	0.619	0.571	0.539	0.501	0.470	−0.428

续表

构件	ρ_{Q_k}	T/年							差值
		10	20	30	40	50	70	100	
钢筋混凝土构件*	0.1	−0.166	−0.183	−0.193	−0.200	−0.205	−0.213	−0.221	−0.055
	2.0	1.530	1.326	1.206	1.120	1.054	0.954	0.849	−0.682
预应力混凝土受弯构件（要求不出现裂缝）	0.1	−0.058	−0.082	−0.094	−0.102	−0.108	−0.117	−0.126	−0.069
	2.0	1.482	1.253	1.133	1.053	0.994	0.907	0.820	−0.662
预应力混凝土受弯构件（要求不出现裂缝）*	0.1	−0.044	−0.065	−0.078	−0.087	−0.094	−0.104	−0.115	−0.071
	2.0	1.648	1.429	1.303	1.213	1.144	1.041	0.932	−0.716
预应力混凝土受弯构件（允许出现裂缝）	0.1	0.245	0.195	0.167	0.148	0.134	0.113	0.091	−0.154
	2.0	2.752	2.465	2.304	2.190	2.103	1.970	1.828	−0.924
预应力混凝土受弯构件（允许出现裂缝）*	0.1	0.263	0.216	0.188	0.168	0.153	0.130	0.106	−0.157
	2.0	2.887	2.620	2.457	2.338	2.243	2.097	1.937	−0.949

*表示目前作用随机变量组合方法的校核结果。

由校核结果可知：设计使用年限 T 对混凝土受弯构件挠度控制可靠度的影响是不可忽略的，设计使用年限 T 越大，可靠指标越小，特别是在可变作用为主要作用的场合，其变化幅度为−0.949～−0.428；随着设计使用年限 T 的增大，这种影响逐渐降低，设计使用年限 T 为 50 年和 100 年的可靠指标之间的差异相对较小，对以可变作用为主要作用的场合，其变化幅度为−0.306～−0.069；按目前的作用随机变量组合方法，可靠指标的计算结果要高于按作用随机过程组合的计算结果，偏于冒进[11]。

7.4　混凝土受弯构件裂缝控制的可靠度校核

7.4.1　目前裂缝控制方法

我国对混凝土构件的裂缝采用分级控制的方式。对一级、二级裂缝控制等级构件，要求作用标准组合下验算截面的受拉边缘应力分别满足[7]

$$\sigma_{ck}-\sigma_{pc}\leqslant 0 \tag{7.71}$$

$$\sigma_{ck}-\sigma_{pc}\leqslant f_{tk} \tag{7.72}$$

对三级裂缝控制等级构件，要求钢筋混凝土构件在作用准永久组合下、预应力混凝土构件在作用标准组合下并均考虑长期作用影响的最大裂缝宽度满足[7]

$$w_{max}\leqslant w_{lim} \tag{7.73}$$

$$w_{max}=\alpha_{cr}\psi\frac{\sigma_s}{E_s}\left(1.9c_s+0.08\frac{d_{eq}}{\rho_{te}}\right) \tag{7.74}$$

$$\psi=1.1-0.65\frac{f_{tk}}{\rho_{te}\sigma_s} \tag{7.75}$$

式中：各符号的意义见文献[7]，其中 α_{cr} 的值为 1.9（钢筋混凝土构件）或 1.5（预应力混凝土构件）；ψ 的值小于 0.2 时取 0.2，大于 1.0 时取 1.0；σ_s 为作用准永久组合下钢筋混凝土构件纵向受拉普通钢筋应力 σ_{sq} 或作用标准组合下预应力混凝土构件纵向受拉钢筋等效应力 σ_{sk}；c_s、d_{eq} 均以 mm 为单位取值，且 c_s 的值小于 20mm 时取 20mm，大于 65mm 时取 65mm。

这里仅考虑承受永久作用 G 和一个可变作用 Q 的受弯构件，这时有

$$\sigma_{ck}=\frac{M_{G_k}+M_{Q_k}}{W_0}=\sigma_{c,G_k}+\sigma_{c,Q_k} \tag{7.76}$$

$$\sigma_{sq}=\frac{M_{G_k}+\psi_q M_{Q_k}}{0.87h_0A_s}=\sigma_{s,G_k}+\psi_q\sigma_{s,Q_k} \tag{7.77}$$

$$\sigma_{sk}=\frac{M_{G_k}+M_{Q_k}-N_{p0}(z-e_p)}{(\alpha_1A_p+A_s)z}=\sigma_{s,G_k}+\sigma_{s,Q_k}-\sigma_{s,N_{p0}} \tag{7.78}$$

式中：M_{G_k}、M_{Q_k} 分别为永久作用 G、可变作用 Q 的标准值产生的弯矩；ψ_q 为 Q 的准永久值系数；σ_{c,G_k}、σ_{c,Q_k} 分别为 M_{G_k}、M_{Q_k} 产生的边缘混凝土法向应力；σ_{s,G_k}、σ_{s,Q_k}、$\sigma_{s,N_{p0}}$ 分别为 M_{G_k}、M_{Q_k} 和验算截面上混凝土法向应力等于零时的预加力 N_{p0} 产生的纵向受拉钢筋应力；其他符号的意义见文献[7]。

这时对一级、二级裂缝控制等级构件，应分别满足

$$\sigma_{c,G_k}+\sigma_{c,Q_k}-\sigma_{pc}\leqslant 0 \tag{7.79}$$

$$\sigma_{c,G_k}+\sigma_{c,Q_k}-\sigma_{pc}\leqslant f_{tk} \tag{7.80}$$

对三级裂缝控制等级的钢筋混凝土构件，应满足

$$\alpha_{cr}\psi\frac{\sigma_{s,G_k}+\psi_q\sigma_{s,Q_k}}{E_s}\left(1.9c_s+0.08\frac{d_{eq}}{\rho_{te}}\right)\leqslant w_{lim} \tag{7.81}$$

$$\psi=1.1-0.65\frac{f_{tk}}{\rho_{te}(\sigma_{s,G_k}+\psi_q\sigma_{s,Q_k})} \tag{7.82}$$

对三级裂缝控制等级的预应力混凝土构件，应满足

$$\alpha_{cr}\psi\frac{\sigma_{s,G_k}+\sigma_{s,Q_k}-\sigma_{s,N_{p0}}}{E_s}\left(1.9c_s+0.08\frac{d_{eq}}{\rho_{te}}\right)\leqslant w_{lim} \tag{7.83}$$

$$\psi=1.1-0.65\frac{f_{\mathrm{tk}}}{\rho_{\mathrm{te}}(\sigma_{\mathrm{s},G_{\mathrm{k}}}+\sigma_{\mathrm{s},Q_{\mathrm{k}}}-\sigma_{\mathrm{s},N_{\mathrm{p0}}})} \tag{7.84}$$

为便于考虑工程实际中可能出现的各种情况，令

$$\rho_{\mathrm{c},Q_{\mathrm{k}}}=\frac{\sigma_{\mathrm{c},Q_{\mathrm{k}}}}{\sigma_{\mathrm{c},G_{\mathrm{k}}}} \tag{7.85}$$

$$\rho_{\mathrm{s},Q_{\mathrm{k}}}=\frac{\sigma_{\mathrm{s},Q_{\mathrm{k}}}}{\sigma_{\mathrm{s},G_{\mathrm{k}}}} \tag{7.86}$$

$$\rho_{\mathrm{s},N_{\mathrm{p0}}}=\frac{\sigma_{\mathrm{s},N_{\mathrm{p0}}}}{\sigma_{\mathrm{s},G_{\mathrm{k}}}+\sigma_{\mathrm{s},Q_{\mathrm{k}}}} \tag{7.87}$$

这时式(7.79)～式(7.81)和式(7.83)可按无量纲的形式分别表达为[15]

$$1+\rho_{\mathrm{c},Q_{\mathrm{k}}}-\frac{\sigma_{\mathrm{pc}}}{\sigma_{\mathrm{c},G_{\mathrm{k}}}}\leqslant 0 \tag{7.88}$$

$$1+\rho_{\mathrm{c},Q_{\mathrm{k}}}-\frac{\sigma_{\mathrm{pc}}}{\sigma_{\mathrm{c},G_{\mathrm{k}}}}\leqslant\frac{f_{\mathrm{tk}}}{\sigma_{\mathrm{c},G_{\mathrm{k}}}} \tag{7.89}$$

$$\alpha_{\mathrm{cr}}\min\left[\max\left(1.1-0.65\frac{1}{\rho_{\mathrm{te}}}\frac{f_{\mathrm{tk}}/E_{\mathrm{s}}}{\sigma_{\mathrm{s},G_{\mathrm{k}}}/E_{\mathrm{s}}}\frac{1}{1+\psi_{\mathrm{q}}\rho_{\mathrm{s},Q_{\mathrm{k}}}},0.2\right),1\right]$$
$$\cdot\frac{\sigma_{\mathrm{s},G_{\mathrm{k}}}}{E_{\mathrm{s}}}(1+\psi_{\mathrm{q}}\rho_{\mathrm{s},Q_{\mathrm{k}}})\left(1.9\frac{c_{\mathrm{s}}}{d_{\mathrm{eq}}}+0.08\frac{1}{\rho_{\mathrm{te}}}\right)\leqslant\frac{w_{\mathrm{lim}}}{d_{\mathrm{eq}}} \tag{7.90}$$

$$\alpha_{\mathrm{cr}}\min\left\{\max\left[1.1-0.65\frac{1}{\rho_{\mathrm{te}}}\frac{f_{\mathrm{tk}}/E_{\mathrm{s}}}{\sigma_{\mathrm{s},G_{\mathrm{k}}}/E_{\mathrm{s}}}\frac{1}{1+\rho_{\mathrm{s},Q_{\mathrm{k}}}-\rho_{\mathrm{s},N_{\mathrm{p0}}}(1+\rho_{\mathrm{s},Q_{\mathrm{k}}})},0.2\right],1\right\}$$
$$\cdot\frac{\sigma_{\mathrm{s},G_{\mathrm{k}}}}{E_{\mathrm{s}}}[1+\rho_{\mathrm{s},Q_{\mathrm{k}}}-\rho_{\mathrm{s},N_{\mathrm{p0}}}(1+\rho_{\mathrm{s},Q_{\mathrm{k}}})]\left(1.9\frac{c_{\mathrm{s}}}{d_{\mathrm{eq}}}+0.08\frac{1}{\rho_{\mathrm{te}}}\right)\leqslant\frac{w_{\mathrm{lim}}}{d_{\mathrm{eq}}} \tag{7.91}$$

这里选择式(7.88)和式(7.89)中的$\sigma_{\mathrm{pc}}/\sigma_{\mathrm{c},G_{\mathrm{k}}}$、式(7.90)和式(7.91)中的$\sigma_{\mathrm{s},G_{\mathrm{k}}}/E_{\mathrm{s}}$为待求解的无量纲量，而对$\rho_{\mathrm{c},Q_{\mathrm{k}}}$、$\rho_{\mathrm{s},Q_{\mathrm{k}}}$、$\rho_{\mathrm{s},N_{\mathrm{p0}}}$、$\psi_{\mathrm{q}}$、$f_{\mathrm{tk}}/\sigma_{\mathrm{c},G_{\mathrm{k}}}$、$f_{\mathrm{tk}}/E_{\mathrm{s}}$、$\rho_{\mathrm{te}}$、$c_{\mathrm{s}}/d_{\mathrm{eq}}$、$w_{\mathrm{lim}}/d_{\mathrm{eq}}$等无量纲量，取设定的值。

7.4.2 可靠度分析模型

按作用的随机过程组合方法，可靠度分析中一级裂缝控制等级构件、二级裂缝控制等级构件和三级裂缝控制等级的钢筋混凝土、预应力混凝土构件的功能函数分别为[15]

$$Z=\frac{\sigma_{\mathrm{pc}}}{\sigma_{\mathrm{c},G_{\mathrm{k}}}}-\frac{\sigma_{\mathrm{c},G}}{\sigma_{\mathrm{c},G_{\mathrm{k}}}}-\frac{\sigma_{\mathrm{c},Q(T)}}{\sigma_{\mathrm{c},G_{\mathrm{k}}}} \tag{7.92}$$

$$Z=\frac{f_{\mathrm{t}}}{\sigma_{\mathrm{c},G_{\mathrm{k}}}}+\frac{\sigma_{\mathrm{pc}}}{\sigma_{\mathrm{c},G_{\mathrm{k}}}}-\frac{\sigma_{\mathrm{c},G}}{\sigma_{\mathrm{c},G_{\mathrm{k}}}}-\frac{\sigma_{\mathrm{c},Q(T)}}{\sigma_{\mathrm{c},G_{\mathrm{k}}}} \tag{7.93}$$

$$Z=\frac{w_{\mathrm{lim}}}{d_{\mathrm{eq}}}-\eta\alpha_{\mathrm{cr}}\min\left\{\max\left[1.1-0.65\frac{1}{\rho_{\mathrm{te}}}\frac{f_{\mathrm{t}}/E_{\mathrm{s}}}{\sigma_{\mathrm{s},G}/E_{\mathrm{s}}+\sigma_{\mathrm{s},Q_{\mathrm{q}}(T)}/E_{\mathrm{s}}},0.2\right],1\right\}$$

$$\cdot\left(\frac{\sigma_{\mathrm{s},G}}{E_{\mathrm{s}}}+\frac{\sigma_{\mathrm{s},Q_{\mathrm{q}}(T)}}{E_{\mathrm{s}}}\right)\left(1.9\frac{c_{\mathrm{s}}}{d_{\mathrm{eq}}}+0.08\frac{1}{\rho_{\mathrm{te}}}\right) \tag{7.94}$$

$$Z=\frac{w_{\mathrm{lim}}}{d_{\mathrm{eq}}}-\eta\alpha_{\mathrm{cr}}\min\left\{\max\left[1.1-0.65\frac{1}{\rho_{\mathrm{te}}}\frac{f_{\mathrm{t}}/E_{\mathrm{s}}}{\sigma_{\mathrm{s},G}/E_{\mathrm{s}}+\sigma_{\mathrm{s},Q_{\mathrm{q}}(T)}/E_{\mathrm{s}}-\sigma_{\mathrm{s},N_{\mathrm{p0}}}/E_{\mathrm{s}}},0.2\right],1\right\}$$

$$\cdot\left(\frac{\sigma_{\mathrm{s},G}}{E_{\mathrm{s}}}+\frac{\sigma_{\mathrm{s},Q_{\mathrm{q}}(T)}}{E_{\mathrm{s}}}-\frac{\sigma_{\mathrm{s},N_{\mathrm{p0}}}}{E_{\mathrm{s}}}\right)\left(1.9\frac{c_{\mathrm{s}}}{d_{\mathrm{eq}}}+0.08\frac{1}{\rho_{\mathrm{te}}}\right) \tag{7.95}$$

式中：$\sigma_{\mathrm{c},G}$、$\sigma_{\mathrm{c},Q(T)}$、σ_{pc}分别为G、$Q(T)$和预加力产生的边缘混凝土法向应力；f_{t}为混凝土抗拉强度；η为最大裂缝宽度的计算模式不定性系数；$\sigma_{\mathrm{s},G}$、$\sigma_{\mathrm{s},Q_{\mathrm{q}}(T)}$、$\sigma_{\mathrm{s},Q(T)}$、$\sigma_{\mathrm{s},N_{\mathrm{p0}}}$分别为$G$、$Q_{\mathrm{q}}(T)$、$Q(T)$、$N_{\mathrm{p0}}$产生的纵向受拉钢筋应力；$E_{\mathrm{s}}$为钢筋弹性模量；$c_{\mathrm{s}}$为保护层厚度。这里这些变量均按随机变量考虑，忽略其他几何参数、配筋率等变量的变异性。由于受拉边缘应力的计算公式相对准确，不考虑其计算模式的不确定性。

功能函数中相关基本变量的概率特性见表7.11。$Q(T_0)$为可变作用Q在设计基准期T_0内的最大值，其准永久值系数$\psi_{\mathrm{q}}=0.4$；$Q_{\mathrm{q}}(T)$、$Q(T)$的概率特性可根据$Q(T_0)$概率特性确定，其中$Q_{\mathrm{q}}(T)$的超越概率为0.5[2]。根据文献[12]和文献[13]，取σ_{pc}、$\sigma_{\mathrm{s},N_{\mathrm{p0}}}$的变异系数为0.08，均值系数为1.0，并认为其服从正态分布。

表7.11　基本变量的概率特性(裂缝控制)

基本变量	概率分布	均值系数	变异系数	数据来源
G	正态分布	1.06	0.07	文献[1]
Q_{T_0}	极值Ⅰ型分布	0.524	0.288	文献[1]
σ_{pc}、$\sigma_{\mathrm{s},N_{\mathrm{p0}}}$	正态分布	1.00	0.08	文献[12]和[13]
E_{s}	正态分布	1.00	0.06	文献[14]
η	正态分布	1.00	0.266	文献[14]
f_{t}	正态分布	1.42	0.18	文献[1]
c_{s}	正态分布	1.00	0.30	文献[1]

根据工程实际中可能出现的情况，这里取$\rho_{Q_{\mathrm{k}}}=\rho_{\mathrm{c},Q_{\mathrm{k}}}=\rho_{\mathrm{s},Q_{\mathrm{k}}}=0.1\sim2.0$，$\rho_{\mathrm{s},N_{\mathrm{p0}}}=0.6\sim0.9$，$f_{\mathrm{tk}}/\sigma_{\mathrm{c},G_{\mathrm{k}}}=0.3\sim0.9$，$f_{\mathrm{tk}}/E_{\mathrm{s}}=(0.8\sim1.4)\times10^{-5}$，$\rho_{\mathrm{te}}=0.01\sim0.05$；$c_{\mathrm{s}}/d_{\mathrm{eq}}$、$w_{\mathrm{lim}}/d_{\mathrm{eq}}$的值按$d_{\mathrm{eq}}=16\sim50\mathrm{mm}$，$c_{\mathrm{s}}=20\sim65\mathrm{mm}$，$w_{\mathrm{lim}}=0.1\sim0.3\mathrm{mm}$的取值范围确定，且$c_{\mathrm{s}}/d_{\mathrm{eq}}\geqslant1$；同时，按目前的裂缝控制方法，取设计使用年限$T=T_0$[15]。这时式(7.88)～式(7.91)中待求解的无量纲量均可被确定，并可进一步确定式(7.92)～式(7.95)中以无量纲形式表达的各基本变量的概率特性。

7.4.3 可靠度校核结果

1. 可靠度控制水平

目前混凝土受弯构件裂缝控制方法的可靠度校核结果见表 7.12[15]。大体而言，一级、二级构件裂缝控制方法隐含的可靠指标分别为 0～2.1 和 0.9～2.6，三级钢筋混凝土构件、预应力混凝土构件的可靠指标分别为 0～2.0 和 0～2.6。按可靠度控制水平由低到高的顺序，它们依次为三级钢筋混凝土构件、一级构件、三级预应力混凝土构件和二级构件。对三级钢筋混凝土构件的可靠度控制较为适中，对其他构件的控制则偏于保守，特别是在可变作用效应相对较大的场合。同时，按目前作用随机变量组合方法计算的可靠指标偏大 0.03～0.42，偏于冒进[15]。

表 7.12　构件裂缝控制方法隐含的可靠指标

构件类型		ρ_{Q_k}					最小值	最大值	差值
		0.1	0.5	1.0	1.5	2.0			
一级构件		−0.09	1.19	1.78	1.97	2.05	−0.09	2.05	2.14
二级构件	下限值	0.93	1.91	2.20	2.26	2.27	0.93	2.27	1.34
	上限值	1.52	2.20	2.57	2.60	2.57	1.52	2.60	1.09
	差值	0.59	0.29	0.37	0.34	0.30	0.29	0.59	—
三级钢筋混凝土构件	下限值	−0.06	0.10	0.26	0.39	0.48	−0.06	0.48	0.54
	上限值	1.36	1.57	1.76	1.88	1.96	1.36	1.96	0.60
	差值	1.41	1.47	1.49	1.49	1.48	1.41	1.49	—
三级钢筋混凝土构件*	下限值	−0.03	0.23	0.49	0.71	0.88	−0.03	0.88	0.91
	上限值	1.39	1.73	2.03	2.23	2.38	1.39	2.38	0.99
	差值	1.42	1.50	1.53	1.52	1.50	1.42	1.53	—
三级预应力混凝土构件	下限值	−0.06	1.24	1.82	2.00	2.08	−0.06	2.08	2.14
	上限值	1.08	2.17	2.51	2.59	2.61	1.08	2.61	1.53
	差值	1.14	0.92	0.69	0.59	0.53	0.53	1.14	—

* 表示目前作用随机变量组合方法的分析结果。

2. 主要影响因素

文献[15]进一步分析了影响构件裂缝控制可靠度水平的主要因素。

由表 7.12 可见，可变作用效应的相对数值 ρ_{Q_k} 对构件裂缝控制的可靠度有显著的影响，且可变作用效应相对越大，裂缝控制的可靠度水平越高，即趋于保守。对于一级、二级构件和三级预应力混凝土构件，ρ_{Q_k} 对裂缝控制可靠度的影响超过了其他因素的综合影响，其引起的可靠指标变化幅度分别可达 2.14、1.09～1.34 和 1.53～2.14。对于三级钢筋混凝土构件，ρ_{Q_k} 引起的可靠指标变化幅度可达 0.54～

0.60，但其他因素综合引起的可靠指标变化幅度可达 1.41～1.49，高于 ρ_{Q_k} 的影响。

对一级构件，影响裂缝控制可靠度的因素是可变作用效应的相对数值 ρ_{Q_k}，且 ρ_{Q_k} 越大，裂缝控制的可靠度越大(见表 7.12)。

对二级构件，根据可靠度分析结果(见表 7.13)，按由大到小的顺序，影响构件裂缝控制可靠度的主要因素分别为可变作用效应的相对数值 ρ_{Q_k} 和混凝土相对抗拉强度 $f_{tk}/\sigma_{c,G_k}$。$f_{tk}/\sigma_{c,G_k}$ 越大，裂缝控制的可靠度水平越高，其引起的可靠指标变化幅度可达 0.30～0.59。

表 7.13　混凝土相对抗拉强度对二级构件裂缝控制可靠指标的影响

影响因素		ρ_{Q_k}					最小值	最大值	差值
		0.1	0.5	1.0	1.5	2.0			
$f_{tk}/\sigma_{c,G_k}$	0.3	0.93	1.91	2.20	2.26	2.27	0.93	2.27	1.34
	0.5	1.28	2.14	2.39	2.41	2.39	1.28	2.41	1.12
	0.7	1.44	2.21	2.51	2.52	2.49	1.44	2.52	1.08
	0.9	1.52	2.20	2.57	2.60	2.57	1.52	2.60	1.09
	最小值	0.93	1.91	2.20	2.26	2.27	—	—	—
	最大值	1.52	2.21	2.57	2.60	2.57	—	—	—
	差值	0.59	0.30	0.37	0.34	0.30	0.30	0.59	—

注：对所考虑影响因素之外的其他因素，取其值为取值范围内的平均值。

对三级钢筋混凝土构件，根据可靠度分析结果(见表 7.14)，可变作用效应相对数值 ρ_{Q_k} 并非最主要的影响因素，按由大到小的顺序，影响构件裂缝控制可靠度的主要因素分别为纵向受拉钢筋配筋率 ρ_{te}、可变作用效应相对数值 ρ_{Q_k}、保护层相对厚度 c_s/d_{eq} 和混凝土相对抗拉强度 f_{tk}/E_s。ρ_{te} 越大，可靠度越低，其引起的可靠指标变化幅度可达 0.89～0.96；c_s/d_{eq}、f_{tk}/E_s 越大，可靠度越高，其引起的可靠指标变化幅度分别可达 0.29～0.31 和 0.22～0.28。

表 7.14　各因素对三级钢筋混凝土构件裂缝控制可靠指标的影响

影响因素		ρ_{Q_k}					最小值	最大值	差值
		0.1	0.5	1.0	1.5	2.0			
ρ_{te}	0.01	1.24	1.48	1.68	1.81	1.90	1.24	1.90	0.65
	0.02	0.81	1.07	1.30	1.46	1.56	0.81	1.56	0.75
	0.03	0.54	0.76	0.98	1.13	1.24	0.54	1.24	0.70
	0.04	0.41	0.61	0.81	0.95	1.05	0.41	1.05	0.64
	0.05	0.36	0.54	0.71	0.85	0.95	0.36	0.95	0.59
	最小值	0.36	0.54	0.71	0.85	0.95	—	—	—
	最大值	1.24	1.48	1.68	1.81	1.90	—	—	—
	差值	0.89	0.94	0.96	0.96	0.95	0.89	0.96	—

续表

影响因素		ρ_{Q_k} 0.1	0.5	1.0	1.5	2.0	最小值	最大值	差值
c_s/d_{eq}	0.6	0.36	0.59	0.80	0.96	1.07	0.36	1.07	0.71
	1.0	0.47	0.70	0.91	1.07	1.18	0.47	1.18	0.71
	1.5	0.58	0.81	1.03	1.18	1.29	0.58	1.29	0.70
	2.0	0.66	0.90	1.11	1.26	1.37	0.66	1.37	0.70
	最小值	0.36	0.59	0.80	0.96	1.07	—	—	—
	最大值	0.66	0.90	1.11	1.26	1.37	—	—	—
	差值	0.30	0.31	0.31	0.30	0.29	0.29	0.31	—
$f_{tk}/E_s\times10^5$	0.8	0.42	0.63	0.83	0.98	1.09	0.42	1.09	0.67
	1.0	0.50	0.72	0.93	1.08	1.19	0.50	1.19	0.69
	1.2	0.57	0.81	1.02	1.18	1.29	0.57	1.29	0.71
	1.4	0.64	0.88	1.10	1.26	1.37	0.64	1.37	0.73
	最小值	0.42	0.63	0.83	0.98	1.09	—	—	—
	最大值	0.64	0.88	1.10	1.26	1.37	—	—	—
	差值	0.22	0.25	0.27	0.28	0.28	0.22	0.28	—

注：对所考虑影响因素之外的其他因素，取其值为取值范围内的平均值。

对三级预应力混凝土构件，根据可靠度分析结果(见表 7.15)，可变作用效应的相对数值 ρ_{Q_k} 仍为最主要的影响因素，按由大到小的顺序，影响构件裂缝控制可靠度的主要因素分别为可变作用效应相对数值 ρ_{Q_k}、纵向受拉钢筋配筋率 ρ_{te}、预应力相对数值 $\rho_{s,N_{p0}}$、保护层相对厚度 c_s/d_{eq} 和混凝土相对抗拉强度 f_{tk}/E_s。ρ_{te}、$\rho_{s,N_{p0}}$ 越大，裂缝控制的可靠度越低，其引起的可靠指标变化幅度分别为 0.23～0.44 和 0.15～0.42；c_s/d_{eq}、f_{tk}/E_s 越大，可靠度越高，其引起的可靠指标变化幅度分别为 0.07～0.15 和 0.05～0.10。

表 7.15　各因素对三级预应力混凝土构件裂缝控制可靠指标的影响

影响因素		ρ_{Q_k} 0.1	0.5	1.0	1.5	2.0	最小值	最大值	差值
ρ_{te}	0.01	0.60	1.86	2.27	2.37	2.41	0.60	2.41	1.80
	0.02	0.37	1.65	2.11	2.24	2.29	0.37	2.29	1.93
	0.03	0.27	1.52	2.02	2.17	2.23	0.27	2.23	1.96
	0.04	0.23	1.46	1.98	2.13	2.20	0.23	2.20	1.97
	0.05	0.22	1.42	1.95	2.11	2.18	0.22	2.18	1.96
	最小值	0.22	1.42	1.95	2.11	2.18	—	—	—
	最大值	0.60	1.86	2.27	2.37	2.41	—	—	—
	差值	0.39	0.44	0.32	0.26	0.23	0.23	0.44	—

续表

影响因素		ρ_{Q_k}					最小值	最大值	差值
		0.1	0.5	1.0	1.5	2.0			
$\rho_{s,N_{p0}}$	0.6	0.53	1.64	2.11	2.25	2.31	0.53	2.31	1.78
	0.7	0.43	1.61	2.09	2.23	2.29	0.43	2.29	1.86
	0.8	0.29	1.54	2.04	2.18	2.24	0.29	2.24	1.95
	0.9	0.11	1.40	1.93	2.09	2.16	0.11	2.16	2.06
	最小值	0.11	1.40	1.93	2.09	2.16	—	—	—
	最大值	0.53	1.64	2.11	2.25	2.31	—	—	—
	差值	0.42	0.24	0.18	0.16	0.15	0.15	0.42	—
c_s/d_{eq}	0.6	0.18	1.45	1.97	2.12	2.19	0.18	2.19	2.01
	1.0	0.24	1.50	2.00	2.15	2.22	0.24	2.22	1.98
	1.5	0.30	1.55	2.04	2.18	2.24	0.30	2.24	1.95
	2.0	0.34	1.58	2.07	2.20	2.26	0.34	2.26	1.93
	最小值	0.18	1.45	1.97	2.12	2.19	—	—	—
	最大值	0.34	1.58	2.07	2.20	2.26	—	—	—
	差值	0.15	0.13	0.10	0.08	0.07	0.07	0.15	—
$f_{tk}/E_s\times10^5$	0.8	0.23	1.47	1.98	2.14	2.20	0.23	2.20	1.98
	1.0	0.26	1.51	2.01	2.16	2.22	0.26	2.22	1.97
	1.2	0.29	1.54	2.04	2.18	2.24	0.29	2.24	1.95
	1.4	0.31	1.57	2.06	2.20	2.26	0.31	2.26	1.94
	最小值	0.23	1.47	1.98	2.14	2.20	—	—	—
	最大值	0.31	1.57	2.06	2.20	2.26	—	—	—
	差值	0.08	0.10	0.08	0.06	0.05	0.05	0.10	—

注：对所考虑影响因素之外的其他因素，取其值为取值范围内的平均值。

综上所述，仅就校核中所考虑的情况，可得以下结论[15]：

(1) 一级、二级构件裂缝控制方法隐含的可靠指标分别为 0～2.1 和 0.9～2.6，三级钢筋混凝土构件、预应力混凝土构件的可靠指标分别为 0～2.0 和 0～2.6。按可靠度控制水平由低到高的顺序，它们依次为三级钢筋混凝土构件、一级构件、三级预应力混凝土构件和二级构件。对三级钢筋混凝土构件可靠度水平的控制较为适中，对其他构件可靠度水平的控制则偏于保守。

(2) 可变作用效应的相对数值 ρ_{Q_k} 对构件裂缝控制的可靠度有显著的影响，且可变作用效应相对越大，裂缝控制的可靠度水平越高。

(3) 对一级构件，影响裂缝控制可靠度的因素是可变作用效应的相对数值 ρ_{Q_k}。

(4) 对二级构件，按由大到小的顺序，影响构件裂缝控制可靠度的主要因素分别为可变作用效应的相对数值 ρ_{Q_k} 和混凝土相对抗拉强度 $f_{tk}/\sigma_{c,G_k}$。

(5) 对三级钢筋混凝土构件，可变作用效应相对数值 ρ_{Q_k} 并非最主要的影响因素，按由大到小的顺序，影响构件裂缝控制可靠度的主要因素分别为纵向受拉钢筋配筋率 ρ_{te}、可变作用效应相对数值 ρ_{Q_k}、保护层相对厚度 c_s/d_{eq} 和混凝土相对抗拉强度 f_{tk}/E_s。

(6) 对三级预应力混凝土构件，可变作用效应的相对数值 ρ_{Q_k} 仍为最主要的影响因素，按由大到小的顺序，影响构件裂缝控制可靠度的主要因素分别为可变作用效应相对数值 ρ_{Q_k}、纵向受拉钢筋配筋率 ρ_{te}、预应力相对数值 $\rho_{s,N_{p0}}$、保护层相对厚度 c_s/d_{eq} 和混凝土相对抗拉强度 f_{tk}/E_s。

3. 设计使用年限的影响

设计使用年限 T 同样会影响混凝土受弯构件裂缝控制的可靠度。这里亦按不同的设计使用年限 T 校核目前混凝土受弯构件裂缝控制的可靠度，并取 $\rho_{Q_k}=\rho_{c,Q_k}=\rho_{s,Q_k}=0.1$ 或 2.0，$\rho_{s,N_{p0}}=0.75$，$f_{tk}/\sigma_{c,G_k}=0.7$，$f_{tk}/E_s=1.0\times10^{-5}$，$\rho_{te}=0.03$；$c_s/d_{eq}$、$w_{lim}/d_{eq}$ 的值按 $d_{eq}=20\text{mm}$，$c_s=25\text{mm}$，$w_{lim}=0.2\text{mm}$ 的情况确定。混凝土受弯构件裂缝控制可靠度校核结果见表 7.16[15]。

表 7.16 不同设计使用年限 T 时裂缝控制的可靠指标

构件	ρ_{Q_k}	T							差值
		10	20	30	40	50	70	100	
一级构件	0.1	0.078	0.007	−0.034	−0.063	−0.086	−0.120	−0.156	−0.234
	2.0	2.636	2.397	2.248	2.139	2.052	1.915	1.765	−0.871
二级构件	0.1	1.540	1.498	1.474	1.457	1.443	1.423	1.402	−0.138
	2.0	3.010	2.796	2.664	2.568	2.491	2.372	2.242	−0.768
三级钢筋混凝土构件	0.1	0.371	0.353	0.345	0.341	0.339	0.335	0.333	−0.038
	2.0	1.251	1.099	1.035	0.999	0.977	0.950	0.928	−0.323
三级钢筋混凝土构件*	0.1	0.400	0.387	0.379	0.374	0.370	0.364	0.357	−0.043
	2.0	1.928	1.722	1.604	1.521	1.457	1.363	1.264	−0.664
三级预应力混凝土构件	0.1	0.347	0.281	0.242	0.215	0.194	0.162	0.128	−0.043
	2.0	2.745	2.513	2.370	2.264	2.180	2.050	1.905	−0.664

* 表示目前作用随机变量组合方法的校核结果。

由校核结果可知，设计使用年限 T 对混凝土受弯构件裂缝控制可靠度的影响与对挠度控制可靠度的影响是类似的：设计使用年限 T 对混凝土受弯构件裂缝控制可靠度的影响也是不可忽略的，设计使用年限 T 越大，可靠指标越小，特别是在可变作用为主要作用的场合，其变化幅度为−0.871～−0.323；随着设计使用年限 T 的增大，这种影响逐渐降低，设计使用年限 T 为 50 年和 100 年的可靠指标之间的差异相对较小，对以可变作用为主要作用的场合，其变化幅度为－0.287～－0.049；按目前的作用随机变量组合方法，可靠指标的计算结果要高于按作用随机过程组合的计算结果，偏于冒进[15]。

参考文献

[1] 中华人民共和国国家计划委员会. 建筑结构设计统一标准(GBJ 68—84). 北京：中国计划出版社，1984.

[2] 中华人民共和国住房和城乡建设部. 工程结构可靠性设计统一标准(GB 50153—2008). 北京：中国建筑工业出版社，2008.

[3] 中华人民共和国住房和城乡建设部. 建筑结构荷载规范(GB 50009—2012). 北京：中国建筑工业出版社，2012.

[4] 中华人民共和国住房和城乡建设部. 工业建筑可靠性鉴定标准(GB 50144—2008). 北京：中国计划出版社，2008.

[5] 中华人民共和国住房和城乡建设部. 民用建筑可靠性鉴定标准(GB 50292—2015). 北京：中国建筑工业出版社，2015.

[6] 中华人民共和国建设部. 钢结构设计规范(GB 50017—2014). 北京：中国计划出版社，2014.

[7] 中华人民共和国住房和城乡建设部. 混凝土结构设计规范(GB 50010—2010，2015 年版). 北京：中国建筑工业出版社，2015.

[8] 中华人民共和国住房和城乡建设部. 砌体结构设计规范(GB 50003—2011). 北京：中国建筑工业出版社，2011.

[9] 施楚贤. 砌体结构理论与设计. 北京：中国建筑工业出版社，2014.

[10] 夏正中. 钢结构可靠度分析. 冶金建筑，1981，11(12)：43-46.

[11] 姚继涛，刘伟，宋璨. 混凝土受弯构件挠度控制可靠度分析. 建筑结构学报，2017，38(9)：154-159.

[12] 潘钻峰，吕志涛. 基于不确定性分析的大跨径 PC 箱梁桥后期备用束设计. 建筑科学与工程学报，2010，27(3)：1-7.

[13] 王磊，张旭辉，马亚飞，等. 混凝土梁后张预应力损失的概率特征及敏感性评估. 安全与环境学报，2012，12(5)：204-210.

[14] 史志华，胡德炘，陈基发，等. 钢筋混凝土结构构件正常使用极限状态可靠度的研究. 建筑科学，2000，16(6)：4-11.

[15] 姚继涛，宋璨，刘伟. 混凝土受弯构件裂缝控制可靠度分析. 土木工程学报，2017，50(3)：28-34.

第3篇 结构可靠性设计与评定

第 8 章　结构可靠性设计

结构可靠性设计是结构可靠性理论在工程领域中的重要应用。目前世界上公认的、以结构可靠度为基础的设计方法是以分项系数表达的近似概率极限状态设计方法，即基于概率的分项系数法(partial factor method)。它以具有概率意义的可靠指标度量和控制结构可靠性，从根本上克服了过去经验方法的不足，已先后被中国、美国、北欧国家、日本等国家采用，并成为我国现行结构设计规范体系的重要基础；但在 30 多年的应用中，因受分项系数确定方法和取值方式的限制，该法也逐渐暴露出灵活性、通用性和可靠度控制精度不足的缺陷，并在一定程度上制约了土木工程领域的发展。鉴于此，《结构可靠性总原则》(ISO 2394:1986)中针对承载能力极限状态设计，原则性地提出了基于概率的设计值法(design value method)，直接建立了基本变量设计值与基本变量概率特性、目标可靠指标、设计使用年限之间的关系，可直接或间接反映这些因素的变化对设计结果的影响，具有良好的灵活性和通用性，并有利于提高结构可靠度控制的精度，但目前的设计值法在实用性、适用范围、可靠度控制方式等方面尚不完善，特别是在关键设计参数的确定上采用了经验方法。

基于概率的设计值法目前虽存在不足，但代表了结构设计方法发展的方向。本章根据结构可靠性理论，从设计表达式、可靠度控制方式、设计值确定方法等方面全面发展基于概率的设计值法，并将其推广应用于正常使用极限状态设计。

8.1　目前设计方法评述

8.1.1　分项系数法

基于概率的分项系数法以极限状态为判定结构可靠与否的物理标准，以具有概率意义的可靠指标度量和控制结构可靠性，以基本变量的代表值和分项系数建立设计表达式，从根本上克服了过去经验方法的缺陷。1984 年，我国针对建筑结构颁布《建筑结构设计统一标准》(GBJ 68—84)[1]，随后制订了各类建筑结构的设计规范，成为世界上第一个采用这种先进设计方法的国家。1992 年，针对各类工程结构颁布纲领性的《工程结构可靠度设计统一标准》(GB 50153—92)[2]，并据此先后颁布港口工程结构、水利水电工程结构、铁路工程结构、公路工程结构、建筑结构的可靠度设计统一标准[3~7]，为在各工程领域全面采用基于概率的分项系数法奠定了基础。2008 年颁布的《工程结构可靠性设计统一标准》(GB 50153—2008)[8]进一步发展了基于概率的分项系数法，目前已基本实现在各工程领域全面采用基于概率的分项系数法的目标。

1986 年，国际标准化组织（ISO）颁布《结构可靠性总原则》(ISO 2394：1986)[9]，将基于概率的分项系数法列为主要的工程结构设计方法，确定了该法在国际上的地位。1998 年和 2015 年又先后颁布修订后的《结构可靠性总原则》(ISO 2394：1998)[10]和《结构可靠性总原则》(ISO 2394：2015)[11]，使基于概率的分项系数法得到进一步的发展。

美国是世界上最早开展结构概率设计标准研究与制订的国家之一。1980 年，原美国标准局(NBS)根据美国学者 Ellingwood 等[12]的专题研究成果发布 NBS 特别报告 577，按概率设计原则提出适用于各类结构的荷载系数、荷载组合系数和各类材料的结构抗力的确定准则。1982 年，美国国家标准学会(ANSI)根据这份报告颁布修订后的标准《建筑和其他结构最小设计荷载》(ANSI A58.1-1982)[13]。1986 年，美国钢结构协会(AISC)颁布《钢结构设计规范》(ANSI/AISC 360-86)[14]，首次提出荷载抗力系数设计法(LRFD)，该方法本质上与基于概率的分项系数法相同[15]，该标准目前已修订为《钢结构设计规范》(ANSI/AISC 360-10)[16]。1995 年，美国混凝土学会(ACI)颁布《混凝土结构设计规范》(ACI 318-95)[17]，在该标准的附录 C 中提出概率极限状态设计法，并将其列入 2002 年颁布的《混凝土结构设计规范》(ACI 318-02)[18]正文中。目前，现行标准为 2011 年颁布的《混凝土结构设计规范》(ACI 318-11)[19]。2002 年，美国标准《建筑和其他结构最小设计荷载》(ASCEISEI 7-02)[20]在规定设计荷载时，开始采用以结构可靠度为基础的设计方法，并将其应用于混凝土结构等设计，该标准的现行标准为 2010 年颁布的《建筑和其他结构最小设计荷载》(ASCE/SEI 7-10)[21]。

欧洲标准技术委员会(CEN)于 1992～1998 年编制完成试行欧洲规范 ENV 1991～ENV 1999，于 2002～2008 年颁布正式的欧洲规范 EN 1990～EN 1999[22]。欧洲规范以结构可靠性理论为指导，采用以分项系数表达的极限状态设计法。EN 1990：2002[23]中规定了基本的设计准则，它仍采用非概率的方法确定分项系数的值，但明确指出以结构可靠度为基础的设计方法是未来发展的方向，并给出目标可靠指标的建议值和分项系数、组合系数的确定方法。欧洲国家在结构可靠性设计方法方面的发展并不一致。由丹麦、芬兰、冰岛、挪威、瑞典五国组成的北欧建筑结构委员会(NKB)在 1987 年便发布了《结构设计荷载和安全准则指南》[24～26]，提出基于概率的设计准则。德国、捷克等国家也先行采用了基于概率的分项系数法[27]。

《结构可靠性总原则》(ISO 2394：1998)[10]颁布后，1999 年澳大利亚和新西兰共同起草了区域性的基础标准《结构设计——一般要求和设计作用》(DR 99309-99310)[28]，并探讨用《结构可靠性总原则》(ISO 2394：1998)的分项系数法取代非概率的LRFD法的可行性。日本一直致力于建立基于概率的极限状态设计方法或荷载抗力系数设计方法,但进展较缓慢。直至2007年,日本港湾协会颁布国家标准《港湾设施技术基础及解说》,才开始采用以结构可靠度为基础的设计方法[29,30]。

过去30多年,基于概率的分项系数法在世界范围内得到了推广和应用,但它在实际应用中也逐渐暴露出灵活性、通用性和可靠度控制精度不足的缺陷,这主要源于其分项系数的确定方法和取值方式。下面分别针对承载能力极限状态设计和正常使用极限状态设计进行阐述。

1. 承载能力极限状态设计

目前基于概率的分项系数法将基本变量的设计值表达为基本变量代表值与分项系数的简单函数,包括积、商、和等[8],并通过枚举优化确定分项系数的值,即根据特定的结构性能和作用概率特性以及设定的目标可靠指标、设计使用年限,枚举实际工程中可能出现的各种情况,通过系统的可靠度分析和总体的拟合优化,确定分项系数的值[31]。我国于20世纪80年代初建立基于概率的分项系数法时,根据当时特定的作用和结构性能概率特性,通过枚举优化确定了承载能力极限状态设计的分项系数[1];现行《工程结构可靠性设计统一标准》(GB 50153—2008)[8]中的分项系数也是据此通过分析和调整确定的。

按枚举优化法确定分项系数的主要过程如下[31]:

(1) 选择二级安全等级、设计使用年限T与设计基准期T_0相同的情况作为基准情况。

(2) 确定荷载简单组合(恒荷载+1个活荷载)时设计表达式的基本形式,即

$$\gamma_0(\gamma_G S_{G_k}+\gamma_Q\gamma_L S_{Q_k})=\frac{R_k}{\gamma_R} \tag{8.1}$$

并约定基准情况时的结构重要性系数$\gamma_0=1.0$,考虑设计使用年限的荷载调整系数$\gamma_L=1.0$。

(3) 针对常遇的钢结构构件、薄壁型钢结构构件、混凝土结构构件、砌体结构构件、木结构构件等5类构件的14种受力状态,确定构件抗力R的概率特性。

(4) 考虑“恒荷载+办公楼楼面活荷载($G+Q_1$)”、“恒荷载+住宅楼楼面活荷载($G+Q_2$)”、“恒荷载+风荷载($G+Q_3$)”3种荷载简单组合方式,并确定荷载的概率特性。

(5) 确定每类构件活、恒荷载效应比$\rho=S_{Q_k}/S_{G_k}$的变化范围和典型数值(一般取4个)。

(6) 考虑由$\gamma_G=1.1$、1.2、1.3,$\gamma_Q=1.1$、1.2、1.3、1.4、1.5、1.6组合而成的18组荷载分项系数的取值方案。

(7) 选择第i组荷载分项系数取值方案$\gamma_{G,i}$,$\gamma_{Q,i}$,按二级安全等级的目标可靠

指标，通过可靠度分析，确定第 j 种受力状况下第 n 种荷载组合 $(G+Q_n)$ 和第 m 个活恒效应比 ρ_m 时抗力的平均值 $\mu_{R,ijnm}$，并确定相应的抗力标准值，即

$$R_{\mathrm{k},ijnm}^{*}=\frac{\mu_{R,ijnm}}{\chi_{R_j}} \tag{8.2}$$

式中：χ_{R_j} 为第 j 种受力状况时构件抗力的均值系数，可通过事先的统计分析确定。

(8) 按所有荷载组合和活恒荷载效应比下抗力标准值误差平方和 H_{ij} 最小的原则，确定第 i 组荷载分项系数、第 j 种受力状况所对应的最优抗力分项系数 $\gamma_{R,ij}$，其中

$$H_{ij}=\sum_{n}\sum_{m}\left[R_{\mathrm{k},ijnm}^{*}-\gamma_{R,ij}\left(\gamma_{G,i}S_{G_{\mathrm{k},n}}+\gamma_{Q,i}\rho_m S_{G_{\mathrm{k},n}}\right)\right]^2 \tag{8.3}$$

$$\gamma_{R,ij}=\frac{\sum\limits_{n}\sum\limits_{m}\left[R_{\mathrm{k},ijnm}^{*}\left(\gamma_{G,i}S_{Q_{\mathrm{k},n}}+\gamma_{Q,i}\rho_m S_{G_{\mathrm{k},n}}\right)\right]}{\sum\limits_{n}\sum\limits_{m}\left(\gamma_{G,i}S_{Q_{\mathrm{k},n}}+\gamma_{Q,i}\rho_m S_{G_{\mathrm{k},n}}\right)^2} \tag{8.4}$$

(9) 按所有受力状况下抗力标准值误差平方和 $H_i=\sum\limits_{j}H_{ij}$ 最小原则，选择和确定最优荷载分项系数 γ_G、γ_Q。

(10) 根据最优荷载分项系数 γ_G、γ_Q，确定各种受力状态下抗力的分项系数 $\gamma_{R,j}$，即

$$\gamma_{R,j}=\frac{\sum\limits_{n}\sum\limits_{m}\left[R_{\mathrm{k},jnm}^{*}\left(\gamma_G S_{Q_{\mathrm{k},n}}+\gamma_Q\rho_m S_{G_{\mathrm{k},n}}\right)\right]}{\sum\limits_{n}\sum\limits_{m}\left(\gamma_G S_{Q_{\mathrm{k},n}}+\gamma_Q\rho_m S_{G_{\mathrm{k},n}}\right)^2} \tag{8.5}$$

式中：$R_{\mathrm{k},jnm}^{*}$ 为与 γ_G、γ_Q 对应的抗力标准值。

(11) 根据优化确定的分项系数 γ_G、γ_Q、$\gamma_{R,j}$ $(j=1,2,\cdots,14)$ 以及一级、三级安全等级的目标可靠指标，按照类似的误差最小原则，通过可靠度分析确定考虑设计使用年限 T 的荷载调整系数 γ_L 以及一级、三级安全等级时结构重要性系数 γ_0 的值。

(12) 选择多个活荷载组合时设计表达式的基本形式，即

$$\gamma_0\left(\gamma_G S_{G_{\mathrm{k}}}+\gamma_{Q_1}\gamma_{L_1}S_{Q_{1\mathrm{k}}}+\psi_{\mathrm{c}}\sum_{j>1}\gamma_{Q_j}\gamma_{L_j}S_{Q_{j\mathrm{k}}}\right)\leqslant\frac{R_{\mathrm{k}}}{\gamma_R} \tag{8.6}$$

并取 $\gamma_{Q_1}=\gamma_{Q_2}=\cdots=\gamma_Q$，$\gamma_0$、$\gamma_G$、$\gamma_L$、$\gamma_R$ 的值与简单组合时的相同。

(13) 按照二级安全等级和类似的误差最小原则，通过可靠度分析确定组合系数 ψ_{c}。

(14) 校核各种情况下设计表达式隐含的可靠指标，确定设计表达式可靠度控制的精度，验证设计表达式的可靠度控制水平。

按这种枚举优化方法，理论上仅确定基准情况时的分项系数便需进行 3000 次以上的可靠度计算，这对标准制定者而言都是一项艰巨的任务；而且，分项系数的值是根据特定的结构性能和作用概率特性的变化范围及设定的目标可靠指标、设

计使用年限确定的，取值又相对单一和固定，因此难以灵活反映这些因素的变化对设计结果的影响，也难以有效控制结构的可靠度。相对于土木工程领域发展的要求，目前设计方法因受分项系数确定方法和取值方式的限制而缺乏足够的灵活性、通用性和可靠度控制精度，主要表现如下[32]：

（1）制约了最新统计结果的应用。结构性能和作用的概率特性并非一成不变。例如，根据初步的调查统计结果，我国民用建筑楼面活荷载的概率特性已较过去发生显著变化[33,34]。这种变化改变了随机变量概率特性原先的变化范围，可能使目前的分项系数不再适用，但按目前的设计方法，难以据此直接对分项系数进行合理的调整。

（2）阻碍了新材料结构和新型结构的推广。这些结构的抗力概率特性往往与传统结构存在较大差异，需重新确定抗力分项系数，但目前只有通过复杂的可靠度分析和优化，才能确定其合理的数值，对设计者而言存在理论方法上的障碍。

（3）限制了业主对目标可靠指标、设计使用年限的不同选择。国外标准对可靠指标、设计使用年限的规定均为设计的最低要求[11,23]，我国也取消了对可靠指标上限的规定，并引入设计使用年限的概念[8]，允许业主对目标可靠指标、设计使用年限提出与规定不同的更高要求，但按目前的设计方法并不能根据业主的不同要求直接确定分项系数的合理数值。

（4）不易实现可靠性与经济性之间的平衡。按目标可靠指标设计是实现可靠性与经济性平衡的基本途径，但目前设计方法中的分项系数是针对结构性能和作用概率特性较大的变化范围统一规定的，且取值相对单一和固定[8]；同时，分项系数的设置方式也存在不合理之处(见 8.5 节)。这些都会影响设计方法的可靠度控制精度。虽然精度分析结果表明目前设计方法可靠指标控制的相对误差为－0.07～0.08，但这是以各种活恒荷载效应比下的平均可靠指标为依据的，且仅考虑了作用的简单组合[31]，实际误差要远高于此。

（5）难以实现结构设计与评定方法的统一。拟建结构的可靠性设计与既有结构的可靠性评定本质上应一致，设计中的校核方法理论上可用于评定既有结构的可靠性[35]。虽然目前实际的评定中对基本变量的标准值采用了实测统计或调整后的值，但对直接影响结构可靠度的分项系数仍按设计标准的规定取用[36,37]，并不能准确反映既有结构在随机变量概率特性、目标使用期、目标可靠指标等方面可能与拟建结构存在的差异。

2. 正常使用极限状态设计

我国目前的正常使用极限状态设计亦采用基于概率的分项系数法[8]，但采用了不同的可靠度控制方式，对分项系数的设置也较为简单。这些使它在灵活性、通用性和可靠度控制方面亦存在一定的缺陷[38]：

(1) 采用后验式的可靠度控制方式和笼统的控制目标。目前正常使用极限状态设计中的分项系数并不是根据设定的目标可靠指标确定的,而是首先设定分项系数的值,再通过可靠度校核验证设计方法的可靠度控制水平,且可靠度校核中采用了不合理的作用随机变量组合方法[39];同时,国内外标准中也未明确规定正常使用极限状态设计的目标可靠指标,只是限定了一个较大的控制范围,即0～1.5[8,11]。这种可靠度控制方式和控制目标使目前的正常使用极限状态设计方法难以较好地实现对结构可靠度的控制。

(2) 未考虑设计使用年限的影响。目前正常使用极限状态设计中默认的设计使用年限为设计基准期,不考虑设计使用年限变化对设计结果的影响[8,11],这与可变作用频遇序位值、准永久序位值的概率特性是不符的;若承载能力极限状态设计中采用了不同的设计使用年限,还将导致正常使用极限状态、承载能力极限状态设计在时间要求方面不一致的现象。

(3) 对分项系数的设置过于简单。目前正常使用极限状态设计中均设定基本变量的分项系数为1.0[8],取值单一和固定,难以灵活反映结构性能和作用概率特性、目标可靠指标、设计使用年限变化对设计结果的影响,也难以有效应用于可靠度校准时所设定情况以外的范围,如新材料、新型结构正常使用极限状态的设计,缺乏必要的灵活性和通用性。

8.1.2 设计值法

针对分项系数法的不足,《结构可靠性总原则》(ISO 2394:1986)[9]中针对承载能力极限状态设计,原则性地提出基于概率的设计值法。它直接以基本变量的设计值表达,并根据结构可靠性理论建立了基本变量设计值与基本变量概率特性、目标可靠指标、设计使用年限之间的一般函数关系,可直接或间接反映这些因素的变化对设计结果的影响,灵活选择不同的目标可靠指标和设计使用年限。相对于分项系数法,该法具有良好的灵活性和通用性,并有利于提高可靠度控制的精度。《结构可靠性总原则》(ISO 2394:1998)[10]和ISO 2394:2015[11]中均吸纳了这种设计方法。

设结构功能函数为 $g(X_1,X_2,\cdots,X_n)$,并记基本变量 X_i 的概率分布函数为 $F_{X_i}(x)$,基本变量 X_i 的设计值为 X_{id},$i=1,2,\cdots,n$。这时结构设计中应满足

$$g(x_{1d},x_{2d},\cdots,x_{nd})\geqslant 0 \tag{8.7}$$

根据结构可靠性理论,设计值 x_{id} 应满足[7,11]

$$F_{X_i}(x_{id})=\Phi(-\alpha_i^*\beta),\quad i=1,2,\cdots,n \tag{8.8}$$

式中:β 为设计中的目标可靠指标;α_i^* 为基本变量 X_i 的灵敏度系数,$i=1,2,\cdots,n$。只要能够确定灵敏度系数的数值,根据基本变量的概率特性、目标可靠指标以及基本变量概率分布函数中隐含的设计使用年限,便可直接确定基本变量的设计值。

一般而言，基本变量 $X_1, X_2, \cdots, X_n$ 之间相互独立，这时灵敏度系数满足下列条件：

$$-1 \leqslant \alpha_i^* \leqslant 1, \quad i=1,2,\cdots,n \tag{8.9}$$

$$\sum_{i=1}^{n} \alpha_i^{*2} = 1 \tag{8.10}$$

虽然灵敏度系数的取值范围有限，但数值不定，需通过复杂的迭代计算确定。为便于设计，《结构可靠性总原则》(ISO 2394:2015)[11]中根据经验提出灵敏度系数的建议值 α，并称其为标准灵敏度系数，取值规则为：对主控抗力参数，取 0.8；对其他抗力参数，取 0.32；对主控荷载参数，取 −0.7；对其他荷载参数，取 −0.28。出于保守考虑，这里标准灵敏度系数的平方和是大于1的，即不满足式(8.10)的要求。为控制误差，确定标准灵敏度系数时，《结构可靠性总原则》(ISO 2394:2015)[11]中要求 $0.16 \leqslant \sigma_S/\sigma_R \leqslant 6.6$，$\sigma_S$、$\sigma_R$ 分别是主导荷载和抗力的标准差。

设计值法在控制结构的可靠度时采用了与分项系数法不同的优化方式。分项系数法的建立过程中以分项系数为优化对象。按结构可靠性理论，分项系数可表达为

$$\gamma_{X_i} = \frac{F_{X_i}^{1}(\Phi(-\alpha_i^* \beta))}{x_{ik}} = \frac{\chi_{X_i} F_{X_i}^{-1}(\Phi(-\alpha_i^* \beta))}{\mu_{X_i}}, \quad i=1,2,\cdots,n \tag{8.11}$$

式中：χ_{X_i} 为基本变量 X_i 的均值系数。若 X_i 为可变作用在设计使用年限 T 内的最大值，则有

$$\gamma_{X_i} = \chi_{X_i} \left\{1 - C_{\mathrm{E}} \frac{\sqrt{6}}{\pi} + \frac{\sqrt{6}}{\pi} \ln \frac{T}{T_0} - \frac{\sqrt{6}}{\pi} \ln[-\ln \Phi(-\alpha_i^* \beta)]\right\} \delta_{X_i} \tag{8.12}$$

显然，除灵敏度系数外，分项系数的取值还直接与基本变量概率特性、目标可靠指标 β、设计使用年限 T 有关，实际上与可变作用的数目、相对量值、组合方式等也有间接关系。按枚举优化法确定分项系数的数值时，必须综合考虑这些因素的影响。由于影响因素较多，而分项系数最终的取值又相对单一和固定，因此很难保证优化的效果，取得较高的可靠度控制精度，而其适用范围也受到优化过程中所考虑特定情况的限制。

设计值法的建立过程中则以灵敏度系数为优化对象，将结构性能和作用概率特性、目标可靠指标 β、设计使用年限 T 等直接或间接地反映于设计表达式中，优化过程中涉及的因素较少，且由式(6.113)、式(8.9)和式(8.10)可知，灵敏度系数的取值主要取决于基本变量概率特性的相对量值，取值范围有限，并受到较强的约束，因此更易获得较好的优化结果。这是设计值法具有良好灵活性、通用性，并有利于提高可靠度控制精度的原因。

《结构可靠性总原则》(ISO 2394:2015)[11]中仅按式(8.8)规定了基本变量设计值的确定方法，设计人员在确定设计值的具体数值时，需掌握作用的概率组合方

法和作用在不同时段的概率分布，设计使用年限对设计结果的影响也隐含于作用的概率分布中，缺乏必要的实用性。至关重要的一点是，决定可靠度控制精度的标准灵敏度系数的值是依据经验确定的，在设计值的确定方法上存在明显不足，且该法目前仅适用于承载能力极限状态设计[32]。

文献[32]、[38]、[40]和[41]根据结构可靠性理论，从结构设计表达式、可靠度控制方式、灵敏度系数优化和取值等方面，全面发展了目前基于概率的设计值法，可克服目前设计值法在实用性、适用范围、可靠度控制方式等方面的缺陷，其建立过程见 8.2～8.4 节。

8.2 结构设计表达式

8.2.1 承载能力极限状态设计表达式

1. 功能函数

设结构承受永久作用 G、预应力作用 P 和 n 个可变作用，可变作用按时段长度由大到小的排序为 $Q_1, Q_2, \cdots, Q_n$，它们的时段长度分别为 $\tau_1, \tau_2, \cdots, \tau_n$，$\tau_1 \geqslant \tau_2 \geqslant \cdots \geqslant \tau_n$。记结构抗力为 R，影响作用效应的结构性能为 $D_1, D_2, \cdots$。按结构可靠度分析的近似模型，对作用的基本组合、偶然组合和地震组合，结构的功能函数应分别为

$$Z = R - \eta_S S\left(G + P + Q_i(T) + \sum_{j<i} Q_j(\tau_j) + \sum_{j>i} Q_j(\tau_{j-1}), D_1, D_2, \cdots\right) \tag{8.13}$$

$$Z = R - \eta_S S\left(G + P + A(T) + Q_{if}(T) \text{ 或 } Q_{iq}(T) + \sum_{j \neq i} Q_{jq}(T), D_1, D_2, \cdots\right) \tag{8.14}$$

$$Z = R - \eta_S S\left(G + P + A_E(T) + \sum_{j \geqslant 1} Q_{jq}(T), D_1, D_2, \cdots\right) \tag{8.15}$$

式中：$Q_i(T)$、$Q_{if}(T)$、$Q_{iq}(T)$分别为主导可变作用 Q_i 在设计使用年限 T 内的最大值、频遇序位值和准永久序位值；$Q_j(\tau_j)$、$Q_j(\tau_{j-1})$、$Q_{jq}(T)$分别为可变作用 Q_j 的任意时点值、前一作用时段 τ_{j-1} 内的最大值和设计使用年限 T 内的准永久序位值；$A(T)$、$A_E(T)$分别为偶然作用 A、地震作用 A_E 在设计使用年限 T 内的最大值；η_S 为作用效应计算模式不定性系数。

式(8.13)～式(8.15)中各基本变量的概率特性见表 8.1[41]，其中有关可变作用、地震作用的概率特性均以其设计基准期 T_0 内最大值的均值 μ_0 和变异系数 δ_0 表达，其他基本变量的均值和变异系数则以相应的下标表示。

表 8.1　基本变量概率特性[41]

基本变量	概率分布形式	概率分布函数	分布参数
R	对数正态分布	$\Phi\left(\frac{\ln x-\mu}{\sigma}\right)$	$\mu=\ln\frac{\mu_R}{\sqrt{1+\delta_R^2}},\sigma=\sqrt{\ln(1+\delta_R^2)}$
G	正态分布	$\Phi\left(\frac{x-\mu}{\sigma}\right)$	$\mu=\mu_G,\sigma=\mu_G\delta_G$
P	正态分布	$\Phi\left(\frac{x-\mu}{\sigma}\right)$	$\mu=\mu_P,\sigma=\mu_P\delta_P$
$Q_i(T)$	极大值Ⅰ型分布	$\exp\left[-\exp\left(-\frac{x-\mu}{\alpha}\right)\right]$	$\mu=\mu_0\left[1+\frac{\sqrt{6}}{\pi}\left(\ln\frac{T}{T_0}-C_E\right)\delta_0\right],\alpha=\frac{\sqrt{6}}{\pi}\mu_0\delta_0$
$Q_j(\tau_j)$	极大值Ⅰ型分布	$\exp\left[-\exp\left(-\frac{x-\mu}{\alpha}\right)\right]$	$\mu=\mu_0\left[1+\frac{\sqrt{6}}{\pi}\left(\ln\frac{\tau_j}{T_0}-C_E\right)\delta_0\right],\alpha=\frac{\sqrt{6}}{\pi}\mu_0\delta_0$
$Q_j(\tau_{j-1})$	极大值Ⅰ型分布	$\exp\left[-\exp\left(-\frac{x-\mu}{\alpha}\right)\right]$	$\mu=\mu_0\left[1+\frac{\sqrt{6}}{\pi}\left(\ln\frac{\tau_{j-1}}{T_0}-C_E\right)\delta_0\right],\alpha=\frac{\sqrt{6}}{\pi}\mu_0\delta_0$
$Q_{if}(T)$	复合贝塔分布	$\mathrm{Be}_{(u_f,v_f)}\left\{\exp\left[-\exp\left(-\frac{x-\mu}{\alpha}\right)\right]\right\}$	$\mu=\mu_0\left[1+\frac{\sqrt{6}}{\pi}\left(\ln\frac{\tau_i}{T_0}-C_E\right)\delta_0\right],\alpha=\frac{\sqrt{6}}{\pi}\mu_0\delta_0$ $u_f=m_f=(1-w_f)\frac{T}{\tau_i},v_f=r-m_f+1=1+\frac{w_fT}{\tau_i}$
$Q_{jq}(T)$	复合贝塔分布	$\mathrm{Be}_{(u_q,v_q)}\left\{\exp\left[-\exp\left(-\frac{x-\mu}{\alpha}\right)\right]\right\}$	$\mu=\mu_0\left[1+\frac{\sqrt{6}}{\pi}\left(\ln\frac{\tau_j}{T_0}-C_E\right)\delta_0\right],\alpha=\frac{\sqrt{6}}{\pi}\mu_0\delta_0$ $u_q=m_q=(1-w_q)\frac{T}{\tau_i},v_q=r-m_q+1=1+\frac{w_qT}{\tau_i}$
$A(T)$	—	$[F_{A(T_0)}(x)]^{\frac{T}{T_0}}$	—
$A_E(T)$	极大值Ⅱ型分布	$\exp\left[-\left(\frac{x}{\mu}\right)^{-\alpha}\right]$	$\mu=\frac{\mu_0(T/T_0)^{\frac{1}{\alpha}}}{\Gamma(1-1/\alpha)},\alpha=H^{-1}(\delta_0)$ $H(\alpha)=\sqrt{\frac{\Gamma\left(1-\frac{2}{\alpha}\right)}{\Gamma^2\left(1-\frac{1}{\alpha}\right)}-1}$
D_i	正态分布	$\Phi\left(\frac{x-\mu}{\sigma}\right)$	$\mu=\mu_{D_i},\sigma=\mu_{D_i}\delta_{D_i}$
η_S	正态分布	$\Phi\left(\frac{x-\mu}{\sigma}\right)$	$\mu=\mu_{\eta_s},\sigma=\mu_{\eta_s}\delta_{\eta_s}$

2. 设计表达式

首先考虑基本组合。设设计使用年限 T 内的可靠指标为 β，则设计验算点处的极限状态方程应为

$$R^* - \eta_S^* S(G^* + P^* + Q_i^*(T) + \sum_{j<i} Q_j^*(\tau_j) + \sum_{j>i} Q_j^*(\tau_{j-1}), D_1^*, D_2^*, \cdots) = 0 \tag{8.16}$$

且

$$F_X(x^*) = \Phi(-\alpha_X^* \beta) \tag{8.17}$$

式中：$F_X(\cdot)$、x^*、α_X^* 分别代表相应基本变量 X 的概率分布函数、设计验算点坐标和灵敏度系数。

若 β 为设计中的目标可靠指标，则应取基本变量 X 的设计值

$$x_d = x^* = F_X^{-1}(\Phi(-\alpha_X^* \beta)) \tag{8.18}$$

这时直接以设计值表达的设计表达式应为[41]

$$\eta_{Sd} S(G_d + P_d + Q_{id} + \sum_{j<i} Q_{jd} + \sum_{j>i} Q_{jd}, D_{1d}, D_{2d}, \cdots) \leqslant R_d \tag{8.19}$$

类似地，对偶然组合和地震组合，其设计表达式应分别为[41]

$$\eta_{Sd} S(G_d + P_d + A_d + Q_{id} + \sum_{j\neq i} Q_{jd}, D_{1d}, D_{2d}, \cdots) \leqslant R_d \tag{8.20}$$

$$\eta_{Sd} S(G_d + P_d + A_{Ed} + \sum_{j\geqslant 1} Q_{jd}, D_{1d}, D_{2d}, \cdots) \leqslant R_d \tag{8.21}$$

式(8.19)～式(8.21)中各基本变量的设计值应分别根据式(8.13)～式(8.15)中相应基本变量的概率分布，按式(8.18)确定。

实际上，除按设计验算点外，基本变量的设计值也可按其他特定点确定，这相当于在目前分项系数法中选择其他数值的分项系数确定基本变量的设计值，但这只能保证由基本变量设计值所确定的点位于极限状态曲面上，并使设计中各种情况下的极限状态曲面在该点处受到较强的约束。若该点距设计验算点较远，则难以约束极限状态曲面在设计验算点处的变化，这也意味着它将产生较大的可靠度控制误差。按设计验算点确定基本变量的设计值则可更有效地约束极限状态曲面在设计验算点处的变化，更好地保证可靠度控制的精度。

基本变量 X 的设计值 x_d 与 β、T、α_X^* 有关，取值多样。为便于设计，可设定 β_0、T_0、α_0 为 β、T、α_X^* 的基准值，并称相应的设计值 x_{d0} 为基本变量 X 的基准设计值，其中基本变量 X 对可靠度有利时，应取 α_0 为正值（如对抗力）；否则，取负值。同时，引入新的分项系数，利用它将基准设计值 x_{d0} 转换为设计值 x_d[41]。例如，对所有可变作用 Q_i 取其基准设计值为

$$Q_{id0} = F_{Q_i(T_0)}^{-1}(\Phi(-\alpha_0\beta_0)) = \mu_0[1 + L_{\mathrm{I}}(-\alpha_0\beta_0)\delta_0], \quad i = 1, 2, \cdots, n \tag{8.22}$$

$$L_{\mathrm{I}}(x) = \frac{\sqrt{6}}{\pi}\{\ln[-\ln\Phi(x)] - C_E\} \tag{8.23}$$

这时主导可变作用设计使用年限 T 内最大值 $Q_i(T)$ 对应的分项系数为

$$\gamma_{\beta Q_i} + \gamma_{TQ_i} = \frac{1 + L_{\mathrm{I}}(-\alpha_{Q_i}^*\beta)\delta_0}{1 + L_{\mathrm{I}}(-\alpha_0\beta_0)\delta_0} + \frac{\frac{\sqrt{6}}{\pi}\ln\left(\frac{T}{T_0}\right)\delta_0}{1 + L_{\mathrm{I}}(-\alpha_0\beta_0)\delta_0} \tag{8.24}$$

可变作用 Q_j 任一时点值 $Q_j(\tau_j)$ 对应的分项系数为

$$\gamma_{\beta Q_j}+\gamma_{\tau Q_j}=\frac{1+L_{\mathrm{I}}(-\alpha_{Q_j}^{*}\beta)\delta_0}{1+L_{\mathrm{I}}(-\alpha_0\beta_0)\delta_0}+\frac{\frac{\sqrt{6}}{\pi}\ln\left(\frac{\tau_j}{T_0}\right)\delta_0}{1+L_{\mathrm{I}}(-\alpha_0\beta_0)\delta_0} \tag{8.25}$$

时段最大值 $Q_j(\tau_{j-1})$ 对应的分项系数为

$$\gamma_{\beta Q_j}+\gamma_{\tau' Q_j}=\frac{1+L_{\mathrm{I}}(-\alpha_{Q_j}^{*}\beta)\delta_0}{1+L_{\mathrm{I}}(-\alpha_0\beta_0)\delta_0}+\frac{\frac{\sqrt{6}}{\pi}\ln\left(\frac{\tau_{j-1}}{T_0}\right)\delta_0}{1+L_{\mathrm{I}}(-\alpha_0\beta_0)\delta_0} \tag{8.26}$$

频遇序位值 $Q_{if}(T)$ 对应的分项系数为

$$\gamma_{\mathrm{f}Q_i}=\frac{1+W\left(w_{\mathrm{f}},\frac{T}{\tau_i},-\alpha_{Q_i}^{*}\beta\right)\delta_0-\frac{\sqrt{6}}{\pi}\ln\left(\frac{\tau_i}{T_0}\right)\delta_0}{1+L_{\mathrm{I}}(-\alpha_0\beta_0)\delta_0} \tag{8.27}$$

$$W\left(w,\frac{T}{\tau},x\right)=\frac{\sqrt{6}}{\pi}\left\{\ln\frac{-1}{\ln\mathrm{B}^{-1}_{[(1-w)T/\tau,1+wT/\tau]}(\Phi(x))}-C_{\mathrm{E}}\right\} \tag{8.28}$$

准永久序位值 $Q_{iq}(T)$ 对应的分项系数为

$$\gamma_{\mathrm{q}Q_j}=\frac{1+W\left(w_{\mathrm{q}},\frac{T}{\tau_j},-\alpha_{Q_j}^{*}\beta\right)\delta_0-\frac{\sqrt{6}}{\pi}\ln\left(\frac{\tau_j}{T_0}\right)\cdot\delta_0}{1+L_{\mathrm{I}}(-\alpha_0\beta_0)\delta_0} \tag{8.29}$$

各基本变量基准设计值和分项系数的表达式见表 8.2[41]。

表 8.2　基本变量的基准设计值和分项系数[41]

基本变量	基准设计值	分项系数
R	$R_{\mathrm{d}0}=\frac{\mu_R\exp\{-\alpha_0\beta_0\sqrt{\ln(1+\delta_R^2)}\}}{\sqrt{1+\delta_R^2}}$	$\gamma_{\beta R}=\exp\{-(\alpha_R^{*}\beta-\alpha_0\beta_0)\sqrt{\ln(1+\delta_R^2)}\}$
G	$G_{\mathrm{d}0}=\mu_G(1-\alpha_0\beta_0\delta_G)$	$\gamma_{\beta G}=\frac{1-\alpha_G^{*}\beta\delta_G}{1-\alpha_0\beta_0\delta_G}$
P	$P_{\mathrm{d}0}=\mu_P(1-\alpha_0\beta_0\delta_P)$	$\gamma_{\beta P}=\frac{1-\alpha_P^{*}\beta\delta_P}{1-\alpha_0\beta_0\delta_P}$
Q_i $(i=1,2,\cdots,n)$	$Q_{i\mathrm{d}0}=\mu_0[1+L_{\mathrm{I}}(-\alpha_0\beta_0)\delta_0]$	$\gamma_{\beta Q_i}=\frac{1+L_{\mathrm{I}}(-\alpha_{Q_i}^{*}\beta)\delta_0}{1+L_{\mathrm{I}}(-\alpha_0\beta_0)\delta_0}$，$\gamma_{TQ_i}=\frac{\frac{\sqrt{6}}{\pi}\ln\left(\frac{T}{T_0}\right)\delta_0}{1+L_{\mathrm{I}}(-\alpha_0\beta_0)\delta_0}$ $\gamma_{\tau Q_i}=\frac{\frac{\sqrt{6}}{\pi}\ln\left(\frac{\tau_i}{T_0}\right)\delta_0}{1+L_{\mathrm{I}}(-\alpha_0\beta_0)\delta_0}$，$\gamma_{\tau' Q_i}=\frac{\frac{\sqrt{6}}{\pi}\ln\left(\frac{\tau_{i-1}}{T_0}\right)\delta_0}{1+L_{\mathrm{I}}(-\alpha_0\beta_0)\delta_0}$ $\gamma_{\mathrm{f}Q_i}=\frac{1+\left[W\left(w_{\mathrm{f}},\frac{T}{\tau_i},-\alpha_{Q_i}^{*}\beta\right)-\frac{\sqrt{6}}{\pi}\ln\left(\frac{T_0}{\tau_i}\right)\delta_0\right]}{1+L_{\mathrm{I}}(-\alpha_0\beta_0)\delta_0}$ $\gamma_{\mathrm{q}Q_i}=\frac{1+\left[W\left(w_{\mathrm{q}},\frac{T}{\tau_i},-\alpha_{Q_i}^{*}\beta\right)-\frac{\sqrt{6}}{\pi}\ln\left(\frac{T_0}{\tau_i}\right)\delta_0\right]}{1+L_{\mathrm{I}}(-\alpha_0\beta_0)\delta_0}$

续表

基本变量	基准设计值	分项系数
A	$A_{d0}=F_{A(T_0)}^{-1}(\Phi(-\alpha_0\beta_0))$	$\gamma_A=\dfrac{F_{A(T_0)}^{-1}(\Phi^{T_0/T}(-\alpha_A^*\beta))}{F_{A(T_0)}^{-1}(\Phi(-\alpha_0\beta_0))}$
A_E	$A_{Ed0}=\mu_0\dfrac{[L_{II}(-\alpha_0\beta_0)]^{\frac{1}{H^{-1}(\delta_0)}}}{\Gamma(1-1/H^{-1}(\delta_0))}$	$\gamma_{\beta A_E}=\left[\dfrac{L_{II}(-\alpha_{A(T)}^*\beta)}{L_{II}(-\alpha_0\beta_0)}\right]^{\frac{1}{H^{-1}(\delta_0)}}$ $\gamma_{TA_E}=\left(\dfrac{T}{T_0}\right)^{\frac{1}{H^{-1}(\delta_0)}},L_{II}(x)=\dfrac{-1}{\ln\Phi(x)}$
D_i	$D_{id0}=\mu_{D_i}(1-\alpha_0\beta_0\delta_{D_i})$	$\gamma_{\beta D_i}=\dfrac{1-\alpha_{D_i}^*\beta\delta_{D_i}}{1-\alpha_0\beta_0\delta_{D_i}}$
η_s	$\eta_{sd0}=\mu_{\eta_s}(1-\alpha_0\beta_0\delta_{\eta_s})$	$\gamma_{\beta\eta_s}=\dfrac{1-\alpha_{\eta_s}^*\beta\delta_{\eta_s}}{1-\alpha_0\beta_0\delta_{\eta_s}}$

对基本组合、偶然组合和地震组合，以基准设计值和分项系数表达的设计表达式分别为[41]

$$\gamma_{\beta\eta_s}\eta_{Sd0}S\Big(\gamma_{\beta G}G_{d0}+\gamma_{\beta P}P_{d0}+(\gamma_{\beta Q_i}+\gamma_{TQ_i})Q_{id0}+\sum_{j<i}(\gamma_{\beta Q_j}+\gamma_{\tau Q_j})Q_{jd0}$$
$$+\sum_{j>i}(\gamma_{\beta Q_j}+\gamma_{\tau' Q_j})Q_{jd0},\gamma_{\beta D_1}D_{1d0},\gamma_{\beta D_2}D_{2d0},\cdots\Big)\leqslant\gamma_{\beta R}R_{d0} \tag{8.30}$$

$$\gamma_{\beta\eta_s}\eta_{Sd0}S\Big(\gamma_{\beta G}G_{d0}+\gamma_{\beta P}P_{d0}+\gamma_A A_{d0}+(\gamma_{fQ_i}\text{ 或 }\gamma_{qQ_i})Q_{id0}$$
$$+\sum_{j\neq i}\gamma_{qQ_j}Q_{jd0},\gamma_{\beta D_1}D_{1d0},\gamma_{\beta D_2}D_{2d0},\cdots\Big)\leqslant\gamma_{\beta R}R_{d0} \tag{8.31}$$

$$\gamma_{\beta\eta_s}\eta_{Sd0}S\Big(\gamma_{\beta G}G_{d0}+\gamma_{\beta P}P_{d0}+\gamma_{\beta A_E}\gamma_{TA_E}A_{Ed0}$$
$$+\sum_{j\geqslant 1}\gamma_{qQ_j}Q_{jd0},\gamma_{\beta D_1}D_{1d0},\gamma_{\beta D_2}D_{2d0},\cdots\Big)\leqslant\gamma_{\beta R}R_{d0} \tag{8.32}$$

式中：x_{d0}代表基本变量 X 的基准设计值；$\gamma_{\beta X}$代表基本变量 X 的重要性系数，与 β 有关；γ_{TX}代表考虑设计使用年限系数 T 的可变作用和偶然作用 X 的调整系数，与 T 有关；$\gamma_{\tau X}$代表可变作用 X 的时点组合值系数，与其时段长度 τ 有关；$\gamma_{\tau' X}$代表可变作用 X 的时段组合值系数，与前一作用时段长度 τ'有关；γ_{fX}、γ_{qX}分别代表可变作用 X 的频遇值系数和准永久值系数，均与 β、T 有关；γ_A 为偶然作用的分项系数，偶然作用的概率分布已知时，一般也可将其分解为 $\gamma_{\beta A}$ 和 γ_{TA}。需要指出，这里将抗力 R、其他结构性能 D_1，D_2，…的设计值亦表达为基准设计值与分项系数的乘积，主要是为保证其分项系数的表达形式与其他基本变量的一致。

3. 抗力表达式

直接按抗力设计的方式通常适用于预制标准构件。对于一般场合下的非标准构件，则需按抗力影响因素进行设计。以抗力影响因素表达的设计表达式可通过两种途径建立：在功能函数中以抗力函数替代抗力项，按上述类似步骤建立；按抗力设计值保证率为 $\Phi(\alpha_0\beta_0)$ 的目标，建立抗力影响因素设计值与抗力设计值之间的关系。按第一种途径将增加基本变量的数量，不利于保证可靠度控制的精度。按第二种途径则很难精确建立抗力影响因素设计值与抗力设计值之间的关系，会引入额外的误差，降低可靠度控制的精度。鉴于此，文献[41]根据随机变量函数的均值表达式，提出一种简单且更为精确的抗力表达式。

抗力随机变量及其均值一般可分别表达为

$$R=\eta_R R(f_1,f_2,\cdots,a_1,a_2,\cdots) \tag{8.33}$$

$$\mu_R\approx\mu_{\eta_R}R(\mu_{f_1},\mu_{f_2},\cdots,\mu_{a_1},\mu_{a_2},\cdots) \tag{8.34}$$

式中：$R(\cdot)$为抗力函数；f_i、a_i、η_R 分别为材料性能、几何尺寸和抗力计算模式不定性系数，均为服从正态分布的随机变量；μ_X 代表随机变量 X 的均值，这里称其为 X 的中心值，另记为 x_μ。这时可取抗力的基准设计值[41]

$$R_{d0}=\gamma_{0R}R_\mu=\gamma_{0R}\eta_{R\mu}R(f_{1\mu},f_{2\mu},\cdots,a_{1\mu},a_{2\mu},\cdots) \tag{8.35}$$

$$\gamma_{0R}=\frac{\exp\left[-\alpha_0\beta_0\sqrt{\ln(1+\delta_R^2)}\right]}{\sqrt{1+\delta_R^2}} \tag{8.36}$$

式中：R_μ 为抗力 R 的均值(中心值)；γ_{0R} 为抗力 R 的标准化系数，用于将抗力中心值转化为基准设计值。

这种抗力表达式虽然采用了与现行设计规范不同的概念和形式，但抗力中心值与各影响因素中心值之间具有相对精确的函数关系，有利于保证可靠度控制的精度，并可赋予抗力中心值统一的概率意义，这是目前抗力标准值所不具备的特点。同时，各抗力影响因素的变异性被统一反映于抗力的变异系数中，而变异系数的值相对稳定，有条件对各类构件抗力的变异系数和标准化系数做出合理的规定，并按式(8.35)和式(8.36)确定抗力的基准设计值。在反映抗力概率特性对设计结果的影响方面，抗力中心值和标准化系数具有明确的分工：中心值用于反映抗力均值的影响，标准化系数用于反映抗力变异性的影响。这种方式有利于在结构可靠性设计中建立更为清晰的概念[41]。

需要说明，对地震组合，抗力表达式中并未单独列出目前的承载力抗震调整系数，它主要用于调整目标可靠指标，考虑加载速率等的影响[42]。在确定地震组合下抗力的基准设计值和分项系数时，有关目标可靠指标的影响可在重要性系数中反映，而加载速率等的影响可在基准设计值中反映，这样可独立反映不同因素对抗力设计值的影响。

8.2.2　正常使用极限状态设计表达式

按结构可靠度分析的近似模型，对标准组合、频遇组合和准永久组合，结构可靠度分析中的功能函数应分别为

$$Z=C-\eta_S S\left(G+P+Q_i(T)+\sum_{j<i}Q_j(\tau_j)+\sum_{j>i}Q_j(\tau_{j-1}),D_1,D_2,\cdots\right)\tag{8.37}$$

$$Z=C-\eta_S S\left(G+P+Q_{i\mathrm{f}}(T)+\sum_{j\neq i}Q_{j\mathrm{q}}(T),D_1,D_2,\cdots\right)\tag{8.38}$$

$$Z=C-\eta_S S\left(G+P+\sum_{j\geqslant 1}Q_{j\mathrm{q}}(T),D_1,D_2,\cdots\right)\tag{8.39}$$

式中各基本变量的概率分布见表 8.1。按照与承载能力极限状态设计表达式类似的建立过程，亦可得直接以设计值表达的正常使用极限状态设计表达式。对标准组合、频遇组合和准永久组合，它们分别为

$$\eta_{S\mathrm{d}}S(G_\mathrm{d}+P_\mathrm{d}+Q_{i\mathrm{d}}+\sum_{j<i}Q_{j\mathrm{d}}+\sum_{j>i}Q_{j\mathrm{d}},D_{1\mathrm{d}},D_{2\mathrm{d}},\cdots)\leqslant C\tag{8.40}$$

$$\eta_{S\mathrm{d}}S(G_\mathrm{d}+P_\mathrm{d}+Q_{i\mathrm{d}}+\sum_{j\neq i}Q_{j\mathrm{d}},D_{1\mathrm{d}},D_{2\mathrm{d}},\cdots)\leqslant C\tag{8.41}$$

$$\eta_{S\mathrm{d}}S(G_\mathrm{d}+P_\mathrm{d}+\sum_{j\geqslant 1}Q_{j\mathrm{d}},D_{1\mathrm{d}},D_{2\mathrm{d}},\cdots)\leqslant C\tag{8.42}$$

类似地，以基准设计值和分项系数表达的设计表达式分别为

$$\begin{aligned}\gamma_{\beta\eta_S}\eta_{S\mathrm{d0}}S\Big(&\gamma_{\beta G}G_{\mathrm{d0}}+\gamma_{\beta P}P_{\mathrm{d0}}+(\gamma_{\beta Q_i}+\gamma_{TQ_i})Q_{i\mathrm{d0}}+\sum_{j<i}(\gamma_{\beta Q_j}+\gamma_{\tau Q_j})Q_{j\mathrm{d0}}\\&+\sum_{j>i}(\gamma_{\beta Q_j}+\gamma_{\tau' Q_j})Q_{j\mathrm{d0}},\gamma_{\beta D_1}D_{1\mathrm{d0}},\gamma_{\beta D_2}D_{2\mathrm{d0}},\cdots\Big)\leqslant C\end{aligned}\tag{8.43}$$

$$\gamma_{\beta\eta_S}\eta_{S\mathrm{d0}}S\big(\gamma_{\beta G}G_{\mathrm{d0}}+\gamma_{\beta P}P_{\mathrm{d0}}+\gamma_{\mathrm{f}Q_i}Q_{i\mathrm{d0}}+\sum_{j\neq i}\gamma_{\mathrm{q}Q_j}Q_{j\mathrm{d0}},\gamma_{\beta D_1}D_{1\mathrm{d0}},\gamma_{\beta D_2}D_{2\mathrm{d0}},\cdots\big)\leqslant C\tag{8.44}$$

$$\gamma_{\beta\eta_S}\eta_{S\mathrm{d0}}S(\gamma_{\beta G}G_{\mathrm{d0}}+\gamma_{\beta P}P_{\mathrm{d0}}+\sum_{j\geqslant 1}\gamma_{\mathrm{q}Q_j}Q_{j\mathrm{d0}},\gamma_{\beta D_1}D_{1\mathrm{d0}},\gamma_{\beta D_2}D_{2\mathrm{d0}},\cdots)\leqslant C\tag{8.45}$$

式中各基本变量的基准设计值和分项系数见表 8.2。

正常使用极限状态设计的基准设计值与承载能力极限状态设计的完全相同，但对涉及目标可靠指标 β 的分项系数，它们的值是不同的，因为正常使用极限状态设计的目标可靠指标相对较小，这些分项系数的值亦相对较小。

8.3　灵敏度系数的优化与取值

结构设计表达式中未知灵敏度系数的取值对可靠度控制精度有决定性的影响。《结构可靠性总原则》(ISO 2394:2015)[11]中根据经验提出灵敏度系数的建议

值,并称其为标准灵敏度系数。文献[30]指出,简单组合时其可靠指标相对误差为−0.05～0.23,偏于保守,并利用枚举优化法提出新的建议值:对抗力取 0.8737,对恒、活荷载分别取−0.2511 和−0.5597。这时可靠指标相对误差为−0.12～0.06。为进一步提高精度,还提出按活、恒荷载效应比确定标准灵敏度系数的方法,但其应用不便。文献[43]利用解析几何方法提出灵敏度系数的解析优化方法和建议值(见表 8.3),且可估计可靠指标的相对误差范围,但其对承载能力、正常使用极限状态设计采用了不同的标准灵敏度系数,应用仍不便。文献[40]则按最优可靠度控制方式,利用解析优化方法,提出了统一的标准灵敏度系数,本节对其做详细介绍。

表 8.3　标准灵敏度系数[43]

极限状态类型	承载能力极限状态		正常使用极限状态	
	与作用数量 n 相关	与作用数量 n 无关	与作用数量 n 相关	与作用数量 n 无关
α_R	0.7	0.8	—	—
α_D	$-\sqrt{\dfrac{0.59}{1+0.24n}}$	−0.8	$-1.36\sqrt{\dfrac{0.59}{1+0.24n}}$	−1.18×0.8=−0.94
α_O	$0.49\alpha_D$	−0.3	$0.49\alpha_D$	−1.18×0.3=−0.35
可靠指标相对误差	−0.100～0.100	−0.078～0.315	−0.045～0.045	−0.082～0.232

注:作用数量 n 指永久作用、可变作用及作用效应计算的不确定性系数的总数量。α_R 为抗力的标准灵敏度系数,α_D 为主导作用的标准灵敏度系数,α_O 为其他作用的标准灵敏度系数。

8.3.1　可靠度控制方式和最优灵敏度系数

灵敏度系数反映了可靠指标对基本变量随机变化的灵敏程度,值域为[−1,1];基本变量对可靠度有利和不利时,其灵敏度系数应分别为正值和负值,且各灵敏度系数平方和的根,即灵敏度系数向量的模为 1,见式(8.10)。

灵敏度系数的绝对值越小,相应基本变量对可靠度的影响越小。为缩减灵敏度系数的取值范围,以达到更好的优化效果,可近似将灵敏度系数绝对值小于$\alpha^*_{\min}$的基本变量视为确定量,忽略其变异性的影响。设某基本变量的灵敏度系数为绝对值较小的 α^*,则忽略其变异性后的可靠指标约为 $\beta/\sqrt{1-\alpha^{*2}}$,相对误差为 $1/\sqrt{1-\alpha^{*2}}-1$。当$|\alpha^*|\leqslant 0.2$ 时,可靠指标相对误差为 0～0.021。若多个基本变量的变异性被忽略,只要其灵敏度系数平方和的根不大于 0.2,可靠指标的相对误差也将位于同样的范围。文献[40]建议取 $\alpha^*_{\min}=0.2$。

灵敏度系数的绝对值越大,相应基本变量对可靠度的影响越大,可将功能函数中灵敏度系数绝对值最大的基本变量称为设计中的主控量。若功能函数中的基本变量为 $X_1,X_2,\cdots,X_n$,其灵敏度系数分别为 $\alpha_1^*,\alpha_2^*,\cdots,\alpha_n^*$,则根据主控量的设定方式,可在设计中选取下列可靠度控制方式，它们代表了可靠度控制的主要方式[40]：

(1) 全局单控型。所有基本变量(包括结构性能和作用)中只设定一个主控量。若 X_1 为主控量，则应有 $|\alpha_1^*|\geqslant\max\{|\alpha_2^*|,\cdots,|\alpha_n^*|\}$。

(2) 全局双控型。所有基本变量中设定两个主控量，如目前设计值法中对作用、抗力各设定一个主控量[11]。若 X_1 为 $X_1,X_2,\cdots,X_{k-1}$ 中的主控量，X_k 为 X_k，$X_{k+1},\cdots,X_n$ 中的主控量，则应有 $|\alpha_1^*|\geqslant\max\{|\alpha_2^*|,\cdots,|\alpha_{k-1}^*|\}$，$|\alpha_k^*|\geqslant\max\{|\alpha_{k+1}^*|,\cdots,|\alpha_n^*|\}$。

(3) 局部单控型。部分基本变量中设定一个主控量，如目前承载能力极限状态设计中仅在作用中设定一个主控量[8]。若 X_k 为 $X_k,X_{k+1},\cdots,X_n$ 中的主控量，则应有 $|\alpha_k^*|\geqslant\max\{|\alpha_{k+1}^*|,\cdots,|\alpha_n^*|\}$。

(4) 均衡型。不设主控量，如目前准永久组合时，并不设定主控量[8]。

虽然灵敏度系数的数值不定，但其变化范围有限，可将某基本变量灵敏度系数绝对值达到最大值时的灵敏度系数行向量 $\boldsymbol{a}$ 称为该基本变量的灵敏度系数边界向量[40]。基本变量的数量为 n 时，这样的边界向量数量亦为 n。例如，对全局单控型的可靠度控制方式，$n=4$，$|\alpha_1^*|\geqslant|\alpha_2^*|\geqslant|\alpha_3^*|\geqslant|\alpha_4^*|$ 时，X_1 的边界向量对应于 $|\alpha_2^*|=|\alpha_3^*|=|\alpha_4^*|=\alpha_{\min}^*$ 时的情况，X_2 的边界向量对应于 $|\alpha_3^*|=|\alpha_4^*|=\alpha_{\min}^*$、$|\alpha_1^*|=|\alpha_2^*|$ 时的情况，X_3 的边界向量对应于 $|\alpha_4^*|=\alpha_{\min}^*$、$|\alpha_1^*|=|\alpha_2^*|=|\alpha_3^*|$ 时的情况，X_4 的边界向量对应于 $|\alpha_1^*|=|\alpha_2^*|=|\alpha_3^*|=|\alpha_4^*|$ 时的情况。上述四种情况下，$|\alpha_1^*|$、$|\alpha_2^*|$、$|\alpha_3^*|$、$|\alpha_4^*|$ 分别达到其最大值。

由边界向量按行构成的矩阵 $\mathbf{A}$ 可被称为边界矩阵[40]。例如，$n=4$，$|\alpha_1^*|\geqslant|\alpha_2^*|\geqslant|\alpha_3^*|\geqslant|\alpha_4^*|$ 时，全局单控型(设 X_1 为主控量)、全局双控型(设 X_1、X_3 为主控量)、局部单控型(设 X_2 为主控量)、均衡型的边界矩阵分别为

$$\mathbf{A}=\begin{bmatrix}\boldsymbol{a}_1\\\boldsymbol{a}_2\\\boldsymbol{a}_3\\\boldsymbol{a}_4\end{bmatrix}=\begin{bmatrix}\pm\sqrt{1-3\alpha_{\min}^{*2}} & \pm\alpha_{\min}^* & \pm\alpha_{\min}^* & \pm\alpha_{\min}^*\\ \pm\sqrt{(1-2\alpha_{\min}^{*2})/2} & \pm\sqrt{(1-2\alpha_{\min}^{*2})/2} & \pm\alpha_{\min}^* & \pm\alpha_{\min}^*\\ \pm\sqrt{(1-\alpha_{\min}^{*2})/3} & \pm\sqrt{(1-\alpha_{\min}^{*2})/3} & \pm\sqrt{(1-\alpha_{\min}^{*2})/3} & \pm\alpha_{\min}^*\\ \pm\sqrt{1/4} & \pm\sqrt{1/4} & \pm\sqrt{1/4} & \pm\sqrt{1/4}\end{bmatrix}\tag{8.46}$$

$$\mathbf{A}=\begin{bmatrix}\boldsymbol{a}_1\\\boldsymbol{a}_2\\\boldsymbol{a}_3\\\boldsymbol{a}_4\end{bmatrix}=\begin{bmatrix}\pm\sqrt{1-3\alpha_{\min}^{*2}} & \pm\alpha_{\min}^* & \pm\alpha_{\min}^* & \pm\alpha_{\min}^*\\ \pm\sqrt{(1-2\alpha_{\min}^{*2})/2} & \pm\sqrt{(1-2\alpha_{\min}^{*2})/2} & \pm\alpha_{\min}^* & \pm\alpha_{\min}^*\\ \pm\alpha_{\min}^* & \pm\alpha_{\min}^* & \pm\sqrt{1-3\alpha_{\min}^{*2}} & \pm\alpha_{\min}^*\\ \pm\alpha_{\min}^* & \pm\alpha_{\min}^* & \pm\sqrt{(1-2\alpha_{\min}^{*2})/2} & \pm\sqrt{(1-2\alpha_{\min}^{*2})/2}\end{bmatrix}\tag{8.47}$$

$$\boldsymbol{A}=\begin{bmatrix}\boldsymbol{a}_1\\\boldsymbol{a}_2\\\boldsymbol{a}_3\\\boldsymbol{a}_4\end{bmatrix}$$

$$=\begin{bmatrix}\pm\sqrt{1-3\alpha_{\min}^{*2}} & \pm\alpha_{\min}^{*} & \pm\alpha_{\min}^{*} & \pm\alpha_{\min}^{*}\\ \pm\alpha_{\min}^{*} & \pm\sqrt{1-3\alpha_{\min}^{*2}} & \pm\alpha_{\min}^{*} & \pm\alpha_{\min}^{*}\\ \pm\alpha_{\min}^{*} & \pm\sqrt{(1-2\alpha_{\min}^{*2})/2} & \pm\sqrt{(1-2\alpha_{\min}^{*2})/2} & \pm\alpha_{\min}^{*}\\ \pm\alpha_{\min}^{*} & \pm\sqrt{(1-\alpha_{\min}^{*2})/3} & \pm\sqrt{(1-\alpha_{\min}^{*2})/3} & \pm\sqrt{(1-\alpha_{\min}^{*2})/3}\end{bmatrix} \tag{8.48}$$

$$\boldsymbol{A}=\begin{bmatrix}\boldsymbol{a}_1\\\boldsymbol{a}_2\\\boldsymbol{a}_3\\\boldsymbol{a}_4\end{bmatrix}=\begin{bmatrix}\pm\sqrt{1-3\alpha_{\min}^{*2}} & \pm\alpha_{\min}^{*} & \pm\alpha_{\min}^{*} & \pm\alpha_{\min}^{*}\\ \pm\alpha_{\min}^{*} & \pm\sqrt{1-3\alpha_{\min}^{*2}} & \pm\alpha_{\min}^{*} & \pm\alpha_{\min}^{*}\\ \pm\alpha_{\min}^{*} & \pm\alpha_{\min}^{*} & \pm\sqrt{1-3\alpha_{\min}^{*2}} & \pm\alpha_{\min}^{*}\\ \pm\alpha_{\min}^{*} & \pm\alpha_{\min}^{*} & \pm\alpha_{\min}^{*} & \pm\sqrt{1-3\alpha_{\min}^{*2}}\end{bmatrix} \tag{8.49}$$

各基本变量的灵敏度系数边界向量在界定各灵敏度系数绝对值最大值的同时，也界定了各灵敏度系数绝对值的最小值。例如，式(8.46)中第一个行向量同时界定了$|\alpha_2^*|$、$|\alpha_3^*|$、$|\alpha_4^*|$的最小值，最后一个行向量同时界定了$|\alpha_1^*|$的最小值。

对于特定的可靠度控制方式，实际的灵敏度系数向量均应位于所有边界向量所限定的空间之内，且存在与各边界向量具有同样夹角 θ_0、模为 1 的中心向量 $\boldsymbol{a}_0$。它满足[40]

$$\boldsymbol{A}\boldsymbol{a}_0^{\mathrm{T}}=\boldsymbol{c}^{\mathrm{T}} \tag{8.50}$$

式中：$\boldsymbol{c}$ 为元素均为 $\cos\theta_0$ 的行向量；θ_0 为中心向量 $\boldsymbol{a}_0$ 与各边界向量的夹角。这时有

$$\boldsymbol{a}_0=\boldsymbol{c}\,(\boldsymbol{A}^{-1})^{\mathrm{T}} \tag{8.51}$$

设计中统一取用的最优灵敏度系数应保证可靠指标不低于 β 时的最大相对误差最小。若记其为向量 $\boldsymbol{a}=(\alpha_1,\alpha_2,\cdots,\alpha_n)$，则设计中应以相应的向量 $-\boldsymbol{a}\beta$ 确定各基本变量的设计值，即

$$\boldsymbol{x}_{\mathrm{d}}=F_{\boldsymbol{X}}^{-1}(\Phi(-\boldsymbol{a}\beta)) \tag{8.52}$$

确定最优灵敏度系数向量 $\boldsymbol{a}$ 时，首先应取其与中心向量 $\boldsymbol{a}_0$ 同方向，使其与各边界向量的最大夹角达到最小值 θ_0。但是，实际设计中的灵敏度系数向量不一定与中心向量 $\boldsymbol{a}_0$ 或最优灵敏度系数向量 $\boldsymbol{a}$ 同方向，当其与某边界向量 $\boldsymbol{a}_i$ 同方向时，其设计验算点向量$\overrightarrow{OP^*}$与向量$-\boldsymbol{a}\beta$ 的夹角将达到最大值 θ_0。由于设计中向量$-\boldsymbol{a}\beta$ 的终点始终位于极限状态曲面上，夹角 θ_0 不是很大时其与实际设计验算点 P^* 处的切平面接近(见图 8.1)，因此设计验算点向量$\overrightarrow{OP^*}$的模，即实际的可靠指标，近似

为向量$-\boldsymbol{a}\beta$在设计验算点向量$\overrightarrow{OP^*}$上的投影$\|\boldsymbol{a}\|\beta\cos\theta_0$，$\|\boldsymbol{a}\|$为向量$\boldsymbol{a}$的模，这是各种可能情况下实际可靠指标的最小值。为保证可靠指标不低于β时的最大相对误差最小，应取

$$\|\boldsymbol{a}\|=\frac{1}{\cos\theta_0} \tag{8.53}$$

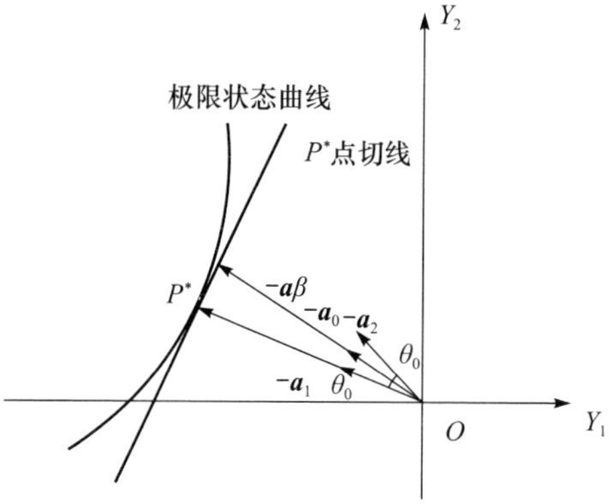

图 8.1　向量$-\boldsymbol{a}\beta$与设计验算点向量$\overrightarrow{OP^*}$之间的关系

其值大于 1。根据式(8.51)，最终可得最优灵敏度系数向量为[40]

$$\boldsymbol{a}=\|\boldsymbol{a}\|\boldsymbol{a}_0=\frac{\boldsymbol{a}_0}{\cos\theta_0}=\boldsymbol{e}(\boldsymbol{A}^{-1})^{\mathrm{T}} \tag{8.54}$$

式中：$\boldsymbol{e}$为元素均为 1 的行向量。向量$\boldsymbol{a}$的元素依次为逆矩阵$\boldsymbol{A}^{-1}$中各行元素之和，其数值仅取决于边界向量。若实际的灵敏度系数向量为边界向量，则可靠指标的相对误差达到最小值$\|\boldsymbol{a}\|\cos\theta_0-1=0$；若实际的灵敏度系数向量为中心向量，则可靠指标的相对误差达到最大值$\|\boldsymbol{a}\|-1=1/\cos\theta_0-1$[40]。

表 8.4 中列举了不同可靠度控制方式和基本变量数量n时的最优灵敏度系数和可靠指标相对误差，其中全局单控型的最大相对误差明显最小，可称其为最优可靠度控制方式。设计中取用的标准灵敏度系数应按全局单控型的可靠度控制方式确定[40]。

表 8.4　最优灵敏度系数和可靠指标相对误差

n	全局单控型				全局双控型					局部单控型				均衡型			
	3	4	5	6	4	6	8	10	12	3	4	5	6	3	4	5	6
$\|\alpha_1\|$	0.86	0.81	0.77	0.74	0.74	0.66	0.61	0.56	0.51	0.79	0.75	0.71	0.68	0.86	0.81	0.77	0.74
$\|\alpha_2\|$	0.47	0.44	0.42	0.40	0.40	0.37	0.34	0.32	0.30	0.79	0.75	0.71	0.68	0.47	0.44	0.42	0.40
$\|\alpha_3\|$	0.41	0.39	0.37	0.36	0.74	0.32	0.30	0.28	0.26	0.43	0.41	0.39	0.37	0.41	0.39	0.37	0.36
$\|\alpha_4\|$		0.36	0.34	0.33	0.40	0.66	0.28	0.26	0.25		0.35	0.34	0.33		0.36	0.34	0.33
$\|\alpha_5\|$			0.33	0.32		0.37	0.61	0.25	0.24			0.32	0.31			0.33	0.32

续表

n	全局单控型				全局双控型					局部单控型				均衡型			
	3	4	5	6	4	6	8	10	12	3	4	5	6	3	4	5	6
$\|\alpha_6\|$				0.31		0.32	0.34	0.56	0.24				0.29				0.31
$\|\alpha_7\|$							0.30	0.32	0.51								
$\|\alpha_8\|$							0.28	0.28	0.30								
$\|\alpha_9\|$								0.26	0.26								
$\|\alpha_{10}\|$								0.25	0.25								
$\|\alpha_{11}\|$									0.24								
$\|\alpha_{12}\|$									0.24								
$\theta_0/(°)$	19.3	20.1	20.3	20.1	32.6	30.7	28.4	26.1	23.6	33.2	32.3	31.3	30.3	19.3	20.1	20.3	20.1
最大相对误差	0.06	0.07	0.07	0.07	0.19	0.16	0.14	0.11	0.09	0.20	0.18	0.17	0.16	0.06	0.07	0.07	0.07
最小相对误差	0	0	0	0	0	0	0	0	0	0	0	0	0	0	0	0	0

注：基本变量对可靠度有利、不利时灵敏度系数分别取正值和负值；下划线者为所设定主控量的灵敏度系数。

8.3.2　标准灵敏度系数

采用全局单控型可靠度控制方式的最优灵敏度系数虽可得到理想的控制精度，但灵敏度系数的取值与所有基本变量的排序有关。为简化设计，可取主控量的灵敏度系数为 α_A，统一取非主控量的灵敏度系数为 α_B，并称其为设计取用的标准灵敏度系数。

由表 8.4 可知，非主控量、主控量灵敏度系数绝对值的比值为 0.42～0.55，范围有限。若设 $|\alpha_B/\alpha_A|=v$，则标准灵敏度系数向量 $\boldsymbol{a}_s=\{\alpha_A, \pm v\alpha_A, \cdots, \pm v\alpha_A\}$，它与各边界向量的夹角并不完全相同，可分别记其为 θ_1、θ_2、…、θ_n。这时应有

$$\frac{\boldsymbol{A}\boldsymbol{a}_s^{\mathrm{T}}}{\|\boldsymbol{a}_s\|}=\{\cos\theta_1, \cos\theta_2, \cdots, \cos\theta_n\}^{\mathrm{T}} \tag{8.55}$$

经分析优化，取 $v=0.47$ 时，可使 $n=2\sim15$ 时的最大夹角达到最小值 23.7°[40]。为保证可靠指标不低于 β 时的最大相对误差最小，应取

$$\|\boldsymbol{a}_s\|=\frac{1}{\cos\theta_{\max}} \tag{8.56}$$

$$|\alpha_A|=\frac{\|\boldsymbol{a}_s\|}{\sqrt{1+0.47^2(n-1)}}=\frac{1/\cos\theta_{\max}}{\sqrt{1+0.221(n-1)}} \tag{8.57}$$

$$|\alpha_B|=0.47|\alpha_A| \tag{8.58}$$

式中：$\theta_{\max}$ 为向量 $\boldsymbol{a}_s$ 与各边界向量的最大夹角。表 8.5 中列举了这时的标准灵敏

度系数和可靠指标相对误差，它们与基本变量的数量 n 有关[40]。

表 8.5 标准灵敏度系数和可靠指标相对误差(与基本变量数量 n 有关)

n	2	3	4	5	6	7	8	9	10	11	12	13	14	15
$\|\alpha_A\|$	0.98	0.92	0.86	0.80	0.76	0.72	0.69	0.65	0.63	0.60	0.58	0.56	0.54	0.52
$\|\alpha_B\|$	0.46	0.43	0.40	0.38	0.36	0.34	0.32	0.31	0.29	0.28	0.27	0.26	0.25	0.25
θ_{max}/(°)	19.8	22.1	23.2	23.7	23.7	23.4	22.9	22.2	21.5	20.7	19.8	18.9	17.9	16.9
最大相对误差	0.06	0.08	0.09	0.09	0.09	0.09	0.09	0.08	0.08	0.07	0.06	0.06	0.05	0.05
最小相对误差	0	0	0	0	0	0	0	0	0	0	0	0	0	0

注：基本变量对可靠度有利、不利时灵敏度系数分别取正值和负值。

按该取值方法，对可靠指标相对误差的控制虽然也较理想，其范围为 0～0.09，但需考虑基本变量的数量，适用于对可靠度控制精度要求较高的场合，但一般场合下其应用仍不便。更实用的方法是取 α_A、α_B 为常值，这时标准灵敏度系数向量 $\boldsymbol{a}_s=\{\alpha_A,\alpha_B,\cdots,\alpha_B\}$。为控制误差，这里允许可靠指标低于 β，且仅考虑 $n=3\sim8$ 时的情况，它们适合于设计中的大多数情况。经分析优化，可取 $|\alpha_A|=0.85$，$|\alpha_B|=0.35$[40]。表 8.6 中列举了这时的标准灵敏度系数和可靠指标相对误差，可见：$n=3\sim8$ 时，可靠指标相对误差范围为 $-0.105\sim0.257$；常遇的 $n=4\sim6$ 的情况下，可靠指标相对误差范围为 $-0.053\sim0.155$。

表 8.6 标准灵敏度系数及可靠指标相对误差(与基本变量数量 n 无关)

n	3	4	5	6	7	8
$\|\alpha_A\|$	0.85	0.85	0.85	0.85	0.85	0.85
$\|\alpha_B\|$	0.35	0.35	0.35	0.35	0.35	0.35
最大夹角/(°)	24.52	24.92	24.95	24.73	24.32	23.76
最大相对误差	−0.016	0.044	0.101	0.155	0.207	0.257
最小相对误差	−0.105	−0.053	−0.002	0.049	0.100	0.150

注：基本变量对可靠度有利、不利时灵敏度系数分别取正、负值。

承载能力极限状态设计中，目前的分项系数法、设计值法分别以局部单控型、全局双控型作为可靠度控制的方式。基本变量数量相同的条件下，其可靠指标相对误差的宽度至少分别不低于表 8.4 中局部单控型、全局双控型的相对误差宽度，要明显高于表 8.6 中全局单控型的相对误差宽度，其中目前分项系数法的相对误差宽度要更大。与文献[30]的结果相比，表 8.6 中 $n=3$(简单组合)时的可靠指标相对误差也明显具有更小的范围。因此，按表 8.6 中全局单控型的标准灵敏度系数进行设计，可获得比目前设计方法更高的可靠度控制精度，其一般情况下的相对误差范围也是可接受的。

表 8.6 中的标准灵敏度系数、可靠指标相对误差与基本变量概率特性、目标可

靠指标 β、设计使用年限 T 以及功能函数的具体形式无关，可同时适用于承载能力极限状态设计和正常使用极限状态设计，也可用于多个基本变量，包括多个作用参与组合时的设计，具有更广的适用范围。

按全局单控型建立的设计表达式中有且只有一个主控量，这意味着在目前准永久组合时的正常使用极限状态设计中也应设置主控量，在承载能力极限状态设计中还需考虑抗力为主控量的情况。结构主要承受永久作用，且抗力的变异性较大时，抗力便可能为主控量。这些虽与目前的设计方法存在明显的差异，但可显著提高可靠度的控制精度。8.5 节将进一步通过实例分析对比说明。

8.4　结构可靠性设计方法

8.4.1　承载能力极限状态设计

综合承载能力极限状态设计的表达式和标准灵敏度系数的取值方法，可直接根据基本变量概率特性、目标可靠指标和设计使用年限进行承载能力极限状态设计，直接考虑这些因素的变化对设计结果的影响。

为便于应用，这里对基本变量的基准设计值和分项系数做如下规定和简化[40]：

(1) 不考虑作用效应计算模式不确定性的影响，取其设计值 $\gamma_{\beta\eta_S}\eta_{Sd0}=1$。

(2) 忽略作用效应计算中几何尺寸、变形模量等相关结构性能不确定性的影响，取其设计值为均值，不再在设计表达式中表达。

(3) 按一般情况取 $\beta_0=3.2$，$T_0=50$ 年，并取 $\alpha_0=0.35$(对可靠度有利的基本变量，如抗力和预应力作用)或 -0.35(对可靠度不利的基本变量，如其他作用)，$w_f=0.1$，$w_q=0.5$。

(4) 基本组合中非主导可变作用 Q_j 的时点和时段组合系数 $\gamma_{\tau Q_j}$、$\gamma_{\tau' Q_j}$ 均按 $\tau_j=\tau_{j-1}=10$ 年的情况确定，统一记其为组合系数 γ_{cQ_j}。按目前的作用概率模型，可变作用的时段长度一般只有 1 年和 10 年两种数值[2]。按作用的概率组合方法，只有当时段长度为 1 年的多个可变作用(如风、雪荷载)同时参与作用组合时，这种简化才是近似的，但其结果偏于保守，误差亦有限，因为这时被简化的可变作用在作用组合中均为次要作用。

(5) 基准设计值和分项系数的表达式中近似取

$$\frac{\exp\left[-\alpha_0\beta_0\sqrt{\ln(1+\delta_R^2)}\right]}{\sqrt{1+\delta_R^2}}\approx\exp[-(\alpha_0\beta_0+0.5\delta_R)\delta_R],\quad 0.10\leqslant\delta_R\leqslant0.35 \tag{8.59}$$

$$\frac{1}{H^{-1}(\delta_0)}\approx(0.7763-0.4387\delta_0)\delta_0,\quad 0.05\leqslant\delta_0\leqslant0.50 \tag{8.60}$$

$$\Gamma\left(1-\frac{1}{H^{-1}(\delta_0)}\right)\approx 0.9948+0.5404\delta_0,\quad 0.05\leqslant\delta_0\leqslant 0.50 \tag{8.61}$$

式(8.59)～式(8.61)所示近似公式的相对误差分别为－1.4%～0、－0.4%～0.3%和－0.1%～0.2%，均具有很好的精度。

(6) 不考虑永久作用G和预应力作用P为主控量的情况。按可靠指标的计算方法，抗力R与永久作用G、预应力作用P的灵敏度系数绝对值之比应分别为$R^*\sqrt{\ln(1+\delta_R^2)}/(\eta_S^*\mu_{S_G}\delta_G)$和$R^*\sqrt{\ln(1+\delta_R^2)}/(\eta_S^*\mu_{S_P}\delta_P)$，其中$R^*$、$\eta_S^*$分别为$R$、$\eta_S$的设计验算点值。由于设计中$R^*>\eta_S^*\mu_{S_G}$，$R^*>\eta_S^*\mu_P$，而$\delta_{R\min}=0.10$，$\delta_G=0.07$[2]，根据文献[44]和[45]保守估计的$\delta_P=0.08$，因此$G$、$P$的灵敏度系数绝对值不会大于$R$的相应值。设计中可能的主控量仅包括主导可变作用、偶然作用、地震作用和抗力，每类作用组合中只有两个可能的主控量。

按上述规定和简化，基本组合时承载能力极限状态设计的表达式应为下列两者中的最不利者，即

$$S\Big(\gamma_{\beta G}G_{d0}+\gamma_{\beta P}P_{d0}+(\tilde{\gamma}_{\beta Q_i}+\gamma_{TQ_i})Q_{id0}+\sum_{j\neq i}(\gamma_{\beta Q_j}+\gamma_{cQ_j})Q_{jd0}\Big)\leqslant\gamma_{\beta R}R_{d0} \tag{8.62}$$

$$S\Big(\gamma_{\beta G}G_{d0}+\gamma_{\beta P}P_{d0}+(\gamma_{\beta Q_i}+\gamma_{TQ_i})Q_{id0}+\sum_{j\neq i}(\gamma_{\beta Q_j}+\gamma_{cQ_j})Q_{jd0}\Big)\leqslant\tilde{\gamma}_{\beta R}R_{d0} \tag{8.63}$$

偶然组合时为下列两者中的最不利者，即

$$S\Big(\gamma_{\beta G}G_{d0}+\gamma_{\beta P}P_{d0}+\tilde{\gamma}_A A_{d0}+(\gamma_{fQ_i}\ \text{或}\ \gamma_{qQ_i})Q_{id0}+\sum_{j\neq i}\gamma_{qQ_j}Q_{jd0}\Big)\leqslant\gamma_{\beta R}R_{d0} \tag{8.64}$$

$$S\Big(\gamma_{\beta G}G_{d0}+\gamma_{\beta P}P_{d0}+\gamma_A A_{d0}+(\gamma_{fQ_i}\ \text{或}\ \gamma_{qQ_i})Q_{id0}+\sum_{j\neq i}\gamma_{qQ_j}Q_{jd0}\Big)\leqslant\tilde{\gamma}_{\beta R}R_{d0} \tag{8.65}$$

地震组合时为下列两者中的最不利者，即

$$S\Big(\gamma_{\beta G}G_{d0}+\gamma_{\beta P}P_{d0}+\tilde{\gamma}_{\beta A_E}\gamma_{TA_E}A_{Ed0}+\sum_{j\geqslant 1}\gamma_{qQ_j}Q_{jd0}\Big)\leqslant\gamma_{\beta R}R_{d0} \tag{8.66}$$

$$S\Big(\gamma_{\beta G}G_{d0}+\gamma_{\beta P}P_{d0}+\gamma_{\beta A_E}\gamma_{TA_E}A_{Ed0}+\sum_{j\geqslant 1}\gamma_{qQ_j}Q_{jd0}\Big)\leqslant\tilde{\gamma}_{\beta R}R_{d0} \tag{8.67}$$

式中以波浪线“～”标示者为相应基本变量为主控量时的分项系数。

这时各基本变量的基准设计值和分项系数可最终表达为表8.7中的形式，其中相关函数的数值可直接按表8.8和表8.9确定[40]。

表8.7　基准设计值和分项系数

基本变量	基准设计值	分项系数
R	$R_{d0}=\mu_R\exp[-(1.12+0.5\delta_R)\delta_R]$	$\gamma_{\beta R}=\exp[-(0.35\beta-1.12)\delta_R]$ $\tilde{\gamma}_{\beta R}=\exp[-(0.85\beta-1.12)\delta_R]$
G	$G_{d0}=\mu_G(1+1.12\delta_G)$	$\gamma_{\beta G}=\dfrac{1+0.35\beta\delta_G}{1+1.12\delta_G}$
P	$P_{d0}=\mu_P(1-1.12\delta_P)$	$\gamma_{\beta P}=\dfrac{1-0.35\beta\delta_P}{1-1.12\delta_P}$

续表

基本变量	基准设计值	分项系数
Q_i $(i=1,2,\cdots,n)$	$Q_{id0}=\mu_0(1+1.078\delta_0)$	$\gamma_{\beta Q_i}=\dfrac{1+L_{\rm I}(0.35\beta)\delta_0}{1+1.078\delta_0}$，$\widetilde{\gamma}_{\beta Q_i}=\dfrac{1+L_{\rm I}(0.85\beta)\delta_0}{1+1.078\delta_0}$ $\gamma_{TQ_i}=\dfrac{0.78\delta_0}{1+1.078\delta_0}\ln\left(\dfrac{T}{T_0}\right)$，$\gamma_{cQ_i}=\dfrac{-1.2549\delta_0}{1+1.078\delta_0}$ $\gamma_{fQ_i}=\dfrac{1+[W(0.1,T/\tau_i,0.35\beta)-0.78\ln(T_0/\tau_i)]\delta_0}{1+1.078\delta_0}$ $\gamma_{qQ_i}=\dfrac{1+[W(0.5,T/\tau_i,0.35\beta)-0.78\ln(T_0/\tau_i)]\delta_0}{1+1.078\delta_0}$
A	$A_{d0}=F^{-1}_{A(T_0)}(0.8686)$	$\gamma_A=\dfrac{F^{-1}_{A(T_0)}(\Phi^{T_0/T}(0.35\beta))}{F^{-1}_{A(T_0)}(0.8686)}$ $\widetilde{\gamma}_A=\dfrac{F^{-1}_{A(T_0)}(\Phi^{T_0/T}(0.85\beta))}{F^{-1}_{A(T_0)}(0.8686)}$
$A_{\rm E}$	$A_{\rm Ed0}=\mu_0\dfrac{7.1011^{(0.7763-0.4387\delta_0)\delta_0}}{0.9948+0.5404\delta_0}$	$\gamma_{\beta A_{\rm E}}=\left[\dfrac{L_{\rm II}(0.35\beta)}{7.1011}\right]^{(0.7763-0.4387\delta_0)\delta_0}$ $\widetilde{\gamma}_{\beta A_{\rm E}}=\left[\dfrac{L_{\rm II}(0.85\beta)}{7.1011}\right]^{(0.7763-0.4387\delta_0)\delta_0}$ $\gamma_{TA_{\rm E}}=(T/T_0)^{(0.7763-0.4387\delta_0)\delta_0}$

注：分项系数表达式按抗力、预应力作用效应对可靠度有利，其他作用效应对可靠度不利的一般情况给出；否则，应分别以−0.35、−0.85 替代表中的 0.35、0.85。

表 8.8　$L_{\rm I}(x)$、$L_{\rm II}(x)$数值表[40]

β	2.5	2.7	3.2	3.7	4.2	4.5
$L_{\rm I}(0.35\beta)$	0.760	0.848	1.078	1.324	1.586	1.752
$L_{\rm I}(0.85\beta)$	2.730	3.072	4.012	5.081	6.279	7.063
$L_{\rm II}(0.35\beta)$	59.05	91.52	305.86	1203.69	5602.04	15293.30

作用与作用效应之间具有线性关系时，可按下列步骤确定主控量：按一般情况取主导可变作用、偶然作用或地震作用为主控量，确定作用效应组合的设计值 $S_{\rm d}$；与其对应的式(8.68)、式(8.69)或式(8.70)成立时，继续设计；否则，选择抗力为主控量，重新计算作用效应组合的设计值 $S_{\rm d}$[40]。

$$S_{Q_{id0}}\geqslant\frac{1-\widetilde{\gamma}_{\beta R}/\gamma_{\beta R}}{\widetilde{\gamma}_{\beta Q_i}-\gamma_{\beta Q_i}}S_{\rm d}\tag{8.68}$$

$$S_{A_{d0}}\geqslant\frac{1-\widetilde{\gamma}_{\beta R}/\gamma_{\beta R}}{\widetilde{\gamma}_A-\gamma_A}S_{\rm d}\tag{8.69}$$

$$S_{A_{\rm Ed0}}\geqslant\frac{1-\widetilde{\gamma}_{\beta R}/\gamma_{\beta R}}{(\widetilde{\gamma}_{\beta A_{\rm E}}-\gamma_{\beta A_{\rm E}})\gamma_{TA_{\rm E}}}S_{\rm d}\tag{8.70}$$

表 8.9 $W(\omega, T/\tau, x)$数值表[40]

ω	T/τ	x(=0.35β或-0.35β)													
		-4.0	-3.0	-2.0	-1.0	-0.5	0	0.5	1.0	1.5	2.0	2.5	3.0	3.5	4.0
0.1	1	-2.362	-2.015	-1.588	-1.042	-0.707	-0.316	0.146	0.696	1.354	2.140	3.069	4.153	5.401	6.814
	2	-1.834	-1.494	-1.079	-0.554	-0.234	0.138	0.573	1.088	1.699	2.425	3.280	4.275	5.419	6.715
	3	-1.533	-1.200	-0.795	-0.288	0.019	0.374	0.787	1.272	1.844	2.519	3.311	4.232	5.288	6.485
	4	-1.324	-0.998	-0.603	-0.111	0.185	0.525	0.918	1.377	1.916	2.549	3.288	4.145	5.126	6.238
	5	-1.166	-0.846	-0.460	0.018	0.304	0.631	1.008	1.445	1.955	2.550	3.244	4.045	4.962	6.000
	10	-0.700	-0.403	-0.053	0.372	0.621	0.900	1.215	1.573	1.982	2.450	2.985	3.596	4.290	5.071
	20	-0.282	-0.017	0.289	0.648	0.853	1.078	1.326	1.601	1.907	2.248	2.629	3.056	3.531	4.061
	30	-0.063	0.179	0.456	0.774	0.953	1.147	1.358	1.588	1.840	2.117	2.422	2.758	3.128	3.534
	40	0.079	0.305	0.560	0.850	1.011	1.183	1.370	1.571	1.790	2.027	2.286	2.568	2.875	3.210
	50	0.182	0.395	0.633	0.901	1.049	1.206	1.375	1.556	1.751	1.961	2.188	2.434	2.699	2.987
	100	0.461	0.633	0.821	1.027	1.138	1.254	1.376	1.505	1.641	1.784	1.935	2.095	2.265	2.444
0.5	1	-2.831	-2.491	-2.076	-1.562	-1.257	-0.914	-0.524	-0.078	0.438	1.037	1.732	2.534	3.452	4.489
	2	-2.323	-2.000	-1.618	-1.162	-0.900	-0.610	-0.286	0.078	0.491	0.962	1.499	2.111	2.805	3.587
	3	-2.044	-1.738	-1.384	-0.972	-0.739	-0.483	-0.200	0.114	0.465	0.860	1.304	1.805	2.368	2.997
	4	-1.857	-1.567	-1.237	-0.857	-0.644	-0.412	-0.158	0.121	0.431	0.774	1.157	1.585	2.061	2.591
	5	-1.719	-1.444	-1.133	-0.778	-0.581	-0.367	-0.135	0.119	0.398	0.705	1.044	1.420	1.836	2.295
	10	-1.343	-1.114	-0.863	-0.584	-0.432	-0.271	-0.099	0.085	0.283	0.495	0.724	0.970	1.237	1.525
	20	-1.042	-0.860	-0.664	-0.451	-0.338	-0.219	-0.094	0.036	0.174	0.319	0.472	0.633	0.804	0.984
	30	-0.898	-0.741	-0.574	-0.394	-0.300	-0.201	-0.099	0.008	0.119	0.235	0.356	0.483	0.615	0.754
	40	-0.809	-0.669	-0.520	-0.361	-0.278	-0.192	-0.103	-0.011	0.085	0.184	0.286	0.393	0.504	0.620
	50	-0.747	-0.618	-0.482	-0.339	-0.264	-0.187	-0.107	-0.025	0.060	0.148	0.239	0.333	0.430	0.530
	100	-0.587	-0.490	-0.390	-0.285	-0.231	-0.175	-0.119	-0.061	-0.002	0.058	0.120	0.183	0.248	0.315

注：对风、雪荷载，通常取 τ=1 年；对楼面和屋面均布活荷载，通常取 τ=10 年。

式中：$S_{Q_{id0}}$、$S_{A_{d0}}$、$S_{A_{Ed0}}$ 分别为主导可变作用、偶然作用、地震作用的基准设计值产生的效应。

对 $\beta=\beta_0$、$T=T_0$ 的一般情况，非主控量的重要性系数为 1，主控量的设计使用年限系数为 0（可变作用）或 1（地震作用）。这时基本组合时承载能力极限状态设计的表达式应为下列两者中的最不利者，即

$$S(G_{d0}+P_{d0}+\widetilde{\gamma}_{\beta Q_i}Q_{id0}+\sum_{j\neq i}(1+\gamma_{cQ_j})Q_{jd0})\leqslant R_{d0} \tag{8.71}$$

$$S(G_{d0}+P_{d0}+Q_{id0}+\sum_{j\neq i}(1+\gamma_{cQ_j})Q_{jd0})\leqslant \widetilde{\gamma}_{\beta R}R_{d0} \tag{8.72}$$

偶然组合时为下列两者中的最不利者，即

$$S(G_{d0}+P_{d0}+\widetilde{\gamma}_{A}A_{d0}+(\gamma_{fQ_i}\text{ 或 }\gamma_{qQ_i})Q_{id0}+\sum_{j\neq i}\gamma_{qQ_j}Q_{jd0})\leqslant R_{d0} \tag{8.73}$$

$$S(G_{d0}+P_{d0}+A_{d0}+(\gamma_{fQ_i}\text{ 或 }\gamma_{qQ_i})Q_{id0}+\sum_{j\neq i}\gamma_{qQ_j}Q_{jd0})\leqslant \widetilde{\gamma}_{\beta R}R_{d0} \tag{8.74}$$

地震组合时为下列两者中的最不利者，即

$$S(G_{d0}+P_{d0}+\widetilde{\gamma}_{\beta A_E}A_{Ed0}+\sum_{j\geqslant 1}\gamma_{qQ_j}Q_{jd0})\leqslant R_{d0} \tag{8.75}$$

$$S(G_{d0}+P_{d0}+A_{Ed0}+\sum_{j\geqslant 1}\gamma_{qQ_j}Q_{jd0})\leqslant \widetilde{\gamma}_{\beta R}R_{d0} \tag{8.76}$$

式中分项系数的值可根据相应基本变量的变异系数确定。例如，对于风荷载 W，其变异系数为 0.214，时段长度为 1 年[1]，这时应取 $\gamma_{\beta W}=1.0$（非主控量）或 1.51（主控量），$\gamma_{TW}=0$，$\gamma_{cW}=-0.22$，$\gamma_{fW}=0.56$，$\gamma_{qW}=0.28$。

作用和抗力的基准设计值、结构性能的中心值以及设定目标可靠指标、设计使用年限下的分项系数的值，均可在设计标准中规定。只有遇到规定以外的情况时，才需设计人员对分项系数进行调整。

8.4.2　正常使用极限状态设计

为与承载能力极限状态设计方法保持一致，可继续采用承载能力极限状态设计中对基本变量基准设计值和分项系数的第(3)～(5)项规定和简化措施，即设定同样的 β_0、T_0 和 α_0，对非主导可变作用 Q_j 的组合系数取统一的值，在基准设计值和分项系数的表达式中采用同样的近似公式。但是，正常使用极限状态设计中，需考虑作用效应计算模式不确定性和结构性能不确定性的影响。

这时对标准组合、频遇组合和准永久组合，正常使用极限状态设计表达式应分别为

$$\begin{aligned}\gamma_{\beta\eta_S}\eta_{Sd0}S(&\gamma_{\beta G}G_{d0}+\gamma_{\beta P}P_{d0}+(\gamma_{\beta Q_i}+\gamma_{TQ_i})Q_{id0}\\&+\sum_{j\neq i}(\gamma_{\beta Q_j}+\gamma_{cQ_j})Q_{jd0},\gamma_{\beta D_1}D_{1d0},\gamma_{\beta D_2}D_{2d0},\cdots)\leqslant C\end{aligned} \tag{8.77}$$

$$\gamma_{\beta\eta_S}\eta_{Sd0}S(\gamma_{\beta G}G_{d0}+\gamma_{\beta P}P_{d0}+\gamma_{fQ_i}Q_{id0}+\sum_{j\neq i}\gamma_{qQ_i}Q_{jd0},\gamma_{\beta D_1}D_{1d0},\gamma_{\beta D_2}D_{2d0},\cdots)\leqslant C \tag{8.78}$$

$$\gamma_{\beta\eta_S}\eta_{Sd0}S(\gamma_{\beta G}G_{d0}+\gamma_{\beta P}P_{d0}+\gamma_{qQ_i}Q_{id0}+\sum_{j\neq i}\gamma_{qQ_i}Q_{jd0},\gamma_{\beta D_1}D_{1d0},\gamma_{\beta D_2}D_{2d0},\cdots)\leqslant C \tag{8.79}$$

式中:作用效应计算模式不定性系数 η_S、结构性能 D_1,D_2,…的基准设计值和分项系数可参考永久作用 G 的相关表达式确定。按标准灵敏度系数的取值方法,正常使用极限状态设计中也需选择主控量,因此式(8.77)~式(8.79)中均将主导可变作用 Q_i 单独列出。

正常使用极限状态设计中作用效应的表达式一般较复杂,很难通过理论分析建立简单的主控量选择方法。这里以受弯构件为例,通过可靠度分析提出主控量的选择方法,且可靠度分析中对钢构件的挠度控制和预应力混凝土构件的一级、二级裂缝控制,忽略计算模式不确定性的影响,且仅考虑作用的简单组合,取可变作用与永久作用的效应比范围为 0.2~2.0。这里虽然仅考虑了作用简单组合的情况,但其结论亦适用于多个可变作用组合的情况。

相关基本变量的概率特征见表 7.6 和表 7.11。经系统的可靠度分析,各类受弯构件可能的主控量及判定指标见表 8.10,数值最大的判定指标对应的基本变量为主控量。

表 8.10 受弯构件正常使用极限状态设计的主控量和判定指标

控制项目	主控量	判定指标
钢构件挠度控制	主导可变作用、永久作用	$(\widetilde{\gamma}_{\beta G}-\gamma_{\beta G})G_{d0}$、$(\widetilde{\gamma}_{\beta Q_i}-\gamma_{\beta Q_i})Q_{id0}$
混凝土构件挠度控制	计算模式不定性系数	
预应力混凝土构件一级裂缝控制	主导可变作用、永久作用	$(\widetilde{\gamma}_{\beta G}-\gamma_{\beta G})G_{d0}$、$(\widetilde{\gamma}_{\beta Q_i}-\gamma_{\beta Q_i})Q_{id0}$
预应力混凝土构件二级裂缝控制	主导可变作用、混凝土抗拉强度、永久作用	$(\widetilde{\gamma}_{\beta G}-\gamma_{\beta G})G_{d0}$、$(\widetilde{\gamma}_{\beta Q_i}-\gamma_{\beta Q_i})Q_{id0}$、$(\widetilde{\gamma}_{\beta f_t}-\gamma_{\beta f_t})f_{td0}$
钢筋混凝土构件三级裂缝控制	计算模式不定性系数	
预应力混凝土构件三级裂缝控制	计算模式不定性系数、主导可变作用	$\widetilde{\gamma}_{\beta\eta_s}/\gamma_{\beta\eta_s}$、$\widetilde{\sigma}_{sd}/\sigma_{sd}$

注:$\widetilde{\sigma}_{sd}$、σ_{sd}分别为主导可变作用为主控量、非主控量时受拉区纵向钢筋等效应力的设计值。

根据可靠度分析结果,对各类受弯构件,正常使用极限状态设计的表达式如下,其中对列出多个表达式的情况,应取其中的最不利者:

(1) 钢构件挠度控制验算

$$S(\gamma_{\beta G}G_{d0}+(\widetilde{\gamma}_{\beta Q_i}+\gamma_{TQ_i})Q_{id0}+\sum_{j\neq i}(\gamma_{\beta Q_j}+\gamma_{cQ_j})Q_{jd0},\gamma_{\beta D_1}D_{1d0},\gamma_{\beta D_2}D_{2d0},\cdots)\leqslant C \tag{8.80}$$

$$S(\tilde{\gamma}_{\beta G}G_{\mathrm{d0}}+(\gamma_{\beta Q_i}+\gamma_{TQ_i})Q_{i\mathrm{d0}}+\sum_{j\neq i}(\gamma_{\beta Q_j}+\gamma_{\mathrm{c}Q_j})Q_{j\mathrm{d0}},\gamma_{\beta D_1}D_{1\mathrm{d0}},\gamma_{\beta D_2}D_{2\mathrm{d0}},\cdots)\leqslant C \tag{8.81}$$

(2) 钢筋混凝土构件挠度控制验算

$$\tilde{\gamma}_{\beta\eta_S}\eta_{\mathrm{Sd0}}S(\gamma_{\beta G}G_{\mathrm{d0}}+\gamma_{\mathrm{q}Q_i}Q_{i\mathrm{d0}}+\sum_{j\neq i}\gamma_{\mathrm{q}Q_j}Q_{j\mathrm{d0}},\gamma_{\beta D_1}D_{1\mathrm{d0}},\gamma_{\beta D_2}D_{2\mathrm{d0}},\cdots)\leqslant C \tag{8.82}$$

(3) 预应力混凝土构件挠度控制验算

$$\begin{aligned}&\tilde{\gamma}_{\beta\eta_S}\eta_{\mathrm{Sd0}}S(\gamma_{\beta G}G_{\mathrm{d0}}+\gamma_{\beta P}P_{\mathrm{d0}}+(\gamma_{\beta Q_i}+\gamma_{TQ_i})Q_{i\mathrm{d0}}\\&\quad+\sum_{j\neq i}(\gamma_{\beta Q_j}+\gamma_{\mathrm{c}Q_j})Q_{j\mathrm{d0}},\gamma_{\beta D_1}D_{1\mathrm{d0}},\gamma_{\beta D_2}D_{2\mathrm{d0}},\cdots)\leqslant C\end{aligned} \tag{8.83}$$

(4) 预应力混凝土构件一级裂缝控制验算

$$\begin{aligned}&S(\gamma_{\beta G}G_{\mathrm{d0}}+\gamma_{\beta P}P_{\mathrm{d0}}+(\tilde{\gamma}_{\beta Q_i}+\gamma_{TQ_i})Q_{i\mathrm{d0}}\\&\quad+\sum_{j\neq i}(\gamma_{\beta Q_j}+\gamma_{\mathrm{c}Q_j})Q_{j\mathrm{d0}},\gamma_{\beta D_1}D_{1\mathrm{d0}},\gamma_{\beta D_2}D_{2\mathrm{d0}},\cdots)\leqslant C\end{aligned} \tag{8.84}$$

$$\begin{aligned}&S(\tilde{\gamma}_{\beta G}G_{\mathrm{d0}}+\gamma_{\beta P}P_{\mathrm{d0}}+(\gamma_{\beta Q_i}+\gamma_{TQ_i})Q_{i\mathrm{d0}}\\&\quad+\sum_{j\neq i}(\gamma_{\beta Q_j}+\gamma_{\mathrm{c}Q_j})Q_{j\mathrm{d0}},\gamma_{\beta D_1}D_{1\mathrm{d0}},\gamma_{\beta D_2}D_{2\mathrm{d0}},\cdots)\leqslant C\end{aligned} \tag{8.85}$$

(5) 预应力混凝土构件二级裂缝控制验算

$$\begin{aligned}&S(\gamma_{\beta G}G_{\mathrm{d0}}+\gamma_{\beta P}P_{\mathrm{d0}}+(\tilde{\gamma}_{\beta Q_i}+\gamma_{TQ_i})Q_{i\mathrm{d0}}\\&\quad+\sum_{j\neq i}(\gamma_{\beta Q_j}+\gamma_{\mathrm{c}Q_j})Q_{j\mathrm{d0}},\gamma_{\beta D_1}D_{1\mathrm{d0}},\gamma_{\beta D_2}D_{2\mathrm{d0}},\cdots)\leqslant C\end{aligned} \tag{8.86}$$

$$\begin{aligned}&S(\tilde{\gamma}_{\beta G}G_{\mathrm{d0}}+\gamma_{\beta P}P_{\mathrm{d0}}+(\gamma_{\beta Q_i}+\gamma_{TQ_i})Q_{i\mathrm{d0}}\\&\quad+\sum_{j\neq i}(\gamma_{\beta Q_j}+\gamma_{\mathrm{c}Q_j})Q_{j\mathrm{d0}},\gamma_{\beta D_1}D_{1\mathrm{d0}},\gamma_{\beta D_2}D_{2\mathrm{d0}},\cdots)\leqslant C\end{aligned} \tag{8.87}$$

$$\begin{aligned}&S(\gamma_{\beta G}G_{\mathrm{d0}}+\gamma_{\beta P}P_{\mathrm{d0}}+(\gamma_{\beta Q_i}+\gamma_{TQ_i})Q_{i\mathrm{d0}}\\&\quad+\sum_{j\neq i}(\gamma_{\beta Q_j}+\gamma_{\mathrm{c}Q_j})Q_{j\mathrm{d0}},\tilde{\gamma}_{\beta f_{\mathrm{t}}}f_{\mathrm{td0}},\gamma_{\beta D_1}D_{1\mathrm{d0}},\cdots)\leqslant C\end{aligned} \tag{8.88}$$

(6) 钢筋混凝土构件三级裂缝控制验算

$$\tilde{\gamma}_{\beta\eta_S}\eta_{\mathrm{Sd0}}S(\gamma_{\beta G}G_{\mathrm{d0}}+\gamma_{\mathrm{q}Q_i}Q_{i\mathrm{d0}}+\sum_{j\neq i}\gamma_{\mathrm{q}Q_j}Q_{j\mathrm{d0}},\gamma_{\beta D_1}D_{1\mathrm{d0}},\gamma_{\beta D_2}D_{2\mathrm{d0}},\cdots)\leqslant C \tag{8.89}$$

(7) 预应力混凝土构件三级裂缝控制验算

$$\tilde{\gamma}_{\beta\eta_S}\eta_{\mathrm{Sd0}}S(\gamma_{\beta G}G_{\mathrm{d0}}+\gamma_{\beta P}P_{\mathrm{d0}}+\gamma_{\mathrm{q}Q_i}Q_{i\mathrm{d0}}+\sum_{j\neq i}\gamma_{\mathrm{q}Q_j}Q_{j\mathrm{d0}},\gamma_{\beta D_1}D_{1\mathrm{d0}},\gamma_{\beta D_2}D_{2\mathrm{d0}},\cdots)\leqslant C \tag{8.90}$$

$$\gamma_{\beta\eta_S}\eta_{\mathrm{Sd0}}S(\gamma_{\beta G}G_{\mathrm{d0}}+\gamma_{\beta P}P_{\mathrm{d0}}+\tilde{\gamma}_{\mathrm{q}Q_i}Q_{i\mathrm{d0}}+\sum_{j\neq i}\gamma_{\mathrm{q}Q_j}Q_{j\mathrm{d0}},\gamma_{\beta D_1}D_{1\mathrm{d0}},\gamma_{\beta D_2}D_{2\mathrm{d0}},\cdots)\leqslant C \tag{8.91}$$

式(8.80)～式(8.91)中各基本变量基准设计值和分项系数的表达式见

表 8.7，相关函数的数值见表 8.8、表 8.9。它们均可根据基本变量概率特性、目标可靠指标 β 和设计使用年限 T 确定。例如，对雪荷载 S，其变异系数为 0.225，时段长度为 1 年[1]，当 $\beta=1.0$、$T=50\text{a}$ 时，应取 $\gamma_{\beta S}=0.836$（非主控量）或 0.937（主控量），$\gamma_{TS}=0$，$\gamma_{cS}=-0.23$，$\gamma_{fS}=0.54$，$\gamma_{qS}=0.25$。

8.5 设计方法的对比分析

8.5.1 理论对比分析

这里的结构可靠性设计方法是根据结构性能和作用的概率模型、作用的概率组合方法和可靠指标的计算方法，按最优可靠度控制方式，通过解析优化和合理简化建立的。相对于目前的分项系数法和设计值法，它在灵活性、通用性、可靠度控制精度、实用性、标准化程度等方面都具有显著的特点。

1. 灵活性和通用性

该法直接建立了基本变量设计值与基本变量概率特性、目标可靠指标、设计使用年限之间的函数关系，可直接反映这些因素的变化对设计结果的影响，消除设计人员合理利用统计数据的理论障碍。

相对于分项系数法，它可在设计中直接引用结构性能和作用的最新统计结果，直接根据研究和统计结果建立新材料结构、新型结构的可靠性设计方法，允许业主选择不同的目标可靠指标和设计使用年限，便于设置和调整正常使用极限状态设计的目标可靠指标，可直接用于评定既有结构的可靠性（见第 9 章）。相对于目前的设计值法，它显性地表达了基本变量设计值与基本变量概率特性、目标可靠指标、设计使用年限之间的函数关系，并可同时适用于承载能力、正常使用极限状态设计，具有更好的实用性和更广的适用范围。

2. 可靠度控制精度

该法从三个方面保证了可靠度控制的精度。

1）设计表达式

该法的设计表达式是根据结构性能和作用的概率模型、作用的概率组合方法和可靠指标的计算方法建立的，直接对应于设计验算点处的极限状态方程，具有理论上的合理性。目前分项系数法的设计表达式中对考虑设计使用年限的荷载调整系数 γ_L 的设置是不尽合理的，对重要性系数 γ_0 的设置不利于保证可靠度控制的精度，对正常使用极限状态设计中分项系数的设置则过于简单。

（1）目前分项系数法对基本组合中的非主导可变作用也设置荷载调整系

数 γ_L[8]，这与作用的概率组合方法是不符的，因为非主导可变作用是以其任意时点值或前一个作用时段内的最大值参与组合的，与设计使用年限 T 并无直接关系。

(2) 对基本组合中的主导可变作用和非主导可变作用，以因子的方式(乘积方式)分别设置荷载调整系数 γ_L 和组合系数 ψ_c[8]，这与可变作用的概率特性也是不符的。按极大值Ⅰ型分布的性质，应以附加量的方式(和的方式)设置。

(3) 对偶然作用、地震作用以及正常使用极限状态设计中的主导可变作用，均未设置荷载调整系数 γ_L[8]，这与作用的概率特性是不符的，因为在作用的概率组合中，这些作用的概率特性均与设计使用年限 T 有关，包括主导可变作用的频遇序位值和准永久序位值。

(4) 承载能力极限状态设计中按单一系数的方式设置重要性系数 γ_0[8]，对可靠度控制而言，这是较粗略的，因为各作用的概率特性并不完全相同，很难通过单一的系数较精确地反映目标可靠指标 β 对其量值的影响。

(5) 正常使用极限状态设计中统一取分项系数的值为 1.0，且未考虑计算模式不确定性的影响[8]。这些都不利于对可靠度的控制，7.3 节和 7.4 节中的校核结果亦说明了这一点。

2) 可靠度控制方式

该法采用了全局单控型的可靠度控制方式，相对于其他控制方式，其可靠指标的相对误差范围最小。目前的分项系数法并未采用这种最优可靠度控制方式：承载能力极限状态设计中仅在作用中设定主控量，不考虑抗力为主控量的情况，采用了局部单控型的可靠度控制方式；正常使用极限状态设计中，对标准组合和频遇组合亦采用局部单控型的可靠度控制方式，仅在作用中设定主控量，不考虑相关结构性能为主控量的情况；对准永久组合，则采用了均衡型的可靠度控制方式，不设定主控量[8]。目前的设计值法则采用了全局双控型的可靠度控制方式，在作用和抗力中分别设立主控量[11]。相对于目前的设计方法，该法在可靠度控制方式上更有利于保证可靠度控制的精度。

3) 灵敏度系数优化方法

该法中的标准灵敏度系数是按最优可靠度控制方法，利用解析优化方法确定的，可更有效、便捷地保证优化效果，达到更高的可靠度控制精度，且标准灵敏度系数的取值、可靠指标的相对误差与基本变量概率特性、目标可靠指标、设计使用年限以及功能函数的具体形式无关，可适用于更广的范围。

目前分项系数法中的分项系数是通过枚举优化确定的，过程冗杂烦琐，且优化过程中涉及因素较多，难以保证优化效果，取得较好的可靠度控制精度，其取值的适用范围也受到优化过程中所设定情况的制约。目前设计值法中的标准灵敏度系数则是根据经验确定的，并未采用理论上的优化方法。

8.5.2 节将通过实例分析，进一步说明该法与目前分项系数法、设计值法在可靠度控制精度上的差异。

3. 实用性

相对于目前的设计值法，该法根据作用的概率组合方法和作用在不同时段的概率分布，提供了类似于分项系数法的设计表达式，并不要求设计人员了解作用的概率组合方法和作用在不同时段的概率分布，同时对设计方法做了必要的规定和简化，更具实用性。

该法相对于目前分项系数法的变化较大。首先，在重要性系数、荷载调整系数、组合系数、主导可变作用和主控量的设置上变化较大，如对正常使用极限状态设计设置了完备的分项系数，准永久组合中设置了主导可变作用，且各种组合中可能的主控量不止一个，需进行选择；目前分项系数法中仅在基本组合中涉及对主控量的选择，且选择过程中未考虑结构抗力为主控量的情况。其次，采用以基准设计值而非标准值为基本变量的基本表达形式，且在抗力表达式中引入了抗力及其影响因素的中心值的概念。最后，它的分项系数虽然也是用于形成基本变量的设计值，或考虑目标可靠指标 β、设计使用年限 T 对设计结果的影响，但其取值方式不同。例如，承载能力极限状态设计中，对 $\beta=\beta_0$ 的一般情况，永久作用和预应力作用的分项系数均为 1.0，而目前分项系数法中的分项系数并不为 1.0。

该法虽然采用了不同于目前工程习惯的表达形式，但具有更合理的理论依据，有利于保证设计方法的灵活性、通用性和可靠度控制精度，而且在标准化工作中，作用和抗力的基准设计值、抗力及其影响因素的中心值以及设定目标可靠指标、设计使用年限下的分项系数的值，均可在设计标准中规定。只有遇到规定以外的情况时，如取设计使用年限 T 为 30 年，而不是设计标准中规定的 5 年、25 年、50 年、100 年时，才需设计人员对分项系数进行调整。

需要说明，根据目标可靠指标确定基本变量的基准设计值和分项系数时，应注意目前设计方法对基本组合、标准组合、准永久组合时的可靠度控制水平是不一致的(见 7.2～7.4 节)，其中基本组合时隐含的可靠指标接近或高于《工程结构可靠性设计统一标准》(GB 50153—2008)中规定的可靠指标[β]，标准组合和准永久组合时隐含的可靠指标差异较大，且与《工程结构可靠性设计统一标准》(GB 50153—2008)中规定的可靠指标控制范围(0～1.5)有一定出入。为保证设计方法的延续性，具体规定该法中的基准设计值和分项系数时，并不能完全以《工程结构可靠性设计统一标准》(GB 50153—2008)中规定的可靠指标[β]为依据，还应考虑目前设计方法实际具有的可靠度控制水平，选择适宜的目标可靠指标。表 8.7 中按$\beta_0=3.2$列出的基准设计值和分项系数的表达式只是一种基础性的建议方案。

4. 标准化程度

鉴于历史的原因，目前分项系数法中对作用、抗力的标准值并未完全建立统一的取值方法，只是对材料强度的标准值统一按 95%的保证率取值[8]，对风、雪荷载的标准值统一按 50 年一遇值取值[46]，标准化的程度较低。这也是目前分项系数法可靠度控制精度不足的原因之一。

该法中对所有基本变量的基准设计值则设定了统一的保证率 $\Phi(\alpha_0\beta_0)$，具有较高的标准化程度。这种标准化方法不仅有利于保证可靠度控制的精度，实际上也为利用经验方法合理确定基本变量的基准设计值提供了指南。当缺乏确切的统计数据时，可统一在概念上按 $\Phi(\alpha_0\beta_0)$ 的保证率估计基本变量的基准设计值，并根据其变异程度估计相关的分项系数。

需要说明，该法在根据抗力影响因素确定抗力基准设计值时，引入了抗力及其影响因素中心值的概念，这与目前标准值的概念是不同的，并会进一步影响施工质量的控制方法。这时对材料性能、几何尺寸等的控制仍可采用目前的方法，但其最终的控制目标应是在 $\Phi(\alpha_0\beta_0)$ 的保证率下保证抗力基准设计值不低于设计要求。

8.5.2　实例对比分析

1. 承载能力极限状态设计

这里以承受恒荷载 G、楼面活荷载 Q_1、雪荷载 Q_2 的钢筋混凝土单筋受弯构件为例，对比分析正截面抗弯承载力设计时目前分项系数法、设计值法和本章方法的可靠度控制精度。分项系数法中，按截面相对受压区高度 $\xi=0.4$，取抗力分项系数 $\gamma_R=1.16$；设计值法中，设定两个主控量，即荷载(G、Q_1 或 Q_2)和抗力 R，其中主控荷载和其他荷载的灵敏度系数分别取 -0.70 和 -0.28，抗力灵敏度系数取 0.80；本章方法中的基准设计值和分项系数按表 8.7 确定，只设定一个主控量(Q_1、Q_2 或 R)。设计基准期 T_0 内各基本变量的概率特性见表 8.11，可靠指标的校核结果见表 8.12，其中 $\rho_1=S_{Q_{1k}}/S_{G_k}$，$\rho_2=S_{Q_{2k}}/S_{G_k}$。

表 8.11　基本变量的概率特性(承载能力极限状态设计)

基本变量	均值系数	变异系数
恒荷载 G	1.06	0.07
楼面活荷载 Q_1	0.524	0.288
雪荷载 Q_2	1.045	0.225
抗力 R	1.13	0.10

表 8.12　钢筋混凝土受弯构件正截面承载力设计的可靠指标

设计方法	ρ_1、ρ_2	主控量	β=3.2		β=3.7	
			T=50 年	T=100 年	T=50 年	T=100 年
分项系数法	2.0,0.2	Q_1	4.39/0.373	4.54/0.418	4.79/0.294	4.95/0.337
设计值法		Q_1、R	3.28/0.024	3.30/0.032	3.76/0.016	3.78/0.023
本章方法		Q_1	3.10/−0.033	3.09/−0.034	3.57/−0.037	3.56/−0.038
分项系数法	1.0,0.2	Q_1	4.60/0.437	4.74/0.482	5.08/0.372	5.23/0.413
设计值法		Q_1、R	3.50/0.093	3.51/0.097	4.01/0.083	4.02/0.087
本章方法		Q_1	3.15/−0.017	3.13/−0.021	3.64/−0.018	3.62/−0.021
分项系数法	0.2,0.2	G	4.57/0.428	4.66/0.458	5.31/0.436	5.41/0.462
设计值法		G、R	3.51/0.096	3.50/0.095	4.11/0.110	4.11/0.110
本章方法		R	3.31/0.034	3.31/0.034	3.83/0.035	3.83/0.035

注:“/”左侧为可靠指标,右侧为可靠指标相对误差。

由表 8.12 所示的校核结果可见,目前分项系数法的可靠指标相对误差明显偏大,范围为 0.294～0.482,并在 $\rho_1=\rho_2=0.2$ 时选择恒荷载 G 而非灵敏度系数绝对值最大的抗力 R 为主控量;设计值法的相对误差范围为 0.016～0.110,其绝对值的最大值明显高于本章方法;本章方法的相对误差范围最小,为−0.038～0.035,且位于表 8.6 所示可靠指标相对误差的范围−0.053～0.044(n=4 时)之内,具有更高的可靠度控制精度。

2. 正常使用极限状态设计

这里以承受恒荷载 G、屋面均布活荷载 Q 的矩形截面钢筋混凝土受弯构件、允许开裂的预应力混凝土受弯构件的挠度验算为例,对比分析目前分项系数法和本章方法的可靠度控制精度。按现行设计规范的要求[47],钢筋混凝土、预应力混凝土受弯构件的最大挠度应分别按作用的准永久组合和标准组合,并考虑荷载长期作用的影响验算。设 $f_{tk}/E_s=1.195\times10^{-5}$,$E_c/E_s=0.1625$,配筋率 $\rho_s=1.5\%$,$\rho_{te}=3.0\%$,$h_0/l_0=1/10$,$\theta=1.8$(钢筋混凝土受弯构件)或 2.0(预应力混凝土受弯构件),$C/l_0=1/400$,$M_{cr}/M_k=0.6$,效应比 $\rho=M_{Q_k}/M_{G_k}=0.2\sim2.0$。可靠度分析中仅考虑荷载、预应力作用、混凝土抗拉强度、混凝土弹性模量、挠度计算模式不定性系数的不确定性,它们的概率特性见表 8.13。校核中对作用的概率组合均采用随机过程组合方法[48],校核结果见表 8.14。

表 8.13　基本变量概率特性(正常使用极限状态设计)

基本变量	均值系数	变异系数
恒荷载 G	1.06	0.07
楼面活荷载 Q	0.644	0.233

续表

基本变量	均值系数	变异系数
预应力作用 P	1.0	0.08
混凝土抗拉强度 f_t	1.42	0.18
混凝土弹性模量 E_c	1.0	0.20
计算模型不确定系数 η_S	1.0	0.128

表 8.14　钢筋混凝土受弯构件挠度控制的可靠指标

设计方法	目标可靠指标	作用组合	ρ				
			0.2	0.5	1.0	1.5	2.0
分项系数法	0～1.5	准永久组合	0.087	0.125	0.171	0.203	0.224
		标准组合	0.536	1.093	1.604	1.849	1.979
本章方法	0	准永久组合	0/0	0/0	0/0	0/0	0/0
		标准组合	0/0	0/0	0/0	0/0	0/0
	0.5	准永久组合	0.524/0.048	0.538/0.076	0.545/0.090	0.541/0.082	0.534/0.068
		标准组合	0.537/0.074	0.557/0.114	0.558/0.116	0.546/0.092	0.532/0.064
	1.0	准永久组合	1.041/0.041	1.068/0.068	1.081/0.081	1.073/0.073	1.059/0.059
		标准组合	1.061/0.061	1.100/0.100	1.101/0.101	1.074/0.074	1.044/0.044
	1.5	准永久组合	1.544/0.029	1.584/0.056	1.603/0.069	1.592/0.061	1.570/0.047
		标准组合	1.566/0.044	1.622/0.081	1.623/0.082	1.581/0.054	1.536/0.024
	2.0	准永久组合	2.026/0.013	2.076/0.038	2.101/0.051	2.089/0.045	2.063/0.032
		标准组合	2.035/0.018	2.105/0.053	2.116/0.058	2.066/0.033	2.007/0.004

注："/"左侧为可靠指标，右侧为可靠指标相对误差。

目前国内外标准中对正常使用极限状态设计并未明确规定具体的目标可靠指标，只是笼统地规定其范围为 0～1.5[8,11]。由表 8.14 所示的校核结果可见，按目前的分项系数法，混凝土受弯构件挠度控制的可靠指标在不同的作用效应比 ρ 下差别较大，准永久组合时的变化范围为 0.087～0.224，标准组合时的变化范围为 0.536～1.979，变化幅度分别为 0.137 和 1.443，可靠度控制的精度和一致性均较低，且标准组合时的可靠指标总体上偏大；本章方法在不同的目标可靠指标下均具有较高的控制精度，准永久组合时的可靠指标相对误差为 0～0.090，最大变化幅度为 0.090，标准组合时的相对误差为 0～0.116，最大变化幅度为 0.116，可靠度控制的精度和一致性明显优于目前的分项系数法。

参 考 文 献

[1]　中华人民共和国国家计划委员会. 建筑结构设计统一标准(GBJ 68—84). 北京:中国计划

出版社,1984.
[2] 中华人民共和国住房和城乡建设部. 工程结构可靠性设计统一标准(GB 50153—92). 北京:中国计划出版社,1992.
[3] 中华人民共和国建设部. 港口工程结构可靠度设计统一标准(GB 50158—92). 北京:中国计划出版社,1992.
[4] 中华人民共和国住房和城乡建设部. 水利水电工程结构可靠度设计统一标准(GB 50199—94). 北京:中国计划出版社,1994.
[5] 中华人民共和国建设部. 铁路工程结构可靠度设计统一标准(GB 50216—94). 北京:中国计划出版社,1994.
[6] 中华人民共和国建设部. 公路工程结构可靠度设计统一标准(GB/T 50283—1999). 北京:中国计划出版社,1999.
[7] 中华人民共和国建设部. 建筑结构可靠度设计统一标准(GB 50068—2001). 北京:中国建筑工业出版社,2001.
[8] 中华人民共和国住房和城乡建设部. 工程结构可靠性设计统一标准(GB 50153—2008). 北京:中国建筑工业出版社,2008.
[9] International Organization for Standardization. General principles on reliability for structures(ISO 2394:1986). Geneva:International Organization for Standardization,1986.
[10] International Organization for Standardization. General principles on reliability for structures(ISO 2394:1998). Geneva:International Organization for Standardization,1998.
[11] International Organization for Standardization. General principles on reliability for structures(ISO 2394:2015). Geneva:International Organization for Standardization,2015.
[12] Ellingwood B,Galambos T V,MacGregor J,et al. Development of a probability based load criterion for American National Standard A58. Washington:National Bureau of Standard, Department of Commerce,1980.
[13] American National Standards Institute. Minimum design load in buildings and other structures(ANSI A58. 1-1982). New York:American National Standards Institute,1982.
[14] American National Standards Institute. Specification for structural steel buildings-load and resistance factor design(ANSI/AISC 360-86). New York: American National Standards Institute,1986.
[15] 李志明. 美国钢结构设计规范的最新发展. 钢结构,2005,20(82): 82-85.
[16] American National Standards Institute. Specification for structural steel buildings-load and resistance factor design(ANSI/AISC 360-10). New York: American National Standards Institute,2010.
[17] American Concrete Institute. Building code requirements for structural concrete(ACI 318-95). Scotch:Portland Cement Association,1995.
[18] American Concrete Institute. Building code requirements for structural concrete(ACI 318-02). Scotch:Portland Cement Association,2002.
[19] American Concrete Institute. Building code requirements for structural concrete(ACI 318-

11). Scotch: Portland Cement Association, 2011.

[20] American Society of Civil Engineers. Minimum designs load in buildings and other structures(ASCE/SEI 7-02). New York: American Society of Civil Engineers, 2002.

[21] American Society of Civil Engineers. Minimum designs load in buildings and other structures(ASCE/SEI 7-10). New York: American Society of Civil Engineers, 2010.

[22] 申剑铭，王俊平，李孟雄. 欧洲规范结构设计原则简介. 工业建筑，2011，41(2)：102-107.

[23] The European Union Per Regulation. Basic of structure design(EN 1990：2002). Brussel: European Committee for Standardization, 2002.

[24] Nordic Committee for Building Structures. Guidelines for loading and safety regulations for structural design. NKB Reports No. 55E, 1987.

[25] 李明顺. 工程结构可靠度设计统一标准及概率极限状态设计方法概述. 建筑科学，1992，8(2)：3-7.

[26] 李峰，侯建国，安旭文，等. 国内外规范中目标可靠指标取值的比较研究. 电力建设，2009，30(5)：13-16.

[27] 贡金鑫. 国外结构可靠性理论的应用与发展. 土木工程学报，2005，38(2)：1-7，21.

[28] Standards Australia. Structural design-General requirements and design actions(DR 99309-99310). AUS, 1999.

[29] 日本港湾协会. 港湾设施技术基础及解说. 2007.

[30] 冯云芬，贡金鑫. 建筑结构基于可靠指标的设计方法. 工业建筑，2011，41(7)：1-8.

[31] 余安东，叶润修. 建筑结构的安全性与可靠性. 上海：上海科学技术文献出版社，1986.

[32] 姚继涛，程凯凯. 结构安全性设计的通用表达式. 应用力学学报，2014，31(2)：111-117，151-152.

[33] 陈淮，葛素娟，李静斌，等. 中原地区住宅建筑结构活荷载调查与统计分析. 土木工程学报，2006，39(5)：29-34，64.

[34] 牛建刚，牛荻涛. 住宅结构楼面荷载的调查与统计分析. 西安建筑科技大学学报，2006，38(2)：214-210.

[35] International Organization for Standardization. Bases for design of structures-assessment of existing structures(ISO 13822：2010). Geneva: International Organization for Standardization, 2010.

[36] 中华人民共和国住房和城乡建设部. 民用建筑可靠性鉴定标准(GB 50292—2015). 北京：中国建筑工业出版社，2015.

[37] 中华人民共和国住房和城乡建设部. 工业建筑可靠性鉴定标准(GB 50144—2008). 北京：中国计划出版社，2008.

[38] 姚继涛，程凯凯. 结构适用性设计的通用表达式. 应用力学学报，2014，31(3)：440-445.

[39] 史志华，胡德炘，陈基发，等. 钢筋混凝土结构构件正常使用极限状态可靠度的研究. 建筑科学，2000，16(6)：4-11.

[40] 姚继涛，解耀魁. 设计值法中灵敏度系数的优化及取值. 工业建筑，2015，45(7)：79-83.

[41] 姚继涛，宋璨，刘伟. 结构安全性设计的广义方法. 建筑结构学报，2017，38(10)：149-156.

[42] 中华人民共和国住房和城乡建设部. 建筑抗震设计规范(附条文说明)(GB 50011—2010,2016 年版). 北京:中国建筑工业出版社,2016.
[43] 姚继涛. 既有结构可靠性理论及应用. 北京:科学出版社,2008.
[44] 潘钻峰,吕志涛. 基于不确定性分析的大跨径 PC 箱梁桥后期备用束设计. 建筑科学与工程学报,2010,27(3):1-7.
[45] 王磊,张旭辉,马亚飞,等. 混凝土梁后张预应力损失的概率特征及敏感性评估. 安全与环境学报,2012,12(5):204-210.
[46] 中华人民共和国住房和城乡建设部. 建筑结构荷载规范(GB 50009—2012). 北京:中国建筑工业出版社,2012.
[47] 中华人民共和国住房和城乡建设部. 混凝土结构设计规范(GB 50010—2010,2015 年版). 北京:中国建筑工业出版社,2015.
[48] 姚继涛,解耀魁. 结构可靠度分析中作用的随机过程组合方法. 建筑结构学报,2013,34(2):125-130.

第9章 既有结构可靠性评定

既有结构可靠性评定是结构可靠性理论在工程领域中的另一重要应用。在结构可靠度分析与控制方法上,它与拟建结构的可靠性设计并无本质区别,都是根据结构可靠度分析模型,综合考虑各因素的不确定性,按规定的可靠度要求设定或评价结构的可靠度,两者具有一定的互逆性。但是,相对于拟建结构,既有结构已转化为现实的空间实体,结构状况和使用环境更为明确,并经历了一定时间的使用,结构性能和作用的不确定性发生了较大变化;同时,既有结构的可靠性还取决于结构当前的状态,对它们的认识可能受主观不确定性的影响;在时间要求、功能要求、前提条件等方面,既有结构的可靠性也具有不同的特点,对既有结构可靠度的要求也应遵循不同的原则。这些决定了对既有结构可靠性的评定并不能完全采用拟建结构可靠性设计中的校核方法,而应针对控制对象的变化建立适宜的评定方法。

本章主要针对既有结构在不确定性、可靠性、可靠度要求等方面的差异,系统阐述既有结构可靠性评定中的基本问题,包括评定的目的、内容、依据、判定标准和评定方法。

9.1 概　　述

20世纪80年代,我国开始加快建筑维修改造业的发展,并首先在钢铁行业开展了大规模的工业建筑可靠性鉴定和加固改造工作。1990年,我国颁布规范和指导建筑物可靠性鉴定活动的第一部行业标准《钢铁工业建(构)筑物可靠性鉴定规程》(YBJ 219—89)[1],并以其为蓝本颁布国家标准《工业厂房可靠性鉴定标准》(GBJ 144—90)[2]。此后,我国先后颁布《建筑抗震鉴定标准》(GB 50023—95)[3]、《民用建筑可靠性鉴定标准》(GB 50292—1999)[4]等国家标准,建立了较为完整的标准体系。经新一轮修订,现行标准为《工业建筑可靠性鉴定标准》(GB 50144—2008)[5]、《建筑抗震鉴定标准》(GB 50023—2009)[6]和《民用建筑可靠性鉴定标准》(GB 50292—2015)[7]。建筑物可靠性鉴定的核心是对既有结构可靠性的评定。2008年,我国在纲领性的国家标准《工程结构可靠性设计统一标准》(GB 50153—2008)[8]中首次列入"既有结构的可靠性评定"一章,规定了既有结构可靠性评定的基本原则和要求。

1998年,国际标准化组织(ISO)颁布修订后的国际标准《结构可靠性总原则》

(ISO 2394:1998)[9],专门列入"既有结构的评定"一章。2001年,颁布专门的国际标准《结构设计基础——既有结构的评定》(ISO 13822:2001)[10],2003年进行了局部修订[11],2010年颁布现行标准《结构设计基础——既有结构的评定》(ISO 13822:2010)[12]。2015年,修订颁布的现行标准《结构可靠性总原则》(ISO 2394:2015)[13]中对既有结构的评定做出了更详尽的规定。

《结构设计基础——既有结构的评定》(ISO 13822:2010)[12]为基础性标准,旨在为进一步制定成员国国家标准或应用规范提供基础,但相对于《结构可靠性总原则》(ISO 2394:2015)[13],它在既有结构可靠性评定方面的内容更为充实和具体,具有下列主要特点:

(1) 按可持续发展的原则,提出既有结构可靠性评定的"最小结构处理"目标以及实现该目标的基本对策。

(2) 对可靠性评定中的主要环节均提出原则性的规定和建议,并提出既有结构可靠性评定的目标可靠指标。

(3) 重视未来情况对既有结构可靠性的影响,强调对风险、未来情景(scenarios)、安全计划、使用计划等的考虑。

(4) 针对既有结构可靠性评定的特点,提出特有的基于良好历史性能的评定方法以及审核矛盾性结论的似然性检验(plausibility check)环节。

现行国内外的相关标准集中体现了既有结构可靠性评定的研究和实践成果,对于推进既有结构可靠性理论及其在实践中的应用具有重要的意义。这里主要结合现行国内外标准中的相关内容,阐述既有结构可靠性评定中的基本问题。

9.2 评定目的和内容

9.2.1 评定目的

既有结构可靠性评定是一项系统性的工程,内容繁多,层次复杂,涉及调查、检测、统计推断、结构分析、可靠性判定等环节。为保证整个评定过程的合理性和一致性,首先应明确既有结构可靠性评定的目的,以协调和明确各评定环节的具体目标。

既有结构可靠性评定应是预测既有结构在规定的时间内,在规定的条件下,完成预定功能的能力,并判定其是否满足规定的可靠度要求。这里依据1.1节中既有结构可靠性的概念,从时间要求、功能要求和可靠度要求、前提条件三个方面论述既有结构可靠性评定的目的。

1) 时间要求

对既有结构可靠性的评定并不是对结构当前状况的评定。虽然既有结构的现状对其可靠性有着重要影响，是可靠性评定的主要依据，但仅仅评定结构当前的状况并不是可靠性评定的目的。实际上，只要既有结构当前处于安全的状况，其当前的安全性便是满足要求的，但这种判定并无实际意义。对于既有结构，最终关心的应是其在未来时间里能否像预期的那样安全和适用，能否满足可靠度的要求，这是可靠性评定的根本目的。既有结构可靠性的评定中，首先应明确对既有结构的时间要求，即目标使用期。

目标使用期是描述既有结构可靠性评定目的的重要参数，对可靠性评定的结果有直接影响。它应根据结构未来具体的使用目的、使用要求、维护和使用计划等，并考虑结构的使用历史和当前性能、状况等确定，具有较大的灵活性(见 1.1 节)。这实际上也是由结构整个寿命周期内的可靠性控制模式决定的。

结构实际具有的可靠性既取决于设计、施工阶段形成的先天条件，也取决于使用阶段的技术管理。对结构可靠性的控制应是贯穿结构整个寿命周期的系统工程，包括设计、施工、使用、维护、评定、修复、加固、改造等环节，而使用阶段的各控制环节应是不断循环的(见图 9.1)，只有这样才能保证既有结构能够得到持续的使用，并适应功能要求上的变化[14]。既有结构的目标使用期在一定程度上也是使用阶段控制环节循环的周期，它既取决于未来的需求，也与现实条件有关。一般情况下，结构的使用时间越长，当前状况越差，宜设定的目标使用期则越短。对于工业建筑，其目标使用期与工艺更新的周期则有着更密切的关系。

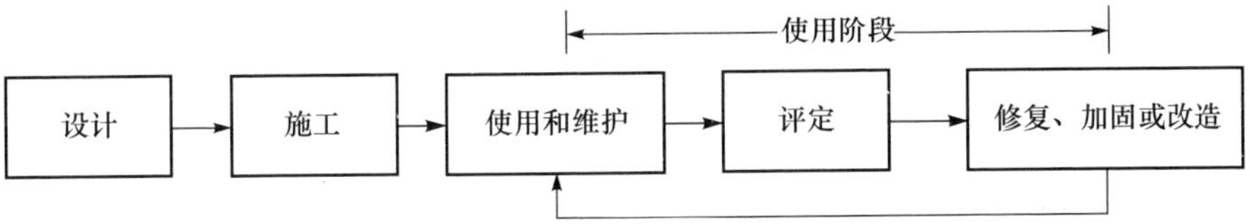

图 9.1　结构可靠性控制环节

2) 功能要求和可靠度要求

功能要求和可靠度要求是描述既有结构可靠性评定目的的核心内容。对既有结构的功能要求同样包括安全和适用两个方面，它们分别以承载能力极限状态、正常使用极限状态的标志或限值为具体判定标准，是判定结构能否满足功能要求的物理标准。对既有结构的可靠度要求则是判定结构能否满足功能要求的概率标准。

对既有结构的功能要求和可靠度要求原则上应按现行设计规范的规定确定，这意味着评定中应采用现行设计规范规定的极限状态标志和限值，并利用现行设计规范中的方法校核既有结构，后者隐含了对结构的可靠度要求。有关这一点的进一步论述见 9.3 节。

设定既有结构的功能要求和可靠度要求时，需注意下列两点：

首先，若既有结构的使用条件将发生明显的变化，则应按新的使用条件设定功能要求。这种情况经常发生于建筑物用途变更、改建、扩建、内部或外部环境发生较大变化的场合。例如，若原先封闭的建筑物将被改造为开敞的形式，或厂房内部环境因生产工艺变化将由干燥变得潮湿，则确定可靠性评定的目的时，应要求既有结构在功能上能够适应新的使用条件，如对混凝土构件的裂缝宽度设定更严格的限值。

其次，设计规范隐含的可靠度控制水平往往高于结构设计的基础性标准规定的最低可靠度控制水平，一般情况下应按设计规范隐含的可靠度控制水平确定既有结构的可靠度要求，即利用设计规范中的方法校核既有结构，这是一种相对较高的要求。但是，按"最小结构处理"目标，既有结构的评定中应尽可能减少对结构采取的工程措施[12]，因此必要时也可以结构设计基础性标准中规定的最低可靠度控制水平作为评定标准，这时应对设计规范中的方法做必要的修正，或直接利用可靠度的方法评定。

3）前提条件

对既有结构的时间要求、功能要求和可靠度要求并非是无条件的，至少应保证既有结构在目标使用期内能够得到正常的使用和维护。一些场合下，为保证或提高既有结构的可靠性，可对其使用和维护提出更严格的要求，如缩短检查周期、限定荷载、观察使用等（见 1.1 节）。这些措施均为既有结构可靠性评定的前提和条件，也是确定既有结构可靠性评定目的时的附加条件。既有结构的可靠性评定中，明确这些附加条件对于完整阐述可靠性评定的目的和结论，准确理解既有结构的可靠度水平，都是必要和极其重要的。

9.2.2　评定内容

1. 基本内容

按结构可靠性的概念，既有结构可靠性评定的基本内容应是结构的安全性和适用性，它们分别对应于承载能力极限状态和正常使用极限状态。若存在耐久性问题，对耐久性的考虑则应包含于安全性和适用性的评定中。大体而言，有三种考虑方式[15]：

（1）结构分析和校核中直接考虑材料可能发生的损伤，将耐久性的影响融入安全性和适用性的分析和评定中。这种方法较为精确，但需掌握材料损伤和结构性能衰退的规律。

（2）假定材料在目标使用期内无损伤，并在此假设下分析、评定结构的安全性和适用性；再考虑材料损伤和结构性能衰退对安全性、适用性可能产生的影响，据此修正安全性和适用性评定的结果。这种方法较为实用。

(3) 在同样假定下分析、评定结构的安全性和适用性,但要求目标使用期内必须采取措施,保证材料不损伤或材料的损伤不会对安全性和适用性产生较大的影响。这种方法对后期使用和维护的要求较高,一般用于目标使用期较短、结构状况和使用条件较好的场合。

对于破损严重或环境恶劣的既有结构,材料损伤可能是结构性能衰退的主要原因,这时可对结构的耐久性做专门的评定。在这方面,我国针对混凝土结构已颁布国家标准《混凝土结构耐久性评定标准》(CECS 220:2007)[16]。

2. 结构体系的评定内容和项目

既有结构可靠性评定的最终结果应是对结构体系可靠性的判定。虽然目前对结构构件的评定往往成为可靠性评定中的主要工作,但它们无法反映构件之间的关系以及由它们所形成的整体性能。从分析角度讲,既有结构可靠性评定对象的第一层次应是结构体系,其评定内容包括安全性、适用性两个方面。

对结构体系可靠性的控制实际也是结构设计的目标。在结构设计的基础性标准中,国内外标准中对承载能力极限状态、正常使用极限状态的规定都包含了结构体系方面的内容。例如,《建筑结构可靠度设计统一标准》(GB 50068—2001)[17]中规定,结构或结构构件出现下列状态之一时,应认为超过了承载能力极限状态[17]:

(1) 整个结构或结构的一部分作为刚体失去平衡(如倾覆等);

(2) 结构构件或连接因超过材料强度而破坏(包括疲劳破坏),或因过度变形而不适于继续承载;

(3) 结构转变为机动体系;

(4) 结构或结构构件丧失稳定(如压屈等);

(5) 地基丧失承载能力而破坏(如失稳等)。

结构或结构构件出现下列状态之一时,应认为超过了正常使用极限状态[17]:

(1) 影响正常使用或外观的变形;

(2) 影响正常使用或耐久性能的局部损坏(包括裂缝);

(3) 影响正常使用的振动;

(4) 影响正常使用的其他特定状态。

这些内容大多既涉及结构体系,也涉及结构构件。综合国内外标准的相关规定[8,13,17,18],可将结构体系安全性评定的内容归结为五个项目:

(1) 结构保持平衡的能力,如结构的抗倾覆能力、抗滑移能力等;

(2) 结构保持强度的能力,包括抵抗不适于继续承载的过度变形的能力;

(3) 结构保持静定的能力,如出现塑性铰、但仍保持静定的能力;

(4) 结构保持稳定的能力,包括结构保持整体稳定的能力、结构中各构件保持稳定的总体能力等;

(5) 结构保持原体系的能力,如钢壳拱不发生跳跃屈曲的能力。

对结构体系的适用性,可将其评定内容归结为四个项目:

(1) 结构变形和位移,如结构的顶点位移、整体倾斜以及结构中各构件变形、位移的总体情况等;

(2) 结构缺陷和损伤,主要指结构中各构件缺陷和损伤的总体情况;

(3) 结构振动,包括结构的整体振动、结构中各构件局部振动的总体情况等;

(4) 结构其他特定状态。

评定结构体系安全性和适用性的基本途径有两条[15]:直接在结构体系的层次评定,适用于能够直接反映结构整体性能的项目,如结构的抗倾覆能力、顶点位移、整体振动等,可称其为整体性项目;根据结构中各构件的安全性、适用性综合评定,适用于由构件数量、位置等决定的项目,如结构中各构件缺陷和损伤的总体情况等,可称其为综合性项目。

结构体系安全性的评定中,可将整体性项目进一步分解为结构保持整体平衡、整体稳定、原体系的能力,将综合性项目分解为结构保持强度、静定、稳定的能力。结构体系适用性的评定中,可将整体性项目进一步分解为整体变形和位移、整体振动等,将综合性项目分解为总体变形和位移、总体缺陷和损伤、总体振动、其他特定状态等。

结构体系的整体性项目应以结构体系为对象直接评定。评定综合性项目时,除各构件的安全性和适用性外,尚需考虑构件之间的关系,如结构布置(包括构件之间的几何关系、结构的质量分布和刚度变化等)、结构形式(包括构件形式、构件之间的连接方式等)、排架结构中的支撑布置、砌体结构中圈梁和构造柱的设置等。这里将反映构件之间关系的评定项目统称为"结构整体性"项目。《工业建筑可靠性鉴定标准》(GB 50144—2008)[5]和《民用建筑可靠性鉴定标准》(GB 50292—2015)[7]中均列入了这样的项目,并分别称其为"结构布置和支撑系统"和"结构整体性"。

3. 构件的评定内容和项目

通过第二种途径评定结构体系的安全性和适用性时,需进一步设置构件安全性和适用性的评定项目。为简化表述,这里的"构件"泛指结构构件、部件及其节点。

评定构件的安全性时,可仅设置"承载能力"、"构造"两个项目。"承载能力"项目包括构件保持强度、稳定、静定等的能力,"构造"项目则指可能影响构件承载性能的各种构造措施,如钢筋混凝土柱中纵向受力钢筋的最小配筋率、纵向钢筋的最大净间距、箍筋最小直径和最大间距等。评定构件的适用性时,可与结构体系适用性的评定项目对应,按影响结构正常使用、外观或耐久性能的原因,设置"变形和位移”、“缺陷和损坏”、“振动”、“其他特定状态”等项目。这里“位移”指预制构件节点滑移、螺栓连接滑移等评定内容；“缺陷”指施工阶段产生的构件外观缺陷、尺寸偏差等评定内容；“损伤”则指使用阶段产生的构件开裂、破损、锈蚀等评定内容。

对结构适用性的评定主要着眼于各项目对结构正常使用、外观或耐久性能的影响，但它们也可能进一步影响结构的安全性，如构件的安装偏差、高强螺栓连接的滑移等。实际上，除适用性评定中的项目外，一些其他质量缺陷和不利状态也会进一步影响结构的安全性，如材料强度、构件内部缺陷等。无论结构的质量缺陷和不利状态是否属结构适用性的评定项目，它们对结构安全性的影响都应在结构安全性的分析和评定中予以考虑。

4. 既有结构可靠性评定体系

综上所述，表 9.1 中汇总了反映结构安全性、适用性评定内容的项目，它们共同构成了既有结构可靠性评定的基本体系。需要说明，这些评定项目所涉及的内容往往不止一项，需从多个方面综合评定。例如，对混凝土构件的承载能力项目，通常需从抗力与荷载效应比值、不适于继续承载的变形、不适于继续承载的裂缝等方面综合评定。

表 9.1　既有结构可靠性评定的基本体系

<table>
<tr><th rowspan="2">评定内容</th><th colspan="4">评定对象</th></tr>
<tr><th colspan="2">结构体系</th><th colspan="2">结构构件</th></tr>
<tr><td rowspan="3">安全性</td><td>整体性项目</td><td>保持整体平衡的能力
保持整体稳定的能力
保持原体系的能力</td><td colspan="2">—</td></tr>
<tr><td rowspan="2">综合性项目</td><td rowspan="2">保持强度的能力
保持静定的能力
保持稳定的能力</td><td>构件安全性</td><td>承载能力
构造</td></tr>
<tr><td>结构整体性</td><td>—</td></tr>
<tr><td rowspan="3">适用性</td><td>整体性项目</td><td>整体变形和位移
整体振动</td><td colspan="2">—</td></tr>
<tr><td rowspan="2">综合性项目</td><td rowspan="2">总体变形和位移
总体缺陷和损伤
总体振动
其他特定状态</td><td>构件适用性</td><td>变形和位移
缺陷和损伤
振动
其他特定状态</td></tr>
<tr><td>结构整体性</td><td>—</td></tr>
</table>

评定结构体系的安全性和适用性时，目前并不对其综合性项目中的子项进行专门的评定，而是首先对构件的安全性、适用性分别进行综合评定，再考虑“结构整体性”项目、结构体系整体性项目的评定结果，直接评定结构体系的安全性和适用性[5,7]。这种方法较为简捷，但结构体系安全性或适用性不满足要求时，宜指明决定结构体系综合性项目评定结果的主要子项，以便明确不满足要求的原因。

9.3　评定依据和判定标准

9.3.1　评定依据

既有结构可靠性评定的基本依据涉及两个方面:结构和环境的调查、检测信息,它们用于反映结构设计、施工、使用历史、当前状况、未来计划以及气象、地质、内部环境、周边环境等方面的情况;结构分析、校核、判定所依据的标准和规范,它们决定了分析和校核时应采用的方法、失效准则以及可靠性判定中的可靠度要求。

1. 调查和检测信息

调查、检测是可靠性评定中的基础性工作,既有结构可靠性的评定必须与检测工程相结合,这是它的显著特点之一。调查、检测的信息对可靠性评定的结果往往有着全局性的影响,应从有效性、准确性、完备性三个方面保证信息的质量[14]。

1）有效性

有效性要求所获得的信息能够直接反映特定事物自身的状况和变化过程。既有结构可靠性评定所依据的信息首先应是结构、环境自身的信息,它们最有效地反映了特定结构、环境过去和当前的实际情况,如材料的实际强度、构件当前的状况、吊车的实际起重量和工作制度等。设计图纸、竣工资料、设备档案等并不是可靠性评定的直接依据,它们与实际情况可能并不一致,只有核实之后才可将它们作为可靠性评定的依据。

实际工程中,完全依据结构、环境自身的信息评定既有结构的可靠性是不现实的,特别是在环境信息方面,如有关风荷载、雪荷载等的信息。这时需参考或引用类似结构或环境的信息和数据,如《建筑结构荷载规范》(GB 50009—2012)[19]中根据我国各地区或各类建筑上荷载的统计数据所规定的荷载代表值,但在引用这些信息和数据时,仍需以结构、环境自身的信息为依据评判引用的合理性。

2）准确性

准确性要求所获得的信息能够真实反映特定事物实际的状况和变化过程。通过检测手段获得结构和环境的信息时,一般需从测试设备、人员、环境三个方面保证信息的准确性,包括测试设备的技术性能、检验制度、保养制度、设备工作时的状况、测试人员的技能、环境条件、操作要求等。我国在这方面颁布了较为完整的国家标准和行业标准,如《建筑结构检测技术标准》(GB 50344—2004)[20]、《钻芯法检测混凝土强度技术规程》(JGJ/T 384—2016)[21]、《回弹法检测混凝土抗压强度技术规程》(JGJ/T 23—2011)[22]等。

按传统观念，测试结果的优劣可利用误差评价，包括偶然误差、系统误差和粗大误差。偶然误差是因众多微弱因素的影响产生的，测试数据呈随机变化的特点。相对而言，它们一般不会对测试结果产生显著的影响，但也难以消除。系统误差是因某一或某些主要因素的影响产生的，测试数据呈现一定的规律性，如总体偏大或偏小，其影响往往较显著。粗大误差是因意外因素的影响产生的，测试数据明显异常，对测试结果的影响显著。系统误差和粗大误差可通过一定的方法鉴别，并在一定程度上消除。但是，如 4.3.1 节所述，被测事物的真值通常是无法获知的，无法以误差评价测量误差的优劣现实中应以测量不确定度评价，它在一定程度上也描述了信息的准确性。10.4 节将讨论与此相关的考虑测量不确定性影响的基本推断方法。

3）完备性

完备性要求所获得的信息能够完整反映特定事物的状况和变化过程。调查和检测过程中应全面考察可能影响既有结构可靠性的各种因素，避免遗漏主要因素。对于变异性较大或随时间明显变化的因素，不仅要获取其有关的信息，还应尽可能保证所获取的信息能够较全面地反映这些因素变化的规律。

对于既有结构，要保证信息的完备性往往存在较大的困难，因为实际的调查和检测工作往往需在较短的时间里完成，且要受到生产活动、周边物体、操作空间等的限制[14]。因此，既有结构的可靠性评定中，往往需在信息不完备的条件下对事物做出判定。若能获得结构性能和作用的测试数据，如材料强度、永久作用等的测试值，应优先采用统计方法确定其代表值，并应考虑统计不定性和空间不确定性的影响。10.2 节和 10.3 节将讨论信息不完备条件下的基本推断方法。

2. 标准和规范

既有结构多数是依据过去的标准和规范设计的，它们的基本原则、方法和可靠度控制水平与现行标准和规范的规定往往存在差异。依据不同版本的标准和规范，对既有结构的可靠性往往会得出不同的评定结论。

《结构可靠性总原则》(ISO 2394:2015)[13]中规定，既有结构评定过程中的分析与设计应以《结构可靠性总原则》(ISO 2394:2015)中规定的总原则为基础，这些原则也是结构设计的基础，而原结构设计时有效的旧规范应作为指导性的文件，这些规范以不同的原则为基础。《结构设计基础——既有结构的评定》(ISO 13822:2010)[12]中规定，现行规范或与《结构可靠性总原则》等效的规范都是有效的，它们在长期的使用中呈现出足够的可靠度，而先前既有结构建造时有效的规范应作为资料性的文献。《工业建筑可靠性鉴定标准》(GB 50144—2008)[5]、《民用建筑可靠性鉴定标准》(GB 50292—2015)[7]等标准中规定，除执行该标准外，尚应符合现行国家标准和规范的规定。国内外标准对既有结构可靠性评定依据的规定基本一致，即以现行标准和规范为基本依据。

实际上，标准和规范不仅是工程实践中应共同遵守的准则和规定，也是先进理论与技术、公认可靠度控制水平的体现，现行标准和规范则代表了当前成熟、公认的成果，包括更科学的结构分析、设计、校核方法和失效准则，更符合当前技术发展水平、社会经济能力和社会价值观的可靠度控制水平。既有结构可靠性评定中，以现行标准和规范为依据是保证既有结构技术先进性和可靠度水平的基本措施[15]。但是，完全按现行标准和规范评定既有结构的可靠性，可能导致结构加固工程的规模过大，且一些结构可能是因近期标准、规范的修订而不满足现行标准和规范的要求。这些常常会引起人们的疑虑，下面阐述解决这一现实问题的可行途径。

首先，一定比例的既有结构的可靠度低于现行标准或规范的要求，是结构性能衰退、技术进步、社会价值观改变的必然结果，是任何时期都需面对的普遍问题，难以完全消除。其次，目标可靠指标本质上是对结构可靠概率的一种限值，低于该值并不一定意味着结构失效或破坏，只是失效或破坏的可能性超出了公认的、可接受的范围。若既有结构仅在较小程度上低于当前要求的可靠度水平，完全将其判定为不满足要求，并采取加固措施，则过于严格[15]。

更为重要的是，现行标准和规范主要适用于对拟建结构的分析和设计，并不能直接用于对既有结构的分析和评定，且结构设计的基本通则是保守，而对既有结构的可靠性评定宜以“最小结构处理”为目标，应尽可能减少对结构采取工程措施。

关于既有结构评定与拟建结构设计之间的差别，《结构设计基础——既有结构的评定》(ISO 13822：2010)[12]中针对既有结构的可靠性评定指出下列三个方面：

(1) 经济因素：由接受结构的状况到加固结构所增加的费用很大，而结构设计中因提高安全性所增加的费用一般很小，因此设计标准中均采用保守的通则。

(2) 社会因素：包括对建筑物所有者、正常活动的干扰(甚至导致搬迁)以及对遗产价值的影响。这些对拟建结构的设计并无影响。

(3) 可持续性发展因素：降低损耗和再利用。这些在拟建结构的设计中并不太重要。

鉴于此，《结构设计基础——既有结构的评定》(ISO 13822：2010)[12]中针对既有结构的可靠性评定提出“最小结构处理”目标，并提出下列建议，它们一般可使既有结构的可靠性评定得到更有利的结果：

(1) 可考虑较短的(目标)使用期和降低的目标可靠度水平；

(2) 可对现行规范规定的安全分项系数进行调整，以考虑调查的结果，如施工质量、维护条件、材料强度变异性等；

(3) 可采用可靠度的方法评定(一般可得到有利的结果)；

(4) 进行精确的分析或试验，以考虑结构实际的性能。

对可靠度不满足要求的既有结构,《结构可靠性总原则》(ISO 2394:2015)[13]提出下列四种方案:

(1) 出于经济原因而接受当前的状况;

(2) 降低结构上的荷载;

(3) 修复结构;

(4) 拆除结构。

第(1)和第(2)种方案都为避免对既有结构采取加固等工程措施提供了出路;同时,《结构可靠性总原则》(ISO 2394:2015)[13]中也指出,若涉及生命安全,则应设置经济优化的底线。

《工业建筑可靠性鉴定标准》(GB 50144—2008)[5]和《民用建筑可靠性鉴定标准》(GB 50292—2015)[7]中,在评定原则、方法、标准和技术对策等方面也体现了"最小结构处理"目标,如对既有结构的可靠性采用分级评定的方法,并对不同等级的结构建议采用不同的技术对策,包括接受可靠度水平仅在较小程度上低于现行规范要求的既有结构。

综上所述,评定既有结构的可靠性时,首先应在结构分析、校核、判定中采取适当的方法和措施,尽可能准确地评定既有结构的可靠性;若既有结构的可靠度仅在较小程度上低于现行标准和规范的要求,原则上可予以接受,不采取措施或仅采取适当的维修措施;对可靠度水平相差较大和很大的结构,则不应接受,要求采取提高可靠度的措施,包括降低荷载。这样的策略不仅可将既有结构可靠度相对现行标准、规范要求的差距限定在一定范围内,也可控制结构加固工程的规模,是一条从总体上保证和提高既有结构可靠性的现实途径。

9.3.2 判定标准

1. 目标可靠指标

既有结构可靠性评定中的判定标准包括失效准则、可靠度要求两个层次。对于失效准则,应采用现行设计规范规定的极限状态标志和限值;对于可靠度要求,则是可选择的。

《结构设计基础——既有结构的评定》(ISO 13822:2010)[12]中指出,既有结构可靠性评定的目标可靠指标可根据现行规范校准的结果、最小期望总费用的思想以及其他社会风险对比的结果确定,应反映结构的类型和重要性、可能的失效后果和社会经济标准。若有规定,可按现行规范选取;否则,可选取表 9.2 中的值。后者实际是结构设计的基础性标准《结构可靠性总原则》(ISO 2394:2015)[13]中建议的可靠指标(见表 9.3),只是对承载能力极限状态,选取了安全措施相对成本"低"时的值。

表 9.2 既有结构可靠性评定的目标可靠指标 β

极限状态		目标可靠指标 β	时间区域
适用性	可逆	0	剩余使用年限
	不可逆	1.5	剩余使用年限
疲劳	能被检测	2.3	剩余使用年限
	不能被检测	3.1	剩余使用年限
承载能力	失效后果很低	2.3	L_S年
	失效后果低	3.1	L_S年
	失效后果中等	3.8	L_S年
	失效后果高	4.3	L_S年

注:L_S是有关安全性的最小时间区域(如 50 年)。

表 9.3 《结构可靠性总原则》(ISO 2394:2015)[13]中建议的可靠指标 β

安全措施的相对成本	失效后果			
	小	一些	中	大
高	0	1.5(1)	2.3	3.1(2)
中	1.3	2.3	3.1	3.8(3)
低	2.3	3.1	3.8	4.3

注:(1) 对正常使用极限状态,取 $\beta=0$(可逆)或 1.5(不可逆);
(2) 对疲劳极限状态,取 $\beta=2.3\sim3.1$,取决于检测的可能性;
(3) 对承载能力极限状态,取 $\beta=3.1$、3.8 和 4.3 的安全类别。

为实现"最小结构处理"目标,《结构设计基础——既有结构的评定》(ISO 13822:2010)[12]中的一项建议是直接采用可靠度的方法评定。这时宜选取表 9.2 中的目标可靠指标,即结构设计的基础性标准中规定的目标可靠指标,它往往低于现行规范规定或隐含的可靠指标,但可在满足可靠度最低要求的前提下得到更有利的评定结果。

《工程结构可靠性设计统一标准》(GB 50153—2008)[8]中并未明确规定既有结构可靠性评定的目标可靠指标,但《工业建筑可靠性鉴定标准》(GB 50144—2008)[5]和《民用建筑可靠性鉴定标准》(GB 50292—2015)[7]中均利用设计规范中的方法评定既有结构,并以现行设计规范的要求为基准制定了评定标准[5,7]。它们实际采用了现行设计规范隐含的可靠指标,高于结构设计的基础性标准《工程结构可靠性设计统一标准》(GB 50153—2008)[8]中规定的目标可靠指标。

综合国内外标准中的相关规定和建议,可按下列方法选择既有结构可靠性评定的目标可靠指标:利用现行设计规范中的方法评定时,采用现行设计规范隐含的可靠指标;直接采用可靠度的方法评定时,则宜采用结构设计的基础性标准中规定的目标可靠指标,如《工程结构可靠性设计统一标准》(GB 50153—2008)[8]中规定的目标可靠指标。

2. 实用分级标准

我国目前一般按等级制评定既有结构的可靠性，即以国家现行设计规范的要求为基准，以既有结构满足或不满足国家现行设计规范要求的程度为依据，并考虑对既有结构需采取的技术对策，将既有结构的可靠性（包括安全性和适用性）划分为若干等级。

对结构构件，一般将其安全性、适用性分别划分为四个、三个等级。例如，《工业建筑可靠性鉴定标准》（GB 50144—2008）[5]中将构件的安全性划分为 a、b、c、d 四级，将使用性（适用性）划分为 a、b、c 三级。它们的分级原则如下所示。

1）构件安全性

a 级：符合国家现行标准规范的安全性要求，安全，不必采取措施。

b 级：略低于国家现行标准规范的安全性要求，仍能满足结构安全性的下限水平要求，不影响安全，可不采取措施。

c 级：不符合国家现行标准规范的安全性要求，影响安全，应采取措施。

d 级：极不符合国家现行标准规范的安全性要求，已严重影响安全，必须及时或立即采取措施。

2）构件使用性

a 级：符合国家现行标准规范的正常使用要求，在目标使用年限内能正常使用，不必采取措施。

b 级：略低于国家现行标准规范的正常使用要求，在目标使用年限内尚不明显影响正常使用，可不采取措施。

c 级：不符合国家现行标准规范的正常使用要求，在目标使用年限内明显影响正常使用，应采取措施。

《民用建筑可靠性鉴定标准》（GB 50292—2015）[7]中也采用了类似的分级方法和原则，但对构件安全性、正常使用性（适用性）等级分别以符号 a_u、b_u、c_u、d_u和 a_s、b_s、c_s表达。

《工业建筑可靠性鉴定标准》（GB 50144—2008）[5]和《民用建筑可靠性鉴定标准》（GB 50292—2015）[7]中的分级原则均考虑了两方面的因素：既有结构满足或不满足国家现行设计规范要求的程度，对既有结构需采取的技术对策。前者是划分既有结构可靠性等级的基本依据，后者则考虑了工程实践的需求，更具有工程指导意义。构件安全性和适用性等级中的 b 级或 b_u级是一个重要的等级，该级构件并不满足现行设计规范的要求，或其对应的可靠指标低于现行设计规范隐含的可靠指标，但不满足的程度有限，可不采取工程措施。这是实现“最小结构处理”目标的一项具体措施，与《结构设计基础——既有结构的评定》（ISO 13822：2010）[12]中的基本思想是一致的。

按构件安全性、适用性的分级原则,《工业建筑可靠性鉴定标准》(GB 50144—2008)[5]和《民用建筑可靠性鉴定标准》(GB 50292—2015)[7]中利用现行设计规范中的方法,制定了各评定项目具体的分级标准。它们与现行设计规范结合紧密,具有很强的可操作性,这里称为实用分级标准。

对构件安全性评定中的承载能力项目,《工业建筑可靠性鉴定标准》(GB 50144—2008)[5]和《民用建筑可靠性鉴定标准》(GB 50292—2015)[7]中均以抗力与荷载效应比 $R/(\gamma_0 S)$ 为指标制定了具体的分级标准,分别见表 9.4 和表 9.5。这些分级标准实质上也是对构件可靠度的一种分级控制,两本国家标准中通过不同的方式均给出了与其分级标准相对应的可靠指标,分别见表 9.6 和表 9.7。

表 9.4 构件承载能力项目的分级标准(《工业建筑可靠性鉴定标准》(GB 50144—2008))

构件类型		a 级	b 级	c 级	d 级
钢结构构件	重要构件	$R/(\gamma_0 S)\geqslant 1.0$	$1.0>R/(\gamma_0 S)\geqslant 0.95$	$0.95>R/(\gamma_0 S)\geqslant 0.90$	$R/(\gamma_0 S)<0.90$
	次要构件	$R/(\gamma_0 S)\geqslant 1.0$	$1.0>R/(\gamma_0 S)\geqslant 0.92$	$0.92>R/(\gamma_0 S)\geqslant 0.87$	$R/(\gamma_0 S)<0.87$
混凝土和砌体结构构件	重要构件	$R/(\gamma_0 S)\geqslant 1.0$	$1.0>R/(\gamma_0 S)\geqslant 0.90$	$0.90>R/(\gamma_0 S)\geqslant 0.85$	$R/(\gamma_0 S)<0.85$
	次要构件	$R/(\gamma_0 S)\geqslant 1.0$	$1.0>R/(\gamma_0 S)\geqslant 0.87$	$0.87>R/(\gamma_0 S)\geqslant 0.82$	$R/(\gamma_0 S)<0.82$

表 9.5 构件承载能力项目的分级标准(《民用建筑可靠性鉴定标准》(GB 50292—2015))

构件类型		a_u级	b_u级	c_u级	d_u级
钢、混凝土和砌体结构构件	主要构件	$R/(\gamma_0 S)\geqslant 1.0$	$1.0>R/(\gamma_0 S)\geqslant 0.95$	$0.95>R/(\gamma_0 S)\geqslant 0.90$	$R/(\gamma_0 S)<0.90$
	一般构件	$R/(\gamma_0 S)\geqslant 1.0$	$1.0>R/(\gamma_0 S)\geqslant 0.90$	$0.90>R/(\gamma_0 S)\geqslant 0.85$	$R/(\gamma_0 S)<0.85$

表 9.6 构件承载能力项目分级标准的可靠指标(《工业建筑可靠性鉴定标准》(GB 50144—2008))

构件类型		a、b 级界限	b、c 级界限	c、d 级界限
重要构件	延性破坏	$\frac{3.04\sim4.08}{3.50}$	$\frac{2.89\sim3.67}{3.24}$	$\frac{2.73\sim3.47}{3.07}$
	脆性破坏	$\frac{3.70\sim4.70}{4.11}$	$\frac{3.33\sim4.23}{3.70}$	$\frac{3.14\sim3.99}{3.49}$
次要构件	延性破坏	$\frac{3.04\sim4.08}{3.50}$	$\frac{2.79\sim3.55}{3.14}$	$\frac{2.64\sim3.34}{2.96}$
	脆性破坏	$\frac{3.70\sim4.70}{4.11}$	$\frac{3.22\sim4.09}{3.57}$	$\frac{3.03\sim3.85}{3.37}$

注:分子为各等级界限值对应的典型构件可靠指标的变化范围,分母为其平均值。

表 9.7 主要构件承载能力项目分级标准的可靠指标(《民用建筑可靠性鉴定标准》(GB 50292—2015))

评定指标	a_u级	b_u级	c_u级	d_u级
可靠指标	$\beta>\beta_0$	$\beta_0>\beta\geqslant\beta_0-0.25$	$\beta_0-0.25>\beta\geqslant\beta_0-0.50$	$\beta<\beta_0-0.50$
抗力与荷载效应比值	$R/(\gamma_0 S)\geqslant 1.0$	$1.0>R/(\gamma_0 S)\geqslant 0.95$	$0.95>R/(\gamma_0 S)\geqslant 0.90$	$R/(\gamma_0 S)<0.90$

注:β_0 为现行设计规范隐含的可靠指标。

《工业建筑可靠性鉴定标准》(GB 50144—2008)[5]中的分级标准是在大量工程经验总结、工程倒塌事故分析、可靠度校核分析和专家意见征询的基础上建立的，因其可靠指标是通过可靠度校核的方式确定的，故其数值是在一定范围内变化的。《民用建筑可靠性鉴定标准》(GB 50292—2015)[7]中的分级标准则是直接依据可靠指标分级标准建立的(仅给出了主要构件承载能力项目的可靠指标分级标准)，其中 b_u 级主要构件的可靠指标下限按质量管理中极限质量水平对应的可靠指标确定，并参考国家标准《建筑结构设计统一标准》(GBJ 68—84)[23]中对极限质量水平的规定，取其值为 $\beta_0-0.25$；c_u 级主要构件的可靠指标下限按失效概率增大一个数量级的原则确定，取其值为 $\beta_0-0.50$[8]。《民用建筑可靠性鉴定标准》(GB 50292—2015)[7]中与可靠指标分级标准对应的评定指标 $R/(\gamma_0 S)$ 的界限值实际上也是在一定范围内变化的，只是最终选择了特定的值，其可靠度控制方式与《工业建筑可靠性鉴定标准》(GB 50144—2008)[5]中的方式是相通的。

对构件适用性评定中的项目，《工业建筑可靠性鉴定标准》(GB 50144—2008)[5]和《民用建筑可靠性鉴定标准》(GB 50292—2015)[7]中主要以作用效应值(如挠度、裂缝宽度等)为指标制定具体的分级标准。表 9.8 为《工业建筑可靠性鉴定标准》(GB 50144—2008)[5]中钢筋混凝土构件裂缝宽度项目的分级标准。

表 9.8　钢筋混凝土构件裂缝宽度项目的分级标准[5]

环境类别与作用等级	构件种类与工作条件		裂缝宽度/mm		
			a 级	b 级	c 级
Ⅰ-A	室内正常环境	次要构件	≤0.3	>0.3,≤0.4	>0.4
		重要构件	≤0.2	>0.2,≤0.3	>0.3
Ⅰ-B,Ⅰ-C	露天或室内高湿度环境 干湿交替环境		≤0.2	>0.2,≤0.3	>0.3
Ⅲ,Ⅳ	使用除冰盐环境 滨海室外环境		≤0.1	>0.1,≤0.2	>0.2

《工业建筑可靠性鉴定标准》(GB 50144—2008)[5]和《民用建筑可靠性鉴定标准》(GB 50292—2015)[7]中并未校核构件适用性分级标准的可靠度，它们实际上采用了可靠度控制的另一种方式，即在满足可靠度要求的前提下，控制构件的失效准则，即作用效应限值，并允许其在一定程度上低于设计规范的要求。这符合正常使用极限状态的特点，因为在一定程度上超越正常使用极限状态，一般不会造成严重的后果。相对而言，对构件安全性的可靠度控制是在不超越承载能力极限状态(失效准则)的前提下，控制构件应满足的可靠度要求。两者的可靠度控制方式本质上也是相通的。

对结构体系的安全性和适用性，我国采用了与构件类似的分级方法和原则。

例如,《工业建筑可靠性鉴定标准》(GB 50144—2008)[5]中按下列原则将结构系统安全性(结构体系安全性)划分为A、B、C、D四级,将结构系统使用性(结构体系适用性)划分为A、B、C三级。

1) 结构系统安全性

A级:符合国家现行标准规范的安全性要求,不影响整体安全,可能有个别次要构件宜采取适当措施。

B级:略低于国家现行标准规范的安全性要求,仍能满足结构安全性的下限水平要求,尚不明显影响整体安全,可能有极少数构件应采取措施。

C级:不符合国家现行标准规范的安全性要求,影响整体安全,应采取措施,且可能有极少数构件必须立即采取措施。

D级:极不符合国家现行标准规范的安全性要求,已严重影响整体安全,必须立即采取措施。

2) 结构系统使用性

A级:符合国家现行标准规范的正常使用要求,在目标使用年限内不影响整体正常使用,可能有个别次要构件宜采取适当措施。

B级:略低于国家现行标准规范的正常使用要求,在目标使用年限内尚不明显影响整体正常使用,可能有极少数构件应采取措施。

C级:不符合国家现行标准规范的正常使用要求,在目标使用年限内明显影响整体正常使用,应采取措施。

对结构体系安全性和适用性的评定应以结构体系的失效准则和可靠度要求为标准,其目的是判定结构整体失效的可能性能否被接受。目前的结构体系可靠性理论尚不能为结构体系可靠度的分析与控制提供合理、可行的方法,但其基本原理仍具有指导作用。

根据结构体系可靠性理论,在失效或可靠的逻辑关系上,静定结构应被视为串联体系,其任一构件的失效都会导致结构体系的失效,结构体系的失效概率主要取决于最弱构件的失效概率;超静定结构则可被视为并联体系,部分构件的失效不一定导致结构体系的失效,结构体系的失效概率一般低于或明显低于最弱构件的失效概率[24]。评定结构体系的安全性时,对静定结构可取最弱构件的安全性等级,对超静定结构则可允许部分构件不满足可靠度要求,其基本判定准则是这些构件的失效是否会导致结构体系的失效。评定结构体系的适用性时,则可采取更宽松的评定标准。我国目前结构体系安全性和适用性的分级原则总体上符合结构体系可靠性的基本理论。

根据结构体系安全性和适用性的分级原则,《工业建筑可靠性鉴定标准》(GB 50144—2008)[5]和《民用建筑可靠性鉴定标准》(GB 50292—2015)[7]中均提供了具体的分级标准,它们主要考虑了结构体系中各类构件的重要性和各等级构件的相对数量[5,7]，这里不再赘述。但是，实际操作中尚应考虑结构体系的静定性以及超静定结构中各构件的位置及相互关系。

3. 可靠指标分级标准

按等级制评定构件的安全性和适用性时，无论形式上采用怎样的方式，其基本的评定方法应与目前构件可靠度的控制方法一致。评定构件安全性时，应以度量结构可靠性的可靠指标为评定指标，以可靠指标表达的分级标准为判定标准，这时需建立可靠指标的分级标准。评定构件适用性时，则应以作用效应值为评定指标，以构件满足可靠度要求为前提，建立相应的判定标准，这时需明确构件适用性评定的目标可靠指标。

1）构件安全性评定的可靠指标分级标准

我国对构件安全性的可靠度控制包括两个层次：现行标准《工程结构可靠性设计统一标准》(GB 50153—2008)[8]中规定的目标可靠指标[β]，它是各类结构设计规范必须保证的最低可靠度水平；现行结构设计规范隐含的可靠指标 β_0，它们一般接近或高于[β]。利用现行设计规范中的方法评定既有结构的可靠性时，按“最小结构处理”目标，至少对可靠指标低于 β_0、但不低于[β]的构件，可不采取提高可靠度的措施。制定构件承载能力项目的可靠指标分级标准时，有必要考虑 β_0 与[β]之间的差异，并综合考虑构件类型、地位、破坏形式、安全等级等因素的影响。

根据 7.2 节中的校核结果，现行设计规范隐含的可靠指标 β_0 的平均值高于或明显高于《工程结构可靠性设计统一标准》(GB 50153—2008)[8]中规定的目标可靠指标[β]，其最小值接近或高于[β]。由于 β_0 的平均值与[β]之间的差值(0.26～0.77)较为明显，建议利用现行设计规范中的方法评定构件的承载能力项目时，可采用表 9.9 中的可靠指标分级标准，并对不同材料的结构，取 β_0 为其相应设计方法所隐含可靠指标的平均值。

表 9.9　构件承载能力项目的可靠指标分级标准(利用现行设计规范中的方法评定)

构件类型	a 级	b 级	c 级	d 级
重要构件	$\beta\geqslant\beta_0$	$\beta_0>\beta\geqslant[\beta]-0.25$	$[\beta]-0.25>\beta\geqslant[\beta]-0.50$	$\beta<[\beta]-0.50$
次要构件	$\beta\geqslant\beta_0$	$\beta_0>\beta\geqslant[\beta]-0.50$	$[\beta]-0.50>\beta\geqslant[\beta]-0.70$	$\beta<[\beta]-0.75$

对重要构件，b 级的可靠指标虽低于现行设计规范的要求，但只略低于《工程结构可靠性设计统一标准》(GB 50153—2008)[8]中规定的目标可靠指标[β]，且不低于[β]对应的极限质量水平，可不采取提高可靠度的措施；c 级的可靠指标比[β]最多低一个安全等级的数值，由于实际的可靠性评定中几乎不涉及三级安全等级的构件，它至少具有二级(原为一级时)或三级(原为二级时)安全等级的可靠度水平，虽需采取提高可靠度的措施，但不至于发生严重的事故。对次要构件，b 级至

少具有二级或三级安全等级的可靠度水平，考虑到构件地位上的差别，可不采取措施；c 级的可靠指标虽低于二级或三级安全等级的要求，但不低于其对应的极限质量水平，发生严重事故的可能性较小。由于 β_0 与$[\beta]$之间的差异与构件类型、地位、破坏形式、安全等级等因素有关，该分级标准也隐性地反映了这些因素的影响。

表 9.9 中的可靠指标分级标准主要适用于利用现行设计规范中的方法评定既有结构可靠性的场合。为便于应用，应据此并综合考虑其他因素，进一步建立实用的分级标准，如以抗力与荷载效应比 $R/(\gamma_0 S)$ 为指标的构件承载能力项目的分级标准，这里不再深入讨论。

直接采用可靠度方法评定既有结构的可靠性时，宜选取《工程结构可靠性设计统一标准》(GB 50153—2008)[8] 中规定的目标可靠指标$[\beta]$，它对既有结构的可靠度要求相对较低，但仍满足最低的可靠度要求，且采用可靠度评定方法也可在更大程度上减小误判的可能性。参考表 9.9 中的分级标准，直接采用可靠度方法评定构件承载能力项目时，可采用表 9.10 中的可靠指标分级标准，它仅以目标可靠指标$[\beta]$替代了现行设计规范隐含的可靠指标 β_0。

表 9.10　构件承载能力项目的可靠指标分级标准(采用可靠度的方法评定)

构件类型	a、a_u级	b、b_u级	c、c_u级	d、d_u级
主要或重要构件	$\beta\geqslant[\beta]$	$[\beta]>\beta\geqslant[\beta]-0.25$	$[\beta]-0.25>\beta\geqslant[\beta]-0.50$	$\beta<[\beta]-0.50$
次要或一般构件	$\beta\geqslant[\beta]$	$[\beta]>\beta\geqslant[\beta]-0.50$	$[\beta]-0.50>\beta\geqslant[\beta]-0.75$	$\beta<[\beta]-0.75$

相对而言，表 9.9 和表 9.10 中的分级标准比目前表 9.6 和表 9.7 中的分级标准宽松。若从稳妥角度考虑，也可统一采用表 9.11 中的分级标准，它总体上与《工业建筑可靠性鉴定标准》(GB 50144—2008)[5] 中的分级标准一致，具有较好的延续性。

表 9.11　构件承载能力项目的可靠指标分级标准

构件类型	a、a_u级	b、b_u级	c、c_u级	d、d_u级
重要构件	$\beta\geqslant\beta_0$	$\beta_0>\beta\geqslant[\beta]$	$[\beta]>\beta\geqslant[\beta]-0.25$	$\beta<[\beta]-0.25$
次要构件	$\beta\geqslant\beta_0$	$\beta_0>\beta\geqslant[\beta]-0.25$	$[\beta]-0.25>\beta\geqslant[\beta]-0.50$	$\beta<[\beta]-0.50$

2）构件适用性评定的目标可靠指标

我国对正常使用极限状态设计并未规定明确的目标可靠指标[8]，对构件适用性的评定宜选取现行设计规范隐含的可靠指标。根据 7.3 节和 7.4 节中的校核结果，并考虑国内外标准的相关规定，建议评定混凝土构件的挠度和裂缝时，采用表 9.12中的目标可靠指标。

表 9.12　混凝土构件挠度、裂缝评定的目标可靠指标

评定项目	构件类型	目标可靠指标
挠度	钢筋混凝土受弯构件	0.5
	要求不出现裂缝的预应力混凝土受弯构件	0.5
	允许出现裂缝的预应力混凝土受弯构件	1.5
裂缝	一级裂缝控制的构件	1.5
	二级裂缝控制的构件	1.5
	三级裂缝控制的钢筋混凝土构件	1.5
	三级裂缝控制的预应力混凝土构件	1.5

9.4　基本评定方法及其选择

9.4.1　基本评定方法

结构分析是拟建结构设计中的主要方法，对新型或复杂结构的设计，有时还辅以试验的手段，类似的分析方法和试验手段也可用于评定既有结构的可靠性。另外，评定既有结构的可靠性时，还可利用调查和检测手段，获得有关结构和环境自身的信息，并通过对这些信息的分析，直接评定既有结构的可靠性。

按认识的方法和手段，对既有结构的可靠性评定可采用下列三种基本方法[15]：

1）基于结构分析的评定方法

既有结构可靠性评定的目的是预测和判断既有结构在目标使用期内完成预定功能的能力，其主要评定方法是根据结构和环境的信息，推断结构实际的性能、状态以及目标使用期内可能发生的变化，推断结构在目标使用期内可能承受的各种作用等，并通过结构分析与校核，判定既有结构在目标使用期内的可靠性是否满足要求。这种评定方法可称为基于结构分析的评定方法，它在许多方面类似于结构设计中的分析和校核方法。

实际工程中，对既有结构的分析和校核一般采用定值的方法，有关结构性能和作用的概率特性主要通过它们的代表值和分项系数反映，这种评定方法可称为基于结构分析的实用评定方法。特殊场合下，也可直接采用可靠度的方法评定，这时需根据结构和环境的信息，建立结构性能、状态和作用的分析模型，利用结构分析和结构可靠度分析方法，计算结构在目标使用期内的可靠指标，并通过与目标可靠指标的比较，判定既有结构的可靠性是否满足要求，这种方法可称为基于结构分析的概率评定方法。两类方法均涉及对既有结构当前状态和性能的认识，通常需考虑主观不确定性的影响。

需要说明，既有结构可靠性评定中，结构分析不仅包括目前结构性能和作用效应的力学分析，必要时还应包括对材料和结构物理、化学性能及状态的分析，特别是在环境恶劣、结构破损严重的场合。

2）基于结构状态评估的评定方法

结构和环境的历史、当前状况是既有结构可靠性评定的主要依据。某些情况下，通过对结构和环境的调查、检测及对结构状态的评估，可直接对既有结构在目标使用期内的可靠性做出评定。这种方法可称为基于结构状态评估的评定方法，包括判定既有结构可靠性满足、不满足要求两类方法。

按这种方法评定既有结构的可靠性时，需建立明确的评定标准。相对而言，判定不满足要求的标准较易建立。例如，混凝土构件当前的裂缝宽度已超出规定的限值时，或受压区混凝土已出现被压坏的迹象时，可直接判定该项目的适用性或安全性不满足要求。但是，要直接判定满足要求，其评定标准的建立则较为复杂，特别是对安全性的评定。

3）基于结构试验的评定方法

某些情况下，采用基于结构分析和结构状态评估的方法可能都难以对既有结构的可靠性做出准确的评定。这时除深入的调查、检测和精确的分析外，有条件时可通过结构试验，检验和判定既有结构构件实际的性能和最不利状态，并根据试验和分析结果判定其可靠性是否满足要求。这种方法可称为基于结构试验的评定方法，它主要适用于对构件挠度、裂缝宽度等适用性项目的评定，但特殊场合下，也可用于评定构件的安全性。

这三种基本评定方法主要用于对构件安全性、适用性和结构体系整体性项目的评定。9.5 节和 9.6 节将对基于结构分析、基于结构状态评估的评定方法进行详细的阐述，基于结构试验的评定方法将在 13.6 节中阐述。

对结构体系综合性项目的评定，一般采用分层综合评判的方法。《民用建筑可靠性鉴定标准》(GB 50292—2015)[7] 中设定的层次包括：主要构件和一般构件→各种主要构件和各种一般构件→结构体系。评定时按由下到上的层次顺序，按相应的分级标准，逐层评定结构的安全性和适用性。评定结构体系层次的安全性时，尚需考虑“结构整体性”项目的安全性等级。《工业建筑可靠性鉴定标准》(GB 50144—2008)[5] 中对结构体系的综合性项目也采用了类似的评定方法。

9.4.2 评定方法的选择

1. 安全性评定

评定既有结构的安全性时，如果结构未出现临近破坏的状态，一般采用基于结构分析的评定方法。影响结构安全性的因素大多具有随时间变化的性质，且往往具有较大的变异性，特别是结构上的可变作用，因此很难根据结构和环境的历史情况和当前状态，包括结构曾经承受的最大作用，判定结构过去是否已经历极端作用的检验，能否在目标使用期内继续保持安全。这时必须通过结构分析，预测结构在目标使用期内的性能和状态，判断结构的安全性是否满足要求。

如果根据结构和环境自身的信息，能够对结构当前的状况做出明确的判断，以充分的证据证明结构在目标使用期内的最不利状态不超出或超出相应的极限状态，则可直接判断结构的安全性满足或不满足要求，采用基于结构状态评估的评定方法。

由于结构的承载能力试验会严重损害结构既有的性能，甚至导致安全事故的发生，评定既有结构的安全性时，一般不采用基于结构试验的评定方法。有条件时，如因结构改造而需拆除某些构件时，则可利用这些构件进行承载能力试验，并根据试验结果推断同类被保留构件的抗力，采用基于结构试验的评定方法评定同类构件的安全性。

2. 适用性评定

评定既有结构的适用性时，如果能够明确判定结构当前的状态已超出极限状态，可采用基于结构状态评估的评定方法，直接判定其不满足要求。如果结构当前的状态未超出极限状态，则宜采用基于结构分析的评定方法，特别是在下列场合[15]：

(1) 结构曾承受的作用和环境影响不足以代表最不利的情况，不能据此推断结构在目标使用期内的最不利状态也可满足要求。对受长期效应影响的状态，若结构承载历程较短，则其过去的承载历程也不能代表考虑长期效应影响时的最不利情况。

(2) 结构状态所对应的极限状态是可逆的，通过检测所掌握的结构当前状态并不是结构曾出现的最不利状态。

(3) 结构当前的状态难以被准确、全面地掌握。

(4) 结构在目标使用期内将承受的作用和环境影响可能比过去发生显著的变化。

(5) 材料、结构的性能在目标使用期内可能衰退。

(6) 现行设计规范按计算值控制结构的状态，按实测值评定时缺乏相应的标准。

有条件时，也可采用基于结构试验的评定方法，其试验中的安全风险相对要小，但需注意其评定结论仅适用于与试件同类的构件。

3. 似然性检验

对既有结构的可靠性评定有多种方法，但某些场合下，由不同方法得到的结论可能是相互矛盾的。例如，按结构分析和校核的结果，结构的安全性可满足现行标准和规范的要求，但实际的结构却呈现危险的迹象；或按结构分析和校核的结果，预应力混凝土构件的抗裂能力严重不满足现行设计规范的要求，应出现开裂现象，但构件的实际状况却是完好的。这时必须对这种矛盾性的结论进行审核和解释，《结构设计基础——既有结构的评定》(ISO 13822：2010)[12]中称其为“似然性检验”，并要求评定结论应经得住这种检验。

评定结果之间的矛盾并非都不合理，需从多个方面审核，并做出合理的解释。在似然性检验中，应注意审核下列几点：

(1) 结构分析和校核中是否遗漏重要的影响因素。

(2) 结构计算简图和分析模型是否符合实际。

(3) 结构计算和分析方法是否过于粗略。

(4) 结构分析和校核中是否存在错误或不合理之处。

(5) 对结构、环境的调查和检测是否全面和准确。

如果结构当前的状态已表明结构的安全性或适用性不满足要求，则无论分析和校核的结果如何，都应判定其安全性或适用性不满足要求，遵循既有结构可靠性评定的实证原则。

9.5 基于结构分析的评定方法

1. 实用评定方法

对既有结构的分析和校核应以现行标准和规范为依据，但既有结构在不确定性、可靠性、可靠度要求等方面具有不同的特点，因此也不能完全采用现行标准和规范中的方法。一般情况下，对既有结构的分析和校核应遵守下列原则[15]：

(1) 基本假定和计算模型应能描述结构实际的性能、状态以及所考虑极限状态下的反应。

(2) 材料性能、几何参数的标准值以及作用的代表值和组合方式，应根据结构、环境的实际情况，按现行标准和规范的规定确定。如果能够获得材料性能、几何参数、作用等的测试数据，宜采用统计的方法确定其代表值。

(3) 必要时应考虑其他机械、物理、化学、生物作用的影响，如磨损、空蚀、热辐射、冻融、腐蚀、虫蛀等的影响。

(4) 应考虑结构实际的质量缺陷和不利状态对结构性能的影响。一般情况下，对构件适用性评定中的项目，其等级为 c 级或 c_s级时，应考虑该项目对结构性能的不利影响；b 级或 b_s级时，可不考虑；a 级或 a_s级时，则不必考虑。

(5) 若通过材料测试或结构试验能够获得结构性能的某些参数，宜利用这些参数修正计算假定和分析模型。

（6）分析与时间、荷载历程相关的结构性能时，如分析钢构件的抗疲劳能力、钢筋混凝土构件的刚度时，应考虑既有结构已使用的时间或已经历的荷载历程。

（7）若材料性能、可变作用、使用环境在目标使用期内可能发生显著的变化，宜按目标使用期内的不利情况确定材料性能标准值、可变作用代表值和环境影响等。

按实用评定方法，即按现行设计规范中的分项系数法校核既有结构的可靠性时，除根据结构、环境的实际情况确定结构性能和作用的代表值外，还应根据结构性能和作用实际的变异性、目标使用期和目标可靠指标，对设计表达式中的分项系数做必要的调整，它们的数值亦取决于这些因素。这时必须通过可靠度分析，建立分项系数与这些因素之间的关系，目前尚未实现这一点。

2. 概率评定方法

完全采用理论上的可靠度方法评定既有结构的可靠性是不现实的，这时可采用第 8 章中改进的设计值法。该法直接建立了基本变量设计值与基本变量概率特性、设计使用年限、目标可靠指标之间的函数关系，可直接反映这些因素的变化对设计结果的影响，亦可直接反映既有结构在基本变量概率特性、目标使用期、目标可靠指标等方面与拟建结构的差异，并具有相对较高的可靠度控制精度，可视其为近似概率评定方法。

设计值法尚未进入实用阶段，许多应用上的问题尚未得到解决，但它们在理论上要优于目前的分项系数法。如果利用该法评定既有结构的可靠性，除应遵守既有结构分析、校核的一般原则外，还应注意下列几点：

（1）采用统计方法推断结构性能和作用时，应直接推断结构性能和作用的设计值。

（2）一般情况下应以现行设计规范隐含的可靠指标为目标可靠指标，对构件安全性、适用性项目分别采用表 9.9 中的可靠指标分级标准或表 9.12 中的目标可靠指标。

（3）若需减少对结构采取的工程措施，亦可采用结构设计的基础性标准中规定的目标可靠指标，对构件的承载能力项目采用表 9.10 中的可靠指标分级标准。

按设计值法评定既有结构构件的安全性时，相对精确的方法是按各可靠指标界限值进行试算，并选择能够满足的最高等级为最终评定等级，但为便于应用，宜根据可靠指标分级标准建立类似于抗力荷载效应 $R/(\gamma_0 S)$ 的评定指标和评定标准。评定既有结构构件的适用性时，则在明确目标可靠指标后，可以作用效应值（如挠度、裂缝宽度等）为评定指标，并采用目前《工业建筑可靠性鉴定标准》（GB 50144—2008）[5] 和《民用建筑可靠性鉴定标准》（GB 50292—2015）[7] 中的分级标准。

9.6　基于结构状态评估的评定方法

1. 判定不满足要求的方法

如果既有结构当前的状态已超越正常使用极限状态，临近或达到承载能力极限状态，可直接判定其适用性、安全性不满足要求，按分级原则评定适用性等级为b级或c级，安全性等级为c级或d级。这种评定方法多用于对适用性的评定。

《工业建筑可靠性鉴定标准》(GB 50144—2008)[5]和《民用建筑可靠性鉴定标准》(GB 50292—2015)[7]中对构件的适用性和安全性均采用了这种评定方法。例如，安全性评定中，《民用建筑可靠性鉴定标准》(GB 50292—2015)中提出按不适于继续承载的位移或变形、不适于继续承载的锈蚀评定钢构件安全性的方法；《工业建筑可靠性鉴定标准》(GB 50144—2008)[5]中针对钢构件的安全性评定，亦规定：构件有裂缝、断裂、存在不适于继续承载的变形时，应评定为c级或d级，吊车梁受拉区或吊车桁架受拉杆及其节点板有裂缝时，应评定为d级。

严格讲，对安全性、适用性的评定应着眼于结构在目标使用期内的性能和状态。依据结构当前的状态评定时，尚应考虑结构未来可能发生的变化，因为不采取措施时，结构在目标使用期内的性能和状态可能进一步恶化，降为更低的等级。

对于安全性，结构当前的状态临近或达到承载能力极限状态时，评定其为c级或d级是合理的，两者都要求对既有结构采取提高可靠度的措施。对于适用性，结构当前的状态已超越正常使用极限状态时，如果考虑对结构采取的措施，评定其为b级或c级也是合理的：结构当前的等级为c级时，其在目标使用期内的等级亦为c级，两种结果都要求采取提高可靠度的措施；当前等级为b级时，如果不采取措施，其在目标使用期内的等级可能降为c级，但可靠性评定的前提条件中要求既有结构在目标使用期内至少应得到正常的使用和维护，或满足更严格的使用和维护条件，这些都属于保证结构适用性的措施，可在较大程度上避免结构在目标使用期内的适用性等级降为c级，因此可在此前提下评定其等级为b级。

2. 判定满足要求的方法

按这种方法评定既有结构的可靠性时存在一定的误判风险，需设定严密的条件，特别是对安全性的评定。《结构设计基础——既有结构的评定》(ISO 13822：2001)[10]和(ISO 13822：2010)[12]中针对既有结构的安全性和适用性评定均提出了这种评定方法，并称其为基于良好历史性能的评定方法。

结构安全性评定中，《结构设计基础——既有结构的评定》(ISO 13822：2010)[12]中规定：对按早期规范设计和施工的结构，或虽无规范，但按良好建造经验设计和施工的结构，只要符合下列条件，可认为它们能够安全抵抗偶然作用（包括地震）之外的作用：

（1）经详细检测，未发现任何明显损坏、危险或劣化的迹象。

（2）结构体系通过了复核，包括对关键部位及其应力传递的调查和检查。

（3）在足够长的时间里，结构对因使用而产生的极端作用和环境影响呈现良好的性能。

（4）考虑当前状况和维护计划所预测的劣化程度可保证结构具有足够的耐久性能。

（5）在足够长的时间里，未出现明显增加结构上的作用或影响其耐久性能的变化，且预计未来也无此类变化。

这些条件可归结为五个方面：结构当前的状况、结构体系的合理性、结构的历史表现、结构的耐久性能、作用和环境影响的变化。结构体系无缺陷的前提下，如果结构在足够长的时间里以及当前都呈现良好的性能和状态，且结构性能、作用和环境影响无论是在过去还是未来都无明显的变化或不会发生明显的变化，可认为结构在未来时间里能够安全抵抗偶然作用以外的作用。

需要指出，《结构设计基础——既有结构的评定》（ISO 13822：2010）在评定结论中仅排除了偶然作用，这并不是很严密[15]。结构承受循环荷载作用时，通过常规的调查和检查很难发现当前结构内部的累积损伤，这些损伤在目标使用期内可能继续发展，甚至导致结构发生疲劳破坏。这时若判定结构能够安全抵抗偶然作用以外的作用，则过于冒进。较为慎重的方法是将可能造成疲劳破坏的循环荷载也排除在外，或要求使用过程中定期对结构可能存在的累积损伤进行精密检测（如金属探伤）。结构、特别是钢结构存在脆性破坏倾向时，也需慎重考虑，以防结构在意外的冲击荷载作用下发生脆性破坏。这一点也很难通过常规的调查和检查确认。

对既有结构的适用性，《结构设计基础——既有结构的评定》（ISO 13822：2010）[12]中规定：对于按早期规范设计和施工的结构，或虽无规范，但按良好建造经验设计和施工的结构，只要符合以下条件，可认为它们在未来的使用中是适用的：

（1）经详细检测，未发现任何明显的损伤、危险、劣化或变形的迹象。

（2）在足够长的时间里，结构对损伤、危险、劣化、变形或振动呈现良好的性能。

（3）结构或其用途不会发生明显改变结构、作用和环境影响的变化。

（4）考虑当前状况和维护计划所预测的劣化程度可保证结构具有足够的耐久性能。

这些条件可归结为四个方面：结构当前的状况、结构的历史表现、结构及其用途的变化、结构的耐久性能。如果结构在足够长的时间里以及当前都呈现良好的性能和状况，且结构性能、作用和环境影响无论是在过去还是未来都无明显的变化或不会发生明显的变化，可认为结构在未来的使用中是适用的。

《工业建筑可靠性鉴定标准》(GB 50144—2008)[5]中针对结构的安全性和适用性评定、《民用建筑可靠性鉴定标准》(GB 50292—2015)[7]和《工程结构可靠性设计统一标准》(GB 50153—2008)[8]中针对结构的安全性评定，也提出了类似的评定方法。按《工业建筑可靠性鉴定标准》(GB 50144—2008)[5]中的规定，当同时符合下列条件时，可根据实际情况评定构件的安全性等级为 a 级或 b 级：

(1) 经详细检查，未发现有明显的变形、缺陷、损伤、腐蚀，无疲劳或其他累积损伤。

(2) 构件受力明确、构造合理，在传力方面不存在影响其承载性能的缺陷，无脆性破坏倾向。

(3) 经过长时间的使用，构件对曾出现的最不利作用和环境影响仍具有良好的性能。

(4) 在目标使用年限内，构件上的作用和环境条件与过去相比不会发生变化。

(5) 构件在目标使用年限内仍具有足够的耐久性能。

同时符合下列条件时，可根据实际使用状况评定构件的使用性(适用性)等级为 a 级或 b 级[5]：

(1) 经详细检查，未发现构件有明显的变形、缺陷、损伤、腐蚀，也没有累积损伤。

(2) 经过长时间的使用，构件状态仍然良好或基本良好，能够满足目标使用年限内的正常使用要求。

(3) 在目标使用年限内，构件上的作用和环境条件与过去相比不会发生变化。

(4) 构件在目标使用年限内可保证有足够的耐久性能。

《工业建筑可靠性鉴定标准》(GB 50144—2008)[5]中规定的条件总体上与《结构设计基础——既有结构的评定》(ISO 13822:2010)[12]中的一致，但在安全性的评定中考虑了疲劳损伤、其他累积损伤和脆性破坏倾向，在适用性评定中考虑了累积损伤，要更为严密。

需要说明，国内外标准中设定的这些条件都是原则性的，更大程度上需根据经验判断，对评定者的要求较高。

参 考 文 献

[1] 中华人民共和国冶金工业部. 钢铁工业建(构)筑物可靠性鉴定规程(YBJ 219—89). 北京：中国计划出版社，1990.

[2] 中华人民共和国冶金工业部. 工业厂房可靠性鉴定标准(GBJ 144—90). 北京:中国计划出版社,1990.
[3] 中华人民共和国建设部. 建筑抗震鉴定标准(GB 50023—95). 北京:中国计划出版社,1995.
[4] 中华人民共和国建设部. 民用建筑可靠性鉴定标准(GB 50292—1999). 北京:中国计划出版社,1999.
[5] 中华人民共和国住房和城乡建设部. 工业建筑可靠性鉴定标准(GB 50144—2008). 北京:中国计划出版社,2008.
[6] 中华人民共和国住房和城乡建设部. 建筑抗震鉴定标准(GB 50023—2009). 北京:中国建筑工业出版社,2009.
[7] 中华人民共和国住房和城乡建设部. 民用建筑可靠性鉴定标准(GB 50292—2015). 北京:中国建筑工业出版社,2015.
[8] 中华人民共和国住房和城乡建设部. 工程结构可靠性设计统一标准(GB 50153—2008). 北京:中国建筑工业出版社,2008.
[9] International Organization for Standardization. General principles on reliability for structures(ISO 2394:1998). Geneva:International Organization for Standardization,1998.
[10] International Organization for Standardization. Bases for design of structures—Assessment of existing structures(ISO 13822:2001). Geneva:International Organization for Standardization,2001.
[11] International Organization for Standardization. Bases for design of structures—Assessment of existing structures(ISO 13822:2003). Geneva:International Organization for Standardization,2003.
[12] International Organization for Standardization. Bases for design of structures—Assessment of existing structures(ISO 13822:2010). Geneva:International Organization for Standardization,2010.
[13] International Organization for Standardization. General principles on reliability for structures(ISO 2394:2015). Geneva:International Organization for Standardization,2015.
[14] 姚继涛,马永欣,董振平,等. 建筑物可靠性鉴定和加固——基本原理和方法. 北京:科学出版社,2003.
[15] 姚继涛. 既有结构可靠性理论及应用. 北京:科学出版社,2008.
[16] 中国工程建设标准化协会. 混凝土结构耐久性评定标准(CECS 220:2007). 北京:中国计划出版社,2007.
[17] 中华人民共和国建设部. 建筑结构可靠度设计统一标准(GB 50068—2001). 北京:中国建筑工业出版社,2001.
[18] The European Union Per Regulation. Basic of structure design(EN 1990:2002). Brussel:European Committee for Standardization,2002.
[19] 中华人民共和国住房和城乡建设部. 建筑结构荷载规范(GB 50009—2012). 北京:中国建筑工业出版社,2012.

[20] 中华人民共和国建设部. 建筑结构检测技术标准(GB 50344—2004). 北京:中国建筑工业出版社,2004.

[21] 中华人民共和国住房和城乡建设部. 钻芯法检测混凝土强度技术规程(JGJ/T 384—2016). 北京:中国建筑工业出版社,2016.

[22] 中华人民共和国住房和城乡建设部. 回弹法检测混凝土抗压强度技术规程(JGJ/T 23—2011). 北京:中国建筑工业出版社,2011.

[23] 中华人民共和国国家计划委员会. 建筑结构设计统一标准(GBJ 68—84). 北京:中国计划出版社,2001.

[24] Christensen P T, Murotsu Y. Application of Structural System Reliability Theory. New York: Springer-Verlag, 1986.

第 10 章　不确定事物的推断

对不确定事物的推断是既有结构可靠性评定中的一项重要内容，其目的是根据调查、检测结果，主要应用统计的方法确定不确定事物的特性和状态，推断内容不仅包括结构性能和作用在目标使用期内随机变化的概率特性，还包括结构当前实际的状态和性能。对这些内容的推断不仅涉及客观事物变化的随机性，还可能涉及对客观事物认识的主观不确定性，包括测量不确定性，并不能完全采用概率推断的方法；同时，实际工程中能够获得的样本数量往往有限，对不确定事物的推断需采用小样本推断方法，以充分考虑因样本数量不足而产生的统计不定性、空间不确定性的影响。

本章主要针对既有结构的可靠性评定，阐述随机事物、既有事物推断的基本方法；针对目前尚未解决的问题，提出极大值Ⅰ型分布参数和分位值的小样本推断方法以及考虑测量不确定性影响的推断方法；同时，对小样本推断中的置信水平和信任水平进行专门的讨论。

10.1　基本内容和方法

既有结构可靠性评定中可能涉及的不确定事物包括未确知的既有事物、未来的随机事物、模糊的失效准则（未确知边界）、笼统的基本变量（Δ 补集）。有关后两者的内容分别参见 4.4 节和 3.2.3 节，这里主要讨论对既有事物和随机事物的推断。

既有结构可靠性评定中的既有事物主要指结构当前的性能、状态以及永久作用。对几何尺寸、挠度、变形、裂缝宽度等易被测试的结构性能和状态，通常应通过全数或大样本的调查和检测直接确定，需采用统计方法推断的一般是当前时刻的材料强度、抗力、永久作用等。若结构的几何尺寸等较难测试而其变异性又较强，如因施工质量不良而导致现浇混凝土楼板的厚度具有较强的变异性，也宜采用统计推断的方法确定。这些涉及结构性能和永久作用的变量在目标使用期内的变化一般较小，可忽略不计，因此既有结构可靠性评定中，对既有事物的推断主要是确定材料强度、抗力、永久作用等当前的量值。既有结构可靠性评定中的随机事物主要指目标使用期内随机变化的可变作用。若有条件，对可变作用应采用统计的方法推断，其核心内容是可变作用在目标使用期内的概率特性。

推断既有事物的过程中，通常将性质和条件相同或相近的事物归为同类事物综合评定，如目前对同类构件当前材料强度的综合评定[1,2]，因此对既有事物的推断主要是确定同类事物当前的总体特性，包括其当前量值的总体分布。它们本质上是对既有事物或现实事物当前状况的宏观描述，与描述未来随机事物取值可能性的概率分布有本质区别，并不能采用概率推断的方法。既有事物推断中的不确定性主要来源于两个方面：因抽检数量有限而导致的对既有事物总体认识上的空间不确定性，受认识手段等的制约而导致的测量不确定性。它们均属于主观不确定性，需采用信度分析和推断的方法。

推断随机事物的过程中，需通过调查、检测获得相应的样本信息。这些信息实际反映的是既有事物当前的量值，其总体特性并非随机事物的概率特性，而是与其相关的既有事物的统计特性。统计特性是对既有事物当前量值的宏观描述，描述的对象是现实事物，而概率特性是对随机事物宏观变化规律的描述，描述的对象是未来事物，两者有本质差别[3,4]。若能获得完备而准确的样本信息，根据统计学中的大数定律，可认为既有事物的统计特性能够完整、准确地反映随机事物的概率特性，并采用经典统计学中的大样本方法（如点估计法）推断随机事物的概率特性[4]。但是，实际工程中能够获得的样本往往是不充足或不完备的，抽样数量很难达到大样本的要求，因此统计不定性对推断结果的影响一般是不可忽略的，需采用小样本的推断方法，如区间估计法；另外，获得样本信息的过程中，对被测事物的认识同样要受测量不确定性的影响，即主观不确定性的影响，它们亦会影响事物推断的结果。因此，推断随机事物时通常需综合采用概率与信度的方法。

综上所述，既有结构可靠性的评定中，对既有事物的推断主要是确定当前时刻材料强度、抗力、永久作用等的总体特性，需考虑空间不确定性和测量不确定性的影响，采用信度分析和推断的方法。对随机事物的推断主要是确定可变作用在目标使用期内变化的概率特性，需考虑统计不定性和测量不确定性的影响，综合采用概率和信度的方法。

既有事物和随机事物推断过程中的不确定性对事物推断的结果有直接的影响，需通过设置一定的置信水平或信任水平予以考虑，它们反映了对这些不确定性考虑的程度。置信水平或信任水平越高，考虑的程度则越充分，但推断的结果也越保守。置信水平和信任水平并没有理论上的值，需根据经验选取，但其取值也应遵循一定的原则，它们与被推断事物的不确定性有密切关系。10.5 节将专门讨论置信水平和信任水平的取值原则。

10.2 随机事物的推断

既有结构可靠性评定中，对随机事物的推断一般需采用小样本方法。由于结构设计时亦可能涉及随机事物的小样本推断，这里按一般情况阐述随机事物的小样本推断方法。对随机事物的推断一般可归结为随机变量概率分布参数和分位值的推断问题。根据结构性能和作用的概率模型，这里主要针对正态分布、对数正态分布和极大值Ⅰ型分布，阐述随机变量概率分布参数和分位值的小样本推断方法。

10.2.1　正态分布参数和分位值的推断

1. 概率推断方法

设总体 X 服从正态分布 $N(\mu,\sigma^2)$，μ、σ 分别为 X 的均值和标准差，其变异系数

$$\delta=\frac{\sigma}{\mu} \tag{10.1}$$

记 X 的上侧 p 分位值为 x_p，它满足

$$P\{X\geqslant x_p\}=p \tag{10.2}$$

$$x_p=\mu-z_{1-p}\sigma \tag{10.3}$$

式中：z_{1-p}为标准正态分布的上侧 $1-p$ 分位值。

记 $X_1,X_2,\cdots,X_n$ 为总体 X 的 n 个样本，其样本均值和方差分别为

$$\bar{X}=\frac{1}{n}\sum_{i=1}^{n}X_i \tag{10.4}$$

$$S^2=\frac{1}{n-1}\sum_{i=1}^{n}(X_i-\bar{X})^2 \tag{10.5}$$

这时 $\bar{X}$ 服从正态分布 $N(\mu,\sigma^2/n)$，$(n-1)S^2/\sigma^2$ 服从自由度为 $n-1$ 的卡方分布，且 $\bar{X}$、S^2 相互独立[4]。根据 4.1 节中相关概率分布的性质，表 10.1 中列举了与正态分布参数和分位值相关的枢轴量的概率分布。

表 10.1　与正态分布参数和分位值相关的枢轴量的概率分布

未知量 θ	条件	与 θ 相关的枢轴量 T	枢轴量 T 的概率分布
μ	无参数信息	$\dfrac{\bar{X}-\mu}{S/\sqrt{n}}$	自由度为 $n-1$ 的 t 分布
σ	μ 已知	$\dfrac{(n-1)S^2+n(\bar{X}-\mu)^2}{\sigma^2}$	自由度为 n 的卡方分布
x_p	μ 已知	$\dfrac{(n-1)S^2+n(\bar{X}-\mu)^2}{[(x_p-\mu)/z_{1-p}]^2}$	自由度为 n 的卡方分布
σ	无参数信息	$\dfrac{(n-1)S^2}{\sigma^2}$	自由度为 $n-1$ 的卡方分布
μ	σ 已知	$\dfrac{\bar{X}-\mu}{\sigma/\sqrt{n}}$	标准正态分布
x_p	σ 已知	$\dfrac{\bar{X}-x_p-z_{1-p}\sigma}{\sigma/\sqrt{n}}$	标准正态分布

续表

未知量 θ	条件	与 θ 相关的枢轴量 T	枢轴量 T 的概率分布
x_p	无参数信息	$\dfrac{\bar{X}-x_p}{S/\sqrt{n}}$	自由度为 $n-1$、参数为 $z_{1-p}\sqrt{n}$ 的非中心 t 分布
δ	无参数信息	$\dfrac{\bar{X}}{S/\sqrt{n}}$	自由度为 $n-1$、参数为 $\sqrt{n}/\delta$ 的非中心 t 分布

按区间估计法推断均值 μ 时，若无参数信息，可按表 10.1 中的枢轴量分别令

$$P\{T \geqslant t_{(n-1,1-\alpha)}\}=P\left\{\frac{\bar{X}-\mu}{S/\sqrt{n}} \geqslant t_{(n-1,1-\alpha)}\right\}=P\left\{\bar{X}-\frac{t_{(n-1,1-\alpha)}}{\sqrt{n}}S \geqslant \mu\right\}=C \tag{10.6}$$

$$P\{T \leqslant t_{(n-1,\alpha)}\}=P\left\{\frac{\bar{X}-\mu}{S/\sqrt{n}} \leqslant t_{(n-1,\alpha)}\right\}=P\left\{\bar{X}-\frac{t_{(n-1,\alpha)}}{\sqrt{n}}S \leqslant \mu\right\}=C \tag{10.7}$$

式中：$t_{(n-1,1-\alpha)}$、$t_{(n-1,\alpha)}$ 分别为自由度为 $n-1$ 的 t 分布的上侧 $1-\alpha$、α 分位值；α 为显著性水平；C 为置信水平，且 $C=1-\alpha$。一般取置信水平 C 为区间[0,1]内较大的值。

随机区间 $(-\infty,\bar{X}-t_{(n-1,1-\alpha)}S/\sqrt{n}]$、$[\bar{X}-t_{(n-1,\alpha)}S/\sqrt{n},\infty)$ 为置信水平 C 下均值 μ 的置信区间，它们覆盖均值 μ 的概率为 C。显然，置信区间是随机变化的，其边界的变异性在一定程度上反映了推断中的统计不定性。记 $x_1,x_2,\cdots,x_n$ 为 $X_1,X_2,\cdots,X_n$ 的样本实现值，其均值和方差分别为 $\bar{x}$、s^2，这时置信区间的实现值分别为 $(-\infty,\bar{x}-t_{(n-1,1-\alpha)}s/\sqrt{n}]$ 和 $[\bar{x}-t_{(n-1,\alpha)}s/\sqrt{n},\infty)$。按区间估计法，可分别取其上限、下限为均值 μ 的估计值[4]。注意到

$$t_{(n-1,1-\alpha)}=-t_{(n-1,\alpha)} \tag{10.8}$$

则均值 μ 的上限、下限估计值分别为

$$\mu=\bar{x}+\frac{t_{(n-1,\alpha)}}{\sqrt{n}}s \tag{10.9}$$

$$\mu=\bar{x}-\frac{t_{(n-1,\alpha)}}{\sqrt{n}}s \tag{10.10}$$

显然，显著性水平 α 越小，即置信水平 C 越大，则按式(10.6)和式(10.7)对统计不定性的考虑越充分，但对均值 μ 上限、下限的估计也越保守。

按类似方法，可得表 10.1 中各未知量在不同条件下的估计值，详见表 10.2，其中无参数信息时，变异系数 δ 的估计值需通过反查非中心 t 分布的数值表确定。

表 10.2　正态分布参数和分位值的估计值

未知量	条件	估计值	说明
μ	无参数信息	上限：$\bar{x}+\frac{t_{(n-1,\alpha)}}{\sqrt{n}}s$ 下限：$\bar{x}-\frac{t_{(n-1,\alpha)}}{\sqrt{n}}s$	z_α 为标准正态分布的上侧 α 分位值，且 $z_{1-\alpha}=-z_\alpha$； $\chi^2_{(n-1,\alpha)}$、$\chi^2_{(n-1,1-\alpha)}$ 分别为自由度为 $n-1$ 的卡方分布的上侧 α、$1-\alpha$ 分位值； $\chi^2_{(n,\alpha)}$、$\chi^2_{(n,1-\alpha)}$ 分别自由度为 n 的卡方分布的上侧 α、$1-\alpha$ 分位值； $t_{(n-1,\alpha)}$ 为自由度为 $n-1$ 的 t 分布的上侧 α 分位值，且 $t_{(n-1,1-\alpha)}=-t_{(n-1,\alpha)}$； $t_{(n-1,z_{1-p}\sqrt{n},\alpha)}$、$t_{(n-1,z_{1-p}\sqrt{n},1-\alpha)}$ 分别为自由度为 $n-1$、参数为 $z_{1-p}\sqrt{n}$ 的非中心 t 分布的上侧 α、$1-\alpha$ 分位值； $t_{(n-1,\sqrt{n}/\delta,\alpha)}$、$t_{(n-1,\sqrt{n}/\delta,1-\alpha)}$ 分别为自由度为 $n-1$、参数为 $\sqrt{n}/\delta$ 的非中心 t 分布的上侧 α、$1-\alpha$ 分位值
σ	μ 已知	上限：$\sqrt{\frac{(n-1)s^2+n(\bar{x}-\mu)^2}{\chi^2_{(n,1-\alpha)}}}$ 下限：$\sqrt{\frac{(n-1)s^2+n(\bar{x}-\mu)^2}{\chi^2_{(n,\alpha)}}}$	
x_p	μ 已知	上限：$\mu-z_{1-p}\sqrt{\frac{(n-1)s^2+n(\bar{x}-\mu)^2}{\chi^2_{(n,\alpha)}}}$，　$z_{1-p}\geqslant 0$ 下限：$\mu-z_{1-p}\sqrt{\frac{(n-1)s^2+n(\bar{x}-\mu)^2}{\chi^2_{(n,1-\alpha)}}}$，　$z_{1-p}\geqslant 0$	
σ	无参数信息	上限：$\sqrt{\frac{n-1}{\chi^2_{(n-1,1-\alpha)}}}s$ 下限：$\sqrt{\frac{n-1}{\chi^2_{(n-1,\alpha)}}}s$	
μ	σ 已知	上限：$\bar{x}+\frac{z_\alpha}{\sqrt{n}}\sigma$ 下限：$\bar{x}-\frac{z_\alpha}{\sqrt{n}}\sigma$	
x_p	σ 已知	上限：$\bar{x}-\left(z_{1-p}-\frac{z_\alpha}{\sqrt{n}}\right)\sigma$ 下限：$\bar{x}-\left(z_{1-p}+\frac{z_\alpha}{\sqrt{n}}\right)\sigma$	
x_p	无参数信息	上限：$\bar{x}-\frac{t_{(n-1,z_{1-p}\sqrt{n},1-\alpha)}}{\sqrt{n}}s$ 下限：$\bar{x}-\frac{t_{(n-1,z_{1-p}\sqrt{n},\alpha)}}{\sqrt{n}}s$	
δ	无参数信息	上限满足：$\frac{\sqrt{n}}{\hat{\delta}}=t_{(n-1,\sqrt{n}/\delta,\alpha)}$　$\left(\hat{\delta}=\frac{s}{\bar{x}}\right)$ 下限满足：$\frac{\sqrt{n}}{\hat{\delta}}=t_{(n-1,\sqrt{n}/\delta,1-\alpha)}$　$\left(\hat{\delta}=\frac{s}{\bar{x}}\right)$	

2. 信度推断方法

按信度理论的观点，随机变量的分布参数为未确知量，亦可采用信度方法推断。4.2.3 节中建议按贝叶斯法生成正态分布参数 μ、σ 和分位值 x_p 的信度分布（见表 4.2）。若无参数信息，未确知量 μ 的函数 $(\bar{x}-\mu)/(s/\sqrt{n})$ 的信度分布应为自由度为 $n-1$ 的 t 分布，分别令

$$\mathrm{Bel}\left\{\frac{\bar{x}-\mu}{s\sqrt{n}} \geqslant t_{(n-1,1-\alpha)}\right\}=\mathrm{Bel}\left\{\bar{x}+\frac{t_{(n-1,\alpha)}}{\sqrt{n}}s \geqslant \mu\right\}=C \tag{10.11}$$

$$\mathrm{Bel}\left\{\frac{\bar{x}-\mu}{s\sqrt{n}} \leqslant t_{(n-1,\alpha)}\right\}=\mathrm{Bel}\left\{\bar{x}-\frac{t_{(n-1,\alpha)}}{\sqrt{n}}s \leqslant \mu\right\}=C \tag{10.12}$$

则可得均值 μ 的上限、下限估计值分别为

$$\mu=\bar{x}+\frac{t_{(n-1,\alpha)}}{\sqrt{n}}s \tag{10.13}$$

$$\mu=\bar{x}-\frac{t_{(n-1,\alpha)}}{\sqrt{n}}s \tag{10.14}$$

式中:C 为信任水平,表示未确知量 μ 不大于其上限或不小于其下限的信度,可与置信水平取相同的值。显然,按贝叶斯生成方法的信度推断结果与区间估计法的相同。

对比表 4.2 中的信度分布与表 10.2 中的概率分布可知,对所有正态分布参数、分位值和变异系数,按贝叶斯法生成的信度分布进行推断时,均可得到与区间估计法相同的结果。鉴于此,按信度方法推断正态分布参数、分位值和变异系数时,建议采用按贝叶斯法生成的信度分布,这时在形式上可不区分概率推断方法和信度推断方法。

10.2.2　正态分布分位值和变异系数的近似推断

1. 非中心 t 分布上侧分位值的近似计算

无参数信息时,对正态分布分位值 x_p 和变异系数 δ 的推断均涉及非中心 t 分布的上侧分位值。由于非中心 t 分布包含两个参数,查表计算不便,且目前数值表中所考虑的情况也难以完全满足实际推断的需要[5],因此文献[6]中提出一个简化的近似计算方法。

按表 10.1 中无参数信息时分位值 x_p 的枢轴量,应有

$$P\left\{\frac{\bar{X}-x_p}{S/\sqrt{n}} \leqslant t_{(n-1,z_{1-p}\sqrt{n},\alpha)}\right\}=C \tag{10.15}$$

它可被改写为

$$P\left\{\bar{X}-x_p-\frac{t_{(n-1,z_{1-p}\sqrt{n},\alpha)}}{\sqrt{n}}S \leqslant 0\right\}=P\{Y \leqslant 0\}=C \tag{10.16}$$

$$Y=\bar{X}-x_p-\frac{t_{(n-1,z_{1-p}\sqrt{n},\alpha)}}{\sqrt{n}}S \tag{10.17}$$

当 $n \geqslant 5$ 时,S 近似服从正态分布 $\mathrm{N}\left(\sigma,\frac{\sigma^2}{2(n-1)}\right)$[7],且 $\bar{X}$ 与 S 相互独立,因此 Y 近

似服从正态分布 $N\left(\left[z_{1-p}\sqrt{n}-t_{(n-1,z_{1-p}\sqrt{n},\alpha)}\right]\frac{\sigma}{\sqrt{n}},\left[1+\frac{t^2_{(n-1,z_{1-p}\sqrt{n},\alpha)}}{2(n-1)}\right]\frac{\sigma^2}{n}\right)$。这时由式(10.16)可得

$$\frac{-z_{1-p}\sqrt{n}+t_{(n-1,z_{1-p}\sqrt{n},\alpha)}}{\sqrt{1+\frac{t^2_{(n-1,z_{1-p}\sqrt{n},\alpha)}}{2(n-1)}}}=z_\alpha \tag{10.18}$$

求解该方程,可得[6]

$$t_{(n-1,z_{1-p}\sqrt{n},\alpha)}=\frac{z_{1-p}\sqrt{n}+z_\alpha\sqrt{1-\frac{z_\alpha^2-z_{1-p}^2 n}{2(n-1)}}}{1-\frac{z_\alpha^2}{2(n-1)}},\quad z_\alpha^2<2(n-1) \tag{10.19}$$

由此可得非中心 t 分布上侧分位值的通式为

$$t_{(n-1,\gamma,\alpha)}=\frac{\gamma+z_\alpha\sqrt{1-\frac{z_\alpha^2-\gamma^2}{2(n-1)}}}{1-\frac{z_\alpha^2}{2(n-1)}},\quad z_\alpha^2<2(n-1) \tag{10.20}$$

显然,按该式有

$$t_{(n-1,-\gamma,1-\alpha)}=-t_{(n-1,\gamma,\alpha)} \tag{10.21}$$

它与理论上的式(4.52)完全一致。

若令 $z_{1-p}=0$,可得自由度为 $n-1$ 的 t 分布的上侧 α 和 $1-\alpha$ 分位值的近似公式,即

$$t_{(n-1,\alpha)}=\frac{z_\alpha}{\sqrt{1-\frac{z_\alpha^2}{2(n-1)}}},\quad z_\alpha^2<2(n-1) \tag{10.22}$$

$$t_{(n-1,1-\alpha)}=\frac{-z_\alpha}{\sqrt{1-\frac{z_\alpha^2}{2(n-1)}}},\quad z_\alpha^2<2(n-1) \tag{10.23}$$

当 $n\to\infty$ 时,有

$$t_{(n-1,\alpha)}=z_\alpha \tag{10.24}$$

$$t_{(n-1,1-\alpha)}=-z_\alpha \tag{10.25}$$

这时 t 分布蜕变为标准正态分布。

表 10.3 和表 10.4 为 $t_{(n-1,z_{1-p}\sqrt{n},\alpha)}/\sqrt{n}$ 的对比计算结果,其中考虑了 z_{1-p} 在分位值和变异系数推断中可能的取值范围(1.0～5.0)。

表 10.3　$t_{(n-1,z_{1-p}\sqrt{n},\alpha)}/\sqrt{n}$ 的对比计算结果一($z_{1-p}=1.0$)

n	$\alpha=0.10$			$\alpha=0.25$			$\alpha=0.40$		
	式(10.20)	精确解	相对误差	式(10.20)	精确解	相对误差	式(10.20)	精确解	相对误差
5	2.1176	2.2467	−0.057	1.4608	1.5800	−0.075	1.1533	1.2440	−0.073
6	1.9466	2.0421	−0.047	1.4073	1.4963	−0.059	1.1379	1.2081	−0.058
7	1.8335	1.9083	−0.039	1.3688	1.4394	−0.049	1.1263	1.1833	−0.048
8	1.7519	1.8130	−0.034	1.3394	1.3976	−0.042	1.1172	1.1652	−0.041
9	1.6896	1.7409	−0.029	1.3159	1.3654	−0.036	1.1099	1.1512	−0.036
10	1.6400	1.6842	−0.026	1.2966	1.3395	−0.032	1.1037	1.1400	−0.032
11	1.5995	1.6383	−0.024	1.2805	1.3182	−0.029	1.0985	1.1308	−0.029
12	1.5655	1.5999	−0.021	1.2666	1.3003	−0.026	1.0940	1.1231	−0.026
13	1.5366	1.5674	−0.020	1.2546	1.2851	−0.024	1.0901	1.1166	−0.024
14	1.5115	1.5395	−0.018	1.2441	1.2718	−0.022	1.0866	1.1109	−0.022
15	1.4895	1.5151	−0.017	1.2347	1.2602	−0.020	1.0835	1.1059	−0.020
16	1.4701	1.4936	−0.016	1.2264	1.2499	−0.019	1.0807	1.1015	−0.019
17	1.4527	1.4745	−0.015	1.2188	1.2406	−0.018	1.0781	1.0976	−0.018
18	1.4370	1.4572	−0.014	1.2120	1.2323	−0.017	1.0758	1.0941	−0.017
19	1.4228	1.4417	−0.013	1.2057	1.2248	−0.016	1.0737	1.0909	−0.016
20	1.4099	1.4276	−0.012	1.2000	1.2179	−0.015	1.0718	1.0880	−0.015
22	1.3872	1.4029	−0.011	1.1898	1.2058	−0.013	1.0683	1.0828	−0.013
24	1.3677	1.3818	−0.010	1.1810	1.1954	−0.012	1.0653	1.0785	−0.012
26	1.3509	1.3637	−0.009	1.1733	1.1865	−0.011	1.0626	1.0747	−0.011
28	1.3361	1.3478	−0.009	1.1665	1.1786	−0.010	1.0602	1.0714	−0.010
30	1.3230	1.3337	−0.008	1.1604	1.1716	−0.010	1.0581	1.0685	−0.010

表 10.4　$t_{(n-1,z_{1-p}\sqrt{n},\alpha)}/\sqrt{n}$ 的对比计算结果一($z_{1-p}=5.0$)

n	$\alpha=0.10$			$\alpha=0.25$			$\alpha=0.40$		
	式(10.20)	精确解	相对误差	式(10.20)	精确解	相对误差	式(10.20)	精确解	相对误差
5	9.2140	9.7707	−0.057	6.6033	7.2426	−0.088	5.5060	6.0333	−0.087
6	8.4737	8.8799	−0.046	6.3906	6.8665	−0.069	5.4486	5.8545	−0.069
7	7.9984	8.3144	−0.038	6.2418	6.6182	−0.057	5.4069	5.7361	−0.057
8	7.6637	7.9204	−0.032	6.1306	6.4409	−0.048	5.3748	5.6515	−0.049
9	7.4132	7.6287	−0.028	6.0436	6.3069	−0.042	5.3492	5.5875	−0.043
10	7.2175	7.4021	−0.025	5.9733	6.2016	−0.037	5.3281	5.5373	−0.038
11	7.0596	7.2214	−0.022	5.9150	6.1163	−0.033	5.3104	5.4968	−0.034
12	6.9290	7.0725	−0.020	5.8657	6.0455	−0.030	5.2952	5.4632	−0.031
13	6.8188	6.9477	−0.019	5.8233	5.9857	−0.027	5.2821	5.4349	−0.028

续表

n	$\alpha=0.10$			$\alpha=0.25$			$\alpha=0.40$		
	式(10.20)	精确解	相对误差	式(10.20)	精确解	相对误差	式(10.20)	精确解	相对误差
14	6.7244	6.8409	−0.017	5.7863	5.9344	−0.025	5.2705	5.4106	−0.026
15	6.6424	6.7490	−0.016	5.7538	5.8895	−0.023	5.2602	5.3896	−0.024
16	6.5703	6.6683	−0.015	5.7249	5.8504	−0.021	5.2510	5.3712	−0.022
17	6.5064	6.5968	−0.014	5.6989	5.8155	−0.020	5.2427	5.3549	−0.021
18	6.4493	6.5333	−0.013	5.6755	5.7843	−0.019	5.2352	5.3403	−0.020
19	6.3978	6.4763	−0.012	5.6542	5.7561	−0.018	5.2283	5.3273	−0.019
20	6.3511	6.4247	−0.011	5.6347	5.7307	−0.017	5.2220	5.3154	−0.018
22	6.2695	6.3352	−0.010	5.6003	5.6861	−0.015	5.2107	5.2948	−0.016
24	6.2005	6.2594	−0.009	5.5709	5.6483	−0.014	5.2010	5.2774	−0.014
26	6.1410	6.1945	−0.009	5.5452	5.6159	−0.013	5.1926	5.2625	−0.013
28	6.0892	6.1380	−0.008	5.5227	5.5875	−0.012	5.1851	5.2496	−0.012
30	6.0436	6.0885	−0.007	5.5027	5.5627	−0.011	5.1784	5.2383	−0.011

对比计算结果可知，式(10.20)总体上具有较好的精度，但系统偏小，样本容量n较小时的相对误差较大。为提高精度，可适当加大正态分布 $\mathrm{N}\left(\sigma,\dfrac{\sigma^2}{2(n-1)}\right)$的方差。经拟合，可近似取

$$t_{(n-1,\gamma,\alpha)}=\frac{\gamma+z_\alpha\sqrt{1-\dfrac{z_\alpha^2-\gamma^2}{2(n-m)}}}{1-\dfrac{z_\alpha^2}{2(n-m)}},\quad z_\alpha^2\leqslant 2(n-m) \tag{10.26}$$

$$m=\frac{1.5}{(1-\alpha)^2} \tag{10.27}$$

表 10.5 和表 10.6 为这时 $t_{(n-1,z_{1-p}\sqrt{n},\alpha)}/\sqrt{n}$ 的对比计算结果，可见式(10.26)的精度明显高于式(10.20)的精度，它适用于 $n\geqslant5$、$\alpha=0.1\sim0.4$ 的场合。

表 10.5　$t_{(n-1,z_{1-p}\sqrt{n},\alpha)}/\sqrt{n}$ 的对比计算结果二($z_{1-p}=1.0$)

n	$\alpha=0.10$			$\alpha=0.25$			$\alpha=0.40$		
	式(10.26)	精确解	相对误差	式(10.26)	精确解	相对误差	式(10.26)	精确解	相对误差
5	2.3130	2.2467	0.030	1.5776	1.5800	−0.002	1.2746	1.2440	0.025
6	2.0525	2.0421	0.005	1.4732	1.4963	−0.015	1.1882	1.2081	−0.016
7	1.9004	1.9083	−0.004	1.4119	1.4394	−0.019	1.1559	1.1833	−0.023
8	1.7983	1.8130	−0.008	1.3700	1.3976	−0.020	1.1373	1.1652	−0.024
9	1.7238	1.7409	−0.010	1.3390	1.3654	−0.019	1.1246	1.1512	−0.023
10	1.6664	1.6842	−0.011	1.3148	1.3395	−0.018	1.1152	1.1400	−0.022

续表

n	α=0.10			α=0.25			α=0.40		
	式(10.26)	精确解	相对误差	式(10.26)	精确解	相对误差	式(10.26)	精确解	相对误差
11	1.6205	1.6383	−0.011	1.2952	1.3182	−0.017	1.1077	1.1308	−0.020
12	1.5827	1.5999	−0.011	1.2789	1.3003	−0.017	1.1016	1.1231	−0.019
13	1.5509	1.5674	−0.011	1.2650	1.2851	−0.016	1.0965	1.1166	−0.018
14	1.5237	1.5395	−0.010	1.2530	1.2718	−0.015	1.0921	1.1109	−0.017
15	1.5000	1.5151	−0.010	1.2425	1.2602	−0.014	1.0882	1.1059	−0.016
16	1.4792	1.4936	−0.010	1.2332	1.2499	−0.013	1.0849	1.1015	−0.015
17	1.4607	1.4745	−0.009	1.2249	1.2406	−0.013	1.0819	1.0976	−0.014
18	1.4442	1.4572	−0.009	1.2174	1.2323	−0.012	1.0792	1.0941	−0.014
19	1.4293	1.4417	−0.009	1.2106	1.2248	−0.012	1.0767	1.0909	−0.013
20	1.4157	1.4276	−0.008	1.2044	1.2179	−0.011	1.0745	1.0880	−0.012
22	1.3919	1.4029	−0.008	1.1935	1.2058	−0.010	1.0706	1.0828	−0.011
24	1.3718	1.3818	−0.007	1.1841	1.1954	−0.009	1.0672	1.0785	−0.010
26	1.3543	1.3637	−0.007	1.1760	1.1865	−0.009	1.0643	1.0747	−0.010
28	1.3391	1.3478	−0.007	1.1689	1.1786	−0.008	1.0617	1.0714	−0.009
30	1.3256	1.3337	−0.006	1.1625	1.1716	−0.008	1.0594	1.0685	−0.008

表 10.6　$t_{(n-1,z_{1-p}\sqrt{n},\alpha)}/\sqrt{n}$的对比计算结果二($z_{1-p}=5.0$)

n	α=0.10			α=0.25			α=0.40		
	式(10.26)	精确解	相对误差	式(10.26)	精确解	相对误差	式(10.26)	精确解	相对误差
5	10.2831	9.7707	0.052	7.2988	7.2426	0.008	6.2273	6.0333	0.032
6	9.0688	8.8799	0.021	6.7967	6.8665	−0.010	5.7704	5.8545	−0.014
7	8.3829	8.3144	0.008	6.5141	6.6182	−0.016	5.6041	5.7361	−0.023
8	7.9353	7.9204	0.002	6.3285	6.4409	−0.017	5.5123	5.6515	−0.025
9	7.6167	7.6287	−0.002	6.1955	6.3069	−0.018	5.4522	5.5875	−0.024
10	7.3766	7.4021	−0.003	6.0943	6.2016	−0.017	5.4091	5.5373	−0.023
11	7.1880	7.2214	−0.005	6.0142	6.1163	−0.017	5.3763	5.4968	−0.022
12	7.0352	7.0725	−0.005	5.9489	6.0455	−0.016	5.3502	5.4632	−0.021
13	6.9084	6.9477	−0.006	5.8943	5.9857	−0.015	5.3288	5.4349	−0.020
14	6.8011	6.8409	−0.006	5.8479	5.9344	−0.015	5.3109	5.4106	−0.018
15	6.7090	6.7490	−0.006	5.8077	5.8895	−0.014	5.2956	5.3896	−0.017
16	6.6288	6.6683	−0.006	5.7726	5.8504	−0.013	5.2823	5.3712	−0.017
17	6.5583	6.5968	−0.006	5.7416	5.8155	−0.013	5.2706	5.3549	−0.016
18	6.4956	6.5333	−0.006	5.7139	5.7843	−0.012	5.2603	5.3403	−0.015
19	6.4395	6.4763	−0.006	5.6890	5.7561	−0.012	5.2511	5.3273	−0.014
20	6.3889	6.4247	−0.006	5.6664	5.7307	−0.011	5.2427	5.3154	−0.014

续表

n	$\alpha=0.10$			$\alpha=0.25$			$\alpha=0.40$		
	式(10.26)	精确解	相对误差	式(10.26)	精确解	相对误差	式(10.26)	精确解	相对误差
22	6.3011	6.3352	−0.005	5.6271	5.6861	−0.010	5.2283	5.2948	−0.013
24	6.2273	6.2594	−0.005	5.5938	5.6483	−0.010	5.2161	5.2774	−0.012
26	6.1642	6.1945	−0.005	5.5652	5.6159	−0.009	5.2057	5.2625	−0.011
28	6.1094	6.1380	−0.005	5.5402	5.5875	−0.008	5.1966	5.2496	−0.010
30	6.0614	6.0885	−0.004	5.5182	5.5627	−0.008	5.1886	5.2383	−0.009

2. 分位值 x_p 的近似推断

根据非中心 t 分布上侧分位值的近似计算方法，无参数信息时，正态分布上侧 p 分位值 x_p 的上限、下限估计值应分别为

$$x_p=\bar{x}-\frac{t_{(n-1,z_{1-p}\sqrt{n},1-\alpha)}}{\sqrt{n}}s=\bar{x}-\frac{z_{1-p}\sqrt{n}-z_\alpha\sqrt{1-\dfrac{z_\alpha^2-z_{1-p}^2n}{2(n-m)}}}{1-\dfrac{z_\alpha^2}{2(n-m)}}\frac{s}{\sqrt{n}},\quad z_\alpha^2\leqslant 2(n-m) \tag{10.28}$$

$$x_p=\bar{x}-\frac{t_{(n-1,z_{1-p}\sqrt{n},\alpha)}}{\sqrt{n}}s=\bar{x}-\frac{z_{1-p}\sqrt{n}+z_\alpha\sqrt{1-\dfrac{z_\alpha^2-z_{1-p}^2n}{2(n-m)}}}{1-\dfrac{z_\alpha^2}{2(n-m)}}\frac{s}{\sqrt{n}},\quad z_\alpha^2\leqslant 2(n-m) \tag{10.29}$$

式中：

$$m=\frac{1.5}{(1-\alpha)^2} \tag{10.30}$$

这时通过查表计算标准正态分布的上侧分位值 z_{1-p} 和 z_α，便可根据测试结果近似推断正态分布的上侧 p 分位值 x_p，无须查表计算非中心 t 分布的上侧分位值。

3. 变异系数 δ 的近似推断

为克服查表计算的不便，文献[8]和《正态分布分位数与变异系数的置信限》(GB/T 10094—2009)[9]中均提出了变异系数 δ 的近似推断方法。文献[8]指出，正态分布的变异系数 $\delta\leqslant0.30$ 时，按式(10.31)构造的枢轴量 T 近似服从自由度为 $n-1$ 的卡方分布。

$$T=\frac{n\left(\dfrac{S}{\bar{X}}\right)^2(1+\delta^2)}{\left[1+\left(\dfrac{S}{\bar{X}}\right)^2\right]\delta^2} \tag{10.31}$$

分别令

$$P\{T \geqslant \chi^2_{(n-1,1-\alpha)}\} = C \tag{10.32}$$

$$P\{T \leqslant \chi^2_{(n-1,\alpha)}\} = C \tag{10.33}$$

可分别得变异系数 δ 的上限、下限估计值，即

$$\delta = \left[\frac{\chi^2_{(n-1,1-\alpha)}(1+\hat{\delta}^2)}{n\hat{\delta}^2} - 1\right]^{-\frac{1}{2}} \tag{10.34}$$

$$\delta = \left[\frac{\chi^2_{(n-1,\alpha)}(1+\hat{\delta}^2)}{n\hat{\delta}^2} - 1\right]^{-\frac{1}{2}} \tag{10.35}$$

式中：

$$\hat{\delta} = \frac{s}{\bar{x}} \tag{10.36}$$

文献[9]规定，$\hat{\delta}<0.3$ 且 $n \geqslant 6$ 时，变异系数 δ 的置信上限可按式(10.37)近似计算，即

$$\delta = \left[\frac{\chi^2_{(n-1,\alpha)}\left(1+\frac{n-1}{n}\hat{\delta}^2\right)}{(n-1)\hat{\delta}^2} - 1\right]^{-\frac{1}{2}} \tag{10.37}$$

相对而言，文献[8]和[9]提出的变异系数 δ 的近似推断方法均限定了较严格的适用范围。

对正态分布变异系数 δ 的推断也可利用非中心 t 分布上侧分位值的近似计算公式，文献[6]根据式(10.20)提出一种新的近似估计方法。根据表 10.2 中无参数信息时的推断公式，正态分布变异系数 δ 的上限、下限估计值应分别满足

$$\frac{\sqrt{n}}{\hat{\delta}} = t_{(n-1,\sqrt{n}/\delta,\alpha)} \tag{10.38}$$

$$\frac{\sqrt{n}}{\hat{\delta}} = t_{(n-1,\sqrt{n}/\delta,1-\alpha)} \tag{10.39}$$

由式(10.20)或与其等效的式(10.18)可得以下近似通式：

$$\frac{-\gamma + t_{(n-1,\gamma,\alpha)}}{\sqrt{1+\frac{t^2_{(n-1,\gamma,\alpha)}}{2(n-1)}}} = z_\alpha \tag{10.40}$$

令

$$\gamma = \frac{\sqrt{n}}{\delta} \tag{10.41}$$

这时将式(10.38)、式(10.39)分别代入式(10.40)，可分别得

$$\frac{-\sqrt{n}/\delta+\sqrt{n}/\hat{\delta}}{\sqrt{1+\frac{(\sqrt{n}/\hat{\delta})^2}{2(n-1)}}}=z_\alpha \tag{10.42}$$

$$\frac{-\sqrt{n}/\delta+\sqrt{n}/\hat{\delta}}{\sqrt{1+\frac{(\sqrt{n}/\hat{\delta})^2}{2(n-1)}}}=z_{1-\alpha} \tag{10.43}$$

由此可分别得变异系数 δ 的上限、下限估计值，即[6]

$$\delta=\frac{1}{1-z_\alpha\sqrt{\frac{1}{2(n-1)}+\frac{\hat{\delta}^2}{n}}}\hat{\delta} \tag{10.44}$$

$$\delta=\frac{1}{1+z_\alpha\sqrt{\frac{1}{2(n-1)}+\frac{\hat{\delta}^2}{n}}}\hat{\delta} \tag{10.45}$$

表 10.7 和表 10.8 列举了变异系数 δ 的推断结果，可见：文献[9]方法的精度最低；$\alpha=0.05$、$\hat{\delta}\geqslant 0.1$、$n\geqslant 5$ 时及 $\alpha=0.10$、$\hat{\delta}\geqslant 0.2$、$n\geqslant 7$ 时，文献[6]方法比文献[8]方法均具有更好的精度。实际应用中，一般取 $\alpha=0.05$ 且大多数情况下有 $\hat{\delta}\geqslant 0.1$ 和 $n\geqslant 5$。若取 $\alpha=0.05$、$\hat{\delta}=0.1\sim0.5$ 和 $n=5\sim30$，则文献[9]方法的平均、最大相对误差分别为 0.154 和 1.043，文献[8]方法的分别为 −0.036 和 0.359，文献[6]方法的分别为 −0.011 和 0.050。总体而言，文献[6]方法具有更高的精度，同时具有更广的适用范围。

表 10.7　变异系数 δ 的推断结果($\alpha=0.05$)

n	$\hat{\delta}=0.10$				$\hat{\delta}=0.20$				$\hat{\delta}=0.30$				$\hat{\delta}=0.50$			
	文献[6]	文献[8]	文献[9]	精确解	文献[6]	文献[8]	文献[9]	精确解	文献[6]	文献[8]	文献[9]	精确解	文献[6]	文献[8]	文献[9]	精确解
5	0.242	0.236	0.274	0.240	0.500	0.467	0.609	0.500	0.794	1.177	1.177	0.801	1.603	1.083	无解	1.689
6	0.210	0.208	0.234	0.211	0.432	0.411	0.502	0.436	0.678	0.873	0.873	0.689	1.313	0.951	无解	1.367
7	0.192	0.191	0.210	0.193	0.393	0.377	0.444	0.397	0.612	0.739	0.739	0.622	1.156	0.869	2.441	1.195
8	0.180	0.179	0.195	0.181	0.367	0.353	0.407	0.371	0.569	0.662	0.662	0.578	1.057	0.814	1.680	1.088
9	0.171	0.170	0.184	0.172	0.348	0.336	0.381	0.352	0.539	0.612	0.613	0.546	0.989	0.774	1.391	1.012
10	0.164	0.164	0.175	0.166	0.334	0.323	0.362	0.337	0.515	0.575	0.575	0.522	0.938	0.743	1.229	0.958
15	0.146	0.145	0.152	0.147	0.295	0.287	0.310	0.297	0.452	0.482	0.482	0.456	0.802	0.657	0.917	0.813
20	0.137	0.136	0.141	0.138	0.277	0.269	0.287	0.278	0.422	0.442	0.442	0.425	0.740	0.616	0.809	0.747
25	0.132	0.131	0.135	0.132	0.265	0.258	0.273	0.267	0.404	0.418	0.419	0.406	0.703	0.591	0.752	0.708
30	0.128	0.127	0.131	0.128	0.258	0.251	0.264	0.259	0.392	0.403	0.403	0.393	0.678	0.574	0.716	0.683

表 10.8　变异系数 δ 的推断结果($\alpha=0.10$)

n	$\hat{\delta}=0.10$				$\hat{\delta}=0.20$				$\hat{\delta}=0.30$				$\hat{\delta}=0.50$			
	文献[6]	文献[8]	文献[9]	精确解	文献[6]	文献[8]	文献[9]	精确解	文献[6]	文献[8]	文献[9]	精确解	文献[6]	文献[8]	文献[9]	精确解
5	0.184	0.193	0.221	0.195	0.376	0.382	0.470	0.399	0.582	0.562	0.796	0.622	1.078	0.885	3.953	1.170
6	0.169	0.175	0.196	0.177	0.344	0.347	0.409	0.361	0.531	0.510	0.667	0.559	0.966	0.802	1.711	1.030
7	0.160	0.164	0.180	0.166	0.324	0.324	0.373	0.337	0.498	0.477	0.596	0.520	0.897	0.749	1.320	0.943
8	0.153	0.157	0.170	0.158	0.310	0.309	0.349	0.321	0.475	0.454	0.551	0.493	0.849	0.712	1.139	0.885
9	0.148	0.151	0.162	0.152	0.299	0.296	0.332	0.308	0.458	0.437	0.520	0.473	0.813	0.685	1.032	0.843
10	0.144	0.146	0.156	0.148	0.291	0.289	0.319	0.299	0.445	0.424	0.497	0.457	0.786	0.664	0.960	0.811
15	0.132	0.133	0.139	0.134	0.267	0.263	0.283	0.271	0.406	0.386	0.435	0.413	0.708	0.604	0.791	0.721
20	0.127	0.127	0.131	0.128	0.255	0.251	0.266	0.258	0.387	0.368	0.406	0.392	0.669	0.574	0.723	0.678
25	0.123	0.123	0.127	0.124	0.248	0.243	0.256	0.250	0.375	0.356	0.390	0.379	0.645	0.556	0.685	0.652
30	0.120	0.121	0.124	0.121	0.242	0.283	0.249	0.244	0.367	0.349	0.378	0.370	0.629	0.543	0.660	0.634

进一步的分析表明,若按式(10.26)建立文献[6]中的方法,精度则会下降,这主要在于误差传递方面的原因,建议近似推断变异系数时仍采用式(10.44)和式(10.45)。

10.2.3　对数正态分布分位值和变异系数的推断

设总体 X 服从对数正态分布 $\mathrm{LN}(\mu_{\ln X},\sigma_{\ln X}^2)$,这时 $\ln X$ 服从正态分布 $\mathrm{N}(\mu_{\ln X},\sigma_{\ln X}^2)$,其中:

$$\mu_{\ln X}=\ln\frac{\mu}{\sqrt{1+\delta^2}} \tag{10.46}$$

$$\sigma_{\ln X}=\sqrt{\ln(1+\delta^2)} \tag{10.47}$$

式中:μ、δ 分别为总体 X 的均值和变异系数。总体 X 的上侧 p 分位值 x_p 满足

$$\ln x_p=\mu_{\ln X}-z_{1-p}\sigma_{\ln X} \tag{10.48}$$

记 $x_1,x_2,\cdots,x_n$ 为总体 X 的 n 个样本实现值,令

$$y_i=\ln x_i,\quad i=1,2,\cdots,n \tag{10.49}$$

$$\bar{y}=\frac{1}{n}\sum_{i=1}^{n}y_i \tag{10.50}$$

$$s_y^2=\frac{1}{n-1}\sum_{i=1}^{n}(y_i-\bar{y})^2 \tag{10.51}$$

则利用正态分布的推断方法,可得到对数正态分布分位值和变异系数的估计值,见表 10.9。

表 10.9 对数正态分布分位值和变异系数的估计值

未知量	条件	估计值	说明
δ	无参数信息	上限：$\sqrt{\exp\left[\frac{(n-1)s_y^2}{\chi^2_{(n-1,1-\alpha)}}\right]-1}$ 下限：$\sqrt{\exp\left[\frac{(n-1)s_y^2}{\chi^2_{(n-1,\alpha)}}\right]-1}$	$\chi^2_{(n-1,\alpha)}$、$\chi^2_{(n-1,1-\alpha)}$分别为自由度为 $n-1$ 的卡方分布的上侧 α、$1-\alpha$ 分位值；
x_p	δ已知	上限：$\exp\left[\bar{y}-\left(z_{1-p}-\frac{z_\alpha}{\sqrt{n}}\right)\sqrt{\ln(1+\delta^2)}\right]$ 下限：$\exp\left[\bar{y}-\left(z_{1-p}+\frac{z_\alpha}{\sqrt{n}}\right)\sqrt{\ln(1+\delta^2)}\right]$	z_α 为标准正态分布的上侧 α 分位值；
x_p	无参数信息	上限：$\exp\left(\bar{y}-\frac{t_{(n-1,z_{1-p}\sqrt{n},1-\alpha)}}{\sqrt{n}}s_y\right)$ 下限：$\exp\left(\bar{y}-\frac{t_{(n-1,z_{1-p}\sqrt{n},\alpha)}}{\sqrt{n}}s_y\right)$	$t_{(n-1,z_{1-p}\sqrt{n},\alpha)}$、$t_{(n-1,z_{1-p}\sqrt{n},1-\alpha)}$ 分别为自由度为 $n-1$、参数为 $z_{1-p}\sqrt{n}$ 的非中心 t 分布的上侧 α、$1-\alpha$ 分位值

10.2.4 极大值Ⅰ型分布参数和分位值的推断

对极大值Ⅰ型的分布参数和分位值，目前提出的推断方法主要包括矩法、极大似然法、概率加权法、最小二乘法等点估计法[10,11]，它们主要适用于测试数据较充足的场合，并不能用于小样本条件下的推断。

1974 年，Mann 等[12]利用次序统计量的概率特性，提出极小值Ⅰ型分布参数及分位值的最好线性无偏估计和不变估计，并按最好线性不变估计，给出不同置信水平下极小值Ⅰ型分布参数及分位值的上、下限估计值。这种线性估计方法不仅考虑了样本的容量，还考虑了样本的序位，更充分地利用了样本提供的信息，并可通过设置一定的置信水平考虑统计不定性的影响，可用于小样本的场合。1978 年，原第四机械工业部标准化研究所根据 Mann 等提出的方法编制了《可靠性试验用表》[5]，我国在后期也陆续颁布了相关的国家标准[13,14]。该法目前已成为机械、电子等行业推断产品寿命的主要方法。

极大值Ⅰ型分布与极小值Ⅰ型分布同属极值分布族，可相互转换[4]。已有学者据此提出极大值Ⅰ型分布参数和分位值的推断方法，但它们均为点估计法，难以充分考虑统计不定性的影响[15]。文献[16]则根据极小值Ⅰ型分布参数及分位值线性回归估计的原理，提出小样本条件下极大值Ⅰ型分布参数及分位值的推断方法。

1. 极小值Ⅰ型分布参数及分位值的推断

设 Y 服从参数为 μ_Y、α_Y 的极小值Ⅰ型分布，其概率密度函数、概率分布函数分别为

$$f_Y(y)=\frac{1}{\alpha_Y}\exp\left(\frac{y-\mu_Y}{\alpha_Y}\right)\exp\left[-\exp\left(\frac{y-\mu_Y}{\alpha_Y}\right)\right] \tag{10.52}$$

$$F_Y(y)=1-\exp\left[-\exp\left(\frac{y-\mu_Y}{\alpha_Y}\right)\right] \tag{10.53}$$

式中：μ_Y、α_Y 为分布参数，$-\infty<\mu_Y<\infty$，$\alpha_Y>0$。极小值Ⅰ型分布主要用于描述产品寿命的概率特性，通常以其上侧 p 分位值 y_p 作为产品的可靠寿命，其中 p 为产品寿命不小于 y_p 的保证率[15]，它们满足

$$y_p=\mu_Y+\alpha_Y\ln(-\ln p) \tag{10.54}$$

设通过截尾试验获得产品寿命 Y 的 n 个样本，试验中有 $r(\leqslant n)$ 个产品失效，而其余 $n-r$ 个产品未失效，它们的寿命不低于这 r 个失效产品的寿命。设失效产品寿命的次序统计量为 $Y_{(1)}$、$Y_{(2)}$、…、$Y_{(r)}$，即 $Y_{(1)}\leqslant Y_{(2)}\leqslant\cdots\leqslant Y_{(r)}$，且其余 $n-r$ 个样本均不小于 $Y_{(r)}$。这种样本称为截尾样本，$r=n$ 时则称其为完全样本[17]。令

$$Z=\frac{Y-\mu_Y}{\alpha_Y} \tag{10.55}$$

则 Z 服从参数为 0、1 的极小值Ⅰ型分布，其前 r 个次序统计量为

$$Z_{(j)}=\frac{Y_{(j)}-\mu_Y}{\alpha_Y},\quad j=1,2,\cdots,r \tag{10.56}$$

其概率密度函数为

$$\begin{aligned}f_{Z_{(j)}}(t)=&\frac{n!}{(j-1)!\,(n-j)!}\{1-\exp[-\exp(t)]\}^{j-1}\\&\cdot\{\exp[-\exp(t)]\}^{n-j}\exp(t)\exp[-\exp(t)],\quad j=1,2,\cdots,r\end{aligned} \tag{10.57}$$

它们与未知参数 μ_Y、α_Y 无关。记 $Z_{(j)}$ 的均值为 $E[Z_{(j)}]$，$Z_{(i)}$ 和 $Z_{(j)}$ 的协方差为 $v_{i,j}$，$i,j=1,2,\cdots,r$，它们的值仅与样本序位 i、j 和样本容量 n 有关，可通过数值积分或蒙特卡洛数值模拟单独确定，并可由此确定 $Z_{(1)}$、$Z_{(2)}$、…、$Z_{(r)}$ 的 $r\times r$ 协方差矩阵 $(v_{i,j})_{r\times r}$ 及其逆矩阵 $(v^{i,j})_{r\times r}$。

根据高斯-马尔科夫定理，可取参数 μ_Y、α_Y 和分位值 y_p 的估计量分别为[12,17]

$$\mu_Y^*=\sum_{j=1}^{r}D(n,r,j)Y_{(j)} \tag{10.58}$$

$$\alpha_Y^*=\sum_{j=1}^{r}C(n,r,j)Y_{(j)} \tag{10.59}$$

$$y_p^*=\mu_Y^*+\alpha_Y^*\ln(-\ln p) \tag{10.60}$$

式中：

$$D(n,r,j)=\sum_{i=1}^{r}\{A_{r,n}v^{i,j}+B_{r,n}v^{i,j}E[Z_{(i)}]\} \tag{10.61}$$

$$C(n,r,j)=\sum_{i=1}^{r}\{l_{r,n}v^{i,j}E[Z_{(i)}]+B_{r,n}v^{i,j}\} \tag{10.62}$$

$$A_{r,n}=\frac{1}{\Delta}\sum_{i=1}^{r}\sum_{j=1}^{r}v^{i,j}E[Z_{(i)}]E[Z_{(j)}] \tag{10.63}$$

$$B_{r,n}=-\frac{1}{\Delta}\sum_{i=1}^{r}\sum_{j=1}^{r}v^{i,j}E[Z_{(i)}] \tag{10.64}$$

$$l_{r,n}=\frac{1}{\Delta}\sum_{i=1}^{r}\sum_{j=1}^{r}v^{i,j} \tag{10.65}$$

$$\Delta=\left(\sum_{i=1}^{r}\sum_{j=1}^{r}v^{i,j}\right)\left\{\sum_{i=1}^{r}\sum_{j=1}^{r}v^{i,j}E[Z_{(i)}]E[Z_{(j)}]\right\}-\left\{\sum_{i=1}^{r}\sum_{j=1}^{r}v^{i,j}E[Z_{(i)}]\right\}^{2} \tag{10.66}$$

式(10.58)～式(10.60)是按下列加权平方和Q最小的原则确定的，即

$$Q=\sum_{i=1}^{r}\sum_{j=1}^{r}\{Y_{(i)}-\mu_Y-E[Z_{(i)}]\alpha_Y\}v^{i,j}\{Y_{(j)}-\mu_Y-E[Z_{(j)}]\alpha_Y\} \tag{10.67}$$

可以证明，μ_Y^*、α_Y^*、y_p^* 的均值分别为 μ_Y、α_Y、y_p，故称它们为 μ_Y、α_Y、y_p 的最好线性无偏估计量[17]。由于系数 $D(n,r,j)$、$C(n,r,j)$完全取决于数值已知的 $E[Z_{(i)}]$、$v^{i,j}$，$i,j=1,2,\cdots,r$，亦可单独确定[14,17]，因此根据 $Y_{(1)}$、$Y_{(2)}$、…、$Y_{(r)}$ 的实现值 $y_{(1)}$、$y_{(2)}$、…、$y_{(r)}$，可得 μ_Y、α_Y、y_p 的最好线性无偏估计，即

$$\mu_Y^*=\sum_{i=1}^{r}D(n,r,j)y_{(j)} \tag{10.68}$$

$$\alpha_Y^*=\sum_{j=1}^{r}C(n,r,j)y_{(j)} \tag{10.69}$$

$$y_p^*=\mu_Y^*+\alpha_Y^*\ln(-\ln p) \tag{10.70}$$

它们通常被作为 μ_Y、α_Y、y_p 的点估计值。

分布参数 μ_Y、α_Y 和分位值 y_p 的上、下限估计量一般选择 μ_Y、α_Y 的最好线性不变估计量 $\tilde{\mu}_Y$、$\tilde{\alpha}_Y$ 确定[17]，其中

$$\tilde{\mu}_Y=\mu_Y^*-\frac{B_{r,n}}{1+l_{r,n}}\alpha_Y^*=\sum_{j=1}^{r}\left[D(n,r,j)-\frac{B_{r,n}}{1+l_{r,n}}C(n,r,j)\right]Y_{(j)}=\sum_{j=1}^{r}D_{\mathrm{I}}(n,r,j)Y_{(j)} \tag{10.71}$$

$$\tilde{\alpha}_Y=\frac{1}{1+l_{r,n}}\alpha_Y^*=\sum_{j=1}^{r}\frac{C(n,r,j)}{1+l_{r,n}}Y_{(j)}=\sum_{j=1}^{r}C_{\mathrm{I}}(n,r,j)Y_{(j)} \tag{10.72}$$

系数 $D_{\mathrm{I}}(n,r,j)$、$C_{\mathrm{I}}(n,r,j)$ 同样可单独确定[5,17]。由于

$$\sum_{j=1}^{r}D(n,r,j)=\sum_{j=1}^{r}D_{\mathrm{I}}(n,r,j)=1 \tag{10.73}$$

$$\sum_{j=1}^{r}C(n,r,j)=\sum_{j=1}^{r}C_{\mathrm{I}}(n,r,j)=0 \tag{10.74}$$

故

$$W_{(n)}=\frac{\widetilde{\alpha}_Y}{\alpha_Y}=\frac{\sum_{j=1}^{r}C_{\mathrm{I}}(n,r,j)[\mu_Y+\alpha_Y Z_{(j)}]}{\alpha_Y}=\sum_{j=1}^{r}C_{\mathrm{I}}(n,r,j)Z_{(j)} \tag{10.75}$$

$$\begin{aligned}V_{(n,p)}&=\frac{\widetilde{\mu}_Y-y_p}{\widetilde{\alpha}_Y}=\frac{\sum_{j=1}^{r}D_{\mathrm{I}}(n,r,j)[\mu_Y+\alpha_Y Z_{(j)}]-[\mu_Y+\alpha_Y\ln(-\ln p)]}{\widetilde{\alpha}_Y}\\&=\frac{\sum_{j=1}^{r}D_{\mathrm{I}}(n,r,j)Z_{(j)}-\ln(-\ln p)}{\sum_{j=1}^{r}C_{\mathrm{I}}(n,r,j)Z_{(j)}}\end{aligned} \tag{10.76}$$

显然，$W_{(n)}$、$V_{(n,p)}$ 的概率分布亦与分布参数 μ_Y、α_Y 无关，可通过数值模拟单独确定[5,17]。

这时根据 $Y_{(1)}$、$Y_{(2)}$、…、$Y_{(r)}$ 的实现值 $y_{(1)}$、$y_{(2)}$、…、$y_{(r)}$，可进一步确定 μ_Y、α_Y 的最好线性不变估计，即

$$\widetilde{\mu}_Y=\sum_{j=1}^{r}D_{\mathrm{I}}(n,r,j)y_{(j)} \tag{10.77}$$

$$\widetilde{\alpha}_Y=\sum_{j=1}^{r}C_{\mathrm{I}}(n,r,j)y_{(j)} \tag{10.78}$$

利用区间估计法，可得 α_Y 的上、下限估计值，它们分别为

$$\alpha_Y=\frac{\widetilde{\alpha}_Y}{w_{(n,1-C)}} \tag{10.79}$$

$$\alpha_Y=\frac{\widetilde{\alpha}_Y}{w_{(n,C)}} \tag{10.80}$$

y_p 的上、下限估计值分别为

$$y_p=\widetilde{\mu}_Y-v_{(n,p,1-C)}\widetilde{\alpha}_Y \tag{10.81}$$

$$y_p=\widetilde{\mu}_Y-v_{(n,p,C)}\widetilde{\alpha}_Y \tag{10.82}$$

式中：C 为置信水平；$w_{(n,C)}$、$w_{(n,1-C)}$ 分别为随机变量 $W_{(n)}$ 概率分布的下侧 C、$1-C$ 分位值，$v_{(n,p,C)}$、$v_{(n,p,1-C)}$ 分别为保证率 p 下随机变量 $V_{(n,p)}$ 概率分布的下侧 C、$1-C$ 分位值[5,17]。

若令 $y_p=\mu_Y$，即 $p=\mathrm{e}^{-1}=0.368$，可得 μ_Y 的上、下限估计值，它们分别为

$$\mu_Y=\widetilde{\mu}_Y-v_{(n,0.368,1-C)}\widetilde{\alpha}_Y \tag{10.83}$$

$$\mu_Y=\widetilde{\mu}_Y-v_{(n,0.368,C)}\widetilde{\alpha}_Y \tag{10.84}$$

式中：$v_{(n,0.368,C)}$、$v_{(n,0.368,1-C)}$ 分别为保证率 0.368 下 $V_{(n,p)}$ 的下侧 C、$1-C$ 分位值，其数值见文献[5]和[17]中 $(\widetilde{\mu}-\mu)/\widetilde{\alpha}$ 的数值表。

2. 极大值Ⅰ型分布参数及分位值的推断

极大值Ⅰ型分布参数和分位值的推断方法可按类似步骤建立，但需通过数值

积分或蒙特卡洛数值模拟建立相应的系数数值表，过程较为烦琐。为此，文献[16]提出一种利用极小值Ⅰ型分布参数和分位值的推断方法，推断极大值Ⅰ型分布参数和分位值的方法。

设 X 服从参数为 μ、α 的极大值Ⅰ型分布，其概率密度函数、概率分布函数分别为

$$f_X(x)=\frac{1}{\alpha}\exp\left(-\frac{x-\mu}{\alpha}\right)\exp\left[-\exp\left(-\frac{x-\mu}{\alpha}\right)\right] \tag{10.85}$$

$$F_X(x)=\exp\left[-\exp\left(-\frac{x-\mu}{\alpha}\right)\right] \tag{10.86}$$

式中：μ、α 为分布参数，$-\infty<\mu<\infty$，$\alpha>0$。

极大值Ⅰ型分布通常被用于描述可变作用的概率特性，并以其上侧 $1-p$ 分位值 x_{1-p} 作为可变作用的标准值或设计值，其中 p 为可变作用不大于 x_{1-p} 的保证率，它们满足

$$x_{1-p}=\mu-\alpha\ln(-\ln p) \tag{10.87}$$

对服从极大值Ⅰ型分布的随机变量 X，截尾试验中应取其 n 个样本中的后 r 个次序统计量 $X_{(n-r+1)}$、$X_{(n-r+2)}$、…、$X_{(n)}$，$X_{(n-r+1)}\leqslant X_{(n-r+2)}\leqslant\cdots\leqslant X_{(n)}$，且其余 $n-r$ 个样本均不大于 $X_{(n-r+1)}$。为利用极小值Ⅰ型分布参数及分位值的推断方法，可令[16]

$$Y'=-X \tag{10.88}$$

则 Y' 服从参数为 $-\mu$、α 的极小值Ⅰ型分布，且其上侧 p 分位值 y'_p 可表达为

$$y'_p=-x_{1-p} \tag{10.89}$$

这时 Y' 的前 r 个次序统计量为

$$Y'_{(j)}=-X_{(n-j+1)},\quad j=1,2,\cdots,r \tag{10.90}$$

根据极小值Ⅰ型分布参数及分位值的推断方法，应有

$$-\mu^*=\sum_{j=1}^{r}D(n,r,j)Y'_{(j)}=-\sum_{j=1}^{r}D(n,r,j)X_{(n-j+1)} \tag{10.91}$$

$$\alpha^*=\sum_{j=1}^{r}C(n,r,j)Y'_{(j)}=-\sum_{j=1}^{r}C(n,r,j)X_{(n-j+1)} \tag{10.92}$$

$$-x^*_{1-p}=-\mu^*+\alpha^*\ln(-\ln p) \tag{10.93}$$

由此可得 μ、α、x_{1-p} 的最好线性无偏估计，即[16]

$$\mu^*=\sum_{j=1}^{r}D(n,r,j)x_{(n-j+1)} \tag{10.94}$$

$$\alpha^*=-\sum_{j=1}^{r}C(n,r,j)x_{(n-j+1)} \tag{10.95}$$

$$x^*_{1-p}=\mu^*-\alpha^*\ln(-\ln p) \tag{10.96}$$

按最好线性不变估计，应有

$$-\tilde{\mu}=\sum_{j=1}^{r}D_{\mathrm{I}}(n,r,j)Y'_{(j)}=-\sum_{j=1}^{r}D_{\mathrm{I}}(n,r,j)X_{(n-j+1)} \tag{10.97}$$

$$\tilde{\alpha}=\sum_{j=1}^{r}C_{\mathrm{I}}(n,r,j)Y'_{(j)}=-\sum_{j=1}^{r}C_{\mathrm{I}}(n,r,j)X_{(n-j+1)} \tag{10.98}$$

$$\frac{\tilde{\alpha}}{\alpha}=W_{(n)} \tag{10.99}$$

$$\frac{-\tilde{\mu}-y'_p}{\tilde{\alpha}}=\frac{x_{1-p}-\tilde{\mu}}{\tilde{\alpha}}=V_{(n,p)} \tag{10.100}$$

故 μ、α 的最好线性不变估计值分别为[16]

$$\tilde{\mu}=\sum_{j=1}^{r}D_{\mathrm{I}}(n,r,j)x_{(n-j+1)} \tag{10.101}$$

$$\tilde{\alpha}=-\sum_{j=1}^{r}C_{\mathrm{I}}(n,r,j)x_{(n-j+1)} \tag{10.102}$$

式中：$x_{(n-r+1)}$、$x_{(n-r+2)}$、…、$x_{(n)}$ 为 $X_{(n-r+1)}$、$X_{(n-r+2)}$、…、$X_{(n)}$ 的样本实现值。

按区间估计法，α 的上限、下限估计值分别为

$$\alpha=\frac{\tilde{\alpha}}{w_{(n,1-C)}} \tag{10.103}$$

$$\alpha=\frac{\tilde{\alpha}}{w_{(n,C)}} \tag{10.104}$$

x_{1-p} 的上限、下限估计值分别为[16]

$$x_{1-p}=\tilde{\mu}+v_{(n,p,C)}\tilde{\alpha} \tag{10.105}$$

$$x_{1-p}=\tilde{\mu}+v_{(n,p,1-C)}\tilde{\alpha} \tag{10.106}$$

μ 的上限、下限估计值分别为[16]

$$\mu=\tilde{\mu}+v_{(n,0.368,C)}\tilde{\alpha} \tag{10.107}$$

$$\mu=\tilde{\mu}+v_{(n,0.368,1-C)}\tilde{\alpha} \tag{10.108}$$

无论是采用最好线性无偏估计还是最好线性不变估计，对极大值Ⅰ型分布参数和分位值的推断，均可直接利用目前极小值Ⅰ型分布参数及分位值推断中的数值表。表 10.10 中汇总了极小值、极大值Ⅰ型分布参数和分位值的推断方法，它们形式上相近，但存在区别。

表 10.10　极小值、极大值Ⅰ型分布参数和分位值的估计值

未知量	极小值Ⅰ型分布	极大值Ⅰ型分布
μ	上限：$\mu=\tilde{\mu}-v_{(n,0.368,1-C)}\tilde{\alpha}$	上限：$\mu=\tilde{\mu}+v_{(n,0.368,C)}\tilde{\alpha}$
	下限：$\mu=\tilde{\mu}-v_{(n,0.368,C)}\tilde{\alpha}$	下限：$\mu=\tilde{\mu}+v_{(n,0.368,1-C)}\tilde{\alpha}$
α	上限：$\alpha=\dfrac{\tilde{\alpha}}{w_{(n,1-C)}}$	上限：$\alpha=\dfrac{\tilde{\alpha}}{w_{(n,1-C)}}$
	下限：$\alpha=\dfrac{\tilde{\alpha}}{w_{(n,C)}}$	下限：$\alpha=\dfrac{\tilde{\alpha}}{w_{(n,C)}}$

续表

未知量	极小值Ⅰ型分布	极大值Ⅰ型分布
y_p、x_{1-p}	上限：$y_p=\widetilde{\mu}-v_{(n,p,1-C)}\widetilde{\alpha}$ 下限：$y_p=\widetilde{\mu}-v_{(n,p,C)}\widetilde{\alpha}$	上限：$x_{1-p}=\widetilde{\mu}+v_{(n,p,C)}\widetilde{\alpha}$ 下限：$x_{1-p}=\widetilde{\mu}+v_{(n,p,1-C)}\widetilde{\alpha}$
说明	$\widetilde{\mu}=\sum_{j=1}^{r}D_{\mathrm{I}}(n,r,j)y_{(j)}$ $\widetilde{\alpha}=\sum_{j=1}^{r}C_{\mathrm{I}}(n,r,j)y_{(j)}$	$\widetilde{\mu}=\sum_{j=1}^{r}D_{\mathrm{I}}(n,r,j)x_{(n-j+1)}$ $\widetilde{\alpha}=-\sum_{j=1}^{r}C_{\mathrm{I}}(n,r,j)x_{(n-j+1)}$

3. 变异系数已知时极大值Ⅰ型分布参数及分位值的推断

某些场合下，极大值Ⅰ型分布的变异系数是可知的，或其上限值可根据经验设定。利用这些额外的信息，可显著降低推断过程中的不确定性，同条件下对分位值做出更有利的估计，获得更小的上限估计值或更大的下限估计值。为此，这里提出小样本条件下变异系数已知时极大值Ⅰ型分布参数的最好线性无偏估计和分位值的区间估计，并通过数值积分和蒙特卡洛数值模拟，提供有关系数的数值表。

设随机变量 X 服从参数为 μ、α 的极大值Ⅰ型分布，其中：

$$\alpha=\frac{\sqrt{6}}{\pi}\sigma_X \tag{10.109}$$

$$\mu=\mu_X-C_{\mathrm{E}}\alpha=\mu_X\left(1-\frac{C_{\mathrm{E}}\sqrt{6}}{\pi}\delta_X\right) \tag{10.110}$$

式中：μ_X、σ_X、δ_X 分别为 X 的均值、标准差和变异系数；C_{E} 为欧拉常数。

再设 X 的 n 个样本中后 r 个次序统计量为 $X_{(n-r+1)},\cdots,X_{(n-1)},X_{(n)}$，即 $X_{(n-r+1)}\leqslant\cdots\leqslant X_{(n-1)}\leqslant X_{(n)}$，且其余 $n-r$ 个样本均不大于 $X_{(n-r+1)}$。这时 $X_{(i)}$ 的概率密度函数、$X_{(i)}$ 和 $X_{(j)}$ 的联合概率密度函数分别为

$$f_{X_{(i)}}(x)=\frac{n!}{(i-1)!\,(n-i)!}F_X(x)^{i-1}[1-F_X(x)]^{n-i}f_X(x),\quad i=n-r+1,\cdots,n-1,n \tag{10.111}$$

$$\begin{aligned}&f_{X_{(i)},X_{(j)}}(x,y)\\&=\frac{n!}{(i-1)!\,(j-i-1)!\,(n-j)!}F_X(x)^{i-1}[F_X(y)-F_X(x)]^{j-i-1}\\&\quad\cdot[1-F_X(y)]^{n-j}f_X(x)f_X(y),\quad n-r+1\leqslant i<j\leqslant n,x\leqslant y\end{aligned} \tag{10.112}$$

令

$$Z=\frac{X-\mu}{\alpha} \tag{10.113}$$

则 Z 服从 $\mu=0$、$\alpha=1$ 的标准极大值Ⅰ型分布，其次序统计量为

$$Z_{(i)}=\frac{X_{(i)}-\mu}{\alpha},\quad i=n-r+1,\cdots,n-1,n \tag{10.114}$$

$Z_{(i)}$的概率密度函数、$Z_{(i)}$和$Z_{(j)}$的联合概率密度函数分别为

$$f_{Z_{(i)}}(x)=\frac{n!}{(i-1)!\ (n-i)!}\{\exp[-\exp(-x)]\}^{i-1}\{1-\exp[-\exp(-x)]\}^{n-i}$$
$$\cdot\exp(-x)\exp[-\exp(-x)],$$
$$i=n-r+1,\cdots,n-1,n \tag{10.115}$$

$$f_{Z_{(i)},Z_{(j)}}(x,y)=\frac{n!}{(i-1)!\ (j-i-1)!\ (n-j)!}\{\exp[-\exp(-x)]\}^{i-1}$$
$$\cdot\{\exp[-\exp(-y)]-\exp[-\exp(-x)]\}^{j-i-1}\{1-\exp[-\exp(-y)]\}^{n-j}$$
$$\cdot\exp(-x)\exp[-\exp(-x)]\exp(-y)\exp[-\exp(-y)],$$
$$n-r+1\leqslant i<j\leqslant n,\quad x\leqslant y \tag{10.116}$$

$Z_{(i)}$的均值、方差以及$Z_{(i)}$、$Z_{(j)}$的协方差分别为

$$\mu_i=\int_{-\infty}^{\infty}xf_{Z_{(i)}}(x)\mathrm{d}x=\frac{n!}{(i-1)!\ (n-i)!}\int_0^1[-\ln(-\ln u)]u^{i-1}$$
$$\cdot(1-u)^{n-i}\mathrm{d}u,\quad i=n-r+1,\cdots,n-1,n \tag{10.117}$$

$$v_{ii}=\int_{-\infty}^{\infty}x^2f_{Z_{(i)}}(x)\mathrm{d}x-\mu_i^2=\frac{n!}{(i-1)!\ (n-i)!}\int_0^1[-\ln(-\ln u)]^2u^{i-1}$$
$$\cdot(1-u)^{n-i}\mathrm{d}u-\mu_i^2,\quad i=n-r+1,\cdots,n-1,n \tag{10.118}$$

$$v_{ij}=\int_{-\infty}^{\infty}\int_x^{\infty}xyf_{Z_{(i)},Z_{(j)}}(x,y)\mathrm{d}y\mathrm{d}x-\mu_i\mu_j=\frac{n!}{(i-1)!\ (j-i-1)!\ (n-j)!}$$
$$\cdot\int_0^1\int_u^1[-\ln(-\ln u)][-\ln(-\ln v)]u^{i-1}(v-u)^{j-i-1}(1-v)^{n-j}\mathrm{d}v\mathrm{d}u-\mu_i\mu_j,$$
$$n-r+1\leqslant i<j\leqslant n \tag{10.119}$$

它们均与分布参数μ、α无关。这时$X_{(i)}$的均值可表达为

$$\mu_{X_{(i)}}=\mu+\alpha\mu_i=\mu(1+c\mu_i),\quad i=n-r+1,\cdots,n-1,n \tag{10.120}$$

$$c=\frac{\sqrt{6}/\pi\cdot\delta_X}{1-C_{\mathrm{E}}\sqrt{6}/\pi\cdot\delta_X} \tag{10.121}$$

记$Z_{(n-r+1)},\cdots,Z_{(n-1)},Z_{(n)}$的协方差矩阵及其逆矩阵分别为

$$\mathbf{V}=\begin{bmatrix} v_{(n-r+1)(n-r+1)} & \cdots & v_{(n-r+1)(n-1)} & v_{(n-r+1)n} \\ v_{(n-r+2)(n-r+1)} & \cdots & v_{(n-r+2)(n-1)} & v_{(n-r+2)n} \\ \vdots & & \vdots & \vdots \\ v_{n(n-r+1)} & \cdots & v_{n(n-1)} & v_{nn} \end{bmatrix} \tag{10.122}$$

$$\mathbf{V}^{-1}=\begin{bmatrix} v^{(n-r+1)(n-r+1)} & \cdots & v^{(n-r+1)(n-1)} & v^{(n-r+1)n} \\ v^{(n-r+2)(n-r+1)} & \cdots & v^{(n-r+2)(n-1)} & v^{(n-r+2)n} \\ \vdots & & \vdots & \vdots \\ v^{n(n-r+1)} & \cdots & v^{n(n-1)} & v^{nn} \end{bmatrix} \tag{10.123}$$

按参数估计的最小二乘法，取加权平均和

$$Q=\sum_{i=n-r+1}^{n}\sum_{j=n-r+1}^{n}\left[(X_{(i)}-\mu_{X_{(i)}})v^{ij}(X_{(j)}-\mu_{X_{(j)}})\right] \tag{10.124}$$

当 X 的变异系数 δ_X 已知时,令

$$\frac{\mathrm{d}Q}{\mathrm{d}\mu}=0 \tag{10.125}$$

则变异系数 δ_X 已知时未知参数 μ 的最小二乘估计量为

$$\mu^*=\sum_{j=n-r+1}^{n}D(n,r,j,\delta_X)X_{(j)} \tag{10.126}$$

$$D(n,r,j,\delta_X)=\frac{\sum\limits_{i=n-r+1}^{n}\left[(1+c\mu_i)v^{ij}\right]}{\sum\limits_{i=n-r+1}^{n}\sum\limits_{j=n-r+1}^{n}\left[(1+c\mu_i)v^{ij}(1+c\mu_j)\right]},\quad j=n-r+1,\cdots,n-1,n \tag{10.127}$$

因

$$X_{(j)}=\mu+\sigma Z_{(j)}=\mu[1+cZ_{(j)}],\quad j=n-r+1,\cdots,n-1,n \tag{10.128}$$

故 μ^* 的均值为

$$E(\mu^*)=\sum_{j=n-r+1}^{n}\frac{\sum\limits_{i=n-r+1}^{n}\left[(1+c\mu_i)v^{ij}\right]}{\sum\limits_{i=n-r+1}^{n}\sum\limits_{j=n-r+1}^{n}\left[(1+c\mu_i)v^{ij}(1+c\mu_j)\right]}\mu(1+c\mu_j)=\mu \tag{10.129}$$

即 μ^* 为 μ 的最好线性无偏估计量。若 $x_{(n-r+1)},\cdots,x_{(n-1)},x_{(n)}$ 为 $X_{(n-r+1)},\cdots,X_{(n-1)},X_{(n)}$ 的样本观测值,则 μ 的最好线性无偏估计为

$$\mu^*=\sum_{j=n-r+1}^{n}D(n,r,j,\delta_X)x_{(j)} \tag{10.130}$$

相对于目前最好线性无偏估计中的相应系数 $D(n,r,j)$,这里的系数 $D(n,r,j,\delta_X)$中考虑了变异系数 δ_X 的影响。由于难以得到式(10.117)~式(10.119)的解析表达式,μ_i、v_{ii} 和 v_{ij} 的值需通过数值积分确定,$D(n,r,j,\delta_X)$的值则可进一步按式(10.127)确定。表10.11中针对完全样本的情况,列出了 $n=3\sim10$ 时 $D(n,n,j,\delta_X)$的数值表。

表 10.11 $D(n,n,j,\delta_X)$的数值表

δ_X	$n=3$			$n=10$									
	1	2	3	1	2	3	4	5	6	7	8	9	10
0.2	0.5618	0.2824	0.1339	0.2379	0.1670	0.1355	0.1127	0.0944	0.0786	0.0644	0.0513	0.0386	0.0263
0.3	0.4677	0.2990	0.1701	0.1713	0.1454	0.1268	0.1118	0.0985	0.0862	0.0744	0.0628	0.0506	0.0380
0.4	0.3619	0.3084	0.2024	0.0952	0.1173	0.1131	0.1067	0.0992	0.0910	0.0822	0.0725	0.0614	0.0490

续表

δ_X	$n=3$			$n=10$									
	1	2	3	1	2	3	4	5	6	7	8	9	10
0.5	0.2510	0.3090	0.2277	0.0173	0.0852	0.0952	0.0974	0.0959	0.0920	0.0863	0.0790	0.0693	0.0576
0.6	0.1434	0.3001	0.2436	−0.0529	0.0528	0.0749	0.0847	0.0885	0.0887	0.0861	0.0811	0.0733	0.0627
0.7	0.0472	0.2828	0.2491	−0.1076	0.0239	0.0547	0.0702	0.0783	0.0817	0.0818	0.0790	0.0730	0.0638
0.8	−0.0318	0.2588	0.2448	−0.1434	0.0009	0.0369	0.0559	0.0667	0.0725	0.0745	0.0736	0.0691	0.0615
δ_X	$n=4$				$n=9$								
	1	2	3	4	1	2	3	4	5	6	7	8	9
0.2	0.4656	0.2668	0.1674	0.0882	0.2581	0.1784	0.1427	0.1168	0.0957	0.0775	0.0609	0.0452	0.0299
0.3	0.3744	0.2667	0.1891	0.1166	0.1882	0.1575	0.1359	0.1182	0.1024	0.0876	0.0732	0.0584	0.0430
0.4	0.2709	0.2593	0.2061	0.1423	0.1083	0.1300	0.1239	0.1154	0.1057	0.0951	0.0835	0.0702	0.0552
0.5	0.1629	0.2439	0.2159	0.1626	0.0264	0.0980	0.1072	0.1080	0.1046	0.0985	0.0901	0.0788	0.0647
0.6	0.0599	0.2215	0.2171	0.1751	−0.0479	0.0651	0.0875	0.0966	0.0990	0.0972	0.0919	0.0830	0.0704
0.7	−0.0288	0.1943	0.2100	0.1790	−0.1063	0.0352	0.0674	0.0827	0.0898	0.0915	0.0892	0.0825	0.0717
0.8	−0.0975	0.1652	0.1960	0.1749	−0.1453	0.0109	0.0489	0.0683	0.0784	0.0828	0.0827	0.0781	0.0692
δ_X	$n=5$					$n=8$							
	1	2	3	4	5	1	2	3	4	5	6	7	8
0.2	0.3988	0.2450	0.1711	0.1143	0.0646	0.2824	0.1916	0.1505	0.1204	0.0957	0.0741	0.0540	0.0348
0.3	0.3123	0.2359	0.1823	0.1349	0.0878	0.2089	0.1719	0.1461	0.1248	0.1055	0.0872	0.0687	0.0494
0.4	0.2135	0.2192	0.1882	0.1520	0.1090	0.1249	0.1454	0.1364	0.1250	0.1121	0.0979	0.0817	0.0631
0.5	0.1109	0.1956	0.1875	0.1632	0.1256	0.0384	0.1139	0.1217	0.1202	0.1140	0.1044	0.0911	0.0738
0.6	0.0145	0.1669	0.1796	0.1671	0.1358	−0.0404	0.0808	0.1032	0.1108	0.1108	0.1057	0.0955	0.0802
0.7	−0.0663	0.1362	0.1657	0.1635	0.1387	−0.1032	0.0500	0.0834	0.0980	0.1031	0.1018	0.0947	0.0817
0.8	−0.1263	0.1066	0.1478	0.1536	0.1350	−0.1460	0.0242	0.0643	0.0836	0.0923	0.0941	0.0896	0.0790
δ_X	$n=6$						$n=7$						
	1	2	3	4	5	6	1	2	3	4	5	6	7
0.2	0.3498	0.2247	0.1661	0.1222	0.0848	0.0506	0.3122	0.2069	0.1585	0.1228	0.0931	0.0664	0.0413
0.3	0.2679	0.2102	0.1701	0.1358	0.1033	0.0700	0.2347	0.1892	0.1576	0.1311	0.1068	0.0829	0.0580
0.4	0.1744	0.1884	0.1687	0.1456	0.1191	0.0879	0.1461	0.1644	0.1513	0.1354	0.1175	0.0972	0.0735
0.5	0.0775	0.1604	0.1612	0.1497	0.1300	0.1020	0.0547	0.1341	0.1394	0.1343	0.1234	0.1074	0.0857
0.6	−0.0124	0.1288	0.1479	0.1473	0.1345	0.1105	−0.0294	0.1013	0.1229	0.1277	0.1235	0.1120	0.0930
0.7	−0.0863	0.0972	0.1306	0.1390	0.1325	0.1128	−0.0973	0.0698	0.1039	0.1166	0.1180	0.1107	0.0948
0.8	−0.1392	0.0685	0.1114	0.1263	0.1250	0.1095	−0.1446	0.0425	0.0845	0.1027	0.1084	0.1046	0.0918

变异系数 δ_X 已知时，由式(10.126)、式(10.128)可知

$$U_{(n,r,\delta_X)}=\frac{\mu}{\mu^*}=\frac{1}{\sum\limits_{j=n-r+1}^{n}D(n,r,j,\delta_X)[1+cZ_{(j)}]} \tag{10.131}$$

则随机变量 $U_{(n,r,\delta_X)}$ 为与分布参数 μ、α 无关的枢轴量。根据 $U_{(n,r,\delta_X)}$ 的概率分布，

按区间估计法可得 μ 的上限、下限估计值，它们分别为

$$\mu = u_{(n,r,\delta_X,C)}\mu^* \tag{10.132}$$

$$\mu = u_{(n,r,\delta_X,1-C)}\mu^* \tag{10.133}$$

式中：$u_{(n,r,\delta_X,C)}$、$u_{(n,r,\delta_X,1-C)}$ 分别为 $U_{(n,r,\delta_X)}$ 概率分布的下侧 C、$1-C$ 分位值，与 n、r、δ_X、C 有关；C 为置信水平。

由此可得上侧 $1-p$ 分位值 x_{1-p} 的上限、下限估计值，它们分别为

$$x_{1-p} = u_{(n,r,\delta_X,C)}\mu^*[1-c\ln(-\ln p)] \tag{10.134}$$

$$x_{1-p} = u_{(n,r,\delta_X,1-C)}\mu^*[1-c\ln(-\ln p)] \tag{10.135}$$

按解析方法确定 $u_{(n,r,\delta_X,C)}$ 的值几乎是不可能的。这里针对完全样本的情况，通过 5 万次蒙特卡洛数值模拟，给出了 $n=3\sim10$ 时 $u_{(n,n,\delta_X,C)}$ 的数值表，见表 10.12。

表 10.12　$u_{(n,n,\delta_X,C)}$ 的数值表

n	δ_X	C												
		0.01	0.05	0.10	0.20	0.30	0.40	0.50	0.60	0.70	0.80	0.90	0.95	0.99
3	0.2	0.7698	0.8382	0.8755	0.9223	0.9555	0.9838	1.0111	1.0377	1.0665	1.1009	1.1477	1.1879	1.2627
	0.3	0.6840	0.7705	0.8190	0.8841	0.9323	0.9750	1.0166	1.0600	1.1071	1.1657	1.2484	1.3234	1.4745
	0.4	0.6128	0.7113	0.7681	0.8482	0.9100	0.9660	1.0227	1.0843	1.1522	1.2393	1.3716	1.4987	1.7772
	0.5	0.5529	0.6600	0.7252	0.8158	0.8898	0.9578	1.0305	1.1095	1.2019	1.3213	1.5177	1.7157	2.2049
	0.6	0.5059	0.6180	0.6877	0.7879	0.8708	0.9523	1.0385	1.1346	1.2526	1.4098	1.6804	1.9722	2.8024
	0.7	0.4688	0.5839	0.6583	0.7642	0.8564	0.9488	1.0484	1.1616	1.3009	1.5000	1.8550	2.2621	3.6096
	0.8	0.4367	0.5556	0.6341	0.7463	0.8457	0.9470	1.0585	1.1857	1.3492	1.5846	2.0286	2.5696	4.6425
4	0.2	0.7982	0.8583	0.8906	0.9311	0.9596	0.9844	1.0077	1.0307	1.0559	1.0852	1.1260	1.1600	1.2246
	0.3	0.7185	0.7957	0.8395	0.8963	0.9382	0.9760	1.0121	1.0487	1.0897	1.1392	1.2111	1.2732	1.3985
	0.4	0.6496	0.7394	0.7935	0.8629	0.9177	0.9675	1.0172	1.0685	1.1275	1.2010	1.3116	1.4118	1.6316
	0.5	0.5952	0.6914	0.7530	0.8329	0.8993	0.9599	1.0216	1.0894	1.1670	1.2686	1.4269	1.5768	1.9513
	0.6	0.5508	0.6508	0.7185	0.8074	0.8825	0.9536	1.0285	1.1102	1.2076	1.3378	1.5505	1.7635	2.3457
	0.7	0.5043	0.6389	0.6806	0.7853	0.8834	0.9701	1.0162	1.0835	1.2857	1.3810	1.5124	1.6478	2.8056
	0.8	0.4862	0.5942	0.6664	0.7725	0.8596	0.9485	1.0421	1.1500	1.2819	1.4675	1.7922	2.1507	3.2796
5	0.2	0.8196	0.8734	0.9021	0.9374	0.9635	0.9857	1.0061	1.0269	1.0490	1.0751	1.1119	1.1420	1.1992
	0.3	0.7446	0.8154	0.8542	0.9059	0.9442	0.9780	1.0096	1.0427	1.0788	1.1225	1.1864	1.2413	1.3497
	0.4	0.6810	0.7633	0.8107	0.8752	0.9253	0.9696	1.0137	1.0600	1.1121	1.1763	1.2736	1.3612	1.5434
	0.5	0.6282	0.7176	0.7714	0.8473	0.9083	0.9626	1.0177	1.0777	1.1457	1.2330	1.3709	1.5007	1.7879
	0.6	0.5849	0.6791	0.7394	0.8238	0.8933	0.9575	1.0237	1.0948	1.1803	1.2922	1.4730	1.6535	2.0765
	0.7	0.5505	0.6488	0.7140	0.8045	0.8814	0.9539	1.0285	1.1121	1.2130	1.3475	1.5706	1.8024	2.4011
	0.8	0.5221	0.6253	0.6935	0.7912	0.8728	0.9511	1.0329	1.1288	1.2428	1.3955	1.6584	1.9374	2.6941

续表

n	δ_X	C												
		0.01	0.05	0.10	0.20	0.30	0.40	0.50	0.60	0.70	0.80	0.90	0.95	0.99
6	0.2	0.8345	0.8837	0.9098	0.9424	0.9663	0.9864	1.0049	1.0236	1.0436	1.0681	1.1012	1.1285	1.1817
	0.3	0.7634	0.8294	0.8659	0.9127	0.9485	0.9789	1.0079	1.0376	1.0703	1.1106	1.1675	1.2170	1.3155
	0.4	0.7010	0.7789	0.8247	0.8843	0.9308	0.9712	1.0109	1.0524	1.0993	1.1588	1.2443	1.3220	1.4820
	0.5	0.6501	0.7362	0.7878	0.8591	0.9137	0.9644	1.0146	1.0683	1.1304	1.2080	1.3299	1.4430	1.6890
	0.6	0.6089	0.6992	0.7582	0.8366	0.9002	0.9599	1.0190	1.0841	1.1600	1.2583	1.4167	1.5704	1.9244
	0.7	0.5747	0.6713	0.7329	0.8187	0.8893	0.9563	1.0236	1.0981	1.1872	1.3048	1.4973	1.6917	2.1631
	0.8	0.5497	0.6496	0.7148	0.8054	0.8812	0.9540	1.0292	1.1115	1.2123	1.3454	1.5693	1.7981	2.3811
7	0.2	0.8450	0.8912	0.9159	0.9464	0.9686	0.9871	1.0042	1.0217	1.0407	1.0628	1.0931	1.1181	1.1655
	0.3	0.7769	0.8399	0.8739	0.9187	0.9517	0.9797	1.0069	1.0349	1.0649	1.1025	1.1541	1.1979	1.2883
	0.4	0.7114	0.8132	0.8241	0.8932	0.9359	0.9852	1.0177	1.0722	1.0833	1.1314	1.1937	1.2838	1.4278
	0.5	0.6666	0.7521	0.8001	0.8672	0.9187	0.9661	1.0138	1.0637	1.1203	1.1903	1.2984	1.3990	1.6167
	0.6	0.6245	0.7181	0.7713	0.8457	0.9060	0.9616	1.0180	1.0782	1.1460	1.2342	1.3754	1.5067	1.8073
	0.7	0.5927	0.6902	0.7483	0.8301	0.8951	0.9583	1.0227	1.0917	1.1707	1.2750	1.4477	1.6093	1.9978
	0.8	0.5694	0.6693	0.7299	0.8172	0.8885	0.9561	1.0255	1.1032	1.1910	1.3099	1.5052	1.6980	2.1651
8	0.2	0.8533	0.8982	0.9213	0.9497	0.9700	0.9874	1.0038	1.0202	1.0380	1.0587	1.0869	1.1098	1.1540
	0.3	0.7881	0.8494	0.8818	0.9227	0.9537	0.9812	1.0062	1.0321	1.0610	1.0951	1.1432	1.1839	1.2649
	0.4	0.7325	0.8034	0.8450	0.8972	0.9378	0.9744	1.0093	1.0450	1.0852	1.1358	1.2074	1.2708	1.4000
	0.5	0.6841	0.7630	0.8117	0.8744	0.9232	0.9685	1.0123	1.0581	1.1113	1.1770	1.2760	1.3653	1.5583
	0.6	0.6434	0.7297	0.7836	0.8550	0.9110	0.9639	1.0154	1.0716	1.1360	1.2178	1.3452	1.4634	1.7239
	0.7	0.6127	0.7038	0.7607	0.8392	0.9020	0.9602	1.0197	1.0837	1.1583	1.2535	1.4053	1.5526	1.8912
	0.8	0.5892	0.6846	0.7435	0.8282	0.8951	0.9588	1.0230	1.0931	1.1771	1.2843	1.4587	1.6290	2.0337
9	0.2	0.8635	0.9037	0.9258	0.9524	0.9716	0.9877	1.0034	1.0186	1.0354	1.0547	1.0813	1.1039	1.1446
	0.3	0.8010	0.8570	0.8878	0.9272	0.9559	0.9814	1.0054	1.0301	1.0568	1.0887	1.1340	1.1734	1.2489
	0.4	0.7459	0.8133	0.8518	0.9029	0.9408	0.9748	1.0075	1.0419	1.0802	1.1265	1.1946	1.2528	1.3744
	0.5	0.6989	0.7749	0.8190	0.8808	0.9270	0.9689	1.0104	1.0547	1.1040	1.1655	1.2584	1.3387	1.5183
	0.6	0.6589	0.7425	0.7925	0.8620	0.9153	0.9644	1.0131	1.0673	1.1264	1.2025	1.3192	1.4278	1.6682
	0.7	0.6281	0.7172	0.7717	0.8462	0.9063	0.9613	1.0171	1.0773	1.1467	1.2365	1.3759	1.5093	1.8082
	0.8	0.6045	0.6987	0.7563	0.8351	0.8995	0.9595	1.0203	1.0859	1.1636	1.2630	1.4224	1.5791	1.9245
10	0.2	0.8704	0.9089	0.9293	0.9551	0.9731	0.9883	1.0030	1.0175	1.0332	1.0515	1.0770	1.0982	1.1387
	0.3	0.8104	0.8640	0.8927	0.9312	0.9583	0.9821	1.0046	1.0279	1.0533	1.0834	1.1266	1.1635	1.2354
	0.4	0.7563	0.8218	0.8588	0.9072	0.9437	0.9761	1.0066	1.0393	1.0750	1.1193	1.1818	1.2383	1.3521
	0.5	0.7092	0.7841	0.8282	0.8860	0.9301	0.9704	1.0095	1.0515	1.0971	1.1550	1.2409	1.3196	1.4860
	0.6	0.6711	0.7533	0.8026	0.8668	0.9185	0.9657	1.0130	1.0626	1.1186	1.1897	1.2976	1.3972	1.6224
	0.7	0.6413	0.7296	0.7822	0.8524	0.9093	0.9622	1.0164	1.0723	1.1377	1.2216	1.3490	1.4731	1.7573
	0.8	0.6194	0.7115	0.7669	0.8411	0.9018	0.9605	1.0183	1.0807	1.1528	1.2463	1.3923	1.5293	1.8622

4. 实例分析

设 X 服从极大值Ⅰ型分布，其完全样本的观测值按由小到大的排序为 0.9、1.1、1.2、1.6、1.9，相应的样本均值、标准差和变异系数分别为 $\bar{x}=1.340$，$s=0.40$，$\hat{\delta}_X=0.30$，取上侧 $1-p$ 分位值 x_{1-p} 的保证率 p 为 0.9，区间估计中的置信水平 C 为 0.9。

X 的变异系数 δ_X 未知时，按经典统计学中的矩法(点估计法)，有 $\alpha=\sqrt{6}/\pi\cdot s=0.315$，$\mu=\bar{x}-C_{\mathrm{E}}\alpha=1.158$，$x_{1-p}=\mu-\alpha\ln(-\ln p)=1.87$。按目前以最好线性不变估计为依据的区间估计，有 $\tilde{x}_{1-p}=\tilde{\mu}+v_{p,C}\tilde{\alpha}$，$\tilde{\mu}=\sum_{j=1}^{n}D_{\mathrm{I}}(n,n,j)x_{(n-j+1)}$，$\tilde{\alpha}=-\sum_{j=1}^{n}C_{\mathrm{I}}(n,n,j)x_{(n-j+1)}$。表 10.13 列出了 $D_{\mathrm{I}}(5,5,j)$、$C_{\mathrm{I}}(5,5,j)$ 的值及相应计算过程，$v_{(n,0.9,0.9)}$ 的值为 5.48，故 $\tilde{\mu}=1.124$，$\tilde{\alpha}=0.302$，$\tilde{x}_{1-p}=2.78$。

表 10.13　数值表及计算过程

j	$x_{(5-j+1)}$	$D_{\mathrm{I}}(5,5,j)$	$C_{\mathrm{I}}(5,5,j)$	$D_{\mathrm{I}}(5,5,j)x$	$-C_{\mathrm{I}}(5,5,j)x$	$x_{(j)}$	$D(5,5,j,0.3)$	$D(5,5,j,0.3)x$
1	1.9	0.0530	−0.1581	0.1007	0.3004	0.9	0.3123	0.28107
2	1.6	0.1035	−0.1557	0.1656	0.2491	1.1	0.2359	0.25949
3	1.2	0.1638	−0.1118	0.1966	0.1342	1.2	0.1823	0.21876
4	1.1	0.2461	−0.0056	0.2707	0.0062	1.6	0.1349	0.21584
5	0.9	0.4336	0.4313	0.3902	−0.3882	1.9	0.0878	0.16682
和				1.124	0.302			1.142

设 X 的变异系数 δ_X 已知。为便于同条件比较，取 $\delta_X=\hat{\delta}_X=0.30$，$\hat{\delta}_X$ 为样本变异系数，这时 $c=\sqrt{6}/\pi\cdot\delta_X/(1-C_{\mathrm{E}}\sqrt{6}/\pi\cdot\delta_X)=0.270$。按经典统计学中的矩法，有 $\mu=\bar{x}(1-C_{\mathrm{E}}\sqrt{6}/\pi\cdot\delta_X)=1.159$，$x_{1-p}=\mu[1-c\ln(-\ln p)]=1.86$。按式(10.134)所示的区间估计法，有 $x_{1-p}=u_{(n,n,\delta_X,C)}\mu^*[1-c\ln(-\ln p)]$，$\mu^*=\sum_{j=1}^{n}D(n,n,j,\delta_X)x_{(j)}$。由表 10.12 可知，$u_{(5,5,0.3,0.9)}=1.1864$；$D(5,5,j,0.3)$ 的值见表 10.13。按表 10.13 中的计算过程，最终有 $\mu^*=1.142$，$\tilde{x}_p=2.17$。若根据经验设定 δ_X 的上限值为 0.4，并取 $\delta_X=0.40$，按类似步骤，可得：$u_{(5,5,0.4,0.9)}=1.2736$，$\mu^*=1.109$，$c=0.380$，$x_{1-p}=2.62$。

由计算结果可知：无论变异系数 δ_X 未知还是已知，按矩法的估计结果都是最小的，即最有利的，但其未充分考虑样本数量较少时统计不定性的影响，是偏于冒进的；按区间估计法，在 $\delta_X=\hat{\delta}_X=0.30$ 的同等条件下，其估计结果(2.17)要明显小于 δ_X 未知时的结果(2.78)；若取 δ_X 的上限值为 0.4，其估计结果(2.62)亦小于 δ_X

未知时的结果，这同样是有利的。实际应用中，即使变异系数 δ_X 未知，若能确切设定其上限值，可按变异系数 δ_X 未知、已知(取上限值)分别进行估计，并取两者中的较小值作为最终的估计结果。

10.3 既有事物的推断

结构可靠性的分析与控制中，对既有事物的测试主要有两个目的：推断相关未来事物的概率特性，如通过对楼面活荷载的测试推断楼面活荷载的标准值或设计值(概率分位值)；推断同类既有事物当前的总体特性，如通过对部分构件的测试推断同类构件当前材料强度的总体特性。这里主要讨论同类既有事物当前总体特性的推断方法。

若对既有的同类事物进行了全数测试，则从可靠性评定的角度考虑，宜以其最小值(对可靠性有利时)或最大值(对可靠性不利时)代表该类事物当前的总体特性。但是，实际工程中通常只能进行抽样测试，这时同类事物当前的总体特性既取决于被测事物的特性，也取决于未测事物的特性。

由于既有的同类事物往往源于同一随机事物，故未做任何测试时，对其中任一事物认识的主观不确定性应相同，可统一记其当前量值为未确知量 X。设通过抽样测试获得 X 的 n 个测试数据 x_1、x_2、…、x_n，则应以其最小值 $x_{\min}$ 或最大值 $x_{\max}$ 代表这些被测事物的总体特性；对未测事物，其最小值或最大值是未知的，这时宜参照结构设计中基本变量的取值方法，以其信度分布的某分位值代表未测事物的总体特性，且该信度分位值宜根据被测事物的测试结果推断，相应的信度在量值上应与基本变量标准值(分项系数法)或设计值(设计值法)的保证率一致。对既有的同类事物，其总体特性代表值的这种取值方法与结构设计中基本变量的取值方法是一致的。

按目前的结构设计方法，基本变量的取值不定，因此需以某代表值(概率分位值)这种定值的形式代表其量值，而基本变量随机性的影响主要通过代表值的保证率和设计表达式中的分项系数反映；若基本变量不具有随机性，具有确定的量值，则设计中应以该值作为基本变量的设计值。相应地，按目前设计方法校核既有结构时，对既有的未测事物也应以某代表值(信度分位值)这种定值的形式代表其量值，而主观不确定性的影响可通过代表值的信度和分项系数反映，且该信度应与基本变量代表值的保证率一致；对既有的被测事物，则应以测试值为其量值；综合评定同类被测事物时，以测试结果中的最小值或最大值为其量值。随机变量和未确知量在不确定性的基本分析方法上是相通的，其代表值的取值方法也应是一致的，这实际上也有利于综合考虑随机性、主观不确定性对可靠性评定结果的影响。

设未确知量 X 的信度分布为正态分布 $N(\mu,\sigma^2)$，且分布参数 μ、σ 未知，未确知量 X 的上侧 $1-p$ 信度分位值 x_{1-p} 一般为相对较大的值，对应于对结构可靠度不利的情况，而其上侧 p 信度分位值 x_p 一般为相对较小的值，对应于对结构可靠度有利的情况，因此一般应以 x_{1-p} 的上限估计值或 x_p 的下限估计值代表未测事物的总体特性。获得未确知量 X 的 n 个测试数据 x_1、x_2、…、x_n 后，按 4.3.2 节中的 A 类方法，即式(4.109)，可生成 μ、σ 的联合信任密度函数。由 10.2.1 节中正态分布参数和分位值的信度推断方法可知，根据 μ、σ 联合信任密度函数推断的 x_{1-p} 的上限估计值和 x_p 的下限估计值应分别为

$$x_{1-p}=\bar{x}+\frac{t_{(n-1,z_{1-p}\sqrt{n},\alpha)}}{\sqrt{n}}s \tag{10.136}$$

$$x_p=\bar{x}+\frac{t_{(n-1,z_p\sqrt{n},1-\alpha)}}{\sqrt{n}}s=\bar{x}-\frac{t_{(n-1,z_{1-p}\sqrt{n},\alpha)}}{\sqrt{n}}s \tag{10.137}$$

式中：p 为 $\{X\leqslant x_{1-p}\}$ 或 $\{X\geqslant x_p\}$ 的信度；$\alpha=1-C$；C 为信度推断中的信任水平。

式(10.136)和式(10.137)代表了未测事物的总体特性，结合被测事物的总体特性，则对既有的同类事物，代表其总体特性的量值可表达为

$$x_{1-p}=\max\begin{cases}\bar{x}+\dfrac{t_{(n-1,z_{1-p}\sqrt{n},\alpha)}}{\sqrt{n}}s\\ x_{\max}\end{cases} \tag{10.138}$$

$$x_p=\min\begin{cases}\bar{x}-\dfrac{t_{(n-1,z_{1-p}\sqrt{n},\alpha)}}{\sqrt{n}}s\\ x_{\min}\end{cases} \tag{10.139}$$

它们分别对应于对结构可靠度不利和有利的情况。

若未确知量 X 的信度分布为对数正态分布 $\mathrm{N}(\mu_{\ln X},\sigma_{\ln X}^2)$，且分布参数 $\mu_{\ln X}$、$\sigma_{\ln X}$ 未知，则根据对数正态分布与正态分布之间的关系，可将代表既有同类事物总体特性的量值表达为

$$x_{1-p}=\max\begin{cases}\exp\left(\bar{y}+\dfrac{t_{(n-1,z_{1-p}\sqrt{n},\alpha)}}{\sqrt{n}}s_y\right)\\ x_{\max}\end{cases} \tag{10.140}$$

$$x_p=\min\begin{cases}\exp\left(\bar{y}-\dfrac{t_{(n-1,z_{1-p}\sqrt{n},\alpha)}}{\sqrt{n}}s_y\right)\\ x_{\min}\end{cases} \tag{10.141}$$

式中：

$$y_i=\ln x_i,\quad i=1,2,\cdots,n \tag{10.142}$$

$$\bar{y}=\frac{1}{n}\sum_{i=1}^{n}y_i \tag{10.143}$$

$$s_y^2=\frac{1}{n-1}\sum_{i=1}^{n}(y_i-\bar{y})^2 \tag{10.144}$$

10.4 考虑测量不确定性的推断

上述对随机事物和既有事物的推断中分别考虑了统计不定性和空间不确定性的影响，但未考虑测量不确定性的影响，认为所有的测试数据都是精确的，这与实际往往不符。测量不确定性属于主观不确定性，其对推断结果的影响应采用信度方法分析。

10.4.1 正态分布参数和分位值的推断

1. 随机事物的推断

设总体 X 服从正态分布 $N(\mu,\sigma^2)$，分布参数 μ、σ 未知；$X_1,X_2,\cdots,X_n$ 为 X 的 n 个样本，其实现值(真值)为 $x_1,x_2,\cdots,x_n$。如果考虑测量不确定性，则其测试值不一定为 $x_1,x_2,\cdots,x_n$，这里另记其为 $x_{0,1},x_{0,2},\cdots,x_{0,n}$，相应的绝对误差为 $e_1,e_2,\cdots,e_n$。这时应有

$$x_{0,i}=x_i+e_i,\quad i=1,2,\cdots,n \tag{10.145}$$

按一般的概率分析方法，可设测试值 $x_{0,1},x_{0,2},\cdots,x_{0,n}$ 和绝对误差 $e_1,e_2,\cdots,e_n$ 对应的随机变量分别为 $X_{0,1},X_{0,2},\cdots,X_{0,n}$ 和 $E_1,E_2,\cdots,E_n$，且它们与随机变量 $X_1,X_2,\cdots,X_n$ 之间具有下列关系：

$$X_{0,i}=X_i+E_i,\quad i=1,2,\cdots,n \tag{10.146}$$

$$\overline{X}_0=\bar{X}+\bar{E} \tag{10.147}$$

$$S_0^2=S_x^2+\frac{2}{n-1}\sum_{i=1}^{n}[(X_i-\bar{X})(E_i-\bar{E})]+S_e^2 \tag{10.148}$$

对 $X_1,X_2,\cdots,X_n$ 的实现值和测试值，应有

$$\bar{x}_0=\bar{x}+\bar{e} \tag{10.149}$$

$$s_0^2=s_X^2+\frac{2}{n-1}\sum_{i=1}^{n}[(x_i-\bar{x})(e_i-\bar{e})]+s_E^2 \tag{10.150}$$

按概率分析方法，样本 $X_1,X_2,\cdots,X_n$ 与绝对误差 $E_1,E_2,\cdots,E_n$ 之间应相互独立，故可取

$$\sum_{i=1}^{n}[(x_i-\bar{x})(e_i-\bar{e})]\approx E\left\{\sum_{i=1}^{n}[(X_i-\bar{X})(E_i-\bar{E})]\right\}=0 \tag{10.151}$$

同时，可近似认为 $e_1,e_2,\cdots,e_n$ 为测试值 $x_{0,1},x_{0,2},\cdots,x_{0,n}$ 与最佳估计值之间的差值，且不含系统误差和粗大误差，故有

$$\bar{e}\approx 0 \tag{10.152}$$

$$s_e^2\approx\sigma_\Delta^2 \tag{10.153}$$

式中：σ_Δ 为测量的标准不确定度。最终有

$$\bar{x} \approx \bar{x}_0 \tag{10.154}$$

$$s_x \approx \sqrt{s_0^2 - \sigma_\Delta^2} \tag{10.155}$$

由于对总体 X 的推断应以其样本实现值 $x_1, x_2, \cdots, x_n$ 为依据，推断正态随机变量分布参数和分位值时，应分别以 $\bar{x}_0$ 和$\sqrt{s_0^2-\sigma_\Delta^2}$替代表 10.2 中各推断公式中的 $\bar{x}$ 和 s。例如，无参数信息时，正态分布上侧 p 分位值 x_p 的上限、下限估计值应分别为

$$x_p = \bar{x}_0 - \frac{t_{(n-1, z_{1-p}\sqrt{n}, 1-\alpha)}}{\sqrt{n}} \sqrt{s_0^2 - \sigma_\Delta^2} \tag{10.156}$$

$$x_p = \bar{x}_0 - \frac{t_{(n-1, z_{1-p}\sqrt{n}, \alpha)}}{\sqrt{n}} \sqrt{s_0^2 - \sigma_\Delta^2} \tag{10.157}$$

由式(10.156)和式(10.157)可见，测量不确定性越高，即 σ_Δ^2的值越大，分位值 x_p 的下限估计值越大，上限估计值越小，即对 x_p 的推断结果越有利。这意味着采用精度越差的测试方法，如采用回弹法而非钻芯法测试混凝土材料的抗压强度，在同等条件下反而可得到更有利的推断结果。这显然是不合理的。

按信度分析方法，样本实现值 $x_1, x_2, \cdots, x_n$ 和绝对误差 $e_1, e_2, \cdots, e_n$ 均应为未确知量，它们与已知的测试值 $x_{0,1}, x_{0,2}, \cdots, x_{0,n}$之间存在下列关系：

$$x_i = x_{0,i} - e_i, \quad i = 1, 2, \cdots, n \tag{10.158}$$

$$\bar{x} = \bar{x}_0 - \bar{e} \tag{10.159}$$

$$s_x^2 = s_0^2 - \frac{2}{n-1}\sum_{i=1}^{n}[(x_{0,i} - \bar{x}_0)(e_i - \bar{e})] + s_e^2 \tag{10.160}$$

因测试值 $x_{0,1}, x_{0,2}, \cdots, x_{0,n}$已知，故可取

$$\sum_{i=1}^{n}[(x_{0,i} - \bar{x}_0)(e_i - \bar{e})] \approx \sum_{i=1}^{n} E_B[(x_{0,i} - \bar{x}_0)(e_i - \bar{e})] = 0 \tag{10.161}$$

按前述方法，亦可取

$$\bar{e} \approx 0$$

$$s_e^2 \approx \sigma_\Delta^2$$

最终可得

$$\bar{x} \approx \bar{x}_0$$

$$s_x \approx \sqrt{s_0^2 + \sigma_\Delta^2} \tag{10.162}$$

因此，考虑测量不确定性时，应分别以 $\bar{x}_0$ 和$\sqrt{s_0^2+\sigma_\Delta^2}$ 替代表 10.2 中各推断公式中的 $\bar{x}$ 和 s。例如，无参数信息时，正态分布上侧 p 分位值 x_p 的上限、下限估计值应分别为[4]

$$x_p = \bar{x}_0 - \frac{t_{(n-1, z_{1-p}\sqrt{n}, 1-\alpha)}}{\sqrt{n}} \sqrt{s_0^2 + \sigma_\Delta^2} \tag{10.163}$$

$$x_p=\bar{x}_0-\frac{t_{(n-1,z_{1-p}\sqrt{n},\alpha)}}{\sqrt{n}}\sqrt{s_0^2+\sigma_\Delta^2} \tag{10.164}$$

显然,式(10.163)和式(10.164)能够合理反映测量不确定性对推断结果的影响。表10.14列举了按信度方法考虑测量不确定性影响时正态分布参数和分位值的估计值。

表 10.14　正态分布参数和分位值的估计值(考虑测量不确定性影响)

未知量	条件	估计值	说明
μ	无参数信息	上限:$\bar{x}_0+\frac{t_{(n-1,\alpha)}}{\sqrt{n}}\sqrt{s_0^2+\sigma_\Delta^2}$ 下限:$\bar{x}_0-\frac{t_{(n-1,\alpha)}}{\sqrt{n}}\sqrt{s_0^2+\sigma_\Delta^2}$	z_α 为标准正态分布的上侧 α 分位值,且 $z_{1-\alpha}=-z_\alpha$; $\chi^2_{(n-1,\alpha)}$、$\chi^2_{(n-1,1-\alpha)}$分别为自由度为 $n-1$ 的卡方分布的上侧 α、$1-\alpha$ 分位值; $\chi^2_{(n,\alpha)}$、$\chi^2_{(n,1-\alpha)}$ 分别为自由度为 n 的卡方分布的上侧 α、$1-\alpha$ 分位值; $t_{(n-1,\alpha)}$ 为自由度为 $n-1$的 t 分布的上侧 α 分位值,且 $t_{(n-1,1-\alpha)}=-t_{(n-1,\alpha)}$; $t_{(n-1,z_{1-p}\sqrt{n},\alpha)}$、$t_{(n-1,z_{1-p}\sqrt{n},1-\alpha)}$ 分别为自由度为 $n-1$、参数为 $z_{1-p}\sqrt{n}$ 的非中心 t 分布的上侧 α、$1-\alpha$ 分位值; $t_{(n-1,\sqrt{n}/\delta,\alpha)}$、$t_{(n-1,\sqrt{n}/\delta,1-\alpha)}$分别为自由度为 $n-1$、参数为$\sqrt{n}/\delta$ 的非中心 t 分布的上侧 α、$1-\alpha$ 分位值
σ	μ 已知	上限:$\sqrt{\frac{(n-1)(s_0^2+\sigma_\Delta^2)+n(\bar{x}_0-\mu)^2}{\chi^2_{(n,1-\alpha)}}}$ 下限:$\sqrt{\frac{(n-1)(s_0^2+\sigma_\Delta^2)+n(\bar{x}_0-\mu)^2}{\chi^2_{(n,\alpha)}}}$	
x_p	μ 已知	上限:$\mu-z_{1-p}\sqrt{\frac{(n-1)(s_0^2+\sigma_\Delta^2)+n(\bar{x}_0-\mu)^2}{\chi^2_{(n,\alpha)}}}$, $z_{1-p}\geqslant 0$ 下限:$\mu-z_{1-p}\sqrt{\frac{(n-1)(s_0^2+\sigma_\Delta^2)+n(\bar{x}_0-\mu)^2}{\chi^2_{(n,1-\alpha)}}}$, $z_{1-p}\geqslant 0$	
σ	无参数信息	上限:$\sqrt{\frac{(n-1)(s_0^2+\sigma_\Delta^2)}{\chi^2_{(n-1,1-\alpha)}}}$ 下限:$\sqrt{\frac{(n-1)(s_0^2+\sigma_\Delta^2)}{\chi^2_{(n-1,\alpha)}}}$	
μ	σ 已知	上限:$\bar{x}_0+\frac{z_\alpha}{\sqrt{n}}\sigma$ 下限:$\bar{x}_0-\frac{z_\alpha}{\sqrt{n}}\sigma$	
x_p	σ 已知	上限:$\bar{x}_0-\left(z_{1-p}-\frac{z_\alpha}{\sqrt{n}}\right)\sigma$ 下限:$\bar{x}_0-\left(z_{1-p}+\frac{z_\alpha}{\sqrt{n}}\right)\sigma$	
x_p	无参数信息	上限:$\bar{x}_0-\frac{t_{(n-1,z_{1-p}\sqrt{n},1-\alpha)}}{\sqrt{n}}\sqrt{s_0^2+\sigma_\Delta^2}$ 下限:$\bar{x}_0-\frac{t_{(n-1,z_{1-p}\sqrt{n},\alpha)}}{\sqrt{n}}\sqrt{s_0^2+\sigma_\Delta^2}$	
δ	无参数信息	上限满足:$\frac{\sqrt{n}}{\hat{\delta}}=t_{(n-1,\sqrt{n}/\delta,\alpha)}\left(\hat{\delta}=\frac{\sqrt{s_0^2+\sigma_\Delta^2}}{\bar{x}_0}\right)$ 下限满足:$\frac{\sqrt{n}}{\hat{\delta}}=t_{(n-1,\sqrt{n}/\delta,1-\alpha)}\left(\hat{\delta}=\frac{\sqrt{s_0^2+\sigma_\Delta^2}}{\bar{x}_0}\right)$	

上述概率和信度分析方法的差别主要在于样本实现值、测试值、绝对误差之间的关系:按一般的概率分析方法,随机变量 $X_1, X_2, \cdots, X_n$ 和 $E_1, E_2, \cdots, E_n$ 之间相互独立,因此式(10.151)近似成立;按信度分析方法,测试值 $x_{0,1}, x_{0,2}, \cdots, x_{0,n}$ 是已知的,在此条件下未确知量 $x_1, x_2, \cdots, x_n$ 和 $e_1, e_2, \cdots, e_n$ 之间是彼此相关的,它们满足式(10.158),而这时式(10.161)近似成立。

分析测量不确定性的目的是根据已知的测试值 $x_{0,1}, x_{0,2}, \cdots, x_{0,n}$ 推断 $x_1, x_2, \cdots, x_n$ 的统计特性 $\bar{x}$ 和 s_X。测试值 $x_{0,1}, x_{0,2}, \cdots, x_{0,n}$ 已知的条件下,随机变量 $X_1, X_2, \cdots, X_n$ 和 $E_1, E_2, \cdots, E_n$ 之间实际上应满足下列约束条件:

$$x_{0,i} = X_i + E_i, \quad i = 1, 2, \cdots, n \tag{10.165}$$

这时随机变量 $X_1, X_2, \cdots, X_n$ 和 $E_1, E_2, \cdots, E_n$ 之间应彼此相关。但是,一般的概率分析方法中并未考虑这一约束条件,认为随机变量 $X_1, X_2, \cdots, X_n$ 和 $E_1, E_2, \cdots, E_n$ 之间相互独立,这是导致其推断结果不合理的根本原因。相反,按信度分析方法,未确知量 $x_1, x_2, \cdots, x_n$ 和 $e_1, e_2, \cdots, e_n$ 之间则符合 $x_{0,1}, x_{0,2}, \cdots, x_{0,n}$ 已知时应具有的相关关系。因此,若采用概率分析方法,应以式(10.165)为约束条件,这时可得到与信度分析方法相同的结果。

2. 既有事物的推断

推断既有事物当前的总体特性时,对未测事物同样应分别以 $\bar{x}_0$ 和 $\sqrt{s_0^2 + \sigma_\Delta^2}$ 替代式(10.138)和式(10.139)中的 $\bar{x}$ 和 s。对被测事物则首先应按4.3.1节中的A类方法,即式(4.106),生成 $x_{\max}$ 和 $x_{\min}$ 的信任密度函数,它们分别为

$$\mathrm{bel}_{x_{\max}}(t) = \frac{1}{\sqrt{2\pi}\sigma_\Delta} \exp\left[-\frac{1}{2}\left(\frac{t - x_{0\max}}{\sigma_\Delta}\right)^2\right] \tag{10.166}$$

$$\mathrm{bel}_{x_{\min}}(t) = \frac{1}{\sqrt{2\pi}\sigma_\Delta} \exp\left[-\frac{1}{2}\left(\frac{t - x_{0\min}}{\sigma_\Delta}\right)^2\right] \tag{10.167}$$

式中:$x_{0\max}$、$x_{0\min}$ 分别为测试结果 $x_{0,1}, x_{0,2}, \cdots, x_{0,n}$ 中的最大值和最小值;σ_Δ 为标准不确定度。由于 $x_{\max}$、$x_{\min}$ 均为未确知量,取值不定,因此需以某信度分位值作为其量值。这时同样宜参照结构设计中基本变量的取值方法,在量值上以基本变量概率分位值的保证率 p 作为该信度分位值的信度。这时可取 $x_{\max}$、$x_{\min}$ 的量值分别为

$$x_{\max} = x_{0\max} + z_{1-p}\sigma_\Delta \tag{10.168}$$

$$x_{\min} = x_{0\min} + z_p\sigma_\Delta = x_{0\min} - z_{1-p}\sigma_\Delta \tag{10.169}$$

式中:z_{1-p}、z_p 分别为标准正态分布的上侧 $1-p$、p 分位值。

综合未测事物和被测事物的取值,对既有的同类事物,代表其总体特性的量值可表达为

$$x_{1-p}=\max\begin{cases}\bar{x}_0+\dfrac{t_{(n-1,z_{1-p}\sqrt{n},\alpha)}}{\sqrt{n}}\sqrt{s_0^2+\sigma_\Delta^2}\\ x_{0\max}+z_{1-p}\sigma_\Delta\end{cases}\tag{10.170}$$

$$x_p=\min\begin{cases}\bar{x}_0-\dfrac{t_{(n-1,z_{1-p}\sqrt{n},\alpha)}}{\sqrt{n}}\sqrt{s_0^2+\sigma_\Delta^2}\\ x_{0\min}-z_{1-p}\sigma_\Delta\end{cases}\tag{10.171}$$

它们分别对应于对结构可靠度不利和有利的情况。

10.4.2　对数正态分布参数和分位值的推断

1. 随机事物的推断

设总体 X 服从对数正态分布 $\mathrm{LN}(\mu_{\ln X},\sigma_{\ln X}^2)$。根据对数正态分布的特点，按信度方法分析时，宜取

$$\frac{x_{0,i}}{x_i}=1+\varepsilon_i,\quad i=1,2,\cdots,n\tag{10.172}$$

$$\ln x_i=\ln x_{0,i}-\ln(1+\varepsilon_i),\quad i=1,2,\cdots,n\tag{10.173}$$

式中：ε_i 为测试值 $x_{0,i}$ 的相对误差，$i=1,2,\cdots,n$。这时实现值 $x_1,x_2,\cdots,x_n$ 和相对误差 $\varepsilon_1,\varepsilon_2,\cdots,\varepsilon_n$ 均为未确知量。由于 $\ln x_i$ 的信度分布应为正态分布，而测试值 $x_{0,1},x_{0,2},\cdots,x_{0,n}$ 已知，因此根据式(10.173)，未确知量 $\ln(1+\varepsilon_i)$ 的信度分布亦应为正态分布。令

$$y_i=\ln x_i,\quad i=1,2,\cdots,n\tag{10.174}$$

$$y_{0,i}=\ln x_{0,i},\quad i=1,2,\cdots,n\tag{10.175}$$

利用正态分布参数和分位值的推断方法，可取

$$\bar{y}\approx\bar{y}_0\tag{10.176}$$

$$s_y\approx\sqrt{s_{y0}^2+\sigma_{\ln(1+\varepsilon)}^2}\approx\sqrt{s_{y0}^2+\sigma_\varepsilon^2}\tag{10.177}$$

式中：$\bar{y}$、s_y 和 $\bar{y}_0$、s_{y0} 分别为 $y_1,y_2,\cdots,y_n$ 和 $y_{0,1},y_{0,2},\cdots,y_{0,n}$ 的样本均值、标准差；$\sigma_{\ln(1+\varepsilon)}$ 为 $\ln(1+\varepsilon)$ 的标准差，因 $\ln(1+\varepsilon)\approx\varepsilon$，故 $\sigma_{\ln(1+\varepsilon)}$ 近似等于相对误差 ε 的标准差 σ_ε。σ_ε 在一定程度上亦反映了测量不确定度，可通过对测试方法的试验和分析确定。因此，考虑测量不确定性时，应分别以 $\bar{y}_0$ 和 $\sqrt{s_{y0}^2+\sigma_\varepsilon^2}$ 替代表 10.9 中各推断公式中的 $\bar{y}$ 和 s_y。例如，无参数信息时，对数正态分布上侧 p 分位值 x_p 的上限、下限估计值应分别为

$$x_p=\exp\left(\bar{y}_0-\frac{t_{(n-1,z_{1-p}\sqrt{n},1-\alpha)}}{\sqrt{n}}\sqrt{s_{y0}^2+\sigma_\varepsilon^2}\right)\tag{10.178}$$

$$x_p=\exp\left(\bar{y}_0-\frac{t_{(n-1,z_{1-p}\sqrt{n},\alpha)}}{\sqrt{n}}\sqrt{s_{y0}^2+\sigma_\varepsilon^2}\right) \tag{10.179}$$

它们同样可合理反映测量不确定性对推断结果的影响。表 10.15 列举了按信度方法考虑测量不确定性的影响时对数正态分布分位值和变异系数的估计值。

表 10.15　对数正态分布分位值和变异系数的估计值(考虑测量不确定性影响)

未知量	条件	估计值	说明
δ	无参数信息	上限：$\sqrt{\exp\left[\frac{(n-1)(s_{y0}^2+\sigma_\varepsilon^2)}{\chi^2_{(n-1,1-\alpha)}}\right]-1}$ 下限：$\sqrt{\exp\left[\frac{(n-1)(s_{y0}^2+\sigma_\varepsilon^2)}{\chi^2_{(n-1,\alpha)}}\right]-1}$	$\chi^2_{(n-1,\alpha)}$、$\chi^2_{(n-1,1-\alpha)}$ 分别为自由度为 $n-1$ 的卡方分布的上侧 α、$1-\alpha$ 分位值；
x_p	δ 已知	上限：$\exp\left[\bar{y}_0-\left(z_{1-p}-\frac{z_\alpha}{\sqrt{n}}\right)\sqrt{\ln(1+\delta^2)}\right]$ 下限：$\exp\left[\bar{y}_0-\left(z_{1-p}+\frac{z_\alpha}{\sqrt{n}}\right)\sqrt{\ln(1+\delta^2)}\right]$	z_α 为标准正态分布的上侧 α 分位值；
x_p	无参数信息	上限：$\exp\left(\bar{y}_0-\frac{t_{(n-1,z_{1-p}\sqrt{n},1-\alpha)}}{\sqrt{n}}\sqrt{s_{y0}^2+\sigma_\varepsilon^2}\right)$ 下限：$\exp\left(\bar{y}_0-\frac{t_{(n-1,z_{1-p}\sqrt{n},\alpha)}}{\sqrt{n}}\sqrt{s_{y0}^2+\sigma_\varepsilon^2}\right)$	$t_{(n-1,z_{1-p}\sqrt{n},\alpha)}$、$t_{(n-1,z_{1-p}\sqrt{n},1-\alpha)}$ 分别为自由度为 $n-1$、参数为 $z_{1-p}\sqrt{n}$ 的非中心 t 分布的上侧 α、$1-\alpha$ 分位值

注：δ 为未确知量 X 的变异系数。

2. 既有事物的推断

推断既有事物当前的总体特性时，对未测事物同样应以 $\bar{y}_0$ 和 $\sqrt{s_{y0}^2+\sigma_\varepsilon^2}$ 分别替代式(10.140)和式(10.141)中的 $\bar{y}$ 和 s_y。对被测事物，则应有

$$\ln x_{1-p}=\ln x_{\max}+z_{1-p}\sigma_\varepsilon \tag{10.180}$$

$$\ln x_p=\ln x_{\min}+z_p\sigma_\varepsilon=\ln x_{\min}-z_{1-p}\sigma_\varepsilon \tag{10.181}$$

因此，考虑测量不确定性时，代表既有同类事物总体特性的量值可表达为

$$x_{1-p}=\max\begin{cases}\exp\left(\bar{y}_0+\frac{t_{(n-1,z_{1-p}\sqrt{n},\alpha)}}{\sqrt{n}}\sqrt{s_{y0}^2+\sigma_\varepsilon^2}\right)\\ x_{\max}\exp(z_{1-p}\sigma_\varepsilon)\end{cases} \tag{10.182}$$

$$x_p=\min\begin{cases}\exp\left(\bar{y}_0-\frac{t_{(n-1,z_{1-p}\sqrt{n},\alpha)}}{\sqrt{n}}\sqrt{s_{y0}^2+\sigma_\varepsilon^2}\right)\\ x_{\min}\exp(-z_{1-p}\sigma_\varepsilon)\end{cases} \tag{10.183}$$

10.4.3　极大值Ⅰ型分布分位值的推断

1. 无参数信息的场合

这里仅讨论极大值Ⅰ型分布分位值的推断方法。设 X 服从参数为 μ、α 的极

大值Ⅰ型分布，其 n 个样本中后 r 个样本的实现值为

$$x_j = x_{0,j} - e_j,\quad j = n-r+1,\cdots,n-1,n \tag{10.184}$$

这时按由小到大顺序排列的样本实现值应为

$$x_{(j)} = (x_0 - e)_{(j)},\quad j = n-r+1,\cdots,n-1,n \tag{10.185}$$

式中：$x_{0,n-r+1},\cdots,x_{0,n-1},x_{0,n}$ 为测试值；$e_{n-r+1},\cdots,e_{n-1},e_n$ 为绝对误差；$(x_0-e)_{(j)}$ 为按由小到大顺序排列的测试值 x_0 与相应绝对误差 e 之间的第 j 个差值。绝对误差 $e_{n-r+1},\cdots,e_{n-1},e_n$ 为未确知量，一般可认为其均值为 0，标准差（标准不确定度）σ_Δ 已知。

由于绝对误差 $e_{n-r+1},\cdots,e_{n-1},e_n$ 的值未知，很难对式(10.185)做进一步的分解。为简化问题，可假设绝对误差 e 随测试值 x_0 的增大而减小。由于 $e_{n-r+1},\cdots,e_{n-1},e_n$ 的均值为 0，该假设并不影响实现值 $x_{n-r+1},\cdots,x_{n-1},x_n$ 的均值，但会使 $x_{n-r+1},\cdots,x_{n-1},x_n$ 的较小值更小，较大值更大，即 $x_{n-r+1},\cdots,x_{n-1},x_n$ 的变异性更强。测试值 $x_{0,n-r+1},\cdots,x_{0,n-1},x_{0,n}$ 总体上应服从极大值Ⅰ型分布的规律，因此对取值规律相反的绝对误差 $e_{n-r+1},\cdots,e_{n-1},e_n$，可假设其服从极小值Ⅰ型分布，其分布参数为 $0+C_E\sqrt{6}/\pi\cdot\sigma_\Delta$ 和 $\sqrt{6}/\pi\cdot\sigma_\Delta$，其中"0"代表绝对误差 e 的均值。根据极大值、极小值Ⅰ型分布之间的关系，这时 $-e$ 应服从参数为 $0-C_E\sqrt{6}/\pi\cdot\sigma_\Delta$ 和 $\sqrt{6}/\pi\cdot\sigma_\Delta$ 的极大值Ⅰ型分布。

在该假设下，估计分布参数 μ、α 时，可将样本实现值表达为

$$x_{(j)} = x_{0,(j)} - e_{(n-j+1)} = x_{0,(j)} + (-e)_{(j)},\quad j = n-r+1,\cdots,n-1,n \tag{10.186}$$

考虑测量不确定性时，分布参数 μ、α 的最好线性无偏估计应分别为

$$\mu^* = \sum_{j=1}^{r} D(n,r,j)\left[x_{0,(n-j+1)} + (-e)_{(n-j+1)}\right] = \sum_{j=1}^{r} D(n,r,j)x_{0,(n-j+1)} - C_E\frac{\sqrt{6}}{\pi}\sigma_\Delta \tag{10.187}$$

$$\alpha^* = -\sum_{j=1}^{r} C(n,r,j)\left[x_{0,(n-j+1)} + (-e)_{(n-j+1)}\right] = -\sum_{j=1}^{r} C(n,r,j)x_{0,(n-j+1)} + \frac{\sqrt{6}}{\pi}\sigma_\Delta \tag{10.188}$$

类似地，分布参数 μ、α 的最好线性不变估计应分别为

$$\tilde{\mu} = \sum_{j=1}^{r} D_I(n,r,j)\left[x_{0,(n-j+1)} + (-e)_{(n-j+1)}\right] = \sum_{j=1}^{r} D_I(n,r,j)x_{0,(n-j+1)} - C_E\frac{\sqrt{6}}{\pi}\sigma_\Delta \tag{10.189}$$

$$\tilde{\alpha} = -\sum_{j=1}^{r} C_I(n,r,j)\left[x_{0,(n-j+1)} + (-e)_{(n-j+1)}\right] = -\sum_{j=1}^{r} C_I(n,r,j)x_{0,(n-j+1)} + \frac{\sqrt{6}}{\pi}\sigma_\Delta \tag{10.190}$$

相对于绝对误差 $e_{n-r+1},\cdots,e_{n-1},e_n$ 与实现值 $x_{n-r+1},\cdots,x_{n-1},x_n$ 的实际对应关系，按上述假设，对分布参数 μ 的估计偏小，但误差不大于 $C_E\sqrt{6}/\pi\cdot\sigma_\Delta$（$=0.45\sigma_\Delta$）；对分布参数 α 的估计偏大，但误差不大于 $\sqrt{6}/\pi\cdot\sigma_\Delta$（$=0.78\sigma_\Delta$）。按式（10.105）和式（10.106）估计 X 上侧 $1-p$ 分位值 x_{1-p} 的上限、下限值时，考虑系数 $v_{(n,p,C)}$ 和 $v_{(n,p,1-C)}$ 的取值后，可知其结果将分别偏大、偏小，即偏于保守。

2. 变异系数已知的场合

变异系数 δ_X 已知时，对 X 上侧 $1-p$ 分位值 x_{1-p} 上限、下限值的估计主要取决于分布参数 μ 的最好线性无偏估计 μ^*。出于保守的考虑，可对绝对误差 e 与测试值 x_0 之间的关系做出相反的假设，并认为

$$x_{(j)}=x_{0,(j)}-e_{(j)},\quad j=n-r+1,\cdots,n-1,n \tag{10.191}$$

这时可进一步假设 e 服从参数为 $0-C_E\sqrt{6}/\pi\cdot\sigma_\Delta$ 和 $\sqrt{6}/\pi\cdot\sigma_\Delta$ 的极大值Ⅰ型分布，而分布参数 μ 的最好线性无偏估计应为

$$\mu^*=\sum_{j=n-r+1}^{n}D(n,r,j,\delta_X)[x_{0,(j)}-e_{(j)}]=\sum_{j=n-r+1}^{n}D(n,r,j,\delta_X)x_{0,(n-j+1)}+C_E\frac{\sqrt{6}}{\pi}\sigma_\Delta \tag{10.192}$$

据此可按式（10.134）、式（10.135）分别估计 X 上侧 $1-p$ 分位值 x_{1-p} 的上限值和下限值。表 10.16 汇总了考虑测量不确定性影响时极大值Ⅰ型分位值的估计值。

表 10.16　极大值Ⅰ型分布分位值的估计值

条件	未知量	不考虑测量不确定性	考虑测量不确定性
无参数信息	$\tilde{\mu}$	$\sum_{j=1}^{r}D_{\text{I}}(n,r,j)x_{0,(n-j+1)}$	$\sum_{j=1}^{r}D_{\text{I}}(n,r,j)x_{0,(n-j+1)}-C_E\frac{\sqrt{6}}{\pi}\sigma_\Delta$
	$\tilde{\alpha}$	$-\sum_{j=1}^{r}C_{\text{I}}(n,r,j)x_{0,(n-j+1)}$	$-\sum_{j=1}^{r}C_{\text{I}}(n,r,j)x_{0,(n-j+1)}+\frac{\sqrt{6}}{\pi}\sigma_\Delta$
	x_{1-p}	上限：$x_{1-p}=\tilde{\mu}+v_{(n,p,C)}\tilde{\alpha}$ 下限：$x_{1-p}=\tilde{\mu}+v_{(n,p,1-C)}\tilde{\alpha}$	
变异系数 δ_X 已知	μ^*	$\sum_{j=n-r+1}^{n}D(n,r,j,\delta_X)x_{0,(n-j+1)}$	$\sum_{j=n-r+1}^{n}D(n,r,j,\delta_X)x_{0,(n-j+1)}+C_E\frac{\sqrt{6}}{\pi}\sigma_\Delta$
	x_{1-p}	上限：$x_{1-p}=u_{(n,r,\delta_X,C)}\mu^*[1-c\ln(-\ln p)]$ 下限：$x_{1-p}=u_{(n,r,\delta_X,1-C)}\mu^*[1-c\ln(-\ln p)]$	

10.5　置信水平和信任水平

概率推断中的置信水平和信度推断中的信任水平（统一记为 C）对推断结果有直接的影响：C 值越大，则上限估计值越大，下限估计值越小，推断结果趋于保守；C

值越小，推断结果则趋于冒进。一般而言，随机变量的变异性或未确知量的不确定性越强，C 值越大，则上限、下限估计值对 C 值的变化越敏感，即随着 C 值的增大，上限估计值加速增大，下限估计值加速减小。因此，随机变量的变异性或未确知量的不确定性较强时，若选取较大的 C 值，往往导致过于保守的结果，这时宜选取相对较小的 C 值；相反，随机变量的变异性或未确知量的不确定性较弱时，则宜选取相对较大的 C 值，以避免推断结果过于冒进[18]。

按《民用建筑可靠性鉴定标准》(GB 50292—2015)[2]中的规定，推断永久作用的标准值时，取置信水平 $C=0.95$；推断材料强度的标准值时，取置信水平 $C=0.90$(钢材)、0.75(混凝土材料)或 0.60(砌体材料)。永久作用和钢材、混凝土、砌体材料强度的变异系数依次为 0.07 和 0.06～0.10、0.16～0.23、0.20～0.24[19]，它们总体上是依次增大的，因此《民用建筑可靠性鉴定标准》(GB 50292—2015)中对置信水平 C 的取值亦遵循了上述原则。按信度方法推断时，对信任水平 C 也可按《民用建筑可靠性鉴定标准》(GB 50292—1999)中对置信水平 C 的建议取值。

对于可变作用代表值和设计值的推断，目前尚无置信水平 C 的取值建议。我国可变作用任意时点值的变异系数为 0.30～0.70[19]。按上述取值原则，应选取相对较小的 C 值，但不应低于 0.5，否则会出现下限估计值高于上限估计值的不合理现象。由于 C 值不大时，推断结果对 C 值的变化并不是很敏感，因此可选择比 0.5 更大的 C 值，以充分考虑推断过程中不确定性的影响，避免推断结果过于冒进。根据后面 11.4.1 节中的实例对比分析结果，推断可变作用的代表值和设计值时，可取置信水平 $C=0.75$。

参考文献

[1] 中华人民共和国住房和城乡建设部. 工业建筑可靠性鉴定标准(GB 50144—2008). 北京：中国计划出版社，2008.

[2] 中华人民共和国住房和城乡建设部. 民用建筑可靠性鉴定标准(GB 50292—2015). 北京：中国建筑工业出版社，2015.

[3] 姚继涛. 既有结构可靠性理论及应用. 北京：科学出版社，2008.

[4] 峁诗松，王静龙，史定华，等. 统计手册. 北京：科学出版社，2003.

[5] 第四机械工业部标准化研究所. 可靠性试验用表. 北京：国防工业出版社，1979.

[6] 姚继涛，解耀魁. 既有结构可靠性评定中变异系数统计推断. 建筑结构学报，2010，31(8)：101-105.

[7] 何国伟. 可信性工程. 北京：中国标准出版社，1997.

[8] McKay A T. Distribution of the coefficient of variation and the extended "t" distribution. Journal of Royal Statistical Society，1932：95(4)：695-698.

[9] 中华人民共和国国家质量监督检验检疫总局. 正态分布分位数与变异系数的置信限(GB/

T 10094—2009). 北京:中国标准出版社,2010.

[10] 李松仕. 极值Ⅰ型分布参数估计方法的研究. 福州大学学报,1988,(1):79-84.

[11] 段忠东,周道成. 极值概率分布参数估计方法的比较研究. 哈尔滨工业大学学报,2004,36(12):1605-1609.

[12] Mann N R,Schafer R E,Singpurwalla N D. Methods for Statistical Analysis of Reliability and Life Data. New York:John Wiley & Sons,1974.

[13] 中华人民共和国国家标准. 寿命试验用表 最好线性无偏估计用表(极值分布,威布尔分布)(GB 12282.1—90). 1990.

[14] 中华人民共和国国家标准. 寿命试验用表 最好线性无偏估计用表(极值分布,威布尔分布)(SJ/T 11099—1996). 1996.

[15] 周源泉. 质量可靠性增长与评定方法. 北京:北京航空航天大学出版社,1997.

[16] 姚继涛,王旭东. 极大值Ⅰ型分布参数及分位值的小样本估计. 统计与决策,2014,(17):11-14.

[17] 戴树森,费鹤良,王玲玲,等. 可靠性试验及其统计分析(上册). 北京:国防工业出版社,1983.

[18] 姚继涛,王旭东. 可变作用代表值的线性回归推断方法. 建筑结构学报,2014,35(10):98-103.

[19] 中华人民共和国国家计划委员会. 建筑结构设计统一标准(GB J68—84). 北京:中国计划出版社,1984.

第 11 章　结构性能和作用的推断

既有结构的可靠性评定需与检测工程结合，并应根据调查、检测所获得的结构和环境信息，优先采用统计方法推断随机事物的概率特性和既有事物的总体特性。它们主要指未来可变作用的概率分位值和当前永久作用、几何尺寸、材料强度、抗力等的信度分位值。按分项系数法校核既有结构时，需推断结构性能和作用的标准值，应按标准值的保证率或等值的信度确定上述概率分位值和信度分位值；按设计值法校核时，则需推断基准设计值，应采用基准设计值的保证率或等值的信度。通常的小样本条件下，推断随机事物、既有事物时需分别设置一定的置信水平和信任水平，它们反映了对推断结果的信任程度，可统一称其为推断结果的信度。它不仅会直接影响结构性能和作用推断的结果，还会进一步影响既有结构可靠性评定的结果，使其亦隐含一定的信度，但目前对此并未建立全面的认识。

本章利用不确定事物推断的基本方法，阐述既有结构可靠性评定中永久作用、几何尺寸、材料强度、抗力、可变作用等的小样本推断方法，并通过分析既有结构可靠性评定结果的信度，阐述推断中的不确定性和信度对既有结构可靠性评定结果的影响。

11.1　永久作用和几何尺寸的推断

一般情况下，永久作用和几何尺寸的随机性较小，其现实结果的离散性亦较小。分析和评定既有结构的可靠性时，如未发现异常情况，对永久作用和几何尺寸可直接取用原设计中的标准值或基准设计值。但是，有些永久作用和几何尺寸的随机性是显著的，如屋面构造层的自重、现浇混凝土楼板的厚度等。在它们转化为现实事物后，其实际量值也会具有较大的离散性，这时则宜通过调查、检测按信度方法推断其标准值或基准设计值。

1. 标准值的推断

永久作用 G 和几何尺寸 a 均服从正态分布，一般以均值（上侧 0.5 分位值）作为其标准值[1,2]。设永久作用 G 或几何尺寸 a 的实测结果为 $x_{0,1}, x_{0,2}, \cdots, x_{0,n}$，其均值和标准差分别为 $\bar{x}_0$、s_0，最大值、最小值分别为 $x_{0\max}$、$x_{0\min}$，测量的标准不确定度为 σ_Δ[3]。参照《民用建筑可靠性鉴定标准》(GB 50292—2015)[4]中的规定，推断永久作用标准值 G_k 时可取信任水平 $C=0.95$。几何尺寸在变异性上与永久作用属同一量级[1,2]，推断其标准值 a_k 时亦可取 $C=0.95$。

根据式(10.170)所示同类事物当前总体特性的推断方法，并注意到

$$z_{0.5}=0 \tag{11.1}$$

$$t_{(n-1,z_{0.5}\sqrt{n},0.05)}=t_{(n-1,0,0.05)}=t_{(n-1,0.05)} \tag{11.2}$$

可取永久作用和几何尺寸标准值的推断结果为

$$G_k\text{ 或 }a_k=\max\begin{cases}\bar{x}_0+\dfrac{t_{(n-1,0.05)}}{\sqrt{n}}\sqrt{s_0^2+\sigma_\Delta^2}\\ x_{0\max}\end{cases} \tag{11.3}$$

永久作用、几何尺寸对结构可靠性有利时，根据式(10.171)，可取其标准值的推断结果为

$$G_k\text{ 或 }a_k=\min\begin{cases}\bar{x}_0-\dfrac{t_{(n-1,0.05)}}{\sqrt{n}}\sqrt{s_0^2+\sigma_\Delta^2}\\ x_{0\min}\end{cases} \tag{11.4}$$

式中：$t_{(n-1,0.05)}$ 为自由度为 $n-1$ 的 t 分布的上侧 0.05 分位值。为便于应用，表 11.1 列出了 $t_{(n-1,0.05)}/\sqrt{n}$ 的数值表。

表 11.1　$t_{(n-1,0.05)}/\sqrt{n}$ 的数值表

n	$t_{(n-1,0.05)}/\sqrt{n}$	n	$t_{(n-1,0.05)}/\sqrt{n}$	n	$t_{(n-1,0.05)}/\sqrt{n}$
5	0.953	17	0.423	29	0.316
6	0.823	18	0.410	30	0.310
7	0.734	19	0.398	31	0.305
8	0.670	20	0.387	32	0.300
9	0.620	21	0.376	33	0.295
10	0.580	22	0.367	34	0.290
11	0.546	23	0.358	35	0.286
12	0.518	24	0.350	36	0.282
13	0.494	25	0.342	37	0.278
14	0.473	26	0.335	38	0.274
15	0.455	27	0.328	39	0.270
16	0.438	28	0.322	40	0.266

2. 基准设计值的推断

按设计值法的规定，永久作用和几何尺寸的基准设计值 G_{d0}、a_{d0} 的保证率均为[5]

$$p=\Phi(0.35\times3.2)=\Phi(1.12)=0.8686 \tag{11.5}$$

这时 $z_{1-p}=1.12$。根据式(10.170)，可取永久作用、几何尺寸基准设计值的推断结

果为

$$G_{d0} \text{ 或 } a_{d0} = \max \begin{cases} \bar{x}_0 + \dfrac{t_{(n-1,1.12\sqrt{n},0.05)}}{\sqrt{n}} \sqrt{s_0^2 + \sigma_\Delta^2} \\ x_{0\max} + 1.12\sigma_\Delta \end{cases} \tag{11.6}$$

对结构可靠性有利时，根据式(10.171)，可取其基准设计值的推断结果为

$$G_{d0} \text{ 或 } a_{d0} = \max \begin{cases} \bar{x}_0 - \dfrac{t_{(n-1,1.12\sqrt{n},0.05)}}{\sqrt{n}} \sqrt{s_0^2 + \sigma_\Delta^2} \\ x_{0\min} - 1.12\sigma_\Delta \end{cases} \tag{11.7}$$

式中：$t_{(n-1,1.12\sqrt{n},0.05)}$为自由度为$n-1$、参数为$1.12\sqrt{n}$的非中心$t$分布的上侧0.05分位值。表11.2列出了$t_{(n-1,1.12\sqrt{n},0.05)}/\sqrt{n}$的数值表。

表11.2　$t_{(n-1,1.12\sqrt{n},0.05)}/\sqrt{n}$的数值表

n	$t_{(n-1,1.12\sqrt{n},0.05)}/\sqrt{n}$	n	$t_{(n-1,1.12\sqrt{n},0.05)}/\sqrt{n}$	n	$t_{(n-1,1.12\sqrt{n},0.05)}/\sqrt{n}$
5	3.061	17	1.789	29	1.593
6	2.701	18	1.764	30	1.583
7	2.475	19	1.741	31	1.574
8	2.318	20	1.720	32	1.565
9	2.202	21	1.701	33	1.556
10	2.112	22	1.683	34	1.549
11	2.039	23	1.667	35	1.541
12	1.980	24	1.653	36	1.534
13	1.930	25	1.639	37	1.527
14	1.887	26	1.626	38	1.521
15	1.850	27	1.614	39	1.515
16	1.818	28	1.603	40	1.509

永久作用、几何尺寸的推断中虽然引入了反映测量不确定性的标准不确定度σ_Δ，但一般情况下，因对永久作用、几何尺寸的测试或测量较简便，精度易得到保证，也可不考虑测量不确定性的影响，取$\sigma_\Delta=0$。

11.2　材料强度的推断

11.2.1　单一测试手段时的推断

一般认为材料强度f服从正态分布，并统一取其标准值f_k的保证率p为0.95[1,2]，即

$$p = P\{f \geqslant f_k\} = 0.95 \tag{11.8}$$

因此，对材料强度标准值 f_k 的推断等效于推断正态分布的上侧 0.95 分位值。对于材料强度，一般仅考虑其对结构可靠度有利的情况。根据式(10.171)，并注意到

$$z_{1-p}=z_{1-0.95}=1.645 \tag{11.9}$$

可取材料强度标准值 f_k 的推断结果为

$$f_k=\min\begin{cases}\bar{x}_0-\dfrac{t_{(n-1,1.645\sqrt{n},1-C)}}{\sqrt{n}}\sqrt{s_0^2+\sigma_\Delta^2}\\ x_{0\min}-1.645\sigma_\Delta\end{cases} \tag{11.10}$$

式中：$t_{(n-1,1.645\sqrt{n},1-C)}/\sqrt{n}$ 为自由度为 $n-1$、参数为 $1.645\sqrt{n}$ 的非中心 t 分布的上侧 $1-C$ 分位值。推断材料强度标准值时，可取信任水平 $C=0.9$(钢材)、0.75(混凝土)或 0.60(砌体)[4]。表 11.3 列出了不同信任水平 C 下 $t_{(n-1,1.645\sqrt{n},1-C)}/\sqrt{n}$ 的数值表。

表 11.3　$t_{(n-1,1.645\sqrt{n},1-C)}/\sqrt{n}$ 的数值表

n	$t_{(n-1,1.645\sqrt{n},1-C)}/\sqrt{n}$			n	$t_{(n-1,1.645\sqrt{n},1-C)}/\sqrt{n}$			n	$t_{(n-1,1.645\sqrt{n},1-C)}/\sqrt{n}$		
	$C=0.60$	$C=0.75$	$C=0.90$		$C=0.60$	$C=0.75$	$C=0.90$		$C=0.60$	$C=0.75$	$C=0.90$
5	2.005	2.463	3.400	17	1.778	1.963	2.272	29	1.738	1.873	2.089
6	1.947	2.335	3.092	18	1.773	1.952	2.248	30	1.736	1.869	2.080
7	1.908	2.250	2.893	19	1.768	1.941	2.227	31	1.735	1.864	2.071
8	1.880	2.188	2.754	20	1.764	1.932	2.208	32	1.733	1.860	2.063
9	1.858	2.141	2.650	21	1.760	1.923	2.190	33	1.731	1.856	2.055
10	1.841	2.104	2.568	22	1.757	1.915	2.174	34	1.730	1.853	2.048
11	1.827	2.073	2.502	23	1.754	1.908	2.159	35	1.728	1.849	2.041
12	1.816	2.048	2.448	24	1.751	1.901	2.145	36	1.727	1.846	2.034
13	1.806	2.026	2.402	25	1.748	1.895	2.132	37	1.725	1.842	2.028
14	1.798	2.007	2.363	26	1.745	1.889	2.120	38	1.724	1.839	2.022
15	1.790	1.991	2.329	27	1.743	1.883	2.109	39	1.723	1.836	2.016
16	1.784	1.976	2.299	28	1.741	1.878	2.099	40	1.721	1.834	2.010

对材料强度的测试是既有结构可靠性评定中的一项重要内容，其测试技术和方法较多，它们在便利性、测试精度等方面各具特点[6]。若采用便捷的测试方法，其测试精度往往较低，推断中需考虑测量不确定性的影响。下面以混凝土抗压强度为例，分析测量不确定性对材料强度标准值推断结果的影响。

工程实际中对混凝土抗压强度的测试主要采用钻芯法和回弹法[7,8]。钻芯法是在实际结构中直接钻取混凝土芯样，通过力学试验测试芯样的抗压强度，并以其为依据确定实际结构中混凝土的抗压强度。它的测试手段较为直接，测试结果的精度较高，可认为其不受测量不确定性的影响，取标准不确定度 $\sigma_\Delta=0$。回弹法是

根据混凝土表面硬度与抗压强度之间的相关关系，依据反映混凝土表面硬度的回弹值确定实际结构中混凝土的抗压强度。它的测试手段是间接的，影响测试结果的因素较多，精度相对较低。根据回弹法的测试结果推断混凝土抗压强度的标准值时，则应考虑测量不确定性的影响。

为便于比较，设按钻芯法和回弹法获得的混凝土抗压强度测试值均为 $x_{0,1}$，$x_{0,2}$，…，$x_{0,n}$，其均值、标准差分别为 $\bar{x}_0$、s_0，最大值、最小值分别为 $x_{0\max}$、$x_{0\min}$。由于两种测试方法的测试结果相同，可认为回弹法测试误差的均值为 0，其标准差（标准不确定度）则可取为

$$\sigma_\Delta = \bar{x}_0 \sigma_\varepsilon \tag{11.11}$$

式中：σ_ε 为回弹法本身相对误差的标准差。根据文献[8]的统计结果，可取 $\sigma_\varepsilon=0.1724$。这时根据钻芯法、回弹法的测试结果，混凝土抗压强度标准值的推断结果分别为

$$f_{\mathrm{k}} = \min\begin{cases}\bar{x}_0 - \dfrac{t_{(n-1,1.645\sqrt{n},1-0.75)}}{\sqrt{n}} s_0 \\ x_{0\min}\end{cases} \tag{11.12}$$

$$f_{\mathrm{k}} = \min\begin{cases}\bar{x}_0 - \dfrac{t_{(n-1,1.645\sqrt{n},1-0.75)}}{\sqrt{n}} \sqrt{s_0^2 + 0.03\bar{x}_0^2} \\ x_{0\min} - 0.1724\bar{x}_0\end{cases} \tag{11.13}$$

一般情况下，混凝土抗压强度标准值的推断结果取决于代表未测事物总体特性的量值，即式(11.12)和式(11.13)中右侧大括号中的第一项。这时相对于钻芯法，根据回弹法测试结果推断的混凝土抗压强度标准值的相对差值为

$$\begin{aligned}\varepsilon_{f_{\mathrm{k}}} &= -\frac{(t_{(n-1,1645\sqrt{n},1-0.75)}/\sqrt{n})[\sqrt{s_0^2+0.03\bar{x}_0^2}-s_0]}{\bar{x}_0-(t_{(n-1,1645\sqrt{n},1-0.75)}/\sqrt{n})s_0} \\ &= -\frac{\sqrt{1+0.03/\hat{\delta}_0^2}-1}{1/[(t_{(n-1,1645\sqrt{n},1-0.75)}/\sqrt{n})\hat{\delta}_0]-1}\end{aligned} \tag{11.14}$$

$$\hat{\delta}_0 = \frac{s_0}{\bar{x}_0} \tag{11.15}$$

显然，$\varepsilon_{f_{\mathrm{k}}}<0$，即受测量不确定性的影响，同条件下根据回弹法测试结果推断的混凝土抗压强度标准值相对要小，且相对差值 $\varepsilon_{f_{\mathrm{k}}}$ 与测试数量 n、变异系数 $\hat{\delta}_0$ 有关。测试数量 n 越大，$t_{(n-1,1.645\sqrt{n},1-0.75)}/\sqrt{n}$ 的值越小，它将使相对差值 $\varepsilon_{f_{\mathrm{k}}}$ 的绝对值减小，但测试数量 n 越大，变异系数 $\hat{\delta}_0$ 的值一般也会减小，它可能使 $\varepsilon_{f_{\mathrm{k}}}$ 的绝对值增大。为具体说明测试数量 n 对相对差值 $\varepsilon_{f_{\mathrm{k}}}$ 的影响，下面讨论一个实例。

设 $n=5$ 时，变异系数 $\hat{\delta}_0=0.30$，且 $\hat{\delta}_0$ 与 $\sqrt{n-1}$ 成反比，这时相对差值 $\varepsilon_{f_{\mathrm{k}}}$ 随测试数量 n 变化的结果见表 11.4。可见，随着测试数量 n 的增大，相对差值 $\varepsilon_{f_{\mathrm{k}}}$ 的绝对值总

体上减小，且测试数量 n 较小时，减小的幅度较大。因此，单纯采用回弹法测试混凝土抗压强度时，保证一定的测试数量对提高推断的精度是必要的。国家标准《回弹法检测混凝土抗压强度技术规程》(JGJ/T 23—2011)[8] 中要求测试数量 n 不应小于 10。

表 11.4　相对差值 ε_{f_k} 的值

n	5	6	7	8	9	10	12
ε_{f_k}	−0.438	−0.319	−0.276	−0.255	−0.242	−0.235	−0.226
n	14	16	18	20	25	30	40
ε_{f_k}	−0.222	−0.221	−0.220	−0.220	−0.221	−0.223	−0.227

11.2.2　复合测试手段时的推断

由于测试材料强度的手段很难在便利性、测试精度等方面均具有很好的特性，工程实际中常采用多种手段对材料强度进行对比测试，并通过对测试结果的校正提高测试的精度。例如，目前测试混凝土抗压强度时，通常在较大范围内采用简便的回弹法测试，在小范围内则采用钻芯法进行对比测试，并根据对比测试结果对回弹法的测试结果进行校正，据此推断混凝土的抗压强度。

设采用简便方法测得 n 个构件的材料强度值为 $x_{0,1},x_{0,2},\cdots,x_{0,n}$，其测试误差为 $e_1,e_2,\cdots,e_n$，再设采用精确方法对前 $m(<n)$ 个构件的材料强度进行了对比测试，测试结果为 $y_{0,1},y_{0,2},\cdots,y_{0,m}$，并近似认为它们为材料强度的真值，可不考虑测量不确定性的影响。

目前通常采用修正系数 ζ 校正简便方法的测试结果 $x_{0,1},x_{0,2},\cdots,x_{0,n}$，其表达式为

$$\zeta=\frac{1}{m}\sum_{i=1}^{m}\frac{y_{0,i}}{x_{0,i}} \tag{11.16}$$

可根据校正后的数据 $\zeta x_{0,1},\zeta x_{0,2},\cdots,\zeta x_{0,n}$ 推断材料强度的标准值。这种校正方法较为直观，但在建立推断方法时，由于修正系数 ζ 并非正态随机变量的线性函数，其概率分布不易确定，因此难以进一步建立具有较好理论基础的推断方法。为此，这里采用修正量的形式对测试结果 $x_{0,1},x_{0,2},\cdots,x_{0,n}$ 进行校正。

令 $y_{0,1},y_{0,2},\cdots,y_{0,n}$ 为所有 n 个构件材料强度的真值，它们可表达为

$$y_{0,i}=x_{0,i}-e_i,\quad i=1,2,\cdots,n \tag{11.17}$$

由于 $y_{0,1},y_{0,2},\cdots,y_{0,n}$ 中前 m 个值已知，前 m 个测试结果 $x_{0,1},x_{0,2},\cdots,x_{0,m}$ 的误差应为

$$e_i=x_{0,i}-y_{0,i},\quad i=1,2,\cdots,m \tag{11.18}$$

其均值和标准差分别为

$$\bar{e}=\frac{1}{m}\sum_{i=1}^{m}e_i \tag{11.19}$$

$$s_e = \sqrt{\frac{1}{m-1}\sum_{i=1}^{m}(e_i - \bar{e})^2} \tag{11.20}$$

并可视 $\bar{e}$ 为实测的系统误差，s_e 为实测的标准不确定度。这时所有 n 个真值 $y_{0,1}$，$y_{0,2}$，…，$y_{0,n}$的均值应为

$$\begin{aligned}\bar{y}_0 &= \frac{1}{n}\sum_{i=1}^{n} y_{0,i} = \frac{m}{n}\frac{1}{m}\sum_{i=1}^{m}(x_{0,i} - e_i) + \frac{n-m}{n}\frac{1}{n-m}\sum_{i=m+1}^{n}(x_{0,i} - e_i) \\ &= \bar{x}_0 - \left(\frac{m}{n}\bar{e} + \frac{n-m}{n}\frac{1}{n-m}\sum_{i=m+1}^{n} e_i\right)\end{aligned} \tag{11.21}$$

式中：

$$\bar{x}_0 = \frac{1}{n}\sum_{i=1}^{n} x_{0,i} \tag{11.22}$$

对于未知的测试误差 e_{m+1}，e_{m+2}，…，e_n，可近似取

$$\frac{1}{n-m}\sum_{i=m+1}^{n} e_i = \bar{e} \tag{11.23}$$

故

$$\bar{y}_0 = \bar{x}_0 - \bar{e} \tag{11.24}$$

这时 $y_{0,1}$，$y_{0,2}$，…，$y_{0,n}$的标准差可表达为

$$\begin{aligned}s_{0y} &= \sqrt{\frac{1}{n-1}\sum_{i=1}^{n}\left[(x_{0,i} - \bar{x}_0) - (e_i - \bar{e})\right]^2} \\ &= \sqrt{s_{0x}^2 - \frac{2}{n-1}\sum_{i=1}^{n}\left[(x_{0,i} - \bar{x}_0)(e_i - \bar{e})\right] + \frac{1}{n-1}\sum_{i=1}^{n}(e_i - \bar{e})^2}\end{aligned} \tag{11.25}$$

$$s_{0x} = \sqrt{\frac{1}{n-1}\sum_{i=1}^{n}(x_{0,i} - \bar{x}_0)^2} \tag{11.26}$$

对于仅前 m 个值已知的测试误差 e_1，e_2，…，e_n，可近似取

$$\frac{2}{n-1}\sum_{i=1}^{n}\left[(x_{0,i} - \bar{x}_0)(e_i - \bar{e})\right] = 0 \tag{11.27}$$

$$\frac{1}{n-1}\sum_{i=1}^{n}(e_i - \bar{e})^2 = s_e^2 \tag{11.28}$$

这时应有

$$s_{0y} = \sqrt{s_{0x}^2 + s_e^2} \tag{11.29}$$

采用复合测试手段时，应将被推断的构件分为三类：对比测试的前 m 个构件、采用单一手段测试的后 $n-m$ 个构件、未测构件。对前 m 个构件，应以精确测试结果 $y_{0,1}$，$y_{0,2}$，…，$y_{0,m}$中的最小值 $y_{0\min}$代表其总体特性；对后 $n-m$ 个构件，则应考

虑测量不确定性的影响，按正态分布以 $\min\{x_{0,m+1},x_{0,m+2},\cdots,x_{0,n}\}-\bar{e}-1.645s_e$ 代表其总体特性；对未测构件，则应根据 $y_{0,1},y_{0,2},\cdots,y_{0,n}$ 的均值 $\bar{y}_0$ 和标准差 s_{0y}，按正态分布推断其上侧 0.95 分位值，并以其为未测构件的量值。

按这种划分，采用复合测试手段时，材料强度标准值的推断结果应为

$$f_k=\min\begin{cases}(\bar{x}_0-\bar{e})-\dfrac{t_{(n-1,1.645\sqrt{n},1-C)}}{\sqrt{n}}\sqrt{s_{0x}^2+s_e^2}\\ \min\{x_{0,m+1},x_{0,m+2},\cdots,x_{0,n}\}-\bar{e}-1.645s_e\\ y_{0\min}\end{cases}\tag{11.30}$$

这种推断方法的显著特点是根据对比测试结果，可直接估计实际的测试误差和标准不确定度，对测试结果的校正更具有针对性和实证性。相对而言，采用单一测试手段时，其系统误差和标准不确定度是通过专门的对比测试确定的，对被推断的具体事物而言缺乏较好的针对性。工程实践中，宜优先采用复合测试手段，并按式(11.30)推断材料强度的标准值。

11.3　抗力的间接推断

对既有结构构件抗力的推断包括直接推断和间接推断两类方法。直接推断是通过构件承载力试验直接获得构件抗力的测试值，并据此推断同类构件的抗力，它适用于能够进行破坏性试验的场合。绝大多数场合下，对构件抗力的推断需采用间接方法，即首先测试和推断几何尺寸、材料强度等抗力影响因素的量值，再根据抗力分析模型推断构件的抗力。这种方法可保证测试活动本身不明显损害构件既有的性能，更适合于既有结构可靠性评定的场合。这里主要阐述构件抗力设计值的间接推断方法，直接推断方法将在第 13 章中阐述。

1. 基于抗力计算公式的推断方法

这种推断方法主要适用于按分项系数法校核既有结构的场合。按设计中的计算公式，构件抗力的设计值可表达为

$$R_d=\frac{R_k}{\gamma_R}\tag{11.31}$$

$$R_k=R(x_{1k},x_{2k},\cdots,x_{mk})\tag{11.32}$$

式中：γ_R 为抗力分项系数；R_k 为抗力标准值；$R(\cdot)$为抗力计算公式；$x_{1k},x_{2k},\cdots,x_{mk}$为几何尺寸、材料强度等抗力影响因素 $x_1,x_2,\cdots,x_m$ 的标准值。抗力标准值 R_k 指根据几何尺寸、材料强度等抗力影响因素的标准值 $x_{1k},x_{2k},\cdots,x_{mk}$，按设计规范规定的抗力计算公式计算的值，它应根据抗力影响因素标准值 $x_{1k},x_{2k},\cdots,x_{mk}$ 的推断结果确定。

首先讨论单个构件抗力标准值 R_k 的间接推断方法，这时可区分以下场合推断抗力影响因素 x_i 的标准值 x_{ik}[9]：

(1) 抗力影响因素 x_i 的变异性较小，施工质量较易保证，且调查、检测中未发现异常现象。这时可按 4.3.1 节中的 B 类方法确定未确知量 x_i 的信度分布，并直接取用原设计中 x_i 的标准值。这种方法在一定程度上考虑了主观不确定性的影响，但缺乏直接反映构件实际性能的可靠证据，适用范围有限，一般仅适用于确定几何尺寸的标准值。

(2) 其他场合。这时宜对 x_i 进行测试，若其测试值 $x_{0,i}$ 能够准确反映 x_i 的实际值，即测试结果不受测量不确定性的影响，则应以测试值 $x_{0,i}$ 作为 x_i 名义上的标准值 x_{ik}。相对而言，这是一种较理想的情况。若对 x_i 的测试存在不可忽略的测量不确定性，则应按 4.3.1 节中的 A 类方法建立其信度分布，并取其标准值 x_{ik} 为 $x_{0,i}-\Phi^{-1}(p)\sigma_{\Delta}$，其中 p 为设计中 x_i 标准值的保证率，σ_{Δ} 为标准不确定度。

对于同类构件的抗力标准值 R_k，总体上也可区分上述两种场合推断抗力影响因素的标准值，其中对其他场合，可根据抗力影响因素的测试结果，采用 11.1 节和 11.2 节中的方法分别推断材料强度、几何尺寸的标准值。根据抗力标准值 R_k 的间接推断结果，可进一步按式(11.31)确定抗力设计值 R_d。

2. 基于抗力概率模型的推断方法

这种推断方法既适用于按分项系数法校核的场合，也适用于按设计值法校核的场合。按分项系数法校核时，需推断抗力的标准值 R_k，并按式(11.31)确定抗力的设计值 R_d。按设计值法校核时，则应直接推断抗力的设计值 R_d。对抗力标准值 R_k 和设计值 R_d 的推断，其基本方法上并无本质区别，只是它们对应于不同的保证率。下面以同类构件抗力设计值 R_d 的推断为例，阐述基于抗力概率模型的推断方法。

一般假定抗力 R 服从对数正态分布 $\mathrm{LN}(\mu_{\ln R},\sigma_{\ln R}^2)$[1,2]，其分布参数为

$$\mu_{\ln R}=\ln\frac{\mu_R}{\sqrt{1+\delta_R^2}} \tag{11.33}$$

$$\sigma_{\ln R}=\sqrt{\ln(1+\delta_R^2)} \tag{11.34}$$

式中：μ_R、δ_R 分别为抗力 R 的均值和变异系数。这时抗力设计值 R_d 应满足

$$\ln R_d=\mu_{\ln R}-z_{1-p}\,\sigma_{\ln R} \tag{11.35}$$

式中：z_{1-p} 为标准正态分布的上侧 $1-p$ 分位值，p 为抗力设计值 R_d 的保证率。

构件抗力 R 的概率模型一般可表达为

$$R=\eta R_0=\eta R_0(X_1,X_2,\cdots,X_n) \tag{11.36}$$

式中：$R_0(\cdot)$为抗力计算公式；η为抗力计算模式不定性系数，$X_1, X_2, \cdots, X_m$为抗力影响因素，R_0为按计算公式确定的抗力，它们均为随机变量。类似于抗力R，一般可假定R_0服从对数正态分布$\mathrm{LN}(\mu_{\ln R_0}, \sigma^2_{\ln R_0})$，这时$\eta$亦服从对数正态分布，可记为$\mathrm{LN}(\mu_{\ln\eta}, \sigma^2_{\ln\eta})$。为利用正态分布分位值的推断方法，可将式(11.36)改写为

$$\ln R = \ln\eta + \ln R_0 \tag{11.37}$$

这时$\ln R$、$\ln\eta$、$\ln R_0$均服从正态分布，而抗力设计值R_d应满足

$$\ln R_\mathrm{d} = \mu_{\ln\eta} + \mu_{\ln R_0} - z_{1-p}\sqrt{\sigma^2_{\ln\eta} + \sigma^2_{\ln R_0}} \tag{11.38}$$

设η、R_0的变异系数分别为δ_η、δ_{R_0}，一般情况下它们的值介于0.05～0.25[1]，这时近似有

$$\begin{aligned}\sqrt{\sigma^2_{\ln\eta} + \sigma^2_{\ln R_0}} &= \sqrt{\ln(1+\delta^2_\eta) + \ln(1+\delta^2_{R_0})} \\ &\approx 0.7\left[\sqrt{\ln(1+\delta^2_\eta)} + \sqrt{\ln(1+\delta^2_{R_0})}\right] + 0.2\left|\sqrt{(\ln 1+\delta^2_\eta)} - \sqrt{\ln(1+\delta^2_{R_0})}\right| \\ &= 0.7(\sigma_{\ln\eta} + \sigma_{\ln R_0}) + 0.2\left|\sigma_{\ln\eta} - \sigma_{\ln R_0}\right|\end{aligned} \tag{11.39}$$

式(11.39)的绝对误差为−0.005～0.008，相对误差为−0.019～0.029，可近似视其为精确公式。这时抗力设计值R_d可表达为

$$\begin{cases}\ln R_\mathrm{d} = \min\{\mu_{\ln\eta} + \mu_{\ln R_0} - 0.9z_{1-p}\sigma_{\ln\eta} - 0.5z_{1-p}\sigma_{\ln R_0}, \mu_{\ln\eta} + \mu_{\ln R_0} - 0.5z_{1-p}\sigma_{\ln\eta} - 0.9z_{1-p}\sigma_{\ln R_0}\} \\ \ln R_\mathrm{d} = \min\{\mu_{\ln\eta} - 0.9z_{1-p}\sigma_{\ln\eta} + \ln R_{0\mathrm{d}1}, \mu_{\ln\eta} - 0.5z_{1-p}\sigma_{\ln\eta} + \ln R_{0\mathrm{d}2}\}\end{cases} \tag{11.40}$$

$$\ln R_{0\mathrm{d}1} = \mu_{\ln R_0} - 0.5z_{1-p}\sigma_{\ln R_0} \tag{11.41}$$

$$\ln R_{0\mathrm{d}2} = \mu_{\ln R_0} - 0.9z_{1-p}\sigma_{\ln R_0} \tag{11.42}$$

采用间接方法推断抗力设计值R_d时，需设定抗力计算模式不定性系数η的概率特性已知，即其分布参数$\mu_{\ln\eta}$、$\sigma_{\ln\eta}$已知，它们可根据已有的统计资料确定[1]。这时通过对$\ln R_{\mathrm{d}01}$、$\ln R_{\mathrm{d}02}$的推断便可最终确定抗力设计值R_d。

推断$\ln R_{\mathrm{d}01}$、$\ln R_{\mathrm{d}02}$时应尽可能通过测试手段确定抗力影响因素$X_1, X_2, \cdots, X_m$的实际值。设对n个构件的抗力影响因素$X_1, X_2, \cdots, X_m$进行了测试，结果为$x_{0,1,i}, x_{0,2,i}, \cdots, x_{0,m,i}$，$i=1,2,\cdots,n$，则据此按抗力计算公式确定的$n$个$R_0$值为

$$R_{0,i} = R(x_{0,1,i}, x_{0,2,i}, \cdots, x_{0,m,i}),\quad i=1,2,\cdots,n \tag{11.43}$$

令

$$y_{0,i} = \ln R_{0,i},\quad i=1,2,\cdots,n \tag{11.44}$$

$$\bar{y}_0 = \frac{1}{n}\sum_{i=1}^{n} y_{0,i} \tag{11.45}$$

$$s_{y_0}=\sqrt{\frac{1}{n-1}\sum_{i=1}^{n}(y_{0,i}-\bar{y}_0)^2} \tag{11.46}$$

则根据对数正态分布分位值的推断方法，应有

$$\ln R_{d01}=\min\begin{cases}\bar{y}_0-\dfrac{t_{(n-1,0.5z_{1-p}\sqrt{n},1-C)}}{\sqrt{n}}s_{y_0}\\ \ln R_{0\min}\end{cases} \tag{11.47}$$

$$\ln R_{d02}=\min\begin{cases}\bar{y}_0-\dfrac{t_{(n-1,0.9z_{1-p}\sqrt{n},1-C)}}{\sqrt{n}}s_{y_0}\\ \ln R_{0\min}\end{cases} \tag{11.48}$$

由式(11.40)最终可得抗力设计值 R_d 的推断结果，即

$$R_d=\min\begin{cases}\exp\left[\mu_{\ln\eta}+\bar{y}_0-\left(0.9z_{1-p}\sigma_{\ln\eta}+\dfrac{t_{(n-1,0.5z_{1-p}\sqrt{n},1-C)}}{\sqrt{n}}s_{y_0}\right)\right], & \dfrac{\sigma_{\ln\eta}}{s_{y_0}}\geqslant a\\ \exp\left[\mu_{\ln\eta}+\bar{y}_0-\left(0.5z_{1-p}\sigma_{\ln\eta}+\dfrac{t_{(n-1,0.9z_{1-p}\sqrt{n},1-C)}}{\sqrt{n}}s_{y_0}\right)\right], & \dfrac{\sigma_{\ln\eta}}{s_{y_0}}<a\\ R_{0\min}\end{cases} \tag{11.49}$$

$$a=\frac{t_{(n-1,0.9z_{1-p}\sqrt{n},1-C)}-t_{(n-1,0.5z_{1-p}\sqrt{n},1-C)}}{0.4z_{1-p}\sqrt{n}} \tag{11.50}$$

式中：$R_{0\min}$ 为 $R_{0,1}, R_{0,2},\cdots,R_{0,n}$ 中的最小值；C 为信任水平，对钢构件、混凝土构件和砌体构件，可参考材料强度推断中的置信水平，分别取 0.90、0.75 和 0.60。

考虑测量不确定性时，根据 10.4.2 节中的推断方法，可取抗力设计值 R_d 的推断结果为

$$R_d=\min\begin{cases}\exp\left[\mu_{\ln\eta}+\bar{y}_0-\left(0.9z_{1-p}\sigma_{\ln\eta}+\dfrac{t_{(n-1,0.5z_{1-p}\sqrt{n},1-C)}}{\sqrt{n}}\right)\sqrt{s_{y_0}^2+\sigma_\varepsilon^2}\right], & \dfrac{\sigma_{\ln\eta}}{\sqrt{s_{y_0}^2+\sigma_\varepsilon^2}}\geqslant a\\ \exp\left[\mu_{\ln\eta}+\bar{y}_0-\left(0.5z_{1-p}\sigma_{\ln\eta}+\dfrac{t_{(n-1,0.9z_{1-p}\sqrt{n},1-C)}}{\sqrt{n}}\right)\sqrt{s_{y_0}^2+\sigma_\varepsilon^2}\right], & \dfrac{\sigma_{\ln\eta}}{\sqrt{s_{y_0}^2+\sigma_\varepsilon^2}}<a\\ R_{0\min}\exp(-z_{1-p}\sigma_\varepsilon)\end{cases} \tag{11.51}$$

$$\sigma_\varepsilon=\frac{\sigma_\Delta}{\bar{R}_0} \tag{11.52}$$

式中：σ_ε 为 R_0 相对误差的标准差，可近似按式(11.52)确定；σ_Δ 为 R_0 绝对误差的标准差，可根据 R_0 的计算公式和各影响因素的标准不确定度确定；$\bar{R}_0$ 为 $R_{0,1}$，$R_{0,2},\cdots,R_{0,n}$ 的均值。这里默认抗力影响因素的测试结果 $x_{0,1,i}, x_{0,2,i},\cdots,x_{0,m,i}$ 中已消除系统误差和粗大误差的影响。

按设计值法校核既有结构时，可按式(11.51)推断抗力的基准设计值，这时应取

$$z_{1-p}=\alpha_0\beta_0=0.35\times3.2=1.12 \tag{11.53}$$

表 11.5 列出了这时 $t_{(n-1,0.5z_{1-p}\sqrt{n},1-C)}/\sqrt{n}$、$t_{(n-1,0.9z_{1-p}\sqrt{n},1-C)}/\sqrt{n}$ 的数值表。

推断构件抗力的标准值 R_k 时，也可针对具体的构件通过概率分析确定抗力标准值 R_k 的保证率 p，并参照式(11.51)推断抗力标准值 R_k。为便于应用，表 11.6～表 11.11列出了不同保证率 p 下 $t_{(n-1,0.5z_{1-p}\sqrt{n},1-C)}/\sqrt{n}$、$t_{(n-1,0.9z_{1-p}\sqrt{n},1-C)}/\sqrt{n}$ 的数值表。相对于式(11.32)所定义的抗力标准值，按这种方法所推断的抗力标准值具有明确的概率意义。

表 11.5　$t_{(n-1,0.5z_{1-p}\sqrt{n},1-C)}/\sqrt{n}$、$t_{(n-1,0.9z_{1-p}\sqrt{n},1-C)}/\sqrt{n}$ 的数值表($z_{1-p}=1.12$)

n	$t_{(n-1,0.5z_{1-p}\sqrt{n},1-C)}/\sqrt{n}$			$t_{(n-1,0.9z_{1-p}\sqrt{n},1-C)}/\sqrt{n}$			a		
	C=0.60	C=0.75	C=0.90	C=0.60	C=0.75	C=0.90	C=0.60	C=0.75	C=0.90
3	0.845	1.281	2.315	1.423	2.009	3.468	1.290	1.625	2.574
4	0.775	1.098	1.758	1.303	1.719	2.610	1.179	1.386	1.902
5	0.738	1.005	1.512	1.244	1.580	2.247	1.129	1.283	1.641
6	0.715	0.947	1.369	1.208	1.496	2.042	1.100	1.225	1.502
7	0.698	0.907	1.274	1.183	1.439	1.908	1.083	1.188	1.415
8	0.686	0.877	1.205	1.165	1.398	1.813	1.069	1.163	1.357
9	0.677	0.853	1.153	1.151	1.365	1.741	1.058	1.143	1.313
10	0.669	0.834	1.110	1.140	1.340	1.684	1.051	1.129	1.281
11	0.662	0.818	1.076	1.131	1.318	1.638	1.047	1.116	1.254
12	0.657	0.805	1.047	1.123	1.300	1.600	1.040	1.105	1.234
13	0.652	0.793	1.022	1.117	1.285	1.567	1.038	1.098	1.217
14	0.648	0.783	1.001	1.111	1.272	1.540	1.033	1.092	1.203
15	0.644	0.774	0.982	1.106	1.260	1.515	1.031	1.085	1.190
16	0.641	0.766	0.966	1.102	1.250	1.494	1.029	1.080	1.179
17	0.638	0.759	0.951	1.098	1.241	1.474	1.027	1.076	1.167
18	0.636	0.752	0.937	1.094	1.232	1.457	1.022	1.071	1.161
19	0.633	0.746	0.925	1.091	1.225	1.442	1.022	1.069	1.154
20	0.631	0.741	0.914	1.088	1.218	1.428	1.020	1.065	1.147
21	0.629	0.736	0.904	1.085	1.212	1.415	1.018	1.063	1.141
22	0.627	0.732	0.895	1.083	1.206	1.403	1.018	1.058	1.134
23	0.625	0.727	0.886	1.081	1.200	1.392	1.018	1.056	1.129
24	0.624	0.723	0.878	1.078	1.195	1.382	1.013	1.054	1.125
25	0.622	0.720	0.871	1.077	1.191	1.373	1.016	1.051	1.121
26	0.621	0.716	0.864	1.075	1.186	1.364	1.013	1.049	1.116
27	0.620	0.713	0.857	1.073	1.182	1.355	1.011	1.047	1.112
28	0.618	0.710	0.851	1.071	1.179	1.348	1.011	1.047	1.109
29	0.617	0.707	0.845	1.070	1.175	1.341	1.011	1.045	1.107
30	0.616	0.704	0.840	1.068	1.172	1.334	1.009	1.045	1.103
31	0.615	0.702	0.835	1.067	1.168	1.327	1.009	1.040	1.098

续表

n	$t_{(n-1,0.5z_{1-p}\sqrt{n},1-C)}/\sqrt{n}$			$t_{(n-1,0.9z_{1-p}\sqrt{n},1-C)}/\sqrt{n}$			a		
	C=0.60	C=0.75	C=0.90	C=0.60	C=0.75	C=0.90	C=0.60	C=0.75	C=0.90
32	0.614	0.699	0.830	1.066	1.165	1.321	1.009	1.040	1.096
33	0.613	0.697	0.825	1.065	1.162	1.315	1.009	1.038	1.094
34	0.612	0.695	0.821	1.064	1.160	1.310	1.009	1.038	1.092
35	0.611	0.692	0.816	1.062	1.157	1.305	1.007	1.038	1.092
36	0.611	0.690	0.812	1.061	1.155	1.300	1.004	1.038	1.089
37	0.610	0.689	0.809	1.060	1.152	1.295	1.004	1.033	1.085
38	0.609	0.687	0.805	1.059	1.150	1.291	1.004	1.033	1.085
39	0.608	0.685	0.801	1.059	1.148	1.286	1.007	1.033	1.083
40	0.608	0.683	0.798	1.058	1.146	1.282	1.004	1.033	1.080

表 11.6　$t_{(n-1,0.5z_{1-p}\sqrt{n},1-C)}/\sqrt{n}$、$t_{(n-1,0.9z_{1-p}\sqrt{n},1-C)}/\sqrt{n}$的数值表($p$=0.70)

n	$t_{(n-1,0.5z_{1-p}\sqrt{n},1-C)}/\sqrt{n}$			$t_{(n-1,0.9z_{1-p}\sqrt{n},1-C)}/\sqrt{n}$			a		
	C=0.60	C=0.75	C=0.90	C=0.60	C=0.75	C=0.90	C=0.60	C=0.75	C=0.90
3	0.476	0.831	1.621	0.734	1.144	2.101	1.231	1.490	2.288
4	0.431	0.705	1.234	0.672	0.979	1.598	1.149	1.306	1.735
5	0.406	0.637	1.055	0.639	0.894	1.373	1.111	1.226	1.519
6	0.389	0.594	0.947	0.618	0.841	1.241	1.089	1.180	1.405
7	0.377	0.562	0.873	0.603	0.804	1.153	1.075	1.151	1.333
8	0.368	0.538	0.819	0.592	0.775	1.089	1.065	1.131	1.286
9	0.361	0.519	0.777	0.583	0.753	1.039	1.058	1.116	1.250
10	0.355	0.504	0.743	0.575	0.735	1.000	1.052	1.104	1.224
11	0.350	0.491	0.715	0.569	0.720	0.967	1.047	1.095	1.203
12	0.346	0.479	0.691	0.564	0.708	0.940	1.043	1.088	1.186
13	0.342	0.470	0.671	0.560	0.697	0.917	1.040	1.081	1.172
14	0.339	0.461	0.653	0.556	0.687	0.897	1.037	1.076	1.160
15	0.336	0.454	0.638	0.553	0.678	0.879	1.035	1.072	1.151
16	0.333	0.447	0.624	0.550	0.671	0.863	1.033	1.068	1.142
17	0.331	0.441	0.611	0.547	0.664	0.849	1.031	1.064	1.134
18	0.328	0.435	0.600	0.544	0.658	0.836	1.029	1.061	1.127
19	0.326	0.430	0.590	0.542	0.652	0.825	1.028	1.058	1.121
20	0.325	0.426	0.580	0.540	0.647	0.814	1.027	1.056	1.116
21	0.323	0.421	0.571	0.538	0.642	0.805	1.026	1.054	1.111
22	0.321	0.417	0.563	0.536	0.638	0.796	1.025	1.052	1.107
23	0.320	0.414	0.556	0.535	0.634	0.787	1.024	1.050	1.103
24	0.319	0.410	0.549	0.533	0.630	0.780	1.023	1.048	1.099
25	0.318	0.407	0.543	0.532	0.627	0.773	1.022	1.047	1.096
26	0.316	0.404	0.537	0.531	0.623	0.766	1.021	1.045	1.093
27	0.315	0.401	0.531	0.529	0.620	0.760	1.021	1.044	1.090
28	0.314	0.398	0.526	0.528	0.617	0.754	1.020	1.043	1.087
29	0.313	0.396	0.521	0.527	0.614	0.748	1.020	1.042	1.085
30	0.312	0.394	0.516	0.526	0.612	0.743	1.019	1.040	1.083

续表

n	$t_{(n-1,0.5z_{1-p}\sqrt{n},1-C)}/\sqrt{n}$			$t_{(n-1,0.9z_{1-p}\sqrt{n},1-C)}/\sqrt{n}$			a		
	$C=0.60$	$C=0.75$	$C=0.90$	$C=0.60$	$C=0.75$	$C=0.90$	$C=0.60$	$C=0.75$	$C=0.90$
31	0.311	0.391	0.511	0.525	0.609	0.738	1.018	1.039	1.080
32	0.311	0.389	0.507	0.524	0.607	0.733	1.018	1.038	1.079
33	0.310	0.387	0.503	0.523	0.605	0.729	1.018	1.038	1.077
34	0.309	0.385	0.499	0.522	0.603	0.725	1.017	1.037	1.075
35	0.308	0.383	0.496	0.522	0.601	0.721	1.017	1.036	1.073
36	0.308	0.381	0.492	0.521	0.599	0.717	1.016	1.035	1.071
37	0.307	0.380	0.489	0.520	0.597	0.713	1.016	1.034	1.070
38	0.306	0.378	0.485	0.519	0.595	0.710	1.016	1.034	1.068
39	0.306	0.377	0.482	0.519	0.593	0.706	1.015	1.033	1.067
40	0.305	0.375	0.479	0.518	0.592	0.703	1.015	1.032	1.066

表 11.7　$t_{(n-1,0.5z_{1-p}\sqrt{n},1-C)}/\sqrt{n}$、$t_{(n-1,0.9z_{1-p}\sqrt{n},1-C)}/\sqrt{n}$的数值表($p=0.75$)

n	$t_{(n-1,0.5z_{1-p}\sqrt{n},1-C)}/\sqrt{n}$			$t_{(n-1,0.9z_{1-p}\sqrt{n},1-C)}/\sqrt{n}$			a		
	$C=0.60$	$C=0.75$	$C=0.90$	$C=0.60$	$C=0.75$	$C=0.90$	$C=0.60$	$C=0.75$	$C=0.90$
3	0.567	0.940	1.788	0.905	1.356	2.432	1.254	1.540	2.387
4	0.517	0.801	1.361	0.830	1.162	1.845	1.164	1.337	1.795
5	0.489	0.728	1.166	0.791	1.065	1.588	1.122	1.249	1.562
6	0.471	0.681	1.050	0.767	1.005	1.439	1.098	1.200	1.441
7	0.458	0.648	0.972	0.750	0.963	1.340	1.082	1.168	1.364
8	0.448	0.622	0.914	0.737	0.932	1.268	1.072	1.146	1.313
9	0.440	0.602	0.870	0.727	0.907	1.214	1.063	1.129	1.276
10	0.434	0.586	0.834	0.719	0.887	1.170	1.057	1.117	1.247
11	0.428	0.572	0.804	0.712	0.871	1.135	1.052	1.107	1.224
12	0.424	0.561	0.779	0.706	0.857	1.105	1.048	1.099	1.206
13	0.420	0.550	0.758	0.701	0.845	1.079	1.044	1.092	1.191
14	0.416	0.542	0.739	0.697	0.835	1.057	1.041	1.086	1.179
15	0.413	0.534	0.723	0.693	0.825	1.038	1.039	1.081	1.168
16	0.410	0.527	0.708	0.690	0.817	1.021	1.037	1.077	1.158
17	0.408	0.520	0.695	0.687	0.810	1.006	1.035	1.073	1.150
18	0.406	0.515	0.684	0.684	0.803	0.992	1.033	1.069	1.142
19	0.403	0.509	0.673	0.682	0.797	0.979	1.032	1.067	1.136
20	0.402	0.504	0.663	0.680	0.791	0.968	1.030	1.064	1.131
21	0.400	0.500	0.654	0.677	0.786	0.958	1.029	1.061	1.125
22	0.398	0.496	0.646	0.676	0.782	0.948	1.028	1.059	1.121
23	0.397	0.492	0.638	0.674	0.777	0.939	1.027	1.057	1.116
24	0.395	0.489	0.631	0.672	0.773	0.931	1.026	1.055	1.112
25	0.394	0.485	0.624	0.671	0.769	0.923	1.025	1.053	1.109
26	0.393	0.482	0.618	0.669	0.766	0.916	1.024	1.052	1.105
27	0.392	0.479	0.612	0.668	0.763	0.910	1.023	1.051	1.102
28	0.391	0.476	0.607	0.667	0.759	0.903	1.023	1.049	1.099
29	0.390	0.474	0.602	0.665	0.757	0.897	1.022	1.048	1.097

续表

n	$t_{(n-1,0.5z_{1-p}\sqrt{n},1-C)}/\sqrt{n}$			$t_{(n-1,0.9z_{1-p}\sqrt{n},1-C)}/\sqrt{n}$			a		
	C=0.60	C=0.75	C=0.90	C=0.60	C=0.75	C=0.90	C=0.60	C=0.75	C=0.90
30	0.389	0.471	0.597	0.664	0.754	0.892	1.022	1.047	1.094
31	0.388	0.469	0.592	0.663	0.751	0.886	1.021	1.045	1.092
32	0.387	0.467	0.588	0.662	0.749	0.882	1.020	1.044	1.090
33	0.386	0.465	0.583	0.661	0.746	0.877	1.020	1.043	1.087
34	0.385	0.463	0.579	0.660	0.744	0.872	1.020	1.042	1.086
35	0.385	0.461	0.576	0.660	0.742	0.868	1.019	1.042	1.083
36	0.384	0.459	0.572	0.659	0.740	0.864	1.019	1.041	1.082
37	0.383	0.457	0.568	0.658	0.738	0.860	1.018	1.040	1.080
38	0.382	0.455	0.565	0.657	0.736	0.856	1.018	1.039	1.078
39	0.382	0.454	0.562	0.656	0.734	0.853	1.018	1.039	1.077
40	0.381	0.452	0.559	0.656	0.732	0.849	1.017	1.038	1.076

表 11.8 $t_{(n-1,0.5z_{1-p}\sqrt{n},1-C)}/\sqrt{n}$、$t_{(n-1,0.9z_{1-p}\sqrt{n},1-C)}/\sqrt{n}$的数值表($p=0.80$)

n	$t_{(n-1,0.5z_{1-p}\sqrt{n},1-C)}/\sqrt{n}$			$t_{(n-1,0.9z_{1-p}\sqrt{n},1-C)}/\sqrt{n}$			a		
	C=0.60	C=0.75	C=0.90	C=0.60	C=0.75	C=0.90	C=0.60	C=0.75	C=0.90
3	0.670	1.065	1.980	1.100	1.600	2.817	1.279	1.588	2.485
4	0.613	0.911	1.507	1.010	1.371	2.131	1.179	1.368	1.853
5	0.582	0.831	1.294	0.963	1.259	1.835	1.134	1.273	1.607
6	0.562	0.780	1.168	0.935	1.190	1.665	1.107	1.220	1.477
7	0.548	0.744	1.084	0.915	1.143	1.554	1.090	1.185	1.396
8	0.537	0.717	1.022	0.900	1.108	1.473	1.078	1.161	1.341
9	0.528	0.696	0.974	0.888	1.081	1.412	1.070	1.144	1.301
10	0.521	0.678	0.936	0.879	1.059	1.364	1.063	1.130	1.271
11	0.516	0.664	0.905	0.872	1.041	1.325	1.057	1.119	1.247
12	0.511	0.652	0.879	0.865	1.025	1.292	1.053	1.110	1.227
13	0.507	0.641	0.856	0.860	1.012	1.264	1.049	1.103	1.211
14	0.503	0.632	0.836	0.855	1.001	1.239	1.046	1.096	1.197
15	0.500	0.623	0.819	0.851	0.991	1.218	1.043	1.091	1.185
16	0.497	0.616	0.804	0.847	0.982	1.200	1.041	1.086	1.175
17	0.494	0.609	0.790	0.844	0.974	1.183	1.039	1.082	1.167
18	0.492	0.603	0.778	0.841	0.966	1.168	1.037	1.078	1.159
19	0.489	0.598	0.767	0.838	0.960	1.154	1.035	1.075	1.152
20	0.487	0.593	0.757	0.835	0.954	1.142	1.034	1.072	1.146
21	0.486	0.588	0.747	0.833	0.948	1.131	1.032	1.069	1.140
22	0.484	0.584	0.738	0.831	0.943	1.120	1.031	1.067	1.135
23	0.482	0.580	0.730	0.829	0.938	1.111	1.030	1.065	1.130
24	0.481	0.576	0.723	0.827	0.934	1.102	1.029	1.063	1.126
25	0.480	0.573	0.716	0.826	0.930	1.094	1.028	1.061	1.122
26	0.478	0.570	0.710	0.824	0.926	1.086	1.027	1.059	1.118
27	0.477	0.566	0.703	0.823	0.922	1.079	1.026	1.057	1.114

续表

n	$t_{(n-1,0.5z_{1-p}\sqrt{n},1-C)}/\sqrt{n}$			$t_{(n-1,0.9z_{1-p}\sqrt{n},1-C)}/\sqrt{n}$			a		
	$C=0.60$	$C=0.75$	$C=0.90$	$C=0.60$	$C=0.75$	$C=0.90$	$C=0.60$	$C=0.75$	$C=0.90$
28	0.476	0.564	0.698	0.821	0.919	1.072	1.026	1.056	1.112
29	0.475	0.561	0.692	0.820	0.916	1.066	1.025	1.054	1.109
30	0.474	0.558	0.687	0.819	0.913	1.059	1.024	1.053	1.106
31	0.473	0.556	0.682	0.818	0.910	1.054	1.024	1.052	1.103
32	0.472	0.554	0.678	0.816	0.907	1.048	1.023	1.051	1.101
33	0.471	0.551	0.673	0.815	0.905	1.043	1.023	1.050	1.099
34	0.470	0.549	0.669	0.814	0.902	1.038	1.022	1.048	1.096
35	0.470	0.547	0.665	0.813	0.900	1.034	1.021	1.047	1.094
36	0.469	0.545	0.662	0.813	0.898	1.029	1.021	1.047	1.092
37	0.468	0.544	0.658	0.812	0.896	1.025	1.021	1.046	1.091
38	0.467	0.542	0.654	0.811	0.894	1.021	1.020	1.045	1.089
39	0.467	0.540	0.651	0.810	0.892	1.017	1.020	1.044	1.087
40	0.466	0.539	0.648	0.809	0.890	1.014	1.019	1.043	1.086

表 11.9　$t_{(n-1,0.5z_{1-p}\sqrt{n},1-C)}/\sqrt{n}$、$t_{(n-1,0.9z_{1-p}\sqrt{n},1-C)}/\sqrt{n}$的数值表($p=0.85$)

n	$t_{(n-1,0.5z_{1-p}\sqrt{n},1-C)}/\sqrt{n}$			$t_{(n-1,0.9z_{1-p}\sqrt{n},1-C)}/\sqrt{n}$			a		
	$C=0.60$	$C=0.75$	$C=0.90$	$C=0.60$	$C=0.75$	$C=0.90$	$C=0.60$	$C=0.75$	$C=0.90$
3	0.792	1.216	2.213	1.333	1.894	3.284	1.304	1.637	2.584
4	0.726	1.041	1.681	1.221	1.621	2.475	1.195	1.400	1.915
5	0.691	0.952	1.446	1.166	1.490	2.131	1.145	1.298	1.653
6	0.669	0.897	1.308	1.132	1.411	1.936	1.117	1.240	1.515
7	0.653	0.858	1.216	1.109	1.357	1.809	1.099	1.203	1.430
8	0.641	0.829	1.150	1.091	1.317	1.718	1.086	1.177	1.371
9	0.632	0.806	1.098	1.078	1.286	1.649	1.076	1.158	1.328
10	0.624	0.787	1.058	1.068	1.261	1.595	1.069	1.143	1.295
11	0.618	0.772	1.024	1.059	1.241	1.550	1.063	1.132	1.269
12	0.613	0.759	0.996	1.052	1.224	1.514	1.058	1.122	1.249
13	0.608	0.747	0.972	1.045	1.209	1.482	1.054	1.114	1.231
14	0.604	0.737	0.951	1.040	1.196	1.456	1.051	1.107	1.216
15	0.601	0.729	0.933	1.035	1.185	1.432	1.048	1.101	1.204
16	0.598	0.721	0.917	1.031	1.175	1.412	1.045	1.096	1.194
17	0.595	0.714	0.902	1.027	1.166	1.393	1.043	1.091	1.184
18	0.592	0.707	0.889	1.024	1.158	1.377	1.041	1.087	1.175
19	0.590	0.702	0.877	1.021	1.151	1.362	1.039	1.084	1.168
20	0.588	0.696	0.867	1.018	1.144	1.348	1.037	1.081	1.161
21	0.586	0.692	0.857	1.015	1.138	1.336	1.036	1.078	1.155
22	0.584	0.687	0.848	1.013	1.133	1.324	1.035	1.075	1.149
23	0.582	0.683	0.839	1.011	1.128	1.314	1.033	1.073	1.144
24	0.581	0.679	0.831	1.009	1.123	1.304	1.032	1.070	1.140
25	0.579	0.675	0.824	1.007	1.118	1.295	1.031	1.068	1.135

续表

n	$t_{(n-1,0.5z_{1-p}\sqrt{n},1-C)}/\sqrt{n}$			$t_{(n-1,0.9z_{1-p}\sqrt{n},1-C)}/\sqrt{n}$			a		
	C=0.60	C=0.75	C=0.90	C=0.60	C=0.75	C=0.90	C=0.60	C=0.75	C=0.90
26	0.578	0.672	0.817	1.005	1.114	1.286	1.030	1.066	1.131
27	0.577	0.669	0.811	1.004	1.110	1.278	1.029	1.064	1.128
28	0.576	0.666	0.805	1.002	1.106	1.271	1.029	1.063	1.124
29	0.574	0.663	0.799	1.001	1.103	1.264	1.028	1.061	1.121
30	0.573	0.660	0.794	0.999	1.100	1.257	1.027	1.060	1.118
31	0.572	0.658	0.789	0.998	1.097	1.251	1.026	1.058	1.115
32	0.571	0.655	0.784	0.997	1.094	1.245	1.026	1.057	1.113
33	0.570	0.653	0.779	0.995	1.091	1.240	1.025	1.056	1.110
34	0.570	0.651	0.775	0.994	1.088	1.234	1.025	1.055	1.108
35	0.569	0.649	0.771	0.993	1.086	1.229	1.024	1.054	1.106
36	0.568	0.647	0.767	0.992	1.083	1.224	1.024	1.053	1.104
37	0.567	0.645	0.763	0.991	1.081	1.220	1.023	1.052	1.102
38	0.567	0.643	0.760	0.990	1.079	1.215	1.023	1.051	1.100
39	0.566	0.641	0.756	0.990	1.077	1.211	1.022	1.050	1.098
40	0.565	0.640	0.753	0.989	1.075	1.207	1.022	1.049	1.096

表 11.10　$t_{(n-1,0.5z_{1-p}\sqrt{n},1-C)}/\sqrt{n}$、$t_{(n-1,0.9z_{1-p}\sqrt{n},1-C)}/\sqrt{n}$的数值表($p=0.90$)

n	$t_{(n-1,0.5z_{1-p}\sqrt{n},1-C)}/\sqrt{n}$			$t_{(n-1,0.9z_{1-p}\sqrt{n},1-C)}/\sqrt{n}$			a		
	C=0.60	C=0.75	C=0.90	C=0.60	C=0.75	C=0.90	C=0.60	C=0.75	C=0.90
3	0.949	1.410	2.517	1.630	2.276	3.895	1.330	1.689	2.689
4	0.870	1.208	1.908	1.491	1.944	2.922	1.211	1.434	1.978
5	0.830	1.108	1.642	1.424	1.787	2.515	1.158	1.324	1.702
6	0.804	1.046	1.489	1.382	1.693	2.286	1.127	1.262	1.555
7	0.787	1.003	1.387	1.354	1.630	2.138	1.108	1.223	1.464
8	0.773	0.971	1.314	1.334	1.583	2.033	1.094	1.195	1.402
9	0.763	0.946	1.258	1.318	1.548	1.953	1.084	1.174	1.356
10	0.755	0.926	1.213	1.306	1.519	1.891	1.075	1.158	1.322
11	0.748	0.909	1.177	1.296	1.496	1.840	1.069	1.145	1.295
12	0.742	0.895	1.146	1.287	1.476	1.798	1.064	1.135	1.272
13	0.737	0.882	1.120	1.280	1.460	1.763	1.059	1.126	1.254
14	0.732	0.872	1.098	1.274	1.445	1.732	1.056	1.119	1.238
15	0.729	0.862	1.078	1.268	1.432	1.706	1.053	1.112	1.224
16	0.725	0.854	1.061	1.263	1.421	1.682	1.050	1.107	1.213
17	0.722	0.846	1.045	1.259	1.411	1.662	1.047	1.102	1.203
18	0.719	0.840	1.031	1.255	1.402	1.643	1.045	1.097	1.193
19	0.717	0.833	1.018	1.252	1.394	1.626	1.043	1.093	1.185
20	0.714	0.828	1.007	1.248	1.386	1.611	1.041	1.090	1.178
21	0.712	0.823	0.996	1.245	1.380	1.597	1.040	1.087	1.171
22	0.710	0.818	0.987	1.243	1.373	1.584	1.038	1.084	1.165
23	0.709	0.813	0.978	1.240	1.368	1.572	1.037	1.081	1.160

续表

n	$t_{(n-1,0.5z_{1-p}\sqrt{n},1-C)}/\sqrt{n}$			$t_{(n-1,0.9z_{1-p}\sqrt{n},1-C)}/\sqrt{n}$			a		
	C=0.60	C=0.75	C=0.90	C=0.60	C=0.75	C=0.90	C=0.60	C=0.75	C=0.90
24	0.707	0.809	0.969	1.238	1.362	1.561	1.036	1.079	1.155
25	0.705	0.805	0.961	1.236	1.357	1.551	1.035	1.076	1.150
26	0.704	0.802	0.954	1.234	1.352	1.542	1.034	1.074	1.146
27	0.703	0.798	0.947	1.232	1.348	1.533	1.033	1.072	1.142
28	0.701	0.795	0.941	1.230	1.344	1.524	1.032	1.071	1.138
29	0.700	0.792	0.935	1.229	1.340	1.517	1.031	1.069	1.135
30	0.699	0.789	0.929	1.227	1.336	1.509	1.030	1.067	1.132
31	0.698	0.787	0.924	1.225	1.333	1.502	1.029	1.066	1.129
32	0.697	0.784	0.919	1.224	1.330	1.496	1.029	1.064	1.126
33	0.696	0.782	0.914	1.223	1.326	1.490	1.028	1.063	1.123
34	0.695	0.779	0.909	1.222	1.324	1.484	1.028	1.062	1.121
35	0.694	0.777	0.905	1.220	1.321	1.478	1.027	1.060	1.118
36	0.693	0.775	0.901	1.219	1.318	1.473	1.026	1.059	1.116
37	0.692	0.773	0.897	1.218	1.315	1.468	1.026	1.058	1.114
38	0.692	0.771	0.893	1.217	1.313	1.463	1.025	1.057	1.112
39	0.691	0.769	0.889	1.216	1.311	1.458	1.025	1.056	1.110
40	0.690	0.767	0.886	1.215	1.308	1.454	1.024	1.055	1.108

表 11.11　$t_{(n-1,0.5z_{1-p}\sqrt{n},1-C)}/\sqrt{n}$、$t_{(n-1,0.9z_{1-p}\sqrt{n},1-C)}/\sqrt{n}$的数值表($p=0.95$)

n	$t_{(n-1,0.5z_{1-p}\sqrt{n},1-C)}/\sqrt{n}$			$t_{(n-1,0.9z_{1-p}\sqrt{n},1-C)}/\sqrt{n}$			a		
	C=0.60	C=0.75	C=0.90	C=0.60	C=0.75	C=0.90	C=0.60	C=0.75	C=0.90
3	1.186	1.708	2.988	2.079	2.855	4.830	1.357	1.744	2.800
4	1.088	1.463	2.257	1.897	2.432	3.606	1.230	1.472	2.050
5	1.038	1.344	1.943	1.809	2.235	3.100	1.172	1.354	1.758
6	1.007	1.272	1.765	1.757	2.119	2.819	1.139	1.288	1.602
7	0.986	1.222	1.647	1.722	2.041	2.638	1.118	1.245	1.506
8	0.971	1.185	1.563	1.696	1.985	2.510	1.103	1.215	1.439
9	0.959	1.156	1.499	1.677	1.941	2.414	1.092	1.193	1.391
10	0.949	1.133	1.449	1.662	1.907	2.339	1.083	1.176	1.353
11	0.941	1.115	1.408	1.649	1.879	2.279	1.076	1.162	1.324
12	0.934	1.099	1.374	1.638	1.855	2.229	1.071	1.150	1.300
13	0.928	1.085	1.344	1.630	1.835	2.186	1.066	1.141	1.280
14	0.923	1.073	1.319	1.622	1.818	2.150	1.062	1.133	1.263
15	0.919	1.062	1.297	1.615	1.803	2.119	1.058	1.126	1.249
16	0.915	1.053	1.278	1.609	1.790	2.091	1.055	1.119	1.236
17	0.912	1.045	1.260	1.604	1.778	2.066	1.053	1.114	1.225
18	0.908	1.037	1.245	1.599	1.767	2.044	1.050	1.109	1.215
19	0.906	1.030	1.231	1.595	1.757	2.024	1.048	1.105	1.206
20	0.903	1.024	1.218	1.591	1.749	2.006	1.046	1.101	1.198
21	0.901	1.018	1.206	1.588	1.741	1.990	1.044	1.098	1.191

续表

n	$t_{(n-1;0.5z_{1-p}\sqrt{n},1-C)}/\sqrt{n}$			$t_{(n-1,0.9z_{1-p}\sqrt{n},1-C)}/\sqrt{n}$			a		
	$C=0.60$	$C=0.75$	$C=0.90$	$C=0.60$	$C=0.75$	$C=0.90$	$C=0.60$	$C=0.75$	$C=0.90$
22	0.898	1.013	1.196	1.584	1.733	1.975	1.043	1.094	1.185
23	0.896	1.008	1.186	1.581	1.726	1.961	1.041	1.091	1.179
24	0.894	1.004	1.176	1.579	1.720	1.948	1.040	1.089	1.173
25	0.893	0.999	1.168	1.576	1.714	1.936	1.039	1.086	1.168
26	0.891	0.996	1.160	1.574	1.709	1.925	1.038	1.084	1.163
27	0.890	0.992	1.152	1.572	1.704	1.915	1.037	1.082	1.159
28	0.888	0.988	1.145	1.570	1.699	1.905	1.036	1.080	1.155
29	0.887	0.985	1.139	1.568	1.694	1.896	1.035	1.078	1.151
30	0.885	0.982	1.133	1.566	1.690	1.888	1.034	1.076	1.148
31	0.884	0.979	1.127	1.564	1.686	1.880	1.033	1.074	1.144
32	0.883	0.976	1.121	1.562	1.682	1.872	1.032	1.073	1.141
33	0.882	0.974	1.116	1.561	1.678	1.865	1.032	1.071	1.138
34	0.881	0.971	1.111	1.559	1.675	1.858	1.031	1.070	1.136
35	0.880	0.969	1.106	1.558	1.672	1.851	1.030	1.068	1.133
36	0.879	0.966	1.101	1.557	1.668	1.845	1.030	1.067	1.130
37	0.878	0.964	1.097	1.555	1.666	1.839	1.029	1.066	1.128
38	0.877	0.962	1.093	1.554	1.663	1.834	1.029	1.065	1.126
39	0.877	0.960	1.089	1.553	1.660	1.828	1.028	1.064	1.124
40	0.876	0.958	1.085	1.552	1.657	1.823	1.028	1.063	1.122

11.4 可变作用的推断

可变作用包括风荷载、雪荷载、楼面活荷载等。按一般的概率模型，风、雪荷载均为单一的随机过程，但楼面活荷载为持久性楼面活荷载与临时性楼面活荷载的概率组合，涉及两个随机过程，与风、雪荷载存在一定的差异[1]。推断可变作用的标准值和基准设计值时，对这两类可变作用并不能采用完全相同的方法。

11.4.1 风、雪荷载的线性回归估计

按目前的荷载取值方法，风、雪荷载的标准值是根据任意时点值的概率分布(年概率分布)定义的[10]，基准设计值则是根据设计基准期内最大值的概率分布定义的[5]。理论上讲，这时对标准值、设计基准值的推断应分别以荷载任意时点值、设计基准期内的最大值为样本，但实际工程中以设计基准期为周期对荷载最大值进行测试和统计分析几乎是不可能的。从现实角度考虑，推断基准设计值时也应以荷载的任意时点值为样本，以年概率分布的分位值为直接的推断内容，并据此间接推断荷载的基准设计值。

1. 无参数信息的场合

设风荷载或雪荷载的任意时点值 X 服从参数为 μ、α 的极大值 Ⅰ 型分布，其上侧 $1-p$ 分位值 x_{1-p} 满足

$$P\{X \leqslant x_{1-p}\} = \exp\left[-\exp\left(-\frac{x_{1-p}-\mu}{\alpha}\right)\right] = p \tag{11.54}$$

再设通过对 n 年风荷载或雪荷载的测试获得 X 的样本测试值 $x_{0,1}, x_{0,2}, \cdots, x_{0,n}$，按由小到大的排序为 $x_{0,(1)}, x_{0,(2)}, \cdots, x_{0,(n)}$，则根据极大值 Ⅰ 型分布分位值的线性回归估计方法，即式(10.105)、式(10.189)和式(10.190)，可得 X 的上侧 $1-p$ 分位值 x_{1-p} 的上限估计值，即[11]

$$x_{1-p} = \tilde{\mu} + v_{(n,p,C)}\tilde{\alpha} \tag{11.55}$$

$$\tilde{\mu} = \sum_{j=1}^{n} D_{\mathrm{I}}(n,n,j)x_{0,(n-j+1)} - C_{\mathrm{E}}\frac{\sqrt{6}}{\pi}\sigma_{\Delta} \tag{11.56}$$

$$\tilde{\alpha} = -\sum_{j=1}^{n} C_{\mathrm{I}}(n,n,j)x_{0,(n-j+1)} + \frac{\sqrt{6}}{\pi}\sigma_{\Delta} \tag{11.57}$$

式中：σ_{Δ} 为标准不确定度，不考虑测量不确定性的影响时，可取 $\sigma_{\Delta}=0$。$D_{\mathrm{I}}(n,n,j)$、$C_{\mathrm{I}}(n,n,j)$、$v_{(n,p,C)}$ 的数值见文献[12]。目前 $v_{(n,p,C)}$ 的数值表中仅考虑了 $p=0.90$、0.95 和 0.99 时的情况，不能完全满足实际推断的需要。由于 $v_{(n,p,C)}$ 的计算非常烦琐，文献[11]提出一种引用目前数值表推算其他 $v_{(n,p,C)}$ 值的近似方法。

记目前 $v_{(n,p,C)}$ 数值表中考虑的保证率为 p_0，任意时点值 X 的上侧 $1-p_0$ 分位值为 x_{1-p_0}，则应有

$$x_{1-p_0} = \mu - \alpha\ln(-\ln p_0) \tag{11.58}$$

$$x_{1-p} = \mu - \alpha\ln(-\ln p) = \mu + \frac{\ln(-\ln p)}{\ln(-\ln p_0)}(x_{1-p_0} - \mu) \tag{11.59}$$

近似取

$$x_{1-p_0} - \mu \approx x_{1-p_0} - \tilde{\mu} = v_{(n,p_0,C)}\tilde{\alpha} \tag{11.60}$$

$$x_{1-p} - \mu \approx x_{1-p} - \tilde{\mu} = v_{(n,p,C)}\tilde{\alpha} \tag{11.61}$$

则有

$$v_{(n,p,C)} = \frac{\ln(-\ln p)}{\ln(-\ln p_0)}v_{(n,p_0,C)} \tag{11.62}$$

为减小误差，对 p_0 应取与 p 接近的值。经核算，当 $n=5\sim25$，$p\geqslant0.90$，$C=0.6\sim0.95$ 时，$v_{(n,p,C)}$ 的相对误差范围为 $-0.017\sim0.017$，比插值法更为精确和简便[12]。

2. 变异系数已知的场合

风、雪荷载任意时点值 X 的变异系数 δ_X 已知时，由式(10.134)和式(10.192)

可得任意时点值 X 的上侧 $1-p$ 分位值 x_{1-p} 的上限估计值，即

$$x_{1-p}=u_{(n,n,\delta_X,C)}\mu^*[1-c\ln(-\ln p)] \tag{11.63}$$

$$\mu^*=\sum_{j=1}^{n}D(n,n,j,\delta_X)x_{0,(n-j+1)}-C_E\frac{\sqrt{6}}{\pi}\sigma_\Delta \tag{11.64}$$

$$c=\frac{\sqrt{6}/\pi\cdot\delta_X}{1-C_E\sqrt{6}/\pi\cdot\delta_X} \tag{11.65}$$

式中：$u_{(n,n,\delta_X,C)}$、$D(n,n,j,\delta_X)$的值分别见表 10.12 和表 10.11。

由于已知的参数信息可在一定程度上消除推断中的不确定性，同条件下按式(11.63)可得到比无参数信息时更有利的推断结果，即数值更小的上限估计值。实际推断中，即使变异系数 δ_X 未知，若能对变异系数 δ_X 做出保守的估计，也可根据该估计值按式(11.63)进行推断，其推断结果亦可能比无参数信息时的有利。

3. 保证率

上述推断方法中的保证率 p 对应于风、雪荷载任意时点值 X 的概率分布。按目前的荷载取值方法，风、雪荷载的标准值 x_k 为其“五十年一遇值”[10]，即任意时点值概率分布的上侧 1/50(=0.02)分位值，因此推断风、雪荷载的标准值时应取其保证率 $p=0.98$。

风、雪荷载的设计基准值 x_{d0} 是按设计基准期 T_0 内最大值的概率分布定义的，其保证率为 $\Phi(1.12)$，推断中需等效地将其转换为任意时点值的保证率 p。按目前的概率模型，风、雪荷载一次持续施加于结构上的时段长度为 1 年，设计基准期内的时段数为 50[1,2]。根据任意时点值与设计基准期内最大值之间的概率关系，应取

$$p=[\Phi(1.12)]^{\frac{1}{50}}=0.9972 \tag{11.66}$$

4. 置信水平

10.5 节建议推断可变作用时取置信水平 $C=0.75$。这里通过一个实例具体说明。

设风荷载任意时点值 X 的 10 个测试值按由小到大的排序为 $x_{0,(1)}$，$x_{0,(2)}$，…，$x_{0,(10)}$(见表 11.12，单位为 kN/m^2)，且不受测量不确定性的影响，可取 $\sigma_\Delta=0$。按目前的矩法，风荷载标准值 x_k、设计基准值 x_{d0} 的推断过程和结果如下：$\bar{x}_0=0.129\text{kN/m}^2$，$s_0=0.027\text{kN/m}^2$；$\alpha=0.78s_0=0.021(\text{kN/m}^2)$，$\mu=\bar{x}_0-C_E\alpha=0.117(\text{kN/m}^2)$；$x_k=\mu-\alpha\ln(-\ln 0.98)=0.199(\text{kN/m}^2)$；$x_{d0}=\mu-\alpha\ln(-\ln 0.9972)=0.241(\text{kN/m}^2)$。

按线性回归估计方法，风荷载标准值 x_k、设计基准值 x_{d0} 的估计值可分别表达为

$$x_k = \sum_{j=1}^{10} D_I(10,10,j) x_{0,(10-j+1)} + v_{(10,0.99,C)} \frac{\ln(-\ln 0.98)}{\ln(-\ln 0.99)} \sum_{j=1}^{10} (-C_I(10,10,j) x_{0,(10-j+1)})$$

$$x_{d0} = \sum_{j=1}^{10} D_I(10,10,j) x_{0,(10-j+1)} + v_{(10,0.99,C)} \frac{\ln(-\ln 0.9972)}{\ln(-\ln 0.99)} \sum_{j=1}^{10} (-C_I(10,10,j) x_{0,(10-j+1)})$$

按文献[12]查表确定的置信水平 $C=0.60$、0.75、0.90、0.95 时的 $v_{(10,0.99,C)}$ 值、风荷载标准值 x_k 和设计基准值 x_{d0} 的推断结果见表 11.13，$D_I(10,10,j)$、$C_I(10,10,j)$ 和相关计算结果见表 11.12，其中 $\tilde{\mu}=0.116\text{kN/m}^2$，$\tilde{\alpha}=0.022\text{kN/m}^2$。

表 11.12　样本测试值和相关计算结果

j	1	2	3	4	5	6	7	8	9	10	和
$x_{0,(10-j+1)}$	0.175	0.169	0.151	0.129	0.128	0.117	0.111	0.109	0.107	0.095	—
$D_I(10,10,j)$	0.0289	0.0417	0.0542	0.0670	0.0806	0.0956	0.1129	0.1338	0.1623	0.2229	1
$C_I(10,10,j)$	−0.0779	−0.0836	−0.0828	−0.0770	−0.0661	−0.0487	−0.0222	0.0192	0.0912	0.3478	0
$D_I(10,10,j) \cdot x_{0,(10-j+1)}$	0.0273	0.0400	0.0525	0.0654	0.0793	0.0946	0.1124	0.1342	0.1642	0.2300	0.116
$-C_I(10,10,j) \cdot x_{0,(10-j+1)}$	−0.0727	−0.0780	−0.0772	−0.0719	−0.0617	−0.0454	−0.0207	0.0179	0.0851	0.3246	0.022

表 11.13　风荷载标准值 x_k 和设计基准值 x_{d0} 的推断结果

置信水平	$C=0.60$	$C=0.75$	$C=0.90$	$C=0.95$
系数 $v_{(10,0.99,C)}$	5.48	6.23	7.57	8.57
标准值 x_k	0.218	0.232	0.257	0.276
基准设计值 x_{d0}	0.270	0.291	0.329	0.357

对比推断结果可知：无论是对标准值 x_k 还是设计基准值 x_{d0}，矩法的推断结果均明显小于线性回归方法的推断结果，且置信水平 C 越高，差异越大，这主要是因前者未充分考虑小样本条件下统计不定性的影响，推断结果偏于冒进；按线性回归估计方法，置信水平 C 越高，标准值 x_k 和设计基准值 x_{d0} 的推断结果越大，越趋于保守，且推断结果的增幅随置信水平 C 的增大而增大。这与系数 $v_{(10,0.99,C)}$ 的变化趋势是一致的，属一般规律。

10.5 节曾指出，随机变量的变异性较强时，宜选取相对较小的置信水平 C，但其值不应低于 0.5。可变作用任意时点值的变异系数一般较大，因此对置信水平 C 宜取不低于 0.5 的较小值。就本例而言，置信水平 $C=0.90$、0.95 时，标准值 x_k 的推断结果分别达到最大测试值(0.175kN/m^2)的 1.47 和 1.57 倍，为矩法推断结果的 1.29 和 1.39 倍；置信水平 $C=0.60$、0.75 时，分别达到最大测试值的 1.25 和

1.33 倍,为矩法推断结果的 1.10 和 1.17 倍。可变作用的标准值在一定程度上代表了实际使用过程中可能出现的最大值。按此工程意义,置信水平 $C=0.90$、0.95 时的推断结果是偏于保守的,而置信水平 $C=0.60$、0.75 时的推断结果较适宜。由于置信水平 C 的值由 0.60 增大到 0.75 时,系数 $v_{(10,0.99,C)}$ 和推断结果的增幅相对而言并不是很大,但取置信水平 $C=0.75$ 可更充分地考虑推断中统计不定性的影响,因此推断可变作用时宜取置信水平 $C=0.75$。

5. 最终推断方法

综上所述,无参数信息时,风、雪荷载标准值 x_{k} 和设计基准值 x_{d0} 的估计值分别为

$$x_{\mathrm{k}}=\tilde{\mu}+\frac{\ln(-\ln 0.98)}{\ln(-\ln 0.99)}v_{(n,0.99,0.75)}\tilde{\alpha}=\tilde{\mu}+0.85v_{(n,0.99,0.75)}\tilde{\alpha} \tag{11.67}$$

$$x_{\mathrm{d0}}=\tilde{\mu}+\frac{\ln(-\ln 0.9972)}{\ln(-\ln 0.99)}v_{(n,0.99,0.75)}\tilde{\alpha}=\tilde{\mu}+1.28v_{(n,0.99,0.75)}\tilde{\alpha} \tag{11.68}$$

$$\tilde{\mu}=\sum_{j=1}^{n}D_{\mathrm{I}}(n,n,j)x_{0,(n-j+1)}-C_{\mathrm{E}}\frac{\sqrt{6}}{\pi}\sigma_{\Delta} \tag{11.69}$$

$$\tilde{\alpha}=-\sum_{j=1}^{n}C_{\mathrm{I}}(n,n,j)x_{0,(n-j+1)}+\frac{\sqrt{6}}{\pi}\sigma_{\Delta} \tag{11.70}$$

变异系数 δ_X 已知时,风、雪荷载标准值 x_{k} 和设计基准值 x_{d0} 的估计值分别为

$$x_{\mathrm{k}}=u_{(n,n,\delta_X,0.75)}\mu^{*}[1-c\ln(-\ln 0.98)]=u_{(n,n,\delta_X,0.75)}\mu^{*}(1+3.90c) \tag{11.71}$$

$$x_{\mathrm{d0}}=u_{(n,n,\delta_X,0.75)}\mu^{*}[1-c\ln(-\ln 0.9972)]=u_{(n,n,\delta_X,0.75)}\mu^{*}(1+5.88c) \tag{11.72}$$

$$\mu^{*}=\sum_{j=1}^{n}D(n,n,j,\delta_X)x_{0,(j)}+C_{\mathrm{E}}\frac{\sqrt{6}}{\pi}\sigma_{\Delta} \tag{11.73}$$

$$c=\frac{\sqrt{6}/\pi\cdot\delta_X}{1-C_{\mathrm{E}}\sqrt{6}/\pi\cdot\delta_X} \tag{11.74}$$

式中:$x_{0,(1)},x_{0,(2)},\cdots,x_{0,(n)}$ 为 $x_{0,1},x_{0,2},\cdots,x_{0,n}$ 按由小到大排序的结果;$x_{0,i}(i=1,2,\cdots,n)$ 为第 i 年风荷载或雪荷载 X 的测试结果。

11.4.2 楼面活荷载的线性回归估计

按目前的概率模型,楼面活荷载是由持久性、临时性楼面活荷载组合而成的,推断楼面活荷载的标准值 x_{k} 和基准设计值 x_{d0} 时,需对这两类楼面活荷载分别进行测试,并根据楼面活荷载的概率组合方式,建立楼面活荷载的推断方法。

1. 无参数信息的场合

记持久性、临时性楼面活荷载的任意时点值分别为 X_1、X_2，并设它们分别服从参数为 μ_1、α_1 和 μ_2、α_2 的极大值Ⅰ型分布，它们在设计基准期 T_0 内的时段数均为 m(通常取 $m=5$)。这时持久性、临时性楼面活荷载在设计基准期 T_0 内的最大值 X_{1,T_0}、X_{2,T_0} 应分别服从参数为 $\mu_1+\alpha_1\ln m$、α_1 和 $\mu_2+\alpha_2\ln m$、α_2 的极大值Ⅰ型分布，并可表达为

$$X_{1,T_0}=X_1+\alpha_1\ln m \tag{11.75}$$

$$X_{2,T_0}=X_2+\alpha_2\ln m \tag{11.76}$$

楼面活荷载 X 应取下列两种组合中的较大值[1,2]，即

$$X=X_{1,T_0}+X_2 \tag{11.77}$$

$$X=X_1+X_{2,T_0} \tag{11.78}$$

由于对设计基准期 T_0 内最大值 X_{1,T_0}、X_{2,T_0} 的调查和测试几乎是不可能的，这里以任意时点值 X_1、X_2 表达楼面活荷载 X，即

$$X=X_1+X_2+\alpha_1\ln m \tag{11.79}$$

$$X=X_1+X_2+\alpha_2\ln m \tag{11.80}$$

或

$$X=X_1+X_2+\max\{\alpha_1,\alpha_2\}\ln m \tag{11.81}$$

由于极大值Ⅰ型分布并不具有可加性，按式(11.81)组合得到的楼面活荷载 X 并不服从极大值Ⅰ型分布，但为便于分析，一般可近似假定其仍服从极大值Ⅰ型分布。

记楼面活荷载 X 的分布参数为 μ、α，这时应有

$$\alpha=\sqrt{\alpha_1^2+\alpha_2^2} \tag{11.82}$$

令

$$k=\frac{\max\{\alpha_1,\alpha_2\}}{\alpha}=\frac{\max\{\alpha_1,\alpha_2\}}{\sqrt{\alpha_1^2+\alpha_2^2}}=\frac{1}{\sqrt{1+\left(\dfrac{\min\{\alpha_1,\alpha_2\}}{\max\{\alpha_1,\alpha_2\}}\right)^2}} \tag{11.83}$$

则有

$$X=X_1+X_2+k\alpha\ln m \tag{11.84}$$

这时 X_1+X_2 应服从参数为 $\mu-k\alpha\ln m$、α 的极大值Ⅰ型分布。虽然 X_1+X_2 的分布参数未知，但 X_1、X_2 是可测的，根据它们的样本测试值，可利用线性回归估计方法推断 X_1+X_2 的分位值。但是，对楼面活荷载 X，式(11.84)中的 $k\alpha$ 是未知的，并不能利用线性回归估计方法直接推断其分位值。为此，文献[13]中提出一种利用 X_1+X_2 上侧 $1-p'$ 分位值 $x_{1-p'}$ 间接推断设计基准期 T_0 内楼面活荷载组合值 X 上侧 $1-p$ 分位值 x_{1-p} 的方法，其中 p'、p 均指荷载取值的保证率。

根据极大值Ⅰ型分布的性质，X_1+X_2 的上侧 $1-p'$分位值 $x_{1-p'}$ 和楼面活荷载 X 的上侧 $1-p$ 分位值 x_{1-p} 可分别表达为

$$x_{1-p'}=\mu-k\alpha\ln m-\alpha\ln(-\ln p') \tag{11.85}$$

$$x_{1-p}=\mu-\alpha\ln(-\ln p) \tag{11.86}$$

令

$$x_{1-p}=x_{1-p'} \tag{11.87}$$

则有

$$p'=p^{m^{-k}} \tag{11.88}$$

这时通过推断 X_1+X_2 的上侧 $1-p'$分位值 $x_{1-p'}$，便可得到楼面活荷载 X 的上侧 $1-p$ 分位值 x_{1-p}。式(11.88)中未知参数 k 的确定方法将在后面讨论。

设$(x_{0,1,1},x_{0,1,2})$，$(x_{0,2,1},x_{0,2,2})$，…，$(x_{0,n,1},x_{0,n,2})$为 X_1、X_2 的 n 组样本测试值。严格讲，它们应为同一结构区域内 X_1、X_2 在不同作用时段的测试结果，但这样的测试结果在实际工程中是很难得到的。一般假定可变作用随机过程是平稳的，且具有各态历经性。这时可通过"时空转换"的方式对其概率特性进行统计分析，即通过对同一作用时段内不同结构区域的 X_1、X_2 进行统计分析确定其概率特性[14]，这种方式在现实中则是可行的。这时 $x_{0,i,j}$ 指特定作用时段内(如当前)第 i 个结构区域的 $X_j(j=1,2)$的测试结果。

令

$$x_{0,i}=x_{0,i,1}+x_{0,i,2},\quad i=1,2,\cdots,n \tag{11.89}$$

其按由小到大的排序为 $x_{0,(1)},x_{0,(2)},\cdots,x_{0,(n)}$，则根据极大值Ⅰ型分布分位值的线性回归估计方法，可得楼面活荷载 X 上侧 $1-p$ 分位值 x_{1-p}的估计值，即[13]

$$x_{1-p}=\tilde{\mu}+v_{(n,p',C)}\tilde{\alpha} \tag{11.90}$$

$$\tilde{\mu}=\sum_{j=1}^{n}D_{\mathrm{I}}(n,n,j)x_{0,(n-j+1)}-C_{\mathrm{E}}\frac{\sqrt{6}}{\pi}\sigma_{\Delta} \tag{11.91}$$

$$\tilde{\alpha}=-\sum_{j=1}^{n}C_{\mathrm{I}}(n,n,j)x_{0,(n-j+1)}+\frac{\sqrt{6}}{\pi}\sigma_{\Delta} \tag{11.92}$$

对于楼面活荷载，同样可取置信水平 $C=0.75$。

下面讨论式(11.88)中未知参数 k 的确定方法。由式(11.83)可知，参数 k 仅取决于 α_1、α_2 的相对值。由于极大值Ⅰ型分布参数 α 与标准差呈正比，可根据测试结果近似取

$$k=\frac{1}{\sqrt{1+\left(\dfrac{\min\{\alpha_1,\alpha_2\}}{\max\{\alpha_1,\alpha_2\}}\right)^2}}\approx\frac{1}{\sqrt{1+\left(\dfrac{\min\{s_{0,1},s_{0,2}\}}{\max\{s_{0,1},s_{0,2}\}}\right)^2}} \tag{11.93}$$

式中：$s_{0,1}$、$s_{0,2}$分别为测试结果 $x_{0,1,1},x_{0,2,1},\cdots,x_{0,n,1}$ 和 $x_{0,1,2},x_{0,2,2},\cdots,x_{0,n,2}$的样本标准差。更为简便的方法是对参数 k 取固定的值。根据我国的统计资料，$\min\{\alpha_1,$

$\alpha_2\}/\max\{\alpha_1,\alpha_2\}$ 的值一般介于 0.64～0.72[1]，变化范围较小，因此可统一按 $\min\{\alpha_1,\alpha_2\}/\max\{\alpha_1,\alpha_2\}=0.68$ 的情况，近似取 $k=0.83$[13]。

2. 变异系数已知的场合

楼面活荷载 X 的变异系数 δ_X 已知时，由式(10.134)和式(10.192)可得楼面活荷载 X 的上侧 $1-p$ 分位值 x_{1-p} 的估计值，即

$$x_{1-p}=u_{(n,n,\delta_X,C)}\mu^*[1-c\ln(-\ln p')] \tag{11.94}$$

$$\mu^*=\sum_{j=1}^{n}D(n,n,j,\delta_X)x_{0,(j)}+C_E\frac{\sqrt{6}}{\pi}\sigma_\Delta \tag{11.95}$$

$$c=\frac{\sqrt{6}/\pi\cdot\delta_X}{1-C_E\sqrt{6}/\pi\cdot\delta_X} \tag{11.96}$$

其中保证率 p' 应按式(11.88)确定，系数 k 可近似按式(11.93)确定或取其值为 0.83。

3. 保证率

按上述方法推断楼面活荷载的标准值 x_k 和设计基准值 x_{d0} 时，尚需明确其保证率 p。楼面活荷载 X 为设计基准期 T_0 内持久性、临时性楼面活荷载的概率组合，其上侧 $1-p$ 分位值 x_{1-p} 的保证率 p 对应于楼面活荷载 X 的概率分布，即参数为 μ、α 的极大值Ⅰ型分布。

我国对楼面活荷载的标准值 x_k 并未明确规定其保证率，但可根据楼面活荷载 X 的概率分布和标准值 x_k 的规定值确定其隐含的保证率[1]，并以此作为 p 的值。例如，根据我国的统计资料[1]，设计基准期 T_0 内住宅楼楼面活荷载的均值和标准差分别为 1.288kN/m^2 和 0.300kN/m^2，相应的分布参数 $\mu=1.423\text{kN/m}^2$，$\alpha=0.234\text{kN/m}^2$，目前规定的住宅楼楼面活荷载的标准值 $x_k=2.0\text{kN/m}^2$[10]。通过概率分析可知，其隐含的保证率为 0.919，故可取 $p=0.919$。楼面活荷载设计基准值 x_{d0} 的保证率 p 可直接按其定义取 $\Phi(1.12)$，即 0.8686。

4. 最终推断方法

综上所述，无参数信息时，楼面活荷载标准值 x_k 和设计基准值 x_{d0} 的估计值分别为

$$x_k=\tilde{\mu}+\frac{\ln(-\ln p')}{\ln(-\ln p_0)}v_{(n,p_0,0.75)}\tilde{\alpha} \tag{11.97}$$

$$x_{d0}=\tilde{\mu}+\frac{\ln(-\ln 0.8686)}{\ln(-\ln 0.90)}v_{(n,0.90,0.75)}\tilde{\alpha}=\tilde{\mu}+0.87v_{(n,0.90,0.75)}\tilde{\alpha} \tag{11.98}$$

式中：$\tilde{\mu}$、$\tilde{\alpha}$ 应分别按式(11.91)、式(11.92)确定；p' 应按式(11.88)确定；查表确定 $v_{(n,p_0,0.75)}$ 时应使 p_0 尽可能接近 p'。

变异系数 δ_X 已知时，楼面活荷载标准值 x_k 和设计基准值 x_{d0} 的估计值分别为

$$x_k = u_{(n,n,\delta_X,0.75)}\mu^*[1-c\ln(-\ln p')] = u_{(n,n,\delta_X,0.75)}\mu^*\{1-c[\ln(-\ln p)-k\ln m]\} \tag{11.99}$$

$$x_{d0} = u_{(n,n,\delta_X,0.75)}\mu^*[1-c\ln(-\ln 0.8686)] = u_{(n,n,\delta_X,0.75)}\mu^*(1+1.96c) \tag{11.100}$$

式中：μ^*、c 应分别按式(11.95)、式(11.96)确定。

11.5 既有结构可靠性评定结果的信度

11.5.1 基本分析方法

对结构性能和作用的小样本推断是以一定置信水平或信任水平为条件的。置信水平 C 虽指某随机区间覆盖未知参数的概率，但最终推断未知参数时采用的是随机区间的实现值，即具有明确边界的置信区间（见 4.2.1 节），它并不具有随机性。这时可从另一角度理解未知参数与置信区间之间的关系，即对未知参数取值于置信区间的信任程度为 C。按这种理解，置信水平亦可指对推断结果的信任程度，与信任水平具有相同的意义。为便于叙述，这里统一称置信水平、信任水平为推断结果的信度。

由于对结构性能和作用的推断是以一定信度为条件的，故既有结构可靠性评定的结果中也必然隐含一定的信度，明确该信度对于完整、准确地理解既有结构可靠性评定的结果是非常必要和重要的。

由 7.1 节可知，按目前分项系数法校核既有结构时，其校核方法对应的结构在设计使用年限 T 内的功能函数可表达为

$$Z = g[X_{1k}g_1(\chi_1,\delta_1,Y_1), X_{2k}g_2(\chi_2,\delta_2,Y_2), \cdots, X_{nk}g_n(\chi_n,\delta_n,Y_n)] \tag{11.101}$$

式中：$g(\cdot)$ 为功能函数表达式；X_{ik} 为基本变量 X_i 的标准值，这里设定它们均为未确知量，其信任密度函数为 $\mathrm{bel}_{X_{ik}}(x_i)$；$g_i(\cdot,\cdot,\cdot)$ 为基本变量 X_i 的标准正态化函数；χ_i、δ_i 分别为基本变量 X_i 的均值系数和变异系数，其数值相对稳定，可视为确定量；Y_i 为基本变量 X_i 标准正态化后的标准正态随机变量，$i=1,2,\cdots,n$。这时功能函数 Z 为未确知量 $X_{1k},X_{2k},\cdots,X_{nk}$ 和随机变量 $Y_1,Y_2,\cdots,Y_n$ 的函数，可简记为

$$Z = Z(X_{1k},X_{2k},\cdots,X_{nk},Y_1,Y_2,\cdots,Y_n) \tag{11.102}$$

这时结构在设计使用年限 T 内的可靠概率可表达为

$$P_r(T) = P\{Z \geqslant 0\} = P\{Z(X_{1k},X_{2k},\cdots,X_{nk},Y_1,Y_2,\cdots,Y_n) \geqslant 0\} \tag{11.103}$$

它为未确知量 $X_{1k}, X_{2k}, \cdots, X_{nk}$ 的函数，可按信度分析的需要另记其为

$$P_r(T) = P_r(X_{1k}, X_{2k}, \cdots, X_{nk}) \tag{11.104}$$

设经抽样测试和统计推断，基本变量标准值 $X_{1k}, X_{2k}, \cdots, X_{nk}$ 的估计值为 $x_{1k}, x_{2k}, \cdots, x_{nk}$，这时按 $x_{1k}, x_{2k}, \cdots, x_{nk}$ 确定的既有结构的可靠概率应为 $P_r(x_{1k}, x_{2k}, \cdots, x_{nk})$，它对应于既有结构可靠性评定的结果，具有确定的量值，可简记为 p_r。这时既有结构的可靠概率 $P_r(T)$ 不小于 p_r 的信度或肯定评定结果 p_r 的信度应为

$$\begin{aligned}\mathrm{Bel}\{P_r(T) \geqslant p_r\} &= \mathrm{Bel}\{P_r(X_{1k}, X_{2k}, \cdots, X_{nk}) \geqslant P_r(x_{1k}, x_{2k}, \cdots, x_{nk})\} \\ &= \underset{\substack{P_r(X_{1k}, X_{2k}, \cdots, X_{nk}) \\ \geqslant P_r(x_{1k}, x_{2k}, \cdots, x_{nk})}}{\int \cdots \int} \mathrm{bel}_{X_{1k}}(x_{1k})\mathrm{bel}_{X_{2k}}(x_{2k})\cdots\mathrm{bel}_{X_{nk}}(x_{nk})\mathrm{d}x_{1k}\mathrm{d}x_{2k}\cdots\mathrm{d}x_{nk}\end{aligned} \tag{11.105}$$

由于实际工程中对 $X_{1k}, X_{2k}, \cdots, X_{nk}$ 的估计一般都是偏保守的，因此可视 p_r 为该信度下可靠概率 $P_r(T)$ 的下限估计值。

式(11.105)中的积分域可具体表达为

$$P_r\{Z(X_{1k}, X_{2k}, \cdots, X_{nk}, Y_1, Y_2, \cdots, Y_n) \geqslant 0\} \geqslant P_r\{Z(x_{1k}, x_{2k}, \cdots, x_{nk}, Y_1, Y_2, \cdots, Y_n) \geqslant 0\} \tag{11.106}$$

它规定了未确知量 $X_{1k}, X_{2k}, \cdots, X_{nk}$ 在式(11.105)中的取值范围。

不失一般性，通过积分计算式(11.106)中的两个概率时，可令随机变量 $Y_1, Y_2, \cdots, Y_n$ 的取值同步。这时只要随机变量 $Y_1, Y_2, \cdots, Y_n$ 的值 $y_1, y_2, \cdots, y_n$ 满足

$$Z(x_{1k}, x_{2k}, \cdots, x_{nk}, y_1, y_2, \cdots, y_n) \geqslant 0 \tag{11.107}$$

那么未确知量 $X_{1k}, X_{2k}, \cdots, X_{nk}$ 在式(11.105)中的取值应满足

$$Z(X_{1k}, X_{2k}, \cdots, X_{nk}, y_1, y_2, \cdots, y_n) \geqslant Z(x_{1k}, x_{2k}, \cdots, x_{nk}, y_1, y_2, \cdots, y_n) \tag{11.108}$$

或

$$Z'(X_{1k}, X_{2k}, \cdots, X_{nk}, y_1, y_2, \cdots, y_n) \geqslant 0 \tag{11.109}$$

$$\begin{aligned}Z'(X_{1k}, X_{2k}, \cdots, X_{nk}, y_1, y_2, \cdots, y_n) &= Z(X_{1k}, X_{2k}, \cdots, X_{nk}, y_1, y_2, \cdots, y_n) \\ &\quad - Z(x_{1k}, x_{2k}, \cdots, x_{nk}, y_1, y_2, \cdots, y_n)\end{aligned} \tag{11.110}$$

它们可综合表达为

$$\{Z'(X_{1k}, X_{2k}, \cdots, X_{nk}, y_1, y_2, \cdots, y_n) \geqslant 0\} \cap \{Z(x_{1k}, x_{2k}, \cdots, x_{nk}, y_1, y_2, \cdots, y_n) \geqslant 0\} \tag{11.111}$$

若仅考虑式(11.108)或式(11.109)所示的条件，则对于随机变量 $Y_1, Y_2, \cdots, Y_n$ 的任意值 $y_1, y_2, \cdots, y_n$，总会存在 $X_{1k}, X_{2k}, \cdots, X_{nk}$ 的某取值区域使其成立，因此在未确知量 $X_{1k}, X_{2k}, \cdots, X_{nk}$ 自身的取值范围内，应有

$$P\{Z'(X_{1k}, X_{2k}, \cdots, X_{nk}, Y_1, Y_2, \cdots, Y_n) \geqslant 0\} = 1 \tag{11.112}$$

再结合式(11.107)所示的条件,则既有结构可靠概率 $P_r(T)$ 不小于 p_r 的信度最终可表达为

$$\begin{aligned}\mathrm{Bel}\{P_r(T)\geqslant p_r\}=&\int\limits_{\substack{Z(x_{1k},x_{2k},\cdots,x_{nk},\\ y_1,y_2,\cdots,y_n)\geqslant 0}}\cdots\int\left[\int\limits_{\substack{Z'(X_{1k},X_{2k},\cdots,X_{nk},\\ y_1,y_2,\cdots,y_n)\geqslant 0}}\cdots\int f_{Y_1}(y_1)f_{Y_2}(y_2)\cdots f_{Y_n}(y_n)\mathrm{d}y_1\mathrm{d}y_2\cdots\mathrm{d}y_n\right]\\&\cdot\mathrm{bel}_{X_{1k}}(x_{1k})\mathrm{bel}_{X_{2k}}(x_{2k})\cdots\mathrm{bel}_{X_{nk}}(x_{nk})\mathrm{d}x_{1k}\mathrm{d}x_{2k}\cdots\mathrm{d}x_{nk}\\=&\int\limits_{\substack{\{Z'(X_{1k},X_{2k},\cdots,X_{nk},\\ y_1,y_2,\cdots,y_n)\geqslant 0\}\\ \cap\{Z(x_{1k},x_{2k},\cdots,x_{nk},\\ y_1,y_2,\cdots,y_n)\geqslant 0\}}}\cdots\int f_{Y_1}(y_1)f_{Y_2}(y_2)\cdots f_{Y_n}(y_n)\mathrm{bel}_{X_{1k}}(x_{1k})\mathrm{bel}_{X_{2k}}(x_{2k})\\&\cdots\mathrm{bel}_{X_{nk}}(x_{nk})\cdot\mathrm{d}y_1\mathrm{d}y_2\cdots\mathrm{d}y_n\mathrm{d}x_{1k}\mathrm{d}x_{2k}\cdots\mathrm{d}x_{nk}\end{aligned}\tag{11.113}$$

该式说明:若形式上视 $X_{1k},X_{2k},\cdots,X_{nk}$ 为随机变量,视其信任密度函数为概率密度函数,则既有结构可靠概率 $P_r(T)$ 不小于 p_r 的信度相当于按功能函数 $Z'(X_{1k},X_{2k},\cdots,X_{nk},Y_1,Y_2,\cdots,Y_n)$、$Z(x_{1k},x_{2k},\cdots,x_{nk},Y_1,Y_2,\cdots,Y_n)$联合确定的可靠概率,即

$$\begin{aligned}\mathrm{Bel}\{P_r(T)\geqslant p_r\}=P\{&\{Z'(X_{1k},X_{2k},\cdots,X_{nk},Y_1,Y_2,\cdots,Y_n)\geqslant 0\}\\&\cap\{Z(x_{1k},x_{2k},\cdots,x_{nk},Y_1,Y_2,\cdots,Y_n)\geqslant 0\}\}\end{aligned}\tag{11.114}$$

这时,$P\{Z'(X_{1k},X_{2k},\cdots,X_{nk},Y_1,Y_2,\cdots,Y_n)\geqslant 0\}$的值主要决定于估计值 x_{1k},x_{2k},$\cdots$,x_{nk}的置信水平(其取值范围为 0.6~0.9),而在既有结构安全性的评定中,按 $x_{1k},x_{2k},\cdots,x_{nk}$确定的既有结构的可靠概率 $P\{Z(x_{1k},x_{2k},\cdots,x_{nk},Y_1,Y_2,\cdots,Y_n)\geqslant 0\}$一般接近 1,即使其可靠指标为很低的 2.5,相应的可靠概率也达到了 0.9938,因此在既有结构安全性的评定中一般可取

$$\mathrm{Bel}\{P_r(T)\geqslant p_r\}\approx P\{Z'(X_{1k},X_{2k},\cdots,X_{nk},Y_1,Y_2,\cdots,Y_n)\geqslant 0\}\tag{11.115}$$

这时可首先利用目前可靠指标的计算方法确定功能函数 $Z'(X_{1k},X_{2k},\cdots,X_{nk},Y_1,Y_2,\cdots,Y_n)$对应的可靠指标 β_C,并取

$$\mathrm{Bel}\{P_r(T)\geqslant p_r\}\approx\Phi^{-1}(\beta_C)\tag{11.116}$$

上述既有结构可靠性评定结果的信度分析方法是针对分项系数法中的校核方法建立的。按设计值法校核时,也可建立类似的分析方法,其关键步骤是建立类似于式(11.101)的功能函数。由于这时对结构性能和作用的推断内容是其基准设计值,因此该功能函数应以基准设计值而非标准值表达。

设基本变量 X_i 服从正态分布 $\mathrm{N}(\mu_i,\sigma_i^2)$。按标准正态化的方法,可得

$$X_i=\mu_i+\sigma_i Y_i=\mu_i(1+\delta_i Y_i)=X_{id0}\frac{1+\delta_i Y_i}{1+\alpha_0\beta_0\delta_i}=X_{id0}g_i(\delta_i,Y_i) \quad (11.117)$$

基本变量 X_i 服从其他概率分布时，均可将其表达为与式(11.117)类似的形式。这时结构在设计使用年限 T 内的功能函数可表达为

$$\begin{aligned}Z&=Z(X_{1d0},X_{2d0},\cdots,X_{nd0},Y_1,Y_2,\cdots,Y_n)\\&=g(X_{1d0}g_1(\delta_1,Y_1),X_{2d0}g_2(\delta_2,Y_2),\cdots,X_{nd0}g_n(\delta_n,Y_n))\end{aligned} \quad (11.118)$$

式中：X_{id0} 为基本变量 X_i 的基准设计值，可设定它们均为未确知量；$g_i(\cdot,\cdot)$ 为基本变量 X_i 的标准正态化函数；δ_i 为基本变量 X_i 的变异系数，其数值相对稳定，可视为确定量；Y_i 为基本变量 X_i 标准正态化后的标准正态随机变量，$i=1,2,\cdots,n$。

记 $x_{1d0},x_{2d0},\cdots,x_{nd0}$ 为基本变量基准设计值 $X_{1d0},X_{2d0},\cdots,X_{nd0}$ 的估计值，并令

$$\begin{aligned}&Z'(X_{1d0},X_{2d0},\cdots,X_{nd0},Y_1,Y_2,\cdots,Y_n)\\&=Z(X_{1d0},X_{2d0},\cdots,X_{nd0},Y_1,Y_2,\cdots,Y_n)-Z(x_{1d0},x_{2d0},\cdots,x_{nd0},Y_1,Y_2,\cdots,Y_n)\end{aligned} \quad (11.119)$$

则可得到与分项系数法同样的结论。在既有结构安全性的评定中，既有结构可靠概率 $P_r(T)$ 不小于 p_r 的信度或肯定评定结果 p_r 的信度近似相当于按功能函数 $Z'(X_{1d0},X_{2d0},\cdots,X_{nd0},Y_1,Y_2,\cdots,Y_n)$ 确定的可靠概率，可同样利用目前可靠指标的计算方法间接确定。

11.5.2　被推断量的信度分布

既有结构可靠性评定结果的信度分析中，所有被推断的基本变量 $X_1,X_2,\cdots,X_n$ 的标准值 $X_{1k},X_{2k},\cdots,X_{nk}$ 或基准设计值 $X_{1d0},X_{2d0},\cdots,X_{nd0}$ 均应被视为未确知量，它们的信度分布需根据统计推断中相应枢轴量的分布确定。这里以标准值 $X_{1k},X_{2k},\cdots,X_{nk}$ 为例进行阐述。

若基本变量 X_i 服从正态分布 $\mathrm{N}(\mu,\sigma^2)$，则枢轴量 $\dfrac{\bar{x}_0-X_{ik}}{\sqrt{s_0^2+\sigma_\Delta^2}/\sqrt{n}}$ 服从自由度为 $n-1$、参数为 $z_{1-p}\sqrt{n}$（对结构可靠度有利时）或 $-z_{1-p}\sqrt{n}$（对结构可靠度不利时）的非中心 t 分布。对结构可靠度有利时，基本变量 X_i 的标准值 X_{ik} 的信任分布函数和信任密度函数应分别为

$$\mathrm{Bel}_{X_{ik}}(x_{ik})=1-T_{(n-1,z_{1-p}\sqrt{n})}\left(\frac{\bar{x}_0-x_{ik}}{\sqrt{s_0^2+\sigma_\Delta^2}/\sqrt{n}}\right) \quad (11.120)$$

$$\mathrm{bel}_{X_{ik}}(x_{ik})=\frac{1}{\sqrt{s_0^2+\sigma_\Delta^2}/\sqrt{n}}t_{(n-1,z_{1-p}\sqrt{n})}\left(\frac{\bar{x}_0-x_{ik}}{\sqrt{s_0^2+\sigma_\Delta^2}/\sqrt{n}}\right) \quad (11.121)$$

对结构可靠度不利时，则分别为

$$\mathrm{Bel}_{X_{ik}}(x_{ik})=1-T_{(n-1,-z_{1-p}\sqrt{n})}\left(\frac{\bar{x}_0-x_{ik}}{\sqrt{s_0^2+\sigma_\Delta^2}/\sqrt{n}}\right) \quad (11.122)$$

$$\mathrm{bel}_{X_{ik}}(x_{ik})=\frac{1}{\sqrt{s_0^2+\sigma_\Delta^2}/\sqrt{n}}t_{(n-1,-z_{1-p}\sqrt{n})}\left(\frac{\bar{x}_0-x_{ik}}{\sqrt{s_0^2+\sigma_\Delta^2}/\sqrt{n}}\right) \tag{11.123}$$

式中：$T_{(n-1,\gamma)}(\cdot)$、$t_{(n-1,\gamma)}(\cdot)$分别为自由度为$n-1$、参数为γ的非中心t分布的概率分布函数和概率密度函数，其中$\gamma=z_{1-p}\sqrt{n}$（对结构可靠度有利时）或$-z_{1-p}\sqrt{n}$（对结构可靠度不利时）。

若基本变量X_i服从对数正态分布$\mathrm{LN}(\mu_{\ln X_i},\sigma_{\ln X_i}^2)$，则枢轴量$\dfrac{\bar{y}_0-\ln X_{ik}}{\sqrt{s_{y_0}^2+\sigma_\varepsilon^2}/\sqrt{n}}$服从自由度为$n-1$、参数为$z_{1-p}\sqrt{n}$（对结构可靠度有利时）或$-z_{1-p}\sqrt{n}$（对结构可靠度不利时）的非中心$t$分布。对结构可靠度有利时，基本变量$X_i$的标准值$X_{ik}$的信任分布函数和信任密度函数应分别为

$$\mathrm{Bel}_{X_{ik}}(x_{ik})=1-T_{(n-1,z_{1-p}\sqrt{n})}\left(\frac{\bar{y}_0-\ln x_{ik}}{\sqrt{s_{y_0}^2+\sigma_\varepsilon^2}/\sqrt{n}}\right) \tag{11.124}$$

$$\mathrm{bel}_{X_{ik}}(x_{ik})=\frac{1}{x_{ik}\sqrt{s_{y_0}^2+\sigma_\varepsilon^2}/\sqrt{n}}t_{(n-1,z_{1-p}\sqrt{n})}\left(\frac{\bar{y}_0-\ln x_{ik}}{\sqrt{s_{y_0}^2+\sigma_\varepsilon^2}/\sqrt{n}}\right) \tag{11.125}$$

对结构可靠度不利时，则分别为

$$\mathrm{Bel}_{X_{ik}}(x_{ik})=1-T_{(n-1,-z_{1-p}\sqrt{n})}\left(\frac{\bar{y}_0-\ln x_{ik}}{\sqrt{s_{y_0}^2+\sigma_\varepsilon^2}/\sqrt{n}}\right) \tag{11.126}$$

$$\mathrm{bel}_{X_{ik}}(x_{ik})=\frac{1}{x_{ik}\sqrt{s_{y_0}^2+\sigma_\varepsilon^2}/\sqrt{n}}t_{(n-1,-z_{1-p}\sqrt{n})}\left(\frac{\bar{y}_0-\ln x_{ik}}{\sqrt{s_{y_0}^2+\sigma_\varepsilon^2}/\sqrt{n}}\right) \tag{11.127}$$

若基本变量X_i服从参数为μ、α的极大值Ⅰ型分布，则枢轴量$(X_{ik}-\tilde{\mu})/\tilde{\alpha}$服从式(10.100)所示随机变量$V_{(n,p)}$的概率分布，它与样本容量$n$和标准值$X_{ik}$的保证率$p$有关。这里标准值$X_{ik}$为基本变量$X_i$的上侧$1-p$分位值，其信任分布函数和信任密度函数应分别为

$$\mathrm{Bel}_{X_{ik}}(x_{ik})=F_{V_{(n,p)}}\left(\frac{x_{ik}-\tilde{\mu}}{\tilde{\alpha}}\right) \tag{11.128}$$

$$\mathrm{bel}_{X_{ik}}(x_{ik})=\frac{1}{\tilde{\alpha}}f_{V_{(n,p)}}\left(\frac{x_{ik}-\tilde{\mu}}{\tilde{\alpha}}\right) \tag{11.129}$$

式中：$F_{V_{(n,p)}}(\cdot)$、$f_{V_{(n,p)}}(\cdot)$分别为随机变量$V_{(n,p)}$的概率分布函数和概率密度函数。

无论是非中心t分布还是随机变量$V_{(n,p)}$的概率分布，它们的概率分布函数和概率密度函数都是复杂或难以显式表达的，目前的数值表也未完整给出相应的数值，这为进一步确定基本变量标准值X_{ik}的信度分布函数和信任密度函数造成了困难。较为精确的方法是通过数值模拟建立其概率分布函数和概率密度函数的数值表。为便于应用，这里针对非中心t分布，提出一种确定其概率分布函数和概率密度函数的近似方法。

令

$$T=\frac{\bar{X}-x_p}{S/\sqrt{n}} \tag{11.130}$$

则 T 服从自由度为 $n-1$、参数为 $z_{1-p}\sqrt{n}$ 的非中心 t 分布。这时应有

$$T_{(n-1,z_{1-p}\sqrt{n})}(t)=P\left\{\frac{\bar{X}-x_p}{S/\sqrt{n}}\leqslant t\right\}=P\left\{\bar{X}-x_p-\frac{t}{\sqrt{n}}S\leqslant 0\right\}=P\{Y\leqslant 0\} \tag{11.131}$$

$$Y=\bar{X}-x_p-\frac{t}{\sqrt{n}}S \tag{11.132}$$

当 $n\geqslant 5$ 时，S 近似服从正态分布 $\mathrm{N}\left(\sigma,\frac{\sigma^2}{2(n-1)}\right)$[14]，且 $\bar{X}$ 与 S 相互独立，因此 Y 近似服从正态分布 $\mathrm{N}\left\{(z_{1-p}\sqrt{n}-t)\frac{\sigma}{\sqrt{n}},\left[1+\frac{t^2}{2(n-1)}\right]\frac{\sigma^2}{n}\right\}$。这时由式(11.131)可得

$$T_{(n-1,z_{1-p}\sqrt{n})}(t)\approx\Phi\left(-\frac{z_{1-p}\sqrt{n}-t}{\sqrt{1+\frac{t^2}{2(n-1)}}}\right) \tag{11.133}$$

$$t_{(n-1,z_{1-p}\sqrt{n})}(t)\approx\frac{1+\frac{z_{1-p}\sqrt{n}\,t}{2(n-1)}}{\left[1+\frac{t^2}{2(n-1)}\right]^{\frac{3}{2}}}\varphi\left(-\frac{z_{1-p}\sqrt{n}-t}{\sqrt{1+\frac{t^2}{2(n-1)}}}\right) \tag{11.134}$$

它们可按通式表达为

$$T_{(n-1,\gamma)}(t)\approx\Phi\left(-\frac{\gamma-t}{\sqrt{1+\frac{t^2}{2(n-1)}}}\right) \tag{11.135}$$

$$t_{(n-1,\gamma)}(t)\approx\frac{1+\frac{\gamma t}{2(n-1)}}{\left[1+\frac{t^2}{2(n-1)}\right]^{\frac{3}{2}}}\varphi\left(-\frac{\gamma-t}{\sqrt{1+\frac{t^2}{2(n-1)}}}\right) \tag{11.136}$$

这时利用标准正态分布的概率分布函数 $\Phi(\cdot)$ 和概率密度函数 $\varphi(\cdot)$，便可近似确定非中心 t 分布的概率分布函数和概率密度函数。

11.5.3　推断中的不确定性和信度的影响

设推断基本变量的标准值 $X_{1\mathrm{k}},X_{2\mathrm{k}},\cdots,X_{n\mathrm{k}}$ 时，其推断结果 $x_{1\mathrm{k}},x_{2\mathrm{k}},\cdots,x_{n\mathrm{k}}$ 对应的信度(置信水平或信任水平)分别为 $C_1,C_2,\cdots,C_n$。若基本变量的标准值中仅 $X_{i\mathrm{k}}$ 是未确知的，则按式(11.110)应有

$$Z'(x_{1\mathrm{k}},\cdots,X_{i\mathrm{k}},\cdots,x_{n\mathrm{k}},Y_1,Y_2,\cdots,Y_n)$$
$$=Z(x_{1\mathrm{k}},\cdots,X_{i\mathrm{k}},\cdots,x_{n\mathrm{k}},Y_1,Y_2,\cdots,Y_n)-Z(x_{1\mathrm{k}},\cdots,x_{i\mathrm{k}},\cdots,x_{n\mathrm{k}},Y_1,Y_2,\cdots,Y_n) \tag{11.137}$$

按前述分析方法，并采用概率表达形式，即视未确知量为随机变量，则既有结构可靠概率 $P_{\mathrm{r}}(T)$ 不小于 p_{r} 的信度或肯定评定结果 p_{r} 的信度应为

$$\mathrm{Bel}\{P_{\mathrm{r}}(T)\geqslant p_{\mathrm{r}}\}=P\{Z'(x_{1\mathrm{k}},\cdots,X_{i\mathrm{k}},\cdots,x_{n\mathrm{k}},Y_1,Y_2,\cdots,Y_n)\geqslant 0\}$$
$$=\begin{cases}P\{X_{i\mathrm{k}}\geqslant x_{i\mathrm{k}}\}=C_i, & X_i\text{ 对结构可靠度有利}\\ P\{X_{i\mathrm{k}}\leqslant x_{i\mathrm{k}}\}=C_i, & X_i\text{ 对结构可靠度不利}\end{cases} \tag{11.138}$$

这时肯定评定结果 p_{r} 的信度与未确知量 $X_{i\mathrm{k}}$ 推断中的信度 C_i 相同。若多个基本变量的标准值是未确知的，情况则较为复杂。

首先，推断中的信度 $C_1,C_2,\cdots,C_n$ 不仅直接影响结构性能和作用推断的结果，对既有结构可靠性评定的结果亦会产生影响：信度 $C_1,C_2,\cdots,C_n$ 越高，则结构性能和作用的推断结果越保守，评定结果所隐含的可靠概率 p_{r} 越小；这时功能函数 $Z'(X_{1k},X_{2k},\cdots,X_{nk},Y_1,Y_2,\cdots,Y_n)$ 对应的可靠概率也越大。这意味着既有结构可靠概率 $P_{\mathrm{r}}(T)$ 不小于 p_{r} 的信度越大，即肯定评定结果 p_{r} 的信度越高。

其次，设定的信度 $C_1,C_2,\cdots,C_n$ 下，结构性能和作用推断中的统计不定性、测量不确定性等不确定性对既有结构可靠性评定的结果亦会产生影响：推断中的不确定性越强，则结构性能和作用的推断结果越保守，评定结果所隐含的可靠概率 p_{r} 越小，即越保守；这时功能函数 $Z'(X_{1k},X_{2k},\cdots,X_{nk},Y_1,Y_2,\cdots,Y_n)$ 对应的可靠概率会发生一定的变化，但由于推断结果 $x_{1k},x_{2k},\cdots,x_{nk}$ 的取值原则(即设定的信度 $C_1,C_2,\cdots,C_n$)保持不变，未确知量 $X_{1k},X_{2k},\cdots,X_{nk}$ 的变异性和推断结果 $X_{1k},X_{2k},\cdots,X_{nk}$ 的值按互补的方式同步变化其变化一般不大，推断中的不确定性对评定结果信度的影响有限。

综上所述，结构性能和作用推断中的信度 $C_1,C_2,\cdots,C_n$ 越高，既有结构可靠性评定的结果越保守，同时肯定评定结果的信度越高；设定的信度 $C_1,C_2,\cdots,C_n$ 下，评定结果的信度一般不会发生大的变化，但推断中的不确定性越强，既有结构可靠性评定的结果越保守。显然，既有结构可靠性评定的结果不仅受客观事物随机性(包括统计不定性)的影响，还受对客观事物认识的主观不确定性(如测量不确定性、空间不确定性)的影响，且主观不确定性越强，对主观不确定性的考虑越充分(即信度 $C_1,C_2,\cdots,C_n$ 的值越大)，对既有结构可靠性评定的结果则越保守。这些与一般的工程经验和判断是一致的。

虽然保守的可靠性评定结果对工程实践而言是较稳妥的，但它可能是因推断中较强的统计不定性和主观不确定性造成的，更多地源于抽样数量、测试手段等方面的原因，若因此而判定既有结构的可靠性不满足要求，则是不必要的。实际工程中，应尽可能加大抽样数量，提高测试手段的精度，减小推断中的统计不定性和主

观不确定性，以期获得更有利的评定结果。保守的评定结果也可能是推断中选取较高的置信水平或信任水平 $C_1, C_2, \cdots, C_n$ 导致的。它虽然可使既有结构可靠性评定的结果亦具有较高的信度，但过高的信度会使评定结果过于保守，可能导致对既有结构采取不必要的工程措施。实际工程中，应按 10.5 节中的取值原则选取适合的置信水平或信任水平 $C_1, C_2, \cdots, C_n$。

参考文献

[1] 中华人民共和国国家计划委员会. 建筑结构设计统一标准(GBJ 68—84). 北京：中国计划出版社，1984.

[2] 中华人民共和国住房和城乡建设部. 工程结构可靠性设计统一标准(GB 50153—2008). 北京：中国建筑工业出版社，2008.

[3] Joint Committee for Guides in Metrology. Evaluation of measurement of data-Guide to the expression of uncertainty in measurement (JCGM 100:2008)，2008. www. bipm. org/utils/common/documents/jcgm/JCGM_100_2008_E. pdf.

[4] 中华人民共和国住房和城乡建设部. 民用建筑可靠性鉴定标准(GB 50292—2015). 北京：中国建筑工业出版社，2015.

[5] 姚继涛，宋璨，刘伟. 结构安全性设计的广义方法. 建筑结构学报，2017，38(10)：149-156.

[6] 中华人民共和国建设部. 建筑结构检测技术标准(GB 50344—2004). 北京：中国建筑工业出版社，2004.

[7] 中华人民共和国住房和城乡建设部. 钻芯法检测混凝土强度技术规程(JGJ/T 384—2016). 北京：中国建筑工业出版社，2016.

[8] 中华人民共和国住房和城乡建设部. 回弹法检测混凝土抗压强度技术规程(JGJ/T 23—2011). 北京：中国建筑工业出版社，2011.

[9] 姚继涛，解耀魁. 单个构件当前抗力的信度推断方法. 建筑结构，2011，41(5)：120-124.

[10] 中华人民共和国住房和城乡建设部. 建筑结构荷载规范(GB 50009—2012). 北京：中国建筑工业出版社，2012.

[11] 姚继涛，王旭东. 可变作用代表值的线性回归推断方法. 建筑结构学报，2014，35(10)：98-103.

[12] 周源泉. 质量可靠性增长与评定方法. 北京：北京航空航天大学出版社，1997.

[13] 姚继涛，王旭东. 楼面活荷载标准值和设计值的小样本推断方法. 工业建筑，2014，44(10)：64-70.

[14] 何国伟. 可信性工程. 北京：中国标准出版社，1997.

第 4 篇　基于试验的结构可靠性分析与控制

第 12 章　基于试验的结构性能建模方法

结构性能的概率模型是建立新材料结构、新型结构可靠性设计方法的基础，它既取决于材料性能、几何尺寸等影响因素的概率特性，也取决于结构性能的计算模式，即结构性能与各影响因素之间的关系，它亦具有随机性，一般以计算模式不定性系数的概率特性描述。结构性能的计算模式是建立结构性能概率模型的关键内容，通常应采用理论研究与试验验证相结合的方法建立。目前根据试验结果推断计算模式不定性系数的概率特性时，常采用经典统计学中的矩法，但它主要适用于大样本的场合，对于实际的小样本场合，则难以充分反映统计不定性的影响，并会进一步影响对结构性能概率特性的推断，存在因过高估计结构性能而导致额外失效风险的可能。这是目前结构性能建模中涉及基本方法的一个普遍问题，对结构的可靠度分析和设计都有着全局性的影响。

本章简要介绍基于试验建立结构性能概率模型的基本方法，重点讨论目前计算模式不定性系数推断中的统计不定性及其对结构性能推断结果的影响，并通过系统的对比分析，提出小样本条件下建立结构性能概率模型的贝叶斯方法。

12.1　基本建模方法

结构性能的概率模型一般可表达为[1]

$$Y=\eta g(X_1,X_2,\cdots,X_m) \tag{12.1}$$

式中：Y 为承载力、抗弯刚度等结构性能；$g(\cdot)$为结构性能函数，即结构性能计算模式；$X_1,X_2,\cdots,X_m$ 为材料性能、几何尺寸等结构性能的影响因素，它们的概率特性一般已知；η 为反映尺寸效应、时间效应、环境条件、工艺条件等影响的计算模式不定性系数，其概率特性反映了结构性能计算模式的不确定性。一般可将计算模式不定性系数 η 分解为两部分：实验室条件下反映结构性能试验值与计算值差异的计算模式不定性系数 η_{T}，反映实际使用条件下与实验室条件下结构性能差异的转换系数 η_{C}[2]。

通过试验建立结构性能的概率模型时，一般需采用研究性模型试验或原型试验，其试验步骤、方法和要求见相关国家标准中的规定[3]。这里主要讨论获得试验数据后建立结构性能概率模型的基本方法。

设通过实验室试验得到 $X_1,X_2,\cdots,X_m$ 和 Y 的 n 组数据 $x_{1,i},x_{2,i},\cdots,x_{m,i},y_i$ $(i=1,2,\cdots,n)$，且可不考虑测量不确定性的影响。这时可按下列步骤建立结构性

能的概率模型[4]：

(1) 通过拟合试验数据或修正理论分析模型，建立结构性能函数 $g(\cdot)$。它一般应满足或近似满足

$$\bar{y}=\frac{1}{n}\sum_{i=1}^{n}g(x_{1,i},x_{2,i},\cdots,x_{m,i}) \tag{12.2}$$

式中：$\bar{y}$ 为结构性能测试结果 $y_1,y_2,\cdots,y_n$ 的均值。

(2) 确定实验室条件下计算模式不定性系数 η_T 的值 $\eta_{T,1},\eta_{T,2},\cdots,\eta_{T,n}$，它们为结构性能 Y 的试验值与计算值的商，即

$$\eta_{T,i}=\frac{y_i}{g(x_{1,i},x_{2,i},\cdots,x_{m,i})},\quad i=1,2,\cdots,n \tag{12.3}$$

并据此推断 η_T 的均值 μ_{η_T} 和标准差 σ_{η_T}。

(3) 通过实际使用条件下与实验室条件下的对比试验，或根据经验分析，确定反映实际使用条件影响的转换系数 η_C 的均值 μ_{η_C} 和标准差 σ_{η_C}。

(4) 根据实验室条件下计算模式不定性系数 η_T 和转换系数 η_C 的概率特性，通过概率分析确定计算模式不定性系数 η 的均值 μ_η 和标准差 σ_η。

(5) 根据已知的影响因素 $X_1,X_2,\cdots,X_m$ 的概率特性[1]，确定结构性能函数 $g(X_1,X_2,\cdots,X_m)$ 的均值 μ_g 和标准差 σ_g。

(6) 根据结构性能 Y 的测试结果 $y_1,y_2,\cdots,y_n$，利用统计学中的假设检验方法[5]，确定结构性能 Y 的概率分布形式。一般取其为正态分布 $N(\mu_Y,\sigma_Y^2)$ 或对数正态分布 $LN(\mu_{\ln Y},\sigma_{\ln Y}^2)$。

(7) 根据计算模式不定性系数 η、结构性能函数 $g(X_1,X_2,\cdots,X_m)$ 的概率特性，确定结构性能 Y 的概率分布参数。

对计算模式不定性系数 η 概率特性的推断，即第(2)～(4)步，是结构性能建模中的关键步骤，而统计不定性的影响也主要存在于该推断过程中。

12.2 计算模式不定性系数的推断

12.2.1 矩法推断结果

目前主要采用矩法推断计算模式不定性系数 η 的概率特性。它属点估计法，并不涉及 η 的概率分布，但分析其推断中的统计不定性时则需考虑。一般假定计算模式不定性系数 η 服从正态分布或对数正态分布[2]。

1. 正态分布时的情况

设计算模式不定性系数 η 服从正态分布 $N(\mu_\eta,\sigma_\eta^2)$，分布参数 μ_η、σ_η 分别为 η

的均值和标准差。再设 $Z_1, Z_2, \cdots, Z_n$ 为计算模式不定性系数 η 的 n 个样本，它们与 η 具有同样的概率分布，且相互独立。按目前采用的矩法，推断 μ_η、σ_η 的统计量分别为

$$T_{\mu_\eta} = \bar{Z} = \frac{1}{n}\sum_{i=1}^{n} Z_i \tag{12.4}$$

$$T_{\sigma_\eta} = S_Z = \sqrt{\frac{1}{n-1}\sum_{i=1}^{n}(Z_i - \bar{Z})^2} \tag{12.5}$$

且枢轴量$(T_{\mu_\eta} - \mu_\eta)/(\sigma_\eta/\sqrt{n})$、$(n-1)T_{\sigma_\eta}^2/\sigma_\eta^2$ 分别服从标准正态分布和自由度为 $n-1$ 的卡方分布[5]。

计算模式不定性系数 η 包含实验室条件下的计算模式不定性系数 η_{T} 和反映实际使用条件影响的转换系数 η_{C}。当 η 服从正态分布时，可将其具体表达为

$$\eta = \eta_{\mathrm{T}} + \eta_{\mathrm{C}} \tag{12.6}$$

并可假定 η_{T}、η_{C} 同样服从正态分布。实际建模过程中，通过实验室试验能够获得的是 η_{T} 的样本 $\eta_{\mathrm{T},1}, \eta_{\mathrm{T},2}, \cdots, \eta_{\mathrm{T},n}$，而非 η 的样本 $Z_1, Z_2, \cdots, Z_n$，但参照 11.2.2 节中复合测试手段时的推断方法，可取 $Z_1, Z_2, \cdots, Z_n$ 的样本均值 $\bar{Z}$ 和标准差 S_Z 分别为

$$\bar{Z} = \bar{\eta}_{\mathrm{T}} + \bar{\eta}_{\mathrm{C}} \tag{12.7}$$

$$S_Z = \sqrt{S_{\eta_{\mathrm{T}}}^2 + S_{\eta_{\mathrm{C}}}^2} \tag{12.8}$$

式中：$\bar{\eta}_{\mathrm{T}}$、$S_{\eta_{\mathrm{T}}}$ 分别为 η_{T} 的样本均值和标准差，可根据 η_{T} 的样本 $\eta_{\mathrm{T},1}, \eta_{\mathrm{T},2}, \cdots, \eta_{\mathrm{T},n}$ 确定；$\bar{\eta}_{\mathrm{C}}$、$S_{\eta_{\mathrm{C}}}$ 分别为 η_{C} 的样本均值和标准差，可根据对比试验结果确定，或通过对实验室试验结果的经验修正近似确定。这里设定 η 的样本均值 $\bar{Z}$ 和标准差 S_Z 的实现值 $\bar{z}$、s_Z 可知，即根据试验结果，并结合对比试验或经验分析的结果，可获得 $\bar{Z}$、S_Z 的实现值 $\bar{z}$、s_Z。这时计算模式不定性系数 η 的均值 μ_η、标准差 σ_η 的矩法估计值分别为

$$\hat{\mu}_\eta = \bar{z} \tag{12.9}$$

$$\hat{\sigma}_\eta = s_Z \tag{12.10}$$

2. 对数正态分布时的情况

计算模式不定性系数 η 服从对数正态分布 $\mathrm{LN}(\mu_{\ln\eta}, \sigma_{\ln\eta}^2)$ 时，目前仍按式(12.9)和式(12.10)估计 η 的均值 μ_η 和标准差 σ_η，但这时 η 的样本 $Z_1, Z_2, \cdots, Z_n$ 亦服从对数正态分布，难以根据式(12.4)和式(12.5)确定与 $\bar{Z}$、S_Z 有关枢轴量的概率分布，影响对统计不定性的进一步分析。这时 $\ln\eta$ 服从正态分布 $\mathrm{N}(\mu_{\ln\eta}, \sigma_{\ln\eta}^2)$，因此可将其分布参数 $\mu_{\ln\eta}$、$\sigma_{\ln\eta}$ 作为推断的内容，并按正态分布时的情

况进行推断。

这时可首先将计算模式不定性系数 η 表达为

$$\eta = \eta_T \eta_C \tag{12.11}$$

$$\ln\eta = \ln\eta_T + \ln\eta_C \tag{12.12}$$

并假定 η_T、η_C 亦服从对数正态分布，即 $\ln\eta$、$\ln\eta_T$、$\ln\eta_C$ 均服从正态分布。同样设 $Z_1, Z_2, \cdots, Z_n$ 为计算模式不定性系数 η 的 n 个样本，并令

$$U_i = \ln Z_i, \quad i = 1, 2, \cdots, n \tag{12.13}$$

则 $U_1, U_2, \cdots, U_n$ 均服从正态分布。这时按矩法推断分布参数 $\mu_{\ln\eta}$、$\sigma_{\ln\eta}$ 的统计量分别为

$$T_{\mu_{\ln\eta}} = \bar{U} = \frac{1}{n}\sum_{i=1}^{n} U_i \tag{12.14}$$

$$T_{\sigma_{\ln\eta}} = S_U = \sqrt{\frac{1}{n-1}\sum_{i=1}^{n}(U_i - \bar{U})^2} \tag{12.15}$$

且枢轴量 $(T_{\mu_{\ln\eta}} - \mu_{\ln\eta})/(\sigma_{\ln\eta}/\sqrt{n})$、$(n-1)T^2_{\sigma_{\ln\eta}}/\sigma^2_{\ln\eta}$ 分别服从标准正态分布和自由度为 $n-1$ 的卡方分布[5]。同样参照 11.2.2 节中复合测试手段时的推断方法，可取

$$\bar{U} = \overline{\ln\eta_T} + \overline{\ln\eta_C} \tag{12.16}$$

$$S_U = \sqrt{S^2_{\ln\eta_T} + S^2_{\ln\eta_C}} \tag{12.17}$$

式中：$\overline{\ln\eta_T}$、$S_{\ln\eta_T}$ 分别为 $\ln\eta_T$ 的样本均值和标准差，可根据试验结果确定；$\overline{\ln\eta_C}$、$S_{\ln\eta_C}$ 分别为 $\ln\eta_C$ 的样本均值和标准差，可根据对比试验结果确定，或通过对试验结果的经验修正近似确定。获得 $\bar{U}$、S_U 的实现值 $\bar{u}$、s_u 后，可得 $\mu_{\ln\eta}$、$\sigma_{\ln\eta}$ 的矩法估计值，即

$$\hat{\mu}_{\ln\eta} = \bar{u} \tag{12.18}$$

$$\hat{\sigma}_{\ln\eta} = s_u \tag{12.19}$$

12.2.2 推断中的统计不定性

样本容量 n 不足时，即使不考虑测量不确定性的影响，也不能断定 μ_η、σ_η 和 $\mu_{\ln\eta}$、$\sigma_{\ln\eta}$ 的推断结果为其真值；若重复进行同样的多组试验，则各组的推断结果之间也往往存在差异，且样本容量越小，差异一般越大。这种因样本容量不足而产生的推断结果的不确定性即统计不定性[5]。

目前尚无公认的度量统计不定性的指标。由于统计量 T_{μ_η}、T_{σ_η} 和 $T_{\mu_{\ln\eta}}$、$T_{\sigma_{\ln\eta}}$ 亦为随机变量，一个直观的方法是以其变异系数作为度量统计不定性的指标；但从实际角度考虑，以统计量 T_{μ_η}、T_{σ_η} 和 $T_{\mu_{\ln\eta}}$、$T_{\sigma_{\ln\eta}}$ 的误差度量统计不定性更具有工程意

义。这时误差越大，统计不定性则越强。文献[4]据此对推断中的统计不定性进行了对比分析。

首先考虑计算模式不定性系数 η 服从正态分布 $N(\mu_\eta,\sigma_\eta^2)$ 时的情况。这时宜以统计量 T_{μ_η}、T_{σ_η} 的相对误差度量统计不定性，它们分别为

$$E_{\mu_\eta}=\frac{T_{\mu_\eta}-\mu_\eta}{\mu_\eta} \tag{12.20}$$

$$E_{\sigma_\eta}=\frac{T_{\sigma_\eta}-\sigma_\eta}{\sigma_\eta} \tag{12.21}$$

且均为无量纲量。可以证明

$$\frac{E_{\mu_\eta}\sqrt{n}}{\delta_\eta}=\frac{T_{\mu_\eta}-\mu_\eta}{\sigma_\eta/\sqrt{n}}=\frac{\bar{Z}-\mu_\eta}{\sigma_\eta/\sqrt{n}} \tag{12.22}$$

$$(n-1)(E_{\sigma_\eta}+1)^2=\frac{(n-1)T_{\sigma_\eta}^2}{\sigma_\eta^2}=\frac{(n-1)S_Z^2}{\sigma_\eta^2} \tag{12.23}$$

且它们分别服从标准正态分布和自由度为 $n-1$ 的卡方分布[5]，式(12.22)中 δ_η 为计算模式不定性系数 η 的变异系数。这时利用区间估计法，可得置信水平 C 下相对误差 E_{μ_η}、E_{σ_η} 的双侧分位值，即上侧 $(1-C)/2$、$(1+C)/2$ 分位值。它们相当于相对误差 E_{μ_η}、E_{σ_η} 的上、下限，结果见表 12.1，其中 $z_{(1+C)/2}$、$\chi^2_{[n-1,(1+C)/2]}$ 分别为上述两个分布的上侧 $(1+C)/2$ 分位值，$z_{(1-C)/2}$、$\chi^2_{[n-1,(1-C)/2]}$ 分别为上述两个分布的上侧 $(1-C)/2$ 分位值。

表 12.1　相对误差 E_{μ_η} 和 E_{σ_η} 的上、下限

相对误差	下限	上限
E_{μ_η}	$\frac{z_{(1+C)/2}\delta_\eta}{\sqrt{n}}$	$\frac{z_{(1-C)/2}\delta_\eta}{\sqrt{n}}$
E_{σ_η}	$\sqrt{\frac{\chi^2_{[n-1,(1+C)/2]}}{n-1}}-1$	$\sqrt{\frac{\chi^2_{[n-1,(1-C)/2]}}{n-1}}-1$

一般情况下，变异系数 δ_η 的值为 0.05～0.15[1]。图 12.1 为置信水平 $C=0.9$、$\delta_\eta=0.15$ 的典型情况下相对误差 E_{μ_η}、E_{σ_η} 的上、下限[4]，可见：样本容量 $n=30$ 时，均值 μ_η 推断结果的相对误差为 -0.045～0.045，标准差 σ_η 的相对误差为 -0.219～0.211；$n=10$ 时，它们分别增大为 -0.078～0.078 和 -0.392～0.371；$n=3$ 时，则分别增大为 -0.142～0.142 和 -0.774～0.731。一般情况下，结构试验中的试件数量不超过 30，即 $n\leqslant 30$，因此从统计意义上讲，矩法推断结果的相对误差一般较大，特别是对标准差的推断，存在较强的统计不定性。

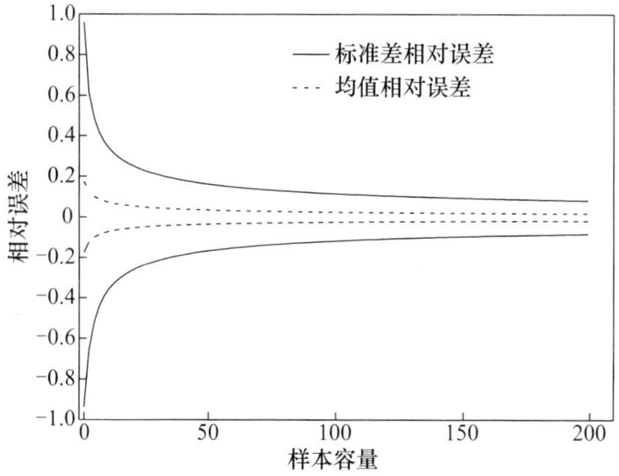

图 12.1　相对误差 E_{μ_η} 和 E_{σ_η} 的上、下限

下面考虑计算模式不定性系数 η 服从对数正态分布 $\mathrm{LN}(\mu_{\ln\eta},\sigma_{\ln\eta}^2)$ 时的情况。为实现无量纲化，这里以统计量 $T_{\mu_{\ln\eta}}$ 的绝对误差和 $T_{\sigma_{\ln\eta}}$ 的相对误差度量推断中的统计不定性，它们分别为

$$e_{\mu_{\ln\eta}}=T_{\mu_{\ln\eta}}-\mu_{\ln\eta} \tag{12.24}$$

$$E_{\sigma_{\ln\eta}}=\frac{T_{\sigma_{\ln\eta}}-\sigma_{\ln\eta}}{\sigma_{\ln\eta}} \tag{12.25}$$

且均为无量纲量。可以证明

$$\frac{e_{\mu_{\ln\eta}}\sqrt{n}}{\sigma_{\ln\eta}}=\frac{T_{\mu_{\ln\eta}}-\mu_{\ln\eta}}{\sigma_{\ln\eta}/\sqrt{n}}=\frac{\bar{U}-\mu_{\ln\eta}}{\sigma_{\ln\eta}/\sqrt{n}} \tag{12.26}$$

$$(n-1)(E_{\sigma_{\ln\eta}}+1)^2=\frac{(n-1)T_{\sigma_{\ln\eta}}^2}{\sigma_{\ln\eta}^2}=\frac{(n-1)S_U^2}{\sigma_{\ln\eta}^2} \tag{12.27}$$

且它们分别服从标准正态分布和自由度为 $n-1$ 的卡方分布[5]。近似取

$$\frac{e_{\mu_{\ln\eta}}\sqrt{n}}{\sigma_{\ln\eta}}=\frac{e_{\mu_{\ln\eta}}\sqrt{n}}{\sqrt{\ln(1+\delta_\eta^2)}}\approx\frac{e_{\mu_{\ln\eta}}\sqrt{n}}{\delta_\eta} \tag{12.28}$$

则 $e_{\mu_{\ln\eta}}\sqrt{n}/\delta_\eta$、$(n-1)(E_{\sigma_{\ln\eta}}+1)^2$ 分别与正态分布时的 $E_{\mu_\eta}\sqrt{n}/\delta_\eta$、$(n-1)(E_{\sigma_\eta}+1)^2$ 具有相同的概率分布，对 $\mu_{\ln\eta}$、$\sigma_{\ln\eta}$ 推断中的统计不定性可得到与 μ_η、σ_η 一样的结论，即计算模式不定性系数 η 服从对数正态分布时，矩法推断中同样存在较强的统计不定性。

12.2.3　统计不定性对结构性能推断结果的影响

计算模式不定性系数 η 推断中的统计不定性会进一步影响对结构性能 Y 的推断。文献[4]以结构性能 Y 推断结果的误差为指标，分析了计算模式不定性系数 η

推断中的统计不定性对结构性能 Y 推断结果的影响。

1. 结构性能推断结果的误差

首先考虑计算模式不定性系数 η 服从正态分布 $N(\mu_\eta,\sigma_\eta^2)$时的情况。这时可假定结构性能 Y 服从正态分布 $N(\mu_Y,\sigma_Y^2)$，按矩法推断其均值 μ_Y、标准差 σ_Y 的统计量分别为

$$T_{\mu_Y}=T_{\mu_\eta}\mu_g \tag{12.29}$$

$$T_{\sigma_Y}=\sqrt{\mu_g^2T_{\sigma_\eta}^2+T_{\mu_\eta}^2\sigma_g^2}=T_{\mu_\eta}\mu_g\sqrt{T_{\delta_\eta}^2+\delta_g^2} \tag{12.30}$$

式中：

$$T_{\delta_\eta}=\frac{T_{\sigma_\eta}}{T_{\mu_\eta}}=\frac{S_Z}{\bar{Z}} \tag{12.31}$$

除均值 μ_Y 和标准差 σ_Y 外，标准值和设计值也是反映结构性能 Y 概率特性的重要指标，它们可统一表达为随机变量 Y 的上侧 p 分位值 y_p，即

$$y_p=\mu_Y-\Phi(p)\sigma_Y=\mu_Y-k\sigma_Y \tag{12.32}$$

其矩法估计值为

$$T_{y_p}=T_{\mu_Y}-kT_{\sigma_Y}=T_{\mu_\eta}\mu_g(1-k\sqrt{T_{\delta_\eta}^2+\delta_g^2}) \tag{12.33}$$

式中：p 为结构性能标准值或设计值的保证率，相应的 k 值一般为正值。

这时统计量 T_{μ_Y}、T_{σ_Y} 的相对误差分别为

$$E_{\mu_Y}=\frac{T_{\mu_Y}-\mu_Y}{\mu_Y}=\frac{T_{\mu_\eta}\mu_g-\mu_\eta\mu_g}{\mu_\eta\mu_g}=\frac{T_{\mu_\eta}-\mu_\eta}{\mu_\eta}=E_{\mu_\eta} \tag{12.34}$$

$$E_{\sigma_Y}=\frac{T_{\sigma_Y}-\sigma_Y}{\sigma_Y}=\frac{T_{\sigma_Y}}{\sigma_Y}-1=\frac{T_{\mu_\eta}\mu_g\sqrt{T_{\delta_\eta}^2+\delta_g^2}}{\mu_\eta\mu_g\sqrt{\delta_\eta^2+\delta_g^2}}-1=\frac{T_{\mu_\eta}\sqrt{T_{\delta_\eta}^2+\delta_g^2}}{\mu_\eta\sqrt{\delta_\eta^2+\delta_g^2}}-1 \tag{12.35}$$

由于统计量 T_{μ_η} 的变异性明显小于 T_{δ_η} 的变异性，为便于分析，式(12.35)中可近似取

$$T_{\mu_\eta}\approx\mu_\eta \tag{12.36}$$

这时有

$$E_{\sigma_Y}\approx\frac{\sqrt{T_{\delta_\eta}^2+\delta_g^2}}{\sqrt{\delta_\eta^2+\delta_g^2}}-1 \tag{12.37}$$

采用类似的近似方法，可将统计量 T_{y_p} 的相对误差表达为

$$E_{y_p}=\frac{T_{y_p}-y_p}{y_p}=\frac{T_{y_p}}{y_p}-1=\frac{T_{\mu_\eta}\mu_g(1-k\sqrt{T_{\delta_\eta}^2+\delta_g^2})}{\mu_\eta\mu_g(1-k\sqrt{\delta_\eta^2+\delta_g^2})}-1\approx\frac{1-k\sqrt{T_{\delta_\eta}^2+\delta_g^2}}{1-k\sqrt{\delta_\eta^2+\delta_g^2}}-1 \tag{12.38}$$

式(12.37)和式(12.38)中均局部忽略了统计量 T_{μ_η} 的变异性，按此确定的相对误差 E_{σ_Y}、E_{y_p} 的取值范围略偏小。

可以证明,对统计量 T_{μ_η} 的相对误差 E_{μ_Y},有

$$\frac{E_{\mu_Y}\sqrt{n}}{\delta_\eta}=\frac{\bar{Z}-\mu_\eta}{\sigma_\eta/\sqrt{n}} \tag{12.39}$$

且它服从标准正态分布[5]。利用式(12.39),可确定一定置信水平 C 下相对误差 E_{μ_Y} 的上、下限。相对误差 E_{σ_Y}、E_{y_p} 的上、下限可直接根据统计量 T_{δ_η} 的上、下限分别按式(12.37)和式(12.38)确定,且可以证明

$$\frac{\sqrt{n}}{T_{\delta_\eta}}=\frac{\bar{Z}}{S_Z/\sqrt{n}} \tag{12.40}$$

它服从自由度为 $n-1$、非中心参数为$\sqrt{n}/\delta_\eta$ 的非中心 t 分布[5]。

表 12.2 列出了相对误差 E_{μ_Y}、E_{σ_Y}、E_{y_p} 的上、下限,其中 $t_{[n-1,\sqrt{n}/\delta_\eta,(1-C)/2]}$、$t_{[n-1,\sqrt{n}/\delta_\eta,(1+C)/2]}$分别为自由度为 $n-1$、非中心参数为$\sqrt{n}/\delta_\eta$ 的非中心 t 分布的上侧 $(1-C)/2$、$(1+C)/2$ 分位值。

表 12.2 相对误差 E_{μ_Y}、E_{σ_Y}、E_{y_p} 的上、下限(正态分布)

相对误差	下限	上限
E_{μ_Y}	$\frac{z_{(1+C)/2}\delta_\eta}{\sqrt{n}}$	$\frac{z_{(1-C)/2}\delta_\eta}{\sqrt{n}}$
E_{σ_Y}	$\frac{\sqrt{(\sqrt{n}/t_{[n-1,\sqrt{n}/\delta_\eta,(1-C)/2]})^2+\delta_g^2}}{\sqrt{\delta_\eta^2+\delta_g^2}}-1$	$\frac{\sqrt{(\sqrt{n}/t_{[n-1,\sqrt{n}/\delta_\eta,(1+C)/2]})^2+\delta_g^2}}{\sqrt{\delta_\eta^2+\delta_g^2}}-1$
E_{y_p}	$\frac{1-k\sqrt{(\sqrt{n}/t_{[n-1,\sqrt{n}/\delta_\eta,(1+C)/2]})^2+\delta_g^2}}{1-k\sqrt{\delta_\eta^2+\delta_g^2}}-1$	$\frac{1-k\sqrt{(\sqrt{n}/t_{[n-1,\sqrt{n}/\delta_\eta,(1-C)/2]})^2+\delta_g^2}}{1-k\sqrt{\delta_\eta^2+\delta_g^2}}-1$

计算模式不定性系数 η 服从对数正态分布 $\mathrm{LN}(\mu_{\ln\eta},\sigma_{\ln\eta}^2)$时,可假定结构性能 Y 服从对数正态分布 $\mathrm{LN}(\mu_{\ln Y},\sigma_{\ln Y}^2)$。这时可将结构性能 Y 的概率模型改写为

$$\ln Y=\ln\eta+\ln g(X_1,X_2,\cdots,X_m) \tag{12.41}$$

这时 $\ln Y$、$\ln\eta$、$\ln g(X_1,X_2,\cdots,X_m)$均服从正态分布,而结构性能 Y 的上侧 p 分位值 y_p 为

$$y_p=\exp[\mu_{\ln Y}-\Phi(p)\sigma_{\ln Y}]=\exp(\mu_{\ln Y}-k\sigma_{\ln Y}) \tag{12.42}$$

按目前的矩法,推断分布参数 $\mu_{\ln Y}$、$\sigma_{\ln Y}$以及分位值 y_p 的统计量分别为

$$T_{\mu_{\ln Y}}=T_{\mu_{\ln\eta}}+\mu_{\ln g} \tag{12.43}$$

$$T_{\sigma_{\ln Y}}=\sqrt{T_{\sigma_{\ln\eta}}^2+\sigma_{\ln g}^2} \tag{12.44}$$

$$T_{y_p}=\exp(T_{\mu_{\ln Y}}-kT_{\sigma_{\ln Y}})=\exp[(T_{\mu_{\ln\eta}}+\mu_{\ln g})-k\sqrt{T_{\sigma_{\ln\eta}}^2+\sigma_{\ln g}^2}] \tag{12.45}$$

令统计量 $T_{\mu_{\ln Y}}$ 的绝对误差和 $T_{\sigma_{\ln Y}}$、T_{y_p} 的相对误差分别为

$$e_{\mu_{\ln Y}}=T_{\mu_{\ln Y}}-\mu_{\ln Y}=(T_{\mu_{\ln Y}}+\mu_{\ln g})-(\mu_{\ln\eta}+\mu_{\ln g})=T_{\mu_{\ln\eta}}-\mu_{\ln\eta}=e_{\mu_{\ln\eta}} \tag{12.46}$$

$$E_{\sigma_{\ln Y}}=\frac{T_{\sigma_{\ln Y}}-\sigma_{\ln Y}}{\sigma_{\ln Y}}=\frac{T_{\sigma_{\ln Y}}}{\sigma_{\ln Y}}-1=\sqrt{\frac{T_{\sigma_{\ln\eta}}^2+\sigma_{\ln g}^2}{\sigma_{\ln\eta}^2+\sigma_{\ln g}^2}}-1 \tag{12.47}$$

$$E_{y_p}=\frac{T_{y_p}-y_p}{y_p}=\frac{T_{y_p}}{y_p}-1=\frac{\exp[(T_{\mu_{\ln\eta}}+\mu_{\ln g})-k\sqrt{T_{\sigma_{\ln\eta}}^2+\sigma_{\ln g}^2}]}{\exp[(\mu_{\ln\eta}+\mu_{\ln g})-k\sqrt{\sigma_{\ln\eta}^2+\sigma_{\ln g}^2}]}-1 \tag{12.48}$$

为便于分析，在式(12.48)中近似取

$$T_{\mu_{\ln\eta}}\approx\mu_{\ln\eta} \tag{12.49}$$

则有

$$E_{y_p}\approx\frac{\exp(-k\sqrt{T_{\sigma_{\ln\eta}}^2+\sigma_{\ln g}^2})}{\exp(-k\sqrt{\sigma_{\ln\eta}^2+\sigma_{\ln g}^2})}-1 \tag{12.50}$$

可以证明，对统计量 $T_{\mu_{\ln Y}}$ 的绝对误差 $e_{\mu_{\ln Y}}$，有

$$\frac{e_{\mu_{\ln Y}}\sqrt{n}}{\sigma_{\ln\eta}}=\frac{T_{\mu_{\ln\eta}}-\mu_{\ln\eta}}{\sigma_{\ln\eta}/\sqrt{n}}=\frac{\bar{U}-\mu_{\ln\eta}}{\sigma_{\ln\eta}/\sqrt{n}} \tag{12.51}$$

且它服从标准正态分布[5]。利用式(12.51)，可确定置信水平 C 下绝对误差 $e_{\mu_{\ln Y}}$ 的上、下限。相对误差 $E_{\sigma_{\ln Y}}$、E_{y_p} 的上、下限可直接根据统计量 $T_{\sigma_{\ln\eta}}$ 的上、下限，分别按式(12.47)和式(12.50)确定，且有

$$\frac{(n-1)T_{\sigma_{\ln\eta}}^2}{\sigma_{\ln\eta}^2}=\frac{(n-1)S_U^2}{\sigma_{\ln\eta}^2} \tag{12.52}$$

它服从自由度为 $n-1$ 的卡方分布[5]。近似取

$$\sigma_{\ln\eta}=\sqrt{\ln(1+\delta_\eta^2)}\approx\delta_\eta \tag{12.53}$$

$$\sigma_{\ln g}=\sqrt{\ln(1+\delta_g^2)}\approx\delta_g \tag{12.54}$$

则有

$$\frac{e_{\mu_{\ln Y}}\sqrt{n}}{\sigma_{\ln\eta}}\approx\frac{e_{\mu_{\ln Y}}\sqrt{n}}{\delta_\eta} \tag{12.55}$$

$$E_{\sigma_{\ln Y}}\approx\sqrt{\frac{T_{\sigma_{\ln\eta}}^2+\delta_g^2}{\delta_\eta^2+\delta_g^2}}-1 \tag{12.56}$$

$$E_{y_p}\approx\frac{\exp(-k\sqrt{T_{\sigma_{\ln\eta}}^2+\delta_g^2})}{\exp(-k\sqrt{\delta_\eta^2+\delta_g^2})}-1 \tag{12.57}$$

$$\frac{(n-1)T_{\sigma_{\ln\eta}}^2}{\sigma_{\ln\eta}^2}\approx\frac{(n-1)T_{\sigma_{\ln\eta}}^2}{\delta_\eta^2} \tag{12.58}$$

利用这些近似表达式，最终可得置信水平 C 下 $e_{\mu_{\ln Y}}$、$E_{\sigma_{\ln Y}}$、E_{y_p} 的上、下限，见表 12.3。

表 12.3　绝对误差 $e_{\mu_{\ln Y}}$ 和相对误差 $E_{\sigma_{\ln Y}}$、E_{y_p} 的上、下限(对数正态分布)

误差	下限	上限
$e_{\mu_{\ln Y}}$	$\dfrac{z_{(1+C)/2}\delta_\eta}{\sqrt{n}}$	$\dfrac{z_{(1-C)/2}\delta_\eta}{\sqrt{n}}$
$E_{\sigma_{\ln Y}}$	$\sqrt{\dfrac{\chi^2_{[n-1,(1+C)/2]}\delta_\eta^2/(n-1)+\delta_g^2}{\delta_\eta^2+\delta_g^2}}-1$	$\sqrt{\dfrac{\chi^2_{[n-1,(1-C)/2]}\delta_\eta^2/(n-1)+\delta_g^2}{\delta_\eta^2+\delta_g^2}}-1$
E_{y_p}	$\dfrac{\exp\left[-k\sqrt{\chi^2_{[n-1,(1-C)/2]}\delta_\eta^2/(n-1)+\delta_g^2}\right]}{\exp\left(-k\sqrt{\delta_\eta^2+\delta_g^2}\right)}-1$	$\dfrac{\exp\left[-k\sqrt{\chi^2_{[n-1,(1+C)/2]}\delta_\eta^2/(n-1)+\delta_g^2}\right]}{\exp\left(-k\sqrt{\delta_\eta^2+\delta_g^2}\right)}-1$

由表 12.2 和表 12.3 可知,无论结构性能 Y 服从正态分布还是对数正态分布,其推断结果的误差均与计算模式不定性系数 η 的变异系数 δ_η 和结构性能函数 $g(X_1,X_2,\cdots,X_m)$的变异系数 δ_g 有关。一般情况下,变异系数 δ_η、δ_g 的取值范围分别为 0.05~0.15 和 0.10~0.25[1]。这里以 $\delta_\eta=0.15$,$\delta_g=0.10$,$k=1.645(p=0.95)$,$C=0.9$ 为典型情况,分析结构性能 Y 推断结果的误差,见图 12.2。这时均值的相对误差 E_{μ_Y}(正态分布)和绝对误差 $e_{\mu_{\ln Y}}$(对数正态分布)具有相同的上、下限,标准差的相对误差 E_{σ_Y}(正态分布)和 $E_{\sigma_{\ln Y}}$(对数正态分布)在数值上具有基本一致的上、下限,而正态分布和对数正态分布时分位值的相对误差 E_{y_p} 的上、下限则存在一定差异[4]。

由图 12.2 可见,样本容量 n 较小时,计算模式不定性系数 η 推断中的统计不定性对结构性能 Y 的推断结果有显著的影响,特别是对其标准差的推断。$n=30$ 时,均值和分位值的相对误差总体上为 −0.066~0.062,但标准差的相对误差为 −0.147~0.156;$n=10$ 时,分别增大为 −0.118~0.106 和 −0.251~0.281;$n=3$ 时,则分别增大为 −0.255~0.175 和 −0.415~0.605。

对一般结构性能建模而言,计算模式不定性系数 η 推断中的统计不定性对结构性能 Y 推断结果的影响是不可忽略的。目前矩法的推断结果对应于相应统计量的均值,因此相对于结构可靠度控制的要求,按矩法推断的结构性能 Y 高于其实际值的可能性是偏大的,存在较大的因过高估计结构性能 Y 而产生额外失效风险的可能[4]。这是目前结构性能试验建模中涉及基本方法的一个普遍问题,对结构的可靠度分析和设计都有着全局性的影响。

2. 考虑统计不定性影响的条件

计算模式不定性系数 η 推断中的统计不定性及其对结构性能 Y 推断结果的影响,均与样本容量 n 有关。根据图 12.2 所示的分析结果,若保证结构性能 Y 推断结果相对误差的绝对值不大于 0.10,则推断标准差时的最小样本容量应为 71,推断均值和分位值时的最小样本容量应为 13。若将相对误差的绝对值限定于 0.05 以内，则相应的最小样本容量应分别为 276 和 51。文献[4]建议以 $n \leqslant 70$ 作为考虑统计不定性影响的条件，这时标准差推断结果的相对误差为 −0.097～0.100，均值和分位值的相对误差为 −0.042～0.041。按这一条件，一般的试验建模中均应考虑统计不定性的影响。

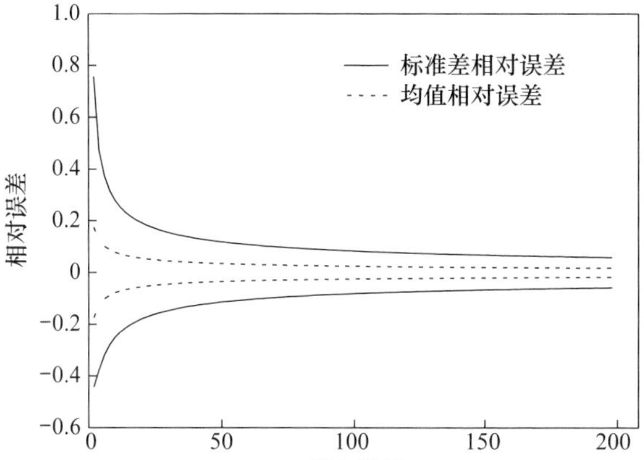

(a) 均值和标准差

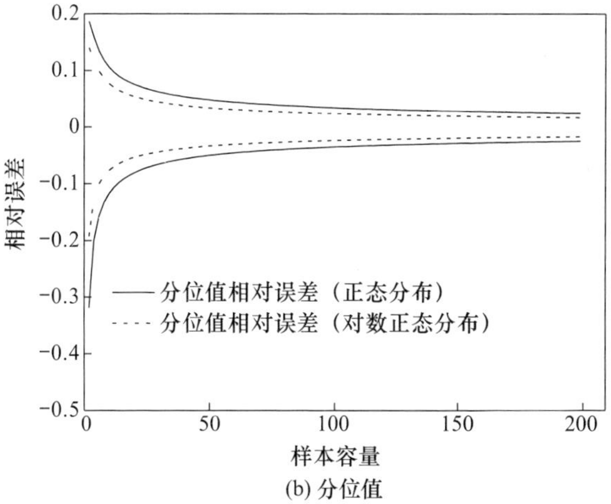

(b) 分位值

图 12.2　结构性能推断结果的相对误差

样本容量 n 较小时，推断结果相对误差的绝对值随样本容量 n 的减小而迅速增大；相反，增大样本容量 n 则可显著降低相对误差的水平。图 12.3 为结构性能 Y 推断结果相对误差的最大绝对值，其变化率的样本容量分界值为 3～5。文献[4]建议结构性能试验建模中样本容量 n 至少应为 5，否则推断结果的相对误差会迅速增大。

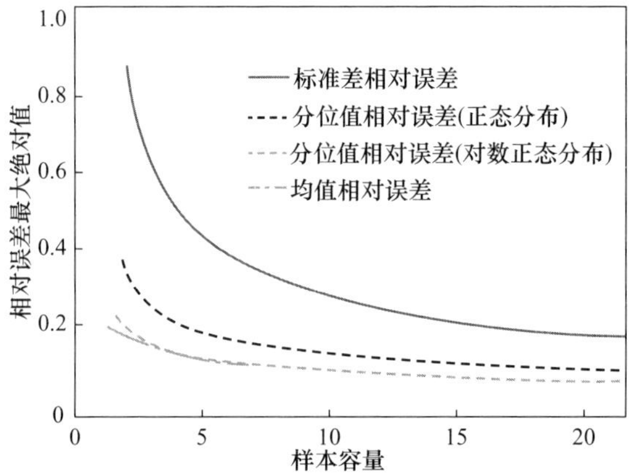

图 12.3　结构性能推断结果相对误差的最大绝对值

12.3　考虑统计不定性影响的建模方法

结构性能概率模型中的统计不定性主要来源于对计算模式不定性系数 η 的推断，因此对结构性能建模中统计不定性的考虑主要取决于计算模式不定性系数 η 的推断方法，其中能够考虑统计不定性影响的推断方法包括区间估计法和贝叶斯法[5]。

12.3.1　区间估计法

首先考虑计算模式不定性系数 η 服从正态分布 $\mathrm{N}(\mu_\eta,\sigma_\eta^2)$ 时的情况。设 Z_1，Z_2，…，Z_n 为 η 的 n 个样本，其均值和标准差分别为 $\bar{Z}$、S_Z，则按区间估计法，可构造枢轴量

$$T_{\mu_\eta}=\frac{\bar{Z}-\mu_\eta}{S_Z/\sqrt{n}} \tag{12.59}$$

$$T_{\sigma_\eta}=\frac{(n-1)S_Z^2}{\sigma_\eta^2} \tag{12.60}$$

它们分别服从自由度为 $n-1$ 的 t 分布和卡方分布[5]。获得 $\bar{Z}$、S_Z 的实现值 $\bar{z}$、s_z 后，可按结构可靠度控制的要求，确定 μ_η 的下限估计值和 σ_η 的上限估计值，它们分别为

$$\hat{\mu}_\eta=\bar{z}-\frac{t_{(n-1,1-C)}}{\sqrt{n}}s_z \tag{12.61}$$

$$\hat{\sigma}_\eta=\sqrt{\frac{n-1}{\chi^2_{(n-1,C)}}}\,s_z \tag{12.62}$$

式中：$t_{(n-1,1-C)}$、$\chi^2_{(n-1,C)}$分别为自由度为 $n-1$ 的 t 分布的上侧 $1-C$ 分位值和自由度为 $n-1$ 的卡方分布的上侧 C 分位值[5]；C 为置信水平，一般取区间[0,1]中较大的值。

由于矩法推断结果所对应的置信水平 C 为 0.5 左右，故区间估计法的推断结果要比矩法的保守，特别是样本标准差 s_z 较大的场合。这主要是因为区间估计法中通过设置置信水平 C 考虑了统计不定性的影响，且置信水平 C 越大，对统计不定性的考虑越充分。这时样本标准差 s_z 的值越大，即统计不定性越强，则对 μ_η、σ_η 的估计也越保守。

计算模式不定性系数 η 服从对数正态分布 $\mathrm{LN}(\mu_{\ln\eta},\sigma^2_{\ln\eta})$时，$\ln\eta$ 服从正态分布 $\mathrm{N}(\mu_{\ln\eta},\sigma^2_{\ln\eta})$。同样设 $Z_1,Z_2,\cdots,Z_n$ 为计算模式不定性系数 η 的 n 个样本，并令

$$U_i=\ln Z_i,\quad i=1,2,\cdots,n \tag{12.63}$$

则 $U_1,U_2,\cdots,U_n$ 均服从正态分布。记 $U_1,U_2,\cdots,U_n$ 的样本均值和标准差分别为 $\bar{U}$、S_U，则获得它们的实现值 $\bar{u}$、s_u 后，参照正态分布时的区间估计法，可得 $\mu_{\ln\eta}$的下限估计值和$\sigma_{\ln\eta}$的上限估计值，它们分别为

$$\hat{\mu}_{\ln\eta}=\bar{u}-\frac{t_{(n-1,1-C)}}{\sqrt{n}}s_u \tag{12.64}$$

$$\hat{\sigma}_{\ln\eta}=\sqrt{\frac{n-1}{\chi^2_{(n-1,C)}}}\,s_u \tag{12.65}$$

它们同样通过设置置信水平 C 考虑了统计不定性的影响。

区间估计法虽然考虑了统计不定性的影响，可给出比矩法更为稳妥的结果，但其推断中需设定置信水平 C，它对推断结果有直接的影响，且数值越大，影响程度越高。置信水平 C 并不存在理论上的值，需依据经验选择，要受到一定主观因素的影响。这对结构性能建模而言会影响建模方法的一致性[4]。

12.3.2　贝叶斯法

贝叶斯法同样可用于推断计算模式不定性系数 η 的概率特性，但与一般的统计推断方法不同，它将 η 的分布参数视为随机变量，并通常以其后验分布的均值或某分位值作为分布参数的估计值。显然，按均值估计不能充分考虑统计不定性的影响，而按分位值估计又需设置置信水平，故这种一般的贝叶斯法并不能克服矩法和区间估计法在结构性能建模中的不足。为此，文献[6]中提出一种直接建立计算模式不定性系数 η 概率分布的贝叶斯法，它可考虑统计不定性的影响，但无须设置置信水平，更适用于建立结构性能的概率模型。

设计算模式不定性系数 η 服从正态分布 $\mathrm{N}(\mu_\eta,\sigma^2_\eta)$。按照贝叶斯法的观点，这时应将 η 的概率密度函数 $f_\eta(t)$视为关于未知参数 μ_η、σ_η 的条件概率密度函数 $f_{\eta|\mu_\eta,\sigma_\eta}(t|v_1,v_2)$，其表达式为

$$f_{\eta|\mu_\eta,\sigma_\eta}(t|v_1,v_2)=\frac{1}{\sqrt{2\pi}v_2}\exp\left[-\frac{1}{2}\left(\frac{t-v_1}{v_2}\right)^2\right] \tag{12.66}$$

设 $Z_1,Z_2,\cdots,Z_n$ 为计算模式不定性系数 η 的 n 个样本，获得其实现值 $z_1,z_2,\cdots,z_n$ 及相应的均值 $\bar{z}$ 和标准差 s_z 后，可得 $Z_1,Z_2,\cdots,Z_n$ 的联合条件概率密度函数，即似然函数，其表达式为

$$\begin{aligned}p_{Z_1,Z_2,\cdots,Z_n|\mu_\eta,\sigma_\eta}(z_1,z_2,\cdots,z_n|v_1,v_2)&=\prod_{i=1}^{n}\frac{1}{\sqrt{2\pi}v_2}\exp\left[-\frac{1}{2}\left(\frac{z_i-v_1}{v_2}\right)^2\right]\\&\propto\left(\frac{1}{v_2}\right)^n\exp\left[-\frac{1}{2}\frac{(n-1)s_z^2-n(\bar{z}-v_1)^2}{v_2^2}\right]\end{aligned} \tag{12.67}$$

式中：$\propto$表示正比于。取 μ_η、σ_η 的联合先验分布为 Jeffreys 无信息先验分布[7]，即

$$\pi_{\mu_\eta,\sigma_\eta}(v_1,v_2)\propto\frac{1}{v_2} \tag{12.68}$$

这时利用贝叶斯公式[8]，可得 μ_η、σ_η 的联合后验分布，即

$$\begin{aligned}&\pi_{\mu_\eta,\sigma_\eta|Z_1,Z_2,\cdots,Z_n}(v_1,v_2|z_1,z_2,\cdots,z_n)\\&=\frac{p_{Z_1,Z_2,\cdots,Z_n|\mu_\eta,\sigma_\eta}(z_1,z_2,\cdots,z_n|v_1,v_2)\pi_{\mu_\eta,\sigma_\eta}(v_1,v_2)}{\int_0^{\infty}\int_{-\infty}^{\infty}p_{Z_1,Z_2,\cdots,Z_n|\mu_\eta,\sigma_\eta}(z_1,z_2,\cdots,z_n|v_1,v_2)\pi_{\mu_\eta,\sigma_\eta}(v_1,v_2)\mathrm{d}v_1\mathrm{d}v_2}\\&\propto\left(\frac{1}{v_2}\right)^{n+1}\exp\left[-\frac{1}{2}\frac{(n-1)s_z^2-n(\bar{z}-v_1)^2}{v_2^2}\right]\end{aligned} \tag{12.69}$$

利用条件概率的分析方法，可得实测结果校验后 η 的概率密度函数，即[6]

$$\begin{aligned}&f_{\eta|Z_1,Z_2,\cdots,Z_n}(t|z_1,z_2,\cdots,z_n)\\&=\int_0^{\infty}\int_{-\infty}^{\infty}f_{\eta|\mu_\eta,\sigma_\eta}(t|v_1,v_2)\pi_{\mu_\eta,\sigma_\eta|Z_1,Z_2,\cdots,Z_n}(v_1,v_2|z_1,z_2,\cdots,z_n)\mathrm{d}v_1\mathrm{d}v_2\\&\propto\int_0^{\infty}\int_{-\infty}^{\infty}\frac{1}{\sqrt{2\pi}v_2}\exp\left[-\frac{1}{2}\left(\frac{t-v_1}{v_2}\right)^2\right]\left(\frac{1}{v_2}\right)^{n+1}\exp\left[-\frac{1}{2}\frac{(n-1)s_z^2-n(\bar{z}-v_1)^2}{v_2^2}\right]\mathrm{d}v_1\mathrm{d}v_2\\&\propto\left[1+\frac{1}{n-1}\left(\frac{t-\bar{z}}{s_z\sqrt{1+1/n}}\right)^2\right]^{-\frac{(n-1)+1}{2}}\end{aligned} \tag{12.70}$$

由 t 分布的概率性质可知，$\dfrac{\eta-\bar{z}}{s_z\sqrt{1+1/n}}$ 服从自由度为 $n-1$ 的 t 分布，其均值和标准差分别为 0 和$(n-1)/(n-3)$[5]。由此可进一步确定 η 的均值 μ_η 和标准差 σ_η，它们分别为

$$\hat{\mu}_\eta=\bar{z} \tag{12.71}$$

$$\hat{\sigma}_\eta=\sqrt{\frac{n-1}{n-3}\left(1+\frac{1}{n}\right)}s_z=\sqrt{\frac{n^2-1}{n(n-3)}}s_z,\quad n\geqslant 4 \tag{12.72}$$

计算模式不定性系数 η 服从对数正态分布 $\mathrm{LN}(\mu_{\ln\eta},\sigma_{\ln\eta}^2)$时，亦可按类似方法推

断分布参数 $\mu_{\ln\eta}$ 和 $\sigma_{\ln\eta}$。这时$\dfrac{\ln\eta-\bar{u}}{s_u\sqrt{1+1/n}}$服从自由度为 $n-1$ 的 t 分布，分布参数 $\mu_{\ln\eta}$、$\sigma_{\ln\eta}$的估计值分别为

$$\hat{\mu}_{\ln\eta}=\bar{u} \tag{12.73}$$

$$\hat{\sigma}_{\ln\eta}=\sqrt{\frac{n^2-1}{n(n-3)}}s_u \tag{12.74}$$

式中：$\bar{u}$、s_u 分别为 $\ln z_1,\ln z_2,\cdots,\ln z_n$ 的均值和标准差。

这种贝叶斯法中直接建立了计算模式不定性系数 η 的概率分布，并据此确定其分布参数。它适用于样本容量 $n\geqslant 4$ 的场合，一般的结构性能试验建模中均可满足这一要求[6]。

这里采用的贝叶斯法与一般的贝叶斯法是不同的。计算模式不定性系数 η 服从正态分布 $N(\mu_\eta,\sigma_\eta^2)$时，按一般的贝叶斯法[8]，得到 μ_η、σ_η 的联合后验分布后，则直接据其确定 μ_η、σ_η 的边缘分布，它们分别为

$$\begin{aligned}\pi_{\mu_\eta|Z_1,Z_2,\cdots,Z_n}(v_1|z_1,z_2,\cdots,z_n)&=\int_0^\infty \pi_{\mu_\eta,\sigma_\eta|Z_1,Z_2,\cdots,Z_n}(v_1,v_2|z_1,z_2,\cdots,z_n)\mathrm{d}v_2\\&\propto\left[1+\frac{1}{n-1}\left(\frac{v_1-\bar{z}}{s_z/\sqrt{n}}\right)^2\right]^{-\frac{(n-1)+1}{2}}\end{aligned} \tag{12.75}$$

$$\begin{aligned}\pi_{\sigma_\eta|Z_1,Z_2,\cdots,Z_n}(v_2|z_1,z_2,\cdots,z_n)&=\int_{-\infty}^\infty \pi_{\mu_\eta,\sigma_\eta|Z_1,Z_2,\cdots,Z_n}(v_1,v_2|z_1,z_2,\cdots,z_n)\mathrm{d}v_1\\&\propto\frac{1}{v_2^3}\left[\frac{(n-1)s_z^2}{v_2^2}\right]^{\frac{n}{2}-1}\exp\left[-\frac{1}{2}\frac{(n-1)s_z^2}{v_2^2}\right]\end{aligned} \tag{12.76}$$

由 t 分布和卡方分布的概率性质可知，$\dfrac{\mu_\eta-\bar{z}}{s_z/\sqrt{n}}$服从自由度为 $n-1$ 的 t 分布，$\dfrac{(n-1)s_z^2}{\sigma_\eta^2}$服从自由度为 n 的卡方分布[5]，与区间估计法的结果实质上是相同的。根据这两个分布，通常以 μ_η、σ_η 的均值或分位值确定 μ_η、σ_η 的估计值。按均值推断时，μ_η、σ_η 的估计值分别为

$$\hat{\mu}_\eta=\bar{z} \tag{12.77}$$

$$\hat{\sigma}_\eta=\frac{\Gamma((n-1)/2)}{\Gamma(n/2)}\sqrt{\frac{n-1}{2}}s_z \tag{12.78}$$

式中：$\Gamma(\cdot)$为伽马函数。

按分位值推断时，μ_η 的下限估计值和 σ_η 的上限估计值分别为

$$\hat{\mu}_\eta=\bar{z}-\frac{t_{(n-1,1-C)}}{\sqrt{n}}s_z \tag{12.79}$$

$$\hat{\sigma}_{\eta}=\sqrt{\frac{n-1}{\chi^2_{(n,C)}}}s_z \tag{12.80}$$

式中：$t_{(n-1,1-C)}$、$\chi^2_{(n,C)}$分别为自由度为 $n-1$ 的 t 分布的上侧 $1-C$ 分位值和自由度为 n 的卡方分布的上侧 C 分位值；C 为置信水平。

计算模式不定性系数 η 服从对数正态分布 $\mathrm{LN}(\mu_{\ln\eta},\sigma^2_{\ln\eta})$时，按均值推断的结果则为

$$\hat{\mu}_{\ln\eta}=\bar{\mu} \tag{12.81}$$

$$\hat{\sigma}_{\ln\eta}=\frac{\Gamma((n-1)/2)}{\Gamma(n/2)}\sqrt{\frac{n-1}{2}}s_u \tag{12.82}$$

按分位值推断的结果为

$$\hat{\mu}_{\ln\eta}=\bar{\mu}-\frac{t_{(n-1,1-C)}}{\sqrt{n}}s_u \tag{12.83}$$

$$\hat{\sigma}_{\ln\eta}=\sqrt{\frac{n-1}{\chi^2_{(n,C)}}}s_u \tag{12.84}$$

由上述可见，这里采用的直接建立计算模式不定性系数 η 概率分布的贝叶斯法与一般的贝叶斯法、矩法、区间估计法都是不同的。这种差异也使它们在统计不定性的反映程度、置信水平和推断结果等方面也存在差异。下面通过对比分析具体说明。

12.3.3　对比分析

文献[6]以计算模式不定性系数 η 服从正态分布时的情况为例，分析了本章的贝叶斯法与矩法、区间估计法、一般贝叶斯法之间的差异。

1. 统计不定性的反映程度

无论采用矩法、区间估计法、一般贝叶斯法还是本章的贝叶斯法，样本容量 n 较小时的统计不定性都是存在的。矩法、区间估计法中的统计不定性主要表现为统计量的随机性，而贝叶斯法中的统计不定性主要表现为分布参数的不确定性。

矩法是按相应统计量的均值建立的，对统计量随机性的考虑有限，不能充分反映统计不定性对推断结果的影响。区间估计法则是按相应统计量的分位值建立的，一般选取的置信水平 C 较高，对统计量随机性考虑的程度亦较高，可较充分地反映统计不定性的影响。一般贝叶斯法是依据分布参数的后验分布建立的，按均值估计分布参数时，它不能充分反映统计不定性的影响；按分位值估计分布参数时，其结果与区间估计法的相同，对统计不定性的反映程度亦与区间估计法的相同。

本章的贝叶斯法实际是以分布参数的联合后验分布为权函数，按式(12.70)对计算模式不定性系数 η 的条件概率密度加权平均后，依据所得 η 的概率分布建立的，它考虑了分布参数所有可能的取值及可能性，从概率意义上更全面地反映了统

计不定性的影响[6]；相对而言，区间估计法和按分位值估计的一般贝叶斯法则部分反映了统计不定性的影响。

2. 推断结果的置信水平

矩法、按均值估计的一般贝叶斯法和本章的贝叶斯法中虽未明确设置置信水平，但它们实际上都隐含着一定的置信水平。令它们的推断结果与区间估计法的相等，则可揭示其隐含的置信水平，并可称其为等效置信水平[6]。例如，计算模式不定性系数 η 服从正态分布时，对于本章的贝叶斯法，可分别令

$$\bar{z}=\bar{z}-\frac{t_{(n-1,1-C)}}{\sqrt{n}}s_z \tag{12.85}$$

$$\sqrt{\frac{n^2-1}{n(n-3)}}s_z=\sqrt{\frac{n-1}{\chi^2_{(n-1,C)}}}s_z \tag{12.86}$$

通过独立求解关于置信水平 C 的这两个方程，可分别确定按本章的贝叶斯法推断分布参数 μ_η、σ_η 时的等效置信水平。

图 12.4 给出了计算模式不定性系数 η 服从正态分布时，矩法、按均值估计的一般贝叶斯法和本章贝叶斯法中的等效置信水平[6]。由图可见，无论采用哪种方法，均值估计中的等效置信水平均为 0.5；标准差的估计中，矩法和按均值估计的一般贝叶斯法中的等效置信水平相近，但均低于 0.5，特别是当样本容量 n 较小时；而本章贝叶斯法中的等效置信水平是随样本容量 n 变化的，样本容量 n 为 4～70 时其值为 0.58～0.85，且样本容量 n 越小，等效置信水平越高。

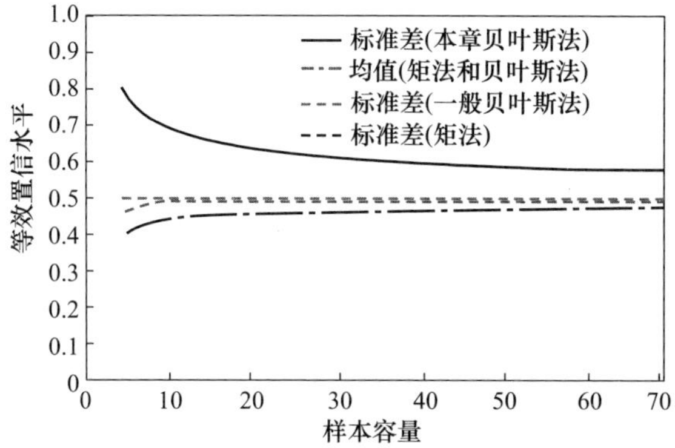

图 12.4　矩法和贝叶斯法推断中的等效置信水平

统计不定性对推断结果的影响主要表现于对标准差的推断中，等效置信水平越高，对统计不定性的考虑则越充分。按区间估计法的观点，标准差推断中的等效置信水平应高于 0.5，特别是在样本容量 n 较小的场合。本章贝叶斯法满足这种一

般性的要求，但矩法和按均值估计的一般贝叶斯法的等效置信水平均低于 0.5，这是不合理的。同时，样本容量 n 越小，推断中的统计不定性越强，这时宜选择较高的置信水平。本章贝叶斯法亦符合这种要求，样本容量 n 为 4 时，其等效置信水平为 0.85，属较高的取值水平。

3. 推断结果

对于均值，矩法、按均值估计的一般贝叶斯法和本章贝叶斯法的推断结果均为 $\bar{z}$；区间估计法和按分位值估计的一般贝叶斯法的推断结果则低于 $\bar{z}$，较为稳妥。相对而言，统计不定性对均值推断结果的影响较小。例如，按矩法估计均值时，0.9 的置信水平下，$n=5$ 时的相对误差为 $-0.110\sim0.110$，$n=10$ 时则缩减为 $-0.078\sim0.078$。因此，矩法、按均值估计的一般贝叶斯法和本章贝叶斯法的推断结果都是可接受的。

对于标准差，为便于比较，这里统一取 $s_z=1$。图 12.5 为标准差的推断结果[6]。可见，矩法的推断结果最低；按均值估计的一般贝叶斯法的与之相近；区间估计法的推断结果与置信水平 C 有较大关系，但置信水平 $C=0.58$ 时已明显高于前两种方法的结果，特别是样本容量 n 较小时；本章贝叶斯法的推断结果亦明显高于前两种方法的结果，介于置信水平 C 为 0.58 和 0.85 的区间估计法的结果之间，且样本容量 n 越小，数值越大。按区间估计法推断材料强度的标准值时，一般取置信水平 C 为 0.60～0.90。参考这一标准，本章贝叶斯法的推断结果是适中和稳妥的，但矩法和按均值估计的一般贝叶斯法的推断结果偏于冒进。

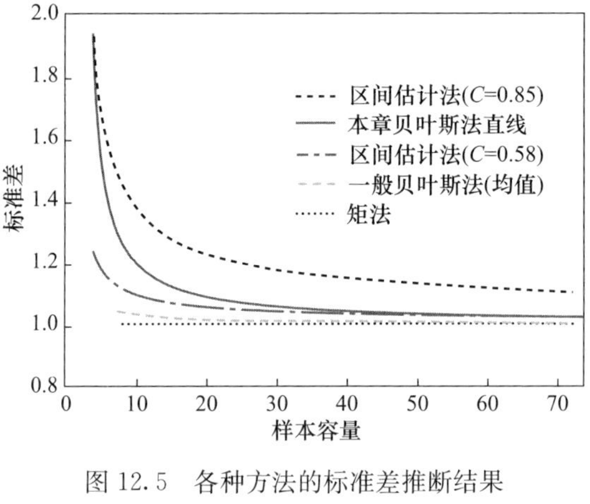

图 12.5 各种方法的标准差推断结果

综上所述，推断计算模式不定性系数 η 的概率特性时，采用本章直接建立计算模式不定性系数 η 概率分布的贝叶斯法，不仅可回避对置信水平 C 的选择，并可更全面地反映统计不定性的影响，其均值的推断结果相对准确，而标准差推断中的等效置信水平可满足对置信水平 C 取值的一般性要求，其取值方式能够适应统计不定性随样本容量的变化，推断结果适中、稳妥，可作为小样本条件下推断计算模式不定性系数 η 的一个基本方法[6]，其对应的推断公式为式(12.71)、式(12.72)(正态分布时)和式(12.73)、式(12.74)(对数正态分布时)。

12.3.4　结构性能的概率特性

获得计算模式不定性系数 η 概率特性的推断结果后，可进一步推断结构性能 Y 的概率特性。结构性能 Y 和计算模式不定性系数 η 均服从正态分布时，可取[6]

$$\hat{\mu}_Y=\hat{\mu}_\eta\mu_g=\bar{z}\mu_g \tag{12.87}$$

$$\hat{\sigma}_Y=\sqrt{\hat{\mu}_\eta^2\sigma_g^2+\mu_g^2\hat{\sigma}_\eta^2}=\bar{z}\mu_g\sqrt{\frac{n^2-1}{n(n-3)}\hat{\delta}_z^2+\delta_g^2} \tag{12.88}$$

$$\hat{y}_p=\hat{\mu}_Y-k\hat{\sigma}_Y \tag{12.89}$$

$$\hat{\delta}_z=\frac{s_z}{\bar{z}} \tag{12.90}$$

$$\bar{z}=\bar{\eta}_{\mathrm{T}}+\bar{\eta}_{\mathrm{C}} \tag{12.91}$$

$$s_z=\sqrt{s_{\eta_{\mathrm{T}}}^2+s_{\eta_{\mathrm{C}}}^2} \tag{12.92}$$

式中：$\bar{\eta}_{\mathrm{T}}$、$s_{\eta_{\mathrm{T}}}$ 分别为通过试验确定的计算模式不定性系数 η_{T} 的样本均值和标准差；$\bar{\eta}_{\mathrm{C}}$、$s_{\eta_{\mathrm{C}}}$ 分别为通过对比试验或经验分析确定的转换系数 η_{C} 的样本均值和标准差；μ_g、δ_g 分别为结构性能函数 $g(X_1,X_2,\cdots,X_m)$的均值和变异系数。

结构性能 Y 和计算模式不定性系数 η 均服从对数正态分布时，可取[6]

$$\hat{\mu}_{\ln Y}=\hat{\mu}_{\ln\eta}+\mu_{\ln g}=\bar{u}+\ln\frac{\mu_g}{\sqrt{1+\delta_g^2}} \tag{12.93}$$

$$\hat{\sigma}_{\ln Y}=\sqrt{\hat{\sigma}_{\ln\eta}^2+\sigma_{\ln\eta}^2}=\sqrt{\frac{n^2-1}{n(n-3)}s_u^2+\ln(1+\delta_g^2)} \tag{12.94}$$

$$\hat{y}_p=\exp(\hat{\mu}_{\ln Y}-k\,\hat{\sigma}_{\ln Y}) \tag{12.95}$$

$$\bar{u}=\overline{\ln\eta_{\mathrm{T}}}+\overline{\ln\eta_{\mathrm{C}}} \tag{12.96}$$

$$s_{\ln z}=\sqrt{s_{\ln\eta_{\mathrm{T}}}^2+s_{\ln\eta_{\mathrm{C}}}^2} \tag{12.97}$$

式中：$\overline{\ln\eta_{\mathrm{T}}}$、$s_{\ln\eta_{\mathrm{T}}}$ 分别为通过实验室试验确定的 $\ln\eta_{\mathrm{T}}$ 的样本均值和标准差；$\overline{\ln\eta_{\mathrm{C}}}$、$s_{\ln\eta_{\mathrm{C}}}$ 分别为通过对比试验或经验分析确定的 $\ln\eta_{\mathrm{C}}$ 的样本均值和标准差。

结构性能 Y 推断中的计算模式不定性系数 η 是按本章直接建立 η 概率分布的贝叶斯法估计的。根据计算模式不定性系数 η 估计值的分析结果，对结构性能 Y 分布参数 μ_Y、$\mu_{\ln Y}$的估计相对准确，对分布参数 σ_Y、$\sigma_{\ln Y}$和分位值 y_p 的估计可较好地反映统计不定性的影响，其等效置信水平一般介于 0.58～0.85，且样本容量 n 越小，等效置信水平越高，能够适应统计不定性随样本容量的变化，推断结果也是适中和稳妥的，可作为小样本条件下建立结构性能概率模型的基本方法。

参考文献

[1] 中华人民共和国国家计划委员会. 建筑结构设计统一标准(GBJ 68—84). 北京：中国计划出版社，1984.

[2] International Organization for Standardization. General principles on reliability for structures (ISO 2394:2015). Geneva: International Organization for Standardization, 2015.

[3] 中华人民共和国住房和城乡建设部. 混凝土结构试验方法标准(GB/T 50152—2012). 北京：中国建筑工业出版社，2012.

[4] 姚继涛，程凯凯，刘伟. 结构性能试验建模中的统计不定性及其影响. 西安建筑科技大学学报，2016，48(5)：639-642.

[5] 茆诗松，王静龙，史定华，等. 统计手册. 北京：科学出版社，2003.

[6] 姚继涛，程凯凯，宋璨. 结构性能概率模型的小样本建模方法. 西安建筑科技大学学报，2016，48(2)：155-159，177.

[7] Jeffreys H. Theory of Probability. London: Oxford University Press, 1961.

[8] 茆诗松. 贝叶斯统计. 北京：中国统计出版社，2005.

第 13 章　基于试验的结构可靠性设计与评定

结构试验是土木工程领域以实证方式认识结构性能的重要手段，除通常在结构性能研究与建模中的应用外，也可作为设计的中间环节直接用于结构的可靠性设计，即通过结构构件的性能试验和统计推断，直接确定设计中同类构件性能的设计值。相对于目前的设计方法，该方法具有突出的实证性和针对性，主要适用于大批量相似构件、复杂结构和新型结构的设计，也可用于既有结构的可靠性评定。国内外结构设计的基础性标准中均引入了这种基于试验的设计方法，但目前仅考虑了结构的安全性设计，且其推断结构性能设计值的方法在理论和应用上尚存在一定的缺陷，需进一步完善，并有必要拓展其应用范围。

本章简要介绍目前国内外标准中基于试验的设计方法，特别是根据承载力试验结果推断构件抗力设计值的方法，并针对目前存在的缺陷，提出理论和应用上更为完善的抗力设计值的推断方法，同时将基于试验的设计方法推广到结构的适用性设计和既有结构的可靠性评定中，拓展结构试验在结构设计与评定中的应用。

13.1　概　　述

1998 年，《结构可靠性总原则》(ISO 2394:1998)[1] 中提出近似概率极限状态设计的三种基本方法：分项系数法、设计值法、基于试验的设计方法。与前两者不同，基于试验的设计方法将结构性能试验作为设计的中间环节引入特定结构的设计中，并根据试验结果，优先采用统计方法，直接推断该类构件性能的设计值。该法既可与分项系数法结合使用，也可与设计值法结合使用，但较两者具有更好的实证性和针对性。2015 年，修订后的《结构可靠性总原则》(ISO 2394:2015)[2] 中继续列入基于试验的设计方法，但其基本内容未发生本质变化。

2002 年，《结构设计基础》(EN 1990:2002)[3] 中发展了基于试验的设计方法，并将其与结构性能试验建模、检验和施工质量试验验收等方法统称为试验辅助设计方法，其试验类型包括：结构或结构构件承载力或使用性能的试验，特殊材料性能试验，减小荷载、荷载效应或抗力模型参数不确定性的试验，检验产品质量、性能或产品性能一致性的试验，施工中提供所需信息的试验，竣工后检验结构或结构构件实际性能的试验。显然，试验辅助设计方法中包含了基于试验的设计方法、结构性能试验建模方法、结构性能试验检验方法和施工质量试验验收方法，但其最具代表性的是基于试验的设计方法。

2008年,《工程结构可靠性设计统一标准》(GB 50153—2008)[4]中直接引入了国际上的试验辅助设计方法,但其实际内容是基于试验的设计方法。

《结构可靠性总原则》(ISO 2394:2015)[2]中明确指出,基于试验的设计方法用于确定荷载和特定结构构件抗力、材料强度的设计值。《结构设计基础》(EN 1990:2002)[3]中对试验辅助设计中构件单项性能的统计推断变量做了如下说明:它代表构件的抗力或影响构件抗力的相关性能。这意味着目前国际上基于试验的设计方法仅考虑了结构的安全性设计。

相对于以结构分析为基础的分项系数法和设计值法,基于试验的设计方法为非常规设计方法。按《结构可靠性总原则》(ISO 2394:2015)[2]中的规定,它主要适用于下列场合:因缺乏合适的理论模型或数据而不能按设计规范处理的场合,常用的计算数据不能合理反映实际条件(如因特殊制作方法)的特殊场合,现有设计公式过于保守而期望通过直接的检验获得更经济结果的场合,建立新设计公式的场合。《结构设计基础》(EN 1990:2002)[3]中则列出了设计过程中实施试验的下列条件:缺乏合适的计算模型,使用大批量相似的构件,通过控制性的检验确认设计中的假定。两者的规定虽不尽相同,但都明确了基于试验的设计方法的适用场合。简而言之,它主要适用于大批量相似构件、复杂结构和新型结构的设计。

13.2 基于试验的结构安全性设计

1. 国际标准中的基本规定

《结构可靠性总原则》(ISO 2394:2015)[2]中针对基于试验的结构安全性设计,就整个试验和设计过程提出下列要点:

(1) 制定试验方案时应事先通过初步的定量分析,明确设计中所考虑构件的范围或环境。这一点非常关键,它决定了基于试验的设计结果能够适用的范围。

(2) 试件最好按与拟制作和安装的实际构件一样的尺寸和工艺制作,并应符合试验测试的要求,考虑为进行试验而随机抽取构件的位置,即抽样方案。

(3) 对所考虑的极限状态应给出明确的定义,且试验进程中不应仅记录最终的数值,还应注意极限状态被超越时出现和伴随的现象、极限状态发生的机理和边界条件(如在何种程度上它们不同于对实际构件的预期及实际构件的载荷条件等),应意识到极限状态被超越时所出现的情形、特别是起控制作用的破坏模式并不总是明显的。这一点主要是针对受力复杂的构件而言的。

(4) 试验计划的推进和对试验结果的计算需要一定的理论知识、试验经验和工程判断。这种计算可以先验的分析模型为基础;无分析模型时,也可根据经验直接计算。

(5) 根据试验结果按统计方法推断构件性能的设计值时,应考虑试验数量的有限性,其推断方法包括贝叶斯法和基于分析模型的推断方法,但除统计上的考虑外,还需注意一般的结构理论和通常采用的设计值在基于试验的设计中也是有效的,即被认可的。这也意味着通过统计推断确定构件性能设计值的方式并不是强制性的。

(6) 由特定试验研究所获得的结论是指该试验研究可覆盖范围内的构件性能和制作工艺。若需扩展结论,则需进行新的试验;除非根据理论分析,将其扩展到其他构件是合理的。

《结构可靠性总原则》(ISO 2394:2015)[2]中强调了试验条件与构件实际使用条件之间的差别,它可利用合适、确定的转换或修正系数考虑。转换系数应根据一般的结构理论或经验,通过理论或经验分析确定,但一定的随意性一般是不可避免的。通过转换系数所考虑的影响包括尺寸效应、时间效应(一般而言,试验是在短期荷载作用下进行的,而很多材料的承载力和变形取决于长期效应)、试件的边界条件(自由或固定等)、影响材料性能的湿度等。工艺条件,如在实验室条件而非实际条件下制作构件,会显著影响结构的性能。如果认为必须考虑这些效应,则应对试验结果进行相应的修正或使用实际制作的构件。

试验前应由设计者和试验组织者共同制定试验方案,其中应考虑试验目的以及所有对试件抽样或制作、试验实施、试验计算等的必要规定。试验方案中应特别阐述下列事项[2]:

(1) 通过试验应获得的信息(如应获得的参数及其适用范围)。

(2) 影响所考虑极限状态下构件状况的各因素的相应性能和构件使用条件(如几何参数及其允许误差、材料性能、受建造工序影响的参数、比例效应、环境条件等)。

(3) 所设定的包含适当变量的失效模型或分析模型。

(4) 试验前需对每个试件相关性能进行的测试,如对环境影响、材料性能、几何尺寸这些相关基本变量的测试。

(5) 对试件性能的规定(如对尺寸、结构原型材料和建造、抽样程序、约束条件的规定)。

(6) 试验数量和抽样程序。

(7) 试验中有关加载和环境条件的规定(如加载点、时间和空间上的加载路径、温度、变形控制或荷载控制的加载制度等);加载路径应按下列方式选择,即能代表所预见的结构构件的使用条件,应考虑可能的不利路径或类比分析中设定的路径。

(8) 试验安排(包括保证加载和支撑装置具有足够强度和刚度的措施,保证足够变形间隙的措施)。

(9) 观测点以及观测、记录方法(如变形、速度、加速度、应变、力和压力变化的时间历程,要求测量值和测试设备具有的测量方向和精度等)。

第(6)个环节中,若有分析模型,且影响试件性能的所有随机变量的值均已被测定，则该环节与抽样程序无关，因为这时可根据分析模型设计典型的试件，并通过测试消除几何尺寸、材料性能的随机性对试件性能的影响。其他所有场合下，应保证试件取自有代表性的样本，以系统反映构件的性能，并有必要考虑不同构件的总数（如采用权重系数的方式）。若样本很少或失效模式是作为基本变量的函数而变化的，则宜采用按设计点抽样的方式，设计点代表了构件在性能、受力两方面都很不利的情况。一般情况下，对有几何缺陷的样本更应如此。对强度参数，则需慎重考虑。例如，即使样本的抗压强度相同，对样本数量很少的 C30 混凝土和样本数量适中的 C20 混凝土，其推断结果一般是不同的，前者的推断结果可能反而低于后者[2]。为避免这种情况发生，抽样中应保证一定的样本数量。

第(7)个环节中，结构性能（可靠性）取决于一个或多个非系统变化的作用效应时，这些效应应按其设计值确定，即按作用效应各自的设计值确定。它们与加载路径的其他参数无关时，即加载路径不影响多个作用组合的效应时，可采用与荷载组合相关的设计值[2]。对同时承受水平力和竖向力的竖向构件，加载路径则可能影响多个作用组合的效应。

2. 欧洲规范中的基本规定

《结构设计基础》(EN 1990:2002)[3]中对试验和设计过程亦做了具体说明，它们总体上与《结构可靠性总原则》(ISO 2394:2015)[2]中的一致，但更为详尽，可概括为七个方面。

(1) 目的和范围：应明确阐述试验目的，如要求构件具有的性能、试验中取值变化的特定设计参数的影响及其变化的有效范围，并规定试验的受限范围以及要求进行的转换（如比例效应）。

(2) 试验结果的预测：应考虑所有影响试验结果预测的各因素的相关性能和环境条件，包括几何参数及其变异性、几何缺陷、材料性能、受构件制作和试验过程影响的参数、环境条件的比例效应（如有关系，应考虑其任意顺序），阐述预期的失效模式或分析模型以及相应的变量。若对主要失效模式有很大疑虑，试验方案应根据并行的先导试验制定。需要注意，一个构件可能具有实质上不同的多个失效模式。

(3) 有关试件和抽样的规定：试件应按能代表实际结构状况的原则确定或通过抽样获得。这时需考虑的因素包括几何尺寸及其允许误差、结构原型材料及制作工艺、试验数量、抽样程序、限制条件等。抽样的目的是获得统计学上有代表性的样本，应注意试件与构件总体之间的区别，它们会影响试验（指试验分析）的结果。

(4) 有关加载的规定：试验中需规定的有关加载和环境条件的内容，包括加载点、加载历程、限制条件、温度、相对湿度、变形控制或荷载控制的加载制度等。加载顺序应按能代表正常和极端使用条件下结构构件预期使用工况的原则选择。如有关系，应考虑结构反应与加载装置之间的相互作用。结构性能取决于一个或多个非系统变化的作用的效应时，这些效应应按它们的代表值确定。

（5）试验安排：试验仪器应适应试验的类型和预计的测量范围，应特别注意获得加载和支撑装置足够强度和刚度、足够变形间隙的措施。

（6）测试：试验前应对每个试件列出所有需测试的相关性能，另外测试清单中应包括测试位置和记录试验结果的程序。如有关系，应包括变形、速度、加速度、应变、力和压力等的时间历程、要求的测试频率、精度以及适宜的测试仪器等。

（7）计算和试验报告：专门的指南见《结构设计基础》(EN 1990：2002)[3]中的相关内容，同时应注明试验所依据的标准。

《结构设计基础》(EN 1990：2002)[3]中详细阐述了抗力设计值统计推断中的基本原则：

（1）定量分析试验结果时，应将试件的表现、失效模式与理论预测的结果进行比较。与预测结果存在明显偏差时，应寻求解释，进行补充试验（可能需在不同条件下）或对理论模型进行修正。

（2）对试验结果的定量分析应以统计学的方法为基础，需利用拟定概率分布及其参数的已有（统计）信息。只有满足下列条件，才可采用这里的方法，即统计数据（包括先验信息）源于充分相似的同一总体，且可得到足够的观测值。

（3）试验分析结果只是对试验所考虑的情况和荷载特性才是有效的，即适用的。若将其外推覆盖其他设计参数和荷载，则应利用源自前期试验或理论的附加信息。

关于第(2)点，《结构设计基础》(EN 1990：2002)[3]中按经典统计学上对试验结果的解释程度，区分了下列三种类型：

（1）仅进行了一个或极少数个试验，可能得不到经典统计学上的解释；只有利用扩展的先验信息，才可予以统计学上的解释（贝叶斯法）。这些信息与试验结果以及假定的这些信息本身的相对重要性有关。

（2）若为定量分析参数而进行了大量的试验，则可得到经典统计学上的解释。这些解释仍需利用参数的一些先验信息，但通常比第(1)种类型的少。

（3）为修正模型（函数形式）和一个或多个相关参数而进行了大量试验时，可得到经典统计学上的解释。

鉴于这种分类，《结构设计基础》(EN 1990：2002)[3]中以贝叶斯法作为构件性能推断的基本方法，并以其为基础提出基于分析模型的推断方法。

13.3　抗力的直接推断方法

13.3.1　推断方法的类别

根据承载力试验结果推断抗力设计值 R_d 是目前基于试验的结构安全性设计

方法的核心内容，它所对应的推断方法即 11.3 节中指出的构件抗力的直接推断方法，它以承载力试验结果而非承载力影响因素的测试结果为统计分析的基本依据。这时可将推断抗力设计值 R_d 的方法分为两类：第一类方法在推断中仅依据承载力试验的结果，可称为基于抗力变量的推断方法；第二类方法为基于抗力分析模型的推断方法，除承载力试验结果外，它在推断中还利用了抗力分析模型中已知影响因素的概率特性。相对而言，第一类方法简便易用，但第二类方法可在较大程度上减小推断中的不确定性，理论上可得到更优的推断结果，即数值更高的抗力设计值 R_d。

按第一类方法推断抗力设计值 R_d 时可通过间接、直接两种途径。间接途径指通过对抗力标准值 R_k 的推断，利用抗力设计值 R_d 与标准值 R_k 之间的关系，间接确定抗力设计值 R_d 的途径，其基本表达式为[2,3]

$$R_d = \eta_{Cd} \frac{R_k}{\gamma_m} \tag{13.1}$$

式中：η_{Cd}为反映实际条件影响的转换系数 η_C 的设计值，包括比例效应、时间效应、试件边界条件、环境条件等的影响；R_k 为实验室条件下试件的抗力标准值，它考虑了反映抗力试验值与计算值差异的计算模式不定性系数 η_T；γ_m 为材料分项系数。直接途径指根据承载力试验结果直接推断抗力设计值 R_d 的途径，这时需显性或隐性地考虑转换系数 η_C 和总体的可靠度要求[3]。间接途径主要用于分项系数法，直接途径则适用于设计值法。

《结构设计基础》(EN 1990:2002)[3]中指出：通过间接途径推断抗力设计值 R_d 时，应考虑试验数据的离散性、与试验数量相关的统计不定性和前期的统计信息。由于分项系数常对应于基本变量概率特性的特定范围，因此只有试验参数范围与分项系数的一般适用范围足够相似时，才可按设计规范选取分项系数。若结构或结构构件的反应或材料强度取决于试验中未充分涵盖的因素的影响，包括时间和耐久性能、比例和尺寸效应、其他不同环境、载荷和边界条件、抗力效应等的影响，则计算模型中应予以适当考虑。通过直接途径推断抗力设计值 R_d 时，应考虑相关的极限状态、可靠度要求、与作用设计值假定的一致性、设计使用年限以及由类似场合获得的先验信息等[3]。与作用设计值假定的一致性指抗力、作用的设计值应按设计值法中规定的保证率确定，以保证设计公式中抗力、作用取值的协调性。

《结构可靠性总原则》(ISO 2394:1998)[1]中提出的抗力直接推断方法包括区间估计法、贝叶斯法、基于分析模型的推断方法。前两者属于第一类推断方法(基于抗力变量的推断方法)，它们仅考虑了抗力服从正态分布的场合。《结构设计基础》(EN 1990:2002)[3]中取消了区间估计法，并按不同形式提出相同的贝叶斯法，补充考虑了抗力服从对数正态分布的情况。新修订的《结构可靠性总原则》(ISO 2394:2015)[2]中亦取消了区间估计法，仅保留贝叶斯法。基于分析模型的推断方法(第二类推断方法)中,《结构可靠性总原则》(ISO 2394:1998)[1]和 ISO 2394:2015[2]中均采用了设计中的分析模型,即抗力设计值与各影响因素设计值之间的关系,并根据承载力试验结果推断实验室条件下计算模式不定性系数 η_T 的设计值,按设计中的分析模型确定抗力设计值。《结构设计基础》(EN 1990:2002)[3]中则直接采用了抗力的概率模型,并按统一的保证率推断抗力的标准值或设计值。

13.3.2　第一类推断方法

1. 区间估计法

通过间接途径推断抗力设计值 R_d 时,《结构可靠性总原则》(ISO 2394:1998)[1]中采用了区间估计法。它假设抗力 R 服从正态分布 $N(\mu_R,\sigma_R^2)$,这时抗力标准值 R_k 可表示为

$$R_k=\mu_R-z_{1-p_k}\sigma_R \tag{13.2}$$

式中:z_{1-p_k}为标准正态分布的上侧 $1-p_k$ 分位值;p_k 为抗力标准值 R_k 的保证率。

设 $X_1,X_2,\cdots,X_n$ 为通过承载力试验获得的抗力 R 的 n 个样本,其样本均值和标准差分别为 $\bar{X}$、S_X,则$\dfrac{\bar{X}-R_k}{S_X/\sqrt{n}}$服从自由度为 $n-1$、非中心参数为 $z_{1-p_k}\sqrt{n}$的非中心 t 分布[2]。这时利用区间估计法[5],可得抗力标准值 R_k 的推断结果(下限估计值),即

$$R_k=m_R-\frac{t_{(n-1,z_{1-p_k}\sqrt{n},1-C)}}{\sqrt{n}}s_R \tag{13.3}$$

$$m_R=\bar{x}=\frac{1}{n}\sum_{i=1}^{n}x_i \tag{13.4}$$

$$s_R=\sqrt{\frac{1}{n-1}\sum_{i=1}^{n}(x_i-m_R)^2} \tag{13.5}$$

式中:$x_1,x_2,\cdots,x_n$ 为 $X_1,X_2,\cdots,X_n$ 的实现值,即抗力 R 的测试值;m_R、s_R 分别为 $\bar{X}$、S_X 的实现值,即抗力 R 测试值的均值和标准差;$t_{(n-1,z_{1-p_k}\sqrt{n},1-C)}$ 为自由度为 $n-1$、非中心参数为 $z_{1-p_k}\sqrt{n}$的非中心 t 分布的上侧 $1-C$ 分位值;C 为置信水平。

抗力标准差 σ_R 已知时,$\dfrac{\bar{X}-R_k-z_{1-p_k}\sigma_R}{\sigma_R/\sqrt{n}}$服从标准正态分布。同样利用区间估计法,可得标准差 σ_R 已知时抗力标准值 R_k 的推断结果,即

$$R_k=m_R-\left(z_{1-p_k}+\frac{z_{1-C}}{\sqrt{n}}\right)\sigma_R \tag{13.6}$$

式中:z_{1-C}为标准正态分布的上侧 $1-C$ 分位值。

根据式(13.3)和式(13.6),《结构可靠性总原则》(ISO 2394:1998)[1]中将标准

差 σ_R 未知、已知时抗力标准值 R_k 的推断公式分别表达为

$$R_k = m_R - k_s s_R \tag{13.7}$$

$$R_k = m_R - k_\sigma s_R \tag{13.8}$$

式中：

$$k_s = \frac{t_{(n-1, z_{1-p_k}\sqrt{n}, 1-C)}}{\sqrt{n}} \tag{13.9}$$

$$k_\sigma = z_{1-p_k} + \frac{z_{1-C}}{\sqrt{n}} \tag{13.10}$$

显然，式(13.8)中将已知的标准差 σ_R 不恰当地写成了 s_R。《结构可靠性总原则》(ISO 2394：1998)[1]中建议取置信水平 $C \leqslant 0.75$，无其他信息时可取 $p_k = 0.95$，并提供了 $C = 0.75$ 和 $1 - p_k = 0.01$、0.05、0.10 时系数 k_s、k_σ 的数值表。这时利用式(13.1)可间接确定抗力设计值 R_d 的推断值。

需要说明，《结构可靠性总原则》(ISO 2394：1998)[1]中关于置信水平 C、保证率 p_k 的取值建议并不适合我国实情。参考《民用建筑可靠性鉴定标准》(GB 50292—2015)[6]中推断材料强度时采用的置信水平 C，推断砌体结构、混凝土结构、钢结构的抗力标准值 R_k 时，宜分别取置信水平 $C = 0.60$、0.70 和 0.90；对抗力标准值 R_k 的保证率 p_k，则宜根据概率分析的结果具体确定，它们的值一般小于 0.90，即 $1 - p_k$ 一般不小于 0.10。

2. 贝叶斯法

1)国际标准中的方法

通过直接途径推断抗力设计值 R_d 时，《结构可靠性总原则》(ISO 2394：1998)[1]和 ISO 2394：2015[2]中均采用了贝叶斯法。它们同样假定抗力 R 服从正态分布 $\mathrm{N}(\mu_R, \sigma_R^2)$，但视其概率密度函数为关于未知分布参数 μ_R、σ_R 的条件概率密度函数 $f_{R|\mu_R,\sigma_R}(x|v_1, v_2)$，并取 μ_R、σ_R 的联合先验分布为目前普遍采用的 Jeffreys 无信息先验分布[7]，即

$$\pi_{\mu_R,\sigma_R}(v_1, v_2) \propto \frac{1}{v_2} \tag{13.11}$$

式中：$\propto$ 表示正比于。

通过试验获得抗力 R 的 n 个测试值 $x_1, x_2, \cdots, x_n$ 后，可得似然函数[7]

$$\begin{aligned} p_{X_1,X_2,\cdots,X_n|\mu_R,\sigma_R}(x_1, x_2, \cdots, x_n | v_1, v_2) &= \prod_{i=1}^{n} \frac{1}{\sqrt{2\pi}\, v_2} \exp\left[-\frac{1}{2}\left(\frac{x_i - v_1}{v_2}\right)^2\right] \\ &\propto \left(\frac{1}{v_2}\right)^n \exp\left[-\frac{1}{2}\frac{(n-1)s_R^2 - n\,(m_R - v_1)^2}{v_2^2}\right] \end{aligned} \tag{13.12}$$

利用贝叶斯公式，可得 μ_R、σ_R 的联合后验分布

$$\pi_{\mu_R,\sigma_R,X_1,X_2,\cdots,X_n}(v_1,v_2,x_1,x_2,\cdots,x_n)\propto\left(\frac{1}{v_2}\right)^{n+1}\exp\left[-\frac{1}{2}\frac{(n-1)s_R^2-n(m_R-v_1)^2}{v_2^2}\right] \tag{13.13}$$

而抗力 R 的概率密度函数为

$$\begin{aligned}&f_{R|X_1,X_2,\cdots,X_n}(t|x_1,x_2,\cdots,x_n)\\&=\int_0^{\infty}\int_{-\infty}^{\infty}f_{R|\mu_R,\sigma_R}(t|v_1,v_2)\pi_{\mu_R,\sigma_R,X_1,X_2,\cdots,X_n}(v_1,v_2,x_1,x_2,\cdots,x_n)\mathrm{d}v_1\mathrm{d}v_2\\&\propto\int_0^{\infty}\int_{-\infty}^{\infty}\frac{1}{\sqrt{2\pi}v_2}\exp\left[-\frac{1}{2}\left(\frac{t-v_1}{v_2}\right)^2\right]\left(\frac{1}{v_2}\right)^{n+1}\exp\left[-\frac{1}{2}\frac{(n-1)s_R^2-n(m_R-v_1)^2}{v_2^2}\right]\mathrm{d}v_1\mathrm{d}v_2\\&\propto\left[1+\frac{1}{n-1}\left(\frac{t-m_R}{s_R\sqrt{1+1/n}}\right)^2\right]^{-\frac{(n-1)+1}{2}}\end{aligned} \tag{13.14}$$

这时 $\dfrac{R-m_R}{s_R\sqrt{1+1/n}}$ 服从自由度为 $n-1$ 的 t 分布。按抗力设计值 R_d 的概率定义，应有

$$R_\mathrm{d}=m_R-t_{(n-1,1-p_\mathrm{d})}\sqrt{1+\frac{1}{n}}s_R \tag{13.15}$$

式中：$t_{(n-1,1-p_\mathrm{d})}$ 为自由度为 $n-1$ 的 t 分布的上侧 $1-p_\mathrm{d}$ 分位值；p_d 为抗力设计值 R_d 的保证率。

抗力标准差 σ_R 已知时，未知分布参数 μ_R 的 Jeffreys 无信息先验分布为[7]

$$\pi_{\mu_R}(v)\propto 1 \tag{13.16}$$

按同样的步骤可知，$\dfrac{R-m_R}{\sigma_R\sqrt{1+1/n}}$ 服从标准正态分布。这时按抗力设计值 R_d 的概率定义，应有

$$R_\mathrm{d}=m_R-z_{1-p_\mathrm{d}}\sqrt{1+\frac{1}{n}}\sigma_R \tag{13.17}$$

式中：z_{1-p_d} 为标准正态分布的上侧 $1-p_\mathrm{d}$ 分位值。

上述推断结果为实验室条件下试件的抗力设计值。考虑转换系数 η_C 后，《结构可靠性总原则》(ISO 2394:1998)[1]和 ISO 2394:2015[2]中将通过直接途径推断抗力设计值 R_d 的公式统一表达为

$$R_\mathrm{d}=\eta_\mathrm{Cd}\left(m_R-t_\mathrm{d}\sqrt{1+\frac{1}{n}}s_R\right) \tag{13.18}$$

$$t_\mathrm{vd}=\begin{cases}t_{(n-1,1-p_\mathrm{d})}, & \sigma_R\ 未知\\ z_{1-p_\mathrm{d}}, & \sigma_R\ 已知\end{cases} \tag{13.19}$$

通过间接途径推断时，有

$$R_\mathrm{d}=\eta_\mathrm{Cd}\frac{R_\mathrm{k}}{\gamma_\mathrm{m}}=\frac{\eta_\mathrm{Cd}}{\gamma_\mathrm{m}}\left(m_R-t_\mathrm{vd}\sqrt{1+\frac{1}{n}}s_R\right) \tag{13.20}$$

$$t_{vd}=\begin{cases}t_{(n-1,1-p_k)}, & \sigma_R \text{ 未知}\\ z_{1-p_k}, & \sigma_R \text{ 已知}\end{cases} \tag{13.21}$$

需要注意,式(13.19)、式(13.21)中的系数 t_{vd} 分别对应于不同的保证率。

这里的贝叶斯法同样将已知的标准差 σ_R 不恰当地写成了 s_R。该法并不涉及置信水平 C,系数 t_{vd} 仅与样本容量 n 以及抗力设计值 R_d、标准值 R_k 的保证率 p_k、p_d 有关。《结构可靠性总原则》(ISO 2394:1998)[1] 和 ISO 2394:2015[2] 中建议取 $p_k=0.95$,$p_d=\Phi(\alpha\beta)$,α 为标准灵敏度系数,β 为目标可靠指标,并提供了 $1-p_d=0.001$、0.005、0.01、0.05、0.10 时系数 t_{vd} 的数值表[1,2]。

2)欧洲规范中的方法

《结构设计基础》(EN 1990:2002)[3] 中采用相同的方法通过间接、直接途径推断抗力的设计值 R_d,其最终的推断公式分别为

$$R_d=\frac{\eta_{Cd}}{\gamma_m}m_R(1-k_n\delta_R) \tag{13.22}$$

$$R_d=\eta_{Cd}m_R(1-k_{d,n}\delta_R) \tag{13.23}$$

式中:

$$k_n=\begin{cases}t_{(n-1,1-p_k)}\sqrt{1+\dfrac{1}{n}}, & \delta_R \text{ 未知}\\ z_{1-p_k}\sqrt{1+\dfrac{1}{n}}, & \delta_R \text{ 已知}\end{cases} \tag{13.24}$$

$$k_{d,n}=\begin{cases}t_{(n-1,1-p_d)}\sqrt{1+\dfrac{1}{n}}, & \delta_R \text{ 未知}\\ z_{1-p_d}\sqrt{1+\dfrac{1}{n}}, & \delta_R \text{ 已知}\end{cases} \tag{13.25}$$

式中:δ_R 为抗力变异系数,未知、已知时分别取 s_R/m_R 和 σ_R/m_R。系数 k_n、$k_{d,n}$ 仅与样本容量 n 和抗力设计值 R_d、标准值 R_k 的保证率 p_k、p_d 有关。《结构设计基础》(EN 1990:2002)[3] 中对 p_k、p_d 的取值提出相同的建议,并提供了 $p_k=0.95$ 时 k_n 的数值表和 $p_d=\Phi(0.8\times3.8)=\Phi(3.04)\approx0.99$ 时 $k_{d,n}$ 的数值表。

《结构设计基础》(EN 1990:2002)[3] 中的推断公式与《结构可靠性总原则》(ISO 2394:1998)[1] 和 ISO 2394:2015[2] 中的本质上相同,只是形式不同。但是,其变异系数 δ_R 已知的条件是不准确的:它应指 σ_R/μ_R 已知,但实际是指 σ_R/m_R 已知,即 σ_R 已知。这两种条件下的推断结果实际上是不同的。

《结构设计基础》(EN 1990:2002)[3] 中还考虑了抗力 R 服从对数正态分布 $\mathrm{LN}(\mu_{\ln R},\sigma_{\ln R}^2)$ 时的情况。这时 $\ln R$ 服从正态分布 $\mathrm{N}(\mu_{\ln R},\sigma_{\ln R}^2)$,且有

$$\mu_{\ln R}=\ln\frac{\mu_R}{\sqrt{1+\delta_R^2}} \tag{13.26}$$

$$\sigma_{\ln R}=\sqrt{\ln(1+\delta_R^2)} \tag{13.27}$$

利用这种关系，可得通过间接、直接途径推断抗力设计值 R_d 的公式，它们分别为[3]

$$R_d = \frac{\eta_{Cd}}{\gamma_m}\exp(m_{\ln R} - k_n s_{\ln R}) \tag{13.28}$$

$$R_d = \eta_{Cd}\exp(m_{\ln R} - k_{d,n} s_{\ln R}) \tag{13.29}$$

记 $x_1, x_2, \cdots, x_n$ 为通过试验获得的抗力 R 的 n 个观测值，则

$$m_{\ln R} = \frac{1}{n}\sum_{i=1}^{n}\ln x_i \tag{13.30}$$

$$s_{\ln R} = \begin{cases} \sqrt{\dfrac{1}{n-1}\sum\limits_{i=1}^{n}(\ln x_i - m_{\ln R})^2}, & \delta_R \text{ 未知} \\ \sqrt{\ln(1+\delta_R^2)} \approx \delta_R, & \delta_R \text{ 已知} \end{cases} \tag{13.31}$$

通常应假定抗力服从对数正态分布[4]，但对受力简单且由单一材料控制的构件，如混凝土轴心受拉构件，可假定抗力服从正态分布[1,2]。按正态分布推断的结果相对较小，样本容量较小且保证率、变异性较大时，甚至会出现抗力设计值推断结果为负值的现象[8]。《结构设计基础》(EN 1990：2002)[3]中考虑了抗力服从对数正态分布时的情况，可避免这种现象的发生。

3. 区间估计法与贝叶斯法的差异

区间估计法和贝叶斯法均可用于推断抗力的设计值，但其推断公式和结果并不相同。这里以抗力标准差 σ_R 未知时通过间接途径推断抗力设计值 R_d 的情况为例具体说明。

由式(13.7)和式(13.22)可知，同条件下两种推断方法的差别主要为系数 k_s(区间估计法)、k_n(贝叶斯法)之间的差别。表 13.1 为 $C=0.75$ 和 $p=0.90$、0.95、0.99 时 k_n/k_s 的值。可见，同条件下，按两种方法推断的抗力标准值或设计值是有差异的，且样本容量 n 较小、保证率 p 较大时差异显著；相对于区间估计法，贝叶斯法在样本容量 n 较小、保证率 p 较大时趋于保守，其他情况下则偏于冒进。同时，样本容量 n 较小时，按正态分布推断的抗力标准值和设计值可能为负值，如 $n=3$，$p=0.99$，$s_R/m_R \geqslant 0.125$(贝叶斯法)或 0.228(区间估计法)时，推断的抗力标准值和设计值将为负值。这在贝叶斯法中更易出现[8]。

表 13.1　k_n/k_s 的数值($C=0.75$)

n	$p=0.90$	$p=0.95$	$p=0.99$
2	0.944	1.510	5.363
3	0.870	1.070	1.829
4	0.858	0.981	1.363
5	0.856	0.948	1.200
6	0.857	0.932	1.121

续表

n	$p=0.90$	$p=0.95$	$p=0.99$
7	0.860	0.923	1.075
8	0.863	0.919	1.045
9	0.865	0.915	1.026
10	0.871	0.914	1.011
15	0.881	0.914	0.977
20	0.890	0.917	0.965
30	0.904	0.924	0.958
40	0.913	0.930	0.956
50	0.921	0.935	0.956

区间估计法和贝叶斯法推断公式和结果的不一致会导致方法选择上的疑虑，这也是《结构设计基础》(EN 1990:2002)[3]和《结构可靠性总原则》(ISO 2394:2015)[2]中仅选用贝叶斯法的原因之一。但是，与 12.3.2 节中结构性能建模时的贝叶斯法相同，这里的贝叶斯法并未设置推断中的置信水平。它考虑了分布参数所有可能的取值及可能性，可确定推断量的概率分布，有利于做进一步的概率分析，适合于建立结构性能的概率模型；但对抗力设计值的推断，这时无法明确判定对推断结果的置信水平，虽然其推断结果中隐含了一定的置信水平(见 12.3.3 节)，但它们是随样本容量变化的，其取值难以符合与随机变量变异性相对应的取值规律(见 10.5 节)，并不适合于对抗力标准值和设计值的推断。

4. 概率推断方法

《结构可靠性总原则》(ISO 2394:1998)[1]和 ISO 2394:2015[2]中还提出推断抗力设计值的概率推断方法，但其实质仍为贝叶斯法。贝叶斯法中分布参数的先验分布原则上可根据经验任意选取，只是其合理性上存在差别。《结构可靠性总原则》(ISO 2394:1998)[1]和 ISO 2394:2015[2]中并未以 Jeffreys 无信息先验分布作为分布参数 μ_R、σ_R 的联合先验分布，而是取其为正态-倒伽马共轭分布[7]，它可以保证 μ_R、σ_R 的后验分布与其先验分布具有相同的概率分布形式，具有一定的合理性。

这时可设抗力均值 μ_R 服从正态分布 $N(m',\sigma_R^2/n')$，它是关于抗力方差 σ_R^2 的条件概率分布；方差 σ_R^2 服从倒伽马分布 $IGa(v'/2,v's'^2/n')$，其概率密度函数为

$$f_{\sigma_R^2}(x)=\frac{(v's'^2/2)^{v'/2}}{\Gamma(v'/2)}\left(\frac{1}{x}\right)^{\frac{v'}{2}+1}\exp\left(-\frac{v's'^2}{2x}\right),\quad x\geqslant 0 \tag{13.32}$$

这时 μ_R 的均值和变异系数分别为

$$E(\mu_R)=m' \tag{13.33}$$

$$V(\mu_R)=\frac{s'}{m'\sqrt{n'}} \tag{13.34}$$

当 v' 的数值较大时，σ_R^2 的均值和变异系数分别近似为

$$E(\sigma_R)=s' \tag{13.35}$$

$$V(\sigma_R)=\frac{s'}{m'\sqrt{n'}} \tag{13.36}$$

若假想试验前已进行了一系列的先验试验，则 m'、s' 分别相当于 μ_R、σ_R 的点估计值，n' 相当于推断 μ_R 时的样本容量，v' 相当于推断 σ_R 时的自由度[1,2]。这些参数都可独立选择。

按照与前述贝叶斯法完全相同的步骤，可得抗力标准值或设计值的估计值，即[1,2]

$$R=m''-t_{(v',1-p)}\sqrt{1+\frac{1}{n''}}s'' \tag{13.37}$$

$$n''=n+n' \tag{13.38}$$

$$v''=v+v'+\delta(n') \tag{13.39}$$

$$v=n-1 \tag{13.40}$$

$$\delta(n')=\begin{cases}0, & n'=0\\1, & n'>0\end{cases} \tag{13.41}$$

$$m''n''=n'm'+nm_R \tag{13.42}$$

$$[v''(s'')^2+n''(m'')^2]=[v'(s')^2+n'(m')^2]+(vs_R^2+nm_R^2) \tag{13.43}$$

式中：$t_{(v'',1-p)}$ 为自由度为 v'' 的 t 分布的上侧 $1-p$ 分位值，p 为抗力标准值 R_{k} 或设计值 R_{d} 的保证率。

抗力标准差 σ_R 已知时，取 μ_R 的先验分布为正态分布 $\mathrm{N}(m',\sigma_R^2/n')$，则有[1,2]

$$R=m''-z_{1-p}\sqrt{1+\frac{1}{n''}}\sigma_R \tag{13.44}$$

式中：z_{1-p} 为标准正态分布的上侧 $1-p$ 分位值。

《结构可靠性总原则》(ISO 2394:1998)[1] 和 ISO 2394:2015[2] 中将抗力标准差 σ_R 未知、已知时的推断公式统一表达为

$$R=m''-t_{v''}\sqrt{1+\frac{1}{n''}}s'' \tag{13.45}$$

$$t_{v''}=\begin{cases}t_{(v'',1-p)}, & \sigma_R\text{ 未知}\\ z_{1-p}, & \sigma_R\text{ 已知}\end{cases} \tag{13.46}$$

它隐性考虑了反映实际条件影响的转换系数 η_{C}。虽然国际标准中对 m'、s'、n'、v' 的取值方法提出了建议，但它们仍是经验性的，受主观因素的影响较大。《结构设计基础》(EN 1990:2002)[3] 中并未采纳《结构可靠性总原则》(ISO 2394:1998)[1] 和

ISO 2394:2015[2]中的概率推断方法。

13.3.3 第二类推断方法

这类方法指基于分析模型的推断方法,但《结构可靠性总原则》(ISO 2394:1998)[1]、ISO 2394:2015[2]和《结构设计基础》(EN 1990:2002)[3]中采用了不同的抗力分析模型。前两者采用了设计中的分析模型,后者则直接采用了抗力的概率模型,这也导致它们的推断结果存在差异。

1. 国际标准中的方法

《结构可靠性总原则》(ISO 2394:1998)[1]和 ISO 2394:2015[2]中采用的基本推断公式为

$$R_{\mathrm{d}}=\frac{\eta_{\mathrm{Cd}}}{\gamma_{\mathrm{d}}}R(x_{\mathrm{d}},w) \tag{13.47}$$

式中:x_{d} 为抗力影响因素中随机变量的设计值;w 为抗力影响因素中的确定量;η_{Cd} 为转换系数 η_{C} 的设计值;$\gamma_{\mathrm{d}}=1/\theta_{\mathrm{d}}$,$\theta_{\mathrm{d}}$ 为计算模式不定性系数 θ(即反映抗力试验值与计算值差异的计算模式不定性系数 η_{T})的设计值,其推断公式为[1,2]

$$\theta_{\mathrm{d}}=\exp\left(m_{\theta'}\pm t_{\mathrm{vd}}\sqrt{1+\frac{1}{n}}s_{\theta'}\right) \tag{13.48}$$

式中:$m_{\theta'}$、$s_{\theta'}$ 分别为 $\theta'_1,\theta'_2,\cdots,\theta'_n$ 的均值和标准差;$\theta'_i=\ln\theta_i\ (i=1,2,\cdots,n)$;$\theta_1,\theta_2,\cdots,\theta_n$ 为计算模式不定性系数 θ 的试验测试值。《结构可靠性总原则》(ISO 2394:1998)[1]和 ISO 2394:2015[2]中假设计算模式不定性系数 θ 服从对数正态分布,并按其贝叶斯法推断设计值 θ_{d},它并不涉及置信水平。

这种推断方法是以抗力设计值 R_{d} 与各影响因素设计值之间的关系,即式(13.47)为基础的。它通过推断计算模式不定性系数 θ 的设计值 θ_{d},并利用已知的 x_{d}、w 的值和根据理论或经验分析确定的 η_{Cd}的值,按式(13.47)推断抗力的设计值 R_{d}。由于目前分项系数法中抗力设计值 R_{d} 的保证率 p_{d} 是不定的,其变化范围一般较大(因缺乏足够的可靠度控制精度),依据式(13.47)推断抗力设计值 R_{d} 并不能保证抗力设计值 R_{d} 具有一致的保证率,即对不同的 x_{d}、w、η_{Cd}和 θ_{d},抗力设计值 R_{d} 的保证率 p_{d} 一般是不同的,甚至具有较大差异,难以实现对结构可靠度的有效控制。相对于结构可靠度控制精度的要求,《结构可靠性总原则》(ISO 2394:1998)和 ISO 2394:2015 中的这种基于分析模型的推断方法是近似的。

2. 欧洲规范中的方法

《结构设计基础》(EN 1990:2002)[3]中直接采用了抗力的概率模型,并借此考虑已知的抗力影响因素的概率特性，其推断方法既可用于推断抗力设计值 R_d，也可用于推断抗力标准值 R_k。由于抗力影响因素中计算模式不定性系数 η 的概率特性一般未知，并不能按抗力变异系数 δ_R 完全已知或完全未知的理想情况推断抗力的标准值 R_k 或设计值 R_d，因此《结构设计基础》(EN 1990:2002)[3]中对其采用了加权平均的方法。

抗力 R 服从对数正态分布 $LN(\mu_{\ln R},\sigma_{\ln R}^2)$，且其变异系数 δ_R 未知，即 $\sigma_{\ln R}^2$ 未知时，按《结构设计基础》(EN 1990:2002)[3]中的贝叶斯法推断的抗力标准值 R_k 为

$$R_k=\exp(m_y-k_n s_y) \tag{13.49}$$

式中：m_y、s_y 分别为抗力 R 实测结果对数值的均值和标准差；$k_n=t_{(n-1,1-p_k)}\cdot\sqrt{1+1/n}$（$\delta_R$ 未知时的 k_n 值），p_k 为抗力标准值的保证率，无其他信息时可取 $p_k=0.95$。令

$$Q=\sigma_{\ln R}=\sqrt{\ln(1+\delta_R^2)} \tag{13.50}$$

则[3]

$$m_y\approx\ln\frac{m_R}{\sqrt{1+\delta_R^2}}=\ln m_R-0.5Q^2 \tag{13.51}$$

$$s_y\approx\sqrt{\ln(1+\delta_R^2)}=Q \tag{13.52}$$

$$R_k=m_R\exp(-k_nQ-0.5Q^2) \tag{13.53}$$

式中：m_R、δ_R 分别为抗力 R 的均值和变异系数。

变异系数 δ_R 已知，即 $\sigma_{\ln R}^2$ 已知时，按《结构设计基础》(EN 1990:2002)[3]中的贝叶斯法推断的抗力标准值 R_k 为

$$R_k=\exp(m_y-k_\infty\sigma_{\ln R})=m_R\exp(-k_\infty Q-0.5Q^2) \tag{13.54}$$

式中：k_∞ 为 δ_R 已知、$n\to\infty$ 时的 k_n 值，即 $k_\infty=z_{1-p_k}$。若取 $p_k=0.95$，则 $k_\infty=1.64$。式(13.54)中采用系数 k_∞ 是不合理的，本节后面的评述中将对此做具体说明。

抗力 R 的概率模型一般可表达为[3]

$$R=\eta R_0=\eta R_0(X_1,X_2,\cdots,X_m) \tag{13.55}$$

式中：$R_0(\cdot)$ 为结构性能函数（含《结构设计基础》(EN 1990:2002)[3]中的回归系数 b）；η 为计算模式不定性系数（包括计算模式不定性系数 η_T 和转换系数 η_C，且 $\eta=\eta_C\eta_T$）；R_0 为按计算公式确定的抗力。假设 η、R_0 均服从对数正态分布，这时应有

$$\ln R=\ln\eta+\ln R_0 \tag{13.56}$$

$$Q^2=Q_\eta^2+Q_{R_0}^2 \tag{13.57}$$

$$Q=\sigma_{\ln R}=\sqrt{\sigma_{\ln\eta}^2+\sigma_{\ln R_0}^2} \tag{13.58}$$

$$Q_\eta=\sigma_{\ln\eta}=\sqrt{\ln(1+\delta_\eta^2)} \tag{13.59}$$

$$Q_{R_0}=\sigma_{\ln R_0}=\sqrt{\ln(1+\delta_{R_0}^2)} \tag{13.60}$$

式中：δ_η、δ_{R_0} 分别为 η、R_0 的变异系数。一般情况下，δ_{R_0} 已知，而 δ_η 未知，因此抗力标准值 R_k 的推断结果应介于抗力变异系数 δ_R 完全未知、完全已知的推断结果之间，即式(13.53)和式(13.54)的推断结果之间。鉴于此，可定义权重系数[3]

$$\alpha_\eta=\frac{Q_\eta}{Q}=\frac{\sqrt{\ln(1+\delta_\eta^2)}}{\sqrt{\ln(1+\delta_R^2)}} \tag{13.61}$$

$$\alpha_{R_0}=\frac{Q_{R_0}}{Q}=\frac{\sqrt{\ln(1+\delta_{R_0}^2)}}{\sqrt{\ln(1+\delta_R^2)}} \tag{13.62}$$

显然

$$\alpha_\eta^2+\alpha_{R_0}^2=1 \tag{13.63}$$

这时权重系数 α_η 的值越大，抗力变异系数 δ_R 未知的程度越高；权重系数 α_{R_0} 的值越大，则已知的程度越高。按此加权平均，可得抗力标准值 R_k 的推断结果，即[3]

$$R_k=m_R\exp(-\alpha_{R_0}^2 k_\infty Q-\alpha_\eta^2 k_n Q-0.5Q^2)=m_R\exp(-k_\infty\alpha_{R_0}Q_{R_0}-k_n\alpha_\eta Q_\eta-0.5Q^2) \tag{13.64}$$

其中计算 Q_η、Q 时可取[3]

$$\delta_\eta=\sqrt{\exp(s_\Delta^2)-1} \tag{13.65}$$

$$s_\Delta=\sqrt{\frac{1}{n-1}\sum_{i=1}^{n}(\ln\eta_i-m_\Delta)^2} \tag{13.66}$$

$$m_\Delta=\frac{1}{n}\sum_{i=1}^{n}\ln\eta_i \tag{13.67}$$

式中：$\eta_1,\eta_2,\cdots,\eta_n$ 为通过试验获得的 η 的观测值。当试验数量 n 很大时，如 $n\geqslant 100$ 时，可取[3]

$$k_n=k_\infty \tag{13.68}$$

$$R_k=m_R\exp(-k_\infty Q-0.5Q^2) \tag{13.69}$$

按同样的加权平均方法，可得抗力设计值 R_d 的推断公式，即[3]

$$R_d=m_R\exp(-k_{d,\infty}\alpha_{R_0}Q_{R_0}-k_{d,n}\alpha_\eta Q_\eta-0.5Q^2) \tag{13.70}$$

它隐性地考虑了转换系数 η_C。当试验数量 n 很大，即 $n\geqslant 100$ 时，可取[3]

$$R_d=m_R\exp(-k_{d,\infty}Q-0.5Q^2) \tag{13.71}$$

式中：$k_{d,n}=t_{(n-1,1-p_d)}\sqrt{1+1/n}$，$k_{d,\infty}=z_{1-p_d}$；$p_d$ 为抗力设计值 R_d 的保证率，$p_d=\Phi(\alpha\beta)$。

《结构设计基础》(EN 1990：2002)[3]中对抗力标准值 R_k 和设计值 R_d 的推断人为采用了加权平均的方法，本质上是经验性的。除此之外，它在具体的推导过程中还存在下列不妥之处：它所依据的抗力变异系数 δ_R 完全未知、完全已知两种理想情况下的推断结果，即式(13.53)和式(13.54)所示的推断结果，均是利用不设置置信水平的贝叶斯法建立的，对抗力设计值的推断并不是很适合；抗力变异系数 δ_R

已知的推断公式中，即式(13.54)中，错误地采用了系数 $k_\infty(=z_{1-p_k})$，其值实际应为 $z_{1-p_k}\sqrt{1+1/n}$，只有在试验数量 n 很大时才可取 $k_\infty=z_{1-p_k}$，但对其所考虑的一般情况，它并不成立；式(13.51)所示的统计量 m_y、m_R 之间的关系也是不成立的，m_y、m_R 所对应的真值分别为 $\mu_{\ln R}$、μ_R，它们之间具有下列关系：

$$\mu_{\ln R}=\ln\frac{\mu_R}{\sqrt{1+\delta_R^2}} \tag{13.72}$$

但小样本条件下，这种关系对它们的测试值并不成立；同时，式(13.53)、式(13.54)分别对应于抗力变异系数 δ_R 完全未知、完全已知的条件，两式中的 $Q[=\sqrt{\ln(1+\delta_R^2)}]$也应分别是完全未知、完全已知的，但推导过程中 Q 的值均是根据式(13.65)所示的变异系数 δ_η 的估计值确定的，这并不符合抗力变异系数 δ_R 未知和已知的条件。这虽然是必要的近似手段，但理论上并不严密。

13.4　抗力直接推断方法的改进

13.4.1　区间估计法与贝叶斯法的统一

基于抗力变量推断抗力设计值 R_d 时，《结构设计基础》(EN 1990:2002)[3]和《结构可靠性总原则》(ISO 2394:2015)[2]中均取消了原《结构可靠性总原则》(ISO 2394:1998)[1]中的区间估计法，仅保留贝叶斯法，但这只是避免了对推断方法的选择，并未消除对推断方法的疑虑，因为被取消的区间估计法是统计学中被广泛接受和应用的推断方法，这里的贝叶斯法在推断公式和结果上与其并不一致。

相对于区间估计法，这里贝叶斯法最显著的特征是未设置推断中的置信水平 C，但对抗力设计值 R_d 的推断，按随机变量的变异性设置一定的置信水平 C 是必要的。一般而言，对随机变量概率特性的推断需考虑三方面的因素：随机变量的变异性、样本容量、置信水平。按随机变量的变异性设置推断中的置信水平 C，可根据不同情况合理、定量地考虑与随机变量变异性、样本容量相关的统计不定性的影响，并明确判定对推断结果的置信水平，使推断结果具有明确的工程意义。因此，即使采用贝叶斯法推断抗力的设计值 R_d，也宜采用设置置信水平 C 的贝叶斯法。

为便于叙述，首先考虑抗力 R 服从正态分布 $N(\mu_R,\sigma_R^2)$时的情况。取分布参数 μ_R、σ_R 的联合先验分布为 Jeffreys 无信息先验分布，即[7]

$$\pi_{\mu_R,\sigma_R}(v_1,v_2)\propto\frac{1}{v_2} \tag{13.73}$$

获得试件抗力的测试值 $x_1,x_2,\cdots,x_n$ 及其均值 m_R 和标准差 s_R 后，利用贝叶斯公式，可得 μ_R、σ_R 的联合后验分布，即[7]

$$\pi_{\mu_R,\sigma_R,X_1,X_2,\cdots,X_n}(v_1,v_2,x_1,x_2,\cdots,x_n)\propto\left(\frac{1}{v_2}\right)^{n+1}\exp\left[-\frac{1}{2}\frac{(n-1)s_R^2-n(m_R-v_1)^2}{v_2^2}\right] \tag{13.74}$$

它与《结构可靠性总原则》(ISO 2394:1998)[1]和 ISO 2394:2015[2]中的式(13.13)一致,但后续推导中应对式(13.73)作变量代换,即以抗力标准值 R_k 代换 μ_R。这时可得

$$\pi_{R_k,\sigma_R,X_1,X_2,\cdots,X_n}(t,v_2,x_1,x_2,\cdots,x_n)$$
$$\propto\left(\frac{1}{v_2}\right)^{n+1}\exp\left[-\frac{1}{2}\frac{(n-1)s_R^2-n(m_R-t-z_{1-p_k}v_2)^2}{v_2^2}\right] \tag{13.75}$$

式中:z_{1-p_k} 为标准正态分布的上侧 $1-p_k$ 分位值;p_k 为抗力标准值 R_k 的保证率。这时抗力标准值 R_k 的边缘概率分布为

$$f_{R_k|X_1,X_2,\cdots,X_n}(t|x_1,x_2,\cdots,x_n)=\int_0^\infty\pi_{R_k,\sigma_R,X_1,X_2,\cdots,X_n}(t,v_2,x_1,x_2,\cdots,x_n)\mathrm{d}v_2$$
$$\propto\frac{1}{\left[(n-1)+\left(\dfrac{m_R-t}{s_R/\sqrt{n}}\right)^2\right]^{-\frac{(n-1)+1}{2}}}\sum_{m=0}^{\infty}\frac{(z_{1-p_k}\sqrt{n})^m}{m!}$$
$$\cdot\Gamma\left(\frac{(n-1)+m+1}{2}\right)\left[\frac{\sqrt{2}\dfrac{m_R-t}{s_R/\sqrt{n}}}{\sqrt{(n-1)+\left(\dfrac{m_R-t}{s_R/\sqrt{n}}\right)^2}}\right]^m \tag{13.76}$$

故 $\dfrac{m_R-R_k}{s_R/\sqrt{n}}$ 应服从自由度为 $n-1$、非中心参数为 $z_{1-p_k}\sqrt{n}$ 的非中心 t 分布[5]。取置信水平为 C,则抗力标准值 R_k 的推断结果应为

$$R_k=m_R-\frac{t_{(n-1,z_{1-p_k}\sqrt{n},1-C)}}{\sqrt{n}}s_R=m_R-k_s s_R \tag{13.77}$$

式中:$t_{(n-1,z_{1-p_k}\sqrt{n},1-C)}$ 为自由度为 $n-1$、非中心参数为 $z_{1-p_k}\sqrt{n}$ 的非中心 t 分布的上侧 $1-C$ 分位值。

上述推断过程中并未考虑反映实际使用条件影响的转换系数 η_C,因此式(13.77)所示的仅为实验室条件下、而非实际使用条件下构件抗力标准值的推断结果。严格讲,转换系数 η_C 为随机变量,应将其概率特性反映于上述推导过程中,但实际工程中很难通过统计方法获得其概率特性,通常只能根据理论或经验分析估计其设计中的取值。这里近似取其为确定值,记其为设计值 η_{Cd}。这时应将实际构件抗力标准值 R_k 的推断结果最终表达为

$$R_k=\eta_{Cd}\left(m_R-\frac{t_{(n-1,z_{1-p_k}\sqrt{n},1-C)}}{\sqrt{n}}s_R\right)=\eta_{Cd}(m_R-k_s s_R) \tag{13.78}$$

抗力标准差 σ_R 已知时，同样取分布参数 μ_R 的先验分布为 Jeffreys 无信息先验分布，即[7]

$$\pi_{\mu_R}(v) \propto 1 \tag{13.79}$$

按同样的步骤可知，$\dfrac{m_R - R_k - z_{1-p_k}\sigma_R}{\sigma_R/\sqrt{n}}$服从标准正态分布。取置信水平为 C，则实际构件抗力标准值 R_k 的推断结果最终为

$$R_k = \eta_{Cd}\left[m_R - \left(z_{1-p_k} + \frac{z_{1-C}}{\sqrt{n}}\right)\sigma_R\right] = \eta_{Cd}(m_R - k_\sigma \sigma_R) \tag{13.80}$$

按目前的分项系数法，实际构件抗力设计值 R_d 与标准值 R_k 之间的关系应为

$$R_d = \frac{R_k}{\gamma_R} \tag{13.81}$$

式中：γ_R 为抗力分项系数，它比材料分项系数 γ_m 具有更广泛的意义。

根据抗力标准值 R_k 的推断结果，标准差 σ_R 未知、已知时，通过间接途径推断的构件抗力设计值 R_d 最终分别为

$$R_d = \frac{R_k}{\gamma_R} = \frac{\eta_{Cd}}{\gamma_R}\left(m_R - \frac{t_{(n-1, z_{1-p_k}\sqrt{n}, 1-C)}}{\sqrt{n}} s_R\right) = \frac{\eta_{Cd}}{\gamma_R}(m_R - k_s s_R) \tag{13.82}$$

$$R_d = \frac{R_k}{\gamma_R} = \frac{\eta_{Cd}}{\gamma_R}\left[m_R - \left(z_{1-p_k} + \frac{z_{1-C}}{\sqrt{n}}\right)\sigma_R\right] = \frac{\eta_{Cd}}{\gamma_R}(m_R - k_\sigma \sigma_R) \tag{13.83}$$

它们与区间估计法的推断公式，即式(13.1)、式(13.7)和式(13.8)完全相同。类似地，无论采用区间估计法还是贝叶斯法，通过直接途径推断的构件抗力设计值 R_d 也是一致的。抗力标准差 σ_R 未知、已知时，构件抗力设计值 R_d 的推断公式最终分别为

$$R_d = \eta_{Cd}\left(m_R - \frac{t_{(n-1, z_{1-p_d}\sqrt{n}, 1-C)}}{\sqrt{n}} s_R\right) = \eta_{Cd}(m_R - k_{d,s} s_R) \tag{13.84}$$

$$R_d = \eta_{Cd}\left[m_R - \left(z_{1-p_d} + \frac{z_{1-C}}{\sqrt{n}}\right)\sigma_R\right] = \eta_{Cd}(m_R - k_{d,\sigma}\sigma_R) \tag{13.85}$$

对比前后两种贝叶斯法可见，《结构可靠性总原则》(ISO 2394:2015)[2]和《结构设计基础》(EN 1990:2002)[3]中的贝叶斯法是根据抗力标准值 R_k 的概率意义，按抗力概率密度函数 $f_{R|X_1,X_2,\cdots,X_n}(t|x_1,x_2,\cdots,x_n)$的相应分位值建立的，而该概率密度函数是以分布参数 μ_R、σ_R 的联合后验分布为权函数对条件概率密度函数 $f_{R|\mu_R,\sigma_R}(t|v_1,v_2)$加权平均的结果，见式(13.14)。推断抗力标准值 R_k 时，其基本的推断依据应是未知分布参数 μ_R、σ_R 的联合后验分布，《结构可靠性总原则》(ISO

2394:2015)[2]和《结构设计基础》(EN 1990:2002)[3]中的推断方法并未直接以其为依据,与基本推断依据的联系是间接的;这里的贝叶斯法则直接以未知分布参数 μ_R、σ_R 的联合后验分布为依据,与基本推断依据具有直接的联系,理论上要更为合理,且可得到与区间估计法完全相同的结果,不需区分区间估计法和贝叶斯法,从而可消除设计人员在方法选择上的疑虑。

一般应假设抗力 R 服从对数正态分布 $\mathrm{LN}(\mu_{\ln R},\sigma_{\ln R}^2)$。这时无论按区间估计法还是这里的贝叶斯法,利用对数正态分布与正态分布之间的关系,亦可得到一致的推断公式。抗力分布参数 $\sigma_{\ln R}$ 或变异系数 δ_R 未知、已知时,通过间接途径推断的构件抗力设计值 R_d 分别为

$$R_\mathrm{d}=\frac{R_\mathrm{k}}{\gamma_R}=\frac{\eta_\mathrm{Cd}}{\gamma_R}\exp\left(m_{\ln R}-\frac{t_{(n-1,z_{1-p_\mathrm{k}}\sqrt{n},1-C)}}{\sqrt{n}}s_{\ln R}\right)=\frac{\eta_\mathrm{Cd}}{\gamma_R}\exp(m_{\ln R}-k_s s_{\ln R}) \tag{13.86}$$

$$R_\mathrm{d}=\frac{R_\mathrm{k}}{\gamma_R}=\frac{\eta_\mathrm{Cd}}{\gamma_R}\exp\left[m_{\ln R}-\left(z_{1-p_\mathrm{k}}+\frac{z_{1-C}}{\sqrt{n}}\right)\sigma_{\ln R}\right]=\frac{\eta_\mathrm{Cd}}{\gamma_R}\exp\left[m_{\ln R}-k_\sigma\sqrt{\ln(1+\delta_R^2)}\right] \tag{13.87}$$

通过直接途径推断的构件抗力设计值 R_d 分别为

$$R_\mathrm{d}=\eta_\mathrm{Cd}\exp\left(m_{\ln R}-\frac{t_{(n-1,z_{1-p_\mathrm{d}}\sqrt{n},1-C)}}{\sqrt{n}}s_{\ln R}\right)=\eta_\mathrm{Cd}\exp(m_{\ln R}-k_{\mathrm{d},s}s_{\ln R}) \tag{13.88}$$

$$R_\mathrm{d}=\eta_\mathrm{Cd}\exp\left[m_{\ln R}-\left(z_{1-p_\mathrm{d}}+\frac{z_{1-C}}{\sqrt{n}}\right)\sigma_{\ln R}\right]=\eta_\mathrm{Cd}\exp\left[m_{\ln R}-k_{\mathrm{d},\sigma}\sqrt{\ln(1+\delta_R^2)}\right] \tag{13.89}$$

式中:

$$m_{\ln R}=\frac{1}{n}\sum_{i=1}^{n}\ln x_i \tag{13.90}$$

$$s_{\ln R}=\sqrt{\frac{1}{n-1}\sum_{i=1}^{n}(\ln x_i-m_{\ln R})^2} \tag{13.91}$$

其中:$x_1,x_2,\cdots,x_n$ 为抗力 R 的试验测试结果。

按基于抗力变量的方法推断抗力设计值 R_d 时,需确定抗力标准值 R_k 或设计值 R_d 的保证率(统一记为 p)和置信水平 C。保证率 p 应通过概率分析(分项系数法)或按规定(设计值法)确定,置信水平 C 可取为 0.90(钢结构)、0.75(混凝土结构)或 0.60(砌体结构)。为便于应用,表 13.2～表 13.8 列出了 $t_{(n-1,z_{1-p}\sqrt{n},1-C)}/\sqrt{n}$、$z_{1-p}+z_{1-C}/\sqrt{n}$的数值表。

表 13.2　$t_{(n-1,z_{1-p}\sqrt{n},1-C)}/\sqrt{n}$、$z_{1-p}+z_{1-C}/\sqrt{n}$ 的数值表($z_{1-p}=1.12$)

n	$t_{(n-1,z_{1-p}\sqrt{n},1-C)}/\sqrt{n}$			$z_{1-p}+z_{1-C}/\sqrt{n}$			n	$t_{(n-1,z_{1-p}\sqrt{n},1-C)}/\sqrt{n}$			$z_{1-p}+z_{1-C}/\sqrt{n}$		
	$C=0.60$	$C=0.75$	$C=0.90$	$C=0.60$	$C=0.75$	$C=0.90$		$C=0.60$	$C=0.75$	$C=0.90$	$C=0.60$	$C=0.75$	$C=0.90$
3	1.585	2.217	3.801	1.266	1.509	1.860	22	1.208	1.337	1.544	1.174	1.264	1.393
4	1.450	1.894	2.854	1.247	1.457	1.761	23	1.205	1.331	1.533	1.173	1.261	1.387
5	1.384	1.742	2.456	1.233	1.422	1.693	24	1.203	1.326	1.522	1.172	1.258	1.382
6	1.344	1.650	2.233	1.223	1.395	1.643	25	1.201	1.321	1.512	1.171	1.255	1.376
7	1.317	1.588	2.088	1.216	1.375	1.604	26	1.199	1.316	1.503	1.170	1.252	1.371
8	1.297	1.543	1.984	1.210	1.358	1.573	27	1.197	1.312	1.494	1.169	1.250	1.367
9	1.282	1.508	1.907	1.204	1.345	1.547	28	1.196	1.308	1.486	1.168	1.247	1.362
10	1.270	1.480	1.846	1.200	1.333	1.525	29	1.194	1.304	1.478	1.167	1.245	1.358
11	1.260	1.457	1.796	1.196	1.323	1.506	30	1.192	1.300	1.471	1.166	1.243	1.354
12	1.251	1.438	1.755	1.193	1.315	1.490	31	1.191	1.297	1.464	1.166	1.241	1.350
13	1.244	1.422	1.720	1.190	1.307	1.475	32	1.190	1.294	1.458	1.165	1.239	1.347
14	1.238	1.407	1.690	1.188	1.300	1.463	33	1.188	1.291	1.452	1.164	1.237	1.343
15	1.233	1.395	1.664	1.185	1.294	1.451	34	1.187	1.288	1.446	1.163	1.236	1.340
16	1.228	1.384	1.641	1.183	1.289	1.440	35	1.186	1.285	1.440	1.163	1.234	1.337
17	1.224	1.374	1.621	1.181	1.284	1.431	36	1.185	1.282	1.435	1.162	1.232	1.334
18	1.220	1.365	1.602	1.180	1.279	1.422	37	1.184	1.280	1.430	1.162	1.231	1.331
19	1.217	1.357	1.586	1.178	1.275	1.414	38	1.183	1.277	1.425	1.161	1.229	1.328
20	1.213	1.350	1.571	1.177	1.271	1.407	39	1.182	1.275	1.421	1.161	1.228	1.325
21	1.210	1.343	1.557	1.175	1.267	1.400	40	1.181	1.273	1.416	1.160	1.227	1.323

表 13.3　$t_{(n-1,z_{1-p}\sqrt{n},1-C)}/\sqrt{n}$、$z_{1-p}+z_{1-C}/\sqrt{n}$ 的数值表($p=0.70$)

n	$t_{(n-1,z_{1-p}\sqrt{n},1-C)}/\sqrt{n}$			$z_{1-p}+z_{1-C}/\sqrt{n}$			n	$t_{(n-1,z_{1-p}\sqrt{n},1-C)}/\sqrt{n}$			$z_{1-p}+z_{1-C}/\sqrt{n}$		
	$C=0.60$	$C=0.75$	$C=0.90$	$C=0.60$	$C=0.75$	$C=0.90$		$C=0.60$	$C=0.75$	$C=0.90$	$C=0.60$	$C=0.75$	$C=0.90$
3	0.800	1.225	2.228	0.671	0.914	1.264	22	0.590	0.694	0.855	0.578	0.668	0.798
4	0.733	1.049	1.693	0.651	0.862	1.165	23	0.589	0.689	0.846	0.577	0.665	0.792
5	0.698	0.960	1.455	0.638	0.826	1.098	24	0.587	0.686	0.838	0.576	0.662	0.786
6	0.676	0.904	1.317	0.628	0.800	1.048	25	0.586	0.682	0.831	0.575	0.659	0.781
7	0.660	0.865	1.225	0.620	0.779	1.009	26	0.584	0.679	0.824	0.574	0.657	0.776
8	0.648	0.836	1.158	0.614	0.763	0.977	27	0.583	0.675	0.818	0.573	0.654	0.771
9	0.639	0.813	1.106	0.609	0.749	0.952	28	0.582	0.672	0.812	0.572	0.652	0.767
10	0.631	0.794	1.066	0.605	0.738	0.930	29	0.581	0.669	0.806	0.571	0.650	0.762
11	0.625	0.779	1.032	0.601	0.728	0.911	30	0.580	0.667	0.801	0.571	0.648	0.758
12	0.619	0.765	1.004	0.598	0.719	0.894	31	0.579	0.664	0.796	0.570	0.646	0.755
13	0.615	0.754	0.980	0.595	0.711	0.880	32	0.578	0.662	0.791	0.569	0.644	0.751
14	0.611	0.744	0.959	0.592	0.705	0.867	33	0.577	0.660	0.786	0.569	0.642	0.747

续表

n	$t_{(n-1,z_{1-p}\sqrt{n},1-C)}/\sqrt{n}$			$z_{1-p}+z_{1-C}/\sqrt{n}$			n	$t_{(n-1,z_{1-p}\sqrt{n},1-C)}/\sqrt{n}$			$z_{1-p}+z_{1-C}/\sqrt{n}$		
	$C=0.60$	$C=0.75$	$C=0.90$	$C=0.60$	$C=0.75$	$C=0.90$		$C=0.60$	$C=0.75$	$C=0.90$	$C=0.60$	$C=0.75$	$C=0.90$
15	0.607	0.735	0.940	0.590	0.699	0.855	34	0.576	0.657	0.782	0.568	0.640	0.744
16	0.604	0.727	0.924	0.588	0.693	0.845	35	0.575	0.655	0.778	0.567	0.638	0.741
17	0.601	0.720	0.910	0.586	0.688	0.835	36	0.574	0.653	0.774	0.567	0.637	0.738
18	0.599	0.714	0.896	0.584	0.683	0.826	37	0.574	0.651	0.770	0.566	0.635	0.735
19	0.596	0.708	0.884	0.583	0.679	0.818	38	0.573	0.650	0.766	0.565	0.634	0.732
20	0.594	0.703	0.874	0.581	0.675	0.811	39	0.572	0.648	0.763	0.565	0.632	0.730
21	0.592	0.698	0.864	0.580	0.672	0.804	40	0.571	0.646	0.759	0.564	0.631	0.727

表 13.4　$t_{(n-1,z_{1-p}\sqrt{n},1-C)}/\sqrt{n}$、$z_{1-p}+z_{1-C}/\sqrt{n}$ 的数值表($p=0.75$)

n	$t_{(n-1,z_{1-p}\sqrt{n},1-C)}/\sqrt{n}$			$z_{1-p}+z_{1-C}/\sqrt{n}$			n	$t_{(n-1,z_{1-p}\sqrt{n},1-C)}/\sqrt{n}$			$z_{1-p}+z_{1-C}/\sqrt{n}$		
	$C=0.60$	$C=0.75$	$C=0.90$	$C=0.60$	$C=0.75$	$C=0.90$		$C=0.60$	$C=0.75$	$C=0.90$	$C=0.60$	$C=0.75$	$C=0.90$
3	0.992	1.464	2.602	0.821	1.064	1.414	22	0.745	0.854	1.025	0.729	0.818	0.948
4	0.910	1.255	1.972	0.801	1.012	1.315	23	0.743	0.849	1.016	0.727	0.815	0.942
5	0.868	1.152	1.698	0.788	0.976	1.248	24	0.742	0.845	1.007	0.726	0.812	0.936
6	0.842	1.088	1.540	0.778	0.950	1.198	25	0.740	0.841	0.999	0.725	0.809	0.931
7	0.824	1.043	1.435	0.770	0.929	1.159	26	0.739	0.838	0.992	0.724	0.807	0.926
8	0.810	1.010	1.360	0.764	0.913	1.128	27	0.737	0.834	0.985	0.723	0.804	0.921
9	0.799	0.985	1.302	0.759	0.899	1.102	28	0.736	0.831	0.979	0.722	0.802	0.917
10	0.791	0.964	1.257	0.755	0.888	1.080	29	0.735	0.828	0.973	0.722	0.800	0.912
11	0.783	0.947	1.219	0.751	0.878	1.061	30	0.733	0.825	0.967	0.721	0.798	0.908
12	0.777	0.932	1.188	0.748	0.869	1.044	31	0.732	0.822	0.961	0.720	0.796	0.905
13	0.772	0.920	1.162	0.745	0.862	1.030	32	0.731	0.820	0.956	0.719	0.794	0.901
14	0.768	0.909	1.139	0.742	0.855	1.017	33	0.730	0.817	0.951	0.719	0.792	0.898
15	0.764	0.899	1.118	0.740	0.849	1.005	34	0.729	0.815	0.946	0.718	0.790	0.894
16	0.760	0.891	1.101	0.738	0.843	0.995	35	0.728	0.813	0.942	0.717	0.788	0.891
17	0.757	0.883	1.085	0.736	0.838	0.985	36	0.728	0.810	0.938	0.717	0.787	0.888
18	0.754	0.876	1.071	0.734	0.833	0.977	37	0.727	0.808	0.934	0.716	0.785	0.885
19	0.752	0.870	1.058	0.733	0.829	0.968	38	0.726	0.806	0.930	0.716	0.784	0.882
20	0.749	0.864	1.046	0.731	0.825	0.961	39	0.725	0.805	0.926	0.715	0.782	0.880
21	0.747	0.859	1.035	0.730	0.822	0.954	40	0.725	0.803	0.923	0.715	0.781	0.877

表 13.5 $t_{(n-1,z_{1-p}\sqrt{n},1-C)}/\sqrt{n}$、$z_{1-p}+z_{1-C}/\sqrt{n}$ 的数值表($p=0.80$)

n	$t_{(n-1,z_{1-p}\sqrt{n},1-C)}/\sqrt{n}$			$z_{1-p}+z_{1-C}/\sqrt{n}$			n	$t_{(n-1,z_{1-p}\sqrt{n},1-C)}/\sqrt{n}$			$z_{1-p}+z_{1-C}/\sqrt{n}$		
	$C=0.60$	$C=0.75$	$C=0.90$	$C=0.60$	$C=0.75$	$C=0.90$		$C=0.60$	$C=0.75$	$C=0.90$	$C=0.60$	$C=0.75$	$C=0.90$
3	1.211	1.740	3.039	0.988	1.231	1.582	22	0.918	1.034	1.218	0.896	0.985	1.115
4	1.111	1.491	2.295	0.968	1.179	1.482	23	0.916	1.029	1.208	0.894	0.982	1.109
5	1.060	1.370	1.976	0.955	1.143	1.415	24	0.914	1.024	1.199	0.893	0.979	1.103
6	1.029	1.296	1.795	0.945	1.117	1.365	25	0.913	1.020	1.190	0.892	0.977	1.098
7	1.008	1.245	1.675	0.937	1.097	1.326	26	0.911	1.016	1.182	0.891	0.974	1.093
8	0.992	1.208	1.590	0.931	1.080	1.295	27	0.909	1.012	1.174	0.890	0.971	1.088
9	0.979	1.179	1.525	0.926	1.066	1.269	28	0.908	1.009	1.167	0.889	0.969	1.084
10	0.970	1.156	1.474	0.922	1.055	1.247	29	0.907	1.005	1.160	0.889	0.967	1.080
11	0.961	1.136	1.432	0.918	1.045	1.228	30	0.905	1.002	1.154	0.888	0.965	1.076
12	0.954	1.120	1.398	0.915	1.036	1.212	31	0.904	0.999	1.148	0.887	0.963	1.072
13	0.949	1.106	1.368	0.912	1.029	1.197	32	0.903	0.997	1.143	0.886	0.961	1.068
14	0.944	1.094	1.343	0.909	1.022	1.184	33	0.902	0.994	1.137	0.886	0.959	1.065
15	0.939	1.084	1.321	0.907	1.016	1.173	34	0.901	0.991	1.132	0.885	0.957	1.061
16	0.935	1.074	1.301	0.905	1.010	1.162	35	0.900	0.989	1.127	0.884	0.956	1.058
17	0.932	1.066	1.283	0.903	1.005	1.152	36	0.899	0.987	1.123	0.884	0.954	1.055
18	0.928	1.058	1.268	0.901	1.001	1.144	37	0.898	0.984	1.118	0.883	0.953	1.052
19	0.926	1.051	1.253	0.900	0.996	1.136	38	0.897	0.982	1.114	0.883	0.951	1.050
20	0.923	1.045	1.241	0.898	0.992	1.128	39	0.896	0.980	1.110	0.882	0.950	1.047
21	0.920	1.039	1.229	0.897	0.989	1.121	40	0.895	0.978	1.106	0.882	0.948	1.044

表 13.6 $t_{(n-1,z_{1-p}\sqrt{n},1-C)}/\sqrt{n}$、$z_{1-p}+z_{1-C}/\sqrt{n}$ 的数值表($p=0.85$)

n	$t_{(n-1,z_{1-p}\sqrt{n},1-C)}/\sqrt{n}$			$z_{1-p}+z_{1-C}/\sqrt{n}$			n	$t_{(n-1,z_{1-p}\sqrt{n},1-C)}/\sqrt{n}$			$z_{1-p}+z_{1-C}/\sqrt{n}$		
	$C=0.60$	$C=0.75$	$C=0.90$	$C=0.60$	$C=0.75$	$C=0.90$		$C=0.60$	$C=0.75$	$C=0.90$	$C=0.60$	$C=0.75$	$C=0.90$
3	1.472	2.072	3.568	1.183	1.426	1.776	22	1.121	1.246	1.446	1.090	1.180	1.310
4	1.348	1.772	2.684	1.163	1.374	1.677	23	1.118	1.240	1.435	1.089	1.177	1.304
5	1.287	1.629	2.310	1.150	1.338	1.610	24	1.116	1.235	1.424	1.088	1.174	1.298
6	1.249	1.543	2.100	1.140	1.312	1.560	25	1.114	1.230	1.415	1.087	1.171	1.293
7	1.224	1.484	1.962	1.132	1.291	1.521	26	1.112	1.226	1.406	1.086	1.169	1.288
8	1.205	1.442	1.865	1.126	1.275	1.490	27	1.111	1.222	1.397	1.085	1.166	1.283
9	1.191	1.409	1.791	1.121	1.261	1.464	28	1.109	1.218	1.390	1.084	1.164	1.279
10	1.179	1.382	1.733	1.117	1.250	1.442	29	1.108	1.214	1.382	1.083	1.162	1.274
11	1.170	1.360	1.686	1.113	1.240	1.423	30	1.106	1.211	1.375	1.083	1.160	1.270
12	1.162	1.342	1.647	1.110	1.231	1.406	31	1.105	1.207	1.369	1.082	1.158	1.267
13	1.155	1.326	1.614	1.107	1.224	1.392	32	1.103	1.204	1.363	1.081	1.156	1.263
14	1.150	1.313	1.585	1.104	1.217	1.379	33	1.102	1.201	1.357	1.081	1.154	1.260

续表

n	$t_{(n-1,z_{1-p}\sqrt{n},1-C)}/\sqrt{n}$			$z_{1-p}+z_{1-C}/\sqrt{n}$			n	$t_{(n-1,z_{1-p}\sqrt{n},1-C)}/\sqrt{n}$			$z_{1-p}+z_{1-C}/\sqrt{n}$		
	$C=0.60$	$C=0.75$	$C=0.90$	$C=0.60$	$C=0.75$	$C=0.90$		$C=0.60$	$C=0.75$	$C=0.90$	$C=0.60$	$C=0.75$	$C=0.90$
15	1.144	1.301	1.560	1.102	1.211	1.367	34	1.101	1.199	1.351	1.080	1.152	1.256
16	1.140	1.290	1.538	1.100	1.205	1.357	35	1.100	1.196	1.346	1.079	1.150	1.253
17	1.136	1.281	1.519	1.098	1.200	1.347	36	1.099	1.193	1.341	1.079	1.149	1.250
18	1.132	1.273	1.501	1.096	1.195	1.338	37	1.098	1.191	1.336	1.078	1.147	1.247
19	1.129	1.265	1.485	1.095	1.191	1.330	38	1.097	1.189	1.331	1.078	1.146	1.244
20	1.126	1.258	1.471	1.093	1.187	1.323	39	1.096	1.186	1.327	1.077	1.144	1.242
21	1.123	1.251	1.458	1.092	1.184	1.316	40	1.095	1.184	1.323	1.076	1.143	1.239

表 13.7　$t_{(n-1,z_{1-p}\sqrt{n},1-C)}/\sqrt{n}$、$z_{1-p}+z_{1-C}/\sqrt{n}$的数值表($p=0.90$)

n	$t_{(n-1,z_{1-p}\sqrt{n},1-C)}/\sqrt{n}$			$z_{1-p}+z_{1-C}/\sqrt{n}$			n	$t_{(n-1,z_{1-p}\sqrt{n},1-C)}/\sqrt{n}$			$z_{1-p}+z_{1-C}/\sqrt{n}$		
	$C=0.60$	$C=0.75$	$C=0.90$	$C=0.60$	$C=0.75$	$C=0.90$		$C=0.60$	$C=0.75$	$C=0.90$	$C=0.60$	$C=0.75$	$C=0.90$
3	1.805	2.501	4.258	1.428	1.671	2.021	22	1.376	1.514	1.737	1.336	1.425	1.555
4	1.650	2.134	3.188	1.408	1.619	1.922	23	1.374	1.508	1.724	1.334	1.422	1.549
5	1.574	1.961	2.742	1.395	1.583	1.855	24	1.371	1.502	1.712	1.333	1.419	1.543
6	1.529	1.859	2.493	1.385	1.557	1.805	25	1.369	1.497	1.701	1.332	1.416	1.538
7	1.498	1.790	2.332	1.377	1.536	1.766	26	1.367	1.492	1.691	1.331	1.414	1.533
8	1.476	1.740	2.218	1.371	1.520	1.735	27	1.365	1.487	1.682	1.330	1.411	1.528
9	1.459	1.701	2.133	1.366	1.506	1.709	28	1.363	1.483	1.673	1.329	1.409	1.524
10	1.445	1.671	2.066	1.362	1.495	1.687	29	1.361	1.478	1.665	1.329	1.407	1.520
11	1.434	1.645	2.011	1.358	1.485	1.668	30	1.360	1.475	1.657	1.328	1.405	1.516
12	1.425	1.624	1.966	1.355	1.476	1.652	31	1.358	1.471	1.650	1.327	1.403	1.512
13	1.417	1.606	1.928	1.352	1.469	1.637	32	1.357	1.467	1.643	1.326	1.401	1.508
14	1.410	1.591	1.895	1.349	1.462	1.624	33	1.355	1.464	1.636	1.326	1.399	1.505
15	1.404	1.577	1.867	1.347	1.456	1.612	34	1.354	1.461	1.630	1.325	1.397	1.501
16	1.399	1.565	1.842	1.345	1.450	1.602	35	1.353	1.458	1.624	1.324	1.396	1.498
17	1.394	1.554	1.819	1.343	1.445	1.592	36	1.351	1.455	1.618	1.324	1.394	1.495
18	1.390	1.545	1.799	1.341	1.441	1.584	37	1.350	1.452	1.613	1.323	1.392	1.492
19	1.386	1.536	1.781	1.340	1.436	1.576	38	1.349	1.450	1.608	1.323	1.391	1.489
20	1.382	1.528	1.765	1.338	1.432	1.568	39	1.348	1.447	1.603	1.322	1.390	1.487
21	1.379	1.521	1.750	1.337	1.429	1.561	40	1.347	1.445	1.598	1.322	1.388	1.484

表 13.8　$t_{(n-1,z_{1-p}\sqrt{n},1-C)}/\sqrt{n}$、$z_{1-p}+z_{1-C}/\sqrt{n}$ 的数值表($p=0.95$)

n	$t_{(n-1,z_{1-p}\sqrt{n},1-C)}/\sqrt{n}$			$z_{1-p}+z_{1-C}/\sqrt{n}$			n	$t_{(n-1,z_{1-p}\sqrt{n},1-C)}/\sqrt{n}$			$z_{1-p}+z_{1-C}/\sqrt{n}$		
	C=0.60	C=0.75	C=0.90	C=0.60	C=0.75	C=0.90		C=0.60	C=0.75	C=0.90	C=0.60	C=0.75	C=0.90
3	2.307	3.152	5.311	1.791	2.034	2.385	22	1.757	1.915	2.174	1.699	1.789	1.918
4	2.102	2.681	3.956	1.772	1.982	2.286	23	1.754	1.908	2.159	1.698	1.785	1.912
5	2.005	2.463	3.400	1.758	1.946	2.218	24	1.751	1.901	2.145	1.697	1.783	1.906
6	1.947	2.335	3.092	1.748	1.920	2.168	25	1.748	1.895	2.132	1.696	1.780	1.901
7	1.908	2.250	2.893	1.741	1.900	2.129	26	1.745	1.889	2.120	1.695	1.777	1.896
8	1.880	2.188	2.754	1.734	1.883	2.098	27	1.743	1.883	2.109	1.694	1.775	1.891
9	1.858	2.141	2.650	1.729	1.870	2.072	28	1.741	1.878	2.099	1.693	1.772	1.887
10	1.841	2.104	2.568	1.725	1.858	2.050	29	1.738	1.873	2.089	1.692	1.770	1.883
11	1.827	2.073	2.502	1.721	1.848	2.031	30	1.736	1.869	2.080	1.691	1.768	1.879
12	1.816	2.048	2.448	1.718	1.840	2.015	31	1.735	1.864	2.071	1.690	1.766	1.875
13	1.806	2.026	2.402	1.715	1.832	2.000	32	1.733	1.860	2.063	1.690	1.764	1.871
14	1.798	2.007	2.363	1.713	1.825	1.987	33	1.731	1.856	2.055	1.689	1.762	1.868
15	1.790	1.991	2.329	1.710	1.819	1.976	34	1.730	1.853	2.048	1.688	1.761	1.865
16	1.784	1.976	2.299	1.708	1.813	1.965	35	1.728	1.849	2.041	1.688	1.759	1.861
17	1.778	1.963	2.272	1.706	1.808	1.956	36	1.727	1.846	2.034	1.687	1.757	1.858
18	1.773	1.952	2.248	1.705	1.804	1.947	37	1.725	1.842	2.028	1.687	1.756	1.856
19	1.768	1.941	2.227	1.703	1.800	1.939	38	1.724	1.839	2.022	1.686	1.754	1.853
20	1.764	1.932	2.208	1.702	1.796	1.931	39	1.723	1.836	2.016	1.685	1.753	1.850
21	1.760	1.923	2.190	1.700	1.792	1.925	40	1.721	1.834	2.010	1.685	1.751	1.847

13.4.2　基于概率模型的推断方法

基于分析模型推断抗力设计值 R_d 时,即采用第二类方法时,应直接以抗力的概率模型为基础建立抗力设计值 R_d 与已知因素概率特性、未知因素统计结果之间的概率关系。《结构设计基础》(EN 1990:2002)[3] 中只是在确定抗力概率特性时,利用了抗力概率模型,其实际依据的是式(13.53)、式(13.54)所示的基于抗力变量的推断方法,并非直接建立于抗力概率模型的基础上。下面直接以抗力概率模型为基础建立抗力设计值 R_d 的推断方法。

1. 抗力服从对数正态分布

设抗力 R 服从对数正态分布 $LN(\mu_{\ln R},\sigma_{\ln R}^2)$,这时可将抗力 R 的概率模型表达为

$$R=\eta R_0=\eta_C\eta_T R_0=\eta_C\eta_T R_0(X_1,X_2,\cdots,X_m) \tag{13.92}$$

式中:$R_0(\cdot)$为抗力计算公式;η 为计算模式不定性系数,包括反映抗力试验值与

计算值差异的计算模式不定性系数 η_{T} 和反映实际使用条件影响的转换系数 η_{C}；$X_1, X_2, \cdots, X_m$ 为抗力影响因素；R_0 为按计算公式确定的抗力。它们均为随机变量。实际工程中很难获得转换系数 η_{C} 的概率特性，可通过理论或经验分析直接取其值为 η_{Cd}。这时抗力 R 的概率模型可表达为

$$R=\eta_{\mathrm{Cd}}\eta_{\mathrm{T}}R_0=\eta_{\mathrm{Cd}}\eta_{\mathrm{T}}R_0(X_1, X_2, \cdots, X_m) \tag{13.93}$$

对于实验室条件下的试件，则有

$$R=\eta_{\mathrm{T}}R_0=\eta_{\mathrm{T}}R_0(X_1, X_2, \cdots, X_m) \tag{13.94}$$

再设 R_0、η_{T} 分别服从对数正态分布 $\mathrm{LN}(\mu_{\ln R_0}, \sigma_{\ln R_0}^2)$ 和 $\mathrm{LN}(\mu_{\ln\eta_{\mathrm{T}}}, \sigma_{\ln\eta_{\mathrm{T}}}^2)$，这时 $\ln R$、$\ln R_0$、$\ln\eta_{\mathrm{T}}$ 分别服从正态分布 $\mathrm{N}(\mu_{\ln R}, \sigma_{\ln R}^2)$、$\mathrm{N}(\mu_{\ln R_0}, \sigma_{\ln R_0}^2)$ 和 $\mathrm{N}(\mu_{\ln\eta_{\mathrm{T}}}, \sigma_{\ln\eta_{\mathrm{T}}}^2)$。为利用正态分布分位值的推断方法，可将式(13.94)改写为

$$\ln R=\ln\eta_{\mathrm{T}}+\ln R_0 \tag{13.95}$$

这时实验室条件下的抗力标准值 R_{k} 应满足

$$\ln R_{\mathrm{k}}=\mu_{\ln R}-z_{1-p_{\mathrm{k}}}\sigma_{\ln R}=\mu_{\ln\eta_{\mathrm{T}}}+\mu_{\ln R_0}-z_{1-p_{\mathrm{k}}}\sqrt{\sigma_{\ln\eta_{\mathrm{T}}}^2+\sigma_{\ln R_0}^2} \tag{13.96}$$

式中：$z_{1-p_{\mathrm{k}}}$ 为标准正态分布的上侧 $1-p_{\mathrm{k}}$ 分位值；p_{k} 为抗力标准值 R_{k} 的保证率。

根据式(11.39)，可取

$$\sigma_{\ln R}=\sqrt{\sigma_{\ln\eta_{\mathrm{T}}}^2+\sigma_{\ln R_0}^2}=0.7(\sigma_{\ln\eta_{\mathrm{T}}}+\sigma_{\ln R_0})+0.2|\sigma_{\ln\eta_{\mathrm{T}}}-\sigma_{\ln R_0}| \tag{13.97}$$

这时抗力标准值 R_{k} 应满足

$$\begin{aligned}\ln R_{\mathrm{k}}&=\min\begin{cases}\mu_{\ln\eta_{\mathrm{T}}}+\mu_{\ln R_0}-0.5z_{1-p_{\mathrm{k}}}\sigma_{\ln\eta_{\mathrm{T}}}-0.9z_{1-p_{\mathrm{k}}}\sigma_{\ln R_0}\\ \mu_{\ln\eta_{\mathrm{T}}}+\mu_{\ln R_0}-0.9z_{1-p_{\mathrm{k}}}\sigma_{\ln\eta_{\mathrm{T}}}-0.5z_{1-p_{\mathrm{k}}}\sigma_{\ln R_0}\end{cases}\\ &=\min\begin{cases}\mu_{\ln R_0}-0.9z_{1-p_{\mathrm{k}}}\sigma_{\ln R_0}+\ln\eta_{\mathrm{Tk},0.5}\\ \mu_{\ln R_0}-0.5z_{1-p_{\mathrm{k}}}\sigma_{\ln R_0}+\ln\eta_{\mathrm{Tk},0.9}\end{cases}\end{aligned} \tag{13.98}$$

$$\ln\eta_{\mathrm{Tk},0.5}=\mu_{\ln\eta_{\mathrm{T}}}-0.5z_{1-p_{\mathrm{k}}}\sigma_{\ln\eta_{\mathrm{T}}} \tag{13.99}$$

$$\ln\eta_{\mathrm{Tk},0.9}=\mu_{\ln\eta_{\mathrm{T}}}-0.9z_{1-p_{\mathrm{k}}}\sigma_{\ln\eta_{\mathrm{T}}} \tag{13.100}$$

设 $\eta_{\mathrm{T},1}, \eta_{\mathrm{T},2}, \cdots, \eta_{\mathrm{T},n}$ 为计算模式不定性系数 η_{T} 的 n 个样本，并令

$$Y_i=\ln\eta_{\mathrm{T},i},\quad i=1,2,\cdots,n \tag{13.101}$$

$$\bar{Y}=\frac{1}{n}\sum_{i=1}^{n}Y_i \tag{13.102}$$

$$S_Y=\sqrt{\frac{1}{n-1}\sum_{i=1}^{n}(Y_i-\bar{Y})^2} \tag{13.103}$$

$$T_{0.5}=\frac{\bar{Y}-\ln\eta_{\mathrm{Tk},0.5}}{S_Y/\sqrt{n}} \tag{13.104}$$

$$T_{0.9}=\frac{\bar{Y}-\ln\eta_{\mathrm{Tk},0.9}}{S_{\mathrm{Y}}/\sqrt{n}} \tag{13.105}$$

这时 $Y_1, Y_2, \cdots, Y_n$ 均服从正态分布，而 $T_{0.5}$、$T_{0.9}$ 分别服从自由度为 $n-1$、非中心参数为 $0.5z_{1-p_{\mathrm{k}}}\sqrt{n}$ 和 $0.9z_{1-p_{\mathrm{k}}}\sqrt{n}$ 的非中心 t 分布。利用区间估计法可得

$$\ln\eta_{\mathrm{Tk},0.5}=m_{\ln\eta_{\mathrm{T}}}-\frac{t_{(n-1,0.5z_{1-p_{\mathrm{k}}}\sqrt{n},1-C)}}{\sqrt{n}}s_{\ln\eta_{\mathrm{T}}} \tag{13.106}$$

$$\ln\eta_{\mathrm{Tk},0.9}=m_{\ln\eta_{\mathrm{T}}}-\frac{t_{(n-1,0.9z_{1-p_{\mathrm{k}}}\sqrt{n},1-C)}}{\sqrt{n}}s_{\ln\eta_{\mathrm{T}}} \tag{13.107}$$

$$m_{\ln\eta_{\mathrm{T}}}=\frac{1}{n}\sum_{i=1}^{n}\ln\eta_{\mathrm{T},i} \tag{13.108}$$

$$s_{\ln\eta_{\mathrm{T}}}=\sqrt{\frac{1}{n-1}\sum_{i=1}^{n}(\ln\eta_{\mathrm{T},i}-m_{\ln\eta_{\mathrm{T}}})^2} \tag{13.109}$$

式中：$\ln\eta_{\mathrm{T},1}, \ln\eta_{\mathrm{T},2}, \cdots, \ln\eta_{\mathrm{T},n}$ 为计算模式不定性系数 η_{T} 测试结果的对数值。

根据式(13.98)，并考虑转换系数 η_{C} 后，可得构件抗力标准值 R_{k} 的推断结果，即

$$R_{\mathrm{k}}=\begin{cases}\eta_{\mathrm{Cd}}\exp\left[(m_{\ln\eta_{\mathrm{T}}}+\mu_{\ln R_0})-\left(\dfrac{t_{(n-1,0.5z_{1-p_{\mathrm{k}}}\sqrt{n},1-C)}}{\sqrt{n}}s_{\ln\eta_{\mathrm{T}}}+0.9z_{1-p_{\mathrm{k}}}\sigma_{\ln R_0}\right)\right], & \dfrac{\sigma_{\ln R_0}}{s_{\ln\eta_{\mathrm{T}}}}\geqslant a\\ \eta_{\mathrm{Cd}}\exp\left[(m_{\ln\eta_{\mathrm{T}}}+\mu_{\ln R_0})-\left(\dfrac{t_{(n-1,0.9z_{1-p_{\mathrm{k}}}\sqrt{n},1-C)}}{\sqrt{n}}s_{\ln\eta_{\mathrm{T}}}+0.5z_{1-p_{\mathrm{k}}}\sigma_{\ln R_0}\right)\right], & \dfrac{\sigma_{\ln R_0}}{s_{\ln\eta_{\mathrm{T}}}}<a\end{cases} \tag{13.110}$$

$$a=\frac{t_{(n-1,0.9z_{1-p_{\mathrm{k}}}\sqrt{n},1-C)}-t_{(n-1,0.5z_{1-p_{\mathrm{k}}}\sqrt{n},1-C)}}{0.4z_{1-p_{\mathrm{k}}}\sqrt{n}} \tag{13.111}$$

式中：$t_{(n-1,0.5z_{1-p_{\mathrm{k}}}\sqrt{n},1-C)}$、$t_{(n-1,0.9z_{1-p_{\mathrm{k}}}\sqrt{n},1-C)}$ 分别为自由度为 $n-1$、非中心参数为 $0.5z_{1-p_{\mathrm{k}}}\sqrt{n}$ 和 $0.9z_{1-p_{\mathrm{k}}}\sqrt{n}$ 的非中心 t 分布的上侧 $1-C$ 分位值，C 为置信水平。

计算模式不定性系数 η_{T} 的分布参数 $\sigma_{\ln\eta_{\mathrm{T}}}$ 或变异系数 $\delta_{\eta_{\mathrm{T}}}$ 已知时，可令

$$T=\frac{\bar{Y}-\mu_{\ln\eta_{\mathrm{T}}}}{\sigma_{\ln\eta_{\mathrm{T}}}/\sqrt{n}} \tag{13.112}$$

则 T 服从标准正态分布。利用区间估计法，可得

$$\mu_{\ln\eta_{\mathrm{T}}}=m_{\ln\eta_{\mathrm{T}}}-\frac{z_{1-C}}{\sqrt{n}}\sigma_{\ln\eta_{\mathrm{T}}} \tag{13.113}$$

式中：z_{1-C} 为标准正态分布的上侧 $1-C$ 分位值。

根据式(13.96)，并考虑转换系数 η_{C} 后，可得构件抗力标准值 R_{k} 的推断结果，即

$$R_{\mathrm{k}}=\eta_{\mathrm{Cd}}\exp\left[(m_{\ln\eta_{\mathrm{T}}}+\mu_{\ln R_0})-\left(\frac{z_{1-C}}{\sqrt{n}}\sigma_{\ln\eta_{\mathrm{T}}}+z_{1-p_{\mathrm{k}}}\sqrt{\sigma_{\ln\eta_{\mathrm{T}}}^2+\sigma_{\ln R_0}^2}\right)\right] \tag{13.114}$$

$$\sigma_{\ln\eta_{\mathrm{T}}}=\sqrt{\ln(1+\delta_{\eta_{\mathrm{T}}}^2)} \tag{13.115}$$

根据上述构件抗力标准值 R_{k} 的推断结果，计算模式不定性系数 η_{T} 的变异系数 $\delta_{\eta_{\mathrm{T}}}$ 未知、已知时，通过间接途径推断的构件抗力设计值 R_{d} 最终分别为

$$R_{\mathrm{d}}=\frac{R_{\mathrm{k}}}{\gamma_R}=\begin{cases}\dfrac{\eta_{\mathrm{Cd}}}{\gamma_R}\exp\left[(m_{\ln\eta_{\mathrm{T}}}+\mu_{\ln R_0})-\left(\dfrac{t_{(n-1,0.5z_{1-p_{\mathrm{k}}}\sqrt{n},1-C)}}{\sqrt{n}}s_{\ln\eta_{\mathrm{T}}}+0.9z_{1-p_{\mathrm{k}}}\sigma_{\ln R_0}\right)\right], & \dfrac{\sigma_{\ln R_0}}{s_{\ln\eta_{\mathrm{T}}}}\geqslant a\\ \dfrac{\eta_{\mathrm{Cd}}}{\gamma_R}\exp\left[(m_{\ln\eta_{\mathrm{T}}}+\mu_{\ln R_0})-\left(\dfrac{t_{(n-1,0.9z_{1-p_{\mathrm{k}}}\sqrt{n},1-C)}}{\sqrt{n}}s_{\ln\eta_{\mathrm{T}}}+0.5z_{1-p_{\mathrm{k}}}\sigma_{\ln R_0}\right)\right], & \dfrac{\sigma_{\ln R_0}}{s_{\ln\eta_{\mathrm{T}}}}<a\end{cases} \tag{13.116}$$

$$R_{\mathrm{d}}=\frac{R_{\mathrm{k}}}{\gamma_R}=\frac{\eta_{\mathrm{Cd}}}{\gamma_R}\exp\left[(m_{\ln\eta_{\mathrm{T}}}+\mu_{\ln R_0})-\left(\frac{z_{1-C}}{\sqrt{n}}\sigma_{\ln\eta_{\mathrm{T}}}+z_{1-p_{\mathrm{k}}}\sqrt{\sigma_{\ln\eta_{\mathrm{T}}}^2+\sigma_{\ln R_0}^2}\right)\right] \tag{13.117}$$

式中：p_{k} 为抗力标准值 R_{k} 的保证率。

通过直接途径推断的构件抗力设计值 R_{d} 应分别为

$$R_{\mathrm{d}}=\begin{cases}\eta_{\mathrm{Cd}}\exp\left[(m_{\ln\eta_{\mathrm{T}}}+\mu_{\ln R_0})-\left(\dfrac{t_{(n-1,0.5z_{1-p_{\mathrm{d}}}\sqrt{n},1-C)}}{\sqrt{n}}s_{\ln\eta_{\mathrm{T}}}+0.9z_{1-p_{\mathrm{d}}}\sigma_{\ln R_0}\right)\right], & \dfrac{\sigma_{\ln R_0}}{s_{\ln\eta_{\mathrm{T}}}}\geqslant a\\ \eta_{\mathrm{Cd}}\exp\left[(m_{\ln\eta_{\mathrm{T}}}+\mu_{\ln R_0})-\left(\dfrac{t_{(n-1,0.9z_{1-p_{\mathrm{d}}}\sqrt{n},1-C)}}{\sqrt{n}}s_{\ln\eta_{\mathrm{T}}}+0.5z_{1-p_{\mathrm{d}}}\sigma_{\ln R_0}\right)\right], & \dfrac{\sigma_{\ln R_0}}{s_{\ln\eta_{\mathrm{T}}}}<a\end{cases} \tag{13.118}$$

$$R_{\mathrm{d}}=\eta_{\mathrm{Cd}}\exp\left[(m_{\ln\eta_{\mathrm{T}}}+\mu_{\ln R_0})-\left(\frac{z_{1-C}}{\sqrt{n}}\sigma_{\ln\eta_{\mathrm{T}}}+z_{1-p_{\mathrm{d}}}\sqrt{\sigma_{\ln\eta_{\mathrm{T}}}^2+\sigma_{\ln R_0}^2}\right)\right] \tag{13.119}$$

式中：p_{d} 为抗力设计值 R_{d} 的保证率。

统一记抗力标准值 R_{k}、设计值 R_{d} 的保证率为 p，则 $t_{(n-1,0.5z_{1-p}\sqrt{n},1-C)}/\sqrt{n}$、$t_{(n-1,0.9z_{1-p}\sqrt{n},1-C)}/\sqrt{n}$ 和 a 的值可按表 11.6～表 11.11 查得，z_{1-C}、z_{1-p} 可按标准正态分布表查得，对钢结构、混凝土结构和砌体结构可分别取置信水平 C 为 0.90、0.75 和 0.60。

2. 抗力服从正态分布

《结构设计基础》(EN 1990：2002)[3] 中并未考虑抗力 R 服从正态分布时的情况。设抗力 R 服从正态分布 $\mathrm{N}(\mu_R,\sigma_R^2)$，这时根据正态分布的性质，宜将抗力 R 的概率模型表达为

$$R=\eta_{\mathrm{Cd}}(R_0+\Delta R)=\eta_{\mathrm{Cd}}[R_0(X_1,X_2,\cdots,X_m)+\Delta R] \tag{13.120}$$

式中：ΔR 为实验室条件下试件抗力实际值 R 与计算值 R_0 的差值，其作用相当于计算模式不定性系数 η_T 的作用。这时实验室条件下抗力 R 的概率模型为

$$R=R_0+\Delta R=R_0(X_1,X_2,\cdots,X_m)+\Delta R \tag{13.121}$$

再设 R_0、ΔR 分别服从正态分布 $N(\mu_{R_0},\sigma_{R_0}^2)$ 和 $N(\mu_{\Delta R},\sigma_{\Delta R}^2)$，则实验室条件下的抗力标准值 R_k 为

$$\begin{aligned}R_k&=\mu_R-z_{1-p_k}\sigma_R=\mu_{R_0}+\mu_{\Delta R}-z_{1-p_k}\sqrt{\sigma_{R_0}^2+\sigma_{\Delta R}^2}\\&=(\mu_{R_0}+\mu_{\Delta R})(1-z_{1-p_k}\sqrt{\alpha_{R_0}^2\delta_{R_0}^2+\alpha_{\Delta R}^2\delta_{\Delta R}^2})\end{aligned} \tag{13.122}$$

式中：α_{R_0}、$\alpha_{\Delta R}$分别为变异系数 δ_{R_0}、$\delta_{\Delta R}$的权重系数，其表达式分别为

$$\alpha_{R_0}=\frac{\mu_{R_0}}{\mu_{R_0}+\mu_{\Delta R}} \tag{13.123}$$

$$\alpha_{\Delta R}=\frac{\mu_{\Delta R}}{\mu_{R_0}+\mu_{\Delta R}} \tag{13.124}$$

根据式(11.39)，可近似取

$$\sqrt{\alpha_{R_0}^2\delta_{R_0}^2+\alpha_{\Delta R}^2\delta_{\Delta R}^2}=0.7(\alpha_{R_0}\delta_{R_0}+\alpha_{\Delta R}\delta_{\Delta R})+0.2|\alpha_{R_0}\delta_{R_0}-\alpha_{\Delta R}\delta_{\Delta R}| \tag{13.125}$$

这时

$$\sqrt{\sigma_{R_0}^2+\sigma_{\Delta R}^2}=(\mu_{R_0}+\mu_{\Delta R})\sqrt{\alpha_{R_0}^2\delta_{R_0}^2+\alpha_{\Delta R}^2\delta_{\Delta R}^2}=\min\begin{cases}0.9\mu_{R_0}\delta_{R_0}+0.5\mu_{\Delta R}\delta_{\Delta R}\\0.5\mu_{R_0}\delta_{R_0}+0.9\mu_{\Delta R}\delta_{\Delta R}\end{cases} \tag{13.126}$$

实验室条件下的抗力标准值 R_k 为

$$R_k=\min\begin{cases}\mu_{R_0}+\mu_{\Delta R}-z_{1-p_k}(0.9\mu_{R_0}\delta_{R_0}+0.5\mu_{\Delta R}\delta_{\Delta R})\\\mu_{R_0}+\mu_{\Delta R}-z_{1-p_k}(0.5\mu_{R_0}\delta_{R_0}+0.9\mu_{\Delta R}\delta_{\Delta R})\end{cases}=\min\begin{cases}\mu_{R_0}-0.9z_{1-p_k}\sigma_{R_0}+\Delta R_{k,0.5}\\\mu_{R_0}-0.5z_{1-p_k}\sigma_{R_0}+\Delta R_{k,0.9}\end{cases} \tag{13.127}$$

$$\Delta R_{k,0.5}=\mu_{\Delta R}-0.5z_{1-p_k}\sigma_{\Delta R} \tag{13.128}$$

$$\Delta R_{k,0.9}=\mu_{\Delta R}-0.9z_{1-p_k}\sigma_{\Delta R} \tag{13.129}$$

设 $\Delta R_1,\Delta R_2,\cdots,\Delta R_n$ 为抗力差值 ΔR 的 n 个样本，其样本均值和标准差分别为$\overline{\Delta R}$、$S_{\Delta R}$。令

$$T'_{0.5}=\frac{\overline{\Delta R}-\Delta R_{k,0.5}}{S_{\Delta R}/\sqrt{n}} \tag{13.130}$$

$$T'_{0.9}=\frac{\overline{\Delta R}-\Delta R_{k,0.9}}{S_{\Delta R}/\sqrt{n}} \tag{13.131}$$

则 $T'_{0.5}$、$T'_{0.9}$分别服从自由度为 $n-1$、非中心参数为 $0.5z_{1-p_k}\sqrt{n}$ 和 $0.9z_{1-p_k}\sqrt{n}$ 的非中心 t 分布。利用区间估计法可得

$$\Delta R_{\mathrm{k},0.5}=m_{\Delta R}-\frac{t_{(n-1,0.5z_{1-p_{\mathrm{k}}}\sqrt{n},1-C)}}{\sqrt{n}}s_{\Delta R} \tag{13.132}$$

$$\Delta R_{\mathrm{k},0.9}=m_{\Delta R}-\frac{t_{(n-1,0.9z_{1-p_{\mathrm{k}}}\sqrt{n},1-C)}}{\sqrt{n}}s_{\Delta R} \tag{13.133}$$

式中：$m_{\Delta R}$、$s_{\Delta R}$分别为抗力差值 ΔR 测试结果的均值和标准差。根据式(13.127)，并考虑转换系数 η_{C} 后，可得构件抗力标准值 R_{k} 的推断结果，即

$$R_{\mathrm{k}}=\begin{cases}\eta_{\mathrm{Cd}}\left[(\mu_{R_0}+m_{\Delta R})-\left(0.9z_{1-p_{\mathrm{k}}}\sigma_{R_0}+\dfrac{t_{(n-1,0.5z_{1-p_{\mathrm{k}}}\sqrt{n},1-C)}}{\sqrt{n}}s_{\Delta R}\right)\right], & \dfrac{\sigma_{R_0}}{s_{\Delta R}}\geqslant a\\ \eta_{\mathrm{Cd}}\left[(\mu_{R_0}+m_{\Delta R})-\left(0.5z_{1-p_{\mathrm{k}}}\sigma_{R_0}+\dfrac{t_{(n-1,0.9z_{1-p_{\mathrm{k}}}\sqrt{n},1-C)}}{\sqrt{n}}s_{\Delta R}\right)\right], & \dfrac{\sigma_{R_0}}{s_{\Delta R}}<a\end{cases} \tag{13.134}$$

抗力差值 ΔR 的标准差$\sigma_{\Delta R}$已知时，可令

$$T'=\frac{\overline{\Delta R}-\mu_{\Delta R}}{\sigma_{\Delta R}/\sqrt{n}} \tag{13.135}$$

则 T'服从标准正态分布。利用区间估计法，可得

$$\mu_{\Delta R}=m_{\Delta R}-\frac{z_{1-C}}{\sqrt{n}}\sigma_{\Delta R} \tag{13.136}$$

式中：z_{1-C}为标准正态分布的上侧 $1-C$ 分位值。

根据式(13.122)，并考虑转换系数 η_{C} 后，可得构件抗力标准值 R_{k} 的推断结果，即

$$R_{\mathrm{k}}=\eta_{\mathrm{Cd}}\left[(\mu_{R_0}+m_{\Delta R})-\left(z_{1-p_{\mathrm{k}}}\sqrt{\sigma_{R_0}^2+\sigma_{\Delta R}^2}+\frac{z_{1-C}}{\sqrt{n}}\sigma_{\Delta R}\right)\right] \tag{13.137}$$

根据上述构件抗力标准值 R_{k} 的推断结果，抗力差值 ΔR 的标准差$\sigma_{\Delta R}$未知、已知时，通过间接途径推断的构件抗力设计值 R_{d} 分别为

$$R_{\mathrm{d}}=\frac{R_{\mathrm{k}}}{\gamma_R}=\begin{cases}\dfrac{\eta_{\mathrm{Cd}}}{\gamma_R}\left[(\mu_{R_0}+m_{\Delta R})-\left(0.9z_{1-p_{\mathrm{k}}}\sigma_{R_0}+\dfrac{t_{(n-1,0.5z_{1-p_{\mathrm{k}}}\sqrt{n},1-C)}}{\sqrt{n}}s_{\Delta R}\right)\right], & \dfrac{\sigma_{R_0}}{s_{\Delta R}}\geqslant a\\ \dfrac{\eta_{\mathrm{Cd}}}{\gamma_R}\left[(\mu_{R_0}+m_{\Delta R})-\left(0.5z_{1-p_{\mathrm{k}}}\sigma_{R_0}+\dfrac{t_{(n-1,0.9z_{1-p_{\mathrm{k}}}\sqrt{n},1-C)}}{\sqrt{n}}s_{\Delta R}\right)\right], & \dfrac{\sigma_{R_0}}{s_{\Delta R}}<a\end{cases} \tag{13.138}$$

$$R_{\mathrm{d}}=\frac{R_{\mathrm{k}}}{\gamma_R}=\frac{\eta_{\mathrm{Cd}}}{\gamma_R}\left[(\mu_{R_0}+m_{\Delta R})-\left(z_{1-p_{\mathrm{k}}}\sqrt{\sigma_{R_0}^2+\sigma_{\Delta R}^2}+\frac{z_{1-C}}{\sqrt{n}}\sigma_{\Delta R}\right)\right] \tag{13.139}$$

式中：p_{k} 为抗力标准值 R_{k} 的保证率。

通过直接途径推断的构件抗力设计值 R_{d} 分别为

$$R_{\mathrm{d}}=\begin{cases}\eta_{\mathrm{Cd}}\left[(\mu_{R_0}+m_{\Delta R})-\left(0.9z_{1-p_{\mathrm{d}}}\sigma_{R_0}+\dfrac{t_{(n-1,0.5z_{1-p_{\mathrm{d}}}\sqrt{n},1-C)}}{\sqrt{n}}s_{\Delta R}\right)\right], & \dfrac{\sigma_{R_0}}{s_{\Delta R}}\geqslant a\\ \eta_{\mathrm{Cd}}\left[(\mu_{R_0}+m_{\Delta R})-\left(0.5z_{1-p_{\mathrm{d}}}\sigma_{R_0}+\dfrac{t_{(n-1,0.9z_{1-p_{\mathrm{d}}}\sqrt{n},1-C)}}{\sqrt{n}}s_{\Delta R}\right)\right], & \dfrac{\sigma_{R_0}}{s_{\Delta R}}<a\end{cases} \tag{13.140}$$

$$R_{\mathrm{d}}=\eta_{\mathrm{Cd}}\left[(\mu_{R_0}+m_{\Delta R})-\left(z_{1-p_{\mathrm{d}}}\sqrt{\sigma_{R_0}^2+\sigma_{\Delta R}^2}+\frac{z_{1-C}}{\sqrt{n}}\sigma_{\Delta R}\right)\right] \tag{13.141}$$

式中：p_{d} 为抗力设计值 R_{d} 的保证率。

这里基于概率模型的推断方法是直接根据抗力的概率模型，按统计学的方法建立的，它利用式(13.97)和式(13.125)实现了抗力标准值 R_{k} 表达式的线性化，从而可利用未知影响因素的推断结果进一步推断抗力标准值 R_{k}。式(13.97)和式(13.125)虽然是近似的，但具有足够的精度(见 11.3 节)，且这里对未知影响因素的推断采用的是目前被普遍接受和应用的区间估计法，从而可保证抗力设计值 R_{d} 最终推断方法的合理性，可克服目前《结构可靠性总原则》(ISO 2394:2015)[2]中近似方法和《结构设计基础》(EN 1990:2002)[3]中经验方法的缺陷。

13.5　基于试验的结构适用性设计

目前基于试验的设计方法仅考虑了结构的安全性设计。实际上，承载力试验过程中构件的变形、开裂、裂缝宽度等涉及使用性能的状态也会同时呈现，通过测试和统计推断同样可直接确定它们的设计值，并用于结构的适用性设计。这种方法上的扩展可更充分地利用承载力试验提供的信息，使整个构件的安全性和适用性设计均具有良好的实证性和针对性，并形成完整的基于试验的设计方法。

1. 设计和试验要点

按基于试验的方法进行结构适用性设计时，可参考 13.2 节中结构安全性设计的要点，但需注意下列事项：

(1) 试件使用性能的测试内容应为试件开裂时的试验荷载(抗裂能力)和设计规定的荷载组合下试件的裂缝宽度和挠度。对试件性能的测试包括定态、定荷两种方式，前者指特定极限状态下测试试验荷载的方式，如对构件承载力的测试；后者指特定试验荷载下测试试件性能的方式。从设计和试验控制的角度来看，对抗裂能力不宜采用定荷测试方式，因为它只能判定试件在特定试验荷载下是否开裂，无法准确测定试件实际的抗裂能力；对裂缝宽度和挠度则不宜采用定态测试方式，因为这时需精确控制试件的裂缝宽度和挠度，这在试验中是较困难的，易产生较大的误差。

（2）分析确定构件的使用性能时应考虑可能的时间效应的影响。面向设计的结构试验一般是在短时间内完成的，无法使试件经历长期的荷载和环境作用，试件在试验荷载下的反应仅为荷载和环境作用的短期效应，对受时间效应影响的构件性能而言，并不代表其实际使用性能。这时应根据短期作用效应与长期作用效应之间的关系，确定作用效应转换系数，将试验荷载下的短期效应转换为长期效应，以反映构件在实际使用中的性能。

（3）测试试件的使用性能时，应在设定试验荷载的作用下保持必要的持荷时间，以消除试验中时间效应的影响。对混凝土构件，一般不应少于 15min[9]。

2. 构件使用性能的推断方法

根据试验结果推断构件的使用性能（抗裂能力、裂缝宽度、挠度等）时，可参考构件抗力的推断方法，但应考虑构件使用性能和使用性能试验的特点。

构件使用性能的影响因素较多，且关系较为复杂。根据实测结果，一般可假定构件使用性能 Z 服从对数正态分布[10]。这时可将构件使用性能 Z 的概率模型表达为

$$Z=\eta Z_0=\eta_L\eta'_C\eta_T Z_0=\eta_L\eta'_C\eta_T Z_0(F_c, X_1, X_2, \cdots, X_m) \tag{13.142}$$

式中：$Z_0(\cdot)$为结构使用性能函数，即结构使用性能的计算公式；η 为计算模式不定性系数，包括实验室条件下反映使用性能试验值与计算值差异的计算模式不定性系数 η_T、反映荷载长期作用影响的作用效应转换系数 η_L、反映其他实际使用条件影响的转换系数 η'_C；F_c 为多个荷载组合的值，$X_1, X_2, \cdots, X_m$ 为结构使用性能的影响因素，Z_0 为按计算公式确定的构件使用性能，它们均为随机变量。为反映构件使用性能试验的特点，这里将作用效应转换系数 η_L 单独列出，它与转换系数 η'_C共同构成完整的转换系数 η_C。

因实际工程中很难获得 η_L、η'_C的概率特性，这里同样取其为特定值 η_{Ld}、η'_{Cd}，它们可通过理论或经验分析确定。构件使用性能试验中，测试裂缝宽度或挠度时的试验荷载是特定的，其值等效于设计规定的多个荷载组合的值 F_c^*。这时基于试验的设计中需确定的是荷载组合值 F_c^* 下裂缝宽度和挠度的设计值，因此构件使用性能概率模型中，影响构件裂缝宽度和挠度的荷载组合值应为其特定值 F_c^*，它并不具有随机性；构件的抗裂能力则与荷载无关。因此，基于试验的结构适用性设计中，可将构件使用性能 Z 的概率模型表达为下列通式，即

$$Z=\eta_{Ld}\eta'_{Cd}\eta_T Z_0=\eta_{Ld}\eta'_{Cd}\eta_T Z_0(F_c^*, X_1, X_2, \cdots, X_m) \tag{13.143}$$

实验室条件下，则为

$$Z=\eta_T Z_0=\eta_T Z_0(F_c^*, X_1, X_2, \cdots, X_m) \tag{13.144}$$

其中对于构件的抗裂能力，可不考虑荷载组合值 F_c^* 的影响。

按目前的设计方法，应通过直接途径推断构件使用性能的设计值 Z_d。参考构件抗力设计值 R_d 的推断方法，按第一类方法推断时，使用性能设计值 Z_d 的推断结果应为

$$Z_d=\begin{cases}\eta_{Ld}\eta'_{Cd}\exp\left(m_{\ln Z}+\dfrac{t_{(n-1,z_{1-p_d}\sqrt{n},1-C)}}{\sqrt{n}}s_{\ln Z}\right), & \delta_Z \text{ 未知}\\ \eta_{Ld}\eta'_{Cd}\exp\left[m_{\ln Z}+\left(z_{1-p_d}+\dfrac{z_{1-C}}{\sqrt{n}}\right)\sigma_{\ln Z}\right], & \delta_Z \text{ 已知}\end{cases} \tag{13.145}$$

式中：$m_{\ln Z}$、$s_{\ln Z}$分别为构件使用性能 Z 测试结果对数值的均值和标准差；p_d 为使用性能设计值 Z_d 的保证率。

按第二类方法推断时，使用性能设计值 Z_d 的推断结果应为

$$Z_d=\begin{cases}\eta_{Ld}\eta'_{Cd}\exp\left[m_{\ln\eta_T}+\mu_{\ln Z_0}+\left(\dfrac{t_{(n-1,0.5z_{1-p_d}\sqrt{n},1-C)}}{\sqrt{n}}s_{\ln\eta_T}+0.9z_{1-p_d}\sigma_{\ln Z_0}\right)\right], & \dfrac{\sigma_{\ln Z_0}}{s_{\ln\eta_T}}\geqslant a\\ \eta_{Ld}\eta'_{Cd}\exp\left[m_{\ln\eta_T}+\mu_{\ln Z_0}+\left(\dfrac{t_{(n-1,0.9z_{1-p_d}\sqrt{n},1-C)}}{\sqrt{n}}s_{\ln\eta_T}+0.5z_{1-p_d}\sigma_{\ln Z_0}\right)\right], & \dfrac{\sigma_{\ln Z_0}}{s_{\ln\eta_T}}<a\end{cases} \tag{13.146}$$

式中：$m_{\ln\eta_T}$、$s_{\ln\eta_T}$ 分别为计算模式不定性系数 η_T 测试结果对数值的均值和标准差。

计算模式不定性系数 η_T 的分布参数 $\sigma_{\ln\eta_T}$ 或变异系数 δ_{η_T} 已知时，使用性能设计值 Z_d 的推断结果应为

$$Z_d=\eta_{Ld}\eta'_{Cd}\exp\left[m_{\ln\eta_T}+\mu_{\ln Z_0}+\left(\frac{z_{1-C}}{\sqrt{n}}\sigma_{\ln\eta_T}+z_{1-p_d}\sqrt{\sigma^2_{\ln\eta_T}+\sigma^2_{\ln Z_0}}\right)\right] \tag{13.147}$$

通过理论或经验分析确定转换系数设计值 η_{Ld}、η'_{Cd}时，应优先考虑现行国家标准中的有关规定。例如，按《混凝土结构设计规范》(2015 年版)(GB 50010—2010)[11]中的规定，对正常使用极限状态，钢筋混凝土构件、预应力混凝土构件应分别按荷载的准永久组合并考虑长期作用的影响或标准组合并考虑长期作用的影响进行验算。挠度验算中，采用准永久组合、标准组合时的构件刚度分别为[11]

$$B=\frac{M_k}{M_q(\theta-1)+M_k}B_s \tag{13.148}$$

$$B=\frac{B_s}{\theta} \tag{13.149}$$

式中：M_k 为按荷载的标准组合计算的弯矩；M_q 为按荷载的准永久组合计算的弯矩；B_s 为按荷载准永久组合计算的钢筋混凝土受弯构件或按标准组合计算的预应力混凝土受弯构件的短期刚度；θ 为考虑荷载长期作用对挠度增大的影响系数。这时对钢筋混凝土受弯构件、预应力混凝土受弯构件挠度设计值的推断，可分别取

$$\eta_{Ld}=\frac{M_q(\theta-1)+M_k}{M_k} \tag{13.150}$$

$$\eta_{\mathrm{Ld}}=\theta \tag{13.151}$$

对于置信水平 C，因构件使用性能的变异性一般较大，可取 $C=0.75$。对于抗裂能力设计值和裂缝宽度、挠度设计值的保证率 p，应根据构件使用性能试验的特点分别取

$$p=P\{\eta_{\mathrm{L}}\eta_{\mathrm{C}}'\eta_{\mathrm{T}}Z_0(X_1,X_2,\cdots,X_m)\leqslant\eta_{\mathrm{Ld}}\eta_{\mathrm{Cd}}'\eta_{\mathrm{Td}}Z_0(x_1,x_2,\cdots,x_m)\} \tag{13.152}$$

$$p=P\{\eta_{\mathrm{L}}\eta_{\mathrm{C}}'\eta_{\mathrm{T}}Z_0(F_{\mathrm{c}}^*,X_1,X_2,\cdots,X_m)\leqslant\eta_{\mathrm{Ld}}\eta_{\mathrm{Cd}}'\eta_{\mathrm{Td}}Z_0(F_{\mathrm{c}}^*,x_1,x_2,\cdots,x_m)\} \tag{13.153}$$

若不考虑转换系数的随机性，则分别有

$$p=P\{\eta_{\mathrm{T}}Z_0(X_1,X_2,\cdots,X_m)\leqslant\eta_{\mathrm{Td}}Z_0(x_1,x_2,\cdots,x_m)\} \tag{13.154}$$

$$p=P\{\eta_{\mathrm{T}}Z_0(F_{\mathrm{c}}^*,X_1,X_2,\cdots,X_m)\leqslant\eta_{\mathrm{Td}}Z_0(F_{\mathrm{c}}^*,x_1,x_2,\cdots,x_m)\} \tag{13.155}$$

式中：$x_1,x_2,\cdots,x_m$ 分别为设计中 $X_1,X_2,\cdots,X_m$ 的取值。

13.6　基于试验的既有结构可靠性评定

由于拟建结构的可靠性设计与既有结构的可靠性评定在基本方法上是相通的，可利用上述基于试验的设计方法进一步建立基于试验的既有结构的评定方法，这种评定方法可使既有结构的可靠性评定具有更好的实证性和针对性，但仅适用于可进行破坏性试验的特定场合。例如，因改造而需局部更换工业建筑的预制屋面板时，可对被拆卸的屋面板进行破坏性的承载力试验，通过统计推断直接确定同类其他被保留屋面板的抗力设计值和相关使用性能的设计值，并用于同类构件的可靠性评定。

基于试验评定既有结构的可靠性时，可参考 13.2 节与 13.5 节中的设计和试验要点，但需特别注意下列事项：

(1) 拆卸构件时应避免损害构件既有的性能，特别是连接节点的性能。

(2) 抽样前应对拆卸下的构件进行全面的调查、检查和必要的测试，包括调查构件的使用历史，检查构件的几何尺寸、施工质量、使用状况等，必要时应测试材料实际的强度，特别是在材料强度变异性较大的场合。

(3) 确定构件评定范围(评定结果所适用的范围)时，应对原位保留、继续使用的同类构件进行全面的调查和检查，并通过与拆卸下的构件比对，按性能一致的原则确定构件的评定范围，即拆卸下的构件可代表的继续使用构件的范围，必要时可分组确定。

(4) 若同组部分构件的实际状态已超越相应的正常使用极限状态，如要求不开裂的构件已出现裂缝，或允许开裂的构件出现宽度大于规定限值的裂缝，则不宜采用基于试验的方法评定其适用性。这时可采用基于结构状态评估的评定方法。

(5) 抽取或分组抽取的样本应具有统计学上的代表性，较为稳妥的抽样方式

是按最不利的情况抽样，即按设计点抽样，特别是在材料强度变异性较大、构件缺陷或损伤较严重、构件实际状态较不利的场合。

(6) 试验中试件的边界条件应符合构件实际的边界条件，在不影响所测试构件性能的前提下，可对受损的连接节点进行修复或加固；否则，宜更换试件。

(7) 加载路径应符合构件实际的受力状况，且不宜改变实际环境对构件所产生的效应，如热源附近构件的内部温度和相对湿度；难以实现时，可通过理论分析予以考虑。

(8) 分析试验结果时应考虑试件已经历的使用时间和承载历程，特别是对受荷载和环境长期作用效应影响显著的构件性能。

(9) 确定评定结论时，应特别注意评定结果所适用的范围，它们原则上应与构件的评定范围一致；若分组评定的结果与前期调查、检查时的总体评价结果之间存在矛盾，应分析和确定其原因，必要时应调整评定结果的适用范围。

根据试验结果推断既有结构性能的设计值时，形式上可采用13.4节和13.5节中基于试验的设计方法中的推断方法，但确定转换系数设计值 η_{Cd} 或 η_{Ld}、η'_{Cd} 时，需注意下列几点：

(1) 可不考虑尺寸效应、工艺条件等已被消除的影响因素，一般情况下可不考虑环境条件的影响，需考虑的主要是构件边界条件、时间效应等的影响。

(2) 试件的支撑条件、加载路径等与实际构件的存在差异，且会影响试件的受力性能时，应通过转换系数 η_{Cd} 或 η'_{Cd} 考虑其影响，或重新调整试件的支撑条件和加载路径。

(3) 试件已经历足够时间的使用，荷载和环境的长期作用效应已显现时，可不考虑时间效应的影响，取作用效应转换系数 $\eta_{Ld}=1$；否则，应通过作用效应转换系数 η_{Ld} 予以考虑，但这时需掌握构件性能随时间变化的规律，并根据既有构件的使用时间或承载历程，通过理论或经验分析确定 η_{Ld} 的值。

对于既有结构，除利用被拆除构件按基于试验的方法评定外，还有另一种基于试验的评定方法，即基于非破坏性试验的评定方法。该法在试验中并不将试件加载至破坏，而是加载到合适的程度时便结束试验。这种不完全的试验可在较大程度上保持试件既有的性能，特别是试件的承载能力，试验后试件可继续使用，比基于破坏性试验的评定方法更适宜对既有结构的可靠性评定，且具有较好的经济性。但是，这时由试验所获得的信息是不完备的，不能反映构件的极限状态，它更适宜于推断构件使用性能的设计值；推断构件抗力设计值时则存在较大的困难，往往需结合构件承载力的预测方法进行推断，这是一种尚处于探索阶段的推断方法。

参考文献

[1] International Organization for Standardization. General principles on reliability for struc-

tures(ISO 2394:1998). Geneva: International Organization for Standardization, 1998.
[2] International Organization for Standardization. General principles on reliability for structures(ISO 2394:2015). Geneva: International Organization for Standardization, 2015.
[3] The European Union Per Regulation. Basic of structure design (EN 1990: 2002). Brussel: European Committee for Standardization, 2002.
[4] 中华人民共和国住房和城乡建设部. 工程结构可靠性设计统一标准(GB 50153—2008). 北京:中国建筑工业出版社,2008.
[5] 茆诗松,王静龙,史定华. 统计手册. 北京:科学出版社,2003.
[6] 中华人民共和国住房和城乡建设部. 民用建筑可靠性鉴定标准(GB 50292—2015). 北京:中国建筑工业出版社,2015.
[7] 茆诗松. 贝叶斯统计. 北京:中国统计出版社,2005.
[8] 姚继涛,程凯凯. 国际标准和欧洲规范中抗力设计值推断方法评述与改进. 建筑结构学报,2015,36(1):111-115.
[9] 中华人民共和国住房和城乡建设部. 混凝土结构试验方法标准(GB/T 50152—2012). 北京:中国建筑工业出版社,2012.
[10] 惠云玲,徐积善. 弱配筋混凝土构件裂缝宽度计算及概率分析. 工业建筑,1989,19(10):33-37,26.
[11] 中华人民共和国住房和城乡建设部. 混凝土结构设计规范(GB 50010—2010,2015年版). 北京:中国建筑工业出版社,2015.